한 권으로 읽는 임석재의

# 서양건축사

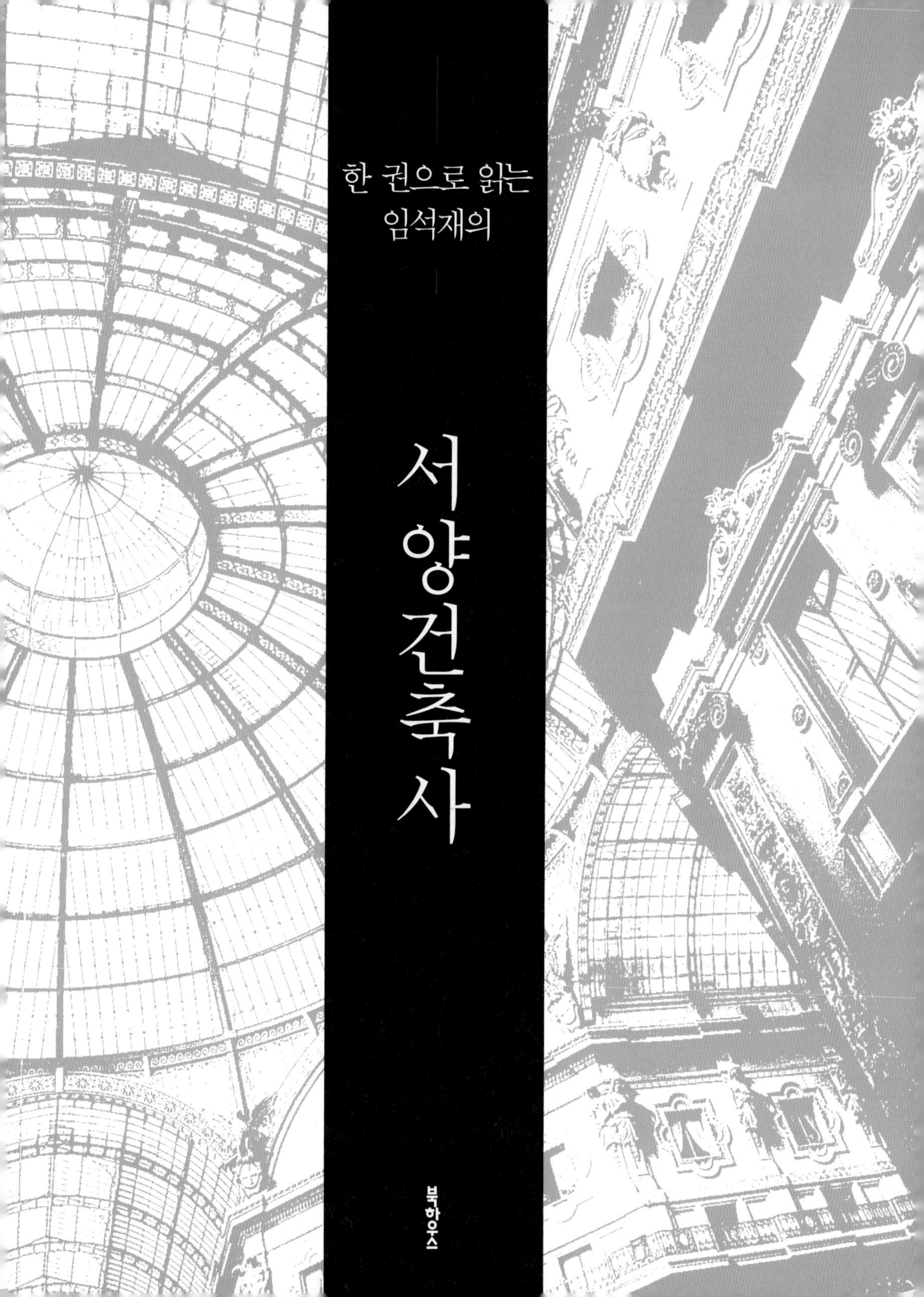

한 권으로 읽는
임석재의

# 서양건축사

북하우스

## 차례

머리말 | 한 권으로 다시 쓴 서양건축 통사 8

# I

# 그리스건축

**1. 에게 해 건축과 초기 그리스건축의 성립 14**
미노아 건축 | 크노소스궁전과 개인주의 건축의 성립 | 미케네 건축과 메가론의 정착 | 〈아트레우스의 보고〉와 둥근 천장 | 초기 그리스건축의 성립 | 철기 문명과 신전 사회

**2. 그리스건축 27**
아르카이크기의 그리스 신전 | 성기 고전기 | 파에스툼의 포세이돈 신전과 파르테논 | 후기 고전기와 이오니아식 신전 | 도시국가와 아고라 | 스토아, 불레우테리온, 극장

**3. 후기 그리스건축 43**
마케도니아왕국 | 실용화와 표준화 | 대형화와 대형 신전 | 장식화와 코린트식 오더

# II

# 로마 건축

**1. 로마 건축의 성립 및 공화정기 건축 54**
로마 건축의 성립 | 헬레니즘의 영향과 실용주의 | 에트루스칸 건축 | 공화정기 대중주의 건축

**2. 로마 제정기 건축 63**
로마제국의 성립과 아우구스투스의 건축 | 네로에서 콜로세움까지 | 트라야누스와 공공 건축 | 하드리아누스와 예술 건축 | 후기 제정기와 과시욕

**3. 구조 실용주의 76**
가장 로마다운 건축, 구조 실용주의 | 로마 구조 기술의 위대한 발명품, 아치 | 다리와 수로 | 볼트와 원형극장 | 콜로세움과 목욕탕 | 돔과 판테온

# III

# 초기 기독교, 비잔틴건축

**1. 초대교회 건축의 성립 90**
초기 기독교 건축의 성립 | 가정교회 | 카타콤 | 순교자 기념 시설 | 콘스탄티누스 교회와 기독교 건축의 완성 | 바실리카 교회의 탄생 | 바실리카 교회의 분화와 라틴 크로스의 성립 | 무덤 교회와 중앙집중형 교회

**2. 라틴 웨스트의 초대교회 건축 109**
포스트 콘스탄티누스 교회와 기독교 건축의 전파 | 4세기 밀라노와 산 로렌초 | 5세기와 고전 부활 | 5세기 로마 | 5~6세기 라벤나

**3. 비잔틴건축** 122
유스티니아누스 대제와 비잔틴건축의 성립 | 그리크 크로스와 비잔틴 중앙집중형 | 펜덴티브 돔 | 하기아 소피아 성당 | 산비탈레 | 코라 교회와 도상 상징주의

# IV 로마네스크 건축

**1. 카롤링거 건축** 138
샤를마뉴와 프랑크왕국 | 아헨 왕궁 예배당과 중앙집중형 공간의 정리 | 선형공간의 확장과 강화 | 웨스트 워크의 등장 | 이스트 엔드와 환상형 겹 공간

**2. 초기 로마네스크 건축** 148
로마네스크 건축의 성립 | 석조 천장의 등장 | 부르고뉴 실험과 석조 볼트 천장 | 노르망디와 네이브 월의 3단 구성 | 독일의 초기 로마네스크

**3. 프랑스와 영국의 로마네스크 건축** 157
프랑스의 성기 로마네스크와 제3 클뤼니 | 노르망디와 캉 | 영국 로마네스크 건축의 시작 | 캔터베리, 세인트올번스, 엘리 | 1090~1120년-더럼 성당과 리브 볼트

**4. 독일과 이탈리아의 로마네스크 건축** 166
독일의 성기 로마네스크와 제2 슈파이어 | 라인란트 하류와 쾰른 | 이탈리아의 로마네스크 고전주의 | 롬바르디아와 장식주의 | 토스카나 장식 고전주의

**5. 수도원과 순례 교회** 177
수도원과 로마네스크 사회 | 성 갈 수도원과 생리키에 | 순례 여행과 기독교 열정 | 순례 교회

# V 고딕건축

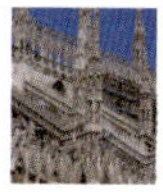

**1. 초기 고딕** 188
초기 고딕의 시작 | 성 디오니시오와 제1 초기 고딕의 완성 | 제2 초기 고딕 | 뉴아용-네이브 월의 수직 확산 | 랑-고딕 고전주의 | 파리 노트르담-플라잉 버트레스의 등장

**2. 성기 고딕** 201
초기 고딕에서 성기 고딕으로 | 샤르트르대성당-고딕 구조의 완성 | 부르주-고전적 거대 공간 | 랭스-경량화와 밝은 빛 | 아미앵-고딕의 절정과 한계 | 보베-수직 욕망의 붕괴

**3. 후기 고딕** 217
레요낭양식 | 성 디오니시오와 생트샤펠 | 플랑부아양양식 | 플랑부아양양식과 영국의 장식 양식 | 생마클루-스크린 출입구 | 보베 생테티엔-리브 장식

**4. 영국 고딕건축** 230
영국 고딕건축의 성립 | 캔터베리와 초기 영국 양식의 성립 | 링컨 대 솔즈베리 | 웰스 성당과 웨스트민스터 사원 | 장식 양식-기하 장식과 곡선 장식 | 요크 대 엑서터 | 브리스틀, 웰스, 엘리 | 수직 양식과 글로스터

**5. 독일 고딕건축** 253
독일 고딕의 형성 | 독일 고딕과 유럽 고딕 | 13세기 슈트라스부르크-프랑스 고딕의 선별적 모방 | 13세기 쾰른-프랑스 고딕과의 경쟁 | 리브 장식주의와 독일 지역 양식 | 중앙집중형 홀 교회와 비텔스바흐 왕조 | 뤼베크, 뉘른베르크, 팔러가 | 15세기와 장식주의

**6. 이탈리아 고딕건축** 270
로마네스크와 고딕 사이 | 프란체스코회와 도미니크회 | 13세기-피렌체와 시에나 | 14세기-토스카나와 장식 고딕 | 15세기와 거대주의

# VI 
# 르네상스 건축


**1. 초기 르네상스** 286

브루넬레스키—실용 역사주의와 피렌체 돔 | 피렌체 고아원 | 구 성물안치소와 파치 예배당 | 알베르티—전인상과 르네상스의 확장 | 성 프란체스코—로마 고전주의와 벽체 구조 | 산타마리아 노벨라—기하 장식주의와 원 르네상스 | 성 안드레아—르네상스 기독교 고전주의의 완성 | 미켈로초와 르네상스 팔라초

**2. 성기 르네상스** 302

브라만테와 성기 르네상스 | 오더 상징주의—오더의 다의적 구사 | 중앙집중형—복층 동심원과 공간 깊이 | 상갈로 형제와 피렌체의 성기 르네상스 | 라파엘로—압축 공간과 회화 장식주의 | 키지 예배당과 마다마 빌라

**3. 매너리즘과 베네치아 르네상스** 315

매너리즘—소외와 반항 | 페루치—문법 파격과 대비 | 줄리오 로마노—고전과 반고전 사이 | 테 팔라초와 총독궁 모스트라 안마당 | 베네치아 르네상스 | 산미켈리—성문과 실용 인본주의 | 산소비노—산마르코 도서관과 베네치아 고전주의

**4. 미켈란젤로와 팔라디오** 330

16세기 종합형 건축가 | 라우렌치아나 도서관—미켈란젤로의 매너리즘 | 캄피돌리오 광장과 성 베드로 돔 | 팔라디오—농업 이상과 빌라 | 팔라디오의 비첸차—팔라초와 바실리카 | 종교적 통합—산조르조마조레, 일레덴토레

**5. 프랑스, 영국, 독일의 르네상스** 346

세를리오와 프랑스 르네상스 건축의 성립 | 레스코와 들로름 | 아네트 성채 출입문과 예배당 | 이니고 존스와 영국 르네상스 | 그리니치 궁전, 연회 홀, 성 바오로 교회


# VII 
# 바로크건축


**1.바로크건축의 성립과 초기 바로크** 356

비뇰라와 로마 스쿨 | 자코모 델라포르타와 일 제수 입면 | 마데르노와 성 베드로

**2. 성기 바로크** 363

베르니니—바로크 기독교 고전주의와 장경주의 | 성 베드로와 퀴리날레의 성 안드레아 | 보로미니와 비정형주의 | 산티보알라사피엔차와 성 필리포 네리 오라토리오 | 코르토나—가상세계와 절충 고전주의 | 롱게나와 베네치아 바로크

**3. 후기 바로크** 377

과리니와 피에몬테 후기 바로크의 성립 | 부유하는 돔, 중세성, 후기 바로크 | 피에몬테 공화국과 주바라 | 수페르가와 스투피니지 | 비토네—기하 파노라마와 유형 분류

**4. 프랑스 바로크건축** 388

절대왕정과 프랑스 바로크의 성립 | 아카데미즘, 그랜드 매너, 수상 건축 | 드브로스—프랑스 바로크의 두 가지 유형 | 르메르시에—소르본 교회와 구 루브르 궁전 | 망사르—성모 방문 교회와 프랑스 바로크의 완성 | 망사르의 성채와 호텔 | 르보와 왕실 고전주의의 완성 | 랑베르 호텔과 보르비콩트 성채 | 아르두앙 망사르와 루이 14세 | 베르사유궁전과 프랑스 바로크의 절정 | 왕실 예배당과 앵발리드 돔

**5. 영국 바로크** 415

왕정복고와 영국 바로크 | 렌과 영국 바로크 | 시티 교회와 월브룩의 성 스테파노 | 성 바오로 대성당과 영국 바로크의 완성 | 호크스무어와 수평화된 고딕 | 영국 바로크 교회 유형의 완성 | 밴브루—호크스무어 양식

**6. 중부 유럽 바로크** 431
신성로마제국과 합스부르크 제국 | 피셔 폰 에를라흐와 바로크 절충주의 | 카를 교회와 로마제국의 창작적 복원 | 쇤부른 궁전과 벨베데레 | 치머만 형제–구조와 장식의 일체 | 아잠 형제–바로크 엄숙주의와 장경주의 | 노이만–탈물질화와 신비주의 | 피셔–기하 파노라마와 모서리 둥글리기 | 츠빙거 궁전과 뷔르츠부르크 궁전

# VIII

# 18세기 건축

**1. 18세기 프랑스 신고전주의** 454
페로와 세르반도니 | 가브리엘과 프랑스다운 신고전주의 | 페이르와 드베일리의 파트너십–종합화와 급진적 고전주의 | 드메치에르, 루이, 공드앵

**2. 팔라디오 양식과 18세기 영국 신고전주의** 465
캠벨과 팔라디오 양식의 성립 | 벌링턴 경과 치즈윅 하우스 | 켄트와 근위기병 연대본부 | 기브스와 18세기 영국 신고전주의의 탄생 | 애덤과 사이온 하우스 | 우드 부자와 배스의 로마 고전주의 전통

**3. 18세기 합리주의 건축 운동** 480
과학 정신과 구조 합리주의 | 이신론과 순결주의 | 그레코–고딕 아이디얼과 새로운 교회 유형 | 수플로와 파리 판테온

**4. 낭만주의 건축** 490
픽처레스크와 정원 속 신전 | 농가 운동과 트리아농 시골 마을 | 고딕 리바이벌, 국가 양식과 고딕 옹호론 | 월폴과 스트로베리 힐 | 와이엇과 폰틸 수도원

**5. 낭만적 고전주의와 혁명기 건축** 502
댄스 2세와 영국다운 신고전주의 | 존 손과 링컨스 인 필즈 | 불레와 혁명기 건축 | 르두와 파리 성문 징수소

# IX

# 19세기 건축

**1. 19세기 프랑스 역사주의** 516
제1 제정과 파리 개선문 | 부르봉 왕가의 신고전주의건축 | 히토르프와 색채주의 | 네오 바로크와 누보 루브르 | 파리 북역과 절충적 네오 바로크 | 부르주아 양식과 파리 오페라하우스

**2. 19세기 독일 역사주의** 529
독일 신고전주의의 성립과 19세기 독일 건축 | 싱켈과 독일 신고전주의 | 구 박물관, 프리드리히베르더 교회, 샤를로텐호프 | 클렌체, 국제적 절충주의와 바이에른 신고전주의 | 게르트너와 로마네스크 리바이벌

**3. 19세기 영국 역사주의** 542
내시와 절충 고전주의 | 그리크 리바이벌, 탈프랑스, 낭만성, 시민 민주주의 | 빅토리안 고딕의 성립 | 퓨진과 기독교 사회주의 운동 | 러스킨 고딕과 올 세인츠 교회

**4. 신건축 운동** 556
철물과 신건축 운동 | 부알로와 라브루스트 – 19세기 구조 합리주의 | 1851년 런던 만국박람회와 수정궁 | 1889년 파리 만국박람회와 에펠탑 | 기계관과 기술 신비주의

# 부록

**참고문헌** 570
**그림목록** 574
**찾아보기** 585

# 한 권으로 다시 쓴 서양건축 통사

이 책은 지난 2003년부터 2008년 사이에 총 5권으로 출간되었던 『임석재 서양건축사』 시리즈를 한 권으로 압축해서 정리한 서양건축 통사이다. 당시 5권을 출간할 당시에도 처음 시작은 통사를 염두에 뒀으나 5권으로 늘어났다. 무엇보다도 서양건축사라는 분야 자체가 국내에서는 심한 불모지라서 학문의 기본 인프라를 번역서가 아닌 국내서로 구비한다는 의미가 컸고, 거기에 나만의 역사적, 건축적 해석을 곁들이다 보니 5권이 된 것이었다. 이 정도면 통사를 넘어 각론사에 근접한 분량이었다. 이것을 이번에 한 권으로 정리해서 서양건축 통사로 출간하게 되었다.

통사는 남이 써 놓은 것을 보면 쉬워 보이지만 직접 쓰려면 어려운 작업이다. 우리나라에서 서양건축 통사가 번역 책이 주를 이루고 국내 저술이라고 해도 모두 이른바 '편역' 수준을 못 넘는 이유이기도 하다. 쓴다고 써도 잘못하면 기존 책을 단순 반복하는 데 머물고 말기 십상이다. 이런 현상은 서양에서도 마찬가지여서 일정한 주기로 통사를 다룬 책이 꾸준히 나오고 있지만 별 차이가 없이 시대 유행에 따라 편집과 표지 등 디자인만 바꿔가며 단순 반복하는 수준에 머물고 있다.

나는 이번 책에서 이런 단순 반복을 피했다. 반면 극단적 차별화가 능사도 아니다. 통사에는 기본적으로 들어가야 할 내용이 있다. 이것이 부족하면 새로운 역사 해석서는 될 수 있을지 몰라도 통사가 되기는 어렵다. 기본적으로 들어가야 할 내용을 어느 정도로 할지와 자신만의 새로운 해석이 무엇인지의 두 방향 사이에서 균형을 잡는 문제가 통사 책의 관건인 셈이다.

독자들의 세심한 수용도 필요하다. 통사 책에 기본적으로 들어가야 할 내용이 독자가 보기에는 의외로 많을 수도 있다. 바꿔 말하면 차별화를 결정하는 내용과 기준이 의외로 작고 세밀한 부분일 수 있다. 1퍼센트에도 못 미치는 유전적 차이로 인간과 침팬지를 가르는 것에 비유할 수 있겠다. 물론 이번 『한 권으로 읽는 임석재의 서양건축사』가 기존의 다른 서양건축 통사와 비교해 다른 점은 이보다는 훨씬 많다. 독자들이 기존 통사에 없는 이런 세밀한 부분까지 함께 이해해야 새로운 내용을 얻게 될 것이다. 이 책에서 제시하는 서양건축 통사의 새로운 내용은 다음의 네 가지이다.

첫째, 1960년대 이후 축적되고 있는 다양한 인문사회학적 해석을 더했다. 서양에서조차도 서양건축사라는 학문 자체가 그리 오래된 분야가 아니어서 그동안 다양한 해석 흐름을 갖추지 못해왔다. 크게 두 흐름이 주도해왔는데, 19세기에는 고고학의 발전과 함께하다가 모더니즘 때에 일직선 발전론이 주류 경향으로 자리 잡았다. 이후 1960년대에 포스트모더니즘 시기를 거치며 각론사에서는 부분적으로 인문사회학적 해석을 시도하고 있지만 이것을 '종합화–여과–압축 정리' 등을 거쳐 통사에 반영한 시도는 아직 없었다. 나는 이번 책에서 이 작업을 하였다.

둘째, 그 구체적 결과로 건물 분석과 사조 해석에 각 시대의 사회문화적 배경을 반영했다. 이는 그동안 서양건축 통사를 주도해온 고고학적 경향과 일직선 발전론이 지닌 한계를 극복하기 위한 것이다. 고고학적 경향에 따라 실증적 정확성과 연대기 밝혀내기 등이 중요한 내용이 되었다. 또 일직선 발전론을 따르면서 앞 시대에 없던 새로운 시도만 역사적 의미가 있는 것으로 판정하면서 모든 분석과 해석을 이것으로만 단순화했다. 이번 책에서는 이런 한계를 극복하기 위해서 동시대 상황에 대한 새로운 분석과 더불어 이것이 앞 시대의 방식과 균형을 이루는 해석을 시도했다.

셋째, 같은 연장선상에서 건축가의 이력도 중요한 요소로 반영했다. 건축가의 이력은 동시대 상황의 산물이자 새로운 시도를 향한 창작 의지가 교차하는 중요한 지점이다. 둘 사이의 공통분모가 가장 잘 드러나는 곳이기도 하다. 지금까지의 통사가 건축가의 이력을 다루지 않은 것은 아니지만 핵심 건축가만을 대상으로 삼았으며 그 내용도 전기 개념의 공식적 이력만으로 한정했다. 이 책에서는 이런 한계를 넘어 건축가의 이력은 앞서 말한 교차점의 의미로 해석했다.

넷째, 18~19세기를 크게 강화했다. 두 세기는 그동안 서양에서 출간된 서양건축 통사에서조차도 거의 다루지 않은 부분이다. 18세기는 계몽주의가 지닌 중요성 때문에 각론사에서 많은 연구가 있었지만 이전 시대들처럼 중심이 되는 주도적 사조 없이 분산되어 있기 때문에 통사에 포함하는 일이 쉽지 않았다. 실증적 정확성을 반영한 현상인데 이를 극복하기 위해서는 먼저 18세기에 대한 연구를 필수 조건으로 해야 하며, 다시 이것을 통사에 맞게 정리할 수 있는 해석력이 필요하다.

저자의 박사학위 논문 주제가 '18세기 프랑스 계몽주의 건축'이었으므로 나의 서양건축 연구는 기본적으로 18세기에 뿌리를 두고 있다. 18세기는 그 이전까지 진행돼온 서양건축의 내용이 총집결하면서 동시에 20세기인 미래를 향한 새로운 시도가 대부분 잉태된 시기였다. 과거와 미래가 교차하는 거대한 용광로 같은 시기였는데 그 내용을 충분히 공부하면 그 이전 전통 시기의 건축을 완전히 새로운 시각에서 해석할 수 있을뿐더러 그 이후의 19~20세기 건축 현상에 대한 이해 정도도 크게 강화할 수 있다.

19세기도 같은 맥락에서 볼 수 있다. 그동안 일직선 발전론이 서양건축 통사를 주도하면서 19세기는 과거 회귀적인 시대로 단정해버렸고 대부분 통사에서 제외했다. 그러나 이것은 현상에 국한된 것일 뿐, 19세기의 이런 과거 회귀적인 역사주의를 낳은 동시대 배경에는 흥미진진한 연구 거리가 넘쳐난다. 이런 내용은 아직 각론사에서조차도 거의 시도하지 않고 있다. 18세기와 견주어 19세기는 아직 각론사 연구 분야로 들어오지 못하고 있다. 나는 누구보다도 서양의 19세기 건축 역사에 관심이 많으며 그동안 충분히 연구해왔다. 이에 이번에 그 내용을 통사에 맞게 정리, 요약하여 넣었다.

너무 자화자찬만 한 것 같은데, 어쨌든 이상이 이번 책의 의미와 가치이며 내가 한 권의 서양건축 통사를 쓴 이유이기도 하다. 마지막으로 북하우스에서 의미 있는 책을 출간하게 되어 감사의 마음을 전하며, 사랑하는 두 딸과 애들 엄마에게도 고마움과 사랑의 마음을 전한다.

2011년 6월
임석재 씀

# 그리스 건축

에게 해 건축과 초기 그리스건축의
그리스건축
후기 그리스건축

# 1
# 에게 해 건축과 초기 그리스건축의 성립

## 미노아 건축

에게 해(Aegean Sea)는 그리스 동남쪽과 소아시아(지금의 터키) 서쪽 사이의 지역을 일컫는다. 지중해 가운데에서도 섬이 많은 지역인데 이 일대는 서양 건축의 씨앗이 뿌려진 곳이다. 이전까지 가장 발달한 문명이었던 오리엔트문명이 서진을 시작해서 그리스 문명으로 넘어가는 길목에 해당한다. 오리엔트 대륙의 고대 전제 건축에서 그리스 반도의 시민 건축으로 넘어가는 전환기 성격을 갖는다. 에게 해 건축은 전반기의 미노아 건축(Minoan Architecture)과 후반기의 미케네 건축(Mycenae Architecture)으로 나눈다(도 1-1).

미노아 건축은 크레타 섬을 중심으로 기원전 2000년경부터 기원전 1400년경 사이에 진행된 건축을 말한다. 그레타 섬은 작은 섬은 아니지만 섬 하나가 독립된 건축사조 이름을 갖는 일은 흔치 않다. 그만큼 당시 크레타 섬 전체의 문명 수준이 높았다는 뜻인데 그 배경을 해양문화의 특징에서 찾을 수 있다. 고대에는 가장 유리한 교통수단이 뱃길인데 크레타는 이를 잘 활용해서 주변 각국과 교류하며 발달한 정보와 문명을 받아들여 해양문화 특유의 유연성으로 잘 소화해냈다.

특히 전쟁보다는 교역과 교류를 문명의 근간으로 삼았기 때문에 소

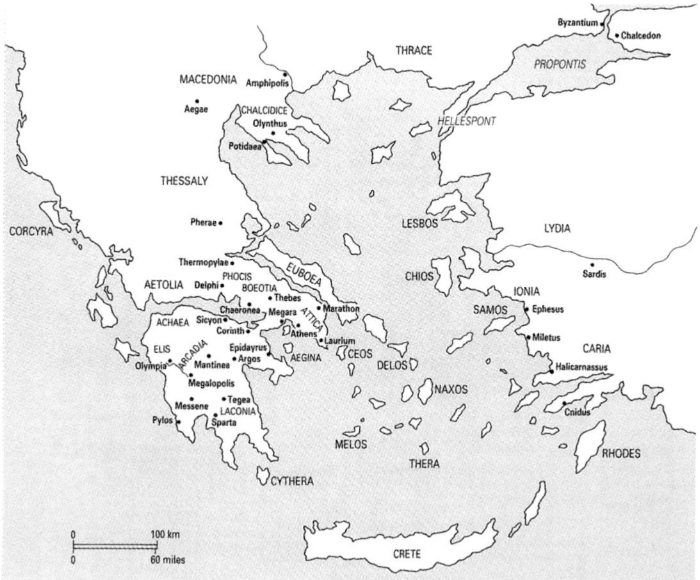


**도 1-1** 미노아-미케네 문명의 에게해 일대

모적 파괴 없이 문명 창출에 집중할 수 있었다. 크레타의 지도자는 전제 군주나 군사령관이 아닌 경제적 조정자에 가까웠고 문명 전체에 자유로운 개인주의가 발달했다. 고루 잘 사는 평등한 사회였으며 놀이 문화가 발달했다. 그 대신 전쟁 문명에서 관찰되는 거석 구조 같은 영웅주의 분위기는 많이 약했다. 무덤, 성채, 신전 등 고대 기념비 건축은 거의 없었고 크노소스궁전이 거의 유일한 대표 건축물로 남아 있다.

## 크노소스궁전과 개인주의 건축의 성립

크노소스궁전(Knossos Palace, 기원전 1700~기원전 1400)은 고대 오리엔트 대륙의 전체주의 건축에서 그리스 반도의 서양 개인주의 건축으로 넘어가는 전환기 특징을 잘 보여준다. 건축 형식을 기준으로 하면 이집트 초기 신전과 아시리아 왕궁의 연속 구성을 기본으로 삼아 'x-y축' 양방향으로 분화한 것으로 볼 수 있다. 두 선례와 크노소스궁전 사이의 영향 관계에 대한 고고학적 증거는 약한 편이나 시기가 일치하고 건축 구성이 유사성이 있는 점 등을 통해 유추할 수 있는 정도다. 차

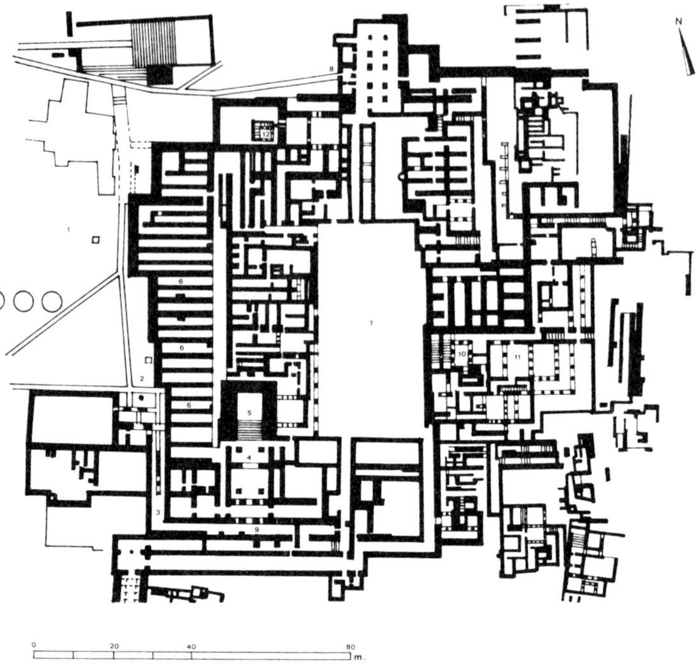


**도 1–2** 미로 건축의 대표적 예인 크노소스 궁전, 기원전 1700–기원전 1400년.

이도 있는데 이들 선례 건축에서 나타나는 축 구성과 대칭 구도가 거의 깨지고 없는 점이다(도 1–2). 이는 문명의 요체가 전제정치와 전쟁이 아닌 경제 교역과 개인주의 놀이 문화에 기반을 둔 데 따른 현상이다.

크노소스궁전은 미로 건축의 대표적 예이기도 해서 아테네의 영웅 테세우스 신화의 배경 장소인 '미궁'이라는 단어도 여기에서 나온 것이다. 사방 약 122미터의 정사각형 윤곽 안에 수백 개의 방이 빼곡하게 들어 있다. 중앙에 큰 마당이 중심을 잡고 중간에 부분적으로 일직선 복도가 나 있는 것 말고는 뚜렷한 축과 대칭이 없다. 수백 개의 방들도 크기와 형태가 같은 것이 거의 없을 정도로 각자 고유한 형상을 유지하며 방들이 앉은 방향도 제각각이다.

이런 미로다운 특징은 고대의 전제성을 벗어나 인간 개인의 자유의지를 건축 구성에 적극 반영한 예며 이런 점에서 고대 오리엔트 건축과 구별되는 중요한 분기점을 이룬다. 빛과 높이 차이를 이용한 복합공간은 공간 역사에서도 획기적인 발전이다. 반 층 높이의 계단을 오르내리면서 시선이 막혔다 트이기를 반복하고 벌어진 틈 사이로 빛이 들어와 흥겨운 분위기를 연출한다(도 1-3). 실내는 화려한 벽화로 장식했는데 왕을 칭송하거나 종교적 내용을 그린 고대 오리엔트와 달리 돌고래가 펄떡이는 바닷가 풍경을 그린 점에서 개인주의의 특징을 잘 보여준다. 완전한 미궁은 아니어서 소 영역별로 특징을 묶을 수도 있다. 알현실, 옥좌실, 집무실 등 중요한 공실 영역은 방도 크고 좀 더 정리되어 있으며 행정실은 기능에 맞춰 모여 있고 창고 등 지원 시설은 일직선 복도를 따라 가지런하게 배열되어 있다.

**도 1-3** 크노소스궁전의 반 층 높이 계단, 기원전 1700-기원전 1400.

## 미케네 건축과 메가론의 정착

미케네 건축은 기원전 1500년부터 기원전 1200년 사이에 그리스 펠로폰네소스반도의 미케네라는 도시를 중심으로 부흥했던 건축을 말한다. 이 반도에 스파르타라는 도시가 있는 데서 알 수 있듯이 이 일대 민족은 성격이 강하고 호전적이어서 전쟁이 문명의 주축을 이루었다. 크레타와 100여 년에 걸친 전쟁을 승리로 이끌면서 미노아문명을 종식하고 에게 해를 재패했다. 이후 지중해 전체의 지배권을 놓고 바다 건너 트로이와 전쟁을 벌이면서 트로이의 목마와 같은 전설을 낳는 등 지중해 일대 도시국가들 사이에 전쟁이 특히 많던 시기였다. 이 내용은 호메로스의 『오디세이』와 『일리아드』에 잘 묘사되어 있다. 이 가운데에는 도시 성채 등을 언급한 내용도 있어서 이 시기 건축은 '호머의 건축(Homeric Architecture)'이라고도 한다. 문명사에서는 청동기 문명 말기에 해당한다.

전쟁 문명답게 건축도 성채와 무덤 중심으로 발전했다(도 1-4). 성채에서는 성벽 축조술과 공간 구성이 중요하다. 성벽은 석재를 많이 다듬지 않는 대신 다각형을 유지하면서 크기가 커져서 방어 기능과 거친 이미지는 더 향상되었다. '거대 성벽'이라는 뜻의 'cyclopean wall'이라는 단어도 거석을 번쩍 들어 올려 거대한 성벽을 쌓은 외눈박이 거인 키클롭스(Cyclops)의 신화와 결합해 이 시기의 성벽을 지칭하는 데에서 생긴 말이다. 외벽만 튼튼해진 것이 아니라 통로와 포대를 집어넣는 등 군사전략과 관계된 구조에서도 중요한 발전이 있었다.

**도 1-4** 에드워드 도드웰(Edward Dodwell), 〈미케네에 도착하며(Arriving at Mycenae)〉, 1805년.
**도 1-5** 사자 문, 기원전 1250년.

미케네 성채의 정문 출입구에는 사자 문(Lion Gate)을 냈는데 이 문은 그리스 신전의 외관에 중요한 선례 역할을 했다(도 1-5). 상인방과 좌우인방을 갖추었는데 세 인방 모두 단일 석으로 처리했다. 상인방 위에는 삼각 박공을 한 번 더 얹고 그 표면에 돋을새김을 했다. 사자 한 쌍이 좌우에서 앞발을 제단 위에 얹고 머리로 기둥을 받치고 있는 모습이다. 사자는 방어를 상징하는 주술적 의미가 있고 기둥은 왕실이나 왕궁을 상징하는 것으로 보인다. 성문에 맹수 모습을 새기는 것은 오리엔트 군사 건축의 전통에서 온 것이다. 둘을 합하면 맹수가 왕실을 지키는 것이 되는데 삼각 박공에 주술적 상징물을 새기는 이런 처리는 이후 그리스 신전에서 동일하게 반복된다. 기둥의 주신은 크노소스궁전에 쓰인 것과 비슷한, 완만한 역삼각형 형태인데 주두와 주추의 디테일이 좀 더 섬세하게 발전해 있다. 이 기둥 역시 그리스 신전의 오더 양식의 선례가 된다.

**도 1-6** 파일로스 궁전의 메가론

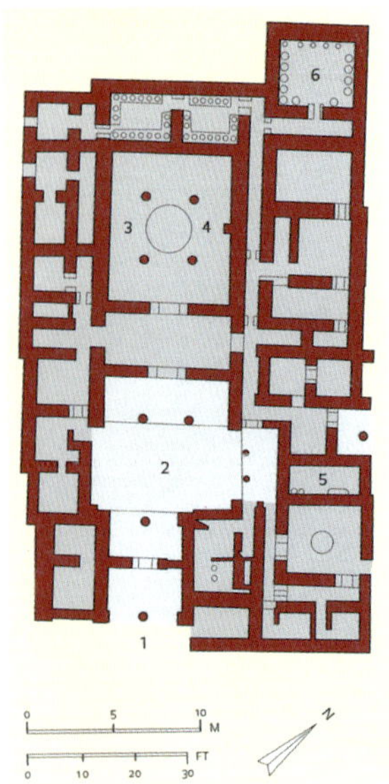


미케네 이외에도 티린스, 파일로스, 아르고스 등이 대표적인 성채였는데 전쟁 도시답게 왕궁과 성벽을 한 몸으로 지었다. 그리 크지 않은 규모의 왕궁을 사방에서 수미터 두께의 완강한 거대 성벽이 에워싸는 구성이다. 이 속에 들어 있는 왕궁의 공간 구성은 그리스건축의 직접적 선례가 되었다. 특히 공실을 중심으로 한 메가론(megaron)이라는 공간 단위는 그리스 신전의 평면으로 발전하는 씨앗이 되었다(도 1-6). 사자 문과 함께 생각하면 그리스 신전의 입면과 평면의 선례가 세트로 잡히는 셈이다.

메가론은 '포치(=열주현관)-전실-방-중앙 영역'의 공간 단위 혹은 구성을 말한다. 기둥 두 개가 받치는 차양을 덮은 현관을 지나면 전실이 나오고 그 속에 중심 공간인 방이 나오는 구성이다. 방 한가운데에는 중앙 영역을 두는데 기둥 네 개를 네 귀퉁이에 세우기도 하고 기둥 없이 바닥에 높이 차이를 주거나 바닥 처리를 달리하고 소품을 두는 형식으로 구획한다. 이곳에는 난로나 옥좌를 두는 등 말 그대로 방에서 제일 중요한 중앙 영역의 기능을 한다.

방 하나에서 영역을 구획하고 위계를 둔 것으로 보아 그 출처는 석기시대나 청동기시대 때 족장급의 주거와 종교 시설을 겸한 건물이었을 것으로 추측해볼 수 있다. 실제 고고학적 증거를 봐도 페르시아 등 중앙아시아나 서아시아 지역에서 초창기 구성이 잡힌 다음 발칸반도를 건너 미케네문명으로 전파되었다는 것이 정설로 되어 있다. 호메로스의 서사시에는 메가론 생활에 대한 기술이 여러 구절 나온다. 오디세우스가 자신이 쫓던 자들이 메가론에서 술판을 벌이고 있는 것을 보고 화살을 쏘아 살해한다거나 키르케가 연인을 맞이하여 즐거운 시간을 보내는 곳 등으로 등장한다.

### 〈아트레우스의 보고〉와 둥근 천장

무덤에서는 두 가지가 중요한데, 매장 형식이 다양해진 점과 이것을 집대성한 원형 공간이 등장한 점이다. 미케네의 무덤은 성채와 한 몸이 된 왕궁의 일부로 부속되면서 피라미드 같은 독립성은 없어졌지만 매장 형식이 다양해지는 발전이 있었다. 원시시대부터 고대 문명을 거치면서 나타났던 대표적인 매장 형식인 석관묘, 갱묘(坑墓), 묘실형, 톨로스(tholos) 등의 네 가지가 모두 쓰였다. 이 가운데 파일로스가 원형 공간의 모태가 되었는데 이전의 톨로스가 원형 지붕까지 갖추지 못하고 평면만 원형에 머물렀던 것에 비해 미케네에서는 지붕까지도 원형으로 해서 평면과 일체가 되는 종합적 구성을 완성했다.

〈아트레우스의 보고〉는 대표적인 예이다. 미케네문명 전반에 걸쳐 왕의 무덤이 여럿 지어졌는데 대부분 톨로스 형태였다. 순장 전통이 남아 있어서 많은 금은보화도 함께 묻었기 때문에 무덤 대신 '보고'라는 명칭을 사용한다. 보통 톨로스는 암벽을 둥글게 파고 들어가는 방

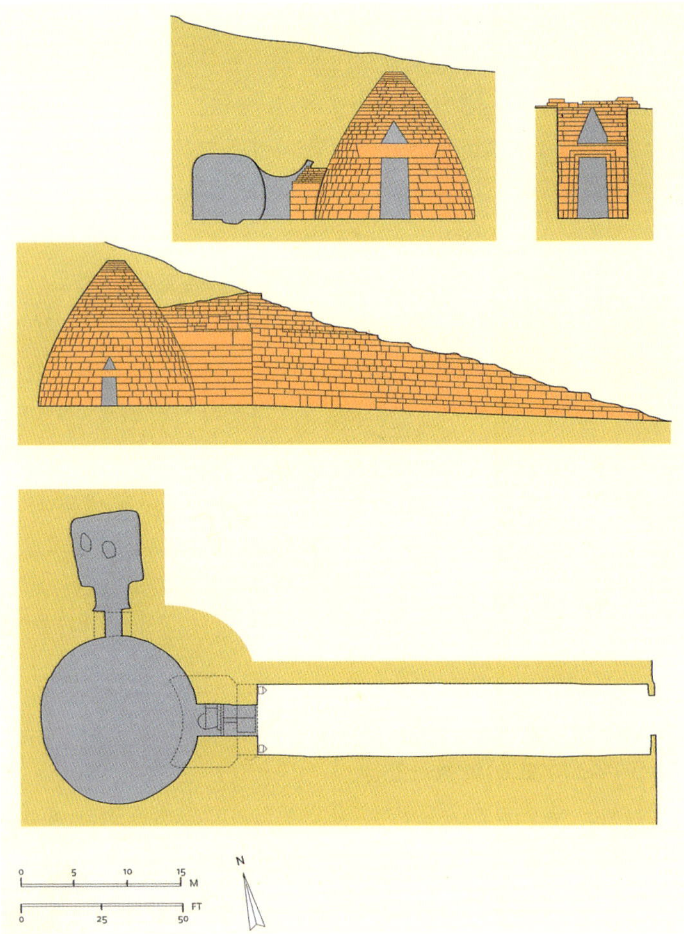


**도 1-7** 〈아트레우스의 보고〉, 미케네, 기원전 1250년.

식으로 둥근 천장을 만들었는데 〈아트레우스의 보고〉는 이것을 모델로 삼아 돌을 쌓아서 둥근 천장을 만든 점에서 건축 기술의 발전에서 중요한 분기점을 이룬다. 보존 상태가 제일 좋고 원형 공간의 구조 기술이 가장 발전하였다. 이집트의 피라미드가 원시적 영웅주의와 결부된 상징성에 치중한 반면 이 보고는 규모는 작아진 대신 원형 공간이라는 완전히 새로운 형태 윤곽이 처음 잡히기 시작했으며 이것을 구조물로 구현하는 기술 발전이 있었다.

전체 구성은 드로모스(dromos)라고 부르는 30여 미터 길이의 통로를 거쳐 출입문을 지나 원형묘실에 이르는 순서로 이루어진다(도 1-7).

출입문 위에는 120톤이 나가는 석판이 상인방으로 놓였는데 6×7미터의 크기에 두께는 1.4미터였다. 둔탁한 고대 거석 구조의 이미지를 벗기 위해 두께를 얇게 하면서 위쪽 벽체에서 내리누르는 무게가 문제가 되자 이를 해결하기 위해 벽체를 파내 진공 부로 만들었다. 이런 처리 방식을 릴리빙 아치(relieving arch)라고 부르는데 벽을 파낸 만큼 가벼워져서 무게의 부감을 현저하게 줄일 수 있었다.

관건은 둥근 천장인데 여기에서는 아직 완전한 반구에 이르지 못하고 기다란 역깔때기 모양에 머물렀다. 조적술로 완전한 반구의 등근 천장을 만드는 기술은 아치를 3차원으로 회전해야 가능한 매우 어려운 기술이어서 로마의 판테온에나 가서 완성된다. 〈아트레우스의 보고〉에서는 내어쌓기(squinch)라는 다소 원시적인 기술을 이용해서 꼭대기가 뾰쪽한 역깔때기를 만드는 데 만족해야 했다(도 1-8). 33단의 원형 벽을 위로 올라갈수록 안으로 조금씩 들어오게 쌓은 뒤 맨 위 단은 뚜껑을 덮듯이 막는 방식이었다. 이렇게 만든 원형 공간은 지름이 13.2미터, 높이는 14.5미터였다. 원은 그 자체가 하늘의 이미지를 상징하는 등 기하학적 특수성이 강한 도형이다. 원형 공간을 축조하기 시작하면서 서양 건축은 사각형 중심의 고대 오리엔트 건축과 차별화되며 진일보한 단계로 진입했다.

**도 1-8** 〈아트레우스의 보고〉, 둥근 천장 실내, 미케네, 기원전 1250년.

### 초기 그리스건축의 성립

기원전 1200년경이 되면서 그리스 본토의 북부 지방에서 도리안 족이 유리한 자연환경과 그리스 일대의 발달한 문명을 손에 넣기 위해 남하하기 시작했다. 이들은 그리스 본토로 진출을 꾀하던 미케네문명과 충돌하며 100여 년간 전쟁을 치렀다. 이 전쟁은 도리안 족의 승리로 끝났는데 이유는 간단했다. 청동기 문명에 대한 철기 문명의 승리였다. 미케네문명은 청동기 문명의 마지막 단계였고 도리안 문명은 서양 지역에 등장한 최초의 철기 문명이었다.

이후 그리스 반도에는 철기 문명에 의해 이전의 청동기 문명과 완전히 다른 새로운 건축이 등장하기 시작한다. 이 과정에서 중요한 변수가 하나 더 추가되는데 바다 건너 소아시아에서 건너온 이오니안

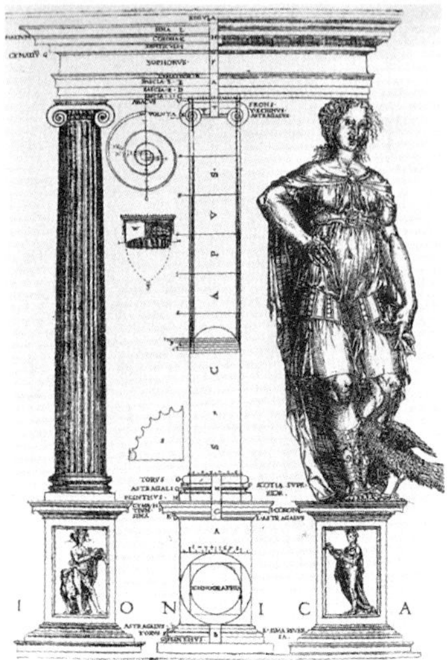


**도 1-9** 도리스식 오더를 헤라클레스에 유추한 J. 슈테(Shute)의 그림, 1563년.
**도 1-10** 이오니아식 오더를 헤라에 유추한 J. 슈테의 그림, 1563년.

족이 합류한 것이었다. 두 민족은 큰 전쟁 없이 잘 융합해서 그리스 문명의 모태를 형성했다. 두 민족은 많이 달랐다. 도리안 족은 대륙적 기질과 합리적 이성으로 무장했으며 법규에 능한 남성적 민족이었던 데 반해 이오니안 족은 소아시아와 그리스 반도의 에게 해 연안 일대에 근거지를 둔, 좀 더 부드럽고 감성적 기질을 가진 해양 민족이었다(도 1-9, 1-10).

일대일대응은 무리이나, 굳이 비유를 하자면 '스파르타식 대 아테네식'의 대별 구도에서 도리안 족을 스파르타에, 이오니안 족은 아테네에 각각 비유할 수 있다. 그리스 문명이 발전할 수 있었던 중요한 원동력이 스파르타와 아테네로 대표, 대별되는 쌍 개념을 하나로 통합해낸 데 있듯이 도리안 족과 이오니안 족의 통합은 그리스 문명이 싹트는 기초가 되었다. 이때가 대략 기원전 1000년경이었다. 이후 크고 작은 전쟁 등 부침이 있긴 했지만 그리스 문명은 비교적 안정된 양상으로 전개되며 조금씩 완성된 모습을 갖춰갔다. 이 과정에서 그리스 반도 일대에 흩어져 있던 다양한 소수민족들이 통합되면서 작게는 주요 도시들을 중심으로 한 도시국가의 틀을 다졌고 크게는 이들을 하나로 아우르는 그리스 세계(Greek World)라는 큰 문명 세계를 이루어 갔다(도 1-11).

**도 1-11** 그리스 세계

도리안 족과 이오니안 족의 통합이 완료된 시점은 기원전 800년경이었다. 이후 100년 정도의 준비기를 더 거친 뒤 그리스 문명은 본격적인 발전을 시작하면서 구체적인 결과물들을 생산하기 시작해서 약 400여 년의 전성기를 누리게 된다. 그리스건축의 시대 구분은 한 가지로 통일된 의견은 없으나 기원전 1100년부터 기원전 700년까지의 암흑기, 기원전 700년부터 기원전 480년까지의 아르카이크기, 기원전 480년부터 기원전 323년까지의 고전기로 구분하는 것이 제일 보편적이다.

## 철기 문명과 신전 사회

그리스건축은 그리스 문명이 그러하듯이 철기 문명의 산물이다. 이전 청동기 문명의 고대 오리엔트 건축과 비교했을 때 거석 구조는 사라졌지만 건물이 작아진 대신 부재의 수가 많아지고 디테일이 섬세해지며 조합이 복잡해지는 변화가 있었는데 이것 역시 철기 문명으로 발전하면서 나타난 새로운 현상이다(도 1-12, 1-13). 도구의 관점에서 보면 강도가 세진 철기 덕분에 섬세한 가공이 가능해진 결과이다. 문화의 관점에서 보면 철기 덕분에 승전이 많아지면서 노예가 늘어나고 생산도 향상되면서 사회 전반에 일어난 변화의 산물이다. 중산층 이상인 남성들의 여유 시간이 많아지고 직업이 세분화되면서 분야별로

**도 1-12** 〈파르테논〉. 브느와 로비오(Benoit Loviot)의 그림(1879–81)이다.

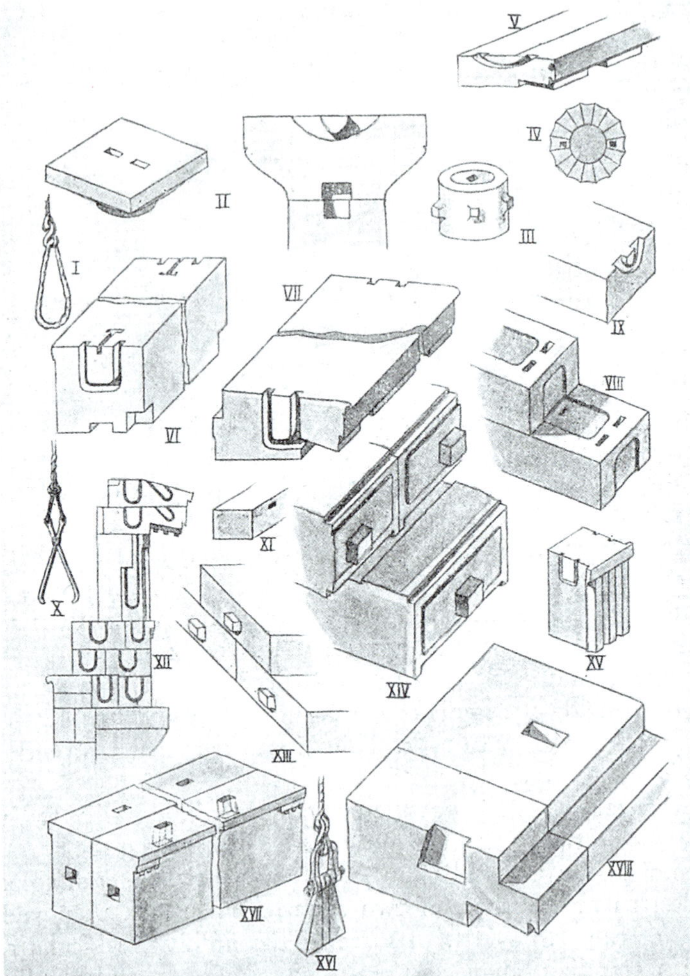


**도 1-13** 그리스 신전 축조에 사용된 다양한 시공 방법들. 철기 문화이기 때문에 가능한 것들이다.

전문직이 등장했다. 이들은 군역과 노동 등에서 해방되어 여유로운 상태에서 자신의 전문적 일에 몰두할 수 있었고 건축과 예술도 섬세해지는 발전이 있었다(도 1-14).

그리스건축과 그리스 문명은 신전을 중심으로 진행되었다. 고대 오리엔트 건축의 5대 건축물이었던 성채, 무덤, 왕궁, 신전, 탑 가운데 신전으로의 집중이 두드러졌다. 신전은 제일 중요한 건축물이었을 뿐 아니라 단순한 건축물을 뛰어넘어 사회 전체의 중심체 역할을 했다. 일차적으로는 종교 건물이었지만 신전에서는 제사만 올린 것이 아니었다. 정치 집회, 시민 활동, 축제, 법령 반포 등 주요 사회 활동이 벌어지는 배경의 장이었다.

신전은 사면을 에워싸는 기둥 열, 삼각 박공을 갖춘 지붕, 실내 공간인 셀라(cella)로 구성된다. 기둥은 단순히 구조 역할만 한 것이 아니라 아래로는 기단과, 위로는 지붕과 합해지면서 오더(order)라는 종합적 구조체로 작동했다. 오더에는 그리스 문명을 일군 두 민족의 이름을 따서 도리스식과 이오니아식 두 종류가 있었다. 이 두 이름은 그대로 신전 양식의 명칭으로도 통용된다. 나중에 후기 그리스 시대 때 새로 만들어지는 코린트식까지 합하면 그리스 고전 예술을 대표하는 3대 양식이 된다.

**도 1-14** 그리스의 영웅 아카데무스(Academus)에게 봉헌된 정원에서 설교하고 있는 플라톤. 폼페이(Pompeii) 근교의 빌라에서 출토된 모자이크 그림.

오더에는 여러 가지 상징체계가 실렸는데 장식과 비례가 대표적인 예이다. 장식은 바깥 보의 외부와 지붕 박공에 돋을새김이나 그림 형식으로 들어갔는데, 신화나 승전 등이 주요 내용을 이루었다. 구성 부재 수가 많아지고 각 부재는 정밀해졌으며 이것들의 조합이 복합적으로 되면서 전체 구성을 체계적으로 정리할 필요가 생겼는데 피타고라스가 정리한 비례 법칙이 중요한 역할을 했다. 그리스 신전을 구성하는 크고 작은 부재들의 크기 및 이것들 사이의 위치와 관계는 그냥 정해진 것이 아니라 일정한 비례 법칙을 따랐다. 기둥밑동의 반지름을 모듈로 삼아 큰 부재는 이것의 배수로, 작은 부재는 분수로 각각 그 크기를 정했다.

비례 법칙은 두 오더 양식이 달랐다. 예를 들어, 도리스식 오더의 주간 거리는 4.5-5.5가, 이오니아식 오더는 9-10이 표준형이다. 기둥의 높이는 도리스식 오더는 14가, 이오니아식 오더는 18이 표준형이다(도 1-15). 세부 부재의 비례는 이오니아식보다 도리스식에서 더 많이 지켜졌다. 이는 법규에 능한 도리안 족의 민족성이 반영된 것으로 볼 수 있다. 전체 분위기도 두 민족의 민족성을 그대로 닮아서 도리스식은 굵고 둔탁하고 남성적인 반면 이오니아식은 훨씬 더 날씬하고 섬세하며 장식적이다. 주두도 마찬가지여서 도리스식이 납작한 원

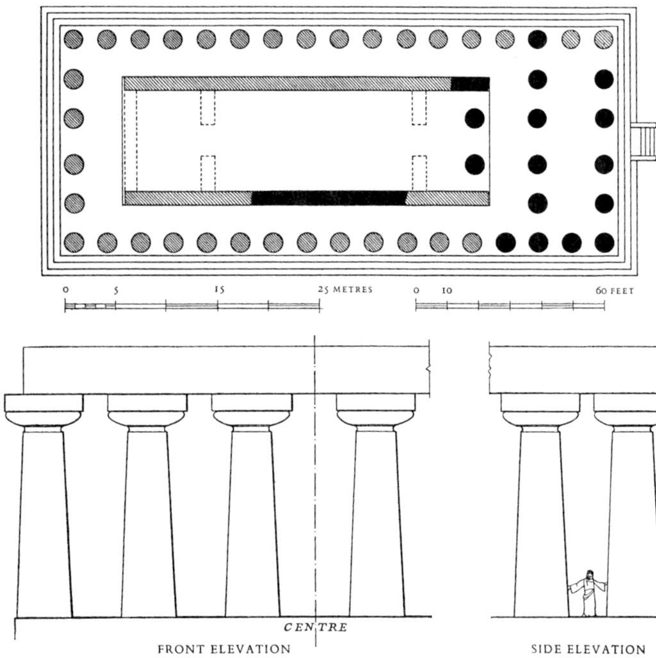


**도 1-15** 아폴로 신전(Temple of Apollo), 시라쿠사(Siracusa), 이탈리아.

반과 판재만으로 이루어지는 데 반해 이오니아식은 소용돌이 문양으로 장식했다.

# 2

# 그리스건축

## 아르카이크기의 그리스 신전

그리스건축에서는 신전이 차지하는 비중이 3분의 2를 넘는다. 사회적으로 차지하는 비중이 그만큼 컸으며 그렇기 때문에 기술과 상징 등 건축 역량이 신전에 집중되었다. 각 도시국가의 정치 지도자들은 자신의 영토 안에 번듯한 신전을 최소한 하나 이상, 되도록 여럿 지어야 체면이 섰고 통치력을 유지할 수 있었다. 신전 축조 능력은 그 사회의 수준과 능력을 가늠하는 중요한 기준이었다.

그리스 신전은 자기 완결성이 강하고 정밀한 구성체이기 때문에 학자들 사이에 출처에서 완성에 이르는 과정에 대한 고고학적 관심이 큰 편이었다. 특히 출처, 즉 어디에서 왔는지에 대해서 그랬는데, 미케네 건축의 메가론과 사자 문, 그리스 본토의 장례용 성소나 빌리지 채플 같은 재래 종교 시설, 그리스 토속 건축의 목구조와 석구조 등 세 가지 선례가 하나로 합쳐지면서 수많은 피드백과 정밀한 조절 과정을 거쳐 완성된 것으로 볼 수 있다. 암흑기에는 신전에 대한 기본 인식이 형성되면서 원시적 상태의 선례들을 통합하는 작업이 시작되었다. 아르카이크기에 들어와 초기 수준의 다소 엉성한 구체적 모습이 나타나기 시작했으며 점차 다듬어져서 아르카이크기 후반부쯤 되

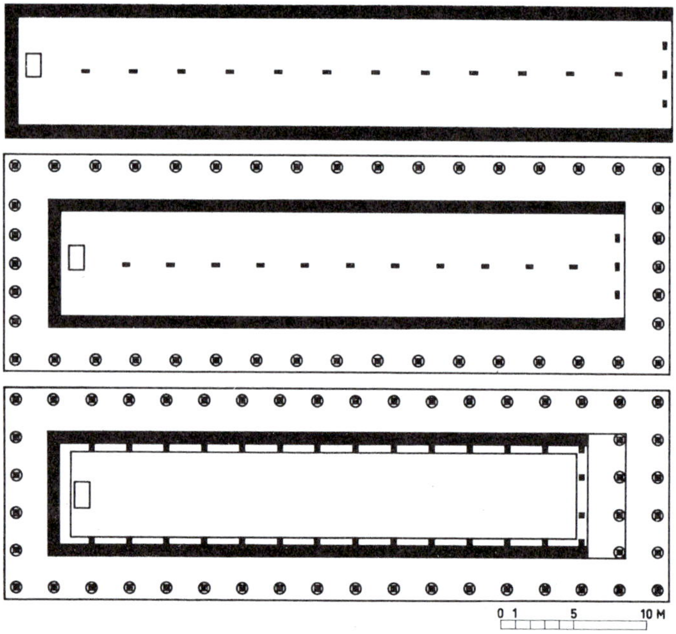


**도 1-16** 신전 C(Temple C), 셀리누스(Selinus), 이탈리아, 기원전 6세기 초.
**도 1-17** 헤라에움(Heraeum) 혹은 헤카톰페돈(Hecatompedon)의 세 단계 발전 과정, 사모스(Samos), 소아시아.

면 제법 완성된 상태에 이르고 고전기에 절정에 이른다.

그리스 신전의 완성에 대한 기준은 오더와 평면의 두 방향에서 생각할 수 있다. 오더는 각 부재가 비례 체계를 갖추어가면서 그에 합당한 구조 기능과 맵시를 확보하는 것이 관건이었다. 초기 신전의 오더는 짧고 둔탁했으며 주두는 가분수처럼 커서 맵시라고는 전혀 없었다(도 1-16). 기술과 과학이 발달하면서 주신이 점차 높고 두꺼워졌으며 비례에 의해 다듬어지면서 안정적이고 보기 좋은 모습을 갖게 되었다. 평면은 처음에는 사각형 윤곽조차도 갖추지 못했으며 사각형으로 다듬은 뒤에도 실내 중앙을 기둥 열이 가르고 지나가서 신상을 놓을 자리가 없었다. 실내에 아예 기둥이 없기도 했는데 이 경우는 건물 자체가 너무 작아서 신전으로 사용하는 데 어려움이 컸다. 건물이 일정 규모 이상으로 커지고 기둥이 두 열로 늘어나 양옆으로 갈라지면서 중앙에 신상이 들어오게 되었다(도 1-17).

이런 두 가지 발전 내용은 비슷하게 진행되었다. 아르카이크기 후반에 해당하는 기원전 6세기가 첫 번째 중요한 분기점으로 코린트의 아폴로 신전(기원전 540년경), 메타폰툼(Metapontum)의 헤라 신전(기원전

**도 1-18** 케레스 신전, 파에스툼, 이탈리아, 기원전 500년경.
**도 1-19** 바실리카, 파에스툼, 이탈리아, 기원전 530년경.

6세기 말), 아그리젠토(Agrigento)의 올림포스 제우스 신전(기원전 510~), 파에스툼(Paestum)의 바실리카(Basilica, 기원전 530년경)와 케레스 신전(Temple of Ceres, 기원전 500년경), 에지나(Aegina)의 아파이아 신전(Temple of Aphaia, 기원전 500년경) 등에서 위의 기준에 따른 발전 과정을 거치면서 그리스 신전의 초기 골격이 잡혀갔다(도 1-18, 1-19). 이런 신전들은 아직 부족한 점이 많았다. 예를 들어 바실리카에 오면 오더는 많이 높아졌지만 주두가 여전히 찐빵을 눌러 놓은 것처럼 지나치게 컸으며 실내에서도 기둥 열이 중간을 가르고 지나가는 식이었다.

## 성기 고전기

앞의 여러 기준들이 비교적 잘 지켜지기 시작한 시기가 아르카이크기와 고전기를 가르는 분기점이었다. 기원전 480년경에 세워진 시라쿠사의 아테네 신전이 초기 고전기의 시작을 알렸으며 이후 기원전 460

년은 또 한 번의 중요한 분기점이었다. 파에스툼의 포세이돈 신전(기원전 460년경)과 올림피아의 제우스 신전(기원전 460년경) 등에서 위의 여러 조건을 만족시키는 구성이 최초로 완성되었다. 이를 바탕으로 성기 고전기에 진입해서 아테네의 파르테논(기원전 447~기원전 432), 수니온의 포세이돈 신전(기원전 444~기원전 440), 아그리젠토의 콩코드 신전(기원전 430년경) 등 걸작들이 지어졌다.

이후 430년을 기점으로 삼아 콩코드 신전을 끝으로 도리스양식은 갑자기 쇠퇴하면서 성기 고전기는 막을 내리고 후기 고전기로 넘어간다. 그 직전까지 유수의 도리스식 신전이 지어졌던 것과 비교하면 쇠퇴는 서양 건축사에서 비근한 예를 찾아보기 힘들 정도로 매우 전격적인 것이었다. 그 이유는 아테네의 쇠퇴에서 찾을 수 있다. 기원전 443년에 페리클레스가 집권하면서 페리클레스 집정기라 불리는 전성기가 기원전 429년까지 계속되었다. 그러나 기원전 431년에 스파르타와 펠로폰네소스전쟁을 시작한 데다 기원전 429년에 아테네에 페스트까지 창궐하면서 페리클레스가 사망하자 아테네는 어려움에 직면했다. 기원전 421년에 향후 50여 년간 계속된 니키아스 평화협정을 맺으면서 종전되었지만 아테네는 더 이상 정교한 신전을 지을 힘을 상실했다.

**도 1-20** (위) 아르카이크기의 도리스식 주두. 주신의 지름에 비해서 에키너스의 폭이 넓다. (아래) 고전기의 도리스식 주두. 주신의 지름과 에키너스 폭 사이의 차이가 거의 없다.

성기 고전기 신전들은 그리스건축의 정수를 집대성해서 그리스의 기후와 신전 기능에 맞는 표준 유형을 완성했다. 무엇보다 과학기술의 발전을 건축에 잘 적용해서 석구조의 구조적 가능성을 충분히 활용할 수 있게 되었다. 기둥 간 거리와 기둥 높이 등에서 가장 적절한 비례를 확보했으며 주신 지름과 주두 부재들 사이의 비례에서도 구조적 안정성을 유지하면서 주신 윤곽의 맵시를 동시에 얻어내는 발전이 있었다(도 1-20). 비례 체계가 자리 잡는 데는 오더를 구성하는 세부 부재들의 크기와 위치 등이 잘 정리된 점도 중요했다. 각 부재들이 지닌 제의적 의미를 살려서 전체 오더 체계로 집약해냈으며 디테일 윤곽을 부드러운 곡선으로 깎아내는 등 정신적 측면과 시공의 양면을 두루 잘 갖추었다.

이런 발전을 거치면서 건물 외관이 잘 다듬어지고 균형이 잡혔다. 흔히 '고전적 비례'라는 말로 통용되는 고전주의의 조화와 균형의 미

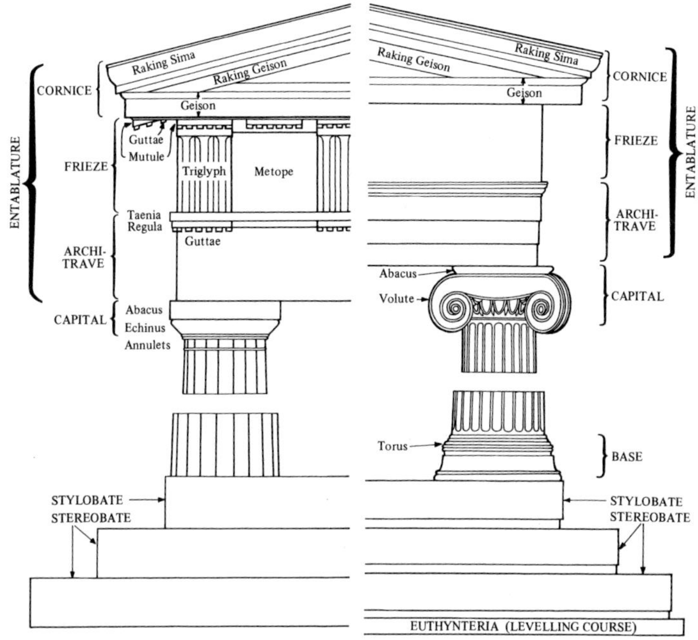


**도 1–21** (왼쪽) 도리스식 오더의 구성 부재. (오른쪽) 이오니아식 오더의 구성 부재

학은 여기에서 나온 것이다. 일차적으로는 건물의 전체 윤곽과 주요 마디 등이 실제로 황금 비례, 정수비례, 루트 비례 등 대표 적인 비례 법칙에 따라 짜고 분할된 것으로 볼 수 있다. 더 구체적으로 보면 여러 부재들이 각자 제의적 의미를 지니면서 구조 기능과 건물의 구성 원리 등에 맞춰 합리적으로 조합된 결과로 볼 수 있다(도 1–21). 그리스 신전의 오더 구조는 많은 부재들의 정밀한 조합으로 이루어지는데 이는 구조역학, 비례, 신화, 시각 효과 등 여러 배경을 하나로 통합해 낸 결과이다. 마지막으로 신전의 사회적 기능을 직설적으로 나타내는 장식을 더했다. 프리즈, 천장, 지붕 윤곽, 박공 등 여러 곳에 장식을 새겨 건물을 사용하는 시민들의 종교심과 애국심 등을 고취했다(도 1–12).

이렇게 완성된 그리스 신전은 사회의 중심 역할을 했다. 서양의 전 역사를 통틀어 한 종류의 건물에 사회적 의존도가 이렇게 높은 경우는 없었다. 중세 성당도 여기에는 못 미쳤다. 그리스는 특히 옥외 활동이 많았기 때문에 신전은 여러 사회 행사의 배경으로 작용했다. 실내보다는 옥외에서 활발한 신체 활동을 통해 건강한 몸과 마음을 함

**도 1-22** 포세이돈 신전, 파에스툼, 이탈리아, 기원전 460년경.

께 유지하는 기풍이 지배하는 사회였고 사시사철 옥외 활동을 할 수 있도록 해주는 지중해 지후의 덕도 컸다. 반듯하면서 기품 있는 모습으로 서 있는 성기 고전기의 완성된 신전은 이런 사회 기풍을 진작하는 물리적, 정신적 배경으로 손색이 없었다(도 1-22).

### 파에스툼의 포세이돈 신전과 파르테논

그리스 신전이 지닌 비례의 의미는 매우 포괄적이다. 가장 좁은 의미는 비율이라는 수치로 표현되는 이상 비례이다. 이는 그리스 문명이 인체에 대해서 지녔던 이상미로 유추할 수 있다. 사람의 육체에는 가장 아름다운 형태가 한 가지 있다고 믿으면서 이것을 이상미로 관념화했을 뿐 아니라 구체적 비율 관계로 정의했다. 팔등신은 여기에서 나온 것이며 팜(palm), 큐브, 푸트 같은 단어들도 손바닥 길이, 발꿈치 길이, 발바닥 길이 등 인체 각 부위의 이상적 비례를 정의하는 과정에서 나온 것들이다.

이것에 머물지 않았다. 그리스 신전에서 비례는 이것을 포함한 정밀한 조절 능력을 포함했다. 이상 비례를 실제 건물에 적용해서 현장에서 시공을 하다보면 불일치가 발생한다. 이때 선택 가능한 대응 방안은 셋이다. 이상 비례를 우선해서 현장의 현실적 문제를 무시하거나, 반대로 현장 상황을 우선해서 이상 비례를 해치거나, 둘 사이의 적절한 조절을 통해 둘 다 살리는 것이다. 그리스 신전은 세 번째를 택했다. 이는 선험적으로 정해지는 전체적 가치와 경험적으로 발생하는 개별적 가치 사이의 관계 문제다. 이상주의는 전체적 가치를, 경험주의는 개별적 가치를 중시하는데 그리스 신전은 둘 사이에 적절한 화해를 이뤄낸 데에 그 위대함이 있다.

파에스툼의 포세이돈 신전(Temple of Poseidon))과 파르테논(Parthenon)은 이것을 보여주는 좋은 예다. 두 신전 모두 이상 비례를 가장 완벽하게 구현하면서 완벽한 그리스 신전의 외관을 갖춘 것으로 평가된다(도 1-22, 1-23). 두 신전의 중요성에는 이것만 있는 것이 아니다. 현장의 불일치 상황을 조절해내는 응용력에서도 완성된 수준을 보여준다.

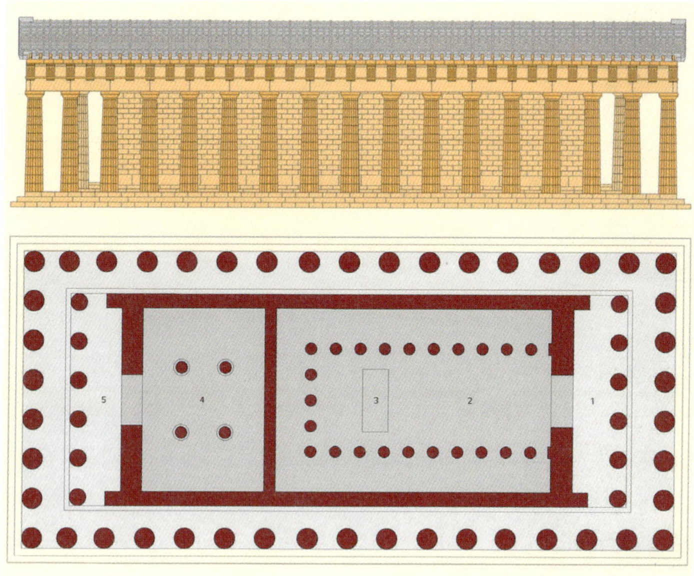


**도 1–23** 파르테논의 측면도와 평면도.

포세이돈 신전에서는 외곽의 열주와 셀라의 실내 기둥 사이에 발생하는 불일치 문제를 해결했다. 그리스 신전은 경사 지붕을 갖기 때문에 외곽 열주보다 실내 기둥의 높이가 더 높아야 한다. 높이가 높아지면 비례 법칙에 의해 굵기도 굵어져야 한다. 기둥이 더 높고 굵다는 것은 위계가 높은 것이 된다. 그런데 그리스 신전은 옥외용 건물이기 때문에 외곽 열주가 실내 기둥보다 위계가 높다. 불일치가 발생한 것이다. 이를 해결하는 방법은 두 가지이다. 첫 번째는 실내에 날씬한 이오니아식 오더를 사용하는 방법인데 이는 실내외에 같은 종류의 오더 양식을 사용해야 한다는 규범에 어긋난다. 이를 피하기 위해 찾아낸 두 번째 방법이 실내 기둥에 도리스식 오더를 사용하면서 2층으로 쌓는 것이다. 외곽 열주와 같은 크기의 기둥으로 아래층을 쌓은 뒤 그 위에 작은 기둥을 한 층 더 올렸다(도 1–24).

**도 1–24** 포세이돈 신전, 파에스툼, 이탈리아, 기원전 460년경.

파르테논에서는 '모서리 문제(corner problem)'를 해결했다. '모서리 문제'란 트리글리프의 위치 때문에 발생하는 문제이다. 그리스 신전에서는 트리글리프의 중심과 주신의 중심을 일치시키는 것이 통례인데 이렇게 할 경우 모서리에서 문제가 발생한다. 모서리에 놓이는 마지막 트리글리프 바깥쪽의 메토프가 불완전한 조각으로 남게 되는 것이

도 1-25 파르테논, 아테네 아크로폴리스. 모서리 문제를 보여준다.

다. 이 메토프 조각을 없애버리면 마지막 기둥 위에 놓이는 보의 끄트머리가 기둥 두께의 절반만 걸치게 되어 구조적으로 불안해진다. 이 문제는 트리글리프가 본격적으로 등장하기 시작한 고전기 신전에서 공통적으로 발생했는데, 마지막 트리글리프를 기둥 끄트머리에 맞춰 놓는 것으로 해결했다. 구조적 안정성을 먼저 택한 것이다(도 1-25).

그렇더라도 한 가지 문제가 여전히 남는데, 모서리 베이에서 메토프와 트리글리프의 간격과 기둥 간격 사이에 불일치가 발생하는 것이다. 이것은 기둥 간격을 메토프와 트리글리프의 간격에 맞춰 조절하는 것으로 해결했다. 즉 모서리 베이의 기둥 간격이 다른 기둥 간격보다 더 넓어진 것이다. 파에스툼의 포세이돈 신전도 이런 방식을 취했다. 파르테논은 이것이 완전한 해결책이라고 보지 않았다. 두 번의 조절을 거치면서 이상 비례와 너무 멀어진 것을 어떻게 받아들이고 표현하느냐의 문제였다. 파르테논 이전까지 신전은 조절에 따른 부재 사이 간격의 불일치를 육안으로 파악하지 못하게 해서 불일치의 문제가 발생했다는 사실을 감추려 했다.

파르테논을 지은 장인은 이런 타협을 옳은 해결로 보지 않았다. 이

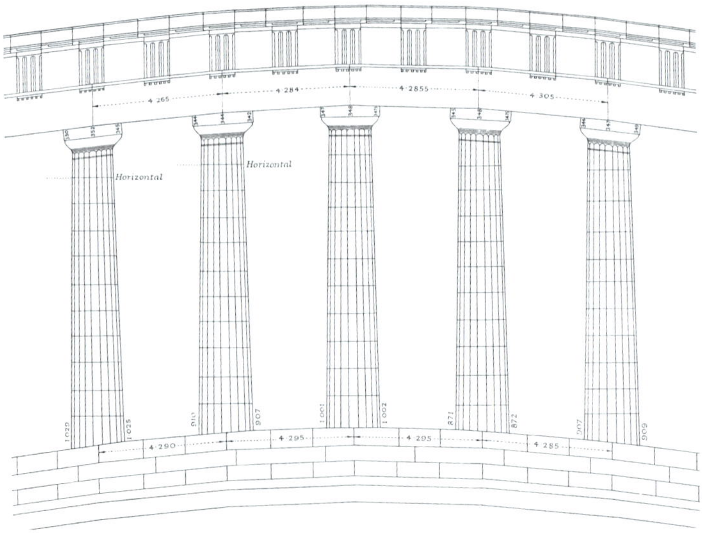


도 1-26 파르테논 북쪽 열주에 가해진 처짐 교정.

상 비례의 규범을 지키면서 건물이 현장에서 지어지기 위해서 두 번의 조절은 불가피한 것이었기 때문에 이것을 굳이 감추려 하지 않았다. 모서리 쪽 마지막 기둥을 트리글리프 끝 선에 맞춰 안으로 밀어 넣었고 마지막 기둥 간격을 다른 간격보다 훨씬 좁은 채로 놔두었다. 모서리 기둥을 앞의 신전들과 반대 방향으로 옮긴 것이다. 파르테논의 기둥 간격은 일정하지 않은데, 이 속에는 이런 심오한 뜻이 담겨 있는 것이다. 수평 처짐과 수직 쏠림 같은 착시 현상을 교정한 것도 같은 맥락으로 이해할 수 있다(도 1-26). 비례가 단순한 수치로만 존재하면서 실제 지어진 건물에서 다르게 나타나는 간극을 정밀하게 조절해내서 실제 눈에도 가장 완벽한 모습으로 보이게 한 것이다. 그리스 건축에서 이상 비례의 핵심은 단순히 황금 비례 같은 수치를 그대로 옮겨놓은 데 있는 것이 아니라 이처럼 현장 상황에서 발생하는 불일치의 문제를 해결해낸 조절 능력에 있는 사실을 그대로 기록으로 남겨 표현한 것이다.

### 후기 고전기와 이오니아식 신전

그리스 신전 양식 가운데 비례 법칙을 잘 지킨 것은 도리스식이었다. 도리스식은 고전기를 대표하면서 그리스 신전 발전사를 이끌었다. 이오니아식은 상대적으로 고전기까지 질과 양 모두에서 저조했다. 부재 사이의 정밀한 비례 법칙보다는 소용돌이 문양을 중심으로 한 장식 처리에 관심을 집중했다. 구체적 예에서도 이오니아식 오더만으로 이루어진 독립 신전은 아주 드물었다. 이오니아식 오더는 세장한 비례 때문에 실내외 높이 차이에 대응하기 위해 도리스식 신전의 실내에 2차 오더로 많이 쓰였다. 바세(Bassae)의 아폴로 에피큐리우스 신전(Temple of Apollo Epicurius, 기원전 429년경)과 파에스툼의 케레스 신전(기원전 500년경) 등이 대표적인 예이다.

이오니아식 오더만으로 이루어진 독립 신전이 본격적으로 등장하기 시작한 것은 기원전 420년대였다. 공교롭게 성기 고전기가 끝난 직후여서 이오니아식 신전은 후기 고전기를 대표하는 신전이 되었다. 아테네의 아크로폴리스에 아테나 니케 신전(Temple of Athena Nike, 기원전 427년경)과 에레크테이온(Erechtheion, 기원전 421)의 두 이오니아식 신전이 비슷한 시기에 지어졌다. 장식 중심의 이오니아식 신전이 도리스식 신전을 밀어내고 주류로 등장한 시기는 앞에 설명한 아테네의 쇠퇴와 일치한다. 이 시기에는 도리스식 건물도 계속 지어지긴 했지만 더 이상 비례 법칙이 지켜지지 않고 규모도 크게 축소되어서 미니어처 같은 모습으로 전락했다. 신전 이외에 실용 건물에도 많이 사용되는 등 도리스식은 생명력을 상실했다. 이오니아식도 비례 법칙이 지켜지지 않은 것은 마찬가지였지만 도리스식과 반대로 점점 커져가는 대형 신전의 주인공으로 등장하기 시작해서 알렉산드로스대왕의 후기 그리스건축에서 전성기를 누리게 된다.

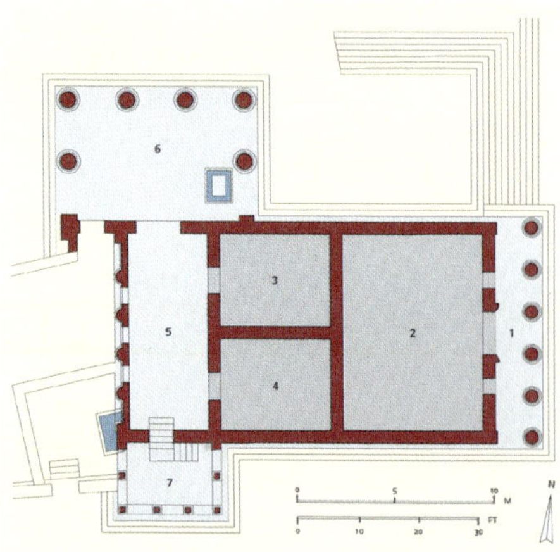

**도 1-27, 1-28** 에레크테이온, 평면도, 아테네 아크로폴리스, 그리스, 기원전 420년경.

에레크테이온은 그리스건축의 이오니아식 신전을 대표하는 예다. 이 건물은 세장한 오더와 섬세한 소용돌이 문양 등 이오니아식의 정수를 보이지만 이전의 도리스식과 비교하면 큰 차이가 있다. 오더 자체의 비례 체계가 무의미해진데다 카리아티드라고 불리는 여신상 주와 함께 쓰이면서 주안점이 장식 등 볼거리로 넘어갔다(도 1-27). 평면 구성도 도리스식 신전의 단일 육면체가 깨지고 세 개의 크고 작은 육면체를 조합한 복합 구성으로 변했다. 제일 큰 육면체가 셀라이고 나머지 둘은 기둥 열을 더한 발코니였다. 셀라도 전실, 후실, 중간 방 등 모두 네 개의 작은 방으로 구획되면서 도리스식 신전의 단일 공간이 붕괴되었다(도 1-28). 이런 변화는 다양성을 준 점에서는 나름대로 의미가 없는 것은 아니지만 규범과 조화를 중시하는 고전주의의 관점에서 보면 고전 정신의 쇠퇴로 볼 수 있다.

## 도시국가와 아고라

그리스는 대표적인 도시국가 체제였다. 아테네, 스파르타, 코린트, 시라쿠사, 올림피아, 델피, 아소스, 페르가몬 등 그리스 문명을 대표했던 이름들은 모두 도시 이름인 동시에 이 도시가 중심이 된 도시국가의 이름이기도 했다. 도시국가의 평균 크기는 250제곱미터 안팎에 인구는 3만 명에서 5만여 명 정도였다. 아테네와 스파르타의 전성기 때 크기는 각각 이것의 10배와 30배 정도였으며 인구는 35만 명과 30만 명이었다. 이 규모는 직접민주주의 혹은 참여 민주주의를 운영하기에 적합했다. 노예, 어린이와 노인, 여성 등을 제외하고 정치적 결정권을 가진 성인 남성은 몇 천 명 정도이기 때문에 참석률까지 고려하면 한 장소 안에서 직접 토의와 투표 등이 가능했다.

도시에는 이런 시민 활동을 위한 아고라라는 장소를 마련했다. 서양 건축 최초의 광장이라고 할 수 있다. 도시의 중심에 다양한 시민 생활을 지원할 건물 기능들이 중앙광장을 중심으로 모여 있는 구성이었다. 아테네의 아크로폴리스도 아고라의 한 종류이며 그 아래 진짜 아고라가 하나 더 있기 때문에 아테네에는 아고라가 두 개인 셈이었다(도 1-29). 아크로폴리스는 신전이 모여 있는 특수한 아고라로 언덕 위에 요새 형태로 자리 잡아서 전쟁 때에는 전쟁 본부도 겸했다. 그리스 문명 때부터 도시 생활의 효율을 위해 바둑판 구성이 일부 등장하기는 했으나 그리스 시대 때에는 아직 자연 지형에 따른 불규칙한 구

**도 1-29** 아테네 아고라 전경 모델. 뒤로 언덕 위에 아크로폴리스가 보인다.

**도 1-30** 프리에네(Priene)의 아고라.
**도 1-31** 페르가몬의 아크로폴리스, 소아시아.

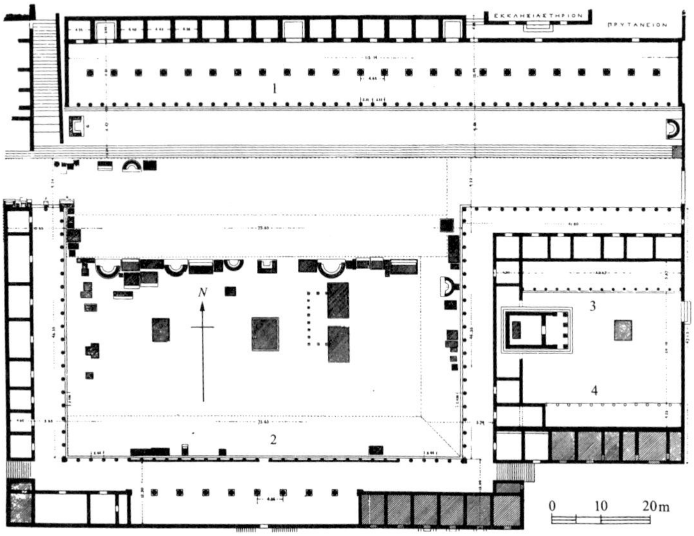


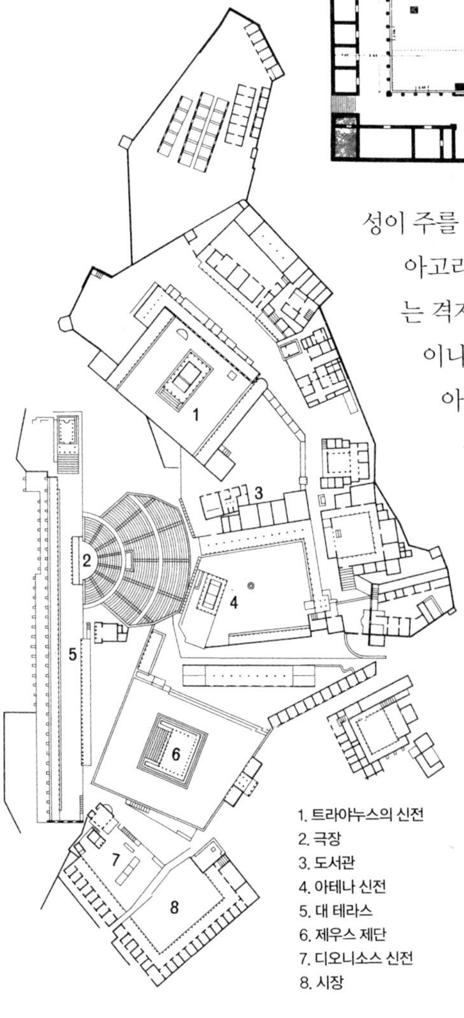


1. 트라야누스의 신전
2. 극장
3. 도서관
4. 아테나 신전
5. 대 테라스
6. 제우스 제단
7. 디오니소스 신전
8. 시장

성이 주를 이루었다.

아고라는 위치에 따라 두 가지 구성 방식이 있었다. 평지에서는 격자 구도를 많이 따라 정형적 구성을 하는 편인 반면 구릉이나 언덕 같은 경사지에 들어설 경우에는 자연 지형을 좇아 불규칙한 비정형 구성을 했다(도 1-30, 1-31). 아고라는 직접민주주의를 바탕으로 다양한 사회생활이 벌어지는 장이었다. 철기 문명이 시작되면서 직업이 세분화, 다양화되었고 그리스 사회만의 특징으로 운동, 문화 예술, 학문 등과 관련되어 인간 활동이 더욱 다양해졌다. 이것을 담당할 건물 종류도 함께 다양해졌다. 건축적 관점에서 보면 중요한 분기점이었다. 건축의 중심이 청동기시대 때 고대 전제 권력을 뒷받침하던 성채, 왕궁, 무덤, 신전 등의 거석 구조에서 다양한 기능 유형으로 분화, 발전하는 의미가 있다. 실제로 아고라에 등장하는 건물들을 보면 그리스 철기 사회가 이전의 오리엔트 청동기 사회보다 매우 분화, 전문화되었음을 보여준다.

아고라는 그리스 도시국가에서 여러 사회 활동들

을 영위하던 일종의 광장이었다. 아고라에서는 상거래나 메달 주조와 같은 경제행위, 공예 작업과 같은 생산 행위, 참여 민주주의를 위한 정치 집회, 무기 보관과 같은 군사 행위, 제식이나 장례나 매장과 같은 종교 집회, 재판이나 형 집행과 같은 법률 행위, 공연이나 토론과 같은 학문 예술 활동, 문서 및 도서 보관과 같은 학술 활동, 경주나 운동 같은 스포츠 활동 등이 일어났다. 공중목욕탕과 호텔이 있기도 하였으며 우물, 분수, 호수 등이 있는 경우도 있었다. 이런 행위들은 그리스 도시국가를 형성하고 이끌어갔던 시민 생활 그 자체였다.

아고라의 중심지는 두 곳이었다. 정신적 중심지는 앞에서 말한 대로 신전이었다. 신전은 종교 행위는 물론이고 여러 사회 행위가 벌어지는 배경을 제공했다. 신전은 자연과 가까운 교외에 짓는 것이 통례이지만 아고라에도 정신적 중심지로 지어졌다. 사회적, 기능적 중심지는 스토아였다. 스토아는 기본적으로 상거래 등 경제행위가 일어나는 건물이었지만 집회, 재판, 학문, 전시 등 다양한 활동의 장이었다. 그리스철학의 스토아학파도 철학자들이 스토아를 거닐면서 토론을 한 데서 유래한 이름이다.

**스토아, 불레우테리온, 극장**

스토아는 정면이 기둥 열로 이루어지고 후면은 벽으로 막힌 반 개방형 건물이었다(도 1-32). 후면은 보통 가게가 들어가는 방이 일렬로 늘어섰지만 방 없이 기둥 열만으로 이루어지기도 했다. 아테네 아고라에 있는 아탈루스 스토아가 대표적인 예인데 2층 구조로 각 층에 21개씩, 총 42개의 방을 가게로 썼다(도 1-33). 스토아는 보통 수십 미터, 긴 경우는 100미터 이상에 달하면서 아고라의 경계부를 형성했다. 아고라가 경사지에 불규칙한 형태로 놓일 경우 정형적 윤곽을 잡아주는 역할도 했다(도 1-30, 1-31).

직접민주주의는 집회 시설의 발전을 가져왔다. 정치 토론과 결정을 하기 위해 모이는 장소였는데 불레우테리온, 프리타네이온, 텔레스테리온, 레스케, 프닉스 등 다양한 집회 시설이 등장했다. 미세한 차이에 따른 분류인데, 크게 보면 블레우테리온을 대표적 예로 볼 수

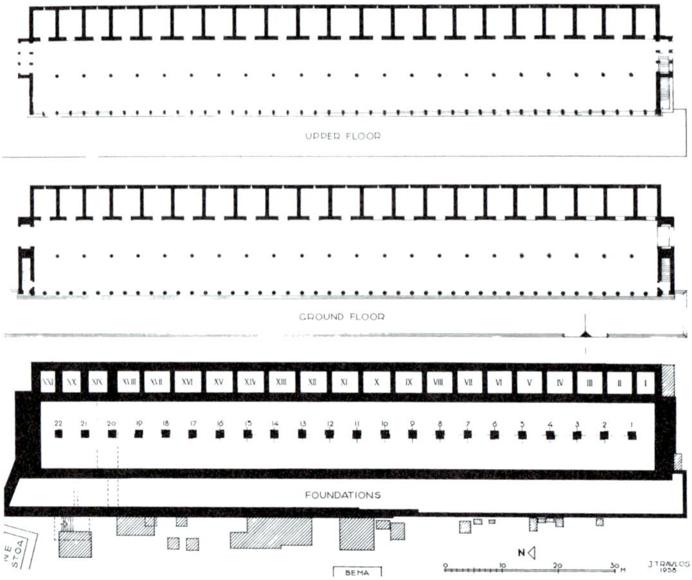


**도 1-32** 아탈루스 스토아(Stoa of Attalus), 아테네 아고라, 기원전 150년경.

있다. 'ㄷ'자형 극장 형태로 중앙의 연단을 중심으로 세 면을 객석이 에워싸는 구성이었다. 지붕은 있기도 했고 없기도 했다. 지붕이 있는 경우 이것을 받치기 위해 기둥이 필요했다. 객석 맨 뒷면을 따라 서너 개의 기둥이 지붕을 받쳤고 객석과 연단 쪽으로는 시선 확보를 위해 무주 공간으로 가야 했다. 도시국가에서 직접민주주의가 작동하는 데 필요한 최소 집회 인원은 500명에서 700명으로 이 정도 인원을 수용하기 위한 무주(無柱) 공간의 길이는 평균 40미터 안팎이었다. 이를 위해 목조 트러스를 천장 구조로 사용했다(도 1-34).

**도 1-33** 아탈루스 스토아. 현재는 복원되어 박물관으로 쓰인다.

극장은 집회 시설의 정수였다. 극장의 기원은 크노소스궁전까지 거슬러 올라갈 수 있는데 본격적인 발전과 완성은 그리스 시대 때 있었다. 처음에는 종교 시설에서 시작되었다. 제물로 바친 동물을 죽이거나 그 사체를 가지고 벌이는 종교 행위는 볼 만한 구경거리였다. 종교적 몰입을 위해 제단을 초점으로 삼고 객석이 계단식으로 올라가는 중앙집중형 구도가 만들어졌다. 불레우테리온을 원형으로 만든 것을 보면 된다. 기원전 6세기부터 기원전 7세기의 아르카이크기 때에 오면 종교 행사 공간으로서 초기 골격이 잡힌다. 여기에 춤과 노래를 첨가하는 변화가 일어났다. 이 시기 종교 행위는 디오니소스를 모시는

**도 1-34** 아스날(Arsenal), 아테네 아크로폴리스, 기원전 4세기 후반부.

의식이 유행했는데 술의 신이었기 때문에 유흥 요소를 가미한 축제 형식으로 진행되었다.

이것이 기원전 5세기로 접어들면서 종교 행사에서 떨어져 나와 독립한 것이 비극이라는 연극 장르였다. 이때부터 극장은 종교 공간에서 공연 공간으로 독립하기 시작했는데 프리에네 극장(기원전 5세기~기원전 4세기)을 대표적 예로 들 수 있다. 이를 위해 기능이 세분화되는 발전이 있었다. 연극 공연이 벌어지는 무대를 오케스트라로 통칭했는

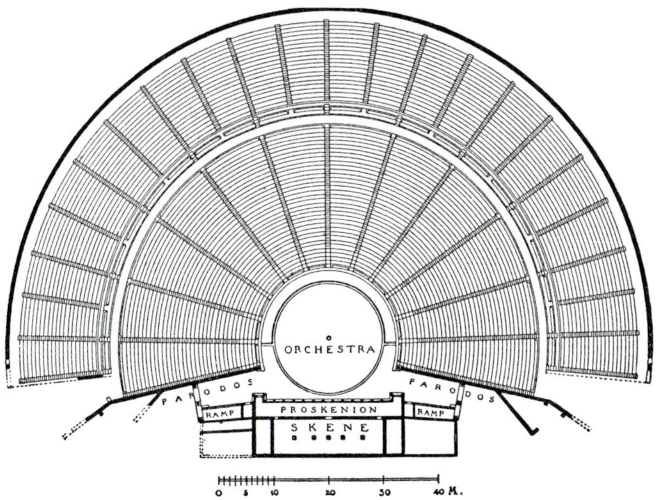


**도 1-35** 에피다우루스 극장(Theater of Epidaurus), 그리스, 기원전 4세기 말.

**도 1-36** 델로스 극장, 그리스, 기원전 4세기 말.

데 원형 형태였다. 오케스트라 뒤에는 스테이지 빌딩을 세웠는데 연극의 배경과 배우의 탈의실을 겸한 기능을 가졌다. 객석은 오디토리엄이라 불렸다(도 1-35). 기원전 5세기 이후 그리스 연극의 유행이 비극에서 점차 희극으로 옮겨가면서 스테이지 빌딩도 따라서 커지기 시작했다. 이를 위해 배경 건물도 2층이 되고 오더 열로 장식하는 등 화려하게 변화했다. 이런 배경에 힘입어 기원전 4세기는 그리스 극장 건축의 전성기로 델피 극장(기원전 4세기)과 델로스 극장(Theater of Delos, 기원전 4세기 말) 등이 지어졌다.

그리스 극장은 대부분 도시 교외 자연환경 속에 세워졌다. 경사지를 활용해서 객석을 만들었기 때문에 경사면만 잘 다듬어서 돌 의자를 깔면 되어서 시공에도 유리했다(도 1-36). 극장 건설에서는 객석 밑 부분을 채우는 일이 큰일인데 이것이 면제된 것이었다. 그리스 연극 자체도 자연을 배경으로 자연과 교감하는 의미가 있다. 이 때문에 그리스 극장은 반원형 형태를 유지하기는 했지만 자연 지형에 맞춰 인공적 기하 윤곽을 최소화하는 방향으로 기본 틀이 잡혔다.

# 3
# 후기 그리스건축

## 마케도니아왕국

기원전 5세기 후반부 고전기의 쇠퇴 이후 그리스 사회는 지속적으로 큰 변화에 휩싸인다. 아테네는 첫 번째 쇠퇴 이후 잠시 전열을 가다듬었지만 계속되는 전쟁 등으로 이전 상태로 복귀하지 못한 채 연합체를 결성하는 방식으로 세력을 유지해갔다. 스파르타는 아테네와의 전쟁뿐 아니라 페르시아 등 주변의 강대 세력과 지속되는 전쟁으로 조금씩 국력을 소모해갔다. 이런 가운데 기원전 4세기에 들어오면서 그리스 문화의 중심은 플라톤과 아리스토텔레스를 중심으로 하는 철학으로 옮겨갔고 큰 재정이 필요한 건축은 쇠퇴해갔다.

이런 현상이 70여 년간 계속된 끝에 그리스 문명의 중심이 반도 본토를 떠나 북부로 옮겨가는 문명 전이가 일어난다. 알렉산드로스대왕이 대표하는 마케도니아왕국의 등장이었다. 출발은 그 아버지 필리포스 2세의 등장과 함께 시작되었다. 필리포스 2세는 아테네와 테베의 동맹을 격파하고 헬라스 연맹을 결성하는 등 새로운 왕국의 기틀을 닦았다. 기원전 336년 필리포스 2세가 암살당하자 그 아들 알렉산드로스가 즉위하면서 기원전 323년까지 14년 동안 마케도니아왕국 전성기가 시작되었다. 도시국가 체제는 무너지고 영토 확장에 의한 제

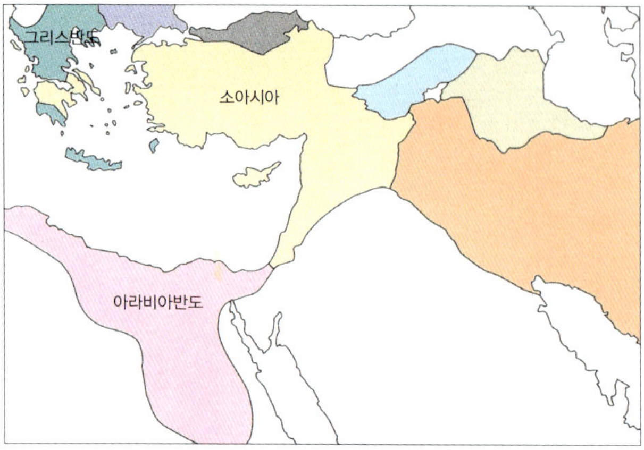


**도 1–37** 기원전 3세기경 '유니버설 헬레니즘(Universal Hellenism)' 영토 및 구성 국가들.

국시대가 도래했다. 아직 제국 체제를 갖추기 전에 알렉산드로스가 요절하면서 왕국에 머물렀지만 영토 넓이로만 보면 이미 대 제국이었다(도 1–37).

왕국은 알렉산드로스 사후에도 하루에 무너지지 않고 기원전 146년 로마 속주가 될 때까지 이어졌다. 이 기간까지 합하면 200여 년 이상 계속되었기 때문에 일정한 문화 활동이 있었으며 건축도 그 가운데 하나였다. 지역과 국가 체제 등 모든 것이 바뀌면서 건축에도 큰 변화가 일어났다. 그리스 반도를 중심으로 철학과 수학 등 사상 체계에 의존하던 정밀한 그리스건축은 사라지고 제국에 맞는 새로운 건축이 등장했다. '포스트 그리스건축'이었다. '포스트'라는 단어는 '탈'이나 '후기' 등 양면의 뜻을 갖는데 이 시기 건축이 기본 양식을 그리스건축에 제법 의존했기 때문에 '탈'보다는 '후기'가 더 적합해 보인다. 혹은 왕국 이름을 따서 마케도니아 건축이라고 부르기도 한다.

### 실용화와 표준화

후기 그리스건축의 특징은 실용화, 표준화, 대형화, 장식화 등으로 요약할 수 있다. 실용화와 표준화는 국가체제가 변한 데 따른 것이다. 제국 체제로 전환하면서 정치에서 중앙집중화가 일어났으며 해상무역이 급증하면서 지중해 일대에 대형 항구도시들이 새롭게 축조되었다. 전쟁의 횟수와 규모도 이전보다 크게 확장되었다. 물류 이동의 양이 이전과는 비교가 안 될 정도로 늘어났기 때문에 효율이 최우선의 덕목이 되었고 건설 행위 전반에 실용화의 요구가 급증했다. 이것을 만족시킨 가장 기본적인 변화가 표준화였다.

대표적인 예가 히포다모스가 설계한 밀레투스(Miletus of Hippodamos)라는 바둑판 도시로, 지금 우리가 알고 있는 격자가로가 처음 등장한 도시였다(도 1-38). 처음부터 휴먼 스케일을 초월한 웅장한 일직선 구성으로 시작되었다. 일직선 길은 수십 킬로미터를 뻗어나갔으며 중심부에는 대형 공공건물들을 인위적으로 첨가했다. 도시는 내부 욕구에 따라 스스로 분화되고 확장했다. 메트로폴리스라고 불리는 대도시가 처음 나타난 것도 이 시기 해양도시에서였다. 알렉산드로스는 정복지 곳곳에 자신의 이름을 딴 알렉산드리아라는 도시를 세웠다. 제일 크고 유명한 것은 이집트에 있는 것으로 수십만 권의 장서를 갖춘 도서관을 비롯해서 바둑판식 가로와 수많은 공공건물과 공원 등을 갖추었으며 135미터 높이의 등대를 세웠고 성벽에까지 장식을 가했다(도 1-39). 에페소스에서는 대리석으로 포장한 도로가 2,500여 킬로미터를 뻗어나가면서 페르시아제국의 동맥 역할을 했던 왕로와 경쟁했다.

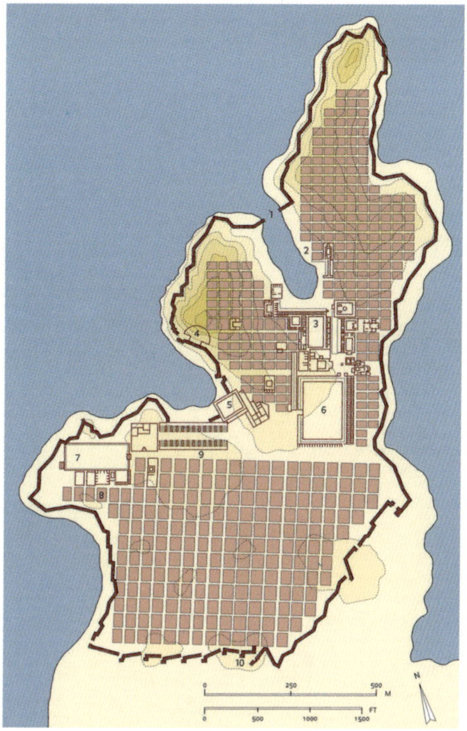

이런 변화는 아고라에서도 동일하게 나타났다. 아고라 역시 규모와 콘텐츠 모두에서 도시국가와 비슷한 확장이 일어났다. 기원전 4세기에 접어들면서 아고라 자체의 경계가 확장되었고 아고라를 채우던 건물들의 종류와 수가 확장되었다. 아고라 터도 자연 경사지에서 도심 평지로 옮겨왔으며 전체 윤곽도 자연 지형을 따르는 비정형 구성에서 십자축 질서가 주도하는 정형적 구성으로 변했다. 바둑판 도시 밀레투스가 좋은 예로 바둑판 구성에서 격자 여러 개를 합해서 아고라에 배정했다.

**도 1-38** 히포다모스의 밀레투스, 소아시아. 히포다모스의 계획으로 잘 알려진 바둑판 도시 계획.

**도 1-39** 파로스의 등대(Light House of Phare). 알렉산드리아(Amexandria), 이집트.

아고라에 들어가는 개개 건물들도 한 번 더 분화를 겪고 규모도 커졌다. 집회 시설이 앞에 열거한 여러 종류로 분화한 것도 이때였다. 국가체제가 제국으로 확장하면서 직업이 전문화되고 그에 따라 건물 종류도 다시 한 번 더 세분화된 것이다. 아고라가 커지면서 단일 영역으로 남지 못하게 되자 하나의 아고라 안에 여러 개의 동일 시설이 중복해서 들어가기도 했다. 150미터를 넘는 스토아가 등장했고 평면도 이전의 일자형에서 'L'자나 'U'자로 확장했다(도 1-40). 극장도 교외에

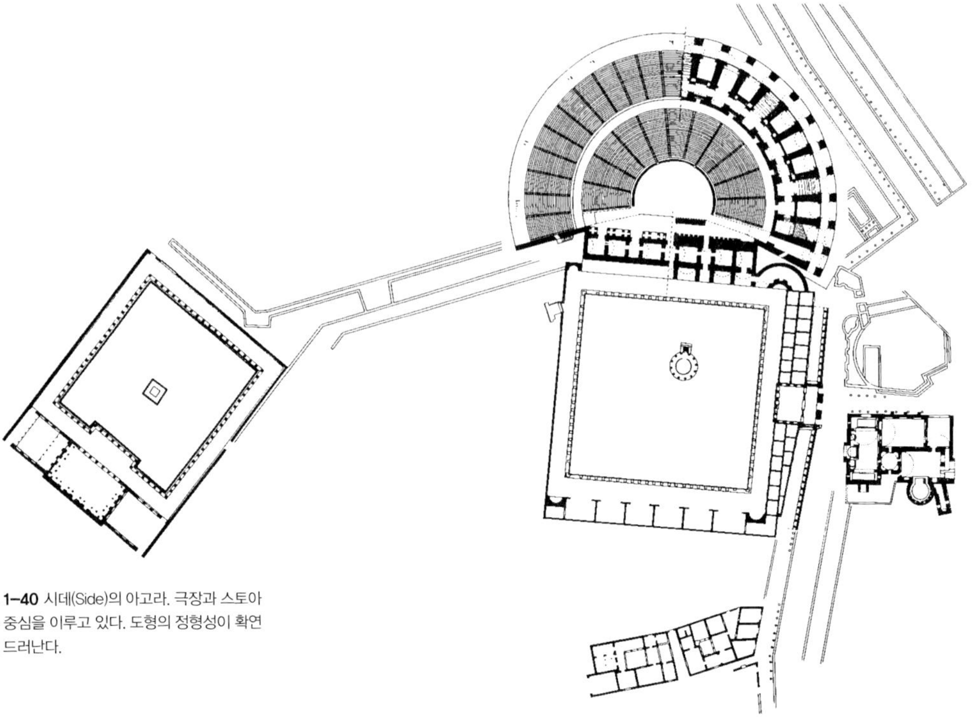

**도 1–40** 시데(Side)의 아고라. 극장과 스토아가 중심을 이루고 있다. 도형의 정형성이 확연히 드러난다.

자연 지형을 이용해서 짓던 것이 도심 안으로 들어오면서 웅장한 인공 구조물로 변해갔다.

### 대형화와 대형 신전

제국에 걸맞은 규모로 건물이 커지는 것은 당연한 현상이었다. 이것을 이끈 것은 신전이었다. 제국의 권위에 맞는 과시적 경향이 일차적 목적이었지만 동방 종교의 영향도 중요한 요인으로 작용했다. 실내에서 집회를 갖는 동방 종교의 전통이 영향을 끼치면서 신전에도 실내에 집회 기능이 필요했다. 신상만 놓던 그리스 신전의 실내로는 그 크기가 감당할 수 없을 정도로 되었고 신전 규모가 확대되었다. 때마침 국가가 제국 규모로 확장되자 신전도 그에 합당한 규모의 미학을 갖출 필요가 생기면서 자연스럽게 대형화로 귀결되었다.

후기 아르테미스 신전(Later Temple of Artemis, 기원전 4세기)은 대형화의

**도 1-41** 후기 아르테미스 신전, 에페수스(Ephesus), 소아시아, 기원전 4세기.

시작을 알린 건물이다. 가로 51.8미터, 세로 112미터 크기의 대형 기단 위에 117개의 기둥이 사면을 두 줄로 에워싸며 들어서서 기둥 숲을 이루었다(도 1-41). 기둥은 기단 크기에 맞춰 1.8미터 지름에 17.7미터의 높이를 가졌다. 디디마(Didyma)의 아폴로 신전(기원전 330~)에서는 실내 구성을 좀 더 정교하게 다듬었다. 바깥 본체 안에 작은 실

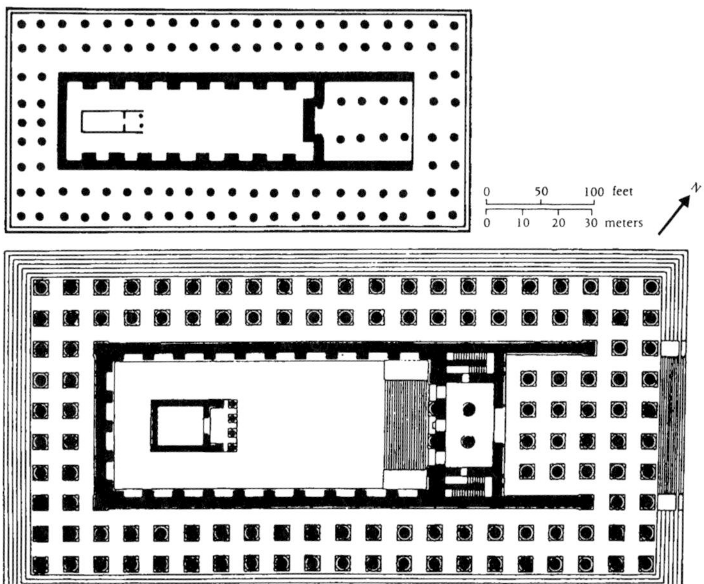


**도 1-42** 아폴로 신전, 디디마, 소아시아, 위 기원전 550년경 상태, 아래 기원전 330년경 이후 상태.

**도 1-43** 아폴로 신전, 디디마, 소아시아, 기원전 330년.

내 신전을 한 채 더 지었다. 이를테면 '신전 속 신전' 개념으로 실내 집회를 위한 장치였다(도 1-42). 규모는 후기 아르테미스 신전과 비슷해서 기단 크기는 가로 51.1미터, 세로 109.3미터였고 기둥은 2.03미터 지름에 19.7미터 높이였다. 기둥 개수는 120개였다(도 1-43).

두 신전 모두 대형화에 맞는 장식화 경향도 함께 보여준다. 제국의 권위에 맞는 웅장미를 구상 어휘로 표현하는 후기 그리스의 직설법이 주를 이루었다. 직설법을 위해 자연주의와 자극성 강한 조각 등을 동원했다. 아폴로 신전의 이오니아식 오더에는 아키트레이브에 사자상과 고르곤 상을 새겨서 맹수와 신화 속 동물을 직접 구상으로 표현하고 있다. 각 주추마다 다른 종류의 장식으로 처리해서 화려함을 더했다. 실내에는 이례적으로 벽기둥의 주두에까지 신화 속 동물을 새겼다. 후기 아르테미스 신전은 주신의 밑동 부분에 이르는 상당히 높은 지점까지 장식을 새겼다.

후기 그리스건축에 나타난 장식을 통한 과시 욕구는 동방의 전통을 이어받은 것이었다. 이런 식의 직설적 웅변은 그리스에는 없던 것이었다. 건축에 나타난 과시적 경향은 알렉산드로스대왕의 통치 방식과도 일치했다. 그의 동방 정책 가운데에는 고대 서남아시아 제국의 권위적 관습을 차용하는 통치술이 중요한 부분을 차지했다. 페르시아는 이런 정책에 대한 모델이 되었다. 그는 페르시아를 라이벌로 여겨 전쟁을 일으켜 격파하는 등 페르시아와 충돌했지만 페르시아의 제국다움은 부러워했던 것으로 알려져 있다. 건축도 마찬가지여서 페르시아 제국 건축은 마케도니아왕국에 중요한 모델이 되었다.

### 장식화와 코린트식 오더

장식 경향은 건물에서 시각 효과를 중시하는 경향을 낳았다. 대표적인 예가 'ㄷ'자형 신전의 등장이었다. 신전 평면이 사각형에서 탈피하는 이런 경향은 신전의 대형화와 함께 후기 그리스건축을 이끈 중요한 변화였다. 페르가몬(Pergamon)의 제우스 제단(Great Altar of Zeus, 기원전 180년경)은 대표적인 예다(도 1-44). 이 신전은 직사각형 몸통을 중심으로 삼아 양 끝에서 측동이 돌출해서 'ㄷ'자형 평면을 이룬다. 기둥

**도 1-44** 제우스 제단 전경, 페르가몬, 소아시아, 기원전 180년경.

**도 1-45** 코린트식 주두의 칼라투스(calathus) 윤곽. 종을 엎어놓은 모양이나 바구니 모양을 하고 있다. 에피다우루스에 있는 폴리클리투스 더 영거의 톨로스(Tholos of Polyclitus the Younger)에 쓰인 주두이다.

은 'ㄷ'자형 윤곽의 외관 전체를 돌아가며 에워싸고 있다. 건물 윤곽이 'ㄷ'자형이 됨에 따라 정면에서 봤을 때 일소점 투시도 효과에 의해 초점식의 집중이 일어난다. 그 효과를 높이기 위해 건물을 높은 계단 위에 올렸다. 건물은 마치 높은 무대 위에 올린 세트처럼 보인다. 두 측동의 기단 벽면에는 높은 돋을새김을 새겨서 시각 효과를 높였다.

후기 그리스건축에서는 고전주의의 세 가지 오더 양식 가운데 마지막인 코린트식 오더가 본격적으로 등장한 시기로 이는 이 시기 건축의 장식주의 경향을 보여주는 좋은 증거이다. 처음 만들어진 것은 기원전 429년을 전후한 시점으로 아직 후기 그리스건축이 시작되기 전이지만 그리스건축에서는 거의 쓰이지 않다가 후기 그리스건축에 들어와서 본격적으로 쓰였다. 이 양식은 도리스식과 이오니아식이 오랜 세월에 걸쳐 점차 완성되어갔던 것과 달리 칼리마코스가 만든 것이 정설로 되어 있다. 그는 피디아스의 제자로 조각가 겸 금속 공예가였다. 명칭에서 알 수 있듯이 장소는 코린트였다.

코린트식 오더는 이오니아식 오더를 변형해 단시일 내에 만든 것이었다. 이오니아식 오더의 장식화 경향이 충분하지 못하자 장식적 목적만을 위해 이오니아식의 소용돌이 문양을 아칸서스(acanthus) 잎을 모사한 더 장식적 어휘로 교체해서 새로 만들었다(도 1-45). 주두만 교체한 것이며 이에 따라 몇 가지 작은 부재들이 부수적으로 바뀐 정도의 변화만 있었다. 아칸서스를 모사한 어휘는 주두에서 접시 판에 해당하는데 두 겹의 동심원 부재로 이루어진다. 중심 구조가 있고 이것에 반지를 끼우듯 장식 부재를 한 겹 더했는데 아칸서스 잎을 이 외피 부분에 새겼다.

코린트식 오더는 세 양식 가운데 변형이 제일 심했다. 다양성은 주로 주두에 집중되어서 한 가지로 정한 표준형 없이 다양한 꽃잎 모양의 장식 부재를 만들어 사용했다. 꽃잎의 종류는 아칸서스 잎이 표준형이지만 다른 식물들도 장식 요소로 사용했고 주두의 크기도 다양해졌다. 이런 장식화 경향은 있는 그대로의 자연에서 형태, 장면, 요소 등과 같은 건축적 혹은 예술적 모티브를 차용하는 점에서 자연주의로 부를 수 있다(도 1-46). 자연주의에는 자연을 대하는 태도에 따라 다양한 세부 경향이 있을 수 있는데, 후기 그리스건축에서는 직설적 모방

**도 1-46** 아칸서스 잎을 무덤 앞에 세워진 기념 석주(stela=stele)에 올려놓은 모습을 통해 코린트식 오더의 기원을 보여주는 그림. 1684년에 출판된 클로드 페로(Claude Perrault)의 『비트루비우스(*Vitruvius*)』에 실린 그림이다.

과 차용이 주를 이루었다.

코린트식 오더는 처음 만들어지면서 바로 바세(Bassae)의 아폴로 에피큐리우스 신전(기원전 429~) 실내에 최초로 사용되었다. 이후 기원전 4세기에 들어와서도 계속 실내에 국한되어 쓰였다. 이 경우 외관에는 도리스식 오더를 쓰는 것이 보통이었다. 이런 구성은 신전 외관에 도리스식 오더를, 실내에 이오니아식이나 코린트식을 사용하는 고전기의 종속 구도가 아직 남아 있는 현상으로 볼 수 있다. 이런 종속 현상은 기원전 4세기에 들어와서도 계속되는데 원형 신전으로 유명한 델피의 아테나 성소(기원전 370년경)도 그중 하나이다. 이 건물은 세 개의 동심원으로 구성되어 있다. 세 개의 원은 각각 바깥쪽 열주-벽-안쪽 열주를 이룬다. 바깥쪽 열주에는 도리스식 오더가, 안쪽 열주에는 코린트식 오더가 쓰였다. 안쪽의 코린트식 오더는 벽에 부착된 벽기둥 형태로 처리되어서 아직 독립적 위치를 차지하지 못하고 있다.

기원전 4세기 후반에 코린트식 오더가 건물 외관에 쓰이기 시작한 중요한 변화가 나타났다. 이것의 첫 번째 예는 리시크라테스 기념비(Monument of Lisycrates, 기원전 335년)라는 것이 통설이다. 그러나 이 경우에도 아직 독립 원형 기둥이 아니라 외벽에 부착된 반원형 벽기둥으로 남은 점에서 아직 독립성을 얻지 못하고 있다(도 1-47). 이 기념비는 건물이라기보다는 조각 같은 조형물에 가깝다. 실내 공간 없이 1.8미터 정도의 안쪽 지름을 가진 원통형 구조물로 이루어져 있는데 이 구조물 외벽을 따라 코린트식 벽기둥을 여섯 개 덧붙였다.

코린트식 오더가 만들어진 지 백 년이 지나도록 독립적 위계를 확보하지 못한 것은 당시 후기 그리스 초창기까지 아직 그리스의 건축 전통이 강하게 남아 있었기 때문이다. 도리스식 오더의 위상이 격하된 상황에서 그 자리를 대체한 것은 이오니아식 오더였다. 코린트식 오더는 아직 도리스식 오더의 자리를 대체할 단계에 이르지 못한 채 오더 양식으로서의 독립성을 확보해가는 과정에 있었다.

코린트식 오더가 건물 외관에 독립 기둥으로 쓰인 것은 아테네의 올림포스 제우스 신전(기원전 170년경)에서였다. 이 신전은 직사각형 몸체를 돌아가며 대형 코린트식 오더 104개가 에워싸는 구성이다. 기단의 크기는 가로 44.3미터, 세로 110.5미터, 기둥도 지름 1.9미터, 높이 17미터로 후기 그리스건축의 대형화 경향을 보여주는 건물 가운데 하나였는데 그 주인공 자리를 코린트식 오더가 차지하게 된 것이다. 주신의 지름이 도리스식과 같은 상태에서 높이는 이오니아식의 비율인 18에 맞추었다. 그 결과 최종 모습은 이오니아식의 세장함도 도리스식의 안정감도 아닌 웅장함이라는 코린트식만의 특징으로 나타났다(도 1-48).

**도 1-47** 리시크라테스 기념비, 아테네, 그리스, 기원전 335년.
**도 1-48** 올림포스 제우스 신전, 아테네, 그리스, 기원전 170년경.

II

# 로마 건축

로마 건축의 성립 및 공화정기 건축

로마 제정기 건축

구조 실용주의

# 1
# 로마 건축의 성립 및 공화정기 건축

### 로마 건축의 성립

로마 건축은 독자적으로 성립되었다기보다는 다른 민족의 선례를 모아 종합화를 잘해낸 승리의 결과에 가깝다. 물론 에트루리아 문명을 로마의 선조로 본다면 로마 건축도 스스로 일군 부분이 있지만 에트루리아를 로마 문명으로 보기 힘들다는 주장도 커서 이 문제는 아직 결론이 나지 않은 상태이다. 이렇게 보면 로마 건축은 자생하지 않은 것으로 보는 것이 더 정확하다고 할 수 있다. 겉모습을 보더라도 그리스건축과 크게 달라 보이지 않는다. 그렇지만 사실은 차이가 많이 난다.

로마는 서양 건축 역사에서 가장 많은 양의 건축 유산을 남겼고, 내용에서도 서양 건축의 바탕을 이룰 만한 것들을 많이 남겼다. 그리스 건축과 차이도 커서 같은 고전주의에 속하면서도 그리스 고전주의와 로마 고전주의를 따로 구별해서 부른다. 적어도 서기 10세기경까지 유럽 건축은 여전히 로마 건축술에 의존하고 있었다. 문명까지 포함한 양식 사조로 보면 서양에는 현대에도 로마 건축에서 디자인 모티브를 가져오는 건축가들이 일정한 집단을 형성하고 있다.

이런 배경 아래 로마 건축의 뿌리는 크게 둘로 나눌 수 있다. 하나는 그리스건축의 영향이다. 그리스는 이미 기원전 800년경부터 이탈리아반도에 식민지를 건설하기 시작했다. 그리스 본토에 그리스 문명이 모습을 드러낸 초기로 로마 건축이 그리스건축에서 큰 영향을 받았음을 보여주는 대목이다. 이런 현상은 그리스 성기 고전기에 들어오면 더욱 두드러져서 이탈리아의 시칠리아 섬과 파에스툼에는 뛰어난 그리스 신전들을 많이 지었다. 정작 그리스 본토는 전쟁을 많이 겪으면서 온전하게 남은 신전이 적은데, 상대적으로 이탈리아에 있는 그리스 신전들은 보존 상태가 더 좋아서 그리스 신전을 연구하려면 이탈리아로 가야 할 정도다.

이런 사실들은 그리스건축이 로마 건축에 큰 영향을 끼쳤음을 보여주는 증거들이다(도 2-1). 로마가 왕정기를 끝내고 공화정기에 접어들면서 자신들만의 정체성을 형성해가던 시기에 자신들의 영토 안에 남아 있던 그리스 신전은 중요한 영향을 끼쳤을 것이다. 더욱 명확한 영향은 기원전 2세기에 있었던 '헬레니즘 현상(Hellenization)'이다. 알렉산드로스대왕이 동방으로 진출한 덕에 로마는 그 침범을 비껴가며 그 시기에 이탈리아반도 통일 운동에 전념할 수 있었다. 이후 포에니전쟁을 승리로 이끌면서 지중해 패권을 재패했고, 이어 마케도니아왕국도 로마 속주로 귀속할 수 있었다.

**도 2-1** 베스타 신전(Temple of Vesta), 티볼리(Tivoli), 로마, 기원전 1세기.

### 헬레니즘의 영향과 실용주의

이때가 기원전 146년이었는데 이 사건은 로마의 운명을 많이 바꿔놓았다. 동방의 발달한 헬레니즘 고전주의 문화를 자신들의 영토 안으로 직접 손에 넣게 된 것이다. 본바닥을 점령했으니 질과 양 모두에서 이탈리아에 있던 그리스 식민지 문화와는 비교가 안 되는 헬레니즘 고전주의의 정수를 접한 것이다. 이를 본 로마인들은 잠자고 있던 욕망이 타오르기 시작했고 이때부터 그리스 고전주의가 대거 이탈리아로 유입된다(도 2-2). 금은보화와 각종 예술품들을 약탈했고 건물의 일부를 떼어서 이탈리아로 가지고 오는 것을 비롯해서 다수의 장인들도 데려왔는데 이것이 로마 건축의 중요한 출발점을 이루게 된다.

당시까지 로마는 전쟁 및 이를 뒷받침하기 위한 농업에만 전념하면

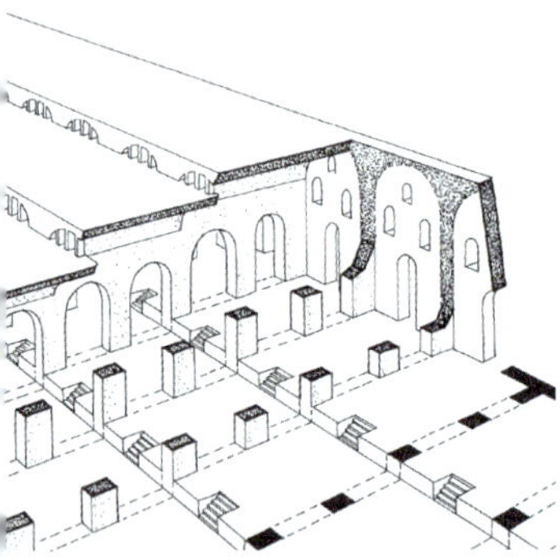

**도 2-2** 100주년 기념 주택(House of the Centenarian), 폼페이, 이탈리아.
**도 2-3** 포르티쿠스 에밀리아(Porticus Aemilia), 로마, 기원전 193년.
**도 2-4** 페루자 도시 성벽, 페루자, 이탈리아, 기원전 2세기.

서 튼튼한 구조물을 짓는 토목 기술에서는 큰 발전을 이루고 있었지만 섬세한 예술 양식으로서 건축은 거의 전무한 상태였다. 이런 상황에서 최고의 완성 상태를 보여주는 뛰어난 예술 양식인 그리스 고전주의가 로마로 유입되면서 로마 사회도 비로소 예술 사조로서 건축을 운용할 수 있게 되었다. 실제로 기원전 2세기에 로마 사회에는 완성도 높은 오더 양식을 갖춘 신전이 중간 형성기 없이 하루아침에 등장하게 되는데 이것이 그리스건축을 수입하면서 나타난 현상이었다.

다른 하나는 로마만의 건축 전통으로, 구조 기술을 중심으로 한 실용주의가 주를 이룬다(도 2-3). 인류의 모든 역사가 전쟁을 중심으로 발전, 진행되었지만 로마는 유독 전쟁을 많이 치른 문명이었다. 수많은 전쟁을 승리로 이끌며 처음에는 이탈리아반도를 통일하고 점차 지중해 일대를 재패했으며 나중에는 유럽 대륙과 오리엔트 일부까지 점령했는데, 이를 뒷받침할 기술이 절대적으로 중요했다. 이때 기술은 일차적으로 첨단 기술을 의미했지만 반드시 첨단 기술일 필요는 없었다. 기술을 대단위로 운용하면서 전쟁이 집중될 수 있는 합목적적 합리성과 조직력도 중요한 요소였다(도 2-4).

로마는 이 두 가지 기술을 모두 갖췄는데 그 중심에 건축과 농업이 있었다. 로마의 군사기술은 상당 부분 건축술과 농업기술을 활용한 것이었는데 특히 건축의 역할이 중요했다. 아치는 당시 최고의 첨단 기술로 요즘으로 치면 우주개발기술쯤에 해당하는 것이었다. 아치에서 파생된 볼트와 돔도 마찬가지였다. 아치를 이용해서 협곡을 가로지르는 다리를 놓고 물을 공급하는 수로를 세울 수 있었다. 이것은 모두 사람과 정보와 물류가 이동하는 혈관이자 채널이었다. "모든 길은 로마로"라는 말은 여기에서 나온 것이었고 그 유명한 로마 기병도 아치 기술 없이는 탄생할 수 없었다. 채널이 튼튼하면 조직도 튼튼해지는 법, 로마는 이런 튼튼한 채널을 활용해서 말을 달려 영토를 확장하고 그렇게 확장한 영토를 다시 채널을 활용해서 개발한 뒤 하나로 묶는 데 뛰어난 재질을 가지고 있었다.

### 에트루스칸 건축

이상이 로마 건축을 탄생시킨 두 뿌리였는데, 먼저 등장한 것은 구조 기술과 실용주의였다. 이런 종류의 건축은 정식 양식 사조가 아니기 때문에 그 탄생 연도를 정확히 짚어내기가 힘든데, 에트루스칸 건축을 출발점으로 잡을 수 있다. 에트루리아인은 이탈리아반도에 최초로 문명을 일군 민족으로 기록되어 있다. 기원전 900년경부터 등장했으며 기원전 753년 로마가 건국하고 기원전 509년에 공화정기가 시작될 때까지 이어졌다. 로마 역사로 보면 왕정기에 해당한다.

로마인들은 대체적으로 공화정기부터 자신들의 독자적인 역사와 문화가 시작된 것으로 보려는 경향이 강한 편이다. 실제로 공화정의 성립은 에트루리아인들을 잔인하게 진압하면서 이루어졌다. 이 과정에서 에트루스칸 문명은 철저하게 파괴되어서 현재 남아 있는 것이 거의 없다. 로마인들이 자신들의 문명에서 에트루리아인의 흔적을 지운 것으로 볼 수 있다. 건축도 마찬가지여서 유구가 거의 남아 있지 않은 상태이다. 이런 배경 아래 에트루스칸 건축은 크게 무덤, 신전, 성벽 등 세 종류로 나눌 수 있다.

무덤에는 봉분형, 격자형, 암묘형의 세 가지가 있었는데 봉분형이 가장 대표적인 방식이었다. 체르베테리의 반디타시아 묘역이 대표적인 예다. 이 무덤에서는 실내 천장에 볼트의 초기 형태가 나타났으며 실내 전체를 주택과 유사하게 꾸며서 당시 생활상을 종합적으로 보여준다(도 2-5). 주택 실내를 모방한 것은 의도적이어서 타블리노의 무

**도 2-5** 돋을새김 무덤(Tomb of the Reliefs), 반디타시아 묘역(Banditaccia Cemetery) 내, 체르베테리(Cerveteri), 이탈리아, 기원전 4세기.

**도 2-6** 비트루비우스의 설명에 따라 젬퍼(Semper)가 추측해서 그린 에트루스칸 신전의 정면 모습. 1878년 그림이다.

덤은 평면부터 주택을 본떠 만들었다. 이는 사후 세계를 믿었던 에트루리아인의 내세관을 보여주는 증거로 해석할 수 있다.

신전은 현재 남아 있는 것이 거의 없는데, 처음에 목구조로 짓다가 점차 석구조로 바뀌었으며 그리스 신전과 다른 독특한 특징을 보였을 것으로 추측된다. 네 면 가운데 정면에만 계단을 두고 나머지 세 면은 기단으로 막았다. 정면성이 처음 나타난 것이다(도 2-6). 셀라는 종 방향으로 길게 셋으로 나누었으며 열주는 정면에 세 열과 양 측면에 각 한 열씩 두는 것이 표준형이었다. 약식도 있어서 셀라는 작은 방 하나만으로 구성되고 열주는 정면에 두 열만 세웠다(도 2-7). 대부분의 에트루스칸 신전은 담으로 영역을 구획해서 자연 속에 사면을 개방하며 서 있던 그리스 신전과 달랐다.

**도 2-7** 비트루비우스의 『건축십서』의 에트루스칸 신전(Temple Etruscum) 편에 기술된 내용에 따른 에트루스칸 신전의 추측 복원. 평면도.

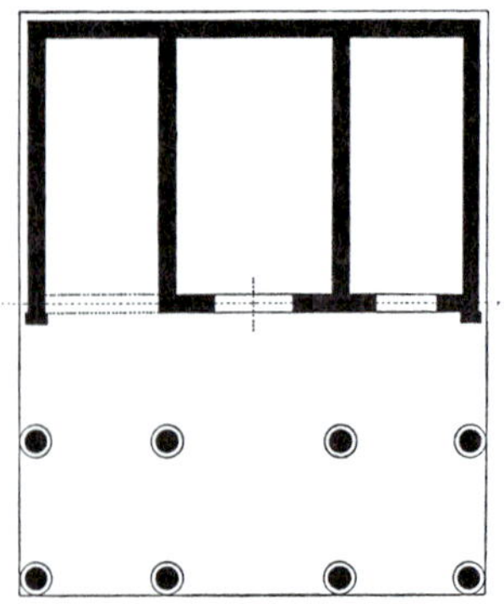

에트루스칸 신전은 오더 양식의 관점에서 보면 투스칸식 오더라는 새로운 양식으로 지어졌다. 이 오더는 도리스식을 기본 모델로 삼고 이오니아식의 주추를 혼합해서 만들었다. 도리스식 오더에는 원래 주추가 없는데 투스칸식은 주추를 넣은 것이다. 이외에 다른 부재들을 조금 세밀하게 다듬거나 단순화하는 변화를 더했다. 도리스식, 이오니아식, 코린트식에 이어 제4의 오더라고 불린다.

성벽은 에트루스칸 건축의 정수로 같은 시기 그리스 반도의 성벽이 막쌓기에 가까운 데 반해 에트루스칸 성벽은 잘 다듬은 사각형을 주요 재료로 사용한 완자 쌓기로 축조했다. 이는 에트루리아인이 로마에 남겨준 주요 유산으로 로마인들은 이것을 이어받아 자신들만의 튼튼한 조적술로 발전시켰다(도 2-8). 현재 에트루스칸 시대의 성벽은 남아 있는 것이 없는데 페루자의 도시 성벽의 시기는 기원전 2세기로 한참 후지만 축조술은 에트루스칸 때의 기술이 남아 있는 것으로 평가된다.

도 2-8 포르타 아우구스타나(Porta Augustana, 아우구스투스의 성문이란 뜻 =Arch of Augustus, 아우구스투스의 아치 =Porta Romana, 포르타 로마나, 로마의 성문이란 뜻), 페루자, 이탈리아, 기원전 2세기.

### 공화정기 대중주의 건축

로마공화정은 에트루스칸 출신 왕이 지배하던 왕정을 종식시키며 시작되었다. 포에니전쟁을 승리로 끝내기 전까지는 이렇다 할 건축을 남기지 못했다. 정치적으로는 호민관과 원로원 등 공화정 통치에 필요한 체제를 갖추는 발전이 지속적으로 있었고 이것이 국력을 집중시켜서 이탈리아반도도 통일하고 포에니전쟁에서도 승리할 수 있었지만 건축적으로는 그 전의 에트루스칸 건축이 관습적으로 반복된 것으로 볼 수 있다.

공화정만의 건축이 처음 등장한 것은 앞에서 말한 것처럼 기원전 2세기 때 헬레니즘 현상을 겪으면서부터였다. 그리스 고전주의를 수입한 신전이 등장했다. 그리스 신전보다 규모도 작아지고 섬세한 부재 구성이나 비례와 조화 등의 균형미는 사라졌지만 완벽한 디테일을 자랑하는 이오니아식과 코린트식 오더가 하루아침에 갑자기 등장하는 변화가 있었다. 그리스 신전을 완전히 복사한 것은 아니어서 정면성과 열주 구성 등에서 에트루스칸 신전의 영향이 흘러들면서 둘을 합한 로마 신전이 탄생했다.

로마 신전의 갑작스러운 탄생을 보여주는 최초의 예로 로마 시내에 등장한 '아레아 사크라 디 라고 아르젠티나(아르젠티나 호수의 성역이란 뜻)'라는 신전 단지를 들 수 있다(도 2-9). 판테온 가는 길목인 로마 시내 한복판에 있는 단지인데 세 기의 신전으로 구성된다. 농업의 여신 포르투나 신전을 비롯해서 주투르나 신전과 페로니아 신전인데 기원전 3세기 초부터 2세기 사이에 지어졌다. 그리스 건축가 헤르모도루스는 기원전 2세기 중반에 로마에 초청되어 와서 주피터 신전과 주노 신전 두 기를 설계해서 지었다. 이외에도 기원전 2세

도 2-9 아레아 사크라 디 라고 아르젠티나, 로마, 기원전 3세기 초기 – 기원전 2세기.

기 말에 포르투나 비릴리스 신전과 헤라클레스 빅토르 신전 등이 지어졌다.

기원전 2세기에는 구조 기술의 발전도 두드러져서 규칙적인 벽돌 조적술이 등장하기 시작했으며 볼트를 이용한 지하 시설도 축조할 수 있게 되었다. 이런 기술들은 성벽과 각종 군사 시설에 유리해서 로마의 팽창주의를 돕는 첨단 기술 역할을 했다. 조적술에 방수 기술을 사용하게 되면서 항구 개발과 다리 축조를 촉진했다. 이는 다시 군사력의 증대와 영토 확장으로 나타났다. 토건 기술을 바탕으로 로마제국이 본격적인 팽창주의로 진입하기 시작한 시기였다.

기원전 1세기의 공화정 말기로 오면 대중 정치의 시대가 열리면서 건축 발전을 촉진하게 된다. 행정과 군사를 모두 장악한 콘술이라는 최고관직을 뒀는데 임기를 1년으로 제한하고 두 명을 둬서 권력 집중을 막았다. 술라–폼페이우스–카이사르의 3인이 대중주의 정치를 이끌었는데 시민들의 환심을 사기 위해 다양한 공공 건축을 시행하게 된다. 그리스 신전을 모방하거나 토목 기술에 머물러 있던 로마 건축이 본격적으로 자신만의 정체성을 찾기 시작한 시기로 볼 수 있다. 고급 양식인 신전과 오더 양식 중심으로 진행되던 그리스건축과 달리 로마 건축은 현실 참여가 대표적인 특징인데 이것이 최초로 구체적인 모습을 드러내기 시작한 것이다.

술라는 제일 먼저 이런 변화를 이끌었다. 건물들이 대형화되고 기념비적 웅장함을 드러냈는데 이는 자신의 정치적 위상을 대중들에게 과시하기 위해서였다. 팔레스트리나의 포르투나 프리미제니아 신전(기원전 80년경)이 대표적인 예로 산꼭대기 같은 높은 기단 위에 큰 운동장을 딸려 지은 신전이었다(도 2–10). 신전은 경사로와 계단을 교대로 오르며 진입하게 했다. 연속 공간과 이동의 개념을 건축에 도입한 최초의 예라 할 수 있다. 지구라트와 이집트 신전에도 이런 처리가 일부 나타났지만 이것을 스토리의 연작 개념으로 발전시킨 것은 이 신전이 처음이었다. 긴 진입로에서는 축제 행렬이 벌어지는 등 시민들에게 볼거리와 놀이거리를 제공하면서 대중주의 정치에서 중요한 역할을 했다.

술라는 이외에도 팽창주의에 따른 속주 개발을 처음으로 본격적으

**도 2-10** 포르투나 프리미제니아 신전(Temple of Fortuna Primigenia), 팔레스트리나(Palestrina), 이탈리아, 기원전 80년경.

로 시행한 정치 지도자였다. 로마의 외항인 오스티아를 개발했으며 로마 시대 휴양도시의 대명사인 폼페이와 티볼리의 도심에 건물을 세워 본격적으로 개발한 것도 술라였다. 이런 도시들에 세워진 신전에는 그리스 고전 어휘를 직접 사용해서 건물의 품격을 높였다. 티볼리의 베스타 신전이 대표적인 예로 로마 신전 가운데 그리스 고전 오더를 가장 원형에 가깝게 구사한 예로 꼽힌다.

술라의 대중주의를 이어받은 사람은 폼페이우스와 카이사르였다. 두 사람은 처음에는 삼두정치 등 권력 분점을 잘 했지만 나중에는 라이벌이 되어 "루비콘 강을 건너다"라는 유명한 말을 남기며 카이사르가 폼페이우스를 제압하고 단독 통치의 길로 들어섰다. 폼페이우스는 자신의 이름을 딴 폼페이우스 극장을 남겼다(도 2-11). 현재는 남아 있지 않은데 비너스 빅트리스 신전을 더해서 복합단지 형식으로 구성한 점이 특이했으며 로마 시대 원형극장의 문을 연 중요성이 있다.

카이사르는 로마 시내에 최초로 포럼을 닦은 정치 지도자였다. 포럼은 그리스의 아고라를 이어받아 로마 시대 대도시 내에 시민들의 종합 생활공간으로 형성된 광장인데 처음에는 자생적으로 등장했다. 대중주의 정치를 펴던 카이사르는 시민들의 도시 생활을 돕기 위해 포럼을 개발했는데 자신의 이름을 따서 카이사르의 포럼이라고 명명했다(도 2-12). 로마 시내에는 시민들이 자발적으로 만든 포럼 로마눔

**도 2-11** 폼페이우스 극장(Theater of Pompeius). 이 도면은 포르마 우르비스 로마에(Forma Urbis Romae=The Great Plan of Rome, 로마 대지도라는 뜻)에 남아 있는 것이다.

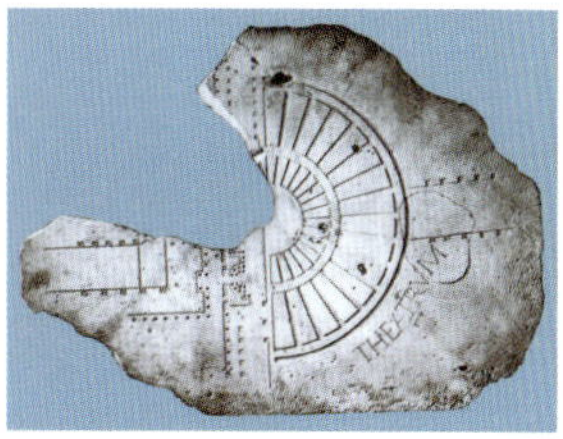

**도 2-12** 카이사르의 포럼(Forum of Caesar=Forum of Julium, 포럼 율리움) 전경, 로마, 기원전 48-44. 왼쪽에 기둥이 세 개 남아 있는 건물이 비너스 제네트릭스 신전(Temple of Venus Genetrix)이다.

**도 2-13** 율리아 바실리카(Basilica Julia), 포럼 로마눔(Forum Romanum) 내, 로마, 기원전 46년.

(Forum Romanum)과 황제들이 인위적으로 닦은 임페리얼 포럼이 서로 마주보며 도심을 형성하였는데 카이사르의 포럼은 임페리얼 포럼의 시작을 알려 중요하다.

카이사르의 포럼은 카이사르 자체에 대한 정치적 평가에 중요한 자료가 될 수 있다. 흔히 카이사르를 독재자의 전형으로 생각하지만 이것은 그의 대중주의 때문에 손해를 본 귀족들이 왜곡한 측면도 있다. 일반 시민들을 위한 정책을 많이 폈고 이 과정에서 상대적으로 귀족들의 이익이 줄어들었기 때문이다. 최초로 로마 개발계획을 실행한 것이 좋은 예며 카이사르의 포럼은 이 사업의 일환이었다. 포럼 로마눔 내에 시민들의 실용 생활시설인 율리아 바실리카를 지은 것도 또 다른 좋은 예다(도 2-13).

# 2
# 로마 제정기 건축

## 로마제국의 성립과 아우구스투스의 건축

로마제국은 흔히 절대 권력을 휘두르며 섹스 파티나 벌이는 황제와 동일시되면서 부정적 이미지로 많이 그리지만 여기에는 주의를 요한다. 이런 판단이 어느 정도 사실일 수 있으나 반대로 로마 문명의 찬란한 업적은 대부분 제정기 때 이루어졌다. 로마 황제는 의외로 견제도 많이 받아서 지금 알고 있는 서양식 정치제도의 권력 분점과 견제장치가 로마 시대에도 비교적 활발하게 작동하고 있었다. 로마제국은 시작부터 그랬다. 공화정 말기 때 사회가 문란해지고 독재정치의 횡포가 심해지면서 이를 바로잡기 위해 새로운 정치체제가 등장하게 되는데 이것이 제국 체제였다. 콘술을 선출하는 등 대중주의 정치가 오히려 혼란을 가중한 측면이 많기 때문에 강력한 1인 중앙집중 체제를 구축한 것이다.

초대 황제 아우구스투스(Augustus, 기원전 63~서기 14)는 이런 기대에 잘 부응했다. 그는 공화정 말기의 혼란을 잘 수습하면서 기원전 27년에 황제로 등극해서 로마제국의 문을 열었다. 그 후 무려 41년을 통치하면서 제국의 기틀을 닦았다. 그는 강력한 보수정치를 펴며 자신이 근검절약하는 모범을 보여 사회 기강을 바로 잡았다. 건축도 중요

**도 2-14** 아우구스투스의 주택(Home of Augustus) 실내 전경, 도무스 아우구스타나(Domus Augustana=House of Augustus)의 일부, 팔라틴 내, 로마, 기원전 1세기 말.
**도 2-15** 포럼 로마눔, 로마, 기원전 1세기에서 서기 4세기에 걸쳐서 연차적으로 지어진 이 포럼은 아우구스투스 때 1차 골격이 완성되었다.

한 통치 수단이었다. 아우구스투스의 주택이라고 불리는 그의 황궁을 보면 웬만한 귀족의 주택보다도 소박하고 규모도 작았다(도 2-14). 이 주택은 팔라틴(Palatine)이라는 로마 황궁 단지의 시작을 알리는 건물이지만 이후 황제들의 화려한 황궁들과 견주면 너무 검소하고 소박해서 그의 생활이 얼마나 극기적이었는지를 잘 알게 해준다.

무엇보다 포럼 로마눔을 대거 정비하고 확장했다(도 2-15). 일상 시민 활동을 위한 면적 확장에 더해 여러 신전을 세워 로마 시민들에게 자긍심을 심어주었다. 현재 이곳에 남아 있는 콩코르디아 신전(Temple of Concordia) 등 주요 대형 신전들은 대부분 아우구스투스 때 세운 것이다(도 2-16). 여기에 더해 임페리얼 포럼에 아우구스투수의 포럼을 더해 확장했다. 이탈리아반도를 넘어선 속주 개발을 본격적으로 시작한 것도 그였다. 서유럽 남부, 북아프리카, 오리엔트 등 여러 곳이었는데 가장 두드러진 곳이 프랑스 남부와 스페인 남동부 등 서유럽 남부였다. 유럽 내에서도 손꼽히는 곡창지대인데, 이곳에 다리와 수로

**도 2-16** 콩코르디아 신전, 포럼 로마눔 내, 로마, 기원전 7년 – 서기 10년.
**도 2-17** 가르 교, 님, 프랑스, 서기 14년.

를 놓아 농업을 일으켜 로마의 식량을 확보하는 데 주력했다.

도 2-18 아를의 원형극장(Amphitheater of Arles), 아를, 프랑스, 서기 1세기.

아를 지방은 대표적인 예이다. 님(Nimes)에는 가르 강을 가로지르는 가르 교(Pont du Gard)라는 다리를 세워 교통망을 닦음과 동시에 상부에는 수로를 넣어 용수도 확보했다(도 2-17). 3단의 아치 구조로 길이 275미터, 높이 49미터의 규모를 자랑한다. 님의 시내에는 메종 카레(Maison Carree)라는 신전도 세웠는데 로마 신전 전체를 통틀어 가장 아름다운 신전 가운데 하나로 꼽는다. 토마스 제퍼슨이 특히 좋아했던 신전으로, 에트루스칸 신전을 기본 구성으로 삼아 수려한 그리스 코린트식 오더로 열주를 세웠다. 이외에도 아를의 원형극장은 폼페이우스의 원형극장을 대규모로 발전시켜 로마 원형극장의 완성을 이루었다(도 2-18).

아우구스투스의 건축 활동을 보좌한 것은 비트루비우스(Vitruvius)라는 건축 이론가였다. 그는 현존하는 가장 오래된 건축 이론서인『건축십서』를 쓴 것으로 유명한데 아우구스투스 때 사람이었다. 그는 황제의 보수주의 경향에 맞춰 그리스 헬레니즘의 오더 양식을 적극 추천해서 유행시킨 장본인이었다. 여기에 균형을 맞추기 위해 포럼과 속주 개발과 다리와 수로의 축조 등 각종 실용주의 건축을 수행한 것도 그였다(도 2-19). 공화정 말기 때 첫 번째 큰 위기를 맞았던 로마 사회는 아우구스투스의 치적에 힘입어 이를 극복하고 제국의 튼실한 기초

도 2-19 아우구스투스교(Bridge of Augustus=Ponte di Tiberio, 폰테 디 티베리오, 티베리오교란 뜻)에서 한층 성숙한 모습.

를 잘 닦는 데 성공했는데 이것을 건축적으로 뒷받침한 이론가가 비트루비우스였다.

아우구스투스의 치적을 건축의 관점에서 보면 의미 있는 경향을 한 가지 발견할 수 있다. 작품성이 뛰어난 창작품은 아니나 제국의 공익을 위한 건물을 많이 지었으며 개인을 위한 건물은 자제했다는 점이다. '공공성 대 개인사'의 쌍 개념으로 공화정 대중주의 시절에 나타났던 현상인데 이것을 성공한 치적 혹은 성공한 건축의 기준으로 완전히 정착시켰다. 황제의 권력을 사적 욕심과 쾌락을 위해서 사용한 황제는 망했고 공공의 안녕과 번영을 위해 사용한 황제는 흥했다는 정치의 상식이 건축에서도 똑같이 통용되는 기준을 세운 것이다.

### 네로에서 콜로세움까지

이런 기준은 아우구스투스 이후의 로마 제정기 건축을 이해하는 데 유용한 기준이다. 2대 황제 티베리우스(Tiberius)는 건축적 역량을 자신의 이름을 딴 개선 아치, 황궁, 그로토(Grotto) 등을 짓는 데 사적으로 남용해 실패한 황제가 되었다. 클라우디우스 때 로마의 젖줄인 클라우디아 수로(Aqua Claudius)를 세우고 로마의 주요 성문인 포르타 마조레(Porta Majore)를 세우는 등 공공성을 잠시 회복했으나 그 뒤를 이은 네로에서 사적 건축은 최절정에 달했다. 황금 주택이라고 불리는 대규모 황궁을 축조한 것이다. 네로는 황실의 돈을 로마 시내 땅을 사고 황금으로 치장한 황궁을 짓는 데 탕진했다. 이 주택은 사파리를 갖춘 50만 제곱미터의 대단지로 기둥 열로 이뤄진 아케이드가 1마일이나 계속되었다. 황궁은 수십 개의 크고 작은 방으로 채워졌다(도 2-20, 2-21).

네로의 건축은 양면성이 있긴 하다. 일단 그는 최초로 로마 재개발계획을 입안해서 실행한 황제였다. 카이사르가 로마 개발계획을 최초로 단행한 것에 비유될 만하다. 또한 로마 대화재 이후 과밀을 해소하기 위해 도로 폭의 최소치와 건물 높이의 최대치를 강제하는 법을 만들었다. 이후 로마는 전성기인 2세기 때 인구가 100만 명에 이르게 되는데 네로가 아니었으면 과밀로 인해 2세기의 발전을 못 이루었을 수도 있다. 공공성에도 일정한 관심을 기울여 업적을 남긴 것이다.

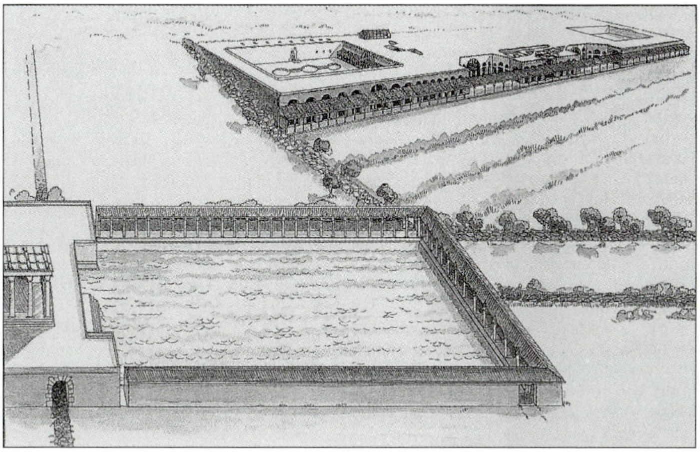

**도 2-20** 도무스 아우레아(Domus Aurea=Golden House, 황금 주택=Nero's Palace, 네로의 왕궁=Pavilion on the Oppian Hill, 오피안 힐의 파빌리온=Stagnum Neronis, 스타그눔 네로니스), 로마, 서기 65년, 추측 전경 모습.

**도 2-21** 도무스 트란지토리아(Domus Transitoria)의 볼트 천장에 그려진 장식 그림, 로마, 서기 64년 이전.

황금 주택도 순수한 디자인의 관점에서 보면 예술성이 뛰어난 작품으로 평가할 수 있다. 황궁 전체가 불규칙한 방이 자유롭게 이어지는 유기 구성으로 이루어진다. 유기 구성은 그리스건축에는 없던 로마만의 독특한 건축 기법이며 이후 서양 건축에서 인간의 감성과 욕망을 담아내거나 자연을 그대로 닮으려는 경향을 담당하는 기법으로 중요한 한 축을 이루게 되는데 이것이 최초로 완성된 것이 네로의 황금 주택이었다. 이런 중요성을 갖는 황금 주택을 설계한 것은 네로 자신이었다. 네로는 (많은 폭군들이 그러하듯) 예술 감각이 뛰어났고 이것을 발휘할 힘을 가져서 유기 구성이라는 독특한 기법을 구현해낼 수 있었다. 그러나 사회적 관점에서 보면 황금 주택은 로마 제정기 때 황제의 권력이 사적 욕심을 위해 낭비된 대표적인 예가 되어버렸다.

네로를 겪은 뒤 로마는 플라비우스(Flavius) 왕조로 넘어가는데 이 시기 동안은 로마제국의 집단적 정체성이 확립된 것으로 볼 수 있다. 이것을 대표하는 건물이 콜로세움이다(도 2-22). 베스파시아누스 때 짓기 시작해서 티투스 때 완공했으며 로마의 원형극장, 나아가 로마 건축 전체를 대표하는 건축물이다. 검투사 시합 같은 부정적 놀이에서 각종 정치집회와 문화 행사에 이르기까지 로마의 집단 욕망이 공공사의 형식으로 분출되는 통로였다. 지금 관점에서 보면 콜로세움은 여전히 부정적 이미지가 강한 것이 사실이지만 당시의 관점에서 보면 대제국 로마의 거대 욕망이 자칫 개인사로 변질되어 타락할 위험성을

**도 2-22** 콜로세움, 로마, 서기 72-80년.

공공사로 바꿔 표출하는 순기능도 했던 것으로 해석할 수 있다. 실제로 콜로세움을 지은 뒤 로마제국은 2세기의 전성기를 맞이하게 된다.

도미티아누스도 콜로세움의 영향을 보여주는 또 다른 좋은 예다. 그는 플라비우스 왕조의 마지막 황제였으며 로마를 대표하는 독재자 가운데 한 명이지만 공공사에도 일정한 업적을 남기는 양면성을 보인다. 그의 건축도 마찬가지여서 팔라틴에 지은 도미티아누스의 황궁은 로마를 통틀어 가장 화려하고 규모가 큰 건물 가운데 하나지만 그 속에 스타디움을 함께 지은 점에서 다른 황궁과 구별된다. 콜로세움을 통해서 경기장의 공적 기능을 경험한 데 따른 것이다. 이 스타디움은 대중에게까지 개방하지는 않았지만 정치 집회도 열고 운동도 하는 등 절대 권력을 중화하는 작용을 해 사적 영역 내의 공적 영역이라 부를 수 있다.

### 트라야누스와 공공 건축

2세기는 로마의 전성기였다. 양자 상속제를 도입해서 황실의 핏줄을 벗어나 제국 전체에서 가장 능력 있는 사람에게 황제자리를 맡겼다. 96년에서 180년에 이르는 기간 동안 5명의 황제가 이 제도를 이어가서 5현제의 시대라고도 불린다. 5현제 가운데 건축적 업적을 남긴 사람은 트라야누스와 하드리아누스였다. 네르바가 이 제도를 도입하는 결단을 감행해서 스페인계인 트라야누스를 양자로 들여 황제자리를 물려주었고 다시 하드리아누스에게로 이어졌다. 트라야누스와 하드리아누스는 여러 면에서 비교가 되는 좋은 짝이다. 모두 스페인 출신으로 로마제국의 황금기를 이끌었으며 영토도 두 사람 때 가장 넓었다. 로마를 대표하는 황제를 꼽으라면 아우구스투스와 함께 3강을 이룰 사람들이다.

차이도 컸다. 트라야누스는 철저하게 공적인 인물이어서 모든 치적을 제국의 공익에 집중한 반면 하드리아누스는 예술가라고 불러도

**도 2-23** 트라야누스의 시장과 트라야누스의 포럼, 로마, 서기 100-114년.

좋을 정도로 사적 욕망도 큰 인물이었다. 이런 차이를 가장 잘 보여주는 매개가 건축이었다. 그 자신이 성공한 사령관 출신이었던 트라야누스는 공병 장교 출신의 건축가 아폴로도루스를 고용해서 토건 중심의 공적 구조물을 많이 지었다. 반면 하드리아누스는 개인적 욕망을 공적 책임감으로 잘 조절해서 예술적 품격으로 무장한 작품들을 많이 남겼다.

트라야누스의 건축 업적 가운데 최고봉은 로마 시내에 지은 시장과 포럼이다(도 2-23). 그의 이름을 따서 트라야누스의 시장과 트라야누스의 포럼이라고 부르는데 대제국 로마를 경영하는 수도의 심장에 걸맞은 각종 공공건물로 채운 헤드쿼터였다. 둘 모두 포럼인 셈인데 그 이전의 포럼이 자연발생적 성격이 강하고 규모도 충분치 않았으며 여러 기능이 혼재되어 있었는데 이런 한계를 한 번에 극복하는 대 역사(役事)였다. 콜로세움에서 집단적 정체성을 확립한 다음 본격적으로 대제국으로 진입하면서 이에 필요한 더욱더 전문화되고 조직화된 공공시설이 필요했고 이것을 담당할 시설로 지은 것이다.

트라야누스의 시장은 포럼에서 벌어지던 여러 도시 생활 가운데 경제행위만을 따로 떼어 한 곳에 모은 전문화된 시설이었다. 지름 60미터의 반원형 안마당을 6층 높이의 사각형 방들이 돌아가며 에워싸는 구성을 했다(도 2-24). 이곳은 로마의 경제를 담당하던 심장부였다. 타베르나라고 불리는 로마의 사각형 가게들이 150여 개 입주했으며 이

도 2-24 트라야누스의 시장(Markets of Trajan), 로마, 서기 100–114년.

것을 감독 관리하고 지원하는 행정 시설이 함께 들어갔다. 국가의 창고, 식량 배급청, 국세청 등이 대표적 시설이었다. 건축 구성도 실용적 목적에 맞게 처리해서 실 배치는 기능을 중시하여 일직선 복도를 따라 배열했다. 아치와 볼트 같은 실용 건축술을 동원하여 튼튼하게 쌓았으며 재료도 대리석이 아닌 벽돌을 사용했다. 트라야누스의 시장은 로마 벽돌쌓기 기술의 정수를 보여주는 점에서 또 다른 중요성을 갖는다.

도 2-25 트라야누스의 포럼(Forum of Trajan), 도서관 상상도, 로마, 서기 107–112년.

트라야누스의 포럼에서는 공공시설을 전문화한 뒤 기념비적 처리를 더했다. 시설을 신전, 바실리카, 도서관만으로 한정해서 문화적 집중도를 높였다. 바실리카는 시민들의 상거래와 소규모 집회 등을 위한 종합시민센터로서 로마 건축에서 공공성을 대표하는 시설이기 때문에 들어가는 것이 당연했다. 이것이 지나치게 실용성에 머무는 것을 경계해서 신전과 도서관을 넣어 문화적 품격을 높였다. 도서관이 들어간 점이 특히 중요했다. 그리스 도서관과 로마 도서관의 두 동으로 이루어지는데, 전쟁과 검투사 시합 같은 폭력으로 점철된 로마 사회에 지적 공공성을 부여하는 중요한 기능을 했다(도 2-25).

### 하드리아누스와 예술 건축

하드리아누스의 건축은 크게 보면 공공사와 개인사 사이에 적절한 균형을 보여준다. 제국 내 여러 곳에 도서관, 목욕탕, 포럼 등을 짓고 속주 개발에서도 일정한 업적을 남기는 등 트라야누스가 했던 공공사를 이어받았다. 어떤 면에서는 하드리아누스 개인이 노력을 기울여 했다기보다는 탄탄하게 자리 잡은 로마의 공적 체제에 맡겨놓은 측면도 컸다. 하드리아누스가 역량을 기울인 것은 사적 건축으로 판테온과 하드리아누스의 빌라를 대표적 예로 들 수 있다. 이 두 건물은 하드리아누스 개인에게도 중요한 업적이었을 뿐 아니라 로마 건축 전체를 대표하는 걸작이기도 하다.

도 2-26 판테온(Pantheon), 로마, 서기 120–124년.

판테온은 신전이기 때문에 공적 건물로 볼 수 있지만 로마 시대 때 신전은 황제를 신격화하는 기능을 가졌기 때문에 일정 부분 사적 건물도 겸한다. 판테온은 그리스 고전주의를 무척 사랑했던 예술가 하드리아누스의 기호와 안목을 잘 보여준다(도 2–26). 이런 점에서는 사적 건물로 볼 수 있지만 로마 황제로서 로마의 정체성을 잊지 않고 표현한 점에서 공공성도 동시에 갖는다. 건물은 크게 세 부분으로 이루어진다. 1층은 신상을 놓는 벽감이 들어가는데 그리스에서 직접 가져온 정교한 코린트식 오더가 주요 골격을 이룬다. 2층은 장식 패널로 마감했으며 3층은 로마의 최고 발명품인 돔 천장으로 덮었다.

접지하는 1층은 땅을, 천장을 덮는 둥근 돔 천장은 하늘을 각각 상징한다. 이 각각에 그리스 고전주의와 로마의 최고 발명품인 돔을 사용한 것은 상징성이 크다. 그리스 고전주의를 땅의 발판으로 삼아 하늘로 뻗어나가는 로마 문명을 받친다는 의미이다. 아무리 그리스 고전주의를 사랑했고 이것을 사적으로 사용했지만 그는 로마황제였고 로마 문명을 찬란하게 상징화하는 방식을 통해 이에 합당한 공적 책무를 다한 것이다. 이것이 서양 건축사를 통틀어서도 명품 가운데 하나로 꼽는 판테온의 의미를 읽는 시각인데, 그렇기 때문에 이 건물은 그리스에서 오더를 직접 가져와서 지었지만 결국 로마 건물, 로마를 대표하는 건물이 되는 것이다.

하드리아누스의 빌라 역시 공공사와 개인사 사이에 절묘한 균형을 잡은 또 다른 대표작이다. 이 건물은 하드리아누스가 은퇴 후에 말년

**도 2-27** 하드리아누스의 빌라(Villa of Hadrian), 티볼리(Tivoli), 이탈리아, 서기 118–134년.

을 보내기 위해서 로마 근교 티볼리에 지은 휴양 단지이다(도 2-27). 18제곱킬로미터의 넓이에 19개의 영역을 갖는 대단지이며 유기 구성을 종합적으로 완성한 점에서 건축적 의미가 큰 작품이다. 아무리 현제 하드리아누스였고 부지가 로마 근교였다고 해도 황제 한 개인을 위한 단지치고는 지나치게 넓은 것일 수 있다. 네로의 황금 주택의 36배에 해당한다. 그런데 하드리아누스의 빌라에서는 공공성이 훨씬 강화되어 있기 때문에 네로의 황금 주택 같은 비난을 피해갔다. 공공성은 로마 건축의 다양한 축조술을 총 집대성한 방향으로 잡았다. 개인의 예술적 감성과 욕망에 맞게 공공성을 다양화한 것이다. 이 때문에 하드리아누스의 빌라는 일정한 작품성을 확보하며 로마 건축을 대표하는 건물이 되었다.

네로와 하드리아누스는 모두 황제이면서도 예술적 능력이 뛰어나서 건물을 직접 설계한 공통점이 있다. 유기 구성을 작품 경향으로 추구한 점도 비슷하다. 차이는 네로가 건축적 역량을 화려한 실내장식에 집중한 반면 하드리아누스는 다양한 공간 유형의 탐구 및 이것을 짓는 축조술의 발전에 맞춘 데에 있었다. 이는 두 사람의 통치 치적에서도 동일하게 드러나는 차이점이다. 어쨌든 하드리아누스는 개인사를 말 그대로 개인적 욕망을 즐기는 데에 충분히 활용했을 뿐 아니라 로마 건축 전체의 발전을 위해서 공적으로 사용하는 것도 잊지 않았다.

하드리아누스는 로마를 가장 많이 비운 황제였다. 일차적으로는 전쟁과 원정을 위한 것이었지만 꼭 그렇지만은 않아서 제국 내 각 나라의 예술과 건축을 감상하고 수집하기 위한 목적도 컸다. 좋은 건축이 있을 경우 장인을 데리고 돌아와서 로마에 건물을 짓게 했으며 궁극적으로 자신의 빌라를 짓는 데 투입했다. 하드리아누스는 트라야누스 때 최고점에 달했던 제국의 영토를 방어와 유지에 가장 효율적인 크기로 조금 줄였는데 여기에는 이런 개인의 예술적 욕심도 한몫했다. 그 결과 하드리아누스의 빌라는 로마 건축을 구성하던 다양한 공간 유형의 백과사전처럼 되었다. 19개의 영역에는 100여 개의 건물이 들어섰는데 같은 공간 유형이 하나도 없을 정도였다. 로마 건축은 광활한 영토와 오랜 기간 때문에 그리스건축과 견주어, 그리고 이후 나타난 다른 어떤 사조보다도 다양했는데 하드리아누스의 빌라는 이것을 한 장소에 요약 정리해서 모아놓은 작업을 한 셈이다.

### 후기 제정기와 과시욕

5현제의 마지막 황제였던 마르쿠스 아우렐리우스는 핏줄의 유혹을 못 이겨 자식에게 황제자리를 물려주며 양자 상속제를 깼다. 이후 로마는 몰락의 길을 걷게 된다. 워낙 대제국이었기 때문에 몰락의 시간도 길어서 공식적으로는 476년이 로마 멸망의 해이다. 그 중간을 한 번 더 나눠보면 193년에서 284년에 이르는 3세기는 군인 황제의 시대로 아직 제국의 힘이 남아서 분산되는 시기이다. 전쟁이 많아서 서양 역사상 가장 힘든 세기 가운데 하나로 '철의 세기'라는 별명으로 불리기도 한다. 4세기는 동서 로마의 분열기인 동시에 기독교 승리의 세기이다. 로마제국은 의미를 상실했고 동서 문명이 충돌하고 융합하면서 기독교가 서서히 서양 문명의 중심으로 떠오르는 시기이다.

건축적으로 보면 3세기와 4세기를 구별할 만한 뚜렷한 차이는 없는 편이다. 기독교의 등장은 또 다른 중요한 변수여서 4세기는 초기 기독교 건축이라는 별도의 양식과 중복된다. 로마 건축만 떼어보면, 3~4세기는 건물이 커지면서 장식이 많아지는 현상을 대표적 특징으로 요약할 수 있다. 한 문명이 말기에 접어들면 국력이 쇠하기 때문에 건축도 보통 규모가 작아지고 이것을 만회하기 위해 장식이 많아지는

**도 2-28** 카라칼라의 목욕탕(Baths of Caracalla), 로마, 서기 211–217년경.

데 로마는 특이하게 건물이 커지면서 장식이 많아지는 특징을 보인다. 이는 대제국의 허영심이 통제를 벗어나 분출되기 시작한 현상으로 볼 수 있다.

후기 제정기 건축을 이끈 건물은 목욕탕, 황궁, 바실리카 등이었다. 목욕탕은 로마인의 사회성을 잘 보여주는 건물로 단순히 목욕만 하는 곳이 아니라 운동장, 도서관, 강연장, 식당, 정원, 미술관 등을 갖춘 대규모 종합 사교 시설이었다. 대형화될 소지가 많은 건물이었는데 적절한 선에서 잘 억제되다가 후기 제정기에 들어와 욕망의 고삐가 풀리면서 제일 먼저 대형화를 이끌었다. 카라칼라의 목욕탕(211~217)이 대표적인 예며 디오클레티아누스의 목욕탕(302)이 뒤를 이었다. 카라칼라의 목욕탕은 단지 전체는 가로 약 350미터, 세로 400미터에 이르며 목욕탕 건물 자체만은 가로 약 150미터, 세로 230미터의 크기를 자랑한다(도 2–28).

**도 2-29** 막센티우스 앤 콘스탄티누스 바실리카(Basilica Nova, 바실리카 노바), 포럼 로마눔 내, 로마, 서기 307–312년.

황궁은 화려함을 생명으로 하기 때문에 장식화가 나타날 소지가 제일 많은 건물인데 후기 제정기에는 대형화까지 함께 나타나면서 로마 문명의 타락상을 대표하는 건물이 되었다. 디오클레티아누스의 궁궐(300년)이 대표적 예며 막시미아누스의 빌라 로마나델카살레(Villa Romana del Casale, 4세기 초)가 그 뒤를 이었다. 바실리카는 원래 시민들의 일상 생활이 벌어지고 실내도 목조 평천장으로 지붕을 덮는 등 실용적이면서 소박한 건물의 대명사였는데 이것이 대형화, 장식화되어가는 현상은 또 다른 관점에서 로마 문명의 쇠락과 사치를 보여주는 좋은 증거다. 막센티우스 앤 콘스탄티누스 바실리카(Maxentius and Constantine Basilica, 307~312)는 이것을 대표하는 예이다(도 2-29).

# 3
# 구조 실용주의

### 가장 로마다운 건축, 구조 실용주의

구조 실용주의는 예술적 관점에서 보면 고급 작품이 아닌 토목 구조물을 담당해서 건축과 연관이 없어 보일 수 있으나 적어도 로마 건축에서는 빠질 수 없는 핵심 내용이다. 어떤 면에서는 가장 로마다운 건축 분야일 수 있다. 한 문명을 대표하는 건축물이 콜로세움, 세고비아의 수로, 가르 교 등 운동장, 수로, 다리 등인 점은 분명 특이한 현상이긴 하지만 그만큼 로마의 국민성이 견실절검(堅實節儉)했음을 보여주는 좋은 증거이기도 하다. 시간의 끈을 통사로 늘려보면 로마의 구조 실용주의는 로마가 서양 문명에 남긴 가장 큰 선물 가운데 하나다. 서양 문명이 물질문명에 의존해서 발전해온 측면이 큰 것을 생각해볼 때 물질을 합리적으로 다루어서 인간의 복리를 위해 잘 활용할 줄 아는 능력은 매우 중요한 것인데 이것을 최초로 문명 단위로 이루어서 그 덕을 톡톡히 본 것이 로마 문명이었다. 이후 서양은 이것을 중요한 자산으로 물려받아 물질주의를 중요한 한 축으로 삼아 문명의 발전을 이루었다.

구조 실용주의는 다분히 제국의 산물이다. 그리스 문명은 도시국가 단위로 운용되었기 때문에 도시의 축조도 각자 사정에 맞게 하면

되었고 전쟁도 연합 세력 사이에 소규모로 벌어졌다. 로마에 오면 제국으로 확장되면서 광활한 영토 내 각 지역에 표준화된 도시를 조영하고 공급할 필요성이 생겼다. 전쟁도 중앙에서 대규모 군단을 파견하는 형식으로 치러졌다. 농업과 도시 생활을 위해 물 관리도 필수였다. 여러 관점에서 넓은 영토를 종합적으로 관리할 필요성이 생기게 된 것이다.

이런 필요는 시빌 엔지니어링의 탄생을 가져왔다. 흔히 토목공학이라고 해석하지만 원래 'civil'이라는 단어에는 '토목'이라는 뜻은 없고 '시민의', '문명의'라는 뜻만 있다. 시민공학이나 문명공학이라고 하지 않고 토목공학이라고 부르는 것은 산업혁명을 거치면서 기술적 측면이 중요해지면서부터이다. 댐이나 다리를 놓고 터널을 뚫는 일을 하는 분야에 한정한 것도 산업혁명 이후다. 그러나 원래 단어에도 토목공학의 뜻이 상징적으로 담겨 있었다. 시빌 엔지니어링의 원뜻은 '시민이 공공의 목적을 위해 합리적 정신으로 무장하고 가용 기술을 적절히 활용해서 원하는 바를 성취하여 그 결과로 현실적, 물질적 편리를 누리게 한다'이다(도 2-30).

여기서 핵심어는 시민, 공공, 목적, 합리, 기술, 현실 등이다. 핵심어를 중심으로 다시 써보면 '목적이 정해지면 그에 합당한 합목적적 운용 논리를 세운 뒤 이것을 가장 효율적으로 만족시켜줄 기술을 개발한 뒤 현실에 적용해서 이롭게 한다'가 된다. 서양식 합리주의를 철학 사조가 아닌 일상 활동과 산업 기술의 측면에서 정의한 개념으로

**도 2-30** 타구스교(Bridge over the Tagus), 알칸타라(Alcantara), 스페인, 서기 105-106년.

서양 문명의 발전을 이끌어온 중요한 한 축이다. 로마는 이것을 최초로 완성해서 서양에 물려준 문명이었다. 이런 점에서 그리스에서 코린트식 오더를 수입해서 지은 신전보다 더 로마다운, 여러 면에서 가장 로마다운 건축이라 할 수 있다.

### 로마 구조 기술의 위대한 발명품, 아치

로마의 시빌 엔지니어링이 낳은 위대한 발명품으로 아치를 들 수 있다. 로마의 건축 기술, 나아가 로마의 기술 전체에 첨단 기술은 생각보다 많지 않았으나 아치만은 분명 로마가 낳은 최대의 발명품이자 당시로서는 첨단 기술이었다. 아치는 로마에서 처음 등장한 것은 아니고 메소포타미아문명에서 불완전한 부분 형태로 먼저 등장했다. 로마는 이것을 완성한 뒤 대단위 산업으로 발전시켜 건축과 토목 인프라의 핵심 기술로 활용했다(도 2-31). 로마의 아치는 그리스의 오더와 함께 서양 고전주의건축의 양대 산맥을 이룬다. 그리스의 오더에서는 정교한 부재와 세밀한 비례가 대표적 특징인 데 반해 로마의 아치는 구조적 우수성과 형태적 가변성이 뛰어나다. 두 특징은 정반대일 수 있는데 이 둘을 합하면 비로소 서양 고전주의건축, 나아가 서양 문명의 기본 틀이 형성되는 것이다.

**도 2-31** 세고비아의 수로(Aqueduct of Segovia), 세고비아, 스페인, 서기 100년경.

아치는 홍예돌이라고 부르는 쐐기 형태의 부재를 반원형으로 이어 붙여서 만든다(도 2-32). 홍예돌은 사선 방향으로 공중에 떠 있기 때문에 아치에서는 오더의 구조적 약점인 인장력이 발생하지 않는다. 아치에서 발생하는 힘은 홍예돌 각각에 작용하는 사선 방향의 힘이며 이것이 아치의 곡률 반경을 벗어나지 않는 한 좌굴은 일어나지 않는다. 홍예돌 사이의 마찰력이 추가로 발생하기 때문에 안전성은 배가 되며 시멘트 같은 접착제를 사용해서 붙일 경우 더욱 그렇다. 인장력이 발생하지 않기 때문에 반원형만 완벽하게 축조할 수 있으면 지름은 어렵지 않게 늘릴 수 있다. 장 스팬이 필요한 구조물에 제격이다. 이미 로마 시대에 30~40미터짜리 아치들이 많이 세워졌다.

아치는 구조적으로 우수할 뿐 아니라 장식적 가능성도 많다. 홍예돌이 반원형으로 가지런히 배열된 모습은 그 자체가 훌륭한 장식 요소이다. 아키볼트(아치 구조에서 반원형 부분을 이르는 말) 위와 옆에 벽체가 많이 형성되기 때문에 장식물을 부착할 바탕 면도 넓어진다. 이런 이유로 로마 시대 때 아치는 장식 부재로 많이 활용되었다. 로마를 대표하는 건물 유형 가운데 하나인 개선문은 아치로 지었는데 이것은 개선문이 황제의 치적과 권위를 과시하는 기념비라서 장식 처리가 중요하기 때문이다(도 2-33). 로마 개선문에는 아치의 양옆 벽에 오더를 덧붙여서 장식 요소로 활용했는데 장식이 제일 화려한 코린트식을 주로 사용했다. 그리스 오더를 장식 부재로 거느린 형국인데 그만큼 아치가 로마를 대표하는 건축 방식임을 보여주는 대목이기도 하다.

**도 2-32** 키르쿠스 막센티우스(Circus Maxentius), 로마, 서기 311년.
**도 2-33** 콘스탄티누스의 아치(Arch of Constantine), 로마, 서기 315년.

### 다리와 수로

아치의 활약이 두드러진 구조물이 다리와 수로였다. 둘 모두 장 스팬이 필요한 구조물이기 때문이다. 유럽의 강들은 폭이 넓지 않기 때문에 암반 등을 잘 이용하면 이 정도 스팬의 아치 하나로 강을 한 번에 건널 수도 있었다. 프랑스 님의 가르 교가 좋은 예다(도 2-17, 2-34). 이 다리는 강폭이 제일 좁은 곳에 폭 27미터짜리 아치를 세워 강을 건너 양안을 잇는다. 양옆의 조금 작은 아치는 19미터 폭이다. 아치 윗면은 상판으로 이용했고 다시 그 위에 아치 열을 한 단 더 쌓은 다음 제일

**도 2-34** 가르 교, 님, 프랑스, 서기 14년.

상층부에 수로를 쌓았다. 수로는 4.3미터 폭의 작은 아치 35개가 270미터를 달리며 강의 폭을 담당한다.

이 다리는 곡창지대에 세워졌기 때문에 수로를 겸했지만 보통은 다리와 수로는 별도로 지었다. 로마 시대에는 제국 내에 이런 식으로 수없이 많은 다리를 세웠는데 그중 일부는 지금도 거뜬히 서 있어서 잘 사용하고 있다. 다리는 로마의 길에서 중요한 연결마디였다. "모든 길은 로마로"라는 말 속에는 실제 길을 구성하는 이런 토목 인프라의 훌륭한 시설도 들어 있었다. 평지를 달리던 길이 강을 만나고 계곡을 만나면 이어줘야 했는데 이 역할을 한 것이 아치를 이용한 다리였다.

수로의 구조적 원리는 다리와 같으나 건축적 성격은 조금 차이가 있다. 수로는 수원지에서 물이 필요한 지점까지 물을 실어 날라야 하기 때문에 다리보다 길어서 수 킬로미터를 달리는 것이 보통이었고 긴 것은 수십 킬로미터에 달하는 것도 있었다. 주간 거리가 짧은 기둥 구조는 기둥을 촘촘하게 세워야 하기 때문에 불리했다. 도둑 방지 등을 위해 일정한 높이 위에 세워야 하는 점과 고의적 파괴나 내구성 등 여러 면에서 기둥 구조는 더욱 불리했다. 이 모든 면에서 벽체 구조인 아치가 유리했다. 로마를 대표하는 수로는 제국 내 곡창지대인 프랑스와 스페인의 남동부 지방에 주로 세웠다. 세고비아의 수로, 메리다의 산 라차로 수로, 가르 교 수로 등이 대표적인 예다. 수로는 로마 멸망 직전까지도 세워져서 375년에는 콘스탄티노플에 발렌스의 수로라는 대형 수로를 세웠다.

**도 2-35** 포르타 마조레, 로마, 서기 52년.

물을 많이 사용하던 로마 시민들을 위해 로마 시내에도 주요 수로를 세웠다. 모두 11개의 수로를 세웠는데 마르시아 수로와 클라우디아 수로가 가장 대표적이다. 마르시아 수로는 테풀라 수로와 율리아 수로와 함께 3겹 수로를 형성했다. 클라우디아 수로가 제일 중요했다. 로마에서 72킬로미터 떨어진 수비아코에서 물을 실어 날랐는데 15.2킬로미터는 아치로 만들었고 나머지는 조적 벽체였다. 로마 시내에 들어와서 포르타 마조레와 합쳐지면서 성벽의 일부로 흡수되었다(도 2-35).

## 볼트와 원형극장

아치는 공간의 관점에서 보면 2차원 면 요소이다. 이것을 늘어트려 3차원 공간으로 만든 것이 볼트(vault)이다(도 2-36). 볼트 역시 아치와 마찬가지로 구조적으로 강하면서 장식적으로 활용될 가능성도 큰 양면적 특징을 갖는다. 볼트의 구조적 강점은 둥근 천장에서 나오는데 이것은 아치의 장점을 3차원으로 확장한 것으로 보면 된다. 위쪽의 하중을 옆으로 흘려보내기 때문에 압축력과 인장력을 최소화한다. 천장 두께를 두껍게 하면 이런 장점은 배가된다. 이 때문에 토압 등을 견뎌야 하는 터널이나 지하 구조에 많이 사용한다.

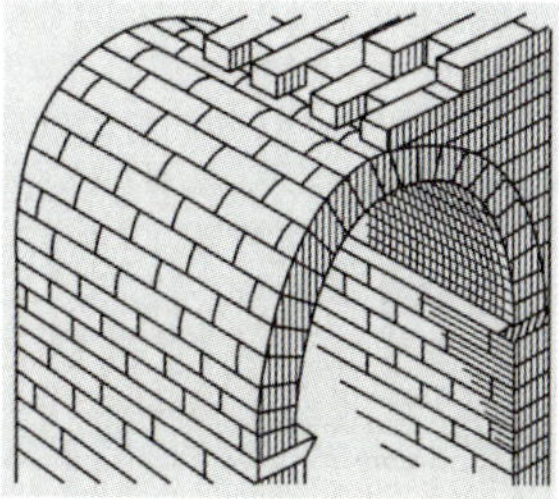

도 2-36 배럴 볼트(barrel vault).

볼트는 로마 발전과 제국 건설에 중요한 역할을 했다. 아치로 다리와 수로를 세웠다면 볼트로는 지하 시설 같은 각종 저장 시설을 지을 수 있게 되었다. 특히 방수 기술과 함께 사용되면서 항구 건설에 중요한 전환을 가져왔다. 시기적으로 보면 기원전 2세기 때 볼트 기술이 완성에 이르는데 이는 당시 로마 사회가 헬리니즘 현상에 따라 첫 번째 타락의 길로 접어들 때 이것을 막고 로마 특유의 견실절검(堅實節儉)의 정신을 일깨워주기 위한 자정 노력의 일환이었다. 사회를 되돌리기 위해 새로운 실용 기술의 발명에 몰두하게 되었고 그 결과 탄생한 것이 볼트였다. 기원전 179년에 지은 포르티쿠스 에밀리아(Porticus Emilia)나 기원전 1세기에 지은 아를의 크립토포르티쿠세스(Crypto Porticuses=지하홀) 등이 대표적 예이다(도 2-37).

기원전 1세기에서 서기 1세기 사이에 시멘트를 사용하면서 볼트 축조에 중요한 발전이 있었다. 시멘트 덕분에 벽체가 얇아지면서 내구성은 되레 향상되었고 방수 기능까지 갖추게 되었다. 천장 안쪽에 소란반자 등을 만들 수 있었는데 천장 두께를 얇게 해주었을 뿐 아니라 장식 효과도 추가로 가져왔다. 볼트는 바닥 면적과 견주어 천장의 면적과 하중이 많이 늘어나서 아래에서 받치는 벽체에 부담을 많이 주는 점이 단점인데 천장 두께가 얇아진 것은 구조적으로 중요한 발전이었다. 볼트 축조가 그만큼 자유로워졌고 벽 사이의 거리가 늘어나는 등 구조, 건축, 공간을 비롯하여 여러 측면에서 유리해졌다.

도 2-37 크립토포르티쿠세스, 아를, 프랑스, 기원전 1세기.

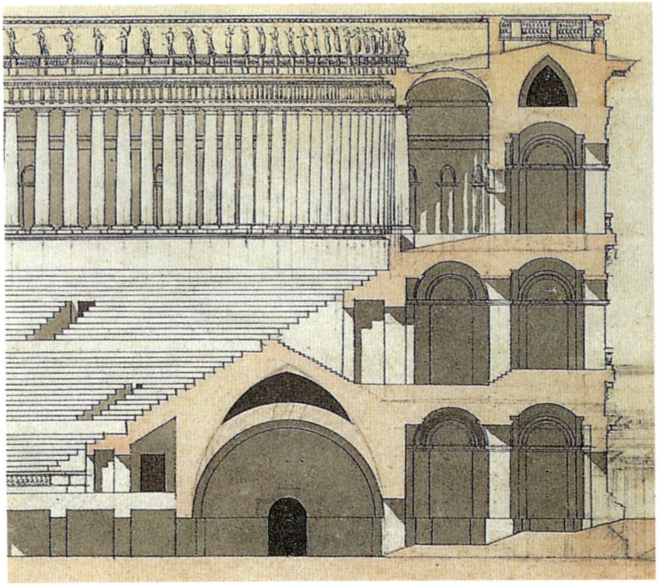

**도 2-38** 마르셀루스 극장(Theater of Marcellus), 로마, 기원전 11년.
**도 2-39** 베로나 원형극장(Amphitheater at Verona), 서기 290년.

로마의 원형극장은 볼트 구조의 산물이다. 콜로세움에서 알 수 있듯이 원형극장은 로마 사회 전체를 대표하는 건물 유형인데 이것이 볼트라는 구조 기술의 산물이었다. 볼트가 없었다면 로마의 원형극장은 탄생할 수 없었다. 로마의 원형극장은 그리스의 극장을 이어받아 더 발전시킨 것이다. 가장 큰 차이는 그리스 극장이 교외에 자연 지형을 이용했던 데 반해 로마 원형극장은 도심 안으로 들어오면서 크기가 엄청 커진 점이다. 이에 따라 관중석 밑부분을 처리하는 일이 큰 문제로 떠올랐다. 흙으로 메울 경우 그 양이 엄청날 뿐 아니라 관중이 들고나는 동선 확보가 안 되는 결정적 문제가 있었다. 정답은 이 부분을 비우는 것이었다. 자재도 절약할 수 있고 출입 통로로 활용할 수 있기 때문이다. 이때 위쪽의 관중석 무게를 지탱해야 하는 점이 풀어야 할 과제였다.

이것을 가능하게 해준 것이 볼트였다(도 2-38). 토압에 강한 장점에서 토압 대신 관중석 무게를 감당하면 되는 일이었다. 볼트가 만들어 내는 공간은 이동 통로, 사무실, 창고, 검투사 대기실, 맹수 우리 등으로 다양하게 사용했다(도 2-39). 이때 확립된 원형극장의 구조는 이후 스타디움의 표준형으로 자리 잡아서 서양 문명 2천년 동안 지속적으로 반복 사용되었다. 산업혁명 이후에는 구조 방식만 철근 콘크리트, 철골, 하이테크 등 시대에 따라 바뀌었을 뿐 스타디움의 전체 구성은 로마 원형극장에서 크게 변한 것이 없었다.

## 콜로세움과 목욕탕

구조적 문제가 해결되면서 원형극장은 급속도로 커져갔다. 폼페이우스의 원형극장을 필두로 아우구스투스 때에는 님과 아를 등에 대형 원형극장을 세웠다. 이때 축적된 기술을 바탕으로 플라비우스 왕조 때 콜로세움을 축조했다. 콜로세움은 볼트 기술 이외에도 당시까지 축적했던 로마 건설 기술의 집약판이었다. 관중석을 받치는 볼트는 동심원과 방사선의 두 방향으로 교차하면서 세워졌다. 수직으로는 4층을 중첩했다. 방사선 방향의 볼트 벽체는 1층부터 4층까지 동일하게 80개였다. 동심원 방향으로는 위로 갈수록 적어지면서 관중석의 경사를 형성했다. 기초는 용암과 콘크리트, 방사선 방향의 벽체는 화산석과 벽돌, 동심원 방향의 벽체는 트래버틴, 벽돌, 콘크리트 등을 주재료로 사용했다.

이런 구조를 바탕으로 이름 그대로 '거대한 신전'이 탄생했다. 이집트 청동기 문화 이후 사라졌던 거석 구조가 다시 돌아온 셈이었다(도 2-40). 콜로세움은 산업혁명 이전까지 서양 건축에서 거석 구조를 대

**도 2-40** 콜로세움, 로마, 서기 72-80년.

표하는 건물로 자리매김되었다. 웅장한 크기를 자랑하면서 숫자로 표현되는 기록의 산실이었다. 타원의 크기는 가로 189미터, 세로 156미터, 중앙의 아레나는 가로 87미터, 세로 56미터, 관중석의 폭은 50미터, 외벽의 높이는 50미터, 바깥둘레는 600미터였다. 관중 수용 능력은 5만 명에서 7만 명이었다. 외벽 입면의 각 층은 아치로 개구부를 뚫었다. 600미터 둘레의 입면은 방사선 방향 볼트 벽체의 개수와 같은 80개의 아치로 이루어졌다. 공사는 타원을 4등분해서 동시에 진행해서 5년밖에 안 걸렸다.

도 2-41 디오클레티아누스의 목욕탕, 로마, 서기 302년, 폴랭(Paulin)의 그림.

로마의 볼트 구조가 낳은 또 다른 주요 건축물로 목욕탕을 들 수 있다. 로마의 목욕탕은 단순히 목욕만 하는 곳이 아니었다. 앞에서 언급한 것과 같이 일단 건물 규모부터 백여 미터에 달하는 경우가 많았으며 실제 목욕을 담당하는 실내 공간을 넓은 옥외 공간이 에워싸면서 수백 미터의 복합 단지로 구성되었다. 실내 공간이 커지면서 천장 구조가 중요해졌다. 디오클레티아누스의 목욕탕은 냉탕 하나의 크기만도 가로 66미터, 세로 48미터였다. 공간 크기에 맞게 천장도 위용을 갖추어야 했다. 종합 사교 시설이어서 흥겹고 장쾌한 공간 분위기가 요구되기 때문에 더 그랬다. 이런 조건에는 볼트가 제격이었다(도 2-41).

도 2-42 세베루스의 볼트(vault of Severus), 3차원 앙천도, 팔라틴 내, 로마, 서기 193-211년.

로마의 목욕탕에 사용된 볼트에서는 구조적 장점보다는 공간적 특징이 활용되었다. 볼트는 바닥 면적과 견주어 천장이 높아서 공간 장악력이 뛰어난 구조이다. 배럴 볼트의 경우 깊고 둥근 천장이 일직선으로 긴 거리를 달리는 모습은 웅장하고 호쾌하다. 이런 이유로 현대건축에서도 기차역 같은 대형 공공시설 천장을 배럴 볼트로 처리하는 경우가 많다. 두 개의 배럴 볼트를 직각으로 교차해 만든 그로인 볼트는 정사각형 천장을 만들기 때문에 배럴 볼트처럼 깊고 웅장한 공간이 나오지는 않는 대신 나름대로 독특한 특징을 갖는다. 둥근 천장 네 장이 십자가 형태를 이루며 네 방향을 향하기 때문에 균형감과 역동성을 동시에 느낄 수 있다. 네 장의 둥근 천장이 만나는 경계선은 천장 곡면에 변화를 주면서 조형 효과를 만들어낸다(도 2-42).

볼트가 갖는 장식적 가능성도 중요한 요소였다. 배럴 볼트와 그로인 볼트 모두 천장 면적이 넓은데 이것은 곧 장식으로 치장할 바탕 면이 넓다는 뜻이었다. 앞에 언급한 공간적 특징과 합하면 장식 효과는 배가되었다. 작은 스케일의 섬세한 장식이 아니라 웅장한 목욕탕 스케일에 맞춰 높은 대형 천장 면을 화려하게 메운 장쾌한 장식이었다. 천장은 물론이고 바닥과 벽까지도 대리석 문양, 페인팅, 돋을새김, 조각상 등으로 장식되었다. 장식 효과를 높이기 위해 마감 재료도 대리석, 각력암, 반암, 화강암, 설화석고 등으로 다양하게 활용했다.

## 돔과 판테온

아치를 회전하면 돔이 된다. 볼트가 선형공간이라면 돔은 원형 공간 위에 덮는 천장 구조이다. 건축에서 원형 천장은 하늘을 상징하는 이미지이기 때문에 일찍부터 이것을 지으려는 바람이 있었다. 미케네 문명의 〈아트레우스의 보고〉에서 첫 번째 발전이 있었다. 전통적인 조적 구조로 완전한 반구 천장을 만드는 것은 매우 어려운 기술이어서 〈아트레우스의 보고〉에서는 원추형 공간에 머물고 말았다. 아직 돔이라고 부르기 어려운 기술이었다. 주요 생활 무대가 옥외 공간이었던 그리스와 마케도니아왕국에서는 원형 공간에 대한 관심이 거의 없어서 돔 기술의 발전도 없었다. 이것을 다시 부활한 것이 로마 사람들이었다. 구조 기술을 활용해서 새로운 건축술 및 공간 유형을 창출하는 일에 관심이 많았을 뿐더러 실내 공간에 대한 인식이 자리 잡으면서 돔을 이용한 원형 천장의 축조는 로마 사람들에게는 매력적인 도전거리였다.

돔은 아치에서 나온 기술이지만 3차원 공간인 점에서 아치보다 훨씬 더 정밀한 기술을 요구했다. 같은 3차원 공간이더라도 원형이었기 때문에 한쪽 방향으로만 늘어가는 볼트보다 역시 더 어려운 기술이었다. 돔을 실제 축조하는 방법은 반지 모양의 구조물을 위아래로 여러 단 겹쳐 쌓는 것이었다. 이것이 위로 올라갈수록 안쪽으로 조금씩 들어와야 하기 때문에 각 단의 반지형 구조물을 구성하는 홍예돌

**도 2-43** 머큐리 신전(Temple of Mercury=Temple of Venere, 베레네 신전=Temple of Diana, 디아나 신전=Thermal Baths, 온천 목욕탕), 돔 홀(domed hall) 실내 전경, 바이아에(Baiae), 나폴리 근교, 이탈리아, 기원전 40년.
**도 2-44** 판테온, 로마, 서기 120-124년, 조반니 파올로 판니니(Giovanni Paolo Pannini)가 1740년경에 그린 그림.

은 'x-y-z'축의 세 방향 모두에서 약간 기울어진 쐐기 형태여야 했다. 이것은 'x-y'축의 두 방향으로만 쐐기 형태였던 아치나 볼트보다 훨씬 어렵고 복잡한 조건이었다. '계획-재료 생산-현장 시공'에 이르는 전 공정에서 정밀하고 섬세한 관리 능력과 기술력이 필요했다.

이런 조건 때문에 돔 축조는 조적 기술의 발전과 궤를 같이한다. 돔에 대한 계획 능력과 아이디어가 아무리 좋아도 현장에서 실제로 지어내는 일이 승패의 관건이었기 때문이다. 돔이라고 부를 만한 원형 천장이 처음 등장한 것은 기원전 40년의 머큐리 신전이었다(도 2-43). 이 시기가 바로 로마의 조적 기술이 일취월장하던 때였다. 아직 완전한 반구는 아니지만 상당히 근접한 원형 천장을 보여준다. 이후 네로의 황금 주택의 중심 공간이었던 돔 팔각형 홀에서 다시 시도되는데 돔을 받치는 원통형 벽체가 등장하고 천장의 초점 부분을 오쿨루스라는 원형 창으로 뚫는 등의 발전이 있었다. 그러나 천장 형태 자체는 역시 완전한 반구에 못 이르렀다.

현존하는 로마 시대 건물 가운데 가장 완벽한 돔을 보여주는 것은 판테온이다. 네로와 하드리아누스 모두 스스로가 탁월한 예술가들이어서 그런지 공통적으로 돔의 완성에 도전했는데 네로는 완전히 성공하지 못했고 하드리아누스가 완성했다. 콜로세움이 볼트 없이는 생각하지 못한 것처럼 판테온도 한마디로 돔의 산물이었다(도 2-44). 이로써 로마를 대표하는 두 건물인 콜로세움과 판테온이 모두 구조 기술

덕분에 탄생할 수 있었는데 이는 로마 문명의 기본 성격이 실용주의와 현세주의였음을 보여주는 건축적 증거이기도 하다.

판테온에서는 완전 반구의 돔을 만드는 발전만 있었던 것이 아니라 이것을 실제 축조하는 과정에서 요구된 여러 구조적 조건들을 만족시키는 발전까지 함께 있었다. 가장 큰 문제는 엄청난 양의 돔 무게를 처리하는 일이었다. 돔을 실제 구조물에 적용하는 과정에서 발생하는 문제였다. 더욱이 돔을 받치는 원형 몸통에 조각상을 세우는 7미터 폭의 벽감을 뚫고 코린트식 오더 두 개를 세웠기 때문에 이 부분은 더욱 취약한 지점이 되었다. 해결책은 두 방향이었다.

하나는 돔 자체를 가볍게 만드는 것이었다. 조적 부재에 시멘트를 같이 사용해서 두께를 줄였고 안 천장에 소란반자를 뚫어 무게를 한 번 더 줄였다. 다른 하나는 취약 지점인 오더에 가해지는 무게를 옆의 벽으로 전환하는 것이었다. 이를 위해 릴리빙 아치를 사용했다. 아치의 둥근 형태를 이용해서 위에서 내려오는 하중을 양옆으로 분산하는 구조다. 판테온을 구성하는 3단 가운데 중간 단의 장식 패널을 뜯어보면 벽속에 아랫단의 벽감 폭을 가로지르는 큰 아치가 들어 있다. 이것만으로 부족하다고 판단해서 윗단의 돔 천장 시작 부분에도 릴리빙 아치를 하나 더 넣었다. 두 개의 릴리빙 아치가 위아래로 위치하면서 돔 천장의 하중을 측벽으로 분산했다(도 2-45).

**도 2-45** 판테온, 릴리빙 아치, 로마, 서기 120-124년.

III

# 초기 기독교, 비잔틴건축

초대교회 건축의 성립

라틴 웨스트의 초대교회 건축

비잔틴건축

# 1 초대교회 건축의 성립

### 초기 기독교 건축의 성립

초기 기독교 건축은 말 그대로 기독교가 로마 사회에 자리 잡아가는 초기 과정에 나타난 기독교 건축양식을 일컫는다. 교회사에서는 초대교회에 해당한다. 기독교 역사는 오래되지만 구약시대 수천 년은 이스라엘에 한정되어 있었다. 예수의 십자가 처형 이후 사도들에 의해 전도가 본격화되면서 이탈리아반도를 비롯한 유럽과 소아시아 등 로마제국 내 여러 곳에 상륙하기 시작했다. 바오로의 전도가 눈부셨고 베드로는 초대 교황으로서 로마에서 기독교를 조직화하는 업적을 남겼다.

초대교회의 시기에 대해서는 통일된 의견이 없지만 중세 교회 이전까지를 기준으로 잡는다면 '예수–바오로–베드로'부터 카롤링거왕조에 의한 프랑크왕국 이전까지로 볼 수 있다. 이 시기 내에서도 세분화된 구분이 필요한데 서기 3세기까지의 탄압기, 4세기의 승리기, 5~6세기의 확장기, 7~8세기의 침체기 등으로 나눌 수 있다. 초기 기독교 건축은 이 가운데 건축 활동이 미미했던 침체기를 제외하고 3세기에서 6세기에 이르는 시기에 로마를 필두로 라틴 웨스트, 에게 해 연안과 소아시아, 동방내륙과 아라비아반도 등에 지어진 기독교 건축을 통칭한다. 이 과정에서 기독교라는 새로운 문명에 요구되는 건축양식의 기초가 잡혔다. 이를 바탕으로 중세 때 기독교 건축이 융성했기 때문에 초기 기독교 건축은 제1 기독교 건축이라고 부르기도 한다.

기독교는 자신들만의 건축양식을 창출하는 데 어려움이 많았다. 우선 성서 자체가 교회 건축에 대해서 거의 언급하지 않고 있기 때문에 지침으로 삼을 만한 내용이 없다. 로마를 비롯한 유럽에 전도되기 시작한 이후 승리기까지의 시간이 충분하지 않았기 때문에 차분하게 독자적인 건축양식을 창출할 여유가 없었다. 승리기 이전의 탄압기에는 가난한 종교였기 때문에 경제적, 사회적으로도 그럴 여유가 없었다. 이런 이유 등으로 인해 초기 기독교 건축은 로마 건축을 빌려와서 자신들의 목적에 맞게 변형해 태어났다(도 3-1). 내용적으로는 기독교에 해당하는 고유한 특징을 갖게 되지만 물리적 구조만 보면 로마 건축에 속하게 된다는 뜻이다.

초대교회의 세부적 시기 구분은 초기 기독교 건축의 시기 구분과 대체로 일치한다. 초대교회의 탄압기는 초기 기독교 건축의 형성기

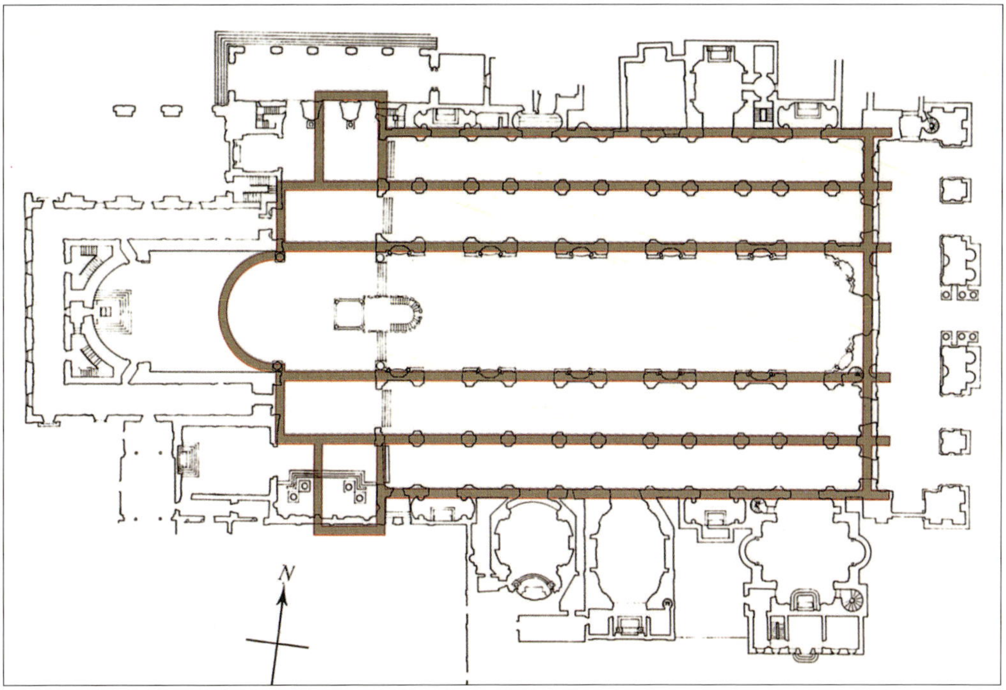


**도 3-1** 라테란의 성 요한(St. John in Lateran=Constantine Basilica, 콘스탄티누스 바실리카=Lateran Basilica, 라테란 바실리카), 로마, 313년경 공사 시작.

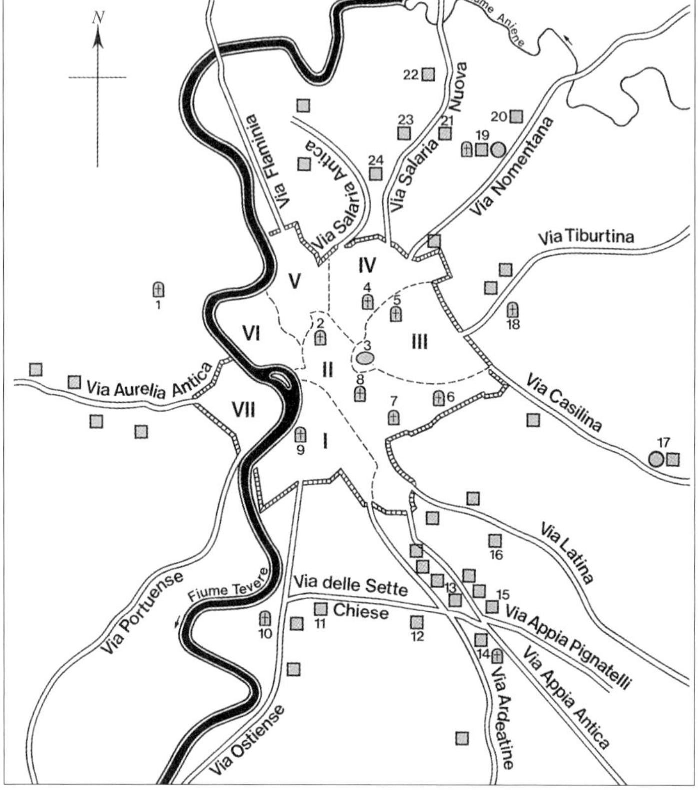


**도 3-2** 초기 기독교 시대의 로마 시내 기독교 건물 지도. 방사선 방향으로 갈라져 나간 길에 여러 카타콤을 만들었다.

에, 승리기는 콘스탄티누스의 교회를 중심으로 한 완성기에, 전파기는 확산기에 각각 대응할 수 있다. 기독교 건축이라고 부를 만한 건축물이 처음 등장한 것은 현재 남아 있는 유구를 기준으로 할 때 2~3세기며 건물 종류로는 가정교회와 카타콤(확장하면 지하 매장 시설)이다. 이 시기는 탄압기와 형성기에 해당한다. 4세기의 승리기와 완성기 때에는 바실리카와 무덤 교회라는 첫 번째 교회 양식 짝이 탄생했다.

4세기를 거치면서 기독교 건축은 양적으로도 팽창해서 로마와 홀리랜드에 일정한 구역을 형성했다. 로마 시에는 시내와 외곽 지역에 제국 건물 사이를 비집고 기독교 건물들을 지었는데 그 수가 제법 되어서 로마 구역과 구별해 초기 기독교 구역이라 부를 만한 영역이 형성되었다(도 3-2). 제일 중심부의 로마 구역을 에워싸는 동심원의 두 번째 켜에 해당하는 구역이었다. 예루살렘에도 마찬가지여서 초대교회 건물들이 일정한 세력권을 형성했다 (도 3-3). 이를 바탕으로 확장기 때에는 앞 시기에 완성된 양식이 유럽과 동방 일대로 전파되었다. 이 과정에서 표준 양식이 반복되기도 했고 지역 특성에 맞게 변형되기도 했다.

**도 3-3** 예수 탄생 교회(Church of the Nativity), 베들레헴(Bethlehem), 이스라엘, 333년.

## 가정교회

가정교회와 카타콤은 시기적으로 형성기를 구성하는 짝일 뿐 아니라 내용에서도 기독교 건축의 두 축을 이루는 짝이다. 기독교 건축은 집회와 매장을 주요한 두 기능으로 갖는다. 집회는 당연히 미사이다. 매장은 우리나라 기독교 건축에서는 낯선 개념일 수 있는데 서양 가톨릭교회는 주요 성인들의 무덤을 겸하기 때문에 매장 역시 교회에 요구되는 중요한 기능이다. 중세 건축으로 넘어 가면서 매장 기능은 방사선 예배당과 지하 납골당 등으로 정리되면서 교회 건축을 이루는 중요한 구성 요소가 되는데 초기 기독교 건축에서는 이것의 전 단계로서 매장 기능이 건축 형식으로 구체화되는 형성 과정이 있었다. 형성기 때에는 이런 두 기능에 해당하는 기초적 건축 형식이 형성되었다. 가정교회는 집회 기능을, 카타콤은 매장 기능을 각각 담당했다.

가정교회는 말 그대로 로마의 주택을 교회로 개조한 것이다. 로마 시대 주택은 크게 도무스와 인슐라에의 두 종류로 나눌 수 있다. 도무스는 주로 부유층을 위한 개인 저택이고 인슐라에는 도심의 집합주택이다. 개인 주택이 교회의 출발점이 된 것은 여러 가지 배경이 있다. 한국의 개척 교회에서도 자주 볼 수 있는 현상인데, 기독교가 개인을 대상으로 "한 알의 밀알"에서 시작해서 "나중에 심히 창대하게" 발전하는 과정을 거치기 때문에 개인 주택을 출발점으로 삼게 된 것으로 볼 수 있다.

현실적으로 보아도 탄압을 받는 상황에서 감시의 눈길을 피해 안전하게 종교 집회를 갖기에는 개인 주택이 적합했을 것이다. 다행히 교

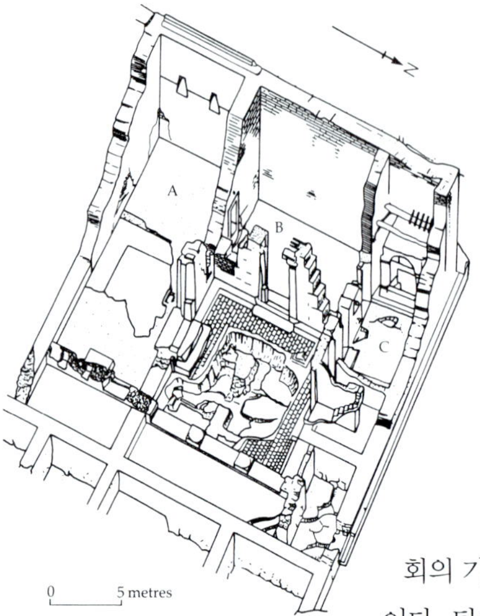

**도 3–4** 두라–에우로푸스의 가정교회, 두라–에우로푸스, 시리아(Syria), 250년경.
**도 3–5** 두라–에우로푸스의 가정교회, 세례실과 벽화, 두라–에우로푸스, 시리아, 250년경.

회의 기능과 잘 맞았기 때문에 큰 무리 없이 사용될 수 있었을 것이다. 탄압기의 기독교가 구휼을 중요한 기치로 내걸었기 때문에 주택이라는 이미지가 여기에 잘 맞기도 했다. 초창기 교회에 필요했던 기능은 집회, 세례, 식사, 교육의 네 가지였는데 당시 기독교가 처했던 어려운 상황 속에서 이것을 가장 잘 만족시키는 것이 도무스라는 개인 주택이었다.

현재 남아 있는 가정교회 가운데 거의 유일하게 보존되어 있는 예로 도무스를 개조해서 지은 두라–에우로푸스의 가정교회(House Church of Dura–Europus, 250년경)를 들 수 있다(도 3–4). 도무스의 건축 구성은 다행히 기독교의 집회 기능에 대응할 소지가 컸다. 중정은 교회의 안마당에, 중심 방은 예배실에, 중심 방의 오른쪽 위쪽 방은 세례실에, 왼쪽 위쪽 방은 예비신도를 위한 학업실 등에 각각 대응했다. 부엌은 식당에 대응했다. 세례실에는 벽감과 벽화 등의 장식을 가했다(도 3–5). 벽화에는 가장 오래된 예수상을 비롯해서 성경 내용과 예수의 행적 등을 그려넣었다. 예배실은 가로 5미터, 세로 13미터로 50~60명을 수용했다. 이런 구성은 나중에 바실리카 교회가 등장하면서 일직선으로 펴지기는 하지만 교회의 집회 기능을 최초로 건축 구성으로 구체화한 점에서 중요성이 있다.

인슐라에(Insulae)를 개조한 가정교회는 티툴루스라는 별도의 이름으로 불렸다. 티툴루스는 원래 인슐라에에 붙이는 대리석 문패를 의

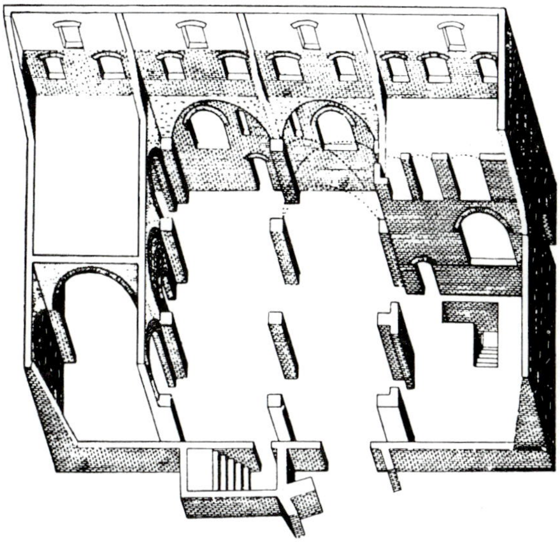

**도 3-6** 티툴루스 에퀴치오, 로마, 3세기. 후에 성 마르티노 인 몬티 교회로 발전했다.
**도 3-7** 성 크리소고노(St. Crisogono) 지하의 최초 티툴루스, 로마, 3세기.

미했다. 티툴루스를 가정교회로 개조할 경우에는 봉헌된 성인의 이름을 더했다. 티툴루스 클레멘티스나 티툴루스 비잔티스 같은 식이다. 티툴루스는 2~3세기 때 가장 보편적으로 사용되던 교회 유형으로 기독교 아파트라고 불리기도 했다. 4세기 초에는 로마 교구가 25개의 티툴루스로 구성되어 있었는데 티툴루스 에퀴치오(Titulus Equizio)나 성 마르티노 인 몬티(St. Martino in Monti) 등은 그 흔적이 남아 있는 예이다(도 3-6, 3-7). 도무스를 개조한 가정교회가 한 채만 남고 모두 사라진 데 반해 티툴루스는 4~6세기 때 기독교 세력이 커지면서 그 위에 정식 교회를 증축한 경우가 많았다. 성 요한과 성 바오로나 성 클레멘테가 대표적인 예이다.

### 카타콤

기독교는 부활과 사후 구원을 믿기 때문에 화장보다 매장을 장려했다. 초창기 기독교는 성인이나 순교자처럼 종교적으로 중요한 인물에서 일반 신도에 이르기까지 많은 수의 매장을 담당하는 역할을 겸했다. 그 방향은 둘로 구별할 수 있다. 하나는 종교적으로 중요한 인물이 대상인 경우로 단순한 매장을 넘어서서 건축적으로 특화할 필요가

도 3-8 폼포니우스 힐라스의 콜룸바리아(Columbaria of Pomponius Hylas), 로마.

있었다. 다른 하나는 다수의 평신도를 위한 단순한 매장으로 이는 당시 로마의 공동묘지를 사용하는 경향으로 나타났다. 공동묘지에 묻히되 기독교인들을 집단으로 모아 매장했으며 이 과정에서 평신도들의 묘지 사이에 공간을 넓히고 특별한 건축 처리를 가하는 등 중요한 인물의 묘지를 특화 처리했다.

이 두 시설을 합해서 카타콤이라 부른다. 형성기 때 매장 시설은 로마의 공동묘지를 사용했는데, 당시 로마의 공동묘지는 지하에 있는 경우가 대부분이었다. 로마 역시 화장을 금지하고 매장을 신성시해서 장려하는 관습이 있어서 지하 공동묘지가 발달했다. 넓게 보면 로마 건축 전체에 걸쳐 지하 시설이 발달했던 현상 가운데 하나이기도 하다. 여러 종류의 지하 무덤이 있었는데 매장 및 건축 형식 등에 따라 히포게움, 콜롬바리움, 아르코솔리움, 쿠비쿨룸 등 여러 이름으로 불렀다(도 3-8). 기독교의 매장 시설도 건축적으로는 이런 시설들을 그대로 사용했다. 카타콤의 원래 뜻은 '빈 공간'인데, 기독교만의 집단적 정체성을 나타내기 위해 자신들의 매장 시설을 카타콤이라는 별도의 명칭으로 불렀다.

도 3-9 도미틸라의 카타콤(Catacomb of Domitilla), 토르 마란시아 대 계단(Tor Marancia grand staircase), 로마. 통로와 벽감을 보여준다.

카타콤은 로마의 공동묘지를 그대로 사용했기 때문에 위치 역시 로마의 공동묘지가 몰려 있는 지역에 같이 있다. 로마 시내에는 묘지를 지을 수 없어서 성 밖에 위치하는데 비아 아르데아티나, 바이 아피아, 비아 라티나 등의 거리에 몰려 있다(도 3-2). 이 거리에는 성 세바스찬의 카타콤, 도미틸라의 카타콤, 성 칼리스투스의 카타콤 등 대표적인 카타콤이 있다. 로마 이외에는 지하 시설을 파기 쉬운 화산석 지질이 많은 시칠리아와 나폴리 등에 많이 몰려 있다. 카타콤은 탄압기 말기이자 확장기 초기에 해당하는 2~3세기에 형성되기 시작해서 4세기 승리기 때 절정에 달한 뒤 5세기에 사라졌다. 5세기에는 매장 시설이 지상으로 올라온 뒤 교회 안으로 들어왔기 때문이다.

카타콤의 건축적 구성은 중앙통로와 묘실로 나누어 생각할 수 있다. 중앙통로는 주로 일반 신도를 위한 곳으로 양옆의 벽면

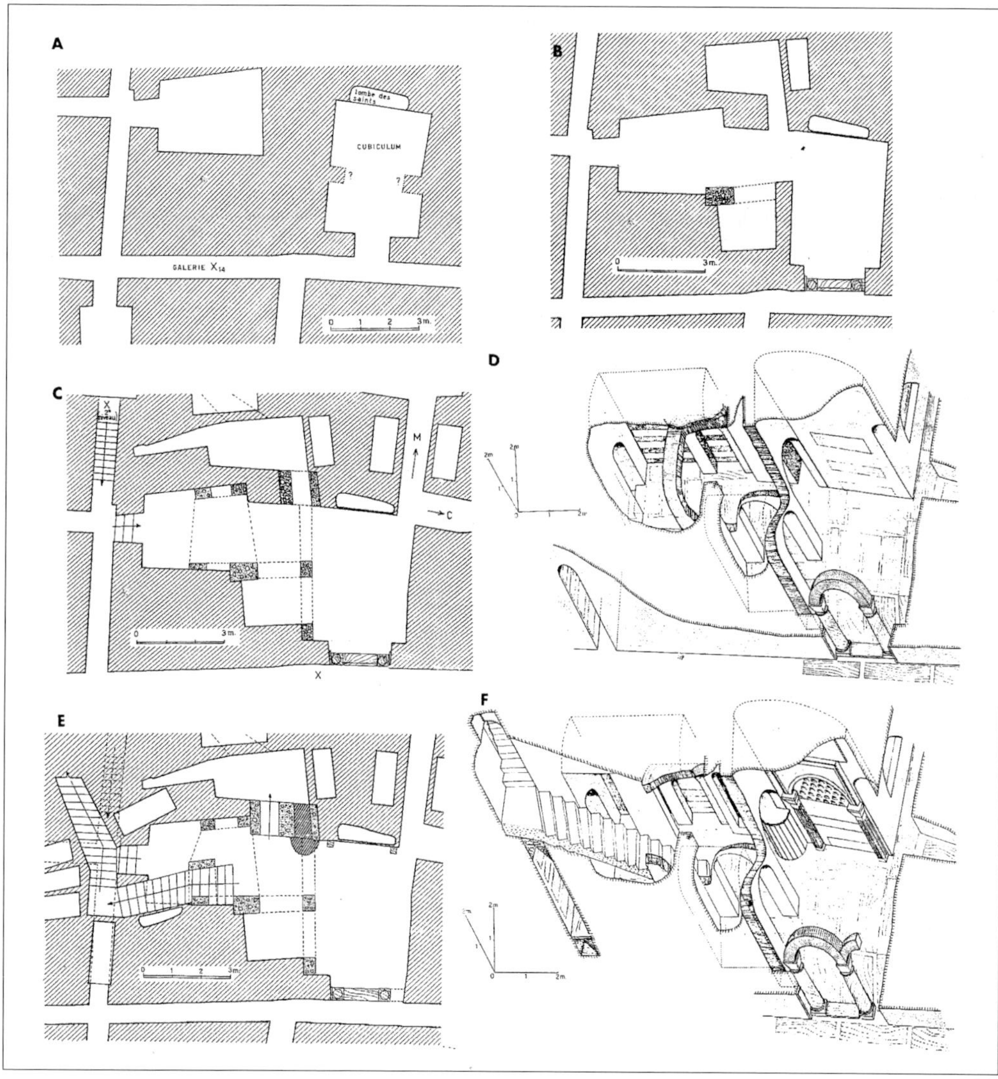


**도 3-10** 성 베드로 앤 마르셀리누스의 묘실(Crypt of St. Peter and Marcellinus). 사각형의 정형적 구성에서 시작해서 복잡하게 분화해간 과정을 보여준다. 성 베드로 앤 마르셀리누스의 카타콤(Catacomb of St. Peter and Marcellinus) 내, 로마.

에 벽감을 파서 석관이나 옹관을 뒀다(도 3-9). 묘실은 쿠비쿨룸이라는 별도의 명칭이나 히포게움이라는 일반적 명칭 등으로 불렸다. 묘실은 재력가, 순교자, 성인 등을 위한 별도의 매장 공간이었다. 형태는 사각형을 기본으로 육각형, 팔각형, 비정형 형태 등 다양한 형태로 지었다. 종교적으로 중요한 인물의 묘실인 경우 고전주의 파사드로 장식하거나 아치로 벽감을 파는 등 별도의 건축적 처리를 가했다(도

3-10, 3-11). 벽에는 초창기 성화를 그렸다. 아직 기독교가 가난한 때라 실력 있는 화가에게 의뢰할 형편이 못 되었기 때문에 그림은 세련되지 못했지만 오히려 4세기 이후에 금으로 화려하게 치장하면서 기독교 정신의 본질을 훼손한 정식 성화보다 종교적 의미는 더 큰 그림들이다(도 3-12).

주요 카타콤들은 몇 백 미터, 심지어 수 킬로미터에 걸쳐서 복잡한 미로를 형성했다. 넓은 면적을 갖는 카타콤들은 몇 개의 영역으로 나누었고 수직으로도 여러 층을 파들어갔다. 칼리스투스의 카타콤(Catacomb of Calistus)은 이것을 대표하는 예다. 총 연장은 10킬로미터를 넘었으며 전성기 때에는 약 2만 5000구의 시신을 매장했던 것으로 주장된다. 영역 I(Area I), 밀티아드(Miltiade), 가이우스 앤 유세브(Gaius and Eusebe), 소테르(Sotere), 자유 지역(Region of Liberty), 루치아노의 지하 무덤(Crypt of Luciano) 등의 여러 영역으로 이루어졌다. 가장 깊은 부분은 지하 7층을 이루었으며 그 깊이는 25여 미터에 달했으며 3세기의 교황 9명이 묻히는 등 교황들의 무덤을 대표한다(도 3-13, 3-14).

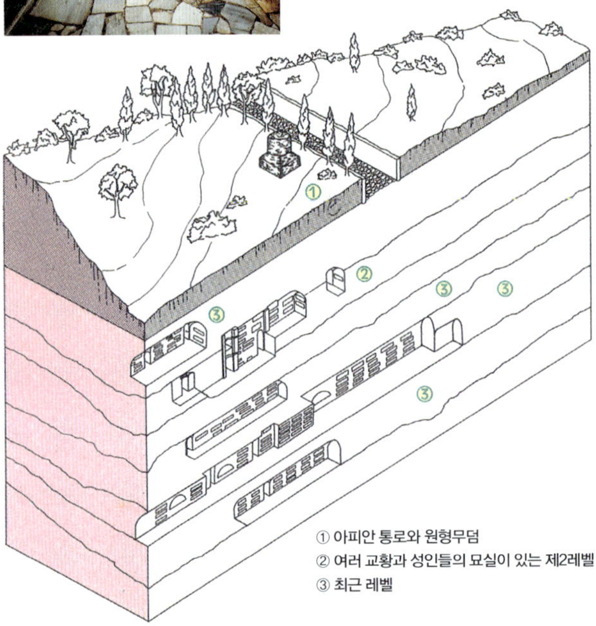


① 아피안 통로와 원형무덤
② 여러 교황과 성인들의 묘실이 있는 제2레벨
③ 최근 레벨

## 순교자 기념 시설

카타콤의 시설 가운데 묘실은 '순교자 기념 시설(혹은 순교자 기념 성당)'이라는 별도의 개념으로 정리할 수 있다. 순교자를 기리고 그 종교적 의미를 건축적으로 강조하기 위해 특별한 처리를 가해서 특화한 개념이다. 3세기에 순교자들이 많이 나오면서 교황들이 앞장서서 순교에 특별한 기독교적 의미를 부여하기 시작했으며 이를 건축적으로 특화하는 작업도 동시에 벌였다. 기독교의 순교는 감성적 측면이 강해서 마음을 담당하는 역할을 했으며 머리에 해당하는 교리와 함께 기독교 형식의 양대 축을 형성했다. 3세기에는 기독교 세력도 조금 커진 상태여서 특별한 건축적 처리를 가한 순교자 기념 시설을 지을 여력이 생기기 시작했다. 순교자 기념 시설은 처음에는 카타콤 내 묘실에 상징 처리를 가해서 활용했다. 성 세바스찬의 카타콤에 지은 성 세바스찬 무덤, 칼리스투스의 카타콤에 지은 교황들의 무덤과 성 체칠리아의 묘실 등이 대표적 예들이다(도 3-15).

3세기 중반 이후 기독교에 대한 탄압이 상대적으로 잦아들면서 순교자 기념 시설이 무덤 밖 지상으로 나와 옥외 시설로 지어지기 시작했다. 무덤 위에 성찬용 테이블을 놓는 구성이 가장 간단한 방식이었고 무덤과 테이블을 겸한 석관을 두기도 했다. 이런 시설들은 현재 남아 있는 것이 거의 없는데, 로마의 성 세바스찬에 세웠던 트레셀라에 대한 추측 복원 안이 나와 있는 정도이다(도 3-16). 이런 시설들은 후에 다시 옥외 묘실로, 더 나중에는 무덤 교회로 발전했다.

구 성 베드로 성당은 지하에 있던 순교자 기념 시설이 옥외로 나와

**도 3-11** 도미틸라의 카타콤(Catacomb of Domitilla), 다비드의 쿠비쿨룸(David's cubiculum), 아르코솔리움(arcosolium)을 보여준다. 로마.
**도 3-12** 비아 라티나의 카타콤(Catacomb of Via Latina)의 히포게움(hypogeum) 내 벽화. 로마.
**도 3-13** 교황들의 묘실(Crypt of the Popes), 성 칼리스투스의 카타콤(Catacomb of St. Callistus) 내, 비아 아피아 안티카(Via Appia Antica), 로마.
**도 3-14** 성 칼리스투스의 카타콤, 단면도, 비아 아피아 안티카, 로마.

**도 3-15** 성 세바스찬 무덤(Mausoleum of St. Sebastian), 성 세바스찬의 카타콤(Catacomb of St. Sebastian) 내, 로마.
**도 3-16** 성 세바스찬(St. Sebastian), 기념 마당 내 트레셀라(trecella=tricila, 트리실라, 세 개의 방으로 구성된 건물이란 뜻).

**도 3-17** 성 베드로의 무덤(Tomb of St. Peter), 베드로에게 봉헌된 닫집, 몬스 바티카누스 공동 묘지(Necropolis of Mons Vaticanus) 내, 로마, 2세기 후반부.

대형 성당으로 발전한 대표적인 예에 해당한다. 구 성 베드로는 16세기에 헐리고 현재의 바티칸 성당으로 대체되었는데 처음 건물은 베드로의 무덤으로 추정되는 곳 위에 지은 것이었다. 이곳은 원래 로마의 공동묘지가 있던 장소인데 베드로도 여기에 묻힌 것으로 알려져 있다. 공동묘지 내의 정확한 위치는 아직 밝혀지지 않고 있는데 유력하게 추정되는 묘실에 고전 어휘를 이용한 닫집의 흔적이 발견되면서 통상적으로 베드로의 무덤인 것으로 받아들여지고 있다.

2세기 후반에 만들어진 것으로 추정되는 이 닫집은 벽감의 프레임을 형성하는 방식으로 만들어졌다(도 3-17). 벽에는 위아래로 두 개의 벽감이 파여 있었고 각 벽감에는 닫집을 하나씩 만들었다. 이후 이 묘실 위 지상에는 구 성 베드로 성당을 지었다. 성당 내 제단은 정확히 지하 닫집 위 수직 지점으로 정해졌다. 이 제단 역시 16세기 때 헐렸기 때문에 그 모습을 알 수 없으나 추측 안에 따르면 지하에 있던 순교자 기념 시설의 닫집 구성을 이어받아 앞쪽에 열주를 세우고 그 뒤로 아치형 게이트로 제단을 꾸몄던 것으로 추측된다.

### 콘스탄티누스 교회와 기독교 건축의 완성

4세기의 승리기를 이끈 것은 콘스탄티누스(재위 306~337년)였다. 311년의 기독교 관용령을 시작으로 312년에는 스스로 기독교로 개종했고 313년에는 기독교를 공인하는 밀라노칙령을 반포했으며 326년에는 동로마의 국교로 선포했다. 정치적 야심이 큰 인물이었는데 여기에 기독교 교회의 수장 자리를 자임하면서 황제의 현실 권력에 기독교를 합해 이후 1500년 서양 역사를 이끌어갈 거대권력을 탄생시켰다. 막센티우스와의 권력투쟁에서 기독교도의 참여로 결정적 승리를 거둔 점이 좋은 예이다.

개인의 종교적 열정에 정치적 이해가 맞물리면서 그는 서양 역사상 가장 많은 교회를 건축한 황제가 되었다. 더욱이 이것이 기독교 건축이 불모지였던 시기에 그 기반을 처음으로 닦은 것이어서 기독교 건축사에서 콘스탄티누스 황제가 차지하는 비중은 매우 크다. 3세기가 되면 이미 기독교도가 관직에도 진출하는 등 기독교는 현실 세계에

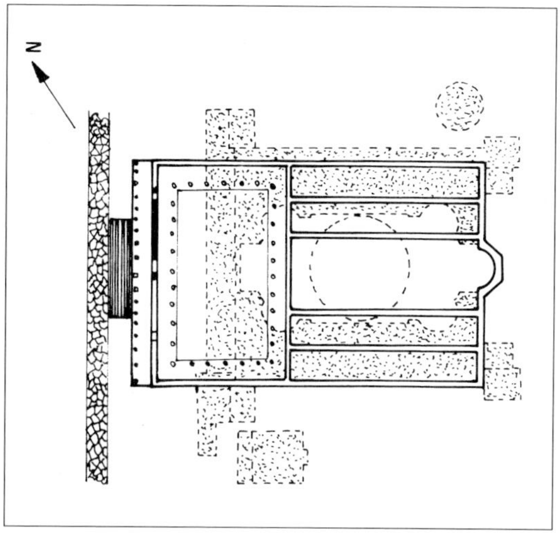


주요 권력으로 등장하기 시작하지만 폭군이 등장하면 간헐적 탄압은 계속되는 등 기독교는 아직 자신만의 건축양식이 없었다. 이것을 종식시키고 기독교 고유의 교회 양식을 창출한 장본인이 바로 콘스탄티누스 황제였다.

**도 3-18** 아나스타시스 로툰다(Anastasis Rotunda), 예루살렘, 335년경.
**도 3-19** 하기아 소피아(Hagia Sophia), 첫 번째 교회 추측 평면도, 콘스탄티노플, 4세기 전반부.

그가 지은 교회 수는 정확한 기록이 남아 있지 않으나, 로마 시내에 최소 일곱 채(비공식적으로는 열 채), 홀리랜드에 최소 네 채, 올리브산 지역에 여러 채, 콘스탄티노플에 다시 여러 채의 교회를 지었다(도 3-18). 이미 오랜 역사를 지녔던 다른 지역과 달리 콘스탄티노플은 이름에서 알 수 있듯이 그가 천도를 해서 순도 높은 기독교 도시로 세운 것이어서 여기에 세운 교회의 의미와 가치는 상대적으로 매우 높은 것이었다. 이때 세운 대부분의 교회는 약 220여 년 뒤에 또 한 명의 걸출한 기독교 황제 유스티니아누스 때 대부분 헐리고 대형 동방교회로 증축되면서 비잔틴건축의 문을 열게 된다(도 3-19).

그가 남긴 기독교 건축의 업적은 단순히 양에만 있지 않았다. 바실리카 교회와 무덤 교회라는 기독교 건축의 두 가지 대표 유형을 최초로 완성한 점이 더 중요했다. 두 유형은 앞에 가정교회와 카타콤에서 처음 시작되었던 집회와 매장 기능을 독립적 건축양식으로 완성한 것이었다. 개인 주택과 공동묘지라는 남의 건물에 세 들어 시작한 기독교의 두 핵심 형식이 셋방살이를 벗어나 자기만의 집과 건축양식을 갖게 된 것이다. 이런 배경 아래 그가 완성해서 축조한 기독교 건축을 통틀어 '콘스탄티누스의 교회'라 부른다.

### 바실리카 교회의 탄생

바실리카는 교회의 집회 기능, 즉 미사를 담당하는 건축양식이다. 바실리카는 로마 시대 때 시민들의 도시 생활을 종합적으로 담당하던 건물 종류이다. 직사각형 공간을 종 방향으로 3등분해서 중앙 공간과 양옆의 측면 공간으로 나누어 사용 효율을 높였으며 목조 평천장으로 마감해서 검소함이 대표적 특징이었다. 시민들 사이의 자발적인 소규모 집회에 맞춰 출입구 반대편 끝에 '애프스'라는 반원형 천장을 가진 무대를 갖추기도 했다. 크기는 가로 80~90미터, 세로 50~60미터 정도였으며 수백 명을 수용할 수 있었다. 바실리카 교회는 명칭에서 알 수 있듯이 이런 바실리카를 그대로 받아들여 교회 기능에 맞춰 사용한 교회 양식이다. 일단 기능 면에서 큰 변형 없이 미사에 적용될 수 있는 측면이 높았다(도 3-20, 3-21).

중앙 공간은 네이브라는 고참 신도석에, 양측면 공간은 아일이라는 신참 신도석에 각각 맞았다. 직사각형 선형공간은 미사에 요구되는 사제단의 행렬 같은 의식에 적합했다. 애프스 일대는 제단을 놓고

**도 3-20** 울피아 바실리카(Basilica Ulpia), 로마.
**도 3-21** 비트루비우스의 『건축 십서』에 나오는 설명을 토대로 한 표준형 바실리카.

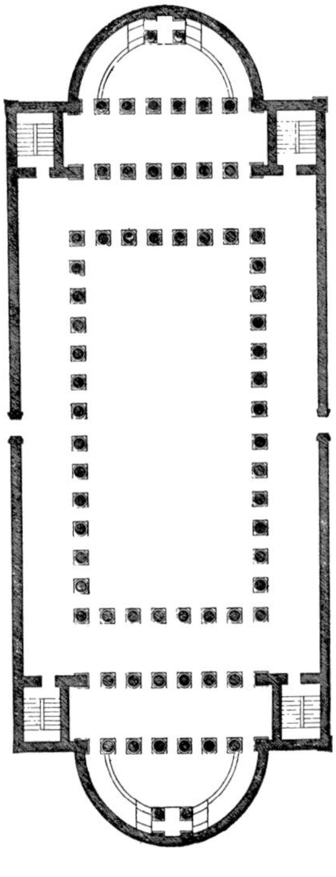

성화를 그리는 장소에 적합했다. 이에 따라 교회 안이 네이브와 아일 쪽의 신도 영역과 애프스 쪽의 성직자 영역으로 구획되었다. 네이브 천장은 2층 높이이고 아일 천장은 1층 높이인데 이는 두 영역의 위계를 드러내는 데 적합했을 뿐더러 천장 높이 차이를 이용해서 천측창을 내어 실내 채광을 도왔다. 크기도 당시 기독교 교세에 적합해서 주요 교회의 미사에 참석하는 최대 신자 수를 수용하는 데 부족하지 않았다(도 3-22).

**도 3-22** 구 성 베드로(Old St. Peter's), 단면도, 로마, 319–322년경, 16세기 그림이다.

상징적 측면에서도 기독교 교회의 모델로 차용하는 데 무리가 없었다. 기독교는 유일신을 섬기기 때문에 로마 시대 종교 건물을 교회로 사용할 수는 없었다. 로마 신전을 교회로 개종한 개별적 예는 있지만 전체 차원에서 그럴 수는 없었다. 사치와 향락을 담당하던 건물을 사용할 수도 없었다. 바실리카는 로마 건물 가운데에서도 일반 시민들의 견실한 일상생활이 영위되던 공간이었기 때문에 기독교 교회로 차용하기에 적합했다.

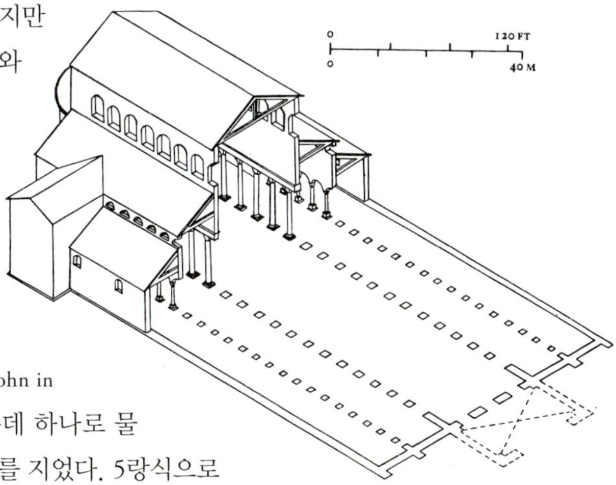


**도 3-23** 라테란의 성 요한(St. John in Lateran=Constantine Basilica, 콘스탄티누스 바실리카=Lateran Basilica, 라테란 바실리카), 로마, 313년경 공사 시작.

최초의 바실리카 교회는 313년에 지어지기 시작한 라테란의 성 요한(St. John in Lateran)이었다. 콘스탄티누스 교회 가운데 하나로 물비안 교 전투의 승리를 기념하여 이 교회를 지었다. 5랑식으로 네이브와 안쪽 아일 사이는 콜로네이드로, 바깥쪽 아일은 아케이드로 각각 처리했다. 네이브의 동쪽 끝은 반원형 애프스로 처리했다(도 3-23). 출입구 면은 일직선을 이루었으나 반대 면은 변화가 심했다. 출입구는 네이브에만 세 개를 만들었다. 지붕은 가장 단순한 형태의 목조 트러스로 짰으며 속이 들여다보였다. 재료는 기둥만 돌이었고 나머지는 콘크리트 골조에 벽돌 마감이었다.

### 바실리카 교회의 분화와 라틴 크로스의 성립

바실리카 교회는 흔히 선형공간으로 요약되는 가톨릭교회의 모태가 되었다. 이후 여러 번의 증식, 분화를 거치면서 고딕 성당에서 규모와 복잡함 등에서 절정에 이르며 현대건축에서까지도 작은 규모의 교회는 여전히 바실리카 교회의 구성을 그대로 사용하는 경우가 많다. 이처럼 바실리카 교회는 기독교 건축의 핵심적인 모태가 되었다. 한 번 완성된 바실리카 교회는 곧바로 분화, 발전을 시작한다. 첫 번째 단계는 콘스탄티누스 황제 자신 때 나타났다. 지하 공동묘지에서 지상으로 올라와 단독으로 존재하던 순교자 기념 시설을 교회 안으로 들여오는 데 따른 결과였다.

해결책은 교회 실내에 별도의 공간을 마련하는 것이었는데 지역에 따라 둘로 나타났다. 홀리랜드 지역에서는 교회 안에 별도의 중앙형 묘실을 뒀다. 서방 지역에서는 바실리카 교회의 두 긴 변 밖으로 작은 사각형 공간을 각 하나씩 더하는 방식을 택했다. 직사각형 몸통이 짧은 두 팔을 벌려 내민 형국이 되었는데 이렇게 더한 작은 사각형 공간을 트랜셉트라고 불렀다. 교회 평면 전체가 십자가 형태가 되는데 이런 교회 평면을 라틴 크로스라 부른다. 기능적으로 보강한 것일 뿐 아니라 상징적으로도 기독교를 대표하게 되었다.

트랜셉트는 기능적으로는 성직자들의 영역이었다. 성직자들이 미사를 올리는 장소였으며 나중에는 예배당을 설치하는 곳으로 발전한다. 트랜셉트가 교회 본체와 교차하는 중앙부는 크로싱이라 부르는데 동쪽 끝 경계부에 제단이나 연단을 놓았다(도 3-24). 트랜셉트에서 시작해서 애프스에서 끝나는 동쪽 영역 전체는 성직자들의 공간으로 통칭해서 성소 혹은 헤드 피스라고 부르는데 네이브를 중심으로 한 서쪽의 신도석과 대별되는 의미가 있다.

**도 3-24** 구 성 베드로, 애프스 부 추측 모습, 로마, 319–322년경.

트랜셉트가 완전한 십자가 형태로 나타난 것은 중세 때며 초대교회 때에는 좀 엉성한 편이었다. 제일 처음 나타난 것은 구 성 베드

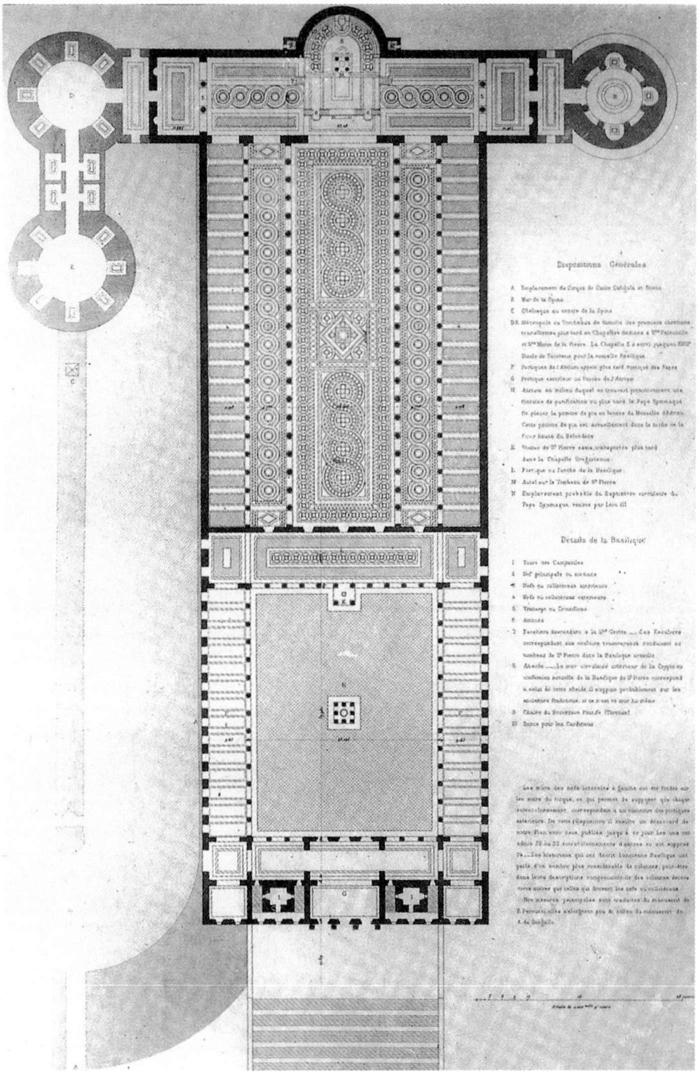


**도 3-25** 구 성 베드로, 평면도, 로마, 319-322년경.

로(Old St. Peter's, 319-322년)였다. 크로싱 위쪽의 성직자 영역이 충분히 확장하지 못하고 애프스 하나만으로 끝나기 때문에 십자가보다 인형 옷에 가깝게 되었다(도 3-25). 그러나 트랜셉트는 분명 트랜셉트였다. 교회 본체의 폭은 64미터였고 트랜셉트가 양옆으로 11미터씩 돌출했다. 트랜셉트는 성직자들끼리 드리는 미사가 집행되고 벽에는 벽감을 파서 조각상을 세우는 등 성직자의 영역에 속했다. 평상시에는 일반

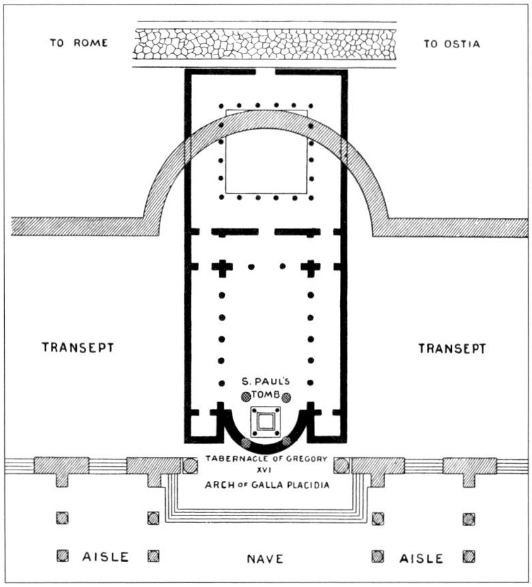


**도 3-26** 성 밖의 성 바오로(St. Paul's fuori le mura), 로마, 380년.

신도들에게도 개방했지만 미사 동안은 성직자들의 공간으로 남았다. 애프스 천장에는 예수상을 그렸을 것으로 추정되며 애프스와 트랜셉트가 만나는 경계부에는 지하 닫집을 흉내낸 아치 게이트가 있었을 것으로 추정한다. 이처럼 트랜셉트는 순교자 기념 시설, 제단, 종교의식, 성직자 영역 등 여러 가지를 겸하는 포괄적인 공간이 되었다. 이로써 가톨릭교회의 건축양식에서 중요한 2차 완성이 있었다.

콘스탄티누스가 로마를 떠나던 시기를 전후해 로마에 지은 콘스탄티누스의 마지막 교회인 성 밖의 성 바오로(St. Paul fuori le mura, 330년)도 트랜셉트의 초창기 예를 보여주는 교회다. 이 교회는 후에 같은 이름의 현재 건물이 새로 지어졌기 때문에 첫 번째 성 밖의 성 바오로라고 불린다. 장소는 성 밖에 성 바오로의 무덤이 있는 곳으로 추정되는 지점에 지어졌다. 기본 구성은 몇 년 먼저 시작된 구 성 베드로를 모델로 삼아서 3랑식 바실리카 본체에 트랜셉트를 더했다. 트랜셉트는 아직 정식 형태를 갖추지 못하고 애프스 양옆의 단변에 횡 방향으로 작은 사각형 방을 혹처럼 더하는 형식으로 처리했다. 이 방들은 트랜셉트를 위쪽으로 90도를 돌려서 올려붙인 것으로 이해할 수 있는데, 성구소로 사용했을 가능성이 높다. 교회 전체는 짧은 팔을 하늘로 향한 것 같은 모습이 되었다(도 3-26).

### 무덤 교회와 중앙집중형 교회

카타콤에 있던 매장 시설이 더 이상 지하에 머물 필요가 없게 되면서 주요 인사의 무덤을 초점으로 삼는 단독 교회 건물이 나타나게 되는데 이를 무덤 교회라 부른다. 순교자 기념 시설이 지상으로 올라오면서 한편으로는 교회 안으로 들어갔고 다른 한편으로는 단독 교회로 발전하게 되는데 이것을 무덤 교회로 볼 수 있다. 무덤 교회는 말 그대로 무덤이 초점 자리에 위치하면서 교회의 주인이 되기 때문에 공간 형태는 중앙집중형이 된다(도 3-27). 바실리카 교회의 선형공간과 짝을 이루며 서양 건축의 양대 공간 형태를 이룬다.

무덤 교회를 도입한 것 역시 콘스탄티누스였지만 바실리카 교회와 달리 교회 유형으로 정착하지는 못했다. 무덤 주위에 신도를 수용해서 미사 기능도 함께 가졌지만 정식 교회로 작동하기에는 불편함도 컸기 때문이었다. 그러나 바실리카 교회에는 없는 무덤 교회만의 특징도 있었는데 감성적 성격이 강하다는 점이다. 바실리카 선형 구성이 종교의식에 적합한 이성적 공간이라면 무덤 교회의 중앙집중형 구성은 죽은 자의 관을 초점으로 삼아 동심원 구성을 하기 때문에 감성적 공간에 해당한다. 이로써 교회 공간에서 머리와 가슴의 짝이 완성되었다.

도 3-27 성 코스탄차(St. Costanza), 로마, 350년경.

순교자의 무덤이 교회로 발전할 수 있는 근거는 헤로움이라는 로마 시대의 건물이었다. 권력자의 대형 무덤으로 원형의 매장 공간 앞에 신전 정면을 더한 구성이었다(도 3-28). 매장 기능만으로 하나의 건물이 이루어지며 정면에 기념비 시설을 더한 것인데 이 두 내용은 그대로 무덤 교회의 선례가 되었다. 이것을 적극 받아들여 무덤 교회로 발전시킨 장본인은 콘스탄티누스 자신이었다. 자신의 무덤을 직접 헤로움으로 만든 뒤 교회에 부속 건물로 더했다. 이 건물은 329년에 그의 어머니인 엘레나가 죽자 다시 그녀의 무덤인 성 엘레나의 원형 무덤으로 바뀐 뒤 성 베드로 앤 마르첼리누스의 바실리카 교회에 부속 건물로 더했다(도 3-29).

무덤 교회의 공간이 물리적으로 완성된 것은 콘스탄티누스 때였지

도 3-28 밀라사의 헤로움(Heroum at Mylasa), 밀라사, 터키.

도 3-29 성 엘레나의 원형 무덤(Mausoleum of St. Helena), 로마, 329년.

**도 3-30** 아이오스 게오르기오스 교회(Church of Hagios Georgios=Church of St. George=Mausoleum of Galerius, 갈레리우스의 원형 무덤), 살로니카(Salonica), 그리스.

만 아직은 바실리카 교회에 부속 시설로 남았다. 진정한 완성은 독립 건물이 되어야 하는데 이것은 콘스탄티누스 사후에 일어났다. 그 시작은 로마 시대 원형 무덤의 개종에서 나타났다. 4세기에 특히 많았는데 아이오스 게오르기오스 교회(Church of Hagios Georgios, 살로니카, 300~311)는 처음에 갈레리우스 황제의 원형 무덤으로 축조되었다(도 3-30). 복도가 없는 단겹의 원형 묘실로 구성된 단순한 공간이며 외벽에 여덟 개의 벽감을 팠다.

초기 기독교 건축의 중앙집중형 무덤 교회를 대표하는 예가 성 코스탄차인데 이 역시 개종 건물이다. 콘스탄티누스의 딸 콘스탄티나의 원형 무덤으로 지어져 성 아그네스에 부속되었다가 이 건물이 사라지면서 단독으로 남은 뒤 성 코스탄차 교회로 개종되었다. 이 건물은 관이 놓이는 중심 공간과 그 밖을 에워싸는 복도로 이루어지는 반지형 겹 공간이다. 겹 공간 전체의 지름은 22.5미터이다(도 3-31, 3-32). 출입은 옆으로 길게 누운 타원형 전실을 통한다. 원형 묘실은 열두 쌍의 원형 기둥에 의해 복도와 분리되었다. 천장은 완전 반구는 아니지만 원형 지붕으로 마감했다. 복도 천장은 배럴 볼트로 처리했다.

**도 3-31, 3-32** 성 코스탄차(St. Costanza)의 도면, 로마, 350년경.

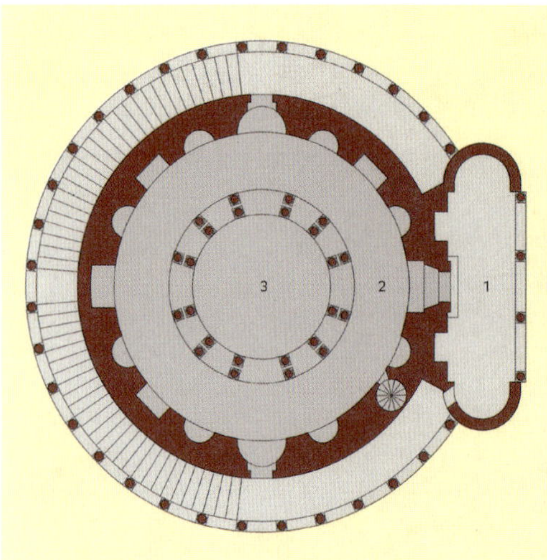

# 2
# 라틴 웨스트의 초대교회 건축

### 포스트 콘스탄티누스 교회와 기독교 건축의 전파

콘스탄티누스가 완성한 교회 건축은 그의 사후에 기독교가 전도되는 경로를 따라 빠르게 전파되어 갔다. 종교가 전파될 때에는 그 제식에 적합한 건축양식도 함께 가는 것이 상식이기 때문이다. 이미 기울기 시작하던 로마를 콘스탄티누스가 잠시 부흥하는 듯했으나 이미 그는 기독교로 너무 많이 기울어 있었다. 그의 사후에 로마는 본격적인 붕괴의 길로 접어든다. 그 자리를 메운 것은 기독교였다. 로마와 기독교의 관계는 묘한 양면성이 있었다. 로마에게 탄압을 받으면서도 기독교는 로마 사회에 파고들어 깊이 뿌리박았으며 결국은 로마가 기울어가자 그 자리를 차지했다.

로마를 이민족의 침입에서 조금이나마 지켜준 것도 기독교였다. 로마와 기독교가 하나로 합해졌기 때문에 기독교가 융성하기 시작했다는 것은 로마가 보호된다는 것을 의미하는 것이기도 했다. 건축에서는 둘의 하나됨이 더 심하게 나타났다. 초기 기독교 건축은 대부분 로마 건축을 받아들여 형성된 것이기 때문에 이것이 융성한다는 것은 로마 건축이 대가 끊이지 않고 계속되는 것을 의미했다. 더 나아가 이것이 기독교를 따라 전파되어가는 것은 곧 로마 건축을 수출하는 것을 의미했다. 실제로 10세기 로마네스크 건축까지는 공간 사용과 형식만 바뀌었지 건물을 축조하는 기술은 대부분 로마 건축술이 계속된 측면이 강했다.

이런 배경 아래 콘스탄티누스 사후부터 서유럽이 본격적인 침체기에 들어가는 7세기까지의 초기 기독교 건축은 콘스탄티누스 교회가 여러 지역으로 전파, 수출되는 전파기(혹은 확장기)에 해당한다. 교회사에서 보는 이 시기 기독교의 전파는 지역, 경로, 내용 등에서 다양하고 복잡한 편인데 기독교 건축의 전파는 지역과 건축적 특징을 기준으로 에게 해 연안, 동방내륙, 라틴 웨스트의 세 갈래로 정리할 수 있다.

에게 해 연안의 초기 기독교 건축은 콘스탄티노플을 중심으로 동방정교가 형성되는 과정과 궤를 같이하며 지역의 전통 건축과 합해져서 비잔틴건축으로 이어진다. 대체적인 경향은 바실리카 교회를 표준 양식으로 삼아 제식을 중요하게 여긴 지역 전통 및 동방정교에 맞춰 복잡하게 분화되어갔으며 이 과정에서 이 지역의 중앙집중형 건축 전통이 스며들어 그리크 크로스 구성의 전조가 나타났다. 그리스 살로니카(Salonica)의 하기아 데메트리오스(Hagia Demetrios, 5세기 후반부)와 터키 에페수스의 성 요한(St. John, 440)을 대표적 예로 들 수 있다(도 3–33, 3–34).

**도 3–33** 하기아 데메트리오스, 살로니카, 그리스, 5세기 후반부.
**도 3–34** 성 요한, 에페수스, 터키, 440년.

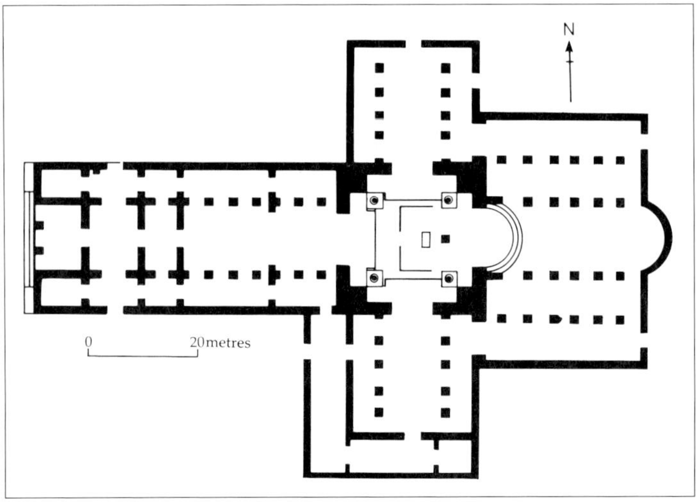

동방 내륙은 아라비아반도에서 아르메니아와 소아시아 고원지대를 거쳐 메소포타미아에 이르는 지역을 이르는데 이 지역의 초기 기독교 건축은 콘스탄티누스 때 홀리랜드에 지어졌던 교회 건축을 바탕으로 지역 전통과 에게 해 연안의 기독교 건축을 합한 특징을 보였다. 이에 따라 다양한 형식의 중앙집중형 구성이 유난히 두드러지며 바실리카 양식을 사용할 경우에는 기하학적 윤곽이 강한 단순한 형태로 축소했다. 터키 히에라폴리스(Hierapolis)의 성 필립 순교 성당(Martyrium of St. Philip, 5세기 초)은 대표적 예이다(도 3-35). 이 지역 특유의 대형 석재 조적으로 지은 반듯한 육면체 윤곽은 이런 특징을 도왔다. 시리아의 바무카 세례당(Baptistery at Bamuqqa)은 대표적 예다(도 3-36).

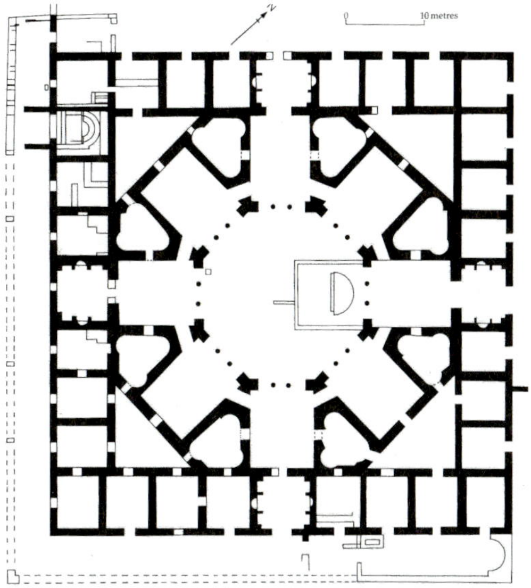

도 3-35 성 필립 순교 성당, 히에라폴리스, 터키, 5세기 초.
도 3-36 바무카 세례당, 바무카, 시리아.

### 4세기 밀라노와 산로렌초

라틴 웨스트는 이탈리아반도를 중심으로 동쪽의 아드리아 해안과 달마티아, 서쪽의 남프랑스와 스페인, 남쪽의 북아프리카 연안 등을 이른다. 이 지역의 초기 기독교 건축은 이후 중세 기독교 건축으로 넘어가는 중간 과정에 해당한다. 지역적으로 같은 문명권에 속하는 연속성이 강하며 그렇기 때문에 건축적 내용에서도 콘스탄티누스 교회의 구성을 그대로 이어받아 반복적으로 사용했다. 콘스탄티누스 교회가 기독교 건축으로 뿌리내릴 수 있을지 아직 불확실할 때에 이것을 양과 질 양방향으로 다양하게 사용해보면서 유럽에 안착할 수 있도록 해준 의미가 있다.

라틴 웨스트의 초기 기독교 건축은 이탈리아반도가 단연 중심지였다. 로마를 중심으로 밀라노와 라벤나가 특히 중요했다. 4세기는 밀라노가 중심지였다. 콘스탄티누스 사후 로마가 갑자기 쇠퇴기에 접어들자 그 자리를 밀라노가 대신했다. 353년 이후 황제들은 밀라노

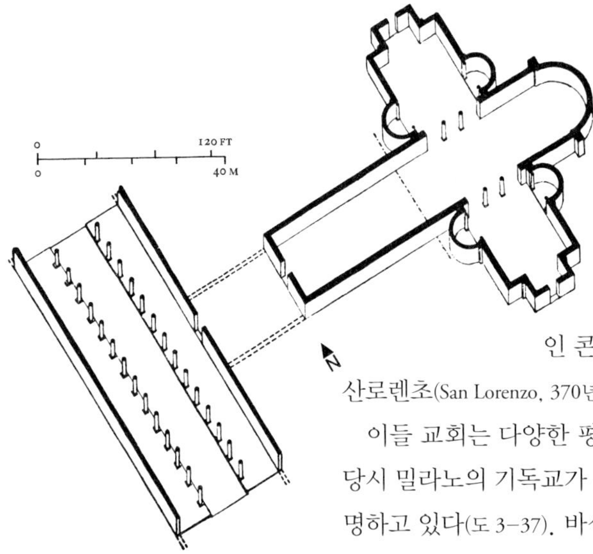


도 3-37 성 나자로(S. Nazaro=Church of Holy Apostles, 성사도 교회), 밀라노, 이탈리아, 382년 시작

에 자주 머물렀고 374년에는 성 암브로시우스가 밀라노의 주교로 임명되는 등 밀라노는 정치와 기독교 양면에서 4세기의 중심지였다. 4세기 후반 밀라노에는 성 나자로(St. Nazaro, 382~), 성 심플리치아노(St. Simpliciano, 4세기 말), 성 조반니 인 콘차(St. Giovanni in Conza), 성 테클라(St. Tecla), 산로렌초(San Lorenzo, 370년경)의 다섯 채의 교회가 세워졌다.

이들 교회는 다양한 평면 구성과 튼실한 시공 상태를 보여주면서 당시 밀라노의 기독교가 사회에 깊이 뿌리내리며 활성화되었음을 증명하고 있다(도 3-37). 바실리카 교회에 얽매이지 않고 다양한 중앙집중형 평면을 실험했으며 바실리카 교회를 사용할 경우에도 여러 방향으로 변형, 응용했다. 가장 대표적인 교회는 산로렌초이다. 17~18세기 때 바로크양식으로 증축되었지만 초기 기독교 건축의 기본 구성이 잘 남아 있다. 지름 33여 미터의 사엽형을 기본 윤곽으로 삼아 중심 공간과 복도를 분리한 반지형 공간으로 구성된다. 성 코스탄차를 이어받은 것으로 볼 수 있지만 완전한 원이 아닌 사엽형을 사용하고 네 귀퉁이를 부분 사각형으로 돌출하는 변형을 가했다(도 3-38).

도 3-38 산로렌초, 밀라노, 이탈리아, 370년경.

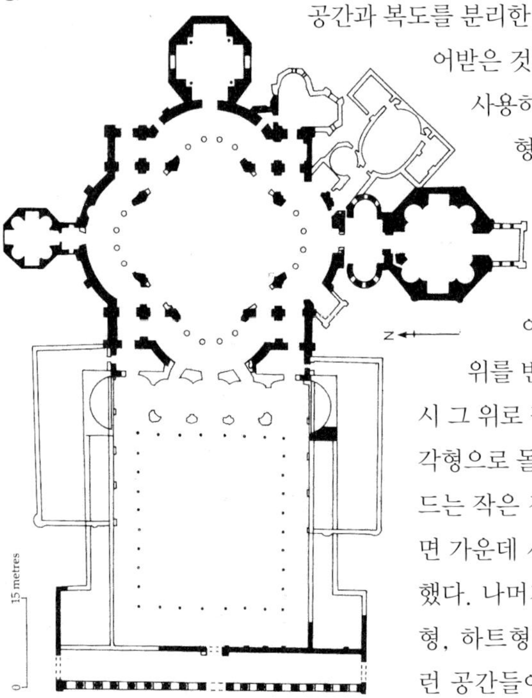


사엽형 중심 공간은 높이가 41여 미터에 이르러 지름에 비해 우물 속처럼 깊은 수직 공간을 이룬다. 이에 적합한 수직 분화가 일어났다. 열주 스크린을 두 개 층으로 쌓은 뒤 그 위를 반원형 애프스로 마감해서 본체를 형성했고 다시 그 위로 팔각형 돔으로 지붕을 덮었다(도 3-39). 부분 사각형으로 돌출한 네 귀퉁이는 두꺼운 벽기둥 셋이 모여 만드는 작은 직각 삼각형 공간으로 처리했다. 동서남북 네 면 가운데 서쪽에는 열주마당으로 처리한 안마당이 위치했다. 나머지 세 면에는 팔엽형, 팔각형, 십자가형, 타원형, 하트형 등의 다양한 원형 공간들을 부속시켰다. 이런 공간들이 어우러지면서 외부에는 심한 매스 변화가

**도 3-39, 3-40** 산로렌초, 밀라노, 이탈리아, 370년경.

일어났다(도 3-40). 이 가운데 남쪽의 팔엽형 공간은 성 아퀼리노(St. Aquilino)라는 별도의 건물인데 황실의 원형 무덤이었을 것으로 추정된다.

산로렌초는 중앙집중형 공간의 발전사에서 매우 중요한 의미가 있다. 유럽의 중앙집중형 공간은 판테온과 성 코스탄차를 거치면서 단일 공간에서 겹 공간으로 발전하기는 하지만 아직 변형 단계에 접어들지 않았다. 산로렌초에서는 윤곽 형태와 실내 구성 등에서 본격적인 변형이 일어나며 다양한 실험을 감행한 중요성이 있다. 이런 내용들은 '비잔틴-중세-르네상스-바로크' 등을 거치며 이후의 유럽 건축에 두고두고 중요한 영향을 끼쳤다.

4세기에는 밀라노뿐 아니라 라틴 웨스트 전역에 중앙집중형이 크게 유행했다. 쾰른의 성 게레온(St. Gereon, 380년경)도 또 다른 좋은 예다(도 3-41). 아트리움이 부속된 타원 삼엽형으로 전체 구성을 이루었

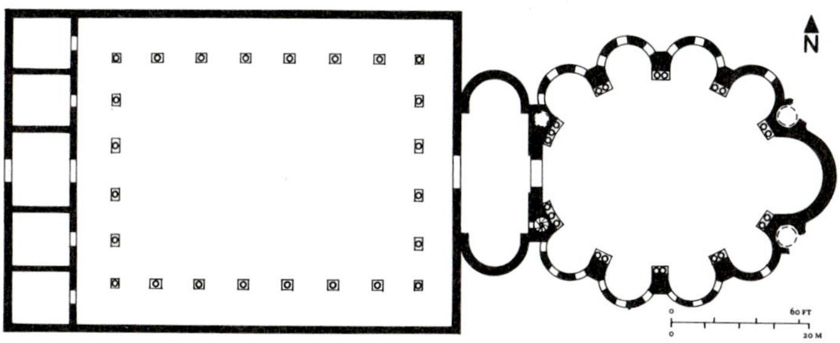


**도 3-41** 성 게레온, 쾰른, 독일, 380년경.

다. 타원의 장축 위에 출입구용 전실과 대형 애프스가 마주보며 위치했다. 양옆의 원호 부분에 작은 애프스가 각각 네 개씩 더해졌다. 애프스는 말발굽 형태의 평면 윤곽을 가졌다. 애프스끼리 만나는 지점은 두꺼운 벽체로 처리했고 그 앞에는 쌍 기둥을 세웠다.

## 5세기와 고전 부활

4세기 말에 로마는 다시 활기를 되찾았다. 4세기 때 침체가 정치적 침체였는데 기독교가 융성하면서 이것을 대체하며 활기를 되찾아온 것이다. 로마는 기독교 도시로 다시 태어나게 되는데 4세기 말에 전조 현상이 나타나 5세기 때 기독교 도시로 변신이 일단락된다. 서로마제국이 402년에 라벤나로 천도하면서 로마는 기독교의 중심지로 남았다. 이후 5세기 동안 로마 시내에는 초기 기독교 교회들을 여러 채 지으면서 콘스탄티누스 교회와 합쳐져 초대교회의 골격을 완성한다. 로마 시내 전체로 보면 로마 시대 때 유적들이 정중심부를 차지하고 있고 그 다음 켜에 초기 기독교 건축의 교회들이 포진하는데 이것들이 이때 지어진 것들이다. 로마에는 중세 때 성당이 단 한 채만 지어졌기 때문에 이 교회들은 사실상 로마의 중세 건축을 대체하는 중요성을 갖는다.

5세기 로마의 부흥을 건축적 측면에서는 고전 부활로 볼 수 있는데 그 의미는 로마 고전주의건축의 부활과 바실리카 교회의 부활이라는 두 가지로 해석할 수 있다(도 3-42). 콘스탄티누스 사후에는 로마 건축

**도 3-42** 성 밖의 성 바오로, 로마, 380년.

전체가 침체기에 빠지는데 5세기에 로마 기독교가 부활하면서 로마 건축도 함께 부활하게 된다. 이때 건축양식은 기독교 건축이지만 사용 가능한 건축술은 결국 로마 고전주의밖에 없었다. 기독교 건축이 로마 고전 건축술의 생명을 연장시켜가는 이런 현상은 10세기까지 계속되는데 그 첫 현상이 이때 나타난 것이다. 이것은 서양 문명을 거시적 차원에서 이해하는 데 중요한 단서이다. 로마 문명과 기독교 문명이 표면적으로는 대립하는 것으로 보이지만 실제로는 연합해서 거대 권력으로 태어나게 되는데 건축에서도 동일한 현상이 나타난 것이다.

기독교 양식 내부에 국한하면 바실리카 교회의 표준 유형이 부활했다. 콘스탄티누스 사후에 첫 번째 기독교 전파가 일어나면서 다양한 실험이 시도되지만 5세기에 접어들면서 기독교는 보수화된다. 기독교가 자리 잡은 데 따른 결과였다. 4세기 중반에서 5세기 중반을 거치면서 성 히에로니무스, 성 암브로시우스, 성 아우구스티누스 등이 기독교 교리를 1차적으로 완성했다. 4세기 초에 교황–총대주교–대주교–주교–신부에 이르는 계급이 자리 잡은 이래 교조적으로 권력화되었다. 이에 따라 교회 건축도 보수적이 되면서 4세기의 자유로운 실험 대신 바실리카 교회의 표준 구성이 부활되었다. 이는 초기 기독교 건축 내에 국한하면 보수주의로 볼 수 있다.

5세기 고전 부활에서는 트랜셉트조차 없는 3랑식 표준 바실리카가 가장 많이 쓰였다(도 3–43). 네이브의 동쪽 끝부분과 애프스가 성소를 형성했다. 트랜셉트에 의한 횡 방향 동선이 없기 때문에 네이브는 해

**도 3–43** 산타마리아 마조레, 로마, 이탈리아, 432년.

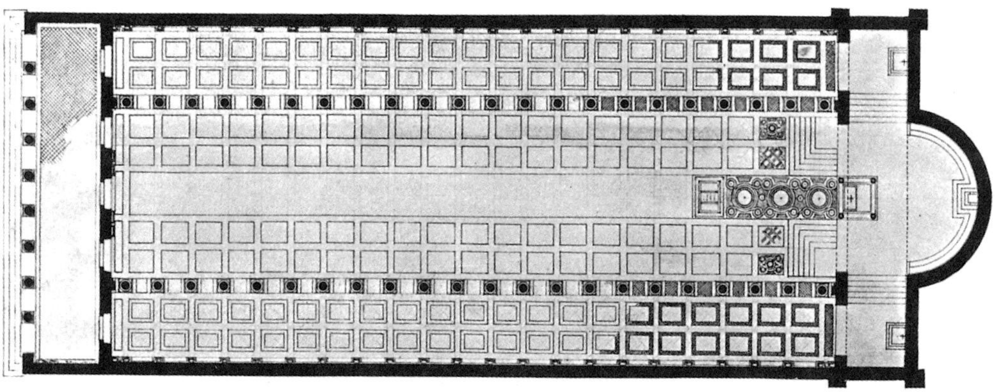

**도 3-44** 산타마리아 마조레, 로마, 이탈리아, 432년.
**도 3-45** 성 사비나, 로마, 422-432년.

드 피스를 향해 강한 선형공간을 형성했다. 네이브와 아일 사이에는 콜로네이드와 아케이드가 모두 쓰였다(도 3-44, 3-45). 아일 천장 위로 천측창을 뒀는데 창은 아래쪽 오더 열과 분리되었다. 이 구획 벽체는 모자이크 성화를 그리는 바탕 면이 되었다(도 3-45). 구획 벽체가 열주 스크린으로 정의되던 에게 해 연안이나 육중한 고형체로 정의되던 동방 내륙과 구별되는 특징이다. 오더 주두는 새로 만들기도 했지만 로마 건축의 유구나 폐허에서 가져다 쓰는 경우가 많았다.

5세기 로마의 고전 부활 현상은 380년경에 시작해서 서로마가 멸망한 476년까지 계속되었다. 이것을 이끈 것은 교황들이었다. 4세기 후반 다마수스 1세와 시리키우스를 필두로 5세기 교황들이 주축이 되었으며 식스투스 3세 때 가장 활발했다. 이 기간은 로마 교회 건축사에서 17~18세기 바로크 시대 다음 가는 전성기였다. 성 밖의 성 바오로 증축(380년경), 산타마리아 마조레(Santa Maria Maggiore, 432), 라테란 세례당(Lateran Baptistery, 432~440년경), 성 스테파노 로톤도(St. Stephen Rotondo, 468~483) 등의 주요 교회 네 채가 지어졌고 그 이외에도 성 클레멘테(380년경), 성 사비나(St. Sabina, 422~432), 성 시스토 베키오(St. Sisto Vecchio) 등 십여 채의 교구 교회들이 지어졌다.

### 5세기 로마

시리키우스는 384년 교황 취임과 동시에 성 밖의 성 바오로 증축 공사를 시작해서 400년경 완공했다. 콘스탄티누스 때 첫 번째 교회를 지었으나 사도 바오로의 권위에 크게 미흡하다고 판단해서 그에 걸맞게 증축한 것이다. 구 성 베드로와 짝을 이룰 목적에서 이를 모델로 삼아 5랑식 바실리카 교회로 지었다. 안마당과 전실을 뒀으며 트랜셉트와 애프스를 합해 성소를 이루었다. 트랜셉트는 두 겹으로 두께는 두꺼웠으나 깊이가 아주 얕아서 돌출된 정도는 약했다(도 3-46, 3-47).

**도 3-46, 3-47** 성 밖의 성 바오로, 로마, 380년.

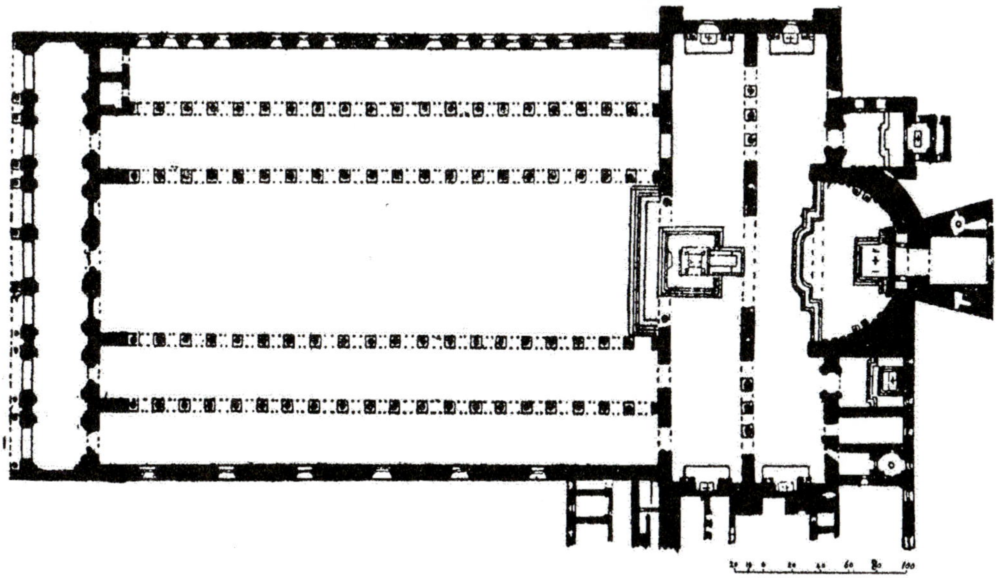

두 트랜셉트 사이는 한 번 구획되었다. 아래쪽 트랜셉트의 크로싱 부분 지하에는 바오로의 무덤이 있고 그 위에 제단을 배치했다. 전체 크기는 가로 97미터, 세로 72미터였다.

이 교회는 구 성 베드로와 짝을 이루며 로마의 초기 기독교 건축을 대표했다. 바오로와 베드로는 짝을 이루어 기독교가 로마 사회에 자리 잡고 여러 지역으로 전파하는 데 결정적인 역할을 했으며 12제자 가운데 상대적으로 중요성이 더 큰 인물이다. 이런 중요성에 걸맞게 트랜셉트를 가진 바실리카 표준형으로 구성되었으며 초기 기독교 교회치고는 큰 규모로 지었다. 미묘한 차이도 있었다. 교회 내에서 두 사람에게 봉헌된 기념비 제단을 보면 바오로의 기념비가 신도 쪽으로 더 가깝게 배치되었다. 이는 사람들 사이로 뛰어들어 전도했던 바오로의 상징성을 반영하는 것으로 볼 수 있다. 오더 부재들도 구 성 베드로보다 통일성을 더 많이 보이는데 이는 다른 데서 가져다 쓰지 않고 직접 만들었기 때문이다.

성 사비나는 교황 셀레스티누스 1세 때인 422~432년에 지은 것인데 5세기 원리주의를 잘 보여준다. 앞의 두 교회보다 훨씬 더 정리된 바실리카 교회 원형을 준수했다. 안마당, 전실, 트랜셉트 등이 모두 사라진 3랑식 육면체 공간만으로 이루어졌다(도 3-48). 성소를 별도의 영역으로 처리하던 구획도 사라졌는데 이는 기독교가 교조화, 세력화되기 이전의 초기 정신, 즉 역사적 예수가 던진 기본 정신으로 되돌아가겠다는 것을 뜻한다(도 3-44). 네이브의 폭은 좁아졌고 길이는 길어졌으며 높이는 높아졌다. 오더의 간격도 촘촘해지면서 폐쇄적 짜임새를 느낄 수 있다. 그만큼 선형구성을 강조했는데 이는 제식을 중시한다는 뜻이기도 하고 제단을 향한 종교적 집중을 높인다는 뜻이기도 하다. 성직자 영역이 넓어지면서 기독교가 권력화된 현상을 반영하던 데에서 원리로 돌아간다는 뜻이다.

**도 3-48** 성 사비나, 로마, 422–432년.

식스투스 3세는 동로마 황제의 압력을 이겨내고 서방 가톨릭을 지킨 장본인인데 교회 축조는 이런 노력에서 중요한 부분을 차지했다. 산타마리아 마조레와 라테란 세례당을 확장했고 루치나의 산로렌초를 새로 지었다. 산타마리아 마조레는 고전 부활의 절정을 보여준다. 시작부터 로마 시대 바실리카를 개조했기 때문에 바실리카 교회의 기본 구성을 잘 지켰다. 이 위에 규모를 확장하고 화려한 장식을 더하는 방식으로 증축했다. 안마당과 트랜셉트가 없는 단순 3랑식이다. 동쪽 끝부분은 별도의 영역으로 구획해서 성소를 형성했다(도 3–49).

네이브와 아일 사이는 아케이드가 아닌 콜로네이드로 구획했는데 이것 역시 원리주의를 보여주는 또 다른 대표적인 현상이다. 아케이드는 흔히 콜로네이드보다 더 화려한 부재로 인식되며 로마다운 성격도 더 강하다. 로마 시대 때 주민회관으로 사용되던 원래 바실리카는 로마만의 쾌락주의가 형성되기 이전에 그리스건축의 원형을 받아들이고 근검 실용정신을 곁들여 콜로네이드로 구획했다. 이것이 기독교 바실리카 교회로 전용된 뒤 기독교가 권력화되면서 점점 아케이드로 바뀌어갔는데 이 교회에서는 이것을 다시 원형 구성으로 되돌린 것이다.

**도 3–49** 산타마리아 마조레, 로마, 이탈리아, 432년.

## 5~6세기 라벤나

라벤나는 5세기 보수주의가 마지막으로 꽃핀 곳이었다. 라벤나는 지금도 질과 양 모두에서 로마 다음으로 초기 기독교 건축의 건물이 제일 잘 보존된 도시다(도 3–50). 라벤나의 초기 기독교 건축은 두 단계로 나눌 수 있다. 5세기 중반까지는 밀라노, 에게 해, 로마 등 여러 지역에서 영향을 받아 비교적 자유로운 기독교 건물이 지어졌다. 라벤나가 베네치아와 함께 동방과 서방이 교차하는 지점에 있었기 때문이다. 이때 지어진 건물이 성 크로체(St. Croce), 갈라 플라치디아의 원형 무덤(Mausoleum of Galla Placcidia, 425년경), 동방정교회 세례당(Orthodox Baptistery, 400~450), 성

**도 3–50** 라벤나의 5세기와 6세기 교회들.

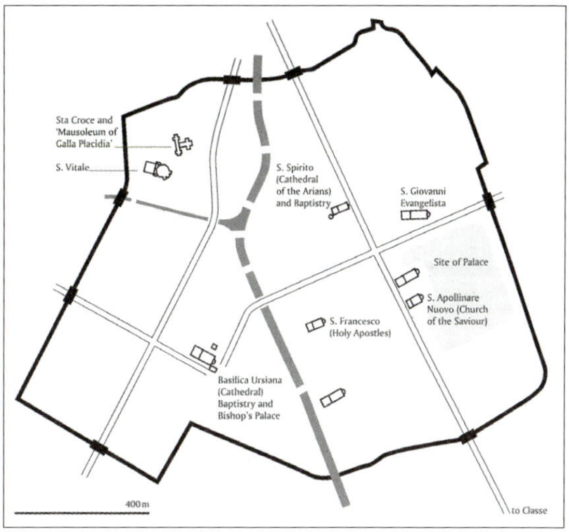

**도 3-51** 갈라 플라치디아의 원형 무덤, 라벤나, 이탈리아, 425년경.
**도 3-52** 동방 정교회 세례당, 라벤나, 이탈리아, 400–450년.

조반니 에반젤리스트(St. Giovanni Evangelist) 등이다. 5세기 중반 이후에는 로마의 보수주의가 밀려들어 바실리카 원형이 부활했다.

갈라 플라치디아의 원형 무덤과 동방정교회 세례당은 중앙집중형 건물로 주로 동방의 영향을 받았으며 여기에 4세기 밀라노에서 있었던 실험의 영향을 더했다. 갈라 플리치디아의 원형 무덤은 십자가형 평면을 하고 있다. 네 팔 부분은 배럴 볼트로 천장을 마감했고, 중심의 정사각형 크로싱 부분은 이 위로 더 솟아올라 펜덴티브 돔으로 천장을 처리했다(도 3-51). 이런 공간 구성은 소아시아 지방의 건축 기법이다. 조적 기술은 밀라노의 영향을 받았다. 외벽을 분할하는 블라인드 아치와 포럼은 디테일을 생략한 굵은 윤곽으로 장중한 분위기를 풍기며 낮은 모르타르는 벽돌의 육신다움을 강조하는데 이런 특징들은 밀라노의 조적 기법이다.

동방정교회 세례당은 전형적인 팔각형 단겹 구성으로 이루어졌다. 중앙의 초점 지점에 세례반을 뒀고 여덟 변에 벽감을 팠다. 반면 수직으로는 3단 구성을 하고 있다. 벽감은 기단에 해당하는 제일 밑부분에 팠으며 그 위에 팔각형 원통형을 얹었다(도 3-52). 원통형의 한 변을 세 개의 아치로 나누었는데 중앙 아치는 창이고 양옆의 아치는 장식을 가하는 얕은 벽감이다. 제일 위에는 돔으로 마감했는데 천장 안쪽에 화려한 성화를 그렸다. 팔각형 세례당은 4세기에 로마와 밀라노를 중심으로 유행했던 유형인데 이 건물은 이것에서 영향을 받았다.

5세기 중반 이후에 라벤나에도 로마의 보수주의가 나타났다. 성 스피리토(St. Spirito)와 성 아폴리나레 누오보(St. Apollinare Nuovo, 490)가 대

도 3-53 성 아폴리나레 누오보, 라벤나, 이탈리아, 490년.
도 3-54 성 아폴리나레 인 클라세, 라벤나, 이탈리아, 534-539년.

표적 예로 바실리카 교회의 원형에 충실한 구성을 하고 있다. 이런 특징은 비잔틴제국이 시작된 뒤에도 계속되었는데 성 아폴리나레 인 클라세(St. Apollinare in Classe, 534~539)가 대표적인 예다. 라벤나의 기독교 역사에서 제일 중요한 성인이자 초대 주교인 성 아폴리나레에게 봉헌한 두 채의 교회가 라벤나의 보수주의를 대표한다고 볼 수 있다. 후자는 라벤나의 6세기를 대표하는 교회이다.

두 건물은 언뜻 보면 쌍둥이로 보일 정도로 닮았는데 모두 성 사비나의 평면이 전파된 것으로 해석할 수 있다. 트랜셉트 없는 3랑식 육면체로 구성되며 동쪽 끝에 대형 애프스를 뒀고 네이브와 아일은 아케이드로 구획했다(도 3-53, 3-54). 여기에 동방의 영향이 함께 섞여 나타났다. 성 조반니 에반젤리스트의 특징이던 네이브의 넓고 짧은 비례가 사라지지 않고 나타났는데 이것은 에게 해 연안의 아케이로포이에토스 교회에서 영향을 받은 것이다. 아울러 아케이드와 천측창 사이의 벽체를 높여서 모자이크 성화를 그릴 캔버스를 충분히 확보했는데 이것도 동일한 영향 관계를 보여주는 장면이다.

# 3
# 비잔틴건축

## 유스티니아누스 대제와 비잔틴건축의 성립

비잔틴건축은 말 그대로 비잔틴제국의 건축이다. 비잔틴제국의 멸망 시기는 1453년으로 명확하지만 건립 시기는 명확하지 않다. 비잔틴이라는 명칭은 콘스탄티노플의 원래 이름인 비잔티움에서 온 것이기 때문에 이것만을 기준으로 하면 이미 동로마제국부터 비잔틴제국이 된다. 실제 당시 사람들은 자신들의 나라를 비잔틴이라 부르지 않았고 신 로마나 동로마제국이라 불렀다. 이런 배경 아래 비잔틴제국의 대체적 정의는 476년에 서로마가 멸망한 뒤 동로마가 남아서 이어진 것으로 볼 수 있다. 터키와 그리스를 지리적 중심지로 삼아 이 일대의 지중해 지역을 다스리던 제국이었으며 로마와 연속성을 기반으로 동방에 세워진 중세 제국이었다(도 3-55).

비잔틴제국의 기초를 닦은 것은 유스티니아누스(재위 527~565)였다. 비잔틴건축 역시 이때 완성되면서 가장 융성했다. 대부분의 건축양식이 초기 때 기초가 잡히고 성기 때 전성기에 도달하는 데 반해 비잔틴건축은 초창기 유스티니아누스 때가 전성기였다. 그는 기독교권 전체에서 콘스탄티누스와 함께 가장 많은 교회를 지은 황제며 동방정교 내에서 보면 단연 1등이다. 220여 년 앞선 콘스탄티누스와 개인적

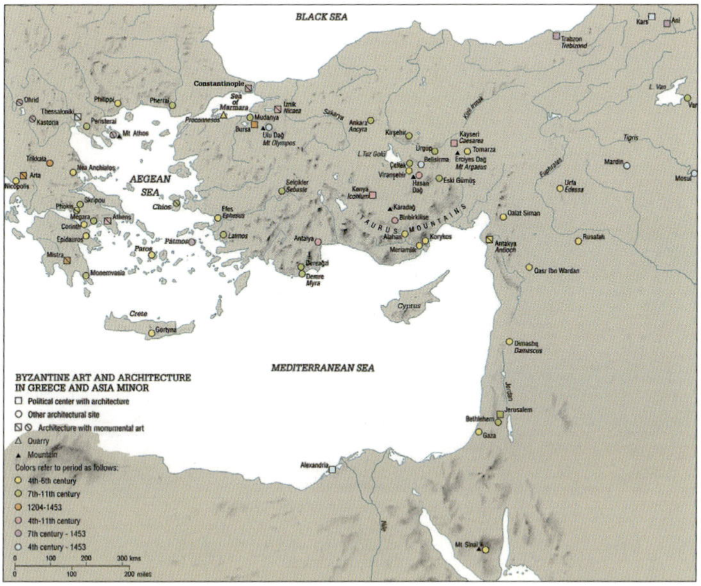


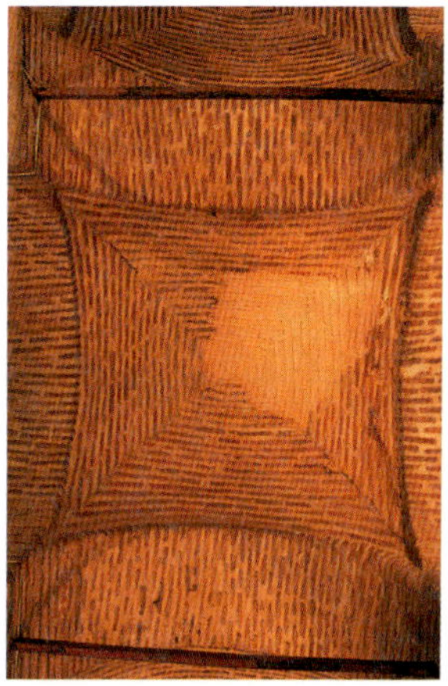

**도 3-55** 비잔틴 세계

**도 3-56** 예레바탄 지하 물탱크(Yerebatan Cistern), 콘스탄티노플, 터키, 532년.

으로 심한 라이벌 의식을 느끼며 그를 능가하기 위해 교회 건축을 크게 일으켰다. 이를 합해서 유스티니아누스 교회라 부른다.

5세기 전반부인 이때는 서양역사에서 그 의미를 한 가지로 정의하기가 어려운 복잡한 시기이다. 고대 말기, 초기 기독교, 탈로마, 로마의 연속, 동방정교 등 여러 주제어가 교차하는 시기며 비잔틴제국은 이런 교차의 중심부에 위치했다. 이렇게 보았을 때 초기 비잔틴의 유스티니아누스 교회는 로마로 대표되는 서방과 완전한 단절을 전제로 초기 기독교 건축의 영향을 일정 부분 이어받은 위에 동방정교만의 새로운 기독교 건축을 완성한 양식으로 정의할 수 있다. 이때 문명 차원에서는 탈로마를 추구했지만 실제 현장에서 사용한 건축술 가운데에는 로마 때 기술이 상당 부분 남아 있었으며 여기에 동방 건축의 전통을 더해 비잔틴만의 수준 높은 건축 기술을 완성했다(도 3-56).

유스티니아누스는 로마제국과 기독교라는 두 문명을 동시에 대표하고 싶어 했다. 옛 서로마제국을 정벌해서 일시적이나마 로마제국을 재통일했으며 로마법전을 정비하고 편찬했다. 기독교에 대해서는 파벌로 나뉘어 있던 분파를 통합하는 통일 운동을 벌였고 이를 뒷받침

**도 3–57** 하기아 소피아, 전경, 콘스탄티노플, 터키, 532–537년, 19세기 그림.

하기 위해 많은 수의 교회를 건설했다. 이 과정에서 로마제국이나 초기 기독교 건축과 다른 자신만의 건축술과 교회 유형을 완성하면서 비잔틴건축의 문을 열었다. '잠을 자지 않는 황제'로 유명했던 그는 자신의 재위 기간 동안 건설한 중요한 교회는 현장에서 직접 공사를 독려했는데 콘스탄티노플에만 30여 채의 교회를 지었다는 기록이 있다. 콘스탄티노플은 콘스탄티누스가 순도 높은 기독교 도시로 건립한 이래 유스티니아누스 때 동방정교 특유의 분위기를 갖는 정체성을 확보하며 새롭게 도약했다(도 3–57). 그 외에도 자신이 개척했던 제국 내 여러 곳에 수많은 교회를 지었다.

이 과정에서 유스티니아누스의 교회라고 부르는 새로운 교회 건축양식이 탄생했다. 이 내용은 그대로 비잔틴건축의 기초를 닦음과 동시에 완성을 이루게 된다. 콘스탄티누스의 교회에 이은 2차 기독교 건축의 완성이었다. 비록 동방정교의 기독교 건축이긴 했지만 유스티니아누스가 완성한 비잔틴건축은 이후 서방의 기독교 건축, 특히 르네상스부터 산업혁명까지의 기독교 건축에 중요한 영향을 끼치기 때문에 서양 건축사의 관점에서도 2차 기독교 건축이라고 부를 수 있다.

## 그리크 크로스와 비잔틴 중앙집중형

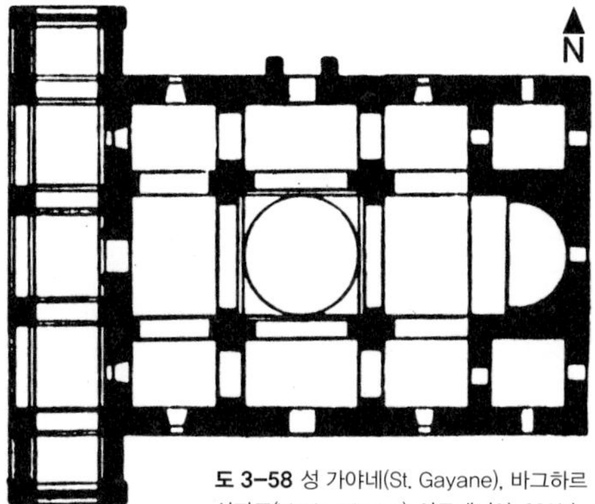


**도 3–58** 성 가야네(St. Gayane), 바그하르샤파트(Vagharshapat), 아르메니아, 630년.

그 내용은 그리크 크로스의 평면 구성과 펜덴티브 돔의 구조 기술로 요약할 수 있으며, 아울러 이 두 가지를 실제 건물에 혼합, 응용해서 이전에 서방의 초기 기독교 건축에서는 보지 못했던 다양하고 새로운 교회 공간과 구조 공법을 창출해냈다. 그리크 크로스는 네 팔의 길이가 같은 정사각형 윤곽의 십자가 형태를 뜻한다(도 3–58). 초기 기독교 건축의 바실리카 교회에서 파생한 아래쪽 팔이 긴 라틴 크로스와 교회 건축이 짝을 이루는 구성이다. 공간의 느낌과 종류에서 라틴 크로스가 행렬 등 제식에 맞는 선형공간인 반면 그리크 크로스는 중앙의 크로싱이 초점 역할을 하는 중앙집중형 공간이다. 상징성 측면에서도 라틴 크로스가 서방 가톨릭을 대표하는 반면 그리크 크로스는 동방정교를 대표하며 르네상스와 종교개혁 이후에는 신교를 대표하게 된다.

그리크 크로스는 내접형과 외접형으로 한 번 더 나뉜다. 내접형은 정사각형에 중심부를 크게 하는 불균등 9등분을 가해서 얻어지며 모두 9개의 공간 단위로 이루어진다. 외접형은 네 팔과 크로싱의 5개 공

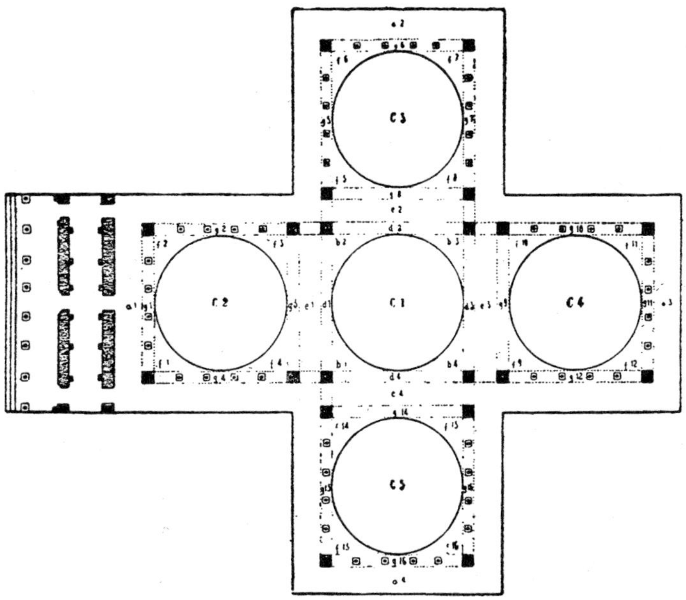

**도 3–59** 성 사도 교회(Church of Holy Apostles), 콘스탄티노플, 터키, 532–550년.

간 단위만으로 이루어진다(도 3-59). 기하학적 의미에서 그리크 크로스는 외접형을 의미하지만 실제 지어진 건물에서는 내접형에 훨씬 많다. 공간 사용이 효율적이기 때문이다. 두 형식 모두 크로싱에는 돔 천장을 덮었고 내접형의 네 모퉁이 공간도 작은 돔 천장을 덮는 경우가 많았다. 네 팔의 천장은 배럴 볼트로 처리하는 것이 통상적인데 출입구에는 작은 정사각형 돔 세 개를 연접하는 경우도 있었다.

크로싱은 종교적 의미나 면적 등 모든 면에서 중심 공간인데 보통 신도석에 할당했지만 성직자 공간을 겸하기도 했다(도 3-60, 3-61). 어느 경우건 크로싱이 성직자 공간에 속했던 서방의 라틴 크로스와 다른 점이다. 이런 차이는 교회 공간의 기본 성격으로 이어진다. 라틴 크로스는 신도석과 성직자 공간 사이에 단절과 구획이 심한 편이며 암암리에 성직자 공간이 더 높은 위계를 갖는 것으로 인식되는 반면 그리크 크로스는 이런 구별과 위계가 상대적으로 많이 약하다. 이는 교회 건축에서는 선형공간이 제식에 충실한 머리와 이성의 양식이고 중앙집중형 공간이 초점을 공유하는 가슴과 감성의 양식이라는 큰 대별의 일환으로 볼 수 있다. 크로싱 이외에도 네 팔은 출입구, 추가 신도석, 성직자 공간, 이동 통로 등으로 다양하게 사용했다. 네 모퉁이 공간은 제구실이나 예배당 등으로 사용했다.

순수한 그리크 크로스 형태 자체만으로는 교회로 사용하는 데 불편하기 때문에 한쪽 방향으로 길게 늘어트려 사용했는데 보통 동서 방

**도 3-60** 산 마르코, 네이브 돔 혹은 펜테코스트의 돔(dome of Pentecost=dome of Holy Spirit)의 성화, 베네치아, 이탈리아, 1063-1085년, 중앙에 최후의 심판대가 있고 12사제가 주위를 돌아가며 싸고 있다.
**도 3-61** 하기아 세르기오스 앤 바코스(H. Sergios and Bakchos), 콘스탄티노플, 터키, 527-536년.

향으로 확장했다(도 3-58). 교회에서는 '출입구-전실-신도석-제단-성소'에 최소한 다섯 켜의 공간이 필요한데 그리크 크로스에서는 세 켜밖에 안 나오기 때문에 실제 교회는 대부분 출입구 쪽과 성소 쪽으로 한 켜씩 더 연장하게 된다. 이는 그리크 크로스의 중앙집중형 공간을 기본 토대로 삼아 선형공간을 일부 더한 것에 해당한다. 중앙집중형의 감성적 공간을 그대로 유지하되 제식을 위해 필요한 기능을 추가로 확보하기 위해 이성적 공간을 섞은 것이 된다. 이를 위해서 경우에 따라서는 한 켜 이상씩 연장하기도 한다.

### 펜덴티브 돔

펜덴티브 돔은 그리크 크로스의 정사각형 크로싱 위에 원형 천장인 돔을 얹는 기술이다. 그리크 크로스는 평면 배치의 종류인데 이것이 벽과 지붕까지 갖춘 3차원 건물로 완성되기 위해서는 펜덴티브 돔이 필수적이다. 로마를 비롯한 서양 건축에는 없던 비잔틴건축만의 첨단 발명품인데 관건은 정사각형 위에 원형 천장을 얹는다는 사실이다. 판테온에서 완전한 반구를 만드는 돔의 기술이 완성되었다고는 하나 평면은 원형이었다. 이것을 정사각형 평면 위에 얹는 것은 차원을 달리하는 새로운 기술을 요구했다. 평면과 지붕의 형태가 다를 경우 기술의 난이도는 급격히 높아지는데 이 조건을 만족한 것이 펜덴티브 돔이었다.

펜덴티브 돔은 다음의 순서로 짓는다(도 3-62). 첫째, 정사각형 평면을 에워싸는 큰 외접원을 그리고 이것을 평면으로 삼아 큰 반구 천장을 세운다. 둘째, 정사각형 평면의 네 변에서 수직으로 네 장의 벽을 세워 큰 반구 천장을 잘라낸다. 셋째, 네 장의 수직 벽은 단면이 아치형이 되는데 각 아치의 꼭대기 네 곳을 이으면 수직 벽 위에 작은 원형 평면이 만들어진다. 이 평면은 다름 아니라 정사각형 평면의 내접원이다. 넷째, 이 작은 원형 평면 위에 돔 천장을 얹는다. 원형 평면 위에 돔 천장을 얹는 것은 쉽기 때문이다.

이상의 순서에서 네 장의 수직 벽들 사이에는 삼각팬티 모양의 원호 곡면 조각이 생기는데 이것을 펜덴티브라 부른다. 펜덴티브는 한

**도 3-62** 펜덴티브 위의 돔(dome on pendentive)을 축조하기 위한 기하 작도.

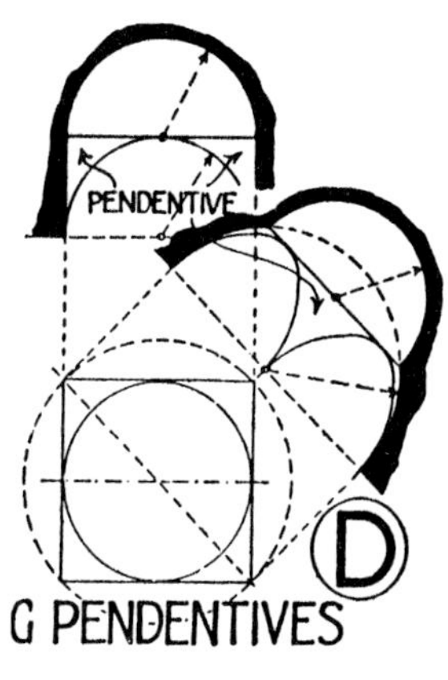

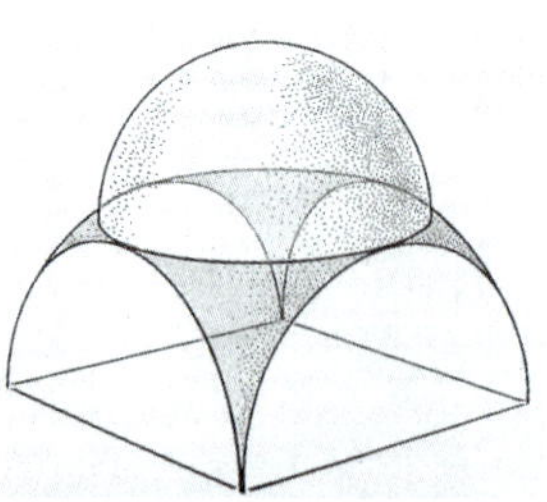

**도 3–63** 펜덴티브 위의 돔
**도 3–64** 하기아 이레네(Hagia Irene), 콘스탄티노플, 터키, 532년 시작.

마디로 정사각형 평면에 내접하는 원형 평면을 만들기 위한 도형적, 구조적 안내자에 해당한다(도 3–63). 이는 고도의 기하학적 계산의 산물로 비잔틴문명 전반에 걸쳐 발전했던 높은 수준의 물리, 수학, 기하학 등의 뒷받침이 있었기에 가능했다. 실제로 하기아 소피아성당 등 주요 교회는 건축가의 작품이기보다는 물리학자 트랄레스와 구적법 학자 이시도루스 오브 밀레투스의 작품에 더 가까웠다.

뛰어난 조적 기술도 중요한 역할을 했다. 펜덴티브 돔을 만들기 위해 가정했던 외접원에서 파생되는 큰 반구 천장은 개념적으로만 존재하는 것이고 실제 시공 현장에서는 등장하지 않는다. 펜덴티브 돔도 마찬가지여서 계획 시에는 네 장의 수직 벽이 만나서 만들어지지만 실제 시공 현장에서는 빈 공간 속에 처음부터 원호 곡면 조각을 조금씩 쌓아 세워야 했다. 이는 매우 정밀하고 섬세한 기술을 요구할 뿐 아니라 얇은 곡면 조각이 공중에 혼자 잘 서 있기 위해서는 튼튼한 강도도 필수였다(도 3–64).

당시 비잔틴의 시공 기술은 최첨단이어서 이 모두를 만족시킬 수 있었다. 이것을 지원한 것은 콘스탄티노플의 황실이었다. 유스티니아누스가 누구보다 열심이어서 로마의 시공 기술을 보유하던 수많은 장인들을 공방에 거느리며 물리학자와 수학자 등과 함께 협업을 통해 새로운 구조 기술을 발명하도록 적극 후원했다. 이때 완성된 기술은 향후 1000년 가까이 비잔틴건축뿐 아니라 서방에서도 첨단다움을 유지하며 지속적으로 사용된다.

### 하기아 소피아 성당

유스티니아누스 교회 가운데 대표작은 단연 하기아 소피아 성당(Hagia Sophia, 532~537)이다. 주변에 여러 보조시설들이 더해서 복잡해 보이지만 핵심 공간은 내접형 그리크 크로스였으며 여기에 여러 가지 추가 처리를 가했다. 동서 방향으로 공간 켜를 확장해서 선형공간 구성을 더했다(도 3–65). 네 팔 가운데 남쪽과 북쪽의 것은 원형 상태로 둔 채 크로싱의 경계부에 열주 스크린만 세웠으며 그 위로 큰 아치 윤곽의 수직 벽이 올라갔다. 동쪽과 서쪽의 것은 양 귀퉁이에 반원형 애프

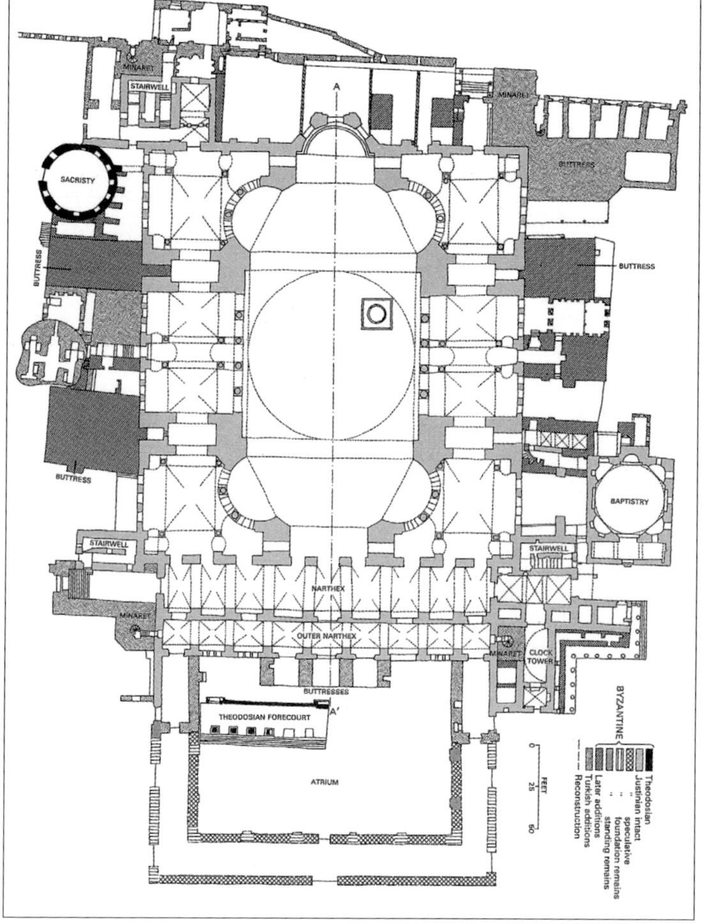


**도 3-65** 하기아 소피아, 콘스탄티노플, 터키, 532–537년.

스 공간을 추가로 더했다. 애프스를 이루는 외벽에는 열주 스크린을 세워 모퉁이 공간과 소통이 일어나도록 했다. 크로싱에는 표준형 펜덴티브 돔으로 완전한 반구 천장을 만들어 덮었다.

제일 관건은 크기였다. 유스티니아누스의 야심에 맞게 되도록 크게 만들고 싶어 했는데 전체 윤곽은 가로 69미터, 세로 75미터였고 정사각형 크로싱은 지름이 32.6미터였다. 돔 천장의 높이는 지면에서 54.8미터였다. 이 크기는 쉽지 않은 것이어서 지붕의 무게를 감당해내는 일이 공사의 최우선이 되었다. 돔 자체를 경량화하기 위해 펜덴티브와 만나는 밑동 내벽에 40개의 높은 아치형 창을 뚫었다. 하중

**도 3-66, 3-67, 3-68** 하기아 소피아, 콘스탄티노플, 터키, 532-537년.

은 여러 갈래로 분산해 내려가게 했다. 제일 중요한 경로는 펜덴티브를 타고 내려가는 것으로 이것을 받치기 위해 크로싱의 네 귀퉁이에 두께 7.6미터, 폭 18.3미터인 두꺼운 벽체를 세웠다.

다음은 동서 쪽 팔의 모퉁이에 만든 애프스 천장을 통해서 내려가는 통로였다(도 3-66). 반원형 천장에서 열주 스크린을 거친 다음 외벽을 타고 지면으로 내려갔다. 이 부분은 상대적으로 하중 분담이 크지 않았으나 일정한 역할을 담당했다. 마지막으로 남북 쪽의 수직 벽을 통해서 내려가는 통로였다. 수직 벽 전체를 내력벽으로 세우면 구조 기능이 충분하나 창을 뚫다보니 충분치 않게 되었다(도 3-67). 이것을 만회하기 위해 건물 밖에 버팀벽을 세웠다. 수직 벽을 타고 내려온 하중은 2층 갤러리 천장을 타고 외벽으로 흘렀는데 이 외벽에 20여 미터 이상의 두께에 수십 미터 길이를 갖는 버팀벽을 세운 것이다. 이 버팀벽은 실내에서는 안 보이지만 외부에서 보면 본체를 능가하는 거대한 구조물이어서 심미적 차원에서는 건물 전체의 순도를 떨어트리는 역기능도 한다(도 3-68).

실내는 석조 구조로서는 당시 세계 최고 크기의 거대한 단일 공간으로 나타났다. 단순히 크기만 큰 것이 아니어서 공간의 확산과 부유(浮游)라는 이전의 서양 건축에 없던 새로운 공간 개념을 제시했다. 크로싱을 향한 중앙집중성과 동서 방향의 선형성을 동시에 확보하면서 전체 공간은 큰 풍선을 남북 방향에서 판재로 눌러서 동서 방향으로 늘어트린 것 같은 확산의 분위기로 나타났다. 원의 기하학적 완결성을 강하게 지키면서 폐쇄적 고형성을 나타내던 판테온에는 없던 새로운 공간 개념이었다.

부유하는 공간은 더 두드러진 특징이었다. 둥근 천장 자체가 '크로싱 위의 돔–동서쪽 팔의 대형 애프스–그 아래쪽의 작은 애프스'로 삼원화되면서 단일 원 윤곽이 여럿으로 나뉜 모습으로 나타났다. 이런 여러 원들 사이를 벽으로 구획하지 않고 흐르는 공간으로 처리했다. 경량화를 위해 구조적으로 무리가 없는 부분에는 되도록 많은 창을 뚫다보니 천장들이 공중에 떠 있는 것처럼 보인다. 공간을 구획하는 벽에도 열주 스크린을 세워서 공간 사이의 소통을 최대한으로 늘렸다. 이상의 처리들이 합해지면서 공간은 육중한 구조체 사이로 빛이 흘러 다니면서 모든 것이 붕 떠다니는 분위기가 되었다.

### 산비탈레

산비탈레(San Vitale, 526~540)는 라벤나(Ravenna)에 지어진 비잔틴교회이다. 비잔틴제국은 초반기 힘이 융성할 때 동로마의 후신 자격으로 서방에 대해서 압력과 침략을 자주 감행했다. 라벤나는 이것의 전진기지였다. 그러나 정치적, 경제적, 군사적 압박과 견주어 서방 지역에는 비잔틴건축물을 많이 짓지 않았는데 산비탈레는 베네치아의 산마르코와 함께 서방의 비잔틴건축을 대표한다. 유스티니아누스 이전에 공사가 시작되었다가 중단되었던 것을 유스티니아누스가 이어받아 완공했다. 이 때문에 기초는 처음에 잡아놓은 것을 이용하는 바람에 규모에 제한이 있었다. 하기아 소피아와 짝을 이루면서도 크기 면에서는 많이 작은 이유이기도 하다.

공간은 비잔틴건축의 전형적 특징인 부유하는 공간을 대표한다. 규모가 작기 때문에 하기아 소피아보다 이런 특징을 더 집약적으로 보여준다. 구체적 내용에서는 차이도 커서 하기아 소피아의 부유하는 공간이 수평 방향으로의 확장을 기초로 한다면 산비탈레에서는 수직 한 방향으로만 확산이 일어난다. 이는 기초가 이미 잡혀 있어서 수평 방향으로 확장이 힘들자 수직 확산에 주력한 때문으로 보인다. 평

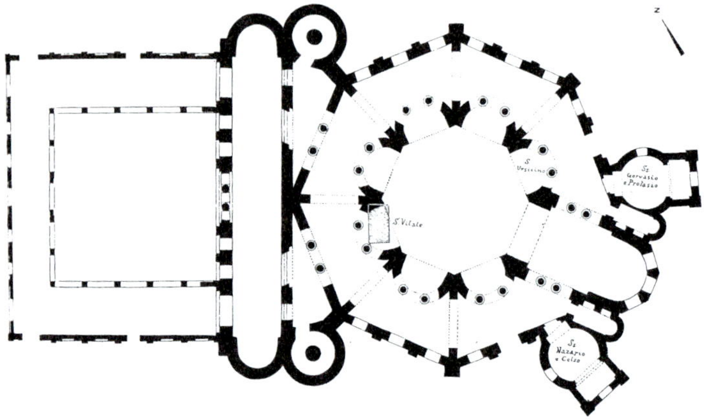

**도 3-69** 산비탈레, 라벤나, 이탈리아, 526-540년.

면부터 팔각형 겹 공간으로 이루어지면서 처음부터 수평 확산의 가능성을 봉쇄하고 중앙집중성을 강화했다(도 3-69). 제식을 위한 선형성의 보강도 별도로 하지 않았으며 다만 성소 밖으로 팔각형 한 변 폭의 애프스 하나를 돌출시킨 것이 전부이다. 진입부에 전실을 뒀지만 선형성의 강조로 나타나지 않는 대신 중심 공간과 22.5도 기울어져서 동선에 꺾임이 일어나게 했다. 이는 선형성을 최대한 억제해서 중앙집중성을 높임과 동시에 동선과 시선에 극적인 변화와 역동성을 주기 위한 목적으로 보인다.

**도 3-70** 산비탈레, 라벤나, 이탈리아, 526-540년.

중심 초점을 향해서 되도록 동선과 시선을 모두 모은 다음 수직 방향으로 폭발하듯 확산이 일어나게 했다. 중심 팔각형은 16.6미터 지름에 높이가 29.5미터이기 때문에 절대 크기는 하기아 소피아보다 많이 작지만 공간의 비례 느낌은 우물 속에 들어온 것 같은 곧추선 느낌이다(도 3-70). 하늘을 향해 곧게 뻗는 수직 기운이 무척 강한데 양옆으로 뻗어나가는 구멍을 최대한으로 뚫어서 이 기운을 확산했다. 원형 지붕을 받는 원통형 몸체를 2층으로 한 뒤 각 층을 열주 스크린으로 처리해서 바깥쪽 복도 공간과 최대한으로 관통되게 했다. 고형적 물체로 쌓은 경계부가 마치 투명한 막을 겹쳐 놓은 것처럼 나타났다.

부유하는 공간의 전형적인 모습 가운데 하나로, 천장 구조 전체가 공중에 떠 있는 것 같은 하기아 소피아의 부유하는 공간과 짝을 이루며 비잔틴 공간이 완성되었다. 비잔틴건축의 부유하는 공간은 탈물질화의 좋은 예다. 벽돌과 석재의 고형 재료로 지은 물리적 구조물임에

**도 3-71** 산비탈레, 라벤나, 이탈리아, 526-540년.

도 마치 투명한 막을 펼쳐놓은 것처럼 보이기 때문에 본래의 물성에서 탈피했다는 뜻으로 붙이는 명칭이다(도 3-71). 혹은 초기 기독교 건축에 이은 2차 기독교 건축으로 볼 수도 있다. 초기 기독교 건축이 교회 양식의 기본 구성을 완성한 대신 실내 공간은 곧이곧대로 고형적 분위기를 유지한 데 반해 비잔틴건축은 이것을 이어받아 여러 가지 새로운 발명을 가하여 부유하는 공간이라는 다음 단계의 교회 양식을 창출했다는 뜻이다.

부유하는 공간은 신비주의 종교인 기독교와 잘 맞았다. 교회 건축에 요구된 내용은 크게 두 가지인데 하나는 미사와 행렬 등 제식에 필요한 기능적 처리이고 다른 하나는 초월적 유일신의 존재를 표현하는 상징주의이다. 초기 기독교 건축에서는 전자를 만족한 교회 양식이 완성되었고 이런 의미에서 1차 기독교 건축이라고 부를 수 있다. 비잔틴건축은 이것을 이어받아 초월적 신비주의에 맞는 공간 분위기를 상징적으로 표현해내는 발전이 있었다. 부유하는 공간은 이것의 대표적인 내용으로 이런 의미에서 2차 기독교 건축이라고 부를 수 있다.

### 코라 교회와 도상 상징주의

상징주의는 비잔틴 예술의 또 다른 대표적 장르인 모자이크 성화, 즉 도상 혹은 성상을 통해 더 직접적으로 표현되었다. 도상 상징주의라 부를 수 있는데, 상대적으로 직접적 표현력이 더 강한 도상을 이용해서 하나님의 존재를 드러내고 성서의 내용을 전달하려는 시도이다.

성상 숭배 금지(726~843)는 이것을 금지한 시기였는데 이는 신의 모습을 인간의 매체로 직접 그리는 것을 금지했던 이슬람이 이를 빌미로 비잔틴을 공격하는 것을 피하기 위해서였다. 콘스탄티누스 5세 때에는 성상 숭배를 빌미로 기독교를 억압해서 황권을 키우자 교회 쪽에서 이를 피하기 위해서 자발적으로 성상 숭배 금지를 행하기도 했다.

성상 숭배 금지가 풀리면서 중기 비잔틴 르네상스(867~1204)가 시작된다. 성상 숭배 금지 동안은 비잔틴 예술 전체가 크게 위축되었다. 모자이크 성화가 전면 중단되었고 건축도 규모가 크게 축소되고 건축 활동이 위축되었다. 이것이 해제되면서 르네상스가 열리는데 오랫동안 금지되었던 모자이크 성화가 이를 만회하면서 르네상스를 주도했다. 도상 상징주의의 도래였다. 교회도 여기에 맞춰 큰 변화를 겪게 된다. 기독교 제식을 담아내고 하나님의 존재를 증명하던 독립적 건축양식에서 벗어나 성화를 그리는 바탕 면을 제공하는 거대한 캔버스로 기본 개념이 바뀌었다(도 3-72). 하기아 소피아 같은 유스티니아누스 때 비잔틴건축의 전성기와 비교하면 격세를 느끼게 하는 변화였다.

코라 교회(Chora Church, 11~12세기/14세기)는 도상 상징주의를 담아내는 캔버스라는 새로운 교회 개념을 대표하는 예다. 교회 실내에 도상을 그리는 데에도 장소에 따라서 법칙이 있었다(도 3-73). 공간적 위계에 따른 상징성이 기준이었다. 교회 실내를 3등분하여 각 부분의

**도 3-72** 산마르코, 베네치아, 이탈리아, 1063–1085.

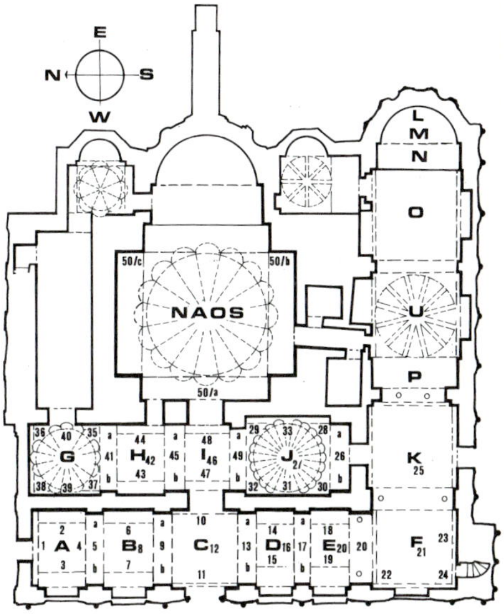

상징성에 맞는 도상을 대응시켰다. 첫째는 돔으로, 하늘을 상징하기 때문에 하늘나라의 일을 그렸다. 보통 예수와 천사가 주인공이었다. 예수는 하늘에서 지상을 굽어보는 심판자로 그렸고 그 주위를 천사들이 호위했다(도 3-60, 3-74). 펜덴티브와 천측창에는 예수의 생애와 수난을 그렸다.

**도 3-73** 코라 교회(Chora Church=Kariye Camii), 성화 배치도, 콘스탄티노플, 터키, 11-12세기/14세기

**도 3-74** 마르토라나(Martorana), 팔레르모(Palermo), 시칠리아, 이탈리아, 1143년경. 돔 중앙의 심판자(Pantokrator) 예수 및 그 주위의 천사와 성인들이 그려져 있다.

둘째는, 돔 아래의 볼트와 벽체로 돔의 하늘나라 밑에 있는 땅을 상징했으며 땅의 일을 그렸다. 예수를 비롯해서 사도, 예언자, 순교자, 성인 등이 행했던 기독교의 역사가 주요 내용으로 예수가 보여준 기적과 성서의 증명, 성인들의 전도와 순교 등이 대표적 예다(도 3-75). 셋째는 출입구 외벽과 애프스 천장이었다. 이 두 부분은 돔 아래에 있었지만 특별한 의미가 있다. 출입구는 속의 공간에서 성의 공간으로 들어오는 전이 지점이었고 애프스는 성의 공간의 종착점 혹은 머리였다. 이에 맞게 출입구 내벽에는 최후의 심판 장면을 그렸고 애프스에는 성모마리아를 그렸다.

**도 3-75** 코라 교회, 크로싱 돔과 네이브의 성화 전경, 콘스탄티노플, 터키, 11-12세기/14세기.

이상의 법칙은 반드시 지켜야 하는 것은 아니었지만 중기 비잔틴 때 지은 대다수의 교회는 이 법칙에서 크게 벗어나지 않았다. 대표적 예인 코라 교회에서 볼 수 있듯이 교회는 마치 미술관처럼 실내에 성화로 가득 찼다. 교회는 한 변이 평균 10미터 안팎으로 크게 작아졌

는데 초기 비잔틴교회의 면적보다 3분의 1에서 5분의 1정도로 작아진 크기였다. 교회는 더 이상 교회가 아니라 미술품의 전시장으로 변했다.

IV

# 로마네스크 건축

카롤링거 건축

초기 로마네스크 건축

프랑스와 영국의 로마네스크 건축

독일과 이탈리아의 로마네스크 건축

수도원과 순례 교회

# 1
# 카롤링거 건축

### 샤를마뉴와 프랑크왕국

로마네스크 건축은 중세 건축의 본격적인 시작에 해당한다. 중세의 시기 구분에 대해서는 통일된 의견이 없어서 6세기까지 올려 잡기도 하나 로마네스크 건축이 중세에 속하는 것만은 확실하다. 중세의 정확한 시기는 한 가지로 확정지을 수 없으나 그 의미는 탈로마, 탈동방, 2차 서양화 등으로 요약할 수 있으며 지역적으로는 대서양과 서북유럽이 중심지였다. 지중해와 남유럽 중심의 로마 때 완성된 1차 서양화 및 여기에서 떨어져 나온 동로마 모두를 극복하고 알프스 이북 지역에 게르만 정신을 바탕으로 기독교가 중심이 된 새로운 천년 문명이 시작되었는데 이를 중세라고 부르는 것이다.

중세의 건축양식은 둘로 나뉘어서 전반부가 로마네스크(900~1070년경)이고 후반부가 고딕(1120년~16세기 중반경)인데, 로마네스크 시작 이전에 중세 건축의 징조가 나타난 현상들을 모아서 '프레로마네스크'라고 부르기도 한다. 카롤링거 건축은 다시 그 중심을 이룬다. 카롤링거는 프랑크왕국을 통치했던 왕조의 이름으로 751~843년 동안 지속되었다. 프랑크왕국은 지금의 프랑스, 독일, 이탈리아 북부 지방을 통합한 알프스 이북 지역의 큰 왕국이었다(도 4-1). 로마를 벗어나 서북유럽에 최초로 독립적 문명이 등장했음을 알리는 서막이었다. 이후 843년 베르됭조약으로 서프랑크(프랑스), 중프랑크(이탈리아), 동프랑크(독일)로 분할되면서 오늘날 이 세 나라의 국경선이 최초로 등장하게 되며 본격적인 중세로 진입한다.

프레로마네스크에서 건축사적으로 중요성을 지니는 시기는 샤를마뉴가 통치했던 768~814년이다. 그는 또 한 명의 걸출한 대제로, 프랑크왕국의 기초를 닦아 서북유럽의 독자적 문명이 탄생하는 길을 열었다. 중세까지 많은 황제와 마찬가지로 그에게도 건축은 중요한 활동이었다. 이번에는 아헨의 왕궁과 수도원의 두 곳을 중심지로 삼았다. 왕궁은 세속 권력의 중심지로서 정치, 행정, 제도 등을 담당했고 수도원은 종교적 중심지로 문화, 예술, 학문 등을 담당했다(도 4-2, 4-3).

두 중심지는 역할을 분담해서 협력 관계를 통해 중세문명의 기틀을 닦았으며 건축 활동의 지원도 중요한 항목이었다. 좁게는 아헨 왕궁 예배당이라는 구체적 예를 통해 프레로마네스크 건축을 집대성했으며 넓게는 초기 기독교 건축 때 완성된 라틴 크로스 유형을 새롭게 확장한 기독교 내용에 맞춰 분화, 확대하는 종합적 발전을 이루었다. 건축 활동의 지원은 말처럼 쉬운 것이 아니어서 6세기 이후 서방에서는 거의 모든 건축 활동이 중단되었기 때문에 그 맥을 찾아 부활해야 하는 어려운 일이었다.

이 과정에서 찾아내어 동원한 건축술은 어쩔 수 없이 로마의 것이었다. 8세기 중반에 가장 발달한 건축술은 비잔틴의 것이었지만 비잔틴은 이미 너무 멀고 이질적인 문명이 되어 있었다. 카롤링거 건축은 이처럼 공간 구성 등에서는 초기 기독교 건축과 구별되는 분화, 발전을 이루었으나 이것을 짓는 시공 기술은 로마의 건축술을 총 집대성

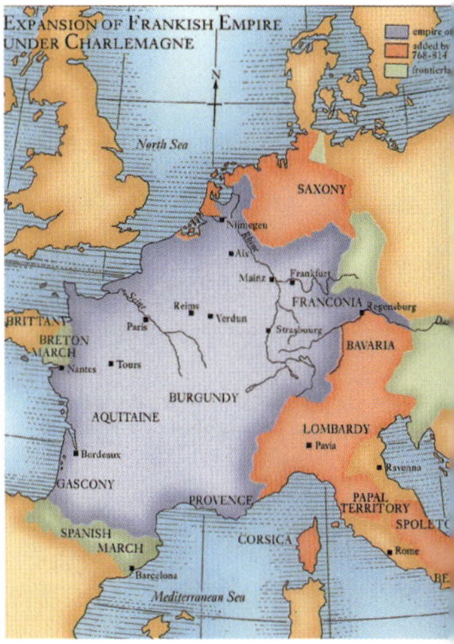


**도 4-1** 샤를마뉴 대제 때 프랑크 왕국

**도 4-2** 아헨 궁정 전경, 독일, 790–805년.
**도 4-3** 수도사가 어린이들에게 공부를 가르치는 장면, 『그림 성서(*Bible historiee*)』 수록, 15세기.

한 것을 부활시켜 사용했다. 이것은 그대로 로마네스크 건축의 기초를 이루며 이어졌다. 이처럼 로마네스크까지는 건축술만을 기준으로 하면 여전히 로마 건축의 연속인 측면이 많았다. 로마네스크라는 단어 자체가 '로마답다'라는 뜻이 있는 점은 이런 현상을 뒷받침하는 증거다. 로마의 영향에서 벗어나 중세만의 독자적인 건축술을 이룬 것은 고딕 때였다.

## 아헨 왕궁 예배당과 중앙집중형 공간의 정리

프레로마네스크 건축에서는 중앙집중형과 선형의 두 교회 양식 모두에서 중요한 발전이 있었는데 아헨 왕궁 예배당(Aachen Palatine Chapel, 790~805)은 전자를 대표했다. 새로 발명한 내용은 많지 않지만 산비탈레의 팔각형 겹 공간과 복층 갤러리 구성을 빌려와서 서북유럽에 맞게 정리해 로마네스크 건축으로 발전해갈 바탕을 닦은 점에서 중요성이 있다(도 4-4). 제일 큰 발전은 수직성이 증가하고 벽체가 두꺼워졌으며 모듈이 등장하는 등의 정리가 있었던 점이다. 중앙 공간의 지름 대 높이의 수직 비율이 산비탈레의 1.78에서 이곳에서는 2.1로 커졌다(도 4-5).

**도 4-4, 4-5** 아헨 왕궁 예배당, 독일, 790–805년.

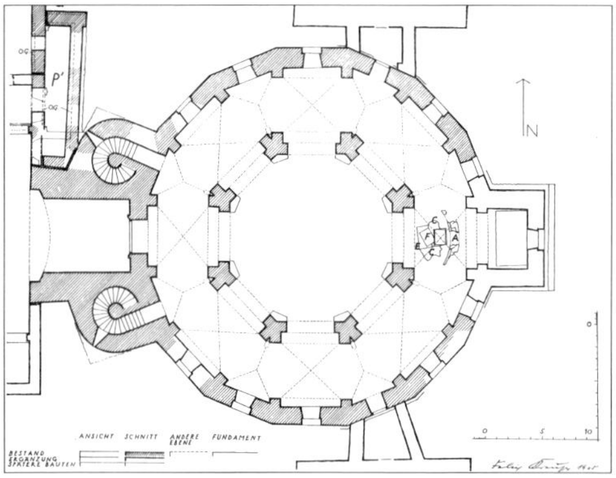

이는 게르만족의 역동성을 반영하는 것이다. 조형적으로 볼 때 지중해의 고전주의를 수평선에, 게르만 정신을 수직선에 각각 대응하는 것이 통례인데 이것을 반영한 것이다. 구체적으로 보면 갤러리의 층수가 2층에서 3층으로 증가했으며 이를 구조적으로 안전하게 뒷받침하기 위해 벽체, 아치의 아키볼트와 피어, 기둥 등 모든 내력 구조가 두꺼워졌다(도 4-6). 산비탈레의 벽체 두께가 평균 0.8~1미터였던 데 반해 이곳에서는 1.3~2미터로 두 배 가까이 두꺼워졌다. 중세 건축이 고전주의와 대비되어 보이는 가장 두드러진 특징이 강한 수직선이라고 볼 때 이미 이곳부터 수직으로 치고 오를 준비가 된 셈이다.

수직으로 높아진 건물에 구조적 안전성을 담보하기 위해 평면에서도 정리가 있었다. 안쪽 중심 공간은 팔각형, 바깥쪽 복도는 십육각형으로 구성해서 두 도형의 꼭짓점들이 방사선 방향으로 일치했다. 이에 따라 반지형의 복도를 작은 삼각형과 사각형의 명확한 기하단위로 분할, 구성했다. 초기 단계의 모듈도 등장해서 내벽과 외벽에 같은 형태의 구조 부재를 반복했으며 이것을 쌓는 조적 부재도 동일한 요소를 반복했다. 산비탈레가 모듈 개념 없이 벽돌로 지은 데 반해 이 건물은 모듈 개념을 적용한 석재로 지었는데 이는 중세 건축 전체가 화강암 건축이라는 점을 생각하면 중요한 전환이다.

물론 이런 발전은 당시로서는 큰 변화이나 시간의 끈을 늘려 중세 전체에서 보면 첫걸음에 불과한 것일 수도 있다. 무엇보다도 들어간 부재가 너무 많았다. 구조 효율성의 관점에서 볼 때 산비탈레보다 조금 높은 수직성을 확보하기 위해 들어간 물량이 아직은 비효율적이라는 뜻이다. 그러나 반대의 해석도 가능하다. 산비탈레는 둥근 천장을 만드는 데 속이 빈 항아리를 사용했기 때문에 경량화되어 벽체 두께를 줄일 수 있었지만 이 건물에는 이 기술을 사용하지 않았다.

샤를마뉴가 이 기술을 몰라서 그랬다는 것이 통설이나, 그 대신 완전 석조로 천장을 덮은 점은 또 다른 발전이었다. 중세 건축에서 석조 천장의 역할이 매우 중요해지는데 만약 계속해서 속이 빈 항아리로 천장을 채웠다면 이것이 불가능했을 것이기 때문이다. 아헨 왕궁 예배당에서는 수직성 이외에 석조의 육중함이나 물성 등을 표현하려는 다른 목적이 있었으며 이를 위해 로마 조적 기술을 종합화한 것이었다. 실제로 샤를마뉴는 이 건물을 짓기 위해 콜로세움으로 대표되는 로마의 원형극장 조적 기술을 참고했다. 정치적으로도 스스로를 가리켜 로마제국을 알프스 이북 지역으로 옮겨 새로 세운 대제로 정의하고 싶어 했다. 로마제국의 적통을 이어받은 황제이고 싶어 했던 것이다.

이상을 종합하면 아헨 왕궁 예배당의 의미는 산비탈레의 공간 구도를 콜로세움의 구조 기술로 축조해서 게르만 정신을 표현한 것으로 요약할 수 있다. 이는 '기독교+로마의 전통+게르만 정신'의 합으로

**도 4-6** 아헨 왕궁 예배당, 독일, 790–805년.

요약되는 유럽 중세문명의 성격을 그대로 반영한 것이다. 이런 의미를 갖는 이 건물의 특징은 프레로마네스크에서 로마네스크에 이르는 시기에 중앙집중형 구성에 중요한 선례 모델이 되었다. 비교적 직접적 영향을 보여주는 예로 독일 오트마르스하임의 수도원 교회, 네덜란드 니메헨의 예베당, 벨기에 리에주의 성 요한 등을 들 수 있다.

## 선형공간의 확장과 강화

아헨 왕궁 예배당이 중앙집중형 공간으로 프레로마네스크 건축의 문을 열기는 했지만 중세 시대의 교회 양식은 선형공간이 중심이었다. 초기 기독교 건축 때 불완전한 형태로 처음 나타났던 라틴 크로스가 완전히 정착하면서 복잡하게 분화, 발전한다. 이 과정은 길고 복잡한데 그 최종 종착점인 고딕 성당의 복잡한 구성을 보면 잘 알 수 있다. 카롤링거왕조 때에는 중세를 향한 선형공간의 첫 번째 분화, 발전이 일어났다. 초기 기독교 건축의 구 성 베드로와 성 밖의 성 바오로를 모델로 삼아 서쪽 출입구, 동쪽 성소, 지하 납골당의 세 지점에서 집중적으로 일어났다. 이렇게 해서 커진 서쪽 출입구를 웨스트 워크, 동쪽 성소를 각각 이스트 엔드라 부르며 지하 납골당에는 환상형 겹 공간을 만들었다.

**도 4–7** 생리키에(센툴라 수도원 교회), 프랑스, 790–799년.

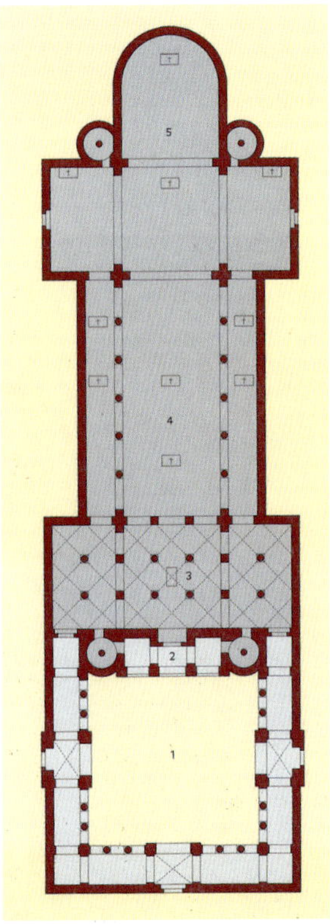

카롤링거왕조 때에 기독교 제식의 정비가 일어나면서 교회의 선형성을 강화해야 할 필요성이 커졌다. 금육제의 날에 한쪽 교회에서 스테이션 교회(예수의 수난을 나타내는 십자가 행로의 14처에 위치한 교회)로 이동하는 행렬 의식이 시행되었는데 이것이 발전해서 매일 행렬 의식이 거행되는 쪽으로 자리 잡았다. 센툴라 수도원 교회(Centula Abbey)였던 생리키에(St. Riquier, 790~799)는 이것을 주관하는 대표 교회였다(도 4–7). 매일 아침예배와 저녁예배 때 두 번의 행렬 의식이 있었는데 지역의 대표적 성직자였던 앨퀸이 행렬 의식을 중요하게 여겨 로마 기독교 제식에 접목한 것이었다.

성가의 도입도 중요한 요소였다. 성가는 종교적 효과를 위해서 잔향 시간이 길어야 했는데 이것을 위해 교회 공간의 수직성과 선형성이 증대되었다. 그레고리오 찬트가 대표적인 예인데 카롤링거왕조 때 로마와 갈리아의 단선율 전례 성가를 채보, 통합해서 만든 것이다. 느린 단선율은 중앙집중형 공간에서는 충돌이 일어나는 반면 선형공간에서는 잔향끼리 화음을 이루며 신비한 음향을 만들어낸다. 공간이 길수록 화음의 깊이가 풍부해지고 폭이 넓어지기 때문에 성직자들은 교회 공간을 늘어트려 짓고 싶어 했다. '비트루비우스의 단지'라고 불리는 항아리를 사용하기도 했다(도 4-8). 일종의 음향단지로서 교회 안에 놓아두어 잔향 효과를 배가하자는 목적이었다.

웨스트 워크와 이스트 엔드가 커지면서 네이브도 따라서 확장되었다. 수평 방향에서는 모듈이 등장하는 발전이 있었다. 네이브 월 기둥 열의 기둥 사이 거리가 기준이었다. 아일에는 기둥 사이 거리를 한 변으로 하는 정사각형 모듈을 사용했고 네이브는 아일보다 폭이 넓기 때문에 모듈 두 개를 옆으로 붙인 넓적한 직사각형을 많이 썼다. 선형공간에는 모듈 구성이 내재되는 것이 보통이며 초기 기독교 건축의 바실리카 교회도 마찬가지였다. 그러나 아직 모듈에 대한 구체적인 인식은 나타나지 않았다. 프레로마네스크에 들어와 교회가 커지면서 공간 구성도 합리적으로 정리할 필요성이 생기면서 모듈 개념이 자리 잡아 갔다.

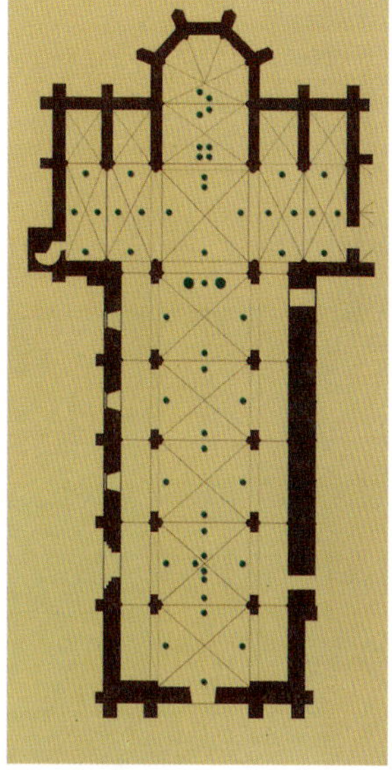

**도 4-8** 비트루비우스의 단지(Vitruvian jar), 록디외 교회(Church of the Loc-Dieu).

## 웨스트 워크의 등장

선형공간의 본격적인 확장은 동서 양 끝에서 일어났다. 웨스트 워크를 탄생시킨 배경은 두 가지였다. 하나는 순수한 기능적 차원으로 교회가 커지면서 예배당, 부속실, 전실, 통로, 탑, 종루 등 새로운 공간이 증가하게 되는데 이런 시설들이 들어갈 장소로 출입구 위쪽이 제일 적합했다(도 4-9). 다른 하나는 왕실이 개입한 결과였다. 교황이 교회와 성당을 직접 관장하던 로마의 초기 기독교 건축에서는 없던 현상으로, 알프스 이북 지역에 교회를 지으면서 현실 권력을 담당하던 지역 왕실과 맺는 관계가 중요해졌다. 현실적으로 왕실에서 경제적, 정치적 도움을 받는 경우도 많았다. 이런 상황에서 왕을 비롯해서 왕실가족이나 대형 기부자 등을 위한 별도의 공간이 필요해졌는데 이것이 들어갈 장소 역시 출입구 위쪽이 제일 적합했다. 일반 신도석에 배

**도 4-9** 로마네스크 교회 구성

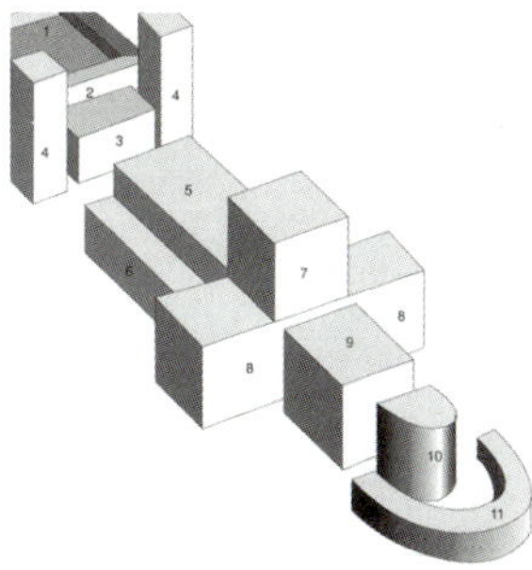

치할 수도 없고 그렇다고 성직자의 공간에 넣을 수도 없는 일이었다. 서쪽에 넣으면서 웨스트 워크가 커지면 동쪽 성직자의 공간과 짝을 이루는데 이는 중세의 권력 구도가 기독교와 왕으로 이원화되었던 현실 상황을 반영하는 것이기도 했다.

이런 배경 아래 출입구 영역이 수평, 수직 양방향으로 확장되었다. 수평 방향으로 종과 횡으로 베이 수가 늘어났고 수직 방향으로 복층이 되었으며 그 위에 탑을 올렸다(도 4-10). 탑은 시간이 흐르면서 트랜셉트와 크로싱 위에도 올라가는 등 개수가 늘어났는데 완성된 고딕 성당의 표준형은 모두 일곱 개의 탑을 갖게 된다. 웨스트 워크가 복층이 되면서 이와 균형을 이루기 위해 네이브 월도 2층으로 정착되어갔다. 아일 위에 갤러리를 추가하는 형식이었다. 네이브 월의 복층화는 6세기 동방 기독교 교회에서 처음 나타났는데 살로니카의 하기아 데메트리오스가 대표적인 예다. 카롤링거왕조 때 웨스트 워크가 커지면서 이 구성을 받아들여 네이브 월도 2층이 된 것이다. 이로써 천측창까지 합해서 중세 교회의 대표적 구성 방식인 네이브 월의 3단 구성이 정착했다.

**도 4-10, 4-11** 잔크트비투스 수도원 교회, 코르베이, 독일, 873-885년.

독일 코르베이(Corvey)의 잔크트비투스 수도원 교회(Abbey Church of Sankt Vitus, 873~885년)는 카롤링거왕조 때 웨스트 워크를 온전하게 보존하고 있는 유일한 예며 그 건축적 구성이 아헨 왕궁 예배당에서 유래했음을 보여주는 중요한 예다. 정사각형 단면의 단일 육면체로 구성되는데 내부를 내접형 그리크 크로스 형식으로 9등분했다. 1층에서는 중앙 공간을 출입구 겸 열주 홀로, 나머지 공간은 전실과 부속실 등으로 사용했다. 2층은 샤를마뉴대제에게 봉헌된 예배당이었다. 중앙 공간은 사면을 아케이드 복도로 둘렀으며 그 위에 갤러리를 둬서 예배당만으로도 2층이 되었다(도 4-11). 이런 구성은 아헨 왕궁 예배당의 구성을 빌려 쓴 것으로 볼 수 있다.

로르슈 수도원(Monastery of Lorsch)의 게이트 하우스(Gate House)는 프레로마네스크의 전환기 성격을 잘 보여주는 특이한 예다. 수도원 교회에 부속되었는데 현재는 모두 사라지고 이 건물 하나만 남아 있다. 로마 건축 모티브와 로마네스크 건축의 새로운 구성이 혼재되어 있다. 로마 건축 모티브는 개선 아치와 오더의 사용으로 나타났다(도

4–12). 세 개의 아치가 건물의 기본 골격을 이루면서 개선 아치의 구성을 보여준다. 그 위에 원형에 충실한 이오니아식과 코린트식의 두 오더를 벽기둥 형식으로 더했다. 로마네스크 건축의 새로운 것은 여러 곳에 나타난다. 1층이 통로이고 2층이 예배당인 구성은 생리키에의 웨스트 워크를 단독 건물에 적용한 것으로 볼 수 있다. 급한 경사 지붕이나 마름모꼴과 육각형을 기본 문양으로 사용한 기하 장식 등은 중세 추상장식의 대표적인 예다. 기하 장식을 모자이크풍으로 처리한 것은 비잔틴의 영향을 보여준다.

**도 4–12** 로르슈 수도원의 게이트 하우스, 독일, 767–774년.

## 이스트 엔드와 환상형 겹 공간

교세가 확장되고 제식이 정리되는 등 기독교가 발전하면서 성직자의 공간도 커져갔다. 바실리카 교회의 동쪽 부분은 본래부터 성단소라고 불리면서 성소를 모아놓은 집합소로 성상 안치소, 제단, 애프스 등이 기본 구성을 이루었다. 프레로마네스크 때 들어와 이것으로 부족해졌다. 성가가 등장하면서 새로 추가된 변화는 성가대석이 제일 컸다. 보통 트랜셉트 동쪽 부분을 늘어트려 집어넣었는데 그 면적이 넓은 편이어서 애프스와 합해서 '슈베'라고 부르는 영역이 만들어지는 등 성직자의 공간 전반에 적지 않은 변화를 가져왔다.

애프스의 분화도 중요한 내용이었다. 제일 흔한 현상이 애프스가 하나에서 셋으로 증가한 것인데 처리 방식은 두 방향으로 나타났다. 하나는 가운데 애프스가 처음부터 네이브에 대응된 것으로 보고 양쪽 아일에 대응되는 애프스를 추가하는 것으로 가장 흔한 방식으로 볼 수 있다. 세 애프스가 일정한 거리를 두면서 떨어졌으며, 독일 슈타인바흐(Steinbach)의 성 마르첼리노가 대표적인 예다(도 4–13). 다른 하나는 네이브의 폭 안에 애프스 셋을 모두 집어넣는 방식이다. 세 애프스가 벽을 공유하면서 나란히 붙어 있게 되는데 이 방식은 향후 제형(梯形)으로 발전한다. 제형 애프스는 그랑리외의 생필리베르가 대표적인 예인데, 프랑스 노르망디 지방에서 사용하다가 영국 로마네스크 건축에 전파되어 이스트 엔드의 주요 구성으로 자리 잡은 처리방식이다(도 4–14). 두 방식 모두 애프스와 애프스 사이, 그리고 애프스와 성가대

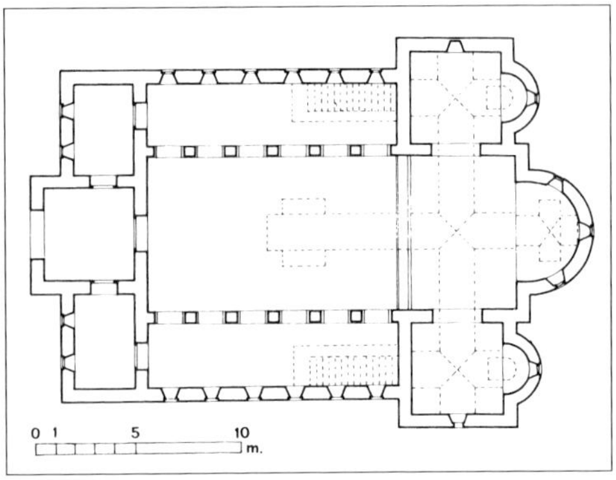


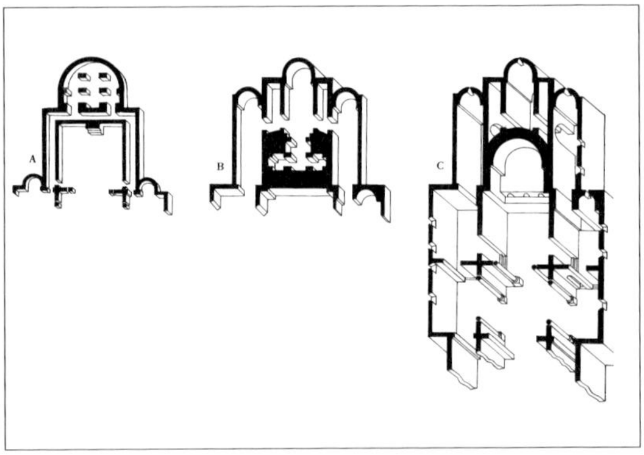


**도 4-13** 성 마르첼리노, 슈타인바흐, 독일.
**도 4-14** 생필리베르, 그랑리외, 프랑스, 814년 경-847년.

석 사이는 아치로 구획하는 것이 보통이었다. 애프스의 증식은 봉헌 대상이 늘어난 기능적 요구에 따른 측면이 컸다.

독일 지역에 주로 나타난 특이한 예로 이스트 엔드가 대칭 개념으로 반복된 '더블 엔더(double-ender)'를 들 수 있다. 웨스트 워크의 자리에도 이스트 엔드의 세트를 하나 더 넣어서 성직자 공간이 양쪽 끝에서 나란히 마주보며 두 개 있는 구성이다(도 4-15). 이는 교회의 봉헌 대상인 표제 성인이 두 명이어서 성소가 두 곳에 필요할 경우에 등장한 구성이다. 이 경우 출입문은 몸통 중간에 내는 것이 보통이었다. 실내에 들어오면 동선은 왼쪽이나 오른쪽 가운데 한 곳으로 꺾어야 했으며 한쪽을 본 다음에는 다시 유턴을 해야 했다. 선형성이 현저히 약해졌으며 그렇다고 중앙집중형도 아닌 새로운 공간 유형이었다. 프레로마네스크 때 처음 등장한 이후 독일의 로마네스크 때 많이 사용되는데 힐데스하임의 성 미카엘과 잔크트고데하르트, 쾰른의 성 제오르지오와 잔크트판탈레온, 보룸스 성당 등을 대표적 예로 들 수 있다.

**도 4-15** 더블 엔더 평면

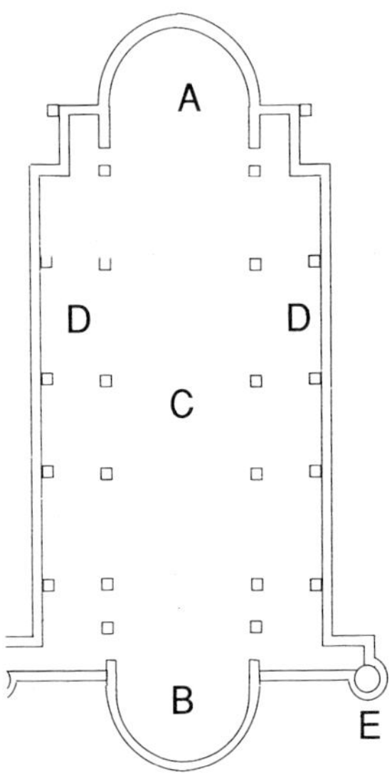


프레로마네스크 때에는 매장 공간에서도 정리, 발전이 있었다. 성인과 순교자의 무덤은 별도의 방으로 처리했는데 이를 '콘페시오'라고 불렀다. 반드시 무덤일 필요는 없었고 유물이나 성물 등을 전시하는 경우도 있었다. 시신은 수가 한정된 반면 성물은 수가 많아서 여러 곳에 분산할 수 있어서 콘페시오의 수를 늘리는 데 유리했다. 다른 교회에 기증하거나 사고팔기도 했으며 심지어 성인의 유골까지도 사고팔았다. 생리키에에서 845년에 처음 성인의 유골을 분산, 보관하는 전통이 생긴 이래 랭스 성당, 투르의 성 발레리아노, 콩크의 생트푸아 등이 뒤를 이었다. 성물이 예수의 것이라면 종교적 중요성은 크게 증폭되었는데 예수의 25가지 성물을 보관하던 생리키에는 좋은 예다.

콘페시오는 처음에 지하 납골당에서 원시적인 형태로 시작되었다가 그 중요성이 커지면서 지상으로 올라와 이스트 엔드에 더해지는 발전 과정을 거친다(도 4-16, 4-17). 성물을 보관하는 장소이기 때문에 건축적 중요성도 커서 별도의 방으로 분리한 뒤 볼트 천장으로 마감했다. 신도들이 직접 관람하고 접촉할 수 있어야 했는데 이를 만족시키기 위해 애프스나 제단 가까이에 배치했다. 콘페시오의 수가 적을 경우에는 애프스 안쪽에 놓았는데 이를 홀식 납골당이라 불렀다. 반면 수가 늘어나면 애프스 바깥에 여러 개의 방을 둬서 방사선 방향으로 배열했다. 반원형 애프스 밖으로 중 복도를 내고 다시 그 밖으로 환상형으로 콘페시오를 배열했다. 공간 구도로 보면 중 복도를 중심으로 양옆으로 방이 배열되는 겹 공간이 되었다. 이렇게 정착한 환상형 겹 공간은 향후 방사형 예배당으로 발전하면서 고딕 성당에서 중요한 구성 요소가 된다.

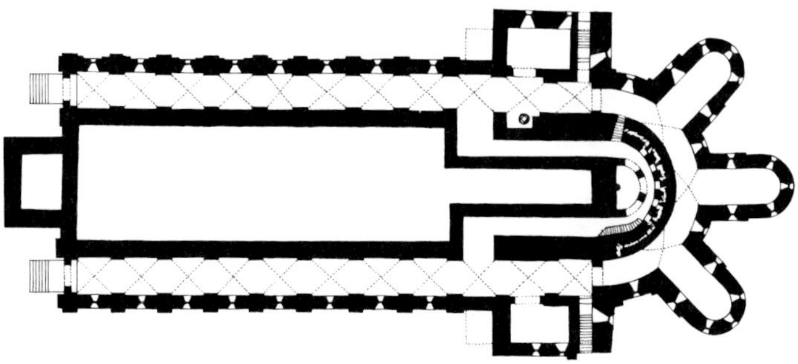

**도 4-16** 샤르트르대성당(Chartres Cathedral), 납골당, 프랑스, 858년.

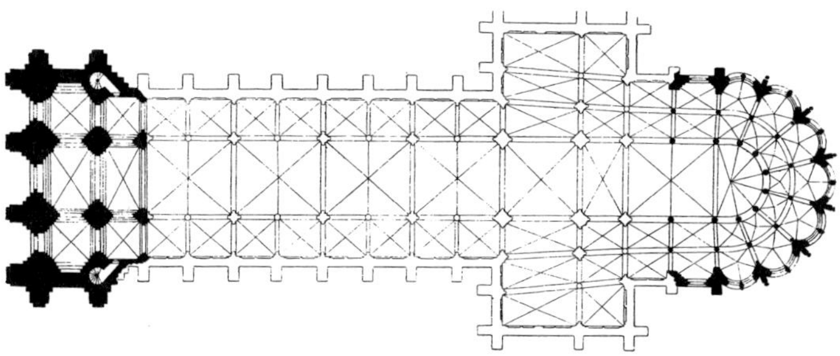

**도 4-17** 생드니, 프랑스, 7세기.

# 2
# 초기 로마네스크 건축

## 로마네스크 건축의 성립

로마네스크 건축은 900년경에 시작되어 12세기 후반까지 계속된 초기와 중기 중세 건축으로 알프스 이북 지역의 전통 목조건축과 로마의 석조건축을 합한 새로운 건축술을 기본 구조로 삼아 교회가 중심을 이루었던 기독교 양식이다. 교회에서는 카롤링거왕조 때 자리 잡았던 확장, 발전된 라틴 크로스를 기본 평면으로 삼아 네이브 월을 3단으로 구성하고 그 위에 석조 리브 볼트 천장을 덮는 발전이 있었다. 이 가운데 로마의 전통은 석조 벽체와 볼트 천장이며 나머지는 모두 카롤링거왕조에서 초기 로마네스크를 거치며 새롭게 발명된 것이다. 볼트 천장을 리브 볼트 천장으로 발전시킨 점과 이것을 네이브 월의 3단 구성과 한 몸으로 유기적 구성을 이룬 점은 로마와 중세를 가르는 결정적 차이다.

초기 로마네스크는 900년경에 프랑스 지역에서 먼저 시작되어 11세기 중반까지 계속되면서 로마네스크 건축의 기본 구성을 완성했다. 프랑스는 900~1050년, 독일은 950~1060년으로 보는 것이 통례이다. 카롤링거 건축을 자연스럽게 이어받아 각 지역의 상황에 맞게 발전시키는 가운데 중세 기독교 건축을 향해 조금씩 통일되어가는 과정을 거친다. 정치사에 대응하면 베르됭조약 이후 50~100년이 지나 프랑스, 독일, 이탈리아의 국가적 정체성이 조금씩 형성되면서 초기 로마네스크 건축도 모습을 드러내기 시작했다.

초기 로마네스크 건축은 지역에 따른 차이가 컸다. 프랑스와 독일이 초기 로마네스크 건축을 이끌었는데 당시 두 나라 사이에는 지금처럼 국경선이 뚜렷하지 않았기 때문에 유럽 전역을 기준으로 남부, 북부, 노르만 영국의 세 지역으로 나누기도 한다. 남부 로마네스크에는 프랑스 남부지방과 스페인, 북부 로마네스크는 프랑스 북부 지방과 독일, 노르만 영국에는 노르망디공국이 각각 속했다. 초기 로마네스크의 초반부는 세 지역이 큰 교류 없이 각각의 전통 건축을 기초로 중세 건축에 대한 인식을 형성해가던 시기이다. 아직 국제적으로 통일된 양식이 나타나지 않았다.

### 석조 천장의 등장

독일과 프랑스를 가른 결정적 차이는 지붕 구조였다. 독일이 전통적인 목조 평천장에 머문 데 반해 프랑스는 석조 볼트 천장을 도입해서 정착했다(도 4-18, 4-19). 중세 건축의 기본 요소 가운데 하나가 석조 리브 볼트 천장인 것을 보면 프랑스가 한 발 앞서 나갔다고 할 수 있

**도 4-18** 생테티엔(St.-Etienne=Abbaye-aux-Hommes), 캉(Caen), 프랑스, 1060/65-1120년경.
**도 4-19** 성 고데하르트(St. Godehard), 힐데스하임(Hildesheim), 독일, 1133-72년.

**도 4-20** 성 판탈레온(Sankt Pantaleon), 쾰른, 독일, 964-980년.

다. 프랑스의 전통 건축도 목조 천장이었는데 독일과 달리 로마와 비잔틴에서 석조 볼트 천장을 받아들여 중세의 새로운 건축 체계를 발전시켰다. 그 경로는 롬바르디아의 7~9세기 건축이었다. 당시 이곳에서는 석조 볼트 천장과 롬바르디아 밴드로 불리는 외벽의 띠 장식을 주요 건축술로 사용하고 있었다.

카롤링거왕조를 거치고 초기 로마네스크가 시작되면서 목조 천장만으로는 새로운 교회 건축양식을 창출하지 못할 것이라고 생각한 일부 첨단 장인들은 석조 천장 기술에 대한 선례를 찾았는데 롬바르디아가 그 대상이 되었다. 지리적으로 가까울 뿐 아니라 기술 수준도 당시에는 가장 발달한 것 가운데 하나였기 때문이다. 석조 천장을 프랑스에 전파한 것은 롬바르디아의 순회 석공단이었다. 마스터가 이끄는 장인 집단으로 당시 서방에서 대형교회와 수도원을 지을 수 있는 기술을 보유한 유일한 주체였다. 이들을 활용한 클라이언트는 왕실, 상단, 교황청, 지역 교계 등 다양했다.

이들이 사용하던 기술은 로마가 아닌 비잔틴의 건축술이었다. 이 지역이 한때는 비잔틴 총독 관할 구였는데 이때 흘러들어 온 기술이 집단화되어 남은 것이었다. 로마 조적 기술은 벽체를 코어와 외벽으로 구별해서 코어에는 자갈로 속을 채우거나 콘크리트로 1차 벽을 세웠다. 튼튼하기는 하지만 벽이 두꺼워졌고 공사 기간이 오래 걸리는 단점이 있었다. 반면 비잔틴 조적 기술은 코어와 외벽을 구별하지 않고 단일 벽체로 쌓았다. 로마 조적 기술의 단점을 보완한 것이었다. 벽체가 얇아서 내력 기능이 걱정되긴 하나 조적 단위 자체의 강도가 향상되었기 때문에 이를 보완했다.

롬바르디아 석공단을 이용한 것은 프랑스만은 아니었다. 롬바르디아 왕국 자체가 게르만 민족이 남하해서 세운 나라이기 때문에 독일도 정서적 거부감 없이 받아들였다. 그러나 내용은 달랐다. 독일은 외벽의 롬바르디아 밴드를 받아들여 로마네스크 전반에 걸쳐 오랫동안 외벽의 장식 요소로 사용했다(도 4-20). 프랑스는 석조 천장을 받아들여 새로운 구조 실험을 해서 리브 볼트 천장이라는 중세 건축의 대표적인 구조 방식으로 발전할 토대를 놓았다.

### 부르고뉴 실험과 석조 볼트 천장

900년을 넘기면서 로마네스크 건축에서 중요한 전환이 일어났다. 부르고뉴 지방에서는 클뤼니 수도원 공사가 시작되었고 노르망디 지방에서는 데인 족 족장이 프랑크 왕 샤를 3세에게 작위를 받고 봉토를 분할 받아 노르망디공국을 세웠다. 부르고뉴와 노르망디는 프랑스 초기 로마네스크를 이끈 양대 산맥인데 두 지역에서 새로운 건축을 시도할 정치적, 사회적 여건이 형성된 것이다. 부르고뉴에서는 석조 천장 체계가, 노르망디에서는 네이브 월의 3분법과 기둥 체계가 처음 자리 잡았다. 이 둘을 합하면 로마네스크 건축의 표준 구성이 된다.

새로운 실험은 부르고뉴에서 먼저 시작했다. 초기 기독교 건축이 전파된 이래 이 지역에서는 평면은 홀 교회와 바실리카 교회를, 구조는 목조 평천장을 각각 오랫동안 사용해왔다. 10세기에 접어들면서 이것으로 부족해진다. 클뤼니가 수도원 부흥 운동의 중심지가 되고 동시에 순례 루트의 주요 길목이 되면서 교회 실내에 웅장하고 신비스러운 분위기가 필요했다. 목조 평천장이 제일 거슬리는 것으로 판단되자 제1 로마네스크를 받아들여 이것을 석조 천장으로 대체하는 실험을 감행했다.

제2 클뤼니 수도원 교회(Monastery Church of Cluny II, 10세기 중반)는 이 실험의 중심지였다. 카롤링거 시대에 지었던 제1 클뤼니 위에 증축한 건물인데 이후 제3 클뤼니를 한 번 더 증축한 뒤 프랑스대혁명 때 파괴되어 현재로서는 제2 클뤼니의 정확한 전모를 알 수 없다. 그러나 발굴된 터와 일부 남아 있는 1층 몸통 등을 단서로 추측해보면 트랜셉트를 갖는 3랑식 바실리카 평면에 석조 볼트 천장으로 마감했을 것으로 보인다(도 4-21). 네이브, 아일, 트랜셉트, 예배당 등 실내 전역에 걸쳐 석조 볼트 천장으로 덮었다. 네이브 월은 아직 2단 구성에 머문 것으로 보이기 때문에 로마네스크 건축의 핵심 구성이 모두 완성된 것은 아니나 목조 평천장을 석조 천장으로 완전 대체하는 실험이 성공적으로 완수된 것은 로마네스크 건축의 형성기에 큰 의미가 있다.

제2 클뤼니의 건축 구성은 여러 곳으로 전파되었다. 투르뉘(Tournus)의 생필리베르(St. Philibert, 11세기)가 대표적 예인데, 여러 차례의 증축을 통해 부르고뉴 실험을 단계적으로 발전시켜 활짝 꽃피웠다. 카롤

**도 4-21** 제2 클뤼니 수도원 교회, 프랑스, 10세기 중반.

링거 시대 때 처음 지은 건물이 1007년부터 1008년까지의 헝가리 침입 때 파괴되자 일차 증축이 있었는데 여전히 목조 평천장에 머물자 수도사들이 불만을 제기했다. 이에 무려 세 단계를 거치며 석조 볼트 천장으로 대체하는 긴 과정을 거치게 된다. 석조 천장이 등장하면서 프랑스 성직자들은 초기 기독교 건축의 교회와 다른 새로운 공간 분위기를 절감했다. 중세 교회의 씨앗이 뿌리내리는 순간이었다.

두 번째 단계인 1050년 증축이 중요했다. 네이브 천장을 횡 방향 아치를 갖는 배럴 볼트로, 아일 천장을 그로인 볼트로 각각 처리했다(도 4-22). 이는 천장에서 네이브 월과 아일 천장을 거쳐 외벽으로 흘러나가는 하중을 처리하는 구조 효율을 높이는 결과를 가져왔다. 횡 방향 아치가 천장 하중을 모아 네이브 월에 전달하면 그로인 볼트가 점 지지로 모아 집중적으로 받치는 방식이었다. 이 방식은 초기 로마네스크의 표준형이 되었다.

이것이 무너지면서 1070년부터 1080년까지 세 번째 증축이 있었

**도 4-22** 생필리베르, 투르뉘, 프랑스, 11세기.

다. 두 번째 단계는 설계상으로는 로마네스크 구조 방식의 표준형에 근접한 것이었기 때문에 붕괴의 원인은 시공의 부정확성, 볼트 천장의 두께, 기둥과 천장의 불일치 등에서 찾을 수 있다. 세 번째 증축에서는 앞선 붕괴를 의식해서 네이브 천장을 횡 방향의 배럴 볼트로 처리했다. 이는 매우 드문 예로 당시 장인들의 고민을 보여준다(도 4-23). 구조적으로 큰 이점이 없으면서 네이브의 선형성을 약화하는 점만 확인한 채 예외적 예로 남았다.

**도 4-23, 4-24** 생필리베르, 투르뉘, 프랑스, 11세기.

## 노르망디와 네이브 월의 3단 구성

이 지역은 지금은 프랑스에 속하지만 당시에는 노르만 영국에 속했다. 이 지역의 초기 로마네스크 건축은 독자적 발전을 하지 못하고 부르고뉴와 독일 등의 영향을 받아 큰 방향이 잡혔으며 여기에 노르망디의 독자적인 전통인 천측창의 벽체 통로와 이스트 엔드의 제형 예배당 등을 더해서 전체 구성을 이루었다. 이 지역이 중요한 이유는 네이브 월의 3분법이 처음 나타났기 때문이다. 쥐미에주(Jumieges)의 노트르담 수도원 교회(Abbey Church of Notre-Dame, 1040~67)가 대표적 예다.

노르망디의 초기 로마네스크 가운데 10세기의 예는 남아 있는 것이 하나도 없다. 11세기부터는 남아 있는 예가 제법 있지만 고딕 시대에 증축을 많이 해 그 상태를 추측하는 데 어려움이 큰데 이 건물이 11세기의 발전상을 제일 잘 보여준다. 현재 폐허가 되었지만 다행히 네이브 월은 남아 있다(도 4-24). 아케이드, 갤러리, 천측창의 3단 구성을 이루는데 단순히 이것으로 끝나지 않고 기둥 체계와 짝을 이루며 정리된 점이 중요하다.

네이브 월의 기둥은 더블 베이를 갖추어서 향후 성기 로마네스크로 발전할 가능성을 보여준다. 주 기둥은 정사각형 코어 기둥 위에 사면으로 굵고 가는 원형 벽기둥을 대응 기둥으로 더해서 다발 기둥의 초

**도 4-25** 몽생미셸 수도원 교회, 로마네스크 네이브, 프랑스, 1122–35년.

기 단계를 보여준다. 부 기둥은 원형 기둥이었다. 네 개의 대응 기둥 가운데 최소한 세 개는 네이브의 아케이드와 갤러리, 그리고 아일에 맞춰 정확하게 정리되었다. 나머지 네 번째 것이 벽의 끝까지 올라가서 천장을 받쳤는지의 여부는 현재 폐허 상태에서는 판단하기 불가능하다.

더블 베이는 구조적 정리 기능만 하는 것이 아니었고 건축 효과의 상징성도 중요한 기능이었다. 주 기둥은 힘과 물성 등의 구조적 안정감을 통해 수직성을 표현했다. 다발 기둥이 등장하면서 규칙화된 군집성을 통한 유기적 수직성으로 발전했다. 부 기둥은 경량성, 경쾌함, 구조성 등을 통해 또 다른 의미의 수직성을 표현했다. 중세 교회에 요구되는 두 종류의 수직성이었다. 네이브 월의 3단 구성이 만들어내는 수평 영역에 맞춰 기둥이 빚어내는 큰 수직적 힘이 만들어졌다.

몽생미셸 수도원 교회(Abbey Church of Mont–Saint–Michel, 1122~35)도 쥐미에주와 같은 계열에 속한다(도 4–25). 두 건물은 서로 영향을 주고받았는데 몽생미셸은 애프스에서 앞섰고 쥐미에주는 네이브 월에서 앞섰다. 몽생미셸의 네이브 월은 쥐미에주의 영향을 받아서 3단 구성이었다. 기둥 체계는 싱글 베이였지만 다발 기둥의 초기 상태를 보여주며 쥐미에주와 비슷한 방식으로 네이브 월의 아케이드, 갤러리, 아일에 대응했다. 중앙에 돌출한 대응 기둥은 천장까지 뻗긴 했지만 천장과 만나는 지점에서 몰딩에 의해 끊기면서 볼트 천장을 받치는 구조적 역할을 완전히 소화해낸 것은 아닌 것으로 보인다.

### 독일의 초기 로마네스크

독일에서는 프랑스와 전혀 다른 초기 로마네스크 건축이 진행되었다. 정치사에서는 작센가의 오토왕조가 통치하던 시기여서 오토 건축이라고 부르기도 한다. 오토대제는 카롤링거왕조의 부활을 꿈꾸었는데 이를 위해 필요한 종교적 기반을 이탈리아와의 연대에서 찾았다. 이는 다시 예술의 수입으로 이어져서 건축 재료와 오더 등을 이탈리아에서 가져와 썼다. 롬바르디아의 석공 순회단도 애용했으며 이 과정에서 롬바르디아 밴드가 독일 로마네스크의 주요 건축 어휘로 정착했다. 남유럽과는 정치적으로 대립했지만 종교적, 예술적으로는 교류가 있어서 건축에서도 영향을 주고받았다. 이런 배경 때문에 카롤링거왕조에서 남유럽 초기 로마네스크를 거치면서 형성된 웨스트 워크와 이스트 엔드 등의 기본 구성을 공유했다.

독일의 초기 로마네스크는 시기와 지역에 따라 세분되는데 지역이 중요했다. 크게 작센과 라인란트로 나눌 수 있는데 대표작은 작센에서 나왔다. 작센은 동부 독일의 중심지로 독일만의 배타적 정체성을 강하게 드러냈다. 독일의 초기 로마네스크를 가장 먼저 시작해서 완성한 지역이며 게른로데와 힐데스하임이 중심 도시였다. 게른로데(Gernrode)의 성 치리아코(Sankt Cyriakus, Gernrode, 961년)는 현재 남아 있는 오토왕조의 성당 가운데 가장 크고 오래된 것으로 '목조 평천장에 대형 공간'이라는 독일 초기 로마네스크의 특징을 잘 보여준다(도 4-26). 네이브 월도 엉성하긴 하지만 3단 구성으로 이루어져 부르고뉴와 교류 흔적을 보여준다. 그러나 다발 기둥은 전혀 나타나지 않았으며 갤러리 층도 매우 낮아서 네이브 월과 기둥 체계와의 유기적 일치는 없었다. 다발 기둥이 없는 대신 벽체를 평활면으로 놔둬서 추상 분위기를 높였다.

성 치리아코는 다시 힐데스하임의 성 미카엘(Sankt Michael)로 발전하면서 독일의 초기 로마네스크를 완성했다. '목조 평천장에 대형 공

**도 4-26** 성 치리아코, 게른로데, 독일, 961년.
**도 4-27** 성 미카엘, 힐데스하임, 독일, 1001–33년.

간'이 반복된 가운데 독일만의 특징을 한층 강화했다. 네이브 월이 2단 구성으로 돌아갔는데 이는 구조적 관점에서 보면 퇴보이지만 독일다움에서 보면 성 치리아코에 남아 있던 프랑스 로마네스크의 엉성한 구성이 사라지고 독일다움이 정착한 발전으로 볼 수 있다(도 4-27). 아케이드와 천측창 사이의 여백을 최대한 늘려 흰 회벽으로 남긴 점에서 더 그렇다. 기둥 체계도 마찬가지여서 다발 기둥이 완전히 사라진 점은 구조적 관점에서 보면 퇴보이나 사각기둥 하나에 원형 기둥 두 개가 이어지면서 이른바 작센 리듬인 'a-b-b-a'를 이룬 점에서는 역시 독일다움이 완성된 것으로 볼 수 있다. 평면에서도 독일만의 특징인 더블 엔더가 정착했다.

# 3
# 프랑스와 영국의 로마네스크 건축

### 프랑스의 성기 로마네스크와 제3 클뤼니

로마네스크 건축은 크게 국제주의와 지역주의로 나눌 수 있다. 국제주의란 말 그대로 여러 나라에 공통적으로 적용되는 표준 구성이다. 석조 볼트 천장, 네이브 월의 3분법, 기둥 체계 등이 핵심인데 프랑스 초기 로마네스크에서 처음 나타났다. 부르고뉴와 노르망디로 나눠 나타났는데 성기 로마네스크에서 둘을 하나로 합해 완성했다. 초기 로마네스크의 중심지였던 부르고뉴와 노르망디가 계속 중심지로 남아 이 발전을 이끌었다.

부르고뉴에서는 두 방향으로 진행되었다. 하나는 네이브 천장을 배럴 볼트에서 그로인 볼트로 바꾸어 리브 볼트가 탄생할 기초를 닦은 것으로 베즐레의 생트마들렌(Sainte Madeleine, Vezelay, 1120~32년)이 대표적인 예이다(도 4-28). 아직 리브를 사용하지는 않았지만 리브 볼트가 그로인 볼트를 기본 구조로 하는 점을 생각하면 그 전 단계에 해당한다. 네이브 천장의 폭이 10미터밖에 안 되는 것을 보면 아직 그로인 볼트의 구조적 이점을 충분히 활용하지 못한 것으로 보인다. 반면 네이브와 아일 천장 모두를 그로인 볼트로 처리한 것을 보면 단순히 시험 삼아 사용한 것이 아니라 그로인 볼트의 존재와 구조적 이점에

**도 4-28** 생트마들렌, 베즐레, 프랑스, 1120–32년.

대해 인식하고 있었음을 보여준다.

다른 하나는 초기 로마네스크의 발전 내용을 하나로 묶어 수직성을 추구한 것으로 제3 클뤼니(Cluny III, 1089~1131년)가 대표적인 예다. 제2 클뤼니를 증축한 건물로 스뮈르의 성 후고가 1049년 클뤼니 수도원장에 오르면서 시작되었다. 당시는 클뤼니 수도회가 최전성기를 맞던 때였으며 후고 또한 이에 맞는 야심가였다. 클뤼니의 위상에 맞는 거대한 규모의 새 수도원을 계획했는데 하늘을 향한 초월주의라는 기독교의 종교적 상징성을 반영하기 위해 되도록 건물을 높이 올리려 했다. 당시 아무 곳에서도 시도된 적이 없던 건축 개념인 동시에 첨단 기술을 동원해서 새로운 구조 실험을 해야 할 수 있는 일이었다.

**도 4-29** 생테티엔 수도원 교회, 느베르, 프랑스, 1063-97년.
**도 4-30, 4-31** 제3 클뤼니, 프랑스, 1089-1131년.

성 후고는 처음부터 높이 올릴 자신이 없었던지 신중하게 준비했다. 느베르의 생테티엔 수도원 교회(Abbey Church of Sainte-Etienne, Nevers, 1063~97년) 등 최소한 세 곳에서 건축적 실험을 하는 등 40여 년의 준비기를 가졌다. 이 세 건물은 현재 제3 클뤼니가 남아 있지 않은 상태에서 제3 클뤼니를 추측하는 데 결정적 자료가 되고 있다. 생테티엔은 네이브 월의 3분법과 기둥 체계의 정착을 보여준다(도 4-29). 네이브 월은 단순히 3분법에 머물지 않고 아케이드와 갤러리를 높여 수직성에 대해 탐색한 점은 새로운 내용이었다. 아직 본격적으로 높아지지는 않았지만 교회 실내가 높아지기 위해서 어디에 손을 댈지를 알아낸 것만도 중요한 발견이었다. 기둥 체계는 천장의 횡 방향 아치에 대응했으며 정사각형 코어 기둥에 반원형 벽기둥을 대응 기둥으로 더하는 위계 정리가 있었다. 아직 리브가 없는 점이 부족했지만 로마네스크 표준 구성으로 가는 중간 과정에 해당한다.

자신을 얻은 성 후고는 1089년에 제3 클뤼니 공사를 시작해서 전실 부분만 미완성인 채 1131년에 완공했다. 현재 수도원 교회에서 남아 있는 것은 기초, 트랜셉트의 남쪽 끝부분, 성가대석의 주두, 극소수의 건물 파편들뿐이다(도 4-30). 네이브 월은 2단 구성과 3단 구성의 중간 단계였을 것으로 추측되는데 갤러리 자리에 블라인드 아케이드를 끼워 넣는 방식이었다(도 4-31). 느베르의 생테티엔보다 오히려 후퇴한 것인데 실내 조도를 향상하려는 목적으로 보인다. 네이브 월을 3분법으로 처리할 경우 갤러리 때문에 조도가 불리해지기 때문이다. 29.1

미터의 천장 높이를 아케이드 외벽 창과 천측창에 대부분 할애하여 실내에 들어오는 빛의 양을 최대로 늘렸다. 네이브 월은 후퇴한 대신 프로토 고딕 어휘를 사용한 점은 발전 내용이다. 말 그대로 고딕 어휘를 부분적으로 미리 사용하는 것인데 여기에서는 볼트 천장의 단면을 약한 뾰족 형태로 처리한 것과 아케이드에 뾰족아치를 사용한 것이 해당한다.

### 노르망디와 캉

첨단 구조를 기준으로 하면 노르망디는 성기 로마네스크의 절정이었다. 프랑스 안에서뿐 아니라 유럽 전체를 통틀어서 그랬다. 캉은 그 중심지였다. 석조 볼트 천장, 네이브 월의 3분법, 기둥 체계 등을 하나로 묶어 사용한 점에서는 부르고뉴와 같았으나 부르고뉴에 없던 결정적 발전이 있었는데 리브를 처음 사용한 것이다. 리브까지 가세하면서 당시 첨단 기술을 종합적으로 구사해서 성기 로마네스크를 완성했다. 캉(Caen)이 중심지로 생테티엔(Saint Etienne, 1060/65~1120년경)과 성 삼위일체(St. Trinite, 1060/65~1120년경) 두 건물이 이것을 이끌었다 (도 4-32, 4-33).

리브는 횡 방향과 대각선의 두 방향에 사용했다. 횡 방향 리브는 횡 방향 아치의 넓적한 면 위에 리브라는 선형 부재를 한 겹 덧붙인 것으 

**도 4-32** 생테티엔, 캉, 프랑스, 1060/65–1120년경.

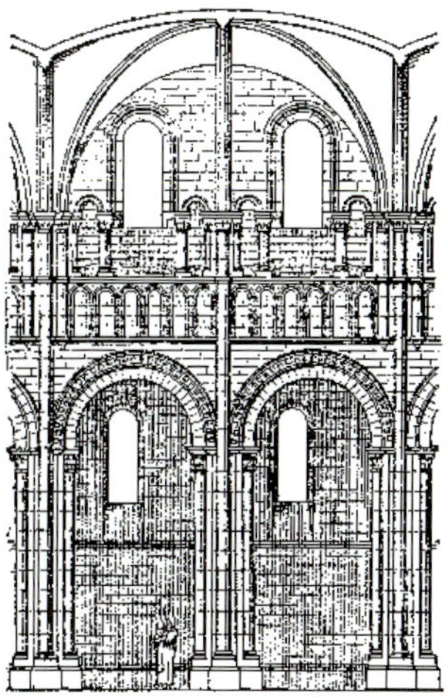

**도 4-33** 성 삼위일체(St. Trinite= Abbaye-aux-Dames), 캉, 프랑스, 1060/65–1120년경.

로 이해할 수 있다. 대각선 리브는 볼트 곡면 위에 대각선 방향으로 완전히 새로 덧붙인 것이다. 두 방향의 리브가 합해지면서 처음에는 4분 볼트가 나타났다가 곧 6분 볼트가 되었다. 나아가 리브 볼트는 단독으로 존재하는 것이 아니라 네이브 월의 기둥 체계와 유기적으로 연결되는데 이 점이 캉에 있는 두 건물의 하이라이트라고 할 수 있다.

부르고뉴의 다른 건물들에서는 대응 기둥이 네이브 월의 3단 구성하고만 대응을 했던 데 반해 캉에서는 리브에까지 대응하면서 비로소 대응 기둥의 체계적 정리가 끝났고, 이에 따라 다발 기둥도 일차적으로 완성되었다. 특히 천장 리브 볼트의 횡 방향 하나와 대각선 방향 둘에 모두 대응 기둥이 대응한 점은 중요한 발전이었다. 구체적 결과도 나타나서 갤러리 층을 이루는 아치가 높아지고 폭도 넓어졌다. 일차적으로 실내 채광을 도왔을 뿐 아니라 정사각형에 가까운 비례를 만들어내면서 실내에 수직성과 수평성 양방향에서 확장을 가져왔다.

아직 부족한 점도 있었다. 외관상으로는 리브 볼트와 대응 기둥의 체계적 대응이 이루어졌지만 이것이 실제 구조적 이점으로 충분히 활용되지 못한 것이다. 리브의 궁극적 목적은 독립적인 내력 기능을 발휘하는 것이며 그렇게 된다면 볼트 천장의 두께가 얇아져야 하는데 캉의 두 건물에서는 아직 이 단계까지 나아가지 못했다. 다발 기둥과의 대응도 마찬가지여서 대응 기둥이 역할을 제대로 했다면 리브의 하중을 일부 담당해서 외벽이 얇아져야 하는데 이것 역시 나타나지 않았다. 두꺼운 외벽은 노르망디의 지역 전통이기도 한데, 이는 외벽 사이에 벽체 통로를 두기 위해서였다. 벽체 통로는 노르망디 초기 로마네스크인 쥐미에주의 노트르담 수노원 교회에도 사용하는 등 로마네스크 기간을 거치면서 사라지지 않고 계속 나타났다.

### 영국 로마네스크 건축의 시작

영국의 로마네스크 건축은 대륙 양식을 수입해서 시작되었으며 초기와 성기의 구별도 없었다. 주로 해안선을 맞대고 있던 노르망디 지방에서 수입했는데 이 지역이 한때는 영국에 속했기 때문에 일방적으로 수입만 했다고 보기는 어려운 면도 있다. 전체적으로 보면 자생 양식이 아닌 것만은 분명하다. 시작 시점도 정확히 확정짓기 어렵다. 바이킹의 남하와 노르망디와 교류를 기점으로 대륙 문명에 눈 뜨며 시작되었다고 말하는 것이 정확할 것이다.

이런 관점에서 굳이 숫자를 빌려 이야기하면 1045년경이 중요한 분기점이다. 참회왕 에드워드 3세가 이 시기를 전후해서 대륙의 건축양식을 처음 받아들이기 시작했다. 대륙에서 자랐기 때문에 대륙 문화에 친숙한 점이 중요한 배경이었다. 1045년경부터 영국에도 바실리카 교회가 등장하기 시작했다. 대륙에서는 로마네스크 건축의 표준 구성이 정착되던 시기인데 이를 받아들여 영국의 상황에 맞게 적용, 변형해 사용했다. 1065년까지 계속된 현상인데, 쥐미에주의 노트르담 수도원 교회를 모델로 삼아 웨스트민스터 수도원 교회를 짓는 등 십여 채에 육박하는 적지 않은 수의 교회를 지으면서 영국 로마네스크 건축의 기초를 닦았다.

대륙과 본격적인 교류는 1066년 노르만 정복과 함께 일어났다. 노르망디 공이었던 윌리엄이 영국을 점령하고 영국의 왕이 되면서 노르만 영국, 즉 영국 내 프랑스 족보가 형성되었다. 정치사에서는 앵글로 노르만 영국에 해당하며 연대기로는 1070년대가 중심 시기이다. 정복 왕 윌리엄은 대륙의 중세 체제였던 봉건제도를 영국에 수입했는데 이 과정에서 봉건제도의 건축양식이었던 대륙의 로마네스크도 함께 들어갔다. 반대로 노르망디의 성기 로마네스크 건축을 지은 것도 당시 이 지역을 함께 다스리던 윌리엄이었다. 캉의 두 건물인 생테티엔과 성 삼위일체를 지었으며 사후에는 생테티엔에 묻혔다.

노르망디의 성기 로마네스크가 영국에 진출하는 데 중요한 역할을 했던 인물이 생베르탱의 고셀린이었다. 1058년에 영국에 건너와 새로 지을 교회 건축에 대한 지침을 정리했다. 큰 방향은 영국의 전통 건축 방식을 잊고 대륙, 특히 노르망디의 새로운 로마네스크를 받아들이라는 것이었다. 구체적 내용은 "위엄 있고, 경이롭고, 극단적으로 길고, 확 트이고, 빛으로 가득 차고, 특별히 아름다워야 한다"였다.

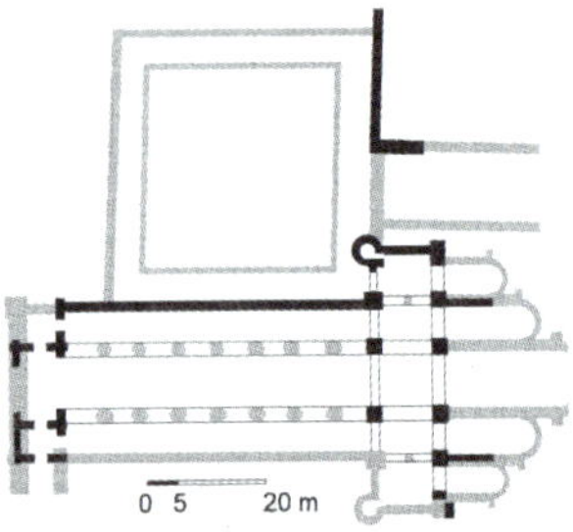

**도 4-34, 4-35** 캔터베리 성당, 영국, 1070년 시작-1089년 이전 완공/성가대석 1096-1126년.

### 캔터베리, 세인트올번스, 엘리

이 내용은 그대로 영국의 기독교 개혁 운동으로 이어졌다. 1070년부터 랜프랭크를 필두로 영국의 성직자들이 기독교 개혁 운동을 시작했는데 새로운 교회 건축도 중요한 항목이었다. 토속 양식을 버리고 대륙의 새로운 로마네스크 양식으로 지어 국제적 흐름에 발걸음을 맞추자는 취지였다. 이에 따라 1070년대 10년 동안 많은 수의 교회를 지었다. 영국의 로마네스크 교회는 수도원 체제와 성당 체제로 이원화되어 시작했다. 캔터베리, 윈체스터, 로체스터, 더럼 등이 수도원 체제였고 치체스터, 엑서터, 헤리퍼드, 리치필드, 링컨, 런던, 솔즈베리, 웰스, 요크의 9개 교회가 성당 체제로 시작했다.

최초의 중요한 예는 캔터베리 성당(Canterbury Cathedral)이었다. 대륙의 로마네스크를 수입해서 비교적 완성도 높게 구현해낸 최초의 예로 1070년부터 1089년에 지은 몸통과 1096년부터 1126년에 지은 성가대석이 여기에 해당했다. 전실과 트랜셉트를 갖는 3랑식 8베이의 대륙 표준형으로 지었으며 슈베는 5베이의 제형으로 배열했다. 슈베에 5베이나 할당한 것은 성가대석이 동서 방향으로 길어졌기 때문인데 이런 구성은 영국 로마네스크, 나아가 영국 중세 교회 전체의 특징인 수평선으로 자리 잡는다(도 4-34). 전체 구조 골격도 프랑스에서 먼저 완성된 표준 구성을 직수입해서 네이브 월과 트랜셉트 모두 3분법으로 짰다(도 4-35).

**도 4-36** 세인트올번스 성당, 영국, 외관 초기 고딕 양식.

세인트올번스 성당(St. Albans Cathedral, 네이브, 크로싱, 회랑 1077년)에서는 원시적 무게감이라는 영국 로마네스크의 주요 특징이 형성되었다. 재료를 다룬 외관에서 나타났는데 로마 벽돌을 주 재료로 삼은 회반죽 벽돌 조적 방식이었다(도 4-36). 석재를 바라보는 기본 태도에서 구조적 효율성을 추구한 대륙과 달리 육중한 물성과 진중한 외관을 추구한 점에서 영국만의 전통적 조형관을 반영한 것으로 볼 수 있다. 이 건물에서는 도시의 역사적 배경 때문에 로마 벽돌 조적을 사용했지만 이후 다른 건물들에서는 석재를 이용해서 비슷한 분위기를 표현했다.

1080년대에는 1070년대의 기반을 바탕으로 영국만의 대표적 특징인 기하학다움과 장식다움이 자리 잡았다. 대륙의 중세 건축이 구조 효율성을 중심으로 유기 건축과 빛으로 가득 찬 높은 실내 천장을 추구한 것과 대비되는 특징이며 더 크게 보면 영국 건축과 대륙 건축 전반을 가르는 대목이기도 하다. 1080년대의 이런 현상을 토속 건축의 부활과 일정 부분 맥을 같이한다. 대륙의 흐름에 뒤쳐졌다는 초조감 때문에 1070년대에는 주로 대륙의 발달한 건축술과 교회 양식을 직수입했지만 이것이 어느 정도 자리를 잡자 영국의 민족적 정체성이 가세하면서 영국만의 전통적 특징을 더하려는 움직임으로 나타난 것이다.

대표적 예로 엘리 성당의 네이브와 트랜셉트(Ely Cathedral, 1083~1189년) 및 글로스터 성당(Gloucester Cathedral=St. Peter's, 1080년대~12세기 초)의 네이브를 들 수 있다. 엘리의 네이브 월은 대륙의 표준형을 최대한 그대로 유지하면서 아치를 중심으로 반원형 윤곽을 기하학적으로 살려냈다(도 4-37). 각각의 아치가 커지면서 표면적으로는 물성이 해체되는 것처럼 보이지만 실제는 아키볼트, 기둥, 외벽 등이 두꺼워지면서 물성이 강화된 측면이 더 많다. 글로스터 성당에서는 한 발 더 나아가 아키볼트나 네이브 월 수평 띠 등에 영국 특유의 '개 이빨 장식'을 새겼으며 천장 리브는 네이브 월을 타고 내려오다가 다발 기둥 없이 장식 부재로 끝나고 있다(도 4-38).

**도 4-37** 엘리 성당, 영국, 네이브와 트랜셉트 1083-1189년.
**도 4-38** 글로스터 성당, 영국, 네이브 1080년대-12세기 초.

## 1090~1120년-더럼 성당과 리브 볼트

1090년대에서 고딕건축이 시작되기 전까지 기간에는 앞 시기에 정착한 영국만의 특징이 더욱 분화, 발전했으며 이 과정에서 리브 볼트가 등장했다. 영국만의 기하학적 특징은 기둥 표면의 직설적 장식 문양, 아키볼트의 조적 부재를 이용한 톱니 문양, 천장 장식 등으로 세분화되고 더 화려해졌으며 리브와 연계되어 진행되기도 했다. 구조 부재인 리브가 구조적 효율의 방향으로 발전한 것이 아니라 장식적 가능성을 살리는 방향으로 탐구되었음을 뜻한다.

프랑스와 영국 사이에는 리브의 발상지를 놓고 건축사학자들 사이에 반대되는 주장이 있다. 한때 영국 더럼 성당에서 1093년에 리브 볼트가 처음 등장했다는 주장이 강하게 제기되면서 영국이 발상지로 자리매김되기도 했으나 이후 이 주장은 무리가 있는 것으로 판정이 났다. 결론은 1100년부터 1110년 사이에 노르망디에서 먼저 등장한 뒤 곧바로 영국으로 전파되어 1110년부터 1120년 사이에는 영국에서 리브 볼트에 대한 실험이 활발하게 진행되었다가 이것이 다시 노르망디로 역수출되어 1125년부터 노르망디의 주요 건축 어휘로 자리 잡았다는 것이 통설이다. 발상지는 노르망디이지만 영향 관계는 서로 주고받았다.

더럼 성당(Durham Cathedral, 1093~1133년)은 리브 볼트의 발상지 자리를 놓치긴 하지만 위의 상호 영향 관계를 보여주는 대표적인 예다. 노르망디의 완성된 성기 로마네스크 교회들과 비교해보아도 리브 볼트가 완성도 높게 구사되고 있으며 다발 기둥과의 일체도 일정 부분 확인할 수 있다. 이때 완성된 리브 볼트는 당시로서는 가장 정리가 잘된 편이어서 노르망디로 역수출되었다는 주장을 뒷받침할 만해 보인다(도 4-39). 그러나 리브 볼트를 활용한 기본 방향에서는 구조적 역할보다는 기하학적 특징을 강하게 드러내서 한계를 보인다.

더럼 성당은 같은 시대 영국 로마네스크 건물과 견주어 대륙의 원형구성에 충실하면서 담백한 특징을 보이는 편이지만 여전히 실내 전반에 기하학적 장식 어휘가 많이 쓰이고 있다. 기둥 표면에 새긴 유명한 마름모꼴 문양도 그중 하나이다(도 4-40). 리브도 이것의 한 종류로

**도 4-39, 4-40** 더럼 성당, 영국, 1093–1133년.

접근한 것으로 보인다. 특히 다발 기둥과의 대응에서 부분적으로 구조 작용이 일어나지 않는 단순 장식 어휘로 처리한 부분 때문에 더 그렇다. 더블 베이인데 부 기둥에서 갤러리 아치를 구획하는 기둥이 위로 올라가 천장의 사선 방향 리브와 이어져야 하는데 중간에 끊기고 있는 것이다. 주 기둥에서는 연결이 일어나고 있지만 이를 기준으로 하면 이 연결도 표면적으로만 이은 것일 뿐 구조 기능은 하지 않는 것으로 추측할 수 있다.

# 4 독일과 이탈리아의 로마네스크 건축

## 독일의 성기 로마네스크와 제2 슈파이어

독일의 성기 로마네스크는 통상적으로 1060년부터 1170년 사이를 일컫는데 정치사에서는 잘리어왕조(1024~1125)와 호엔슈타우펜 왕조(1138~1254)에 해당한다. 이 가운데 잘리어왕조가 주도적 역할을 했다. 오토왕조의 뒤를 이어 신성로마제국의 전성기를 이끈 왕조였으며 건축양식도 함께 전성기를 누렸다. 독일의 성기 로마네스크는 초기의 중심지였던 작센을 떠나 라인란트로 옮겨왔다. 프랑스와 마찬가지로 국제주의와 지역주의로 대별할 수 있다. 국제주의는 슈파이어의 라인란트 상류가 중심지였고 지역주의는 쾰른의 라인란트 하류가 중심지였다.

국제주의는 프랑스 성기 로마네스크를 거치면서 완성된 표준 구성을 받아들여 형성되었는데 초기 로마네스크를 거치며 독일만의 건축양식을 완성했던 것에 비추어볼 때 쉬운 문제가 아니었다. 중세가 어느 정도 진행되면서 로마 교황청과 프랑스 왕실을 잇는 주류 세력이 형성되고 신성로마제국은 여기에 도전하는 지역 세력으로 자리매김하면서 더욱 그랬다. 독일은 지역 주교 임명권을 교황청에 내주지 않고 황제가 가지려 했고 이는 중세 전반에 걸쳐 두 세력 간에 잦은 충돌과 전쟁을 유발했다. 카노사의 굴욕 등 위기도 있었지만 1122년 보름스협약에서 타협점을 찾아냈다. 프랑스와는 현실 권력에서 경쟁을 벌였다. 두 왕국은 직접적 충돌은 많지 않았지만 이탈리아에 대한 영향력과 십자군원정의 주도권 등을 놓고 경쟁을 이어나갔다.

이런 상황 아래 프랑스의 발달한 로마네스크 구조 체계를 받아들여 국제적 흐름에 동참하면서 독일 성기 로마네스크 건축이 성립되었다. 중심지는 프랑스와 접경 지역인 라인란트로 제2 슈파이어 성당(Speyr II, 1062~1106)에서 제일 잘 구현되었다. 독일 로마네스크 전체를 통틀어 리브 볼트 천장과 다발 기둥을 접목하는 문제를 전적으로 다루어 해결한 거의 독보적인 예였다. 독일 로마네스크에서 제2 슈파이어가 차지하는 비중은 비정상적으로 컸는데 이는 슈파이어란 도시의 중요성에서 기인한다.

잘리어왕조의 중심 도시로서 독일 내에서는 쾰른과 기독교 중심지를 다투었으며 유럽 전체로 보면 클뤼니와 경쟁했다(도 4-41). 제2 슈파이어는 제3 클뤼니와 경쟁하기 위해 세운 건물이었다. 제3 클뤼니는 베네딕트회를 매개로 로마의 중앙 가톨릭 정부를 대표하는 순수 가톨릭 성당, 혹은 수도원 성당이었으며 주로 성직자들을 안장했다. 반면 제2 슈파이어는 신성로마제국을 대표하는 황실 성당이었으며 네 명의 황제와 두 명의 황후 등 현실 권력자를 주로 안장했다. 규모와 구성 등 여러 면에서 쌍벽을 이루며 경쟁했다.

**도 4-41** 제2 슈파이어, 독일, 1062-1106년.

제2 슈파이어는 제1 슈파이어를 증축한 건물이다. 제1 슈파이어에서는 네이브 천장을 석조 볼트로 계획했지만 스팬이 15미터나 되자 자신이 없어져서 목조 평천장으로 바꿔 지었다. 1031년에 공사를 시작해서 1060년에 완공했는데 약한 지반 때문에 봉헌 2년 만에 붕괴가 시작되자 하인리히 4세는 바로 그해에 증축 공사에 들어갔다. 하인리히 4세는 '카노사의 굴욕'의 주인공이기도 했고 독일의 민족적 정체성을 세우기 위해 힘쓴 인물이었던 만큼 새로 짓는 성당이 제3 클뤼니를 능가하기를 원했다. 그가 죽은 1년 뒤인 1106년에 완공되었다.

새 건물은 생각만큼 커지지는 않아서 평면의 전체 윤곽, 납골당, 크로싱, 네이브, 서쪽 파사드 등 기본 골격은 그대로 두고 성가대석, 애프스, 트랜셉트, 여섯 개의 첨탑의 상층부 등을 다시 지었으며 무엇보다 네이브 천장을 석조 볼트로 대체하는 일이 제일 핵심이었다. 네이브 월은 제1 슈파이어의 상태인 2단 구성이 그대로 남았다. 천장은 리브 없는 그로인 볼트로 대체했으며 기둥 체계도 여기에 맞춰 증축했다. 리브는 횡 방향 아치 형식으로 한 줄만 들어갔다(도 4-42).

**도 4-42** 제2 슈파이어, 독일, 1062-1106년.

국제주의 표준 양식을 받아들이기는 했지만 완전히 같지는 않았다. 네이브 월에는 성화를 그리기는 했지만 건축 구성으로 보면 독일의 초기 로마네스크가 그래도 남은 것으로 볼 수 있다. 기둥 체계와의 대응에도 불일치가 많았다. 더블 베이인데, 부 기둥은 천장을 향하다가 끝까지 오르지 못하고 천측창 아치의 아키볼트로 갈라져 나갔다. 주 기둥에서는 천장의 리브와는 일체가 일어났지만 아케이드를 담당하는 대응 기둥은 없었다. 기둥은 구조 역할보다는 장식 요소로 벽체 위에 더한 모습이 역력했다. 아직 다발 기둥은 나타나지 않았다.

제2 슈파이어는 독일 성기 로마네스크의 전형으로 자리 잡아 바젤에서 마인츠에 이르는 라인란트 상류 지역의 여러 도시로 퍼져나갔다. 마인츠 성당, 보름스 성당, 밤베르크 성당 등이 대표적 예다. 마인츠 성당(Mainz Cathedral, 1081~1137)은 네이브 월의 구성과 기둥 체계 등에서 제2 슈파이어와 매우 흡사했다. 네이브 월의 갤러리 자리는 블라인드 아치로 처리한 뒤 성화를 그렸다. 천장에는 그로인 볼트 전체에 리브를 사용해서 진일보한 모습을 보인다. 기둥에서는 오히려 후퇴했다. 더블 베이인데 부 기둥에서는 아예 대응 기둥이 모두 사라지고 굵은 사각기둥만 남았다(도 4-43).

**도 4-43** 마인츠 성당, 독일, 1081-1137년.

## 라인란트 하류와 쾰른

라인란트 하류는 제2 슈파이어의 영향을 받은 지역과 독자적 양식을 창출한 지역으로 나눌 수 있다. 전자는 뒤늦게까지 지어졌는데 위트레흐트의 마리아케르크와 마리아라흐의 베네딕트회 수도원 교회 등이 대표적인 예이다. 오토왕조 때 완성된 독일 로마네스크 건축에 제2 슈파이어 구성을 혼합한 내용을 대표적 특징으로 한다. 독자적 양식을 창출한 지역은 쾰른이 중심지였다. 11세기 후반부에 신성로마제국 내 지역 기독교의 중심이 되면서 20여 채에 가까운 교회를 지었는데 서유럽의 영향을 받지 않고 독자적인 양식을 창출했기 때문에 이를 '라인스쿨'이라는 별도의 명칭으로 부르기도 한다.

가장 두드러진 특징은 삼엽형 평면으로 잔크트마리엔임카피톨(Sankt Marien im Kapitol, 1049~65)과 성 사도(St. Apostein, 1201~36)가 대표적 예다(도 4-44, 4-45, 4-46). 네이브는 3랑식 바실리카 표준 구성이나 '트랜셉트-성가대석-애프스-환상형 복도'로 구성되는 성직자 공간이 세 개의 둥근 머리를 갖는 클로버 형태인 삼엽형을 이루며 기형적으로 커진 구성이다. 단순히 크기만 커진 것이 아니고 애프스 밖으로 복도만 낸 채 방사형 예배당을 두지 않은 점과 트랜셉트의 양쪽 단부

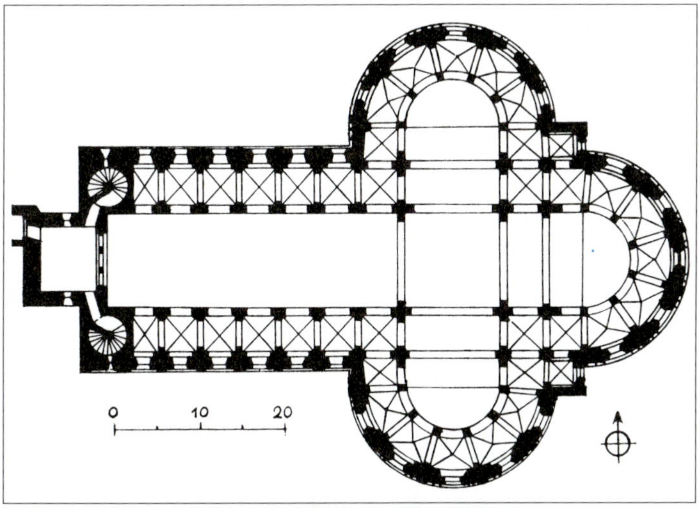

**도 4-44, 4-45** 잔크트마리엔임카피톨, 쾰른, 독일, 1049–65년.
**도 4-46** 성 사도, 쾰른, 독일, 1201–36년.

도 반원으로 둥글린 점 등이 특이한 내용이었다. 트랜셉트를 3랑식으로 만들어서 트랜셉트에까지 복도를 낸 처리는 라인스쿨만의 특징은 아니고 순례 교회의 순환 동선과 같지만 이 건물의 경우는 삼엽형에서 파생된 구성으로 볼 수 있다.

삼엽형 구성은 실내에 나름대로 특징을 형성했다. 동서와 남북 두 축의 수직 교차가 뚜렷하게 나타났다. 네이브에서 크로싱을 지나 애프스에 이르는 동서의 종 방향 축과 남북의 횡 방향 축 모두 동일한 폭과 모듈 단위를 유지하며 통일성 높은 선형공간을 형성했으며 이것이 수직으로 교차하면서 신도석과 성직자의 공간 사이에 경계와 각자의 영역이 명확해졌다. 축을 교차한 효과는 동선의 통일성으로 나타났다. 네이브, 트랜셉트, 애프스 모두에서 3랑식 모듈 가운데 양쪽 끝을 복도에 할당해서 실내 전체에 막히지 않는 순환 동선을 만들었다.

선형공간에 중앙집중형을 섞은 점도 독일만의 특징으로 볼 수 있다. 트랜셉트를 갖는 라틴 크로스는 크로싱이 만들어지기 때문에 일정 부분 중앙집중형 구성이 나타나긴 하지만 그 정도는 심하지 않은 것이 보통이며 자연스럽게 발생된 느낌이 강하다. 이 때문에 로마네스크 교회는 통상적으로 선형공간의 대표적 예로 분류되며 이는 고딕까지 이어진다. 이에 반해 라인스쿨의 삼엽형에서는 중앙집중형 구성을 훨씬 노골적으로 강화했으며 평면 전체를 보면 네이브의 선형공간과 성직자 공간의 중앙집중형이라는 서로 다른 두 건물을 인위적으로 덧붙인 것처럼 느껴진다. 이로써 국제주의 표준형인 라틴 크로스 선형공간에 대비되는 독일만의 독특한 평면 유형이 완성되었다.

### 이탈리아의 로마네스크 고전주의

이탈리아 로마네스크 건축은 알프스 이북의 서유럽과 다른 독자적인 양식을 형성했다. 로마라는 역사적 전통과 지중해라는 지리적 상황에서 기인한다. 이 두 상황은 선례로 삼을 수 있는 대상을 로마 고전주의, 초기 기독교 건축, 비잔틴건축, 이슬람 건축 등으로 다양화하는 결과를 낳았다. 서북유럽의 로마네스크 건축과 분명히 다른 조건이었다. 이탈리아 로마네스크는 이런 다양한 선례를 종합화하는 문제가 최우선이었으며 그 결과에 따라 이탈리아만의 대표적 특징을 낳았다.

로마 고전주의의 연속성이 제일 두드러졌다. 로마 문명의 본고장 이탈리아반도에서 발생한 양식이기 때문에 당연한 측면이 컸다. 서북유럽의 로마네스크조차도 '로마다운'이라는 명칭에서 알 수 있듯이 로마 건축의 특징이 일정 부분 남아 있는데 이탈리아는 더 말할 것도 없었다. 로마의 초기 기독교 건축이 로마 건축을 그대로 받아들여 시작한 점에서도 그렇다. 물론 중세 때 새롭게 등장한 내용도 많았기 때문에 결과적으로 이탈리아 로마네스크의 관건은 로마 및 초기 기독교 건축의 연속성을 바탕으로 그 위에 서북유럽에서 발생한 중세 기독교 건축의 새로운 내용을 더하는 문제로 요약할 수 있다.

이런 양면성이 있는 점에서 로마네스크 고전주의라 부를 수 있는데 베로나의 성 제노(St. Zeno, Verona, 1123~35)가 좋은 예다. 동시대의 특징은 외관에 사용한 추상적이고 서술적인 장식과 네이브 월의 교대 리듬이다(도 4-47, 4-48). 로마 전통은 납골당에 별도로 봉헌한 성인이 없는 점에서 잘 나타난다. 봉헌 성인이 없는 것은 중세 때 로마네스크의 분화가 일어나기 전 고대 기독교 때의 원형적 현상이었다. 실내도 마찬가지다. 네이브 월의 2단 구성은 초기 기독교 바실리카의 전통인데 반해 더블 베이 기둥 체계 및 아케이드 위쪽 벽체에 넣은 띠 장식은 로마네스크 어휘이다.

**도 4-47, 4-48** 성 제노, 베로나, 이탈리아, 1123–35년.

**도 4-49, 4-50** 산 암브로조, 밀라노, 이탈리아, 네이브 1018–50년/천장 볼트 12세기/아트리움 1129–44년.

## 롬바르디아와 장식주의

이탈리아 로마네스크는 영국과 마찬가지로 '초기-성기-후기'의 구별이 무의미하다. 영국은 연도에 따른 진행 상황의 변천을 규칙화할 수 있지만 이탈리아는 이보다 더 심해서 연도는 큰 의미가 없다. 그보다는 지역에 따라 특징을 구별할 수 있어서 북부, 중부, 남부로 나눌 수 있다. 북부는 롬바르디아, 중부는 토스카나, 남부는 시칠리아가 각각 중심지였다. 이 가운데 롬바르디아와 토스카나가 이탈리아 로마네스크를 대표하는 양대 축을 이룬다.

롬바르디아의 로마네스크 중심지는 밀라노, 파비아, 파르마, 모데나 등이었다. 고전 기독교 전통을 기본 바탕으로 삼아 지역의 전통 장식 및 벽돌 조적, 롬바르디아 제1 로마네스크, 서북유럽의 초기 로마네스크 등을 혼합한 특징을 보인다. 밀라노의 산 암브로조(San Ambrogio, 네이브 1018~50, 천장 볼트 12세기)를 대표적 예로 들 수 있다. 밀라노를 대표하는 주교인 산 암브로조가 386년에 처음 지은 뒤 카롤링거왕조와 로마네스크 때 두 차례의 큰 증축이 있었다. 1018년부터 1050년에 네이브 월을 증축하면서 원형 기둥을 콤포지트 사각 벽기둥으로 바꿨으며 12세기에는 천장을 볼트로 바꾸었다(도 4-49).

벽돌을 이용한 여러 가지 장식 기법으로 유명한 건물인데 이는 이 지역의 전통이었다. 로마 전통은 네이브 월의 2단 구성, 롬바르디아 밴드, 초기 기독교 건축의 안마당 구성, 아치 형식 등에서 찾아볼 수 있다(도 4-50). 서쪽 출입구가 바실리카형이 아닌 신전 파사드인 점도 같은 전통으로 볼 수 있으며 어떤 면에서는 로마의 개선 아치를 닮기도 했다. 로마네스크의 동시대 어휘는 구조 부재에서 나타났다. 천장을 리브 그로인 볼트로 마감했는데 네이브 월의 더블 베이 다발 기둥에 대응했다. 대응은 영국에서처럼 불완전했다. 주 기둥의 대응 기둥은 횡 방향 리브와 대각선 방향 리브 등에 비교적 정확하게 대응했지만 부 기둥은 올라오다 중간에 끊겨서 장식 어휘에 머물렀다.

파비아의 성 미카엘은 산 암브로조의 구성에 지역 장식의 특징을 더했다. 파사드는 단일 매스의 신전 파사드형으로 산 암브로조와 유사했지만 벽돌이 아닌 화강석을 주재료로 사용했다(도 4-51). 지붕 경사를 따라 깊게 판 아케이드는 지역의 전통 장식인데 출입구에서 반

**도 4-51** 성 미카엘, 파비아, 이탈리아, 1100년 경-1160년.
**도 4-52** 모데나 성당, 이탈리아, 1099-1184년/12세기 말-14세기.

복되었다. 정문 출입구는 여러 겹의 아키볼트로 윤곽을 짰다. 아치형 창과 원형 창을 기하학적으로 사용했으며 네이브 월의 다발 기둥과 비슷한 기둥 다발을 네이브와 아일이 갈라지는 경계 부 외벽에 덧붙였다.

모데나 성당(Modena Cathedral)은 성 미카엘의 장식 어휘를 긴 측면에 걸쳐 반복적으로 사용했다(도 4-52). 성 미카엘의 깊게 파인 아케이드를 블라인드 아치로 바꿨는데 세 개의 작은 아치를 한 세트로 삼아 이것을 다시 하나의 큰 아치 윤곽이 감싸는 형식으로 구성했다. 세 개의 작은 아치는 창을 이루며 실내에서 갤러리 층을 형성했다. 외관의 갤러리 층은 실내 구성을 반영하며 파사드와 측면의 전 폭에 걸쳐 형성되었다.

롬바르디아의 장식주의는 토스카나에서 영향을 받았다는 주장이 있긴 하지만 시대적 산물로서 북부 이탈리아만의 독립적 현상인 측면이 더 강하다. 장식주의는 이 지역의 중심 지역인 포 계곡을 따라 나타나는데 이는 당시 교역 벨트를 축으로 삼아 국가를 초월하여 유럽 전체에 걸쳐 나타나던 현상의 하나였다. 베네치아의 동방 무역에서 축적된 교역 루트와 자금력은 밀라노를 거쳐 알프스 이북 지역으로 전파되고 있었다. 이를 담당한 세력이 밀라노의 기독교였다. 그 결과 나타난 것이 롬바르디아 로마네스크 교회의 장식주의였다. 장식 내용은 동물, 식물, 괴물 등 자연주의 장식과 성서, 역사 등을 기술한 서술적 장식 등 다양했다. 기독교와 관련해서도 구약, 신약, 동고트족의 왕, 카롤링거의 역사 등 다양했다.

### 토스카나 장식 고전주의

토스카나는 로마 시대부터 중요한 대리석 산지였는데 이런 전통이 로마네스크까지 이어지면서 대리석을 이용한 장식주의가 대표적 특징으로 나타났다. 대리석을 주재료로 사용했으며 흑백의 색깔 차이를 이용한 얼룩말 무늬가 대표적이었다. 화강석도 주요 재료로 함께 사용했다. 작은 아치가 일렬로 늘어선 아케이드나 블라인드 아치가 이런 장식을 담아내는 주요 부재였다. 벽체는 흑백이 교대로 나타나는 띠무늬로 장식하고 아치의 아키볼트는 같은 방식으로 점박이 문양처럼 만들어 전체적으로 얼룩말 무늬를 만들었다.

이런 장식 처리는 로마 시대부터 형성되어 있던 것이며 비잔틴을 거치며 모자이크 문양으로 발전했는데 토스카나 로마네스크는 이런 로마 전통을 받아들여 로마네스크의 기본 어휘에 접목해 자신들만의 대표적 특징으로 발전시켰다. 이런 점에서 장식 고전주의라 부를 수 있다. 알프스 이북의 구조 제일주의와 대비되는 지중해 고전주의의 산물이었다. 사용하는 대리석이 흑백을 넘어서 핑크와 청록 등으로 확장되면서 얼룩말 무늬 이상의 색채주의가 함께 나타났으며 금박이 들어간 성화가 가세하면 더 그랬다. 이럴 경우 장식다움을 강화한 채색 장식주의로 발전하게 된다.

**도 4–53** 산미니아토알몬테, 피렌체, 이탈리아, 11세기 중반–12세기.

피렌체는 채색 장식주의의 중심지였으며 산미니아토알몬테(San Miniato al Monte, 11세기 중반~12세기)가 대표적 예다(도 4–53). 전체적으로 대리석을 이용한 화려한 기하 문양으로 장식했다. 페디멘트와 아치의 고전 어휘를 삼각형과 반원형 같은 기하 도형으로 단순화했으며 벽체에는 사각형과 원 등의 도형을 추가로 더했다. 2층 벽체 중앙에는 성화를 그려서 장식 효과를 이용한 기독교 메시지 전달 기능을 살렸다. 작은 창 프레임 위에 예수, 성 미니아스, 성모마리아 등을 그렸다. 창은 하늘로 가는 관문을 상징하는데 건물에서 높은 곳에 위치해서 접근 불가능성을 암시한다.

피렌체 인근의 피사, 루카, 피스토이아, 프라토 등의 도시에는 장식 고전주의를 대표하는 예들이 줄지어 들어섰다. 도시 전체에 대리석 장식 문양을 두른 로마네스크 교회들이 넘쳐나는데, 루카의 산미

**도 4-54** 산미켈레인포로, 루카, 이탈리아, 12–15세기.
**도 4-55** 산조반니푸오르치비타스, 피스토이아, 이탈리아, 12세기 말.

켈레인포로(San Michele in Foro, Lucca, 12~15세기), 피스토이아의 산조반니푸오르치비타스(San Giovanni fuor Civitas, Pistoia, 12세기 말), 프라토 성당(Prato, 12세기) 등이 대표적인 예들이다(도 4-54, 4-55).

피사의 성당 단지는 토스카나의 장식 고전주의를 잘 보여줄 뿐 아니라 이탈리아 로마네스크를 대표하는 예이기도 하다. 1063년에 피사 해군이 이슬람과의 전투에서 승리한 것을 기념해서 세우기 시작했는데 성당, 세례당, 캄파닐레의 복합단지가 되면서 1272년에 완공되었다. 캄파닐레가 피사의 사탑이다. 성당은 라틴 크로스로, 세례당은 원형으로 각각 처리하면서 기하학적 윤곽을 만들어냈다(도 4-56). 이 둘이 정확히 축을 일치하며 단지 전체에 강한 기하학적 질서를 만들어냈다. 건물의 입면에도 전체적으로 기하 장식이 강하게 나타난다. 건축 어휘는 토스카나의 지역주의를 잘 보여주지만 기독교적 상징성에서는 동시대 보편성을 표현한다.

이 단지를 짓던 시기는 피사가 1차 십자군원정 이후의 새로운 기독교 질서 형성 과정에서 주도적 역할을 하던 시기였다. 1차 십자군원정의 결과로 새로 세운 예루살렘의 라틴왕국에서 주도적 역할을 한

**도 4-56** 피사의 성당 단지(Pisa Cathedral complex=Campo dei Miracoli, 기적의 들판), 이탈리아, 1063–1272년.
**도 4-57** 피사 성당(Pisa Cathedral), 이탈리아, 1063–1118년/1261–1272년.

것이다. 이를 반영하듯 성당과 세례당은 예루살렘 인근의 템플 산 같은 성지 지역의 초기 기독교 유적의 어휘를 많이 차용해서 활용했다. 하람 알 샤리프 성역이 대표적 예다. 중앙집중형 건물인 바위 사원과 선형 바실리카인 알 아크사 모스크가 대표하는 지역인데 이 두 건물이 각각 세례당과 성당의 모델이 되었다. 이런 상징성은 로마네스크 때 형성된 기독교 역사를 대표하는 방식을 통해 동시대성을 표현한다. 성당과 세례당은 이런 상징성 위에 토스카나의 지역 장식주의를 더해 이탈리아 로마네스크를 대표하는 예가 되었다(도 4-57).

# 5
# 수도원과 순례 교회

## 수도원과 로마네스크 사회

수도원은 로마네스크 건축, 넓게는 로마네스크 문명 전체에 걸쳐 중요한 역할을 했다. 좁게는 알프스 이북 지역에 기독교를 부흥한 종교적 중심지였으며 건축적으로는 많은 수의 수도원 교회와 성당을 축조해 새로운 실험을 할 기회를 제공했다. 문명 차원에서도 의외로 현실 사회를 지탱하는 세속적 중심지이기도 했다. 수도원은 4세기 초에 기독교의 세속화와 권력화에 반대해서 말 그대로 수도에 전념하기 위해 처음 등장했다. 교외나 산속 같은 외진 곳에 세상과 등지고 순수 기독교 공동체를 만들어 기도 등 절제된 생활을 할 목적으로 세운 고립된 은거지였다.

5~7세기에 첫 번째 변화를 맞는다. 초창기 은거지에서 탈피해서 현실을 포함하는 종합 공동체의 토대가 형성되었다. 『요한계시록』에서 성 요한이 '천국의 예루살렘'에 대해 기술한 대목이 근거였다. 벽과 성문으로 둘러싸인 도시에 대한 언급이 나온다. 도시의 중심에는 하나님의 어린 양 예수 그리스도가 자리했다. 도시는 투명한 영구 불멸의 재료로 지어졌다. 도시 전체는 하늘에서 내려오며 떠 있었다. 12개의 성문은 이 도시가 12제자들의 장소였음을 암시한다. 이런 내용을

길잡이 삼아 5~7세기에는 수도원을 천국의 예루살렘을 지상에 구현한 공간으로 정의했다.

확장은 카롤링거왕조 때 크게 한 번 더 있었다. 이 시기 수도원은 샤를마뉴대제의 문화 부흥을 이끌어간 중추세력이 되었다. 아헨 왕실이 정치에 전념하는 가운데 학문, 예술, 문화 활동을 담당한 것은 수도원이었다. 샤를마뉴는 유럽 전역에서 학자들을 불러 모아 그리스, 로마, 비잔틴, 이슬람 등의 문헌을 번역했으며 새로운 기독교 교리를 창출해서 책으로 출판했는데 이 일을 한 것이 수도원이었다(도 4-58). 이외에도 필사본이나 교회 조각물 등을 통해 예술 활동을 지원했고 궁중 교육도 담당했다.

수도원은 이런 종합적 활동에 필요한 표준적인 건축 구성이 있었다. 본당 교회를 중심지로 삼아 사면을 돌아가며 여러 부속실들을 배치하는 구성이었다. 성 갈 수도원(Abbey of St. Gall)은 카롤링거 때 수도원을 대표하는 예다. 현재 남아 있지 않고 양피지에 그린 배치도만 남아 있다(도 4-59). 아헨에서 816~817년에 열렸던 종교회의에서 성 갈 수도원의 배치도가 발표되었다. 수도원 교회는 91미터로 웬만한 대도시 성당보다 컸다. 교회뿐 아니라 수도원 전체 규모가 지나치게 커서 수도승들이 거부했지만 이를 지원했던 샤를마뉴대제는 황실의 권위를 생각해서 밀어붙여 실행했다. 오히려 이를 기점으로 820년에는 수도원 건축법전을 제정해 그 기본 구성을 의무화하는 방향으로 발전하게 된다.

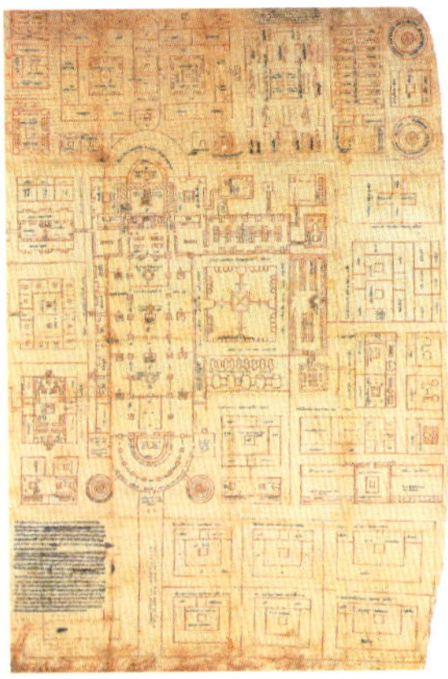

**도 4-58** 『에드위누스의 시편(*Eadwinus Psalter*)』을 적고 있는 수도사 에드위누스, 1170년경.
**도 4-59** 성 갈 수도원의 배치도, 스위스, 820년경 라이흐나우(Reichnau)에서 작성된 것으로 추정되는 양피지 도면.

### 성 갈 수도원과 생리키에

성 갈은 수도원의 현실성과 이상성 가운데 현실성을 잘 보여준다. 수도원을 구성하는 시설을 나열하는 것만으로도 자급자족을 할 수 있는 하나의 작은 도시로 계획했음을 알 수 있다. 교회 안에는 학습실, 도서실, 수도원장 주거, 방문 수도승들을 위한 리셉션 룸, 응접실, 행정실 등의 여러 부속 시설을 갖추었다. 교회의 세 면을 돌아가며 여러 시설을 추가로 배치했다. 교회의 한 쪽 면에 붙어 있는 회랑에는 난방이 되는 활동실, 화장실, 세면실, 성구실, 식당, 의상실, 부엌, 양식창고, 순례객 시설(숙소, 양조장, 제빵 실) 등이 부속되었다.

이외에도 학교, 귀족 방문객 시설, 병원, 약초원, 약국, 초신자 시설, 명상용 정원, 과수원, 묘지, 채소밭, 정원사 및 관리인 숙소, 닭 거위 사육장, 헛간, 공방, 수도승 전용 양조장과 제빵소, 방앗간, 탈곡장, 인쇄소, 맥아 건조장, 양식 창고, 목공소, 축사, 외양간, 가축 사육시설, 승마장, 하인 시설, 귀족 수행원 시설 등 웬만한 도시에 해당하는 구성 요소를 두루 갖추었다. 이런 시설들을 활동별로 정리하면 정신 활동, 생산 활동, 예술 및 공예 활동, 의학 활동, 장례 시설 등으로 분류할 수 있는데 이는 아직 도시가 본격적으로 출현하기 전인 당시로서는 가장 발달한 도시체계에 해당했다(도 4-60).

생리키에는 기도교적 이상으로서 수도원을 보여주는 좋은 예다. 7세기에 베네딕트회 소속으로 처음 축조된 이래 790년부터 799년에 샤를마뉴대제 때 증개축되었다. 전체 윤곽은 삼위일체를 상징하는 삼각형으로 구성되었다(도 4-61). 북쪽에는 구세주 그리스도 및 성인 리키에에게 봉헌된 교회가, 남쪽에는 성신 및 성처녀, 12제자에게 봉헌된 두 교회가 각각 위치했다. '3'이라는 숫자를 이용한 상징은 여러 곳에서 반복되었다. 주 교회는 애프스, 웨스트 워크, 네이브 중앙에 세 개의 성가대석이 있었다. 수도원 전체에는 30개의 제단이 있었고 학생들은 3등급으로 나누어 각 등급에 33명씩 속했다.

**도 4-60** 성 갈 수도원, 추측 복원 모델, 스위스.
**도 4-61** 생리키에, 프랑스, 790-799년.

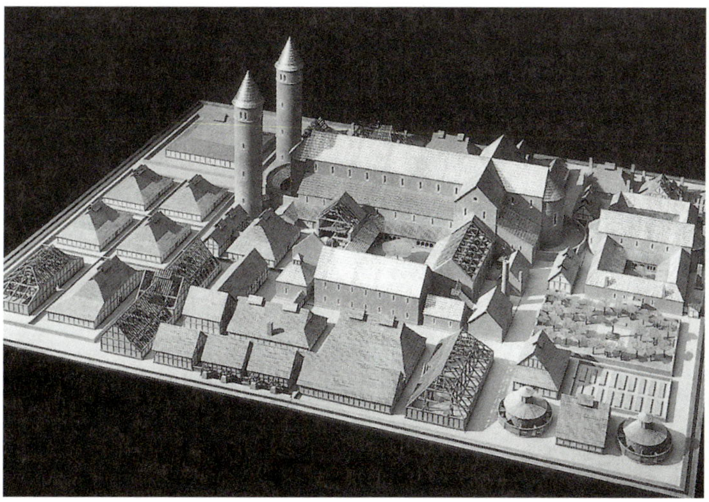

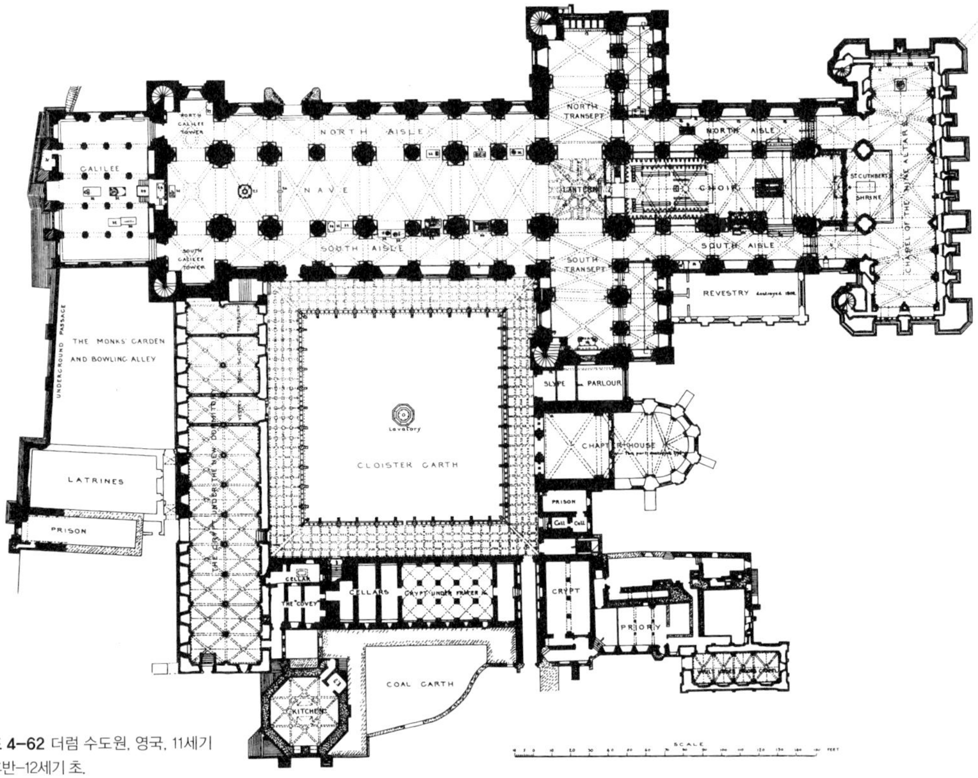


**도 4-62** 더럼 수도원, 영국, 11세기 후반-12세기 初.

생리키에는 이처럼 그 자체가 천상의 기독교 도시로 정의되었다. 하나의 작은 세속도시로 정의된 성 갈 수도원과 구별되는 대목이다. 그 대신 주변에 현실 세계를 거느렸다. 수도원 안에는 300여 명의 수도승과 100여 명의 수편수도사로 이루어졌으며 7,000여 명이 사는 작은 농촌도시를 담당했다. 이 도시를 다시 7개의 햄릿(독자적인 교회가 없이 다른 교구에 속하는 작은 부락)으로 나누어 관리했다. 이를 유지하기 위해 농노, 노예, 기사, 장인 등의 특수 계층을 거느렸으며 수도원장이 시장을 겸했다.

수도원에는 회랑이라는 독특한 부분이 있었다. 본당 교회의 한쪽 면에 위치하며 안마당을 중심으로 열주가 네 면을 돌아가며 에워싸는 구성이다. 회랑에는 여러 시설들이 부속되며 회랑 자체는 수도승들이 공부, 명상, 예술 활동을 비롯해 일상생활을 하던 장소였다(도 4-62). 상징성이 커서 로마 전통과 기독교를 동시에 대표했다. 출처를 거슬러 올라가면 로마 시대의 열주 주택의 안마당에서 기인한다. 이것이 초기 기독교 건축의 바실리카 교회의 안마당으로 전이된 뒤 수도원 회랑으로까지 이어진 것이다.

기독교의 상징성은 3차원 기독교 미술의 경연장인 데에서 찾을 수 있다. 특히 기둥이 그랬다. 단독 기둥, 종 방향 쌍기둥, 횡 방향 쌍기둥, 주 기둥과 부 기둥의 짝 구성 등 여러 방식을 자유롭게 사용하면서 상상력을 실험하는 장이 되었다. 기둥 형태도 원형, 사각, 콜로네트(소형 다발), 나선형 등 다양했다(도 4-63). 주두와 벽면은 조각물을 새기는 바탕 면의 역할을 했다. 12세기부터 본격적으로 등장했는데 동식물 문양 등 자연주의 요소와 기독교와 관련된 상징주의 요소 등 기독교 예술의 일반적 내용을 그대로 반영했다.

**도 4-63** 성 밖의 성 바오로의 회랑, 로마, 1205-1241년.

### 순례여행과 기독교 열정

로마네스크의 기독교 열정을 이끈 것으로 수도원 이외에 순례 여행을 들 수 있다. 수도원이 가톨릭 중앙 정부를 배경으로 집단화된 공적 체제였다면 순례 여행은 기독교인 개인들의 열정이 낳은 현상이었다. 성지 순례 여행은 순례지를 목적지로 삼아 참배하는 여행으로 이미 초대교회 때부터 시작되었다. 예수의 행적과 관련된 도시, 기독교의 역사에서 중요한 도시, 성인이나 순교자 등과 관련된 도시 등이 순례지였다. 최종 목적지는 이런 도시들에 있는 중심 성당이나 교회인데 초기 기독교 건축 때에는 예루살렘의 성묘 교회와 로마의 성 베드로 무덤이 대표적인 예였다.

알프스 이북 지역에서는 예수 시대 때 유적이 없기 때문에 순례지는 제한될 수밖에 없는데, 로마네스크 때 순례 여행을 탄생시킨 순례지는 스페인의 산티아고데콤포스텔라의 성 야고보 무덤이었다. 기독교 역사 전체로 보면 세 번째 순례 루트였다. 성 야고보는 복음서와 사도행전과 관련해서 중요한 역할을 했으며 12제자 가운데 최초로 순교를 당한 인물이었다. 41년부터 44년 사이에 유대 땅에서 참수당한 뒤 그의 제자들은 바다를 가로질러 야고보의 시신을 스페인의 갈리시아 해안에 묻었다. 이후 스페인은 일찍이 기독교로 개종한 지역이 되

**도 4-64** 순례여행 루트

었으며 줄곧 가톨릭의 열기가 가장 큰 지역으로 남았다. 스페인에서는 이것을 야고보의 무덤 덕이라고 믿으면서 그를 스페인의 수호성인으로 삼았다.

알프스 이북에서는 유일하게 신약 시대 인물과 직접적인 관계를 맺은 지역인데, 이곳이 순례지가 된 것은 야고보의 무덤이 재발견되면서부터였다. 당시 스페인은 이슬람이 점령하고 있었고 야고보의 무덤은 한동안 잊혔는데 샤를마뉴의 스페인 해방 전쟁 때 재발견된 것이다. 천사의 도움으로 찾아냈다는 소문이 퍼지면서 기독교 열정에 불을 당겼고 스페인 해방 전쟁에 기독교인이 대거 참여해 승리를 이끌어냈다. 아스투리아스의 왕 알폰소 2세는 이런 일련의 상황을 잘 활용해서 무덤이 발견된 지점에 세 채의 교회를 짓고 순례여행을 만드는 데 중요한 역할을 했다. 순례여행은 카롤링거왕조의 문화부흥 운동에도 좋은 소재가 되어 정치, 경제, 사회적으로 연계되면서 융성하기 시작했다.

각지에서 산티아고데콤포스텔라로 순례객이 모여들고 기부금이 쇄도해서 상업적 성공을 거두었다. 이때 번 돈으로 899년에는 도시의 대대적 건설이 시작되었고 912년부터 기독교에 의한 이베리아반도 해방 운동이 극렬히 전개되어 1002년까지 계속되어 사실상 해방되었다. 새천년에는 산티아고데콤포스텔라로 갈 수 있는 길이 최초로 열렸고 이후 약 100년에 걸쳐 네 갈래의 대표 순례 루트가 만들어졌다(도 4-64). 생질뒤가르에서 출발하는 비아 톨로사나, 르퓌에서 출발하는 비아 포덴시스, 베즐레에서 출발하는 비아 레모비첸시스, 파리에서 출발하는 비아 투로넨시스였다.

## 순례 교회

네 루트의 중간에는 로마네스크 문명을 이끌어갔던 대부분의 주요 기독교 도시들이 포진했는데 이들 도시에는 순례 교회를 지었다. 순례 여행을 위한 순례객 전용의 교회로 많은 부분에서 로마네스크 일반 교회의 건축 기법을 빌려와 지어서 외관상으로는 엄밀한 구별이 힘들지만 표준 교회와 다른 순례 교회만의 특징도 일정 부분 형성되었다. 일부는 일반 교회의 기능을 겸하기도 했고 파손도 있어서 순례 교회의 정확한 수는 단정하기 어려우나 최소한 두 자릿수는 지어진 것으로 추측된다. 순례지 산티아고데콤포스텔라에 세워진 성 야고보 성당 자체가 가장 대표적인 순례 교회이다. 이어서 규모도 크고 순례 여행의 의미를 잘 반영하면서 순례 교회만의 특징을 가장 잘 보여주는 다섯 채로 투르의 성 마르티노(St. Martin), 리모주의 생마르시알, 콩크의

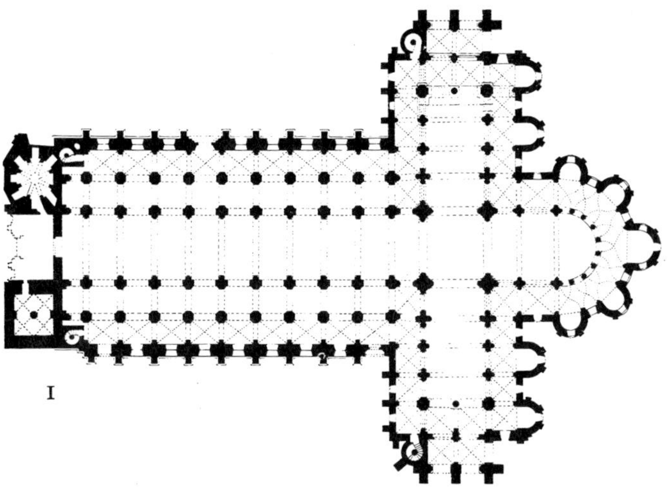


**도 4-65** 성 마르티노, 투르, 프랑스, 1000년경.

**도 4-66** 생트푸아, 콩크, 프랑스, 1050–1130년.

생트푸아, 툴루즈의 생세르냉, 베즐레의 생트마들렌을 들 수 있다.

순례 교회는 일정한 공통점이 있는데 그 배경에 대해서는 알려진 바가 없다. 시차도 많이 나고 공통점과 동시에 차이점도 많기 때문에 동일한 장인 집단에서 지었다고 보기도 어렵다. 오랜 기간에 걸쳐 두 자릿수가 되는 것을 보면 순례 교회만을 위한 별도의 비전 조직이 있었다고 보기도 어렵다. 그런데도 공통점을 도출해낼 수 있는데 이것이 처음 형성된 것은 투르의 성 마르티노(St. Martin, Tours, 1000년경)였다. 프랑스대혁명 때 파괴되어서 현재 기초만 남아 있는데, 순환 동선이라는 순례 교회의 첫 번째 특징이 나타났다(도 4-65).

트랜셉트를 3랑식으로 처리해 '출입구–아일–트랜셉트–방사선 복도–트랜셉트–아일–출입구'로 돌아오는 동선이 중간에 한 번도 끊기지 않고 연속으로 이어진 것이다. 이런 순환 동선은 순례 교회의 특징과 목적에 잘 맞았다. 우선 예배당을 배치할 수 있는 지점을 대폭 늘렸는데 이는 곧 성물을 보관할 장소가 늘어난다는 뜻이었다. 또 교회 밖의 도시 속 루트가 교회 안으로 들어와서도 끊이지 않고 연속으로 연장되어 순례 루트라는 상징성을 보강하는 기능을 했다. 교회 내부에서는 성물 보관소 및 이것을 관람하는 동선이 복도를 따라 그 밖에 위치하기 때문에 성직자의 공간에 독립성을 주었다.

생트푸아는 1050년경에 시작되었는데 바실리카 유형을 기본으로 삼아 삼엽형 이스트 엔드, 제형, 복도형의 세 구성 방식을 혼합해서 복잡한 평면이 되었다. 성 마르티노의 순환 동선이 다소 훼손되었는

**도 4-67, 4-68** 생세르넹, 툴루즈, 프랑스, 1180–1120년.

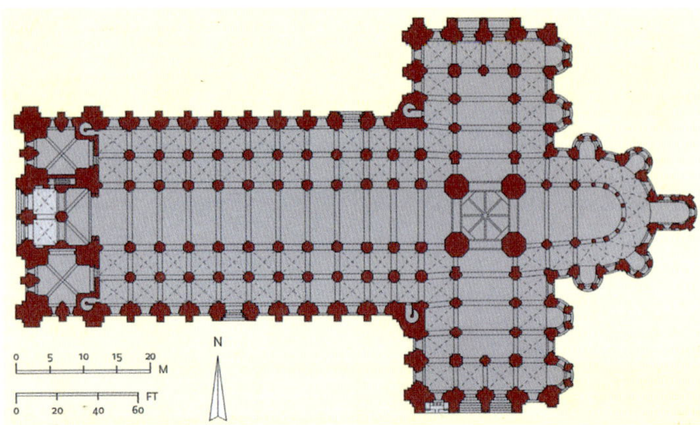

데 그 대신 모듈 구성, 네이브 월의 개방적 2단 구성, 다발 기둥 등 순례 교회 다른 특징들이 잘 정리되어 나타났다(도 4-66). 생세르냉은 1080년경에 시작되었는데 성 마르티노와 생트푸아에서 축적된 경험과 기술을 집대성해서 순례 교회를 완성한 건물로 평가할 수 있다. 순환 동선을 잘 지키면서 생트푸아에서 형성된 다른 특징들을 잘 구현해냈다. 규모와 구성, 기독교적 의미 등 여러 면에서 순례 교회를 대표하는 건물이 되었다(도 4-67, 4-68).

# 1
# 초기 고딕

### 초기 고딕의 시작

고딕건축은 1120년을 전후해서 파리를 중심으로 시작되었다. 정치적으로는 카페왕조에서 최초로 뛰어난 업적을 남긴 루이 6세(재위 1108~37년)의 역할이 컸다. 일드프랑스(Ile-de-France)를 중심으로 한 크라운 랜드가 안정을 이루면서 농업과 무역이 활성화되었고 학문과 예

**도 5-1** 일드프랑스 지도

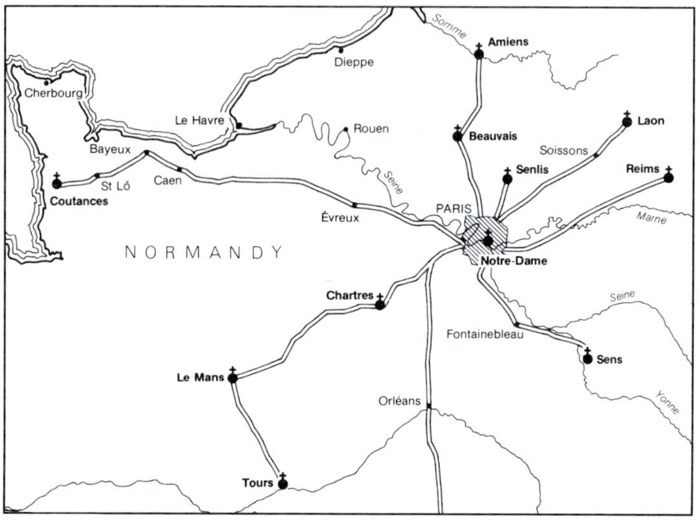

술의 발전으로 이어졌다(도 5-1). 프랑스 왕실은 정치력과 경제력을 갖춘 건축주가 되었다. 기독교에서는 보름스협약이 중요했다. 교황이 알프스 이북 지역의 성직자 임명권을 갖는 것으로 기독교 군주제의 탄생을 알리는 중요한 사건이었다. 교회가 지상 최고 권력으로 올라서면서 하늘을 향한 강한 집중성을 발휘했다.

쉬제르는 이런 시대 상황을 모아서 초기 고딕의 문을 연 성직자였다. 조적 기술의 발전은 초기 고딕의 실험을 가능하게 해주었다. 로마네스크 때에는 큰 석재 조적 단위로 양쪽에서 벽을 쌓고 그 사이를 쇄석으로 채우는 방식을 사용했기 때문에 구조적 효율이 많이 떨어지고 벽체가 두꺼워졌다. 1120년경을 기점으로 작은 절석을 층층이 쌓은 새로운 기술이 발명되었다(도 5-2). 데가주망을 이루는 조적 방식으로, 구조적 효율이 급격히 증가하면서 벽체는 얇아지고 높이 올라갈 수 있게 되었다.

초기 고딕은 다시 두 단계로 나눌 수 있다. 제1 초기 고딕은 리브를 도입해서 천장의 볼트 체계를 새롭게 정리하는 단계로 1120년부터 1164년 사이에, 제2 초기 고딕은 이런 정리가 네이브 월과 다발 기둥의 발전 및 수직성 등 구체적 결과로 나타나기 시작하는 단계로 1150년부터 1200년 사이에 각각 해당한다. 제1 초기 고딕은 보베의 생테티엔(St. Etienne, Beauvais)과 모리앙발 성당(Morienval) 에서 시작되어 성 디오니시오, 상스 성당(Sens), 수아송 성당(Soissons) 등에서 일정한 결실을 보았다.

**도 5-2** 성 디오니시오, 다발기둥 조적, 프랑스.

**도 5-3** 모리앙발 성당, 애프스 복도, 프랑스, 11세기 말–12세기 전반부.
**도 5-4** 생테티엔, 보베, 프랑스, 1125년경–40년/1506–50년 재공사.

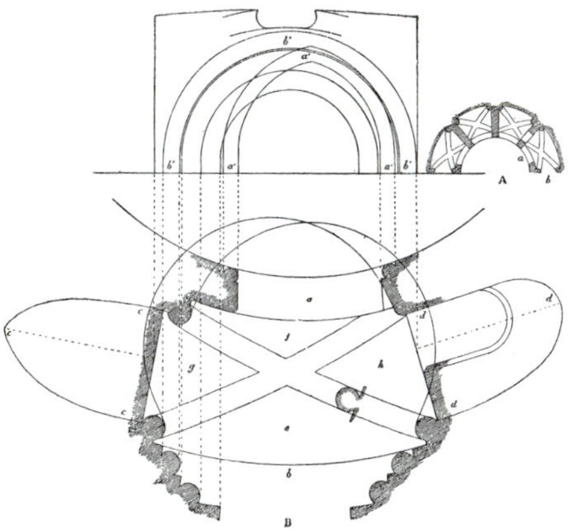

보베의 생테티엔에서는 리브와 대응 기둥이 일치하는 발전이 있었다. 로마네스크 때 가장 발달한 구조 체계를 보였던 캉의 생테티엔에서는 아직 이런 일치가 일어나지 않았던 것과 비교하면 중요한 발전이었다. 현재는 4분 볼트로 개축되어 있으나 초기 고딕 때에는 캉의 로마네스크 건물들과 마찬가지로 6분 볼트였는데 사선 방향 리브를 받는 대응 기둥이 끊기지 않고 계속 이어졌다(도 5-3). 모리앙발 성당에서는 방사형 예배당의 복도에서 새 구조의 가능성을 탐구했다(도 5-4). 이 부분은 단층 구조라서 다발 기둥이 아닌 천장 경량화에서 새로운 시도가 있었다. 천장이 가벼워지면서 아래 기둥이 가늘어지고 실내 공간이 밝아졌다. 기둥과 기둥 사이에 진공부가 많아져 공간 흐름이 원활해지고 조도가 향상되었다.

### 성 디오니시오와 제1 초기 고딕의 완성

이런 발전을 종합적으로 이어받은 것이 상스 성당과 성 디오니시오였다. 상스에서는 6분 볼트를 계속 썼는데 리브와 대응 기둥 사이에 완전한 일치가 이루어지면서 표준형이 완성되었다. 6분 볼트라서 기둥이 주 기둥과 부 기둥의 더블 베이로 나타나는데, 주 기둥에는 다섯 개의 대응 기둥이, 부 기둥에는 한 개의 대응 기둥을 각각 더했다(도 5-5). 상스에서는 이외에도 로마네스크 때의 군살을 빼고 골조미를

**도 5-5** 상스 성당, 프랑스, 1130-64년.

드러내려는 시도가 함께 있었다. 대응 기둥이 적게 붙는 부 기둥의 코어 기둥이 확연히 얇아졌다. 더욱이 이것을 횡 방향 쌍기둥으로 처리하면서 네이브 쪽에서 볼 때에는 주 기둥의 3분의 1 이상이 얇아졌다. 코어 기둥보다는 눈에 덜 띄는 부재지만 부 기둥의 대응 기둥이 가늘어진 것도 구조적으로는 중요했다. 나중에 성기 고딕 건물들에서 싱글 베이로 정리된 뒤 다발 기둥이 전체적으로 가늘어지는 발전의 출발점이 되기 때문이다.

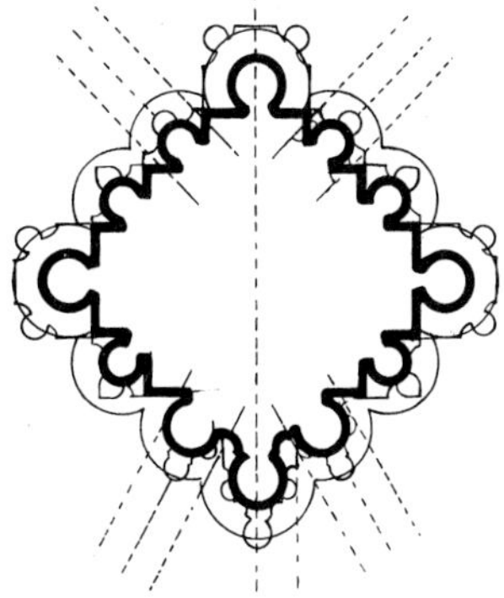

**도 5-6** 성 디오니시오, 웨스트워크 기둥 단면도, 1130년경-40년.

성 디오니시오의 제1 초기 고딕은 쉬제르가 증축한 부분으로 두 단계에 걸쳐 시도되었다. 첫 번째는 1130년부터 1140년에 증축된 웨스트 워크의 전실로 여기에서는 4분 볼트에 싱글 베이 다발 기둥을 일치시키는 실험이 집중적으로 있었다. 아직 불완전한 점도 있었는데, 세 겹의 아키볼트에 대응 기둥이 두 개 대응되어서 네이브에서 볼 때 다발 기둥이 모두 일곱 개가 된 것이다(도 5-6). 이는 다섯 개의 표준형을 초과한 것이어서 기둥이 비정상적으로 두꺼워졌다. 아직 로마네스크 때의 둔탁함에서 완전히 못 벗어난 것에 해당한다. 그러나 6분 볼트에서 벗어나 4분 볼트를 가지고 다발 기둥에 대응하는 실험을 한 것은 중요한 발전이었다. 여기에 더해 가늘고 긴 선형 어휘가 20여 겹 반복되면서 전체적인 분위기에는 기둥의 느낌이 남아 있었다. 쉬제르가 단순히 구조적 실험만 한 것은 아니었고 선형 어휘의 탈물질화 기능에 대해서도 실험을 해본 것으로 추측할 수 있다. 이렇게 보면 과다한 대응 기둥 수는 이를 위해 일부러 넣은 것으로까지 추정할 수 있다.

두 번째는 1140년부터 1144년에 증축한 슈베의 방사형 예배당과 복도였다. 이 부분에서 드디어 앞의 여러 실험들이 총집합되면서 비로소 제1 초기 고딕의 완성이 있었다. 무엇보다도 천장에 리브 그로인 볼트가 완전히 정착했다. 방사형 예배당 부분은 사다리꼴 이중 복도 형식으로 되어 있어서 각 기둥마다 요구되는 리브 개수가 서로 달랐다. 이런 복잡한 구조에 맞춰 리브가 깔끔하게 정리되었다. 베이마다 꼭 필요한 상태로 처리되고 이것들 사이에 접합도 잘 들어맞아 복잡한 구조에 짜임새 있는 안정감을 주었다.

천장의 정리는 평면의 정리를 도왔다. 슈베는 비정형 조각이 많이 나와서 평면 짜기가 어려운 부분인데 천장을 정리하면서 평면도 기하

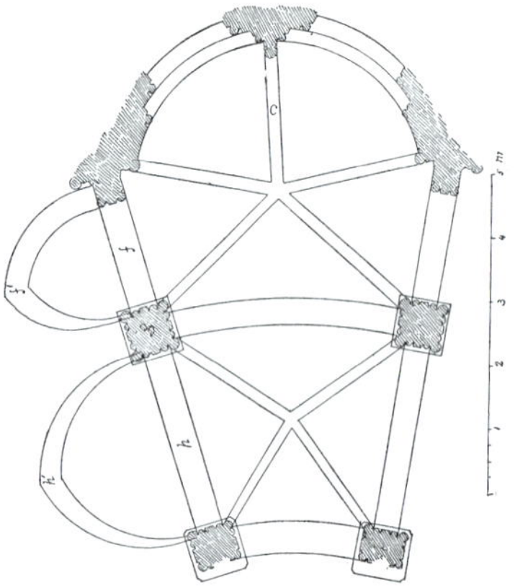

**도 5-7, 5-8** 성 디오니시오, 방사형 채플과 복도, 프랑스, 1140-44년.

학적으로 명쾌하게 정리되었다(도 5-7). 사다리꼴 윤곽을 종과 횡 방향의 리브가 명확하게 한정지었기 때문이다. 구조적 결과는 더 중요해서, 리브가 정리되면서 기둥이 얇아졌다. 방사형 예배당 부분이라 다발 기둥이 필요 없어서 독립 원형 기둥이 받치고 있는데 이것들이 얇고 가늘어지면서 로마네스크 때보다 훨씬 넓고 밝은 공간이 만들어졌다(도 5-8). 슈베 안쪽 깊은 곳까지 빛이 스며들면서 쉬제르가 원하던 '빛 상징주의'의 가능성이 싹텄다. 이런 모습은 당시로서는 첨단의 것으로 1160년경까지 여러 곳에 차용되면서 영향을 끼쳤다.

### 제2 초기 고딕

이상의 제1 초기 고딕에서는 고딕 구조의 기초에 대한 탐구가 있었고 어느 정도 성공을 거두었다. 다음 단계는 이를 바탕으로 새로운 교회 건물을 구체적으로 만들기 시작해야 했다. 그 방향은 수직성, 얇은 벽, 빛의 세 가지로 요약할 수 있다. 쉬제르는 이 일까지는 하지 못하고 1151년 69세로 사망했다. 성 디오니시오 방사형 예배당에서 자신이 원하던 빛 상징주의를 비록 조촐한 모습이긴 하지만 어느 정도 완성했다. 다음 단계로 네이브 증축을 준비하고 사망했기 때문에 제2 초기 고딕의 조건인 수직성과 얇은 벽체에 대해 어느 정도 의식하고 있었는지 확실하지 않다. 그러나 네이브 공사가 상당 부분 그의 유작 개념으로 진척되었고 이곳에서 이 두 조건을 만족시키려는 시도가 나타난 것으로 보아 그도 이 문제를 생각하고 있었던 것으로 보인다.

쉬제르는 사망했지만 그가 꾸려 놓은 공방의 장인들은 건재했다. 이들이 제2 초기 고딕을 이끌었다. 수직성과 얇은 벽은 역학적로는 상반되는 조건이다. 높아지기 위해서는 벽체가 두꺼워지는 것이 구조역학의 상식이기 때문이다. 역설적 상반을 해결한 점이 고딕 구조의 우수성인 것인데, 이를 위한 구조적 조건은 천장 볼트 체계의 정리, 리브 볼트와 다발 기둥과의 관계, 다발 기둥 체계의 정리, 주 기둥과 부 기둥 사이의 관계, 네이브 월의 분할 등이었다. 이런 조건에 따라 실제 실행된 구체적 발전 내용을 요약하면 6분 볼트에서 4분 볼트로 전환이 일어났으며, 주 기둥과 부 기둥 사이의 관계는 더블 베이와 싱글 베이 사이에서 고민을 했으며, 이 과정에서 리브와 대응 기둥 사이의 일치는 여전히 중요한 문제로 남았으며, 네이브 월은 상리를 제외한 대부분에서 4단 구성을 했다. 건물 전체의 뼈대를 이루는 개별 구조 방식들이 복합적으로 작용하면서 유기적 협력을 시작한 결과였다. 고딕 구조의 생명인 유기성이 본격적으로 발현되기 시작한 것이다. 이런 발전이 축적된 결과를 모아서 '제2 초기 고딕'이라고 부르며 상리스, 누아용, 랑, 파리 노트르담 등이 대표적 건물이다.

**도 5–9** 상리스 성당, 프랑스, 1155–91년.

제2 초기 고딕의 문을 연 것은 상리스(Senlis, 1555~91)였다. 이 건물은 이후 증축이 많긴 했지만 제2 초기 고딕의 상태를 파악할 수 있다. 로마네스크에서 초기 고딕으로 넘어가는 전환적 상태를 잘 보여준다. 제일 중요한 발전은 제1 초기 고딕에서 단편적으로 시도했던 새로운 구조 방식을 최초로 네이브 월에 적용한 점이다(도 5–9). 구체적 내용은 갤러리 층의 천장에까지 리브 그로인 볼트를 정착한 점이다. 갤러리 층이 천장 무게를 분담할 수 있게 되었다는 뜻으로 제1 초기 고딕의 단편적 작용에서 벗어나 유기적 작용에 대한 인식이 싹튼 것으로 볼 수 있다. 한계도 있었다. 천장은 6분 볼트와 4분 볼트를 섞어 썼으며 네이브 월은 아직 로마네스크 높이에서 크게 벗어나지 못했다. 네이브 월 전체에 걸쳐 진공부와 견주어 벽체 면적도 넓은 편이었다. 그러나 로마네스크 실내에 비해 전체적으로 더 밝고 가벼워진 것만은 확실했다.

### 누아용-네이브 월의 수직 확산

로마네스크의 한계를 본격적으로 벗어나기 시작한 것은 누아용 성당(Noyon Cathedral)이었다. 1150/55년부터 1185년 사이에 지어진 애프스, 트랜셉트, 네이브 부분이며 그 내용은 네 가지로 요약할 수 있다. 첫째, 네이브 월을 4분법으로 처리하면서 높인 점이다(도 5-10). 갤러리와 천측창 사이에 한 층을 더 넣었는데, 이 부분은 갤러리가 한 번 더 반복된 것처럼 보이지만 천장이 없는 단순 이중벽이라 구조적 역할을 하지 않는 막힌 벽체이다. 천측창도 이중벽인 점에서 구조적으로 보면 같은 계열에 속한다. 천측창이 갑자기 높아진 데 따른 부담을 줄이기 위해 한 층을 더 넣은 뒤 네이브를 향해 아치형 개구부를 뚫어서 갤러리처럼 보이게 만든 것이다. 네이브에서 보면 천장을 높이기 위해 갤러리 층을 둘로 만든 것처럼 보인다.

둘째, 네이브 월과 외벽이 모두 얇아졌다. 로마네스크 교회와 비교해서는 물론이고 상리스와 비교해서도 그런데, 이는 충분하지는 않지만 건물이 높아지면서 벽체가 얇아지는 상반된 조건을 만족시킬 수

**도 5-10, 5-11** 누아용 성당, 프랑스, 애프스, 트랜셉트, 네이브 1150/55년경-85년.

**도 5-12** 누아용 성당, 프랑스, 애프스, 트랜셉트, 네이브 1150/55년경-85년.

있는 단서를 찾은 것으로 볼 수 있다. 창 면적도 커지면서 빛의 유입량이 늘어나 실내는 밝아졌다. 갤러리 층과 천측창 모두에서 이런 결과를 볼 수 있다. 천측창이 특이한데, 누아용은 노르망디 출신의 장인들이 지었기 때문에 노르망디의 로마네스크 전통 방식인 '이중벽 천측창'을 그대로 사용했다. 단겹 벽까지 못 간 것은 아직 한계가 있지만 벽체가 얇아지고 창 면적이 늘어나면서 이중벽은 의외의 효과를 냈다(도 5-11). 두 장의 벽 사이에서 빛이 반사되면서 벽이 투명 막처럼 보이게 된 것인데, 이는 탈물질화의 가능성을 보여준 증거였다.

셋째, 리브와 대응 기둥 사이의 관계는 6분 볼트에 해당하는 더블 베이나, 볼트의 형상 자체는 4분 볼트로 돌아갔다. 캉의 로마네스크 때 사용하던 6분 볼트의 모습이 사라진 건 분명한 발전이었고, 그런데도 기둥이 더블 베이로 남은 것은 로마네스크의 잔재였다. 일차적으로 횡 방향 아치가 굵은 것과 가는 것이 교대로 나타났고 이에 따라 연차적으로 대응 기둥의 굵기도 달라졌다. 대응 기둥의 개수는 모두 세 개로 같아서 싱글 베이지만 굵기에서는 확연히 차이가 나서 더블 베이로 남았다(도 5-12). 대각선 리브는 한 가지 굵기로 통일되었지만 이를 받는 대응 기둥은 더블 베이의 영향으로 굵기가 달랐다. 횡 방향 아치를 받는 중앙 대응 기둥의 굵기가 달라지면서 측면 대응 기둥도 이에 따른 결과다.

넷째, 다발 기둥 자체가 발전했다. 우선 굵기가 가늘어진 점을 들 수 있다. 누아용은 제1 초기 고딕의 상과 유사한 중간적 더블 베이의 기둥 체계를 가졌지만 주 기둥의 단면적이 줄어들고 높이가 높아지는 발전이 있었다. 또 한 가지는, 주 기둥에서 대응 기둥이 천장에서 바닥까지 끊기지 않고 내려간 점이다. 부 기둥에서 주두까지 내려오다 끊긴 것과 비교되는 대목으로, 선형 부재에 의한 골격 구조가 본격적으로 시작된 것이다.

이처럼 누아용은 고딕 구조만의 정체성이 처음으로 본격화된 중요성이 있다. 성기 고딕의 성당들과 견주어 아직 완성도나 수직성 등은 떨어지지만 누아용 자체만 놓고 보면 일정한 내재적 아름다움을 얻은 것으로 평가할 수 있다. 누아용이 높이 평가받는 이유이다. 이후의 건물들에도 중요한 영향을 끼쳤다. 랑이나 수아송(Soissons, 1180년경 이후 시작 : 남측 트랜셉트)과 같은 메이저급 건물들도 누아용의 영향을 받았으며 랭스의 생레미(St. Remi, Reims) 같은 마이너급 건물은 누아용 체계를 그대로 반복하여 지었다.

**도 5-13, 5-14** 랑 성당, 프랑스, 1160년경-1210년.

## 랑-고딕 고전주의

랑 성당(Laon Catheral, 1160년경~1210년)은 천장 체계, 네이브 월의 4분법, 다발 기둥 등 여러 면에서 누아용의 영향을 직접적으로 받았는데 누아용보다 퇴보한 점과 발전한 점의 양면성을 보인다(도 5-13, 5-14). 퇴보는 다시 6분 볼트로 돌아간 점과 대응 기둥이 대부분 주두 위에서 끊긴 점이다. 누아용을 이어받아 발전시켰다면 4분 볼트를 유지한 채 더블 베이의 잔재를 없애고 완전한 싱글 베이로 바꿨어야 했는데 오히려 6분 볼트로 되돌아간 것이다. 대응 기둥도 주 기둥 가운데 하나만 바닥까지 내려왔을 뿐 나머지가 모두 주두에서 끊겼는데, 이는 누아용 이전으로 퇴보한 것이다.

발전은 다발 기둥에서 싱글 베이의 가능성을 모색한 점이다. 천장이 6분 볼트인 것과 함께 생각하면 이는 불일치일 수도 있으나 천장에 맞춰 더블 베이를 유지하는 가운데 부분적으로 싱글 베이의 가능성을 모색한 점에서는 발전으로 볼 수 있다. 특히 누아용의 다발 기둥에 남아 있던 심한 굵기 차이를 극복한 점에서 그랬다. 코어 기둥의 단면적이 하나로 통일되고 다발 기둥의 굵기도 모든 기둥에서 거의 같아졌다. 단면적은 누아용의 주 기둥과 부 기둥의 중간 정도를 유지했는데 이는 주 기둥끼리 비교했을 때 많이 얇아진 것으로 중요한 구조적 발전에 해당한다.

이상을 종합하면 발전보다는 퇴보가 더 큰 것으로 볼 수 있는데 랑에서는 기술적 모색보다는 다른 방향을 추구했기 때문이다. 수평선을 강조하는 방식으로 고전 비례를 추구한 것이다. 수평선은 실내 전체의 비례와 세부 디테일 두 방향으로 표현되었다. 중요한 치수를 보면 3랑 전체의 실내 폭은 약 23미터며 이 가운데 네이브만의 폭은 약 12.5미터다. 네이브의 천장고는 25미터이기 때문에 네이브만의 '높이/폭' 비율은 2 정도가 된다(도 5-15, 5-16). 원류 고전주의와 견주면 다소 수직적인 비율이지만 고딕 내에서는 안정적 비례에 속한다. 디테일에서는 다발 기둥에 여러 겹의 고리를 두르는 방식으로 수평선을 표현했다. 코어 기둥의 주두 부분에 세 겹의 고리를 둘렀고 대응 기둥은 다섯 개의 고리로 나뉘었다. 수직성을 담당하는 부재에 수평 부재를 직접 가하여 수평성에 대한 조형적 의도를 명확하게 표출했다.

랑의 수평선은 수직선이 주도한 고딕건축의 주류에 또 하나의 흐름을 만든 것이다. 통사적으로 보면 고전다움이 중세에도 사라지지 않고 계속 이어진 것에 해당한다. 이런 점에서 이 건물은 '고딕 고전주의'에 속하는 것으로 볼 수 있다. 기술 발전에 집중하지 않은 이유이기도 하다. 고전주의 전통이 중세 기독교 문명에서도 사라지지 않고 계속 이어진 것이다. 오더 양식 같은 구체적 어휘가 아닌 분위기로 이어진 것인데, 단순한 비례 느낌을 넘어 기독교적 의미로 해석할 수 있다. 라틴 크로스의 선형공간에서 애프스의 종착지를 향한 흐름이 천측창의 수직선에 의해 방해받지 않게 하겠다는 의도이다. 애프스도 하늘이고 천측창도 하늘이라 하늘이 두 개인 셈인데 이 가운데 눈높이에서 보행이 주도하는 애프스를 향한 하늘 하나에 집중하겠다는 뜻이다. 하늘의 의미를 눈에 안 보이는 높은 곳을 향한 추상적 상징주의보다는 땅 위의 리얼리즘으로 정의하겠다는 태도다. 천측창의 개수가 누아용에서 두 개이던 것이 하나로 줄어든 것은 좋은 증거다. 천측창의 벽체 면적이 증가하면서 하늘에서 내려오는 빛을 크게 막은 것이다.

이런 의도는 로마 기독교의 대표적인 산물인 바실리카 교회 모델에

**도 5-15, 5-16** 랑 성당, 프랑스, 1160년경–1210년.

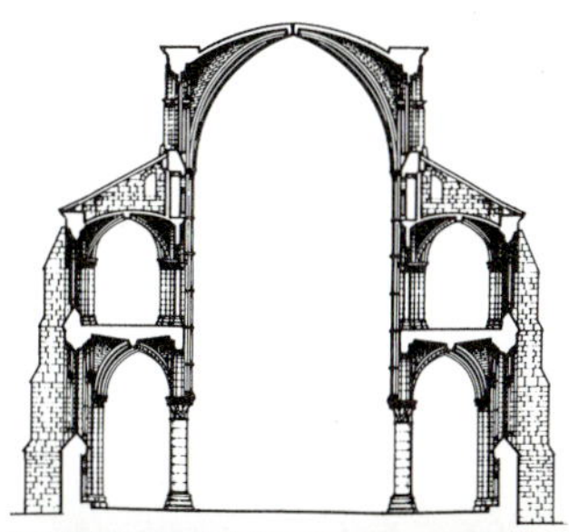

충실하려는 의도이다. 로마 기독교의 원형에 충실한 점에서 고딕 고전주의라고 부를 수 있다. 고딕 시대는 고전주의를 이교로 백안시하는 기독교 문명이었기 때문에 고전주의 전통이 확연히 드러나지 못한 대신 구성 원리 속에 녹아드는 형식으로 계속 이어졌다. 앞에서 살펴본 구조 합리주의가 대표적인 예며 랑에 나타난 수평선도 또 다른 예다. 랑의 고전 비례를 좇은 건물은 많지는 않았지만 성기 고딕에서는 부르주 성당이 대표적 예에 속한다. 이외에 성기 고딕의 다수를 점한 소형화 성당과도 연관성이 있다. 고전 비례라는 한 가지 이유만으로 소형화가 된 것은 아니지만 일정한 연관성이 있는 것은 사실이었다.

### 파리 노트르담-플라잉 버트레스의 등장

초기 고딕의 마지막은 파리 노트르담(Notre-Dame, Paris, 1163~1200년)이었다. 랑에서 고전적 비례로 잠시 숨 고르기를 한 뒤 기술적 가능성을 활용해서 건물을 대형화하려는 수직욕과 과시욕이 다시 불붙었다. 가용 기술을 총동원해서 목표치를 크게 늘려 잡았다. 5랑식 전체의 폭은 38미터로, 천장고는 34.5미터로 랑에 비해 많이 커졌다(도 5-17, 5-18). 반면 네이브의 폭은 13여 미터로 랑보다 크게 늘지 않았다. 네

**도 5-17, 5-18** 노트르담, 파리, 슈베 1163년경-82년/네이브 1180년-1200.

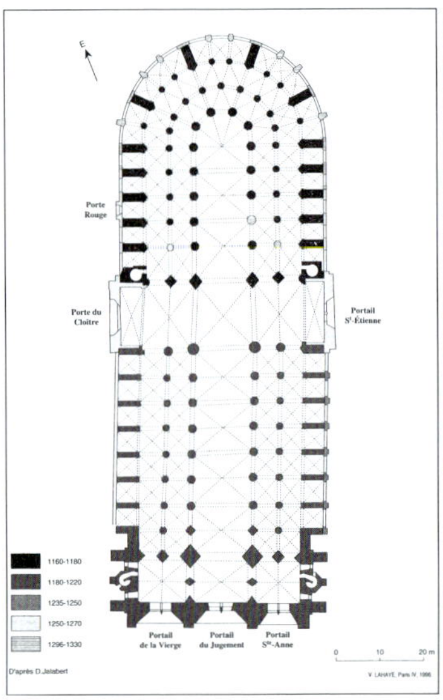

이브만을 기준으로 하면 '높이/폭' 비율이 2.7로 랑의 2보다 수직성이 많이 증가했다. 절대 수치도 고전적 비례의 한계인 30미터를 넘어 장쾌한 대형 공간의 분위기로 넘어갔다. 랑에서 사라졌던 5랑식이 다시 부활했으며 총 길이는 랑의 92미터에서 122미터로 늘어났다.

과시욕에도 불구하고 기술이 따라가지 못해서 어수선한 분위기가 많이 남았다. 여러 번에 걸친 단편적 증축으로 체계성이 부족했다. 마주보는 기둥이 일직선을 이루지 못하고 어긋나서 실내 전체가 뒤틀린 것 같았다. 랑이 보여준 것 같은 차분한 통일성은 결여된 대신 초기 고딕의 건축적 범위에 만족하지 못하고 이것을 뛰쳐나오려는 새로운 욕망이 있었던 점이 중요한 의미였다. 거의 비슷한 시기에 지어진 랑과 파리 노트르담은 이런 점에서 좋은 비교 대상이 되면서 프랑스 초기 고딕의 두 흐름인 고전 비례와 고딕 수직다움을 대표했다.

구조적으로는, 누아용에서 랑으로 이어지던 네이브 월의 4단 구성, 6분 볼트, 다발 기둥 체계 등이 계속 쓰인 점에서 이렇다 할 큰 발전은 없었다. 그러나 플라잉 버트레스의 등장이라는 노트르담만의 새로운 발전도 있었다. 플라잉 버트레스가 이곳에서 처음 나타났는지에 대해서는 이견이 있으나 유의미한 플라잉 버트레스는 최초로 볼 수 있다는 것이 통설이다. 초기 고딕과 성기 고딕을 가르는 중요한 기준인데, 여기에서는 아직 불완전하기 때문에 성기 고딕으로 넘어가지 못한 이유가 된다. 플라잉 버트레스를 수직으로 나누는 아치의 단 수가 첫 번째 아일에서는 세 개, 두 번째 아일에서는 두 개로 너무 많았다. 첫 번째 아일의 경우는 갤러리 층의 볼트 천장과 한 몸으로 엮이면서 이것을 받아 잡아주기 위해서 아치 단 수가 많아진 것이다(도 5-19). 이외에 가장 밖에서 총괄적으로 지지하는 버트레스도 너무 두꺼웠다.

그러나 플라잉 버트레스로 인해 네이브 월에 중요한 변화가 있었다. 4단 구성에서 위쪽의 낮은 갤러리 층이 이중벽에서 단겹 벽으로 얇아졌다. 낮은 갤러리 층이 사라진 것인데 그 자리를 원형 창으로 대체했다. 원형 창은 13세기 증축 때 천측창에 합쳐지면서 없어졌기 때문에 현재는 3분법으로 남아 있다(도 5-20). 누아용과 비교했을 때 낮은 갤러리 층만 사라진 것이 아니라 천측창도 단겹 벽으로 얇아졌다. 그 결과 이 벽체들을 받치는 갤러리와 아케이드의 천장이 얇아지고

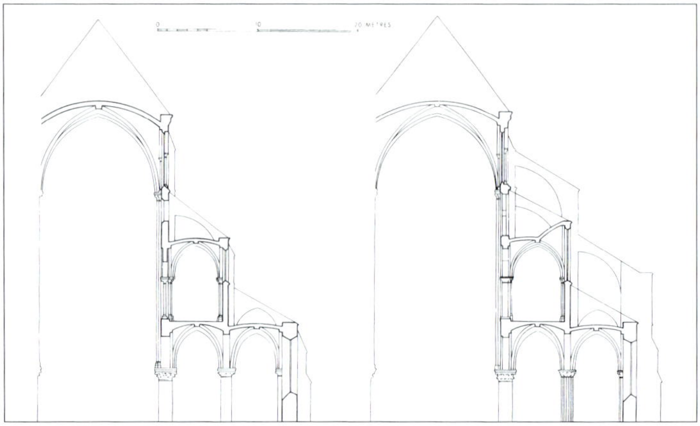

**도 5-19** 노트르담, 왼쪽 성가대석 종단면도(1163년경-1182년)/오른쪽 네이브 종단면도(1180-1200년), 파리.

다시 이것을 받치는 외벽이 얇아지는 등 연쇄반응을 일으키며 건물 전체의 구조 골격이 날씬해지는 발전을 가져왔다. 이중벽 자신의 내력 기능과 갤러리와 아케이드 천장 볼트의 내력 기능을 플라잉 버트레스가 분담한 결과였다. 그러나 원형 창 때문에 여전히 4단 구성으로 보이는 점, 즉 이 부분을 천측창과 완전히 하나로 합하지 못한 점은 한계에 해당한다.

기둥 체계에서는 발전과 한계의 양면이 있었다. 발전은 랑에 남아 있던 더블 베이의 잔재가 거의 사라지면서 싱글 베이의 통일성이 더 높아진 점이다. 대응 기둥은 모든 기둥에서 세 개씩 더해졌으며 세 개가 모두 같은 굵기로 통일되었다. 한계는 여전히 대응 기둥이 대부분 코어 기둥의 주두까지만 내려온 점이다. 일곱 개의 기둥 가운데 여섯 번째와 일곱 번째만 바닥까지 내려왔다. 주두에서 끊은 것은 그 아래쪽 원형 기둥의 단순성과 원형성을 강조하려는 조형적 목적으로 해석할 수 있으나, 구조적으로 보면 성기 고딕으로 넘어가지 못하는 한계에 해당한다. 천장이 6분 볼트인데 싱글 베이인 불일치도 큰 한계였다. 다발 기둥 가운데 네이브 월에 해당하는 부분은 싱글 베이로 깨끗하게 정리가 되었지만 리브와 만나는 지점은 누아용이나 랑보다 오히려 복잡해지면서 불일치가 일어났다.

**도 5-20** 노트르담, 파리, 슈베 1163년경-1182년/네이브 1180-1200년.

# 2
# 성기 고딕

### 초기 고딕에서 성기 고딕으로

성기 고딕의 시작에는 상징적으로 대응될 수 있는 정치적, 종교적 현상이 있었다. 정치적으로는 카페왕조의 전성을 들 수 있다. 초기 고딕의 문을 열었던 루이 6세에 버금가는 필리프 2세(재위 1180~1223)와 루이 9세(재위 1226~70)가 등장했다. 필리프 2세는 영토를 확장하고 행정 조직과 법제를 정비했으며 제4차 십자군전쟁을 수행해서 기독교 세력의 확장에 일조했다. 루이 9세는 '성왕 루이'라고 불릴 정도로 업적을 많이 남겼다(도 5-21). 프로방스와 블루아 등을 합병하고 툴루즈 대학과 소르본 대학을 창립했다. 기독교와의 관계도 좋아서 제6차 십자군전쟁을 수행했으며 랭스와 아미앵의 두 성당을 완공하며 성기 고딕의 절정을 이끌었다. 파리의 왕실 성당인 생트샤펠을 완공해 기독교와의 연대를 상징적으로 과시함과 동시에 건축사적으로는 레요낭양식의 문을 열었다.

**도 5-21** 성왕 루이(Saint Louis=루이 9세)의 전쟁 장면.

기독교에서는 성기 중세를 통틀어 가장 성공한 교황으로는 인노첸시오 3세(Innocent III, 재위 1198~1216)를 손꼽는다. 그는 세속 군주들에 의

해 휘둘리던 기독교를 해방해 교황 군주정체의 전형을 완성했다. 예루살렘이 1187년에 이슬람에 의해 재점령당하자 이를 기독교 정신이 쇠퇴한 데 따른 벌로 보고 기독교 정신의 부활을 위해 기독교 해방을 단행했다. 필리프 2세와 연대해서 신성로마제국을 무력화했으며 이탈리아 중부지방을 교황 직속령으로 다스렸다. 그는 지상 세계는 하늘 세계를 인간적 매개로 축소, 번안한 것이라고 생각했으며 성당을 다시 이것의 집약체로 정의했다. 이를 과시하기 위해 성당은 높고 장쾌하게 올라가야 했으며 실내에는 '빛 상징주의'를 풍성하게 표현해야 했다.

성당 건축은 초기 고딕 때 형성된 두 흐름 가운데 수직선과 대형 공간을 추구했던 노트르담의 과시욕을 계속 증폭해 나가는 쪽으로 잡혔다. 교황청에서 이를 직접 시행할 능력이 없었기 때문에 파리 왕실과 연대를 통해 실천에 옮겼다. 일드프랑스가 그 중심지였다. 파리를 정치적 중심지로, 랭스와 상을 종교적 중심지로, 샤르트르를 건축적, 사상적 중심지로 삼아 고딕 성당을 높이 올려 짓는 작업이 본격적으로 시작되었다(도 5-1). 파리를 중심으로 방사선 방향으로 고딕 도시들이 번창했고 각 도시들은 고딕건축을 대표하는 걸작 성당들을 한 채 이상씩 가지게 되었다.

### 샤르트르대성당-고딕 구조의 완성

성기 고딕의 첫 번째 완성은 샤르트르대성당(Chartres, 1194~1260)에서 있었다. 초기 고딕의 예들에 남아 있던 불일치와 로마네스크의 잔재들이 대부분 사라졌으며 무엇보다 플라잉 버트레스를 완성한 점이 중요했다. 초기 고딕의 성당에 나타났던 앞서거니 뒤서거니 하는 불일치는 실력이 모자라서기보다는 여러 구조 방식들 사이의 최적조화를 탐구하는 실험 쪽에 가까웠다. 샤르트르대성당은 그 실험을 끝내고 이상적 조합을 찾아내 구현한 첫 번째 건물에 해당한다. 그 내용은 여섯 가지로 요약할 수 있다.

첫째, 천장이 4분 볼트로 정착했다(도 5-22). 기둥 간격이 아직 6.7미터로 충분히 넓어지지는 못했지만 고딕 구조의 최종 목적인 넓은 4

도 5-22, 5-23 샤르트르대성당, 프랑스, 1194-1260년.

분 볼트로 가는 첫걸음이었다. 특히 초기 고딕의 6분 볼트의 기둥 간격과 견주면 많이 넓어졌다. 둘째, 다발 기둥도 이에 맞춰 싱글 베이로 정리했다. 기둥 형태에서 원형과 팔각형의 두 종류를 교대로 쓴 점은 아직 더블 베이의 잔재가 남은 것이지만 대응 기둥의 개수만을 기준으로 하면 싱글 베이로 정착했다. 초기 고딕에서 가장 많은 혼란과 불일치를 일으켰던 두 구조 방식이 드디어 일치하면서 제일 효율적인 체제로 정리되었다.

셋째, 다발 기둥이 지면까지 내려가는 발전이 있었다. 싱글 베이였기 때문에 모든 기둥에서 그랬다. 이를 위해 '필리에 캉토네(pilier cantonee=colonne cantonee)'라는 다발 기둥 방식을 발명했다(도 5-23). 단어 그 자체는 '네 귀에 대응 기둥이 달린 코어 기둥'이란 뜻인데, 구조적으로 해석하면 주두를 기준으로 아래쪽은 코어 기둥의 세 귀에 대응 기둥을 하나씩 더하고 위쪽은 코어 기둥의 정면에 세 개, 양 측면에 각 하나씩 모두 다섯 개의 대응 기둥을 더한 다발 기둥 방식이다. 다발 기둥의 구조 방식도 초기 고딕에서 혼란이 많았던 경우인데, 이것을 성기 고딕의 표준형으로 정리하면서 '필리에 캉토네'로 만든 것이다.

아래쪽과 위쪽의 대응 기둥 개수가 다른 것은 불일치가 아니라 각각에 필요한 구조적 상황이 다른 데 따른 자연스러운 결과다. 천장 리브 가운데 횡 방향 아치를 받는 중앙의 대응 기둥은 위아래가 공통인

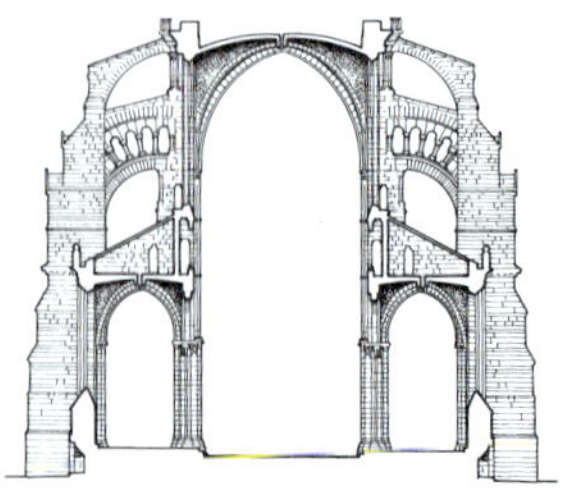

**도 5-24, 5-25** 샤르트르대성당, 프랑스, 1194–1260년.
**도 5-26** 샤르트르대성당, 네이브 횡 단면도, 프랑스, 1194–1260년.

가운데 아래쪽에서는 아케이드의 아키볼트를 받치는 대응 기둥만이 필요했기 때문에 양옆으로 하나씩 더해진다. 위쪽에서는 대각선의 리브를 받치는 것 두 개와 천측창의 윤곽을 받치는 것 두 개가 필요해서 모두 다섯 개를 더한다. 아직 완전한 완성 상태에 이르지는 못해서, 위쪽에서 천측창을 받쳐야 하는 것이 대각선의 리브를 받치는 것과 합해져 안쪽으로 쏠리면서 제 역할을 못하고 있다. 이런 사실은 성기 고딕의 절정을 이룬 랭스 성당과 비교하면 잘 드러난다.

넷째, 플라잉 버트레스가 발전해서 정착했다. 아직 완전하지는 않았지만 파리 노트르담과 비교했을 때 일차적 완성을 이룬 것으로 볼 수 있으며 그 구체적 효과가 네이브 월에 반영되었다. 노트르담에서는 플라잉 버트레스의 아치가 갤러리 층의 천장 볼트와 한 몸으로 붙어 있었는데 샤르트르에서 갤러리 층이 사라지면서 플라잉 버트레스가 단독으로 서게 되었다. 플라잉 버트레스를 지탱하던 아치 부재의 단수가 3단에서 2단으로 줄어들면서 구조 전체가 가벼워졌으며 실내로 들어오는 빛의 양이 증가했다(도 5-24).

다섯째, 네이브 월이 첨단 3분법으로 정착하면서 천장고도 높아졌다. 초기 고딕을 이루었던 4분법이 사라지고 3분법으로 돌아왔을 뿐 아니라 갤러리 층이 트리포리엄 층으로 대체되었다(도 5-25, 5-26). 갤러리 층의 석조 볼트 천장이 분담하던 내력 기능을 플라잉 버트레스가 맡게 된 결과였다. 갤러리 층의 내력 기능이 사라지면서 구조적으로 불리할 법도 한데 네이브 월이 오히려 높아진 것이 발전의 핵심 포인트였다. 고딕 구조의 유기적 협력이 본격적으로 가동되었음을 알려주는 대목이다. 트리포리엄 층은 아직 높아지지 않았지만 아케이드와 천측창이 각각 16.1미터와 16.9미터로 높아졌다. 천장고는 노트르담의 31.5미터보다 6미터 높아져 37.5미터가 되었다. 고딕 장인들에게 35미터 정도가 심리적 경계였는데 그 한계를 뛰어넘어 자신감과 확신을 준 수치였다.

여섯째, 고전적 공간감을 고딕적 수직성으로 번안해서 공간의 확장을 이루었다. 네이브 폭이 16.3미터로 넓어지면서 수직 확장에 이은 수평 확장이 있었다. 네이브의 '높이/폭'의 비율은 2.3으로 파리 노트르담보다 오히려 적어졌지만 절대 치수에서 커지면서 네이브의 공간감은 안정적 비례보다는 장쾌한 공간으로 변했다. 고전적 공간감을 고딕적 수직성으로 번안한 것이다. 네이브 천장고에서 높아진 부분을 아케이드와 천측창 양쪽으로 균등하게 배분한 것도 비슷한 이치다. 눈높이에서 슈베를 바라보는 땅 위의 시선과 하늘을 올려보는 수직적 시선 모두를 강조해서 하나로 통합하려는 의도인 것이다.

### 부르주-고전적 거대 공간

부르주는 여러 면에서 샤르트르와 좋은 비교 대상이다. 닮은 점이 많으나 반대되는 특징도 강해서 랑을 잇는 고딕 고전주의를 대표하는 건물이다. 건립 시기는 확실하지 않으나 샤르트르와 거의 비슷한 것으로 보인다. 동쪽 절반은 1195년경에 시작해서 1214년에 완공되었고 서쪽 절반은 1225년에 시작하여 1255년에 완공되었다. 크기와 전체 구성도 샤르트르와 비슷했다. 5랑식으로 42미터의 폭에 109미터의 길이를 가졌으며 천장고는 37.2미터였다(도 5-27). 네이브 월도 '아케이드-트리포리엄-천측창'의 3분법으로 구성되어서 전체적으로 순수 고딕다운 경향을 추구했다(도 5-28). 슈베의 방사형 예배당이 기하학적으로 잘 정리된 점을 보면 더욱 그러해서 파리 노트르담에서 샤르트르로 이어지는 고딕적 대형 공간을 잇는 것으로 볼 수 있다.

플라잉 버트레스에서는 최상 부를 보강해서 가볍게 만든 점에서 샤르트르보다 발전이 있었다. 플라잉 버트레스의 아치가 네이브 외벽과 만나는 최상부는 벤딩 모멘트가 제일 크게 일어나는 지점이어서 건물

**도 5-27, 5-28** 부르주 성당, 프랑스, 슈베 1195년경-1214년/네이브 1225-1255년.

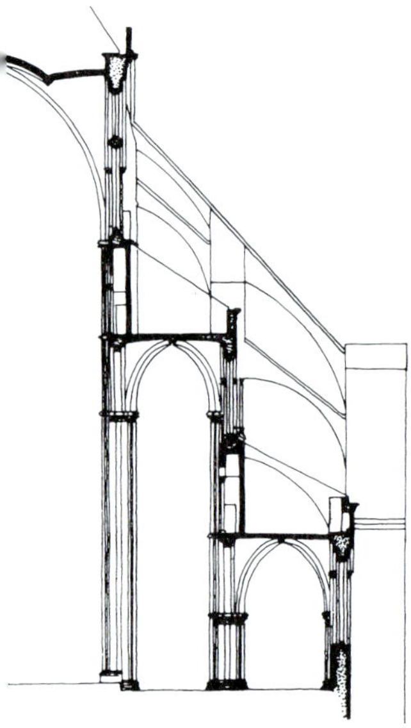

**도 5-29, 5-30** 부르주 성당, 성가대석 횡 단면도, 프랑스, 슈베 1195년경-1214년/네이브 1225-55년.

전체에서 제일 취약한 지점인데 이 부분을 'T'자형 단면으로 보강한 것이다. 샤르트르에는 이런 보강 처리가 없어서 최상부 아치가 네이브 외벽의 끄트머리인 소 첨탑에 붙었다. 소 첨탑의 압축력으로 벤딩 모멘트를 상쇄하기 위해서였다. 이 때문에 샤르트르의 플라잉 버트레스는 여전히 육중했다. 벤딩 모멘트와 압축력 모두를 견뎌내기 위해서 버트레스가 두꺼워졌고 아치의 경사도 완만하게 놔두어야 했다. 지붕의 경사가 급해질수록 벤딩 모멘트도 증가했기 때문이다. 아치의 경사가 완만해지면서 버트레스가 높아졌다. 결과적으로 두꺼운 버트레스가 높이 올라가면서 플라잉 버트레스 전체는 육중해졌다.

반면 부르주에서는 보강 처리 덕에 최상부 아치가 밑으로 내려오면서 아치의 경사가 급해졌다(도 5-29). 버트레스는 얇고 낮아졌고 아일 외벽이 부분적으로 버트레스의 지지 역할을 분담해 경량화를 도왔다. 지역적 요인도 중요해서 남부지방이었던 부르주는 바람이 약해서 풍압이 적게 걸렸다. 샤르트르의 최대 풍속이 시간당 135킬로미터였던 데 반해 부르주에서는 시간당 105킬로미터였다. 이 차이가 최대 풍압에서는 두 배로 나타났다. 이상의 결과 부르주의 플라잉 버트레스에 들어간 재료 양은 샤르트르의 60퍼센트에 머물렀다.

이처럼 구조 발전에 역량을 집중하는 순수 고딕적 경향에도 불구하고 부르주의 더 큰 특징은 랑의 고전적 비례를 이어받은 점이다. 건물 규모가 샤르트르와 비슷해서 고전적 비례의 범위를 넘어섰기 때문에 고전적 비례는 실제 수치보다는 비율로 표현했다. 천장고가 높아진 데 비해 트리포리엄과 천측창의 높이는 랑과 거의 비슷한 수준에 머물렀다. 높이 증가분이 모두 아케이드로 가서 37.2미터의 천장고 가운데 아케이드는 절반이 넘는 21미터를 차지했다. 아케이드가 높아진 이유는 일차적으로는 5랑식 구성에 맞추려는 기능적 목적 때문이었다. 네이브 월의 아케이드를 아일 벽의 전체 높이에 맞추기 위해서였다(도 5-30).

이 문제는 5랑식 구성에서 네이브 월과 아일 벽 사이의 일치라는 좀 더 기본적인 주제였다. 아일 벽도 3등분 구성을 가지면서 그 높이가 제법 되었기 때문에 네이브 월을 맞추기가 쉽지 않았다. 초기 고딕에서는 네이브 월의 아케이드가 두 번째 아일 벽의 아케이드 높이까지

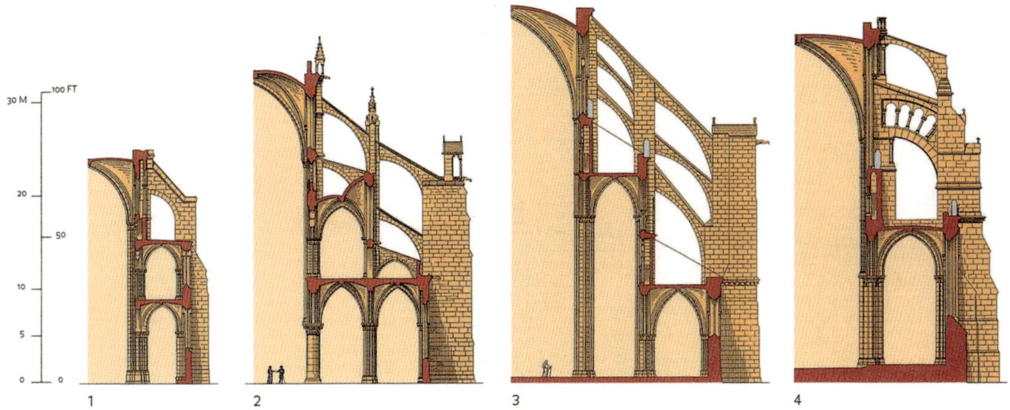


**도 5-31** 프랑스 고딕 성당의 수직 발전 과정. 왼쪽부터 누아용(1170년 이후) - 파리 노트르담(1176-1215년) - 부르주(1195-1250) - 샤르트르(1194-1220).

만 올라가고 마는 식으로 해결했다. 이것은 건물 구조를 복잡하게 만들고 네이브 월의 갤러리 층을 아일 벽이 밖에서 막아서 실내를 어둡게 만드는 등 문제가 많았다. 아직 플라잉 버트레스가 없던 때여서 아일 외벽이 버트레스를 겸했기 때문에 아일 외벽이 높아진 것도 중요한 이유였다. 성기 고딕에서는 아예 네이브를 3랑식으로 구성하고 성가대석만 5랑식으로 구성했다(도 5-31).

부르주에서는 이도 저도 아니고 5랑식을 유지하면서 네이브 월의 아케이드를 대거 높여 전혀 다른 해결책을 구사했다. 무엇인가 비상한 목적이 있었다는 뜻이다. 제일 쉽게 생각할 수 있는 것은 네이브 월과 아일 벽 사이의 구조적 일치이다. 플라잉 버트레스가 발전하면서 아일 외벽이 낮아진 덕도 컸다. 더 중요한 목적은 하늘보다 땅에 치중하는 상징성을 얻기 위한 것이었다. 이것이 곧 고전적 비례를 표현하는 역할을 하였다. 출입문을 통과해서 네이브에 들어서면 아케이드의 높이에 압도당하면서 하늘을 상징하는 천측창은 거의 인식되지 않았다. 수직성이 곧 앙천성(仰天性)이었던 고딕적 수직성의 거부였다. 모든 집중은 땅 위 눈높이에 맞췄다. 고전적 상징성이었다.

이런 상징성을 보강하기 위해 '6분 볼트-더블 베이' 체계를 다시 가져왔다. 초기 고딕처럼 실험적 불일치가 아니라 의도적인 차용이었다. 샤르트르와 다른 길을 가겠다는 분명한 '반(反)샤르트르' 선언이었고 이것은 곧 파리 노트르담에서 샤르트르로 이어지는 고딕적 수직성의 거부와 동의어였다. 6분 볼트가 지닌 로마네스크의 상징성을 사용

**도 5-32** 부르주 성당, 프랑스, 슈베 1195년경-1214년/네이브 1225-55년.

한 것이다(도 5-32). 이는 기둥 두께를 보면 알 수 있다. 아케이드가 높아진 데 따른 구조적 부담을 기둥 두께로 해결했으며 다발 기둥도 리브를 대응하는 데 필요한 것보다 더 사용했다. 이런 처리는 슈베를 향한 속도감을 확연히 떨어트렸다. 기둥 간격은 샤르트르의 6.7미터와 거의 같았지만 아케이드 층에 시선을 붙드는 장치들을 더 많이 더하면서 발걸음이 느려졌다. 이것은 곧 땅에 더 많이 머무는 것을 의미하는 고전 상징주의로 이어졌다. 결과적으로 부르주의 네이브는 샤르트르와 같은 규모인데도 그 느낌은 고전 거석문화의 거대 공간에 가깝게 나타났다.

### 랭스-경량화와 밝은 빛

고딕건축의 정통 족보는 샤르트르에서 랭스 성당(Reims Cathedral, 네이브 1211~41)으로 이어졌다. 부르주에서 시도했던 고딕 고전주의는 이후 규모를 크게 축소해서 소형 성당으로 이어진 반면 샤르트르에서 모색했던 수직선은 더욱 극단적으로 추구되며 랭스에서 이상적 상태에 이른다. 랭스에서는 4분 볼트, 싱글 베이, 네이브 월의 3단 구성, 플라잉 버트레스, 필리에 칸토네 등 성기 고딕을 구성하는 구조 체계

**도 5-33, 5-34** 랭스 성당, 프랑스, 네이브 1211-41/서쪽 파사드 1255년경-90년.

**도 5-35** 랭스 성당, 프랑스, 네이브 1211–41/서쪽 파사드 1255년경–90년.
**도 5-36** 랭스 성당, 빌라르 드 온느쿠르(Villard de Honnecourt)의 스케치집에 수록된 입면도.

들이 모두 완성에 이르렀으며 샤르트르에 남아 있던 불일치와 잔재도 말끔히 사라졌다. 예를 들어 샤르트르에서는 주두 위쪽의 대응 기둥 다섯 개 가운데 바깥쪽 두 개가 천측창에 대응하지 않고 옆의 대응 기둥과 함께 대각선 리브를 받쳤던 것이 사라지고 제자리에 잘 들어갔다(도 5–33).

랭스에서 모든 역량은 수직선, 밝은 조도, 경량화에 모아졌다. 천장고 자체가 42미터로 훌쩍 높아졌다(도 5–34). 최고 기록은 아니지만 샤르트르보다 4.5미터가 높아졌다. 네이브의 '폭/높이' 비율은 약 2.8로 증가했다(도 5–35). 아케이드, 트리포리엄, 천측창의 높이는 각각 18미터, 5.3미터, 16미터였다. 샤르트르와 비교했을 때 아케이드는 적당히 높아지고 천측창은 조금 낮아졌으며 트리포리엄이 많이 높아졌다(도 5–36). 하늘과 땅 사이의 관계에서는 하늘에 과도하게 집중되었던 것을 적당히 중화한 반면 실내 조도 향상에 역량을 집중했다.

조도 향상은 지점에 따라 방식이 달랐다. 천측창의 높이 자체는 샤르트르보다 조금 낮아졌지만 바 트레이서리(bar tracery)가 처음 등장하면서 창 면적은 오히려 늘었다. 샤르트르에서는 랜싯과 오쿨루스 사이가 벽체로 막혀 있었던 데 반해 랭스에서는 진공부로 뚫어서 랜싯 윤곽이 선형 어휘만으로 형성된 것이다. 결과적으로 천측창은 더 투명하고 밝아졌다. 아케이드에서는 높이 자체도 높아졌으려니와 기둥 간격도 6.7미터에서 8.2미터로 늘어나면서 네이브로 들어오는 빛의 양이 늘었다.

천측창과 아케이드 양쪽을 동시에 강조한 것은 표면적으로는 하늘과 땅 사이의 균형을 추구한 것이지만 속뜻은 좀 달랐다. 앙천성을 추구해서 기독교적 권위를 표현함과 동시에 땅 위 세상까지 장악하겠다는 권력욕을 상징했다. 지상 세계에 기독교 왕국을 건설해서 하늘 세계를 상징적으로 구현한다는 의도였다. 실제로 랭스가 대관식을 거행하던 성당인 것을 보면 이런 해석은 타당성이 있다. 기독교의 권위가 세속 권력의 정당성을 허락해주는 장소였던 것이다. 트리포리엄도 같은 의미로 해석할 수 있다. 트리포리엄이 높아지면서 기둥 간격이 함께 넓어졌기 때문에 수직 증가분의 앙천 효과는 크지 않은 반면 땅과 하늘 사이의 균형을 보강하는 효과가 더 컸다.

이처럼 랭스에서 수직선은 그 자체로 중요하기보다는 실내에 밝은 빛을 가득 채워 빛 상징주의를 강화하려는 목적이 있다. 이를 위해 경량화가 필수였다. 샤르트르에 남아 있던 둔탁함을 완전히 벗어버린 상태에까지 이르는데, 이는 랭스에 가해지던 풍압까지 함께 고려하면 그 의미가 더 확실해진다. 랭스는 샤르트르와 같은 일드프랑스에 지어졌는데 풍압이 센 지역이었다. 풍압은 인장력을 유발하는데 이를 막기 위해서는 건물이 무거워지는 것이 통례다. 이런 조건에서 건물이 오히려 경량화된 것은 샤르트르보다 구조적 발전이 훨씬 더 진척되었음을 말해준다.

경량화는 벽체가 얇아지고 개구부의 면적이 확대되는 방향으로 추구되었다. 이것 역시 상반되는 조건인데, 이것을 동시에 만족한 점에서 랭스의 발전상을 알 수 있다. 네이브 월은 이런 변화가 가장 두드러진 부분이었다. 앞에 언급한 천측창의 바 트레이서리는 좋은 예다. 여기에 더해 기둥 간격이 커지면서 창 면적도 늘어났다. 아케이드에서는 아키볼트 두께가 얇아지면서 여러 겹의 가는 곡선이 반복되었다. 벽체의 물성이 사라지고 섬세한 공예적 느낌이 나타났다. 트리포리엄을 구획하는 개구부는 아치 창 네 개로 샤르트르와 같았지만 높이가 높아지고 기둥 간격도 넓어지면서 진공부의 면적이 증가했다. 아치창을 구획하는 기둥도 가늘어졌으며 이 기둥이 양쪽 끝에서 다발기둥과 만나는 부분의 두께도 많이 줄어들었다. 다발 기둥의 형상도 한 종류로 통일되면서 대응 기둥의 쭉 뻗은 선형성을 강조했다. 선형성은 경량화의 효과를 크게 도우며 샤르트르와 비교했을 때 더 경쾌해진 모습을 만들어냈다.

## 아미앵–고딕의 절정과 한계

아미앵 성당(Amiens Cathedral, 네이브 1220~36, 성가대석 1236~70)은 고딕 건축에서 네이브 천장고의 기록을 갖고 있는 성당이다. 랭스보다 1미터 높아진 43미터를 기록했다. 아미앵 뒤에 지어진 보베에서 더 높아지긴 했지만 보베는 무너졌기 때문에 기록으로 인정받지 못했다. 쾰른 성당도 아미앵보다 높아졌지만 아미앵을 모델로 삼아 100년 정도 뒤에 지어진 것이기 때문에 진정한 기록으로 보기 힘들다. 이런 점에서 아미앵은 고딕건축의 절정으로 볼 수 있다(도 5–37). 그런데도 구조적으로 보면 새로 발명한 것은 없고 랭스의 기술을 그대로 이어 받아서 사용했기 때문에 건축사적 의미는 크게 줄어든다. 이 때문에 고딕 성당의 대표성은 랭스에 두는 것이 보통이다.

아미앵 역시 랭스와 마찬가지로 '3랑식 네이브+5랑식 슈베'의 구성으로 이루어졌다. 방사형 예배당이 축소되면서 수평 확장을 포기한

**도 5–37** 프랑스 고딕 성당의 수직 발전 과정. 왼쪽부터 랭스(1211–41년)–아미앵(1220–36년)–보베(1227–60)–쾰른(1248–1332년).

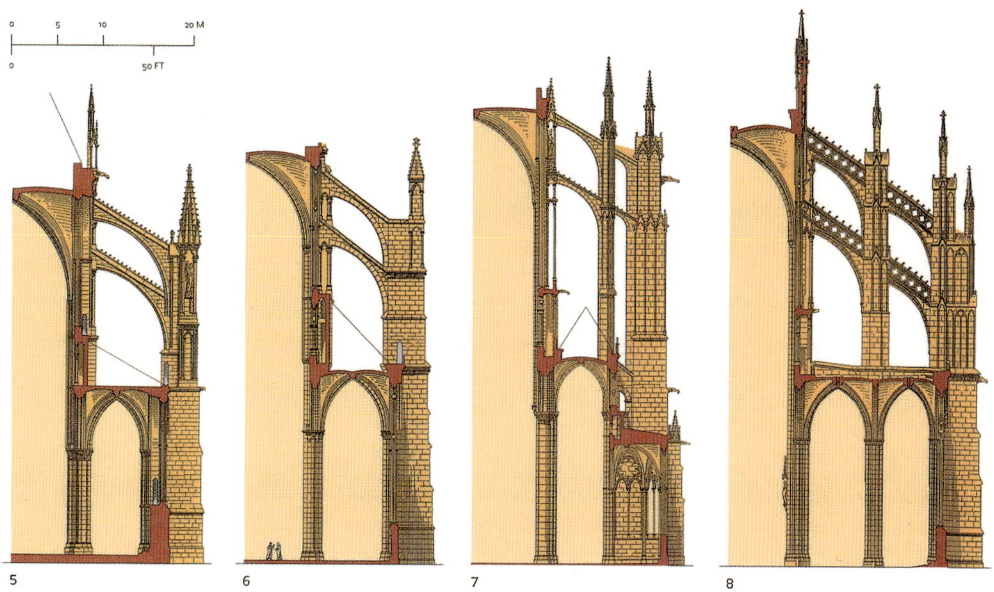

**도 5-38** 아미앵 성당, 프랑스, 네이브 1220–36년/성가대석 1236–70년.

것도 동일했다. 전체 규모는 5랑식 부분을 기준으로 가로 137미터, 세로 46미터로 랭스와 거의 유사했다. 미세한 발전도 있었다. 천측창 윤곽을 받치는 대응 기둥이 대표적이다. 랭스에서는 창틀 밖으로 대응 기둥을 더하면서 불일치가 남았다. 반면 아미앵에서는 대응 기둥이 창틀과 하나로 합해지면서 진정한 일치를 얻었다(도 5-33, 5-38). 더 중요한 발전은 이 대응 기둥이 내려온 길이였다. 랭스에서는 주두까지 내려온 데 비해 아미앵에서는 트리포리엄까지만 내려오고 끊겼다. 이로써 비로소 다발 기둥의 표준형이 완성되었다.

랭스까지는 대응 기둥이 바닥에서 시작하는 것과 주두에서 시작하는 것의 두 종류만 쓰였다. 아미앵에서는 트리포리엄에서 시작하는 세 번째 종류를 새로 더했다. 이것이 표준형으로 대응 기둥과 구조 체계 사이에 3단계에 걸친 위계성이 완성되었다. 대응 기둥 가운데 중앙의 것이 가장 위계가 높기 때문에 이에 맞게 바닥에서부터 시작하면서 천장의 횡 방향 리브를 받았다. 양옆의 것은 두 번째 위계로 주두에서부터 시작하면서 천장의 대각선 리브를 받았다. 나머지 두 개는 마지막 세 번째 위계로 제일 높은 트리포리엄에서 시작하면서 천측창의 창틀을 짜는 데 쓰였다.

이 문제는 대응 기둥과 천장 리브 사이의 일치와도 관계가 깊은 것인데 랭스까지도 불일치로 남아 있던 것을 아미앵에서 해결한 것으로 볼 수 있다. 고딕 구조에서 가장 늦게까지 해결이 안 된 문제인 셈인데 여기에는 그럴 수밖에 없는 이유가 있었다. 대응 기둥과 천장 리브는 근본적으로 일치될 수가 없었다. 4분 볼트는 리브가 세 개이기 때문에 세 개의 대응 기둥만 필요했다. 그러나 천측창의 실내 윤곽을 짜는 데 두 개가 더 필요했기 때문에 실제로는 모두 다섯 개를 만들었다. 이 다섯 개를 모두 드러내면 불일치로 남을 수밖에 없다. 랭스에서도 천측창용 대응 기둥이 주두까지 내려오면서 다섯 개를 모두 드러내서 불일치가 남은 것이었다. 반면 아미앵에서는 천측창용 대응 기둥을 트리포리엄에서 시작했는데, 바닥에 서서 보면 이것들이 거리 차이와 앙각 등의 이유로 보이지 않기 때문에 대응 기둥은 마치 세 개밖에 없는 것으로 보였다.

수직 비례를 처리하는 데에서도 차이가 있었다. 아미앵에서는 단

**도 5-39, 5-40** 아미앵 성당, 네이브 횡 단면도, 프랑스, 네이브 1220-36년/성가대석 1236-70년.

순히 높이만 높아진 것이 아니라 공간 분절에서 수직성 한 가지만을 극단적으로 추구해 하늘과 땅 사이의 균형과 조화를 꾀했던 랭스와 차이가 났다. 아미앵에서는 아케이드, 트리포리엄, 천측창의 높이가 각각 20.2미터, 6.8미터, 14.7미터였다(도 5-39). 랭스와 비교했을 때 트리포리엄은 많이 높아지고 아케이드는 조금 높아졌으며 천측창은 오히려 낮아졌다. 트리포리엄이 높아진 것은 플라잉 버트레스의 구조적 가능성을 십분 활용한 것으로 랭스보다 발전한 것으로 볼 수 있다.

아케이드가 높아진 것은 바닥에 섰을 때 눈에 들어오는 수직성만을 극단적으로 추구하겠다는 의도였다. 네이브의 '폭/높이'의 비율이 약 3까지 높아져서 이것만으로도 우물 안에 갇힌 것 같은 느낌인데 하늘 부분에 해당하는 천측창 높이를 줄여 이런 느낌은 더 강해졌다(도 5-40). 네이브 월의 3분법에서 정교한 분절이 깨지고 아케이드의 높이에만 과다하게 배정된 것이다. 천측창의 면적이 줄어든 것도 같은 맥락이다. 건축적 관심이 조도 향상에서 벗어났음을 뜻한다. 수직성의 궁극적 목적이 빛 상징주의를 통해 신의 존재를 증명하는 것임을 볼 때 이런 현상은 수로서의 수직성 자체에 관심이 집중되어 있음을 보여준다.

아케이드가 천측창보다 우위를 점하게 된 현상은 여러 가지 의미가 있다. 랑에서 부르주로 이어지는 고딕 고전주의 계열의 비례도 크게 보면 이런 특징을 일정 부분 공유하는데 이것은 땅 위의 일에 더 관심을 두겠다는 종교관을 상징한다. 기독교적으로도 동일한 해석이 가능해서 구약성서의 주인공인 모세의 율법이 상징하는 '땅 위에서의 하나님의 명령'을 상징한다. 이는 신약성서의 주인공인 예수의 십자가 처형이 선포한 '하늘을 향한 하나님의 명령'과 대비되는 대목이다. 이런 점에서 후자를 상징한 파리 노트르담이나 랭스와 대비적 위치에 서는 것으로 해석할 수 있다. 혹은 실제로 진행되어왔던 기독교의 역사를 보면 세속 권력으로서 기독교를 추구하겠다는 지상주의의 발로로 해석할 수 있다. 기독교의 의미를 지상에서의 권력으로 정의한다는 뜻이다. 샤르트르의 고딕적 거대 공간에서 탈피하여 수직성만을 극단적으로 추구하겠다는 입장이었다. 이런 입장은 랭스에서부터 나타났지만 하늘과 땅 사이의 균형과 조화로 극단적 수직성을 중화했던 데 반해 아미앵에서는 이런 장치가 깨진 것이다.

**도 5-41** 보베 성당, 프랑스, 1247년 시작, 1284년 지붕 붕괴, 성가대석 1337-47년, 전체 완공 1568년.

### 보베-수직 욕망의 붕괴

보베의 성 피에르 성당(1247년 시작, 1284년 지붕 붕괴, 성가대석 1337~47, 전체 완공 1568)은 프랑스 고딕건축의 양면성을 잘 보여주는 특이한 예였다. 나아가 유럽 기독교 건축의 수직 욕망이 지닌 위험성을 보여주는 예이기도 하다. 보베는 로마네스크 건물로 시작되었다. 여러 번의 화재로 거의 형체를 알아볼 수 없게 된 것을 1225년부터 1272년 사이에 성가대석부터 증개축했다. 이때 고딕 최고의 기록 가운데 하나가 세워졌다. 샤르트르에서 아미앵에 이르는 성기 고딕의 구조공법을 십분 활용하여 성가대석이 48미터까지 올라갔다. 아미앵보다 5미터나 더 높은 것으로 고딕건축의 실질적 최고 기록이었다(도 5-37). 그러나 1284년에 천장이 무너지는 비운을 맞았다.

보베의 설계는 여러 선례들에서 좋은 점만 따와서 혼합했다. 이 때문에 붕괴의 원인을 쉽게 찾아내지 못했다. 원인을 밝히지 못한 채 1337년부터 1347년 사이에 기둥만 보강해서 다시 지었고 16세기에는 트랜셉트에 플랑부아양양식을 더했다(도 5-41). 이후 더 이상 공사가 없었기 때문에 네이브를 갖지 못한 채 반 토막 상태로 남았다. 아직도 정확한 붕괴 원인을 밝히지 못하고 있는데, 상식적 수준에서 추측할 수 있다. 연약한 지반에 기초를 충분히 다지지 못한 점, 시공이 정밀하지 못한 점, 여러 선례들에서 모은 구조 체계 자체에 문제가 있었던 점, 천장 하중을 플라잉 버트레스에만 의존하고 실내 벽과 기둥은 철물 연결 막대로만 보강해서 한 몸으로 작용하지 못한 점 등 네 가지로 추측할 수 있다.

네 가지는 모두 일정한 근거가 있다. 이것은 네 가지 모두가 붕괴 원인이 될 수 있다는 뜻이다. 즉 한 가지 특정 원인에 의한 것이기보다는 여러 요인이 복합된 결과일 수 있다는 뜻이다. 그만큼 허술하게 계획하고 지었다는 의미이기도 하다. 수직 욕망 한 가지에만 집착하여 쫓기듯 서둘러 지었음을 알 수 있다. 이론적으로만 보면 고딕 기술로 보베의 높이를 올리는 일은 불가능하지만은 않다. 문제는 구조 체계의 타당성과 시공의 정밀성 등 계획에서 완공에 이르는 전 과정에 걸친 치밀하고 종합적인 위기관리 능력이었다. 이것은 곧 고딕 구조의 핵심인 유기성 개념이기도 한데 이것을 잊은 채 단편적 기술만 짜깁기해서 수직 욕망만 추구한 것이 화근이었다.

좀 더 전문적으로 보면, 특히 문제가 되었던 것은 샤르트르와 부르주라는 상반되는 체계를 하나로 합친 것이었다. 샤르트르에서는 천측창의 높은 비율을, 거꾸로 부르주에서는 아케이드의 높은 비율을 각각 따와서 하나로 합하기만 하면 최고 높이가 가능할 것으로 안이하게 판단한 것이다(도 5-42). 두 선례의 네이브 월 비율은 상징적 목적 이외에 구조적으로도 이유가 있는 것이었다. 샤르트르에서는 천측창을 일정 높이까지 올려놓은 다음 트리포리엄을 높이고 그 다음 아케이드를 높이는 식으로 단계적 공사 방식을 사용했다. 천측창을 안전하게 받치기 위해서였다. 반면 부르주는 5랑식이었기 때문에 아일 벽체의 내력 역할 비중이 높아졌고 그에 따라 아케이드가 높아진 것이었다.

**도 5-42** 보베 성당, 성가대석 횡 단면도, 프랑스, 1247년 시작, 1284년 지붕 붕괴, 성가대석 1337-47년, 전체 완공 1568년.

이처럼 샤르트르는 천측창이 높은 대신 아케이드가 낮았는데 이것을 무시하고 높은 천측창만 따왔다. 부르주에 대해서도 그 반대로 받아들였다. 두 방식 모두 그럴 만한 사연이 있는 것이고 이것이 유기성의 핵심 개념인데 이를 무시하고 단편적 기록만 모으려 했던 것이다. 구체적 예로, 부르주에서는 인장력에 대비해서 타드샤르주를 크게 보강했기 때문에 아케이드가 높아질 수 있었던 것인데 보베에서는 이것을 고려하지 않았다. 보베의 타드샤르주는 매우 허술했고 붕괴는 여기서부터 시작되었다. 유기성의 교훈을 잊은 성급한 수직 욕망은 재난으로 끝났다.

# 3
# 후기 고딕

## 레요낭양식

후기 고딕은 통상적 의미의 후기 양식의 특징인 건물 규모가 작아지고 장식이 많아지는 현상에 잘 부합한다. 후기 고딕은 이 기준에 따라 다시 두 단계로 나눌 수 있다. 전반부는 1240년부터 1400년의 레요낭(Rayonnant)양식으로 '태양이 이글거리는 것 같은'이라는 뜻이다. 후반부는 1400년부터 1550년의 플랑부아양(Flamboyant)양식으로 '불꽃이 타는 것 같은'이라는 뜻이다. 모두 후기 고딕의 화려한 장식을 상징적으로 드러내는 명칭이며 장식 어휘는 주로 바 트레이서리를 이용해서 창틀에 집중되었다(도 5-43).

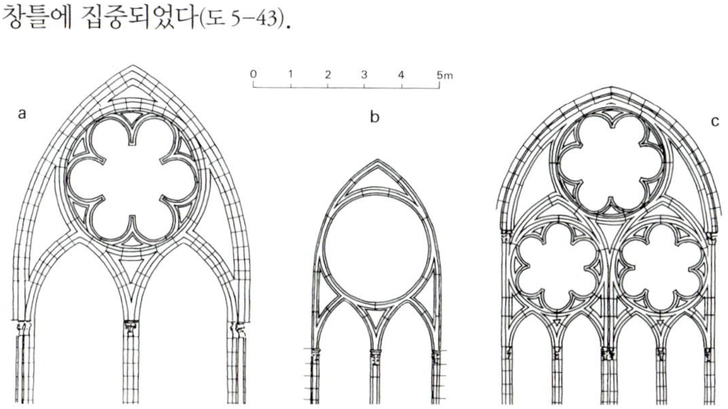


**도 5-43** 성가대석의 천측창 분할 비교, 왼쪽부터 랭스-파리 노트르담-성 디오니시오(13세기 부분).

후기 고딕의 장식화 경향은 일반적인 후기 양식에 나타나는 '장식을 위한 장식' 이외에 다른 목적도 있었다. 실내에 빛을 더 많이 유입하기 위해 벽체를 변화시키는 과정에 수반된 현상이기도 했다. 그 첫 번째 징후는 의외로 성기 고딕의 절정이라 할 수 있는 아미앵에서 시작되었다. 1240년대에 시작해서 1269년까지 계속된 성가대석과 트랜셉트의 개축 부분에서 중요한 변화가 나타나기 시작했다. 트리포리엄의 변화가 제일 두드러졌는데 그 내용은 세 가지로 요약할 수 있다.

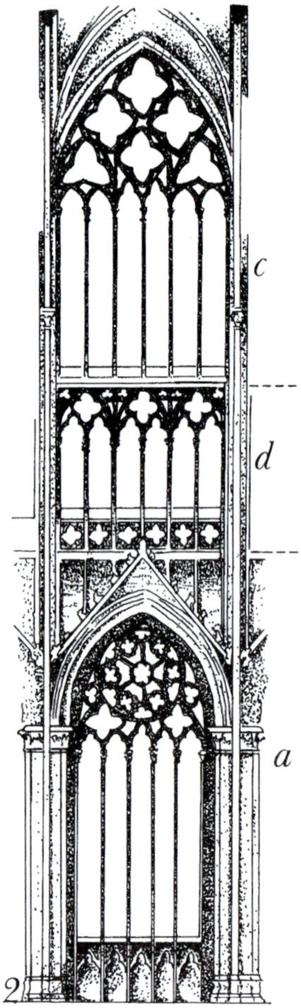


**도 5–44** 아미앵 성당, 프랑스, 네이브 1220–36년/성가대석 1236–70년.
**도 5–45** 13세기 중반의 네이브 월.

첫째, 벽체의 건축적 목적이 이전의 정밀한 빛 상징주의에서 직설적 빛 유입으로 바뀐 것이다. 벽체는 여전히 3분법을 유지했지만 트리포리엄에서 통로를 생략해서 단겹의 외벽으로 만든 뒤 유리를 끼웠다. 창이 없는 이중벽으로 구성되던 성기 고딕의 네이브 부분과 달라진 점이다. 3분법을 상징적으로 표시하며 아케이드와 천측창 사이의 조도를 조절하던 트리포리엄의 원래 기능은 사라지고 직접 빛을 받아들이는 밝은 창이 되었다(도 5–38, 5–44).

둘째, 트리포리엄의 아치창을 구획하는 랜싯인데, 성기 고딕 부분에서는 작은 원형 창 셋을 세 잎 클로버 형태로 뚫었고 벽체도 많이 남아 있었던 데 반해 이 부분에서는 크고 작은 화려한 꽃잎 형태로 뚫었으며 벽체도 거의 사라지고 바 트레이서리만으로 구성했다. 장식이 늘어난 것은 후기 양식의 전형적 현상이며 레요낭양식으로 가는 디딤돌의 의미가 있다. 벽체가 용해되는 현상은 빛을 많이 들어오게 하기 위한 첫 번째 목적과 같은 맥락이다.

셋째, 천측창과 트리포리엄의 랜싯 개수를 여섯 개로 동일하게 맞춘 것이다. 네이브 월에서는 각각 네 개와 여섯 개로 달랐다. 이런 일치는 구조 유기성을 강화한 것으로 볼 수도 있으나 반대로 해석할 수도 있어서 천측창과 트리포리엄이 점차 한 몸으로 붙기 시작하는 징조로 볼 수도 있다. 이것은 트리포리엄의 아치창을 구획하는 선형 부재가 천측창까지 이어지느냐 마느냐의 문제인데, 이후의 예들에서 나타난 현상과 함께 생각하면 타당성이 있는 해석이다. 이곳에서는 이렇게 이어지는 선형 부재가 아직 하나만 있는 데 반해 다음 건물인 성

디오니시오에서는 네 개로 늘어난다. 랜싯 개수를 맞춘 처리는 다음 단계로 넘어가는 첫걸음으로 해석할 수 있다.

세 가지 변화를 합하면 구조가 정밀한 유기성에서 넓은 창을 끼우기 위한 단순 막으로 바뀐다는 뜻이 된다. 이는 간단한 문제가 아니어서 복잡한 구조는 생략되기 시작하는 등 구조 변화를 수반했다. 직접광을 이용해서 실내 전체에 균등한 조도를 만들어내기 위해 구조 부재를 집중적으로 모으고 구조 부재의 선형성을 강조하는 변화를 꾀했다. 레요낭양식으로 진행되면서 수직성이나 앙천성 등은 더 이상 중요한 관심사가 아니었다. 구조가 유기성을 잃으면서 건물은 점점 낮아지며 트리포리엄은 점차 천측창과 하나의 큰 창으로 합해지면서 3분법이 2분법으로 줄어든다(도 5-45). 심한 경우 아예 긴 수직 창 하나만으로 구성되는 단계까지도 나아갔다. 창이 넓어지면서 창틀을 장식할 필요성이 커졌고 바 트레이서리를 이용한 화려한 장식 창틀이 등장한다. 스테인드글라스가 화려해지기 시작한 것도 같은 맥락이며 장미창(rose window)에서 절정에 이른다(도 5-46).

도 5-46 노트르담, 파리, 트랜셉트 1240-60년대.

도 5-47 성 디오니시오, 파리, 성가대석 1231-41년/트랜셉트 1241년 완공/네이브 1240년경-1281년.

### 성 디오니시오와 생트샤펠

성 디오니시오 가운데 13세기에 증축된 부분인 성가대석(1231~41), 트랜셉트(1241년 완성), 네이브(1240~81)에서 레요낭양식이 본격적으로 시작되었다. 핵심 내용은 천측창과 트리포리엄의 구획이 변한 점이다(도 5-47). 천측창에서는 세 개의 원형 창이 명확하게 등장했다. 아미앵에서 아래쪽 두 개가 정식 원형 창까지 못 가고 랜싯 팀파눔에 세 잎 클로버 형태로만 뚫린 것과 비교하면 많이 달라진 내용이다. 원형 창 자체의 분할도 꽃잎 형태에서 벗어나 가운데 큰 원을 중심으로 여섯 개의 작은 원이 밖을 동심으로 에워싸는 구성으로 바뀌었다. 반면 랜싯 처리에서는 수직 분할의 느낌이 약해졌다. 랜싯의 개수 자체가 아미앵의 여섯 개에서 네 개로 줄어들었으며 원형 창이 커진 만큼 랜싯의 높이는 낮아져서 비례가 짤막해졌다. 랜싯보다 원형 창이 더 크게 보이면서 천측창의 주인이 랜싯에서 원형 창으로 옮겨간 느낌이다.

트리포리엄에서는 반대로 랜싯의 개수가 늘어났다. 아미앵의 여섯 개에서 여덟 개로 늘어난 것이다. 아미앵에서는 트리포리엄의 랜싯을 위쪽 천측창의 랜싯 개수에 맞춰서 여섯 개로 나눈 반면 이곳에서는 천측창 랜싯 하나당 트리포리엄 랜싯을 두 개 할당해서 여덟 개가 된 것이다. 전체적 인상이 자잘한 창으로 분할된 것으로 바뀌었는데 이는 벽체 용해가 진척되었다는 것과 같은 뜻이다. 또 다른 현상도 추가로 나타났는데 트리포리엄 아치창을 구획하는 선형 부재 세 개가 모두 천측창까지 이어진 것이다. 앞의 아미앵 설명 세 번째 항목의 연속인데, 이로써 트리포리엄과 천측창이 좀 더 한 몸으로 붙은 것처럼 보였다.

네이브 월의 분할이 3분법에서 2분법으로 옮겨가는 현상인데, 이는 분할 비례에서도 알 수 있다. 아미앵에서는 아케이드가 트리포리엄과 천측창을 합한 것과 거의 같은 높이였던 데 반해 이곳에서는 아케이드가 많이 낮아지고 위쪽 둘이 높아졌다. 이런 비례는 이 둘이 한 몸으로 붙는 것처럼 보이기 시작한 현상을 강화하는 결과로 나타났다. 트리포리엄과 천측창은 하나의 큰 창처럼 보이기 시작했다(도 5-48).

파리의 왕궁 예배당인 생트샤펠(St. Chapelle, 1241~48)은 레요낭양식의 절정에 해당한다. 1485년에는 플랑부아양양식의 장미창을 서쪽에 더했다. 전체 구성부터 고딕의 전형적인 교회 형식을 벗어났다. 아헨 왕궁 예배당과 랭스의 대주교 예배당을 혼합한 형식이었다. 왕의 옥좌와 귀족의 자리를 2층과 1층으로 분리한 처리는 아헨을, 이것을 위 건물과 아래 건물의 별 층으로 구획한 것은 랭스를 각각 본뜬 것이다(도 5-49). 이런 자유로움은 벽체가 3분법에서 벗어나는 데에도 도움을 줬다. 위층 예배당의 벽체는 2분법이지만 아랫단이 매우 낮고 벽감으로 처리되어서 실제는 수직 창만으로 이루어진 것처럼 보인다. 창 하나당 손가락 비례처럼 기다란 랜싯 네 개와 원형 창 세 개로 분할되었다.

이로써 레요낭양식의 기본 요건을 갖추었다. 벽감을 아케이드로 볼 경우 트리포리엄과 천측창을 하나로 합해서 높고 넓은 창 면적을 확보했다. 이렇게 넓어진 창을 세장한 랜싯으로 구획해 구조 유기성에서 벗어났으며 창을 화려한 스테인드글라스로 가득 채웠다. 이 창

**도 5-48** 성 디오니시오, 네이브 월 입면도, 파리.
**도 5-49** 생트샤펠, 종 단면도, 파리, 1241-48년.

부분이 레요낭의 절정을 보여주는 대표적 예로 마치 투명한 병풍을 펼쳐놓은 것처럼 보인다(도 5-50). 수직 창을 구획하는 선형 부재도 가늘어져서 스테인드글라스의 투명성을 높여 빛 효과를 극대화했다. 현대 고층 건물의 커튼월에 비견될 만했다.

평면 구성도 이런 효과를 도왔다. 4베이 1랑식으로 예배당 전체가 큰 그릇 개념으로 만들어졌다. 왕실의 예배 공간인 동시에 주요 성물을 보관하는 장소이기도 해서 그릇 개념과 잘 맞았다. 단일 수직 창만으로 구성된 것처럼 보이는 벽체는 건물을 큰 유리 상자처럼 느끼게 해주었다. 구조 골격을 최소화한 대신 스테인드글라스로 가득 채워서 도상의 상징성을 최대한 높였다. 성물을 담는 그릇에 제격이었다.

**도 5-50** 생트샤펠, 어퍼 채플(Upper Chapel), 파리, 1241-48년

## 플랑부아양양식

레요낭양식은 플랑부아양양식으로 이어지면서 더 장식적이 되었다. '불꽃 같다'라는 말 그대로 뾰족아치의 뾰쪽한 형상을 강조하면서 이글거리는 형태의 장식 어휘를 만들었다. 반곡(反曲) 아치 혹은 연꽃 아치라고 불리는 오지 아치(ogee arch)가 대표적인 예로, 뾰족아치를 위아래로 여러 번 겹쳐서 만들어지는 급한 곡선 윤곽을 기본 형태로 삼아 발전한 형태다(도 5-51). 레요낭양식까지 지켜지던 랜싯과 원형 창의 기하학적 정형성이 깨지면서 불꽃 형상으로 변화했다(도 5-52). 기하학적 분할은 사라졌으며 흐르는 물살이나 식물 형태를 닮기도 했다. 여기에 더해 천장 리브까지 심한 장식 처리를 더했다. 천장 리브는 구조적 역할을 완전히 잃어버리고 별과 꽃 모양의 장식 문양을 만들어냈다. 건물 크기가 작아진 대신 파사드에도 집중적으로 장식했다.

플랑부아양 장식은 레요낭과 구별된다. 레요낭 장식은 건물 전체의 조도와 구조 체계에 대한 고민의 산물이었다. 조도 향상을 위해 개구부의 면적을 넓힌 뒤 이것을 분할하는 과정에서 생겨났기 때문에 장식 그 자체가 목적은 아니었다. 트리포리엄과 천측창을 하나로 합하는 과정에서 구조적 고민도 있었다. 반면 플랑부아양양식에서는 처음부터 장식 그 자체가 목적이었다. 네이브 월의 분할은 다시 3분법으로 돌아갔는데, 건물이 작아지면서 3단 구성으로 분할되었기 때문

**도 5-51** 플랑부아양양식의 오지 아치.
**도 5-52** 15세기 트레이서리.

a b c

**도 5-53** 상 성당, 프랑스, 트랜셉트 1490-1512년.

에 개구부 면적은 대폭 줄어들었다. 랜싯과 기하학적 균형을 이루던 원형 창은 큰 장미창 하나로 합쳤다. 랜싯 위에 올린 장미창은 랜싯과 긴장감을 형성했다(도 5-53). 장미창에서도 동심원의 겹이 많아지고 하나의 동심원을 분할하는 어휘도 많아졌다.

천장 리브에도 장식이 집중되었는데 보기에 따라서는 장식의 중심지가 천장으로 옮겨간 것 같았다. 레요낭에서도 천장 리브에 장식이 나타나긴 했지만 심하지 않았다. 리브의 개수가 많아지면서 선형 장식을 형성하는 정도였으며 리브는 구조적 역할을 유지하고 있었다. 플랑부아양에서는 리브가 거의 구조적 역할을 하지 못하면서 장식 경향의 중심을 이룰 정도로 장식 자체를 위한 장식을 가했다. 리브의 개수가 대폭 늘면서 복잡한 기하 분할을 통한 장식 문양을 형성했다(도 5-54). 부분적으로 색을 넣기도 했으며 꽃 장식을 달기도 했다(도 5-55). 건물이 작아지고 단일 공간으로 구성되는 경우가 많았기 때문에 창틀과 천장의 장식을 함께 보면 건물은 작은 장식 상자처럼 느껴졌다.

파사드에서는 장식 어휘가 자잘해지는 변화가 두드러졌다. 성기 고딕에 나타나던 힘차고 굵은 어휘는 사라졌다. 건물이 작아지면서 구조 골격이 왜소해졌다. 짙은 음영이 사라지고 건물 표면은 많이 평평해졌으며 그 사이를 장식이 메웠다. 구조 골격이 왜소해지면서 함께 나타난 현상이기도 했다. 성기 고딕의 3차원 입체감이 사라지고 2차원 면 느낌이 주요 특징으로 나타났다. 조각 장식도 많이 줄어든 대신 뾰족지붕, 뾰족아치, 소형 원형 창, 소 첨탑 등의 건축 어휘를 소품화해서 돋을새김으로 처리한 장식이 주를 이루었다(도 5-56). 출입문의 변화도 두드러졌다. 건물이 작은 경우에는 성기 고딕의 출입문 높이를 그대로 유지하면서 파사드 높이의 절반 이상을 출입문이 차지해

**도 5-54** 생장바티스트(St.-Jean-Baptiste), 쇼몽(Chaumont), 프랑스.
**도 5-55** 생퇴스타슈(St.-Eustach), 파리, 1532-89년.

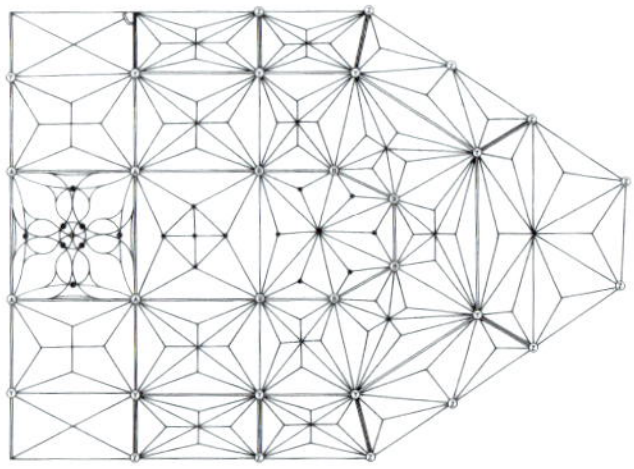

버렸다. 출입문만으로 건물이 구성된 것 같은 느낌이었다. 건물이 일정 규모 이상일 경우에는 반대로 출입문이 대폭 작아졌다. 성기 고딕의 다단계 들여쌓기가 사라지고 불꽃 모양의 얇은 조각 처리가 대신했다.

**도 5-56** 생제르맹 성당(Cathedral of St.-Germain), 오세르, 프랑스, 15세기.

## 플랑부아양양식과 영국의 장식 양식

플랑부아양양식의 탄생 배경에 대해서는 상반된 두 가지 주장이 있다. 당시 유럽에는 영국의 장식 양식과 수직 양식을 비롯하여 독일, 스페인 등 전역에서 장식적 고딕건축이 뒤늦은 전성을 누리고 있었다. 이 가운데 선두주자는 단연 영국의 양식들이었고 플랑부아양양식과 일정한 영향을 주고받았다. 리브 장식의 유사성이 특히 강했다. 영국학자들은 당연히 자신들의 양식이 플랑부아양 탄생의 배경이라고 주장한다. 장식 양식과의 공통점이 특히 두드러지는데 시기적으로 보아 플랑부아양보다 100년 이상 앞서기 때문이다. 정치적 상황도 일치한다. 100년전쟁을 계기로 영국은 프랑스를 앞서며 대륙에 정치적 영향을 끼치기 시작했다. 프랑스보다 먼저 절대왕정이 태동된 것도 15~16세기의 영국이었다. 절대왕정은 강한 민족주의를 추구했다. 이 과정에서 자국의 전통 양식을 대륙으로 수출하려는 노력이 있었다.

반면 프랑스 학자들은 레요낭양식에서 일어난 자연스러운 분화라고 주장한다. 이 주장은 영국의 영향을 거부하는 것 이상의 의미가 있다. 시기적으로 보아 영국의 장식 경향 양식들이 먼저 레요낭에서 영향을 받았다는 주장을 내포하기 때문이다. 플랑부아양양식과 영국의 장식 경향 양식 모두가 레요낭양식에서 갈라져 나왔다는 주장이다. 영국 양식과 플랑부아양양식 사이의 공통점은 둘 사이의 영향 관계를 보여주는 것이 아니라 동일한 조상을 가졌다는 사실을 증명하는 현상이 된다. 이런 주장은 영국의 고딕건축 전체를 프랑스의 영향권 아래 두려는 의도가 있다.

두 주장은 영국과 프랑스 학자들 사이에 민족의 자존심을 건 논쟁이기 때문에 우리로서 쉽게 결론 내리기 어려운 문제다. 분명한 점은

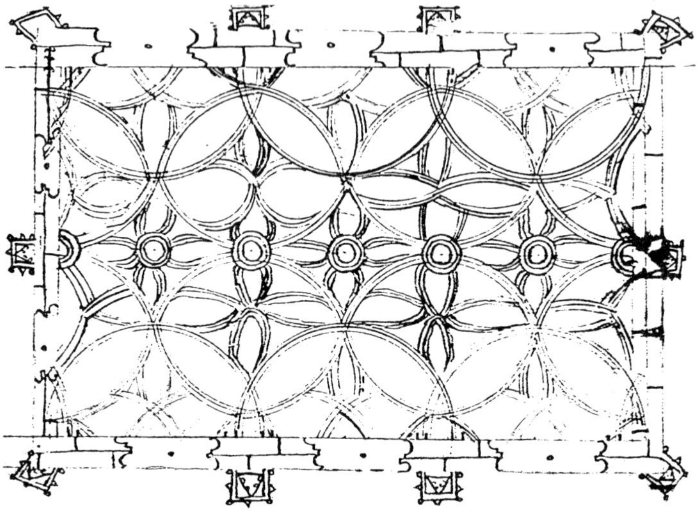

**도 5-57** 후기 고딕의 천장 리브.

당시 유럽 전역에서는 장식 경향의 마지막 고딕건축이 유행하고 있었다는 사실이다. 르네상스의 탄생을 무색하게 할 정도로 실제 지어지는 건물들의 수는 압도적으로 고딕건축이 많았다. 이것을 르네상스와의 중첩이라는 관점에서 볼 때에는 가톨릭과 개신교 사이의 권력투쟁과 연관지을 수도 있다. 장식적 고딕 양식의 뒤늦은 유행은 종교혁명을 낳았던 가톨릭의 부패에 비유할 수 있다. 당시 개신교는 이런 점 때문에 르네상스라는 새로운 건축 방식을 자신들의 대표 양식으로 삼았다.

플랑부아양양식이 유행하던 후기 고딕 시기는 유럽 문명사 전체를 통틀어 가장 극심한 중첩과 전환이 일어나던 시기였다. 이 가운데 후기 고딕의 장식 경향을 '고딕 매너리즘(혹은 매너리스트 고딕)'이라고 부르기도 한다(도 5-57). '매너리즘'은 두 가지 뜻이 있다. 하나는 미시적 차원으로, 건축 어휘 자체로 보았을 때 더 이상 고딕의 새로운 창조력이 남아 있지 않다는 의미이다. 다른 하나는 거시적 차원으로, 동시대에 르네상스라는 새 양식이 태동된 데 반해 늦게까지 옛날 양식에 매달린다는 의미이다.

### 생마클루-스크린 출입구

루앙(Rouen)의 생마클루(St. Maclou, 네이브 1434~70년경, 파사드 1477~1514)는 플랑부아양양식을 대표하는 건물이다. 평면은 3베이 5랑식의 작은 규모이다. 바깥쪽 아일은 채플로 쓰였고 트랜셉트는 돌출부가 없었으며 성가대석은 2베이를 차지했다(도 5-58). 이 때문에 전체로 보면 6베이 단일 공간으로 읽히기도 한다. 이스트 엔드는 한 겹의 복도 주위로 네 개의 육각형 채플을 방사 구도로 배열했다. 전체 길이는 54미터, 천장고는 22.5미터로 성기 고딕 성당의 절반으로 줄어들었다.

네이브 월은 다시 3단 구성으로 돌아갔다. 그러나 아케이드 층의 높이가 절반을 차지했기 때문에 실내에 서면 2단 구성처럼 느껴졌다. 아케이드 층과 위쪽 두 층 사이의 조도 차이가 심했기 때문에 이런 느낌은 더 심했다. 트리포리엄과 천측창은 아치 열로 구획했다. 각 아치는 다시 플랑부아양양식의 전형적인 장식 어휘로 처리했다. 장식 처리는 곳곳에서 나타났다. 기둥 표면에 몰딩을 더하면서 기둥 체계는 대응 기둥에서 몰딩 체계로 바뀌었다. 대응 기둥도 여전히 남았지만 대응 기둥이 리브와 만나는 지점에서는 주두가 사라졌다. 대응 기둥은 리브와 한 몸으로 합쳐지면서 장식 어휘를 형성했다.

외관에서는 더욱 풍부한 장식 어휘를 사용했다. 건물이 낮아졌는데 큰 출입구를 세워서 출입구가 건물 높이의 절반이 넘었다. 파사드에서는 장식을 더할 장소를 확보하기 위해 건물 본체의 매스와 출입

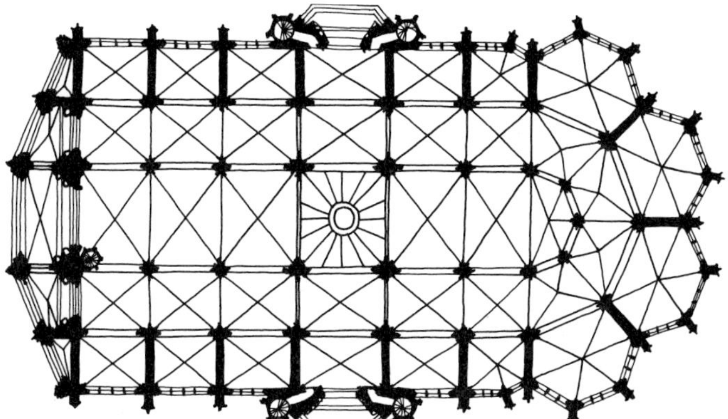

**도 5-58** 생마클루, 루앙, 프랑스, 네이브 1434–70년경/파사드 1477–1514년.

**도 5-59** 생마클루, 루앙, 프랑스, 네이브 1434-70년경/파사드 1477-1514년.
**도 5-60** 막달레나 교회, 트루아, 프랑스, 1508-17년.

구를 분리했는데 박공이 특히 그랬다. 공중에 홀로 서 있는 별도의 삼각형 벽체로 처리한 뒤 그 속을 바 트레이서리를 이용해서 플랑부아양 장식으로 분할했다(도 5-59). 면은 사라지고 플랑부아양 장식을 새기는 곡선 트레이서리만 오가면서 박공은 투명 막이나 스크린처럼 변했다.

출입문은 건물 벽체 위에 스크린을 겹친 형식으로 나타는데 이런 처리는 후기 고딕의 실내에서도 사용하던 기법이다. 크로싱과 네이브 사이나 성가대석과 트랜셉트 사이 등에 스크린을 세운 뒤 현란한 트레이서리 장식으로 천공 처리하는 기법이다. 트루아(Troyes)의 막달레나 교회(Church of Magdalene, 1508~17)에서는 크로싱과 네이브 사이에 3베이 스크린을 세운 뒤 플랑부아양 장식으로 가득 채웠다(도 5-60). 독립 원형 기둥이 아치를 받쳐 개구부를 냈는데 아키볼트를 여섯 개의 작은 소형아치로 대체했으며 그 위쪽의 스크린 면은 트레이서리로 분할했다.

생마클루는 스크린 출입구를 다섯 개로 세우면서 이것이 건물 전면을 에워쌌다. 파사드를 곡면으로 둥글렸는데 이 곡면을 따라 다섯 개의 스크린 출입구를 마치 병풍을 펼쳐놓은 것처럼 늘어놓았다. 그만큼 건물 본체에서 분리된 정도가 심하다는 의미였다. 다섯 개의 출입문 가운데 중앙의 것이 크고 양옆의 네 개는 조금 작았다. 제일 끝 두 개는 실제로는 문이 없는 가짜 출입구였다. 장식 효과를 높이기 위해 다섯 개가 필요했던 것이다. 출입구를 구획하는 기둥 표면에는 조각물과 몰딩을 더했다. 이런 일련의 처리들은 출입구와 건물 본체 사이에 유기적 통일성을 추구했던 성기 고딕과 완전히 달라진 외관 개념이었다. 로마네스크 때 처음 등장해서 성기 고딕까지 이어져오던 대출입구(portal)의 구성이 완전히 깨졌다. 하늘을 향해 치솟던 성기 고딕의 웅장한 정면은 사라지고 무대 배경 같은 장식 소품이 그 자리를 대신했다.

### 보베 생테티엔-리브 장식

보베 생테티엔의 성가대석은 생마클루의 뒤를 이어 플랑부아양양식의 두 번째 단계를 대표하는 예다. 로마네스크 때 처음 지었으며 초기 고딕의 문을 연 건물 가운데 하나이기도 했는데, 화재와 붕괴 등의 우여곡절을 겪은 끝에 1506년에 새 성가대석 공사를 시작했다. 1544년에는 주요 공사가 끝났으며 마무리는 1548년경에 있었다. 창 장식은 단순하게 남은 대신 리브 장식이 본격적으로 등장하기 시작했다. 이에 맞춰 네이브 월은 구조 유기성을 상실하고 단순 벽체로 변했다.

네이브 월은 2분법으로 분할되었는데 일단 레요낭양식의 구성이 남은 것으로 볼 수 있다. 천측창의 면적이 넓어지고 조도가 극단적으로 밝아진 데에서 알 수 있다(도 5-61). 그러나 중요한 차이도 있는데 리브와 다발 기둥 사이의 대응관계가 변한 것이다. 대응 기둥을 코어 기둥 위에 더하는 구조 처리가 사라지면서 다발 기둥 자체가 변했다. 대응 기둥은 코어 기둥을 물결치듯 조각한 쪽에 가깝다. 구조 체계의 붕괴 현상은 15세기 유럽 고딕 전반에 나타났던 공통 현상이었으며 데가주망 공법을 이루던 여러 구조 체계 전반에 걸쳐 일어났다. 이 건물에 나타난 현상은 네이브 월의 분할 구성이 더 이상 중요한 건축적

**도 5-61** 생테티엔, 보베, 프랑스, 1506-44년/1548년.

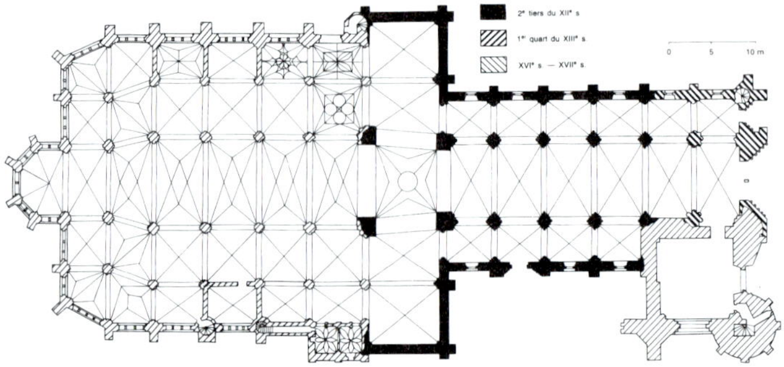


**도 5-62** 생테티엔, 보베, 프랑스, 1506–44년/1548년.

**도 5-63** 생테티엔, 보베, 프랑스, 1506–44년/1548년.

의미를 갖지 못하게 되었음을 뜻한다.

이런 변화는 천장 리브가 장식 문양을 만들기 위해 복잡하게 변한 데 따른 것이다. 성가대석은 5랑식 6베이로 3랑식 6베이인 네이브보다 넓었기 때문에 아직 천장 전체를 리브 장식으로 채우지는 못했지만 네이브 폭에 해당하는 중앙 열은 모두 채웠다(도 5-62). 볼트 하나를 9개의 삼각형으로 분할한 장식 문양이었다. 대각선 리브 두 개를 각각 두 가닥으로 가지를 친 결과였다. 한가운데에 긴 마름모꼴의 삼각형 문양이 들어섰다. 마름모꼴의 네 꼭짓점에서 볼트 사각형의 네 꼭짓점으로 선을 연결해 마름모꼴 주위로 돌아가며 8개의 삼각형 문양이 생겨났다. 리브가 만나는 결절 지점에는 꽃 장식을 더했다(도 5-63)

천장에서 리브가 구조적 역할을 잃고 장식 어휘로 변함에 따라 아래쪽 다발 기둥도 변했다. 대응 기둥 자체가 완전히 사라진 것은 아니지만 리브와 일대일대응을 하던 유기적 구조 체계는 사라졌다. 대응 기둥은 더 이상 구조적 의미가 없었다. 돌출 정도가 매우 얕기 때문에 정식 대응 기둥으로 보기 어려웠다. 리브 몇 가닥을 묶어서 밑으로 연장한 것이거나 코어 기둥을 파내서 울퉁불퉁하게 조각 처리한 것에 가까웠다. 천장의 리브 선이 여러 가닥으로 늘어나고 복잡해지자 더 이상 유기적 대응이 불가능해진 데 따른 현상이다. 대응 기둥이 사라지면서 리브가 시작되는 지점에 넣었던 주두도 사라졌다.

보베 생테티엔의 리브 장식은 부르캉브레스(Bourg-en-Bresse)의 브루 교회(Church of Brou, 1513~32)에서 절정에 달했다. 평면 전체는 4베이 5

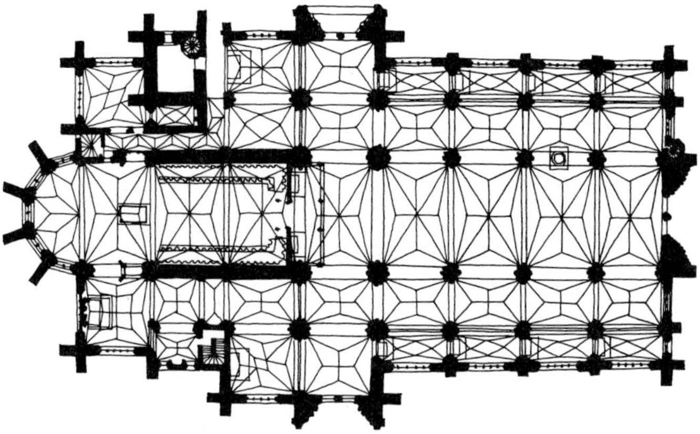

**도 5-64** 브루 교회, 부르캉브레스, 프랑스, 1513-32년.

랑식의 네이브, 쌍둥이 트랜셉트, 2베이의 성가대석, 하나의 애프스 등으로 다소 복잡한 구성이었다. 성가대석의 폭은 3랑식과 5랑식의 중간 상태에 머물렀다. 건물 길이는 70.2미터로 많이 작아지지는 않았지만 천장고는 20미터로 많이 낮아졌다. 그 대신 총 37~39베이의 전 모듈 단위의 천장을 별 모양의 장식 어휘로 가득 메웠다(도 5-64).

기본 문양은 보베 생테티엔의 성가대석 네이브에 썼던 아홉 개의 삼각형을 변형한 별 모양이었다. 이 문양은 후기 고딕 전체에 걸쳐 가장 많이 쓰던 리브 장식 어휘였다. 별 모양은 모듈 단위의 비례 방향에 맞춰 응용했다. 네이브에서는 횡 방향으로 길게 늘어트린 반면 비례 방향이 바뀐 아일에서는 종 방향으로 길게 처리했다. 천장을 온통 별 장식으로 채운 이 건물은 프랑스 고딕이라고 보기 어려웠다. 영국의 장식 양식이나 독일의 공예적 장식 경향에 가까울 정도로 장식의 극치를 보여줬다.

# 4
# 영국 고딕건축

## 영국 고딕건축의 성립

영국 고딕은 프랑스 고딕을 받아들여 시작됐다. 이것은 로마네스크 때와 같았다. 프랑스의 완성된 모델을 받아들였기 때문에 준비 기간 없이 한 번에 태어났다. 그러나 이미 첫 번째 건물부터 영국만의 특징도 함께 나타났다. 이것 역시 로마네스크 때와 같았다. 프랑스 없이는 영국의 중세 건축을 생각할 수 없는 것이 사실이었다. 이와 동시에 영국에게는 프랑스가 뛰어넘어야 할 큰 벽이었다. 영국 고딕은 이런 양면적 상황 사이에서 고민한 결과의 산물이었다.

영국 고딕은 프랑스 고딕을 받아들여 시작했지만 실제 지어진 건물은 프랑스 고딕과는 다른 양면성을 보인다. 이는 두 나라가 건축에 대해서 갖는 기본 개념의 차이, 좁게는 중세 유기성을 해석하는 내용의 차이에서 기인한 것이다. 프랑스는 구조 합리주의를 바탕으로 앙천적 수직선을 추구한 반면 영국은 기하 장식과 공예성을 바탕으로 한 수평선을 국가적 전통으로 형성해가고 있었다(도 5-65, 5-66). 고딕 시대에는 프랑스의 구조 유기성 모델이 국제적 표준 양식이었기 때문에 영국과 프랑스 사이에 형성된 양면성은 '국제주의 대 지역주의'의 문제와 같은 것이다.

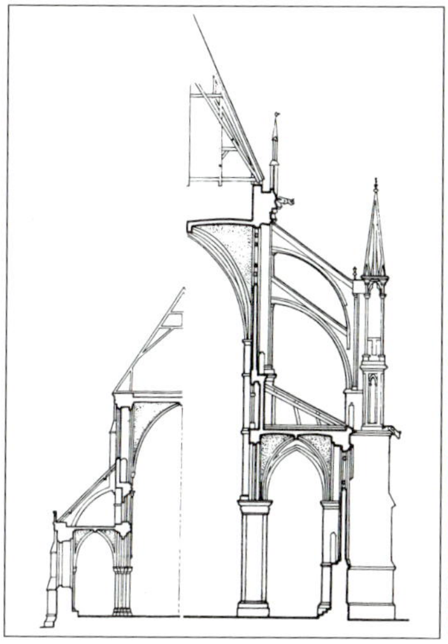

**도 5-65** 영국 고딕과 프랑스 고딕의 전체 구성 비교. 왼쪽 웰스 성당, 오른쪽 랭스 성당.
**도 5-66** 예수교회, 옥스퍼드, 영국, 1158-80년 성가대석/천장 볼트 1480-1500년.

영국 고딕이 프랑스 고딕에서 일방적으로 영향만을 받은 것은 아니라 일정한 독립성을 이루었다는 뜻이기도 하다. 영국은 노르망디를 중간 매개로 프랑스의 중세 문화를 일정 기간 통치했으며 반대로 프랑스의 직접 통치를 받기도 하는 등 두 나라 사이에는 영향과 교류의 양방향 관계가 형성되었다(도 5-67). 헨리 2세(재위 기간, 1154~1189)를 필두로 13세기 초까지 영국은 프랑스 전 영토의 절반에 가까운 서쪽의 여섯 개 주를 지배했다. 앙주(Anjou) 지방의 플랜태저넷(Plantagenet) 왕가는 이때 형성된 것이다. 성기 고딕 때 프랑스의 대반격이 있었지만 1270년경까지도 영국은 프랑스 영토의 일부를 지배했다. 이 과정에서 영국 고딕은 프랑스의 레요낭양식과 플랑부아양양식에 일정한 영향을 끼쳤다.

**도 5-67** 고딕 시대의 영국과 프랑스.

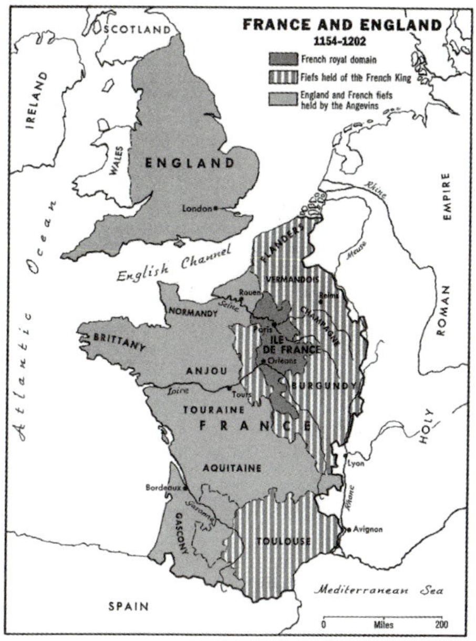


좀 더 거시적으로 보면 프랑스식 구조 합리주의를 고딕의 국제주의 양식으로 정의하는 데에 무리가 있을 수도 있다. 산업화 시대가 아닌 전통 수공업 시대의 건축은 구조 첨단성에 의존하는 정도가 낮은 편이었다. 이런 상황에서 이것을 기준으로 삼아 '영향-피영향' 관계를 일방적으로 단정하는 것은 무리가 있을 수 있다. 프랑스 고딕과 다른 나라들의 고딕을 영향 관계가 아닌 건축적 특징에 따라 '공간적 고딕(spatial Gothic)'과 '국가별 고딕(national Gothic)'으로 분류하기도 하는데 영국 고딕은 국가별 고딕에 넣지 않는 것이 통례이다. 이것은 영국 고딕이 프랑스와 다른 나라들 사이에서 일정한 독립성을 확보했다는 의미이다.

이런 배경 아래 영국 고딕건축은 자국만의 분류법으로 나누는데, 통상적으로 초기 영국 양식(Early English Style), 장식 양식(Decorated Style), 수직 양식(Perpendicular Style)으로 나눈다. 이 명칭들은 19세기 초 영국 사가들에 의해 정착된 것인데, 이 시기 역사주의, 민족주의, 제국주의 등의 복합적 산물이었다. 그만큼 영국의 민족적 정체성을 찾으려는 노력의 산물이었다는 뜻이다. 이로써 대륙에 종속된 것으로만 여기던 영국 고딕건축이 독립성을 확보할 수 있게 되었다.

### 캔터베리와 초기 영국 양식의 성립

초기 영국 양식(1170/80~1240/80)은 캔터베리 성당 증축에서 시작되었다. 화재가 있은 후 1174년에 성가대석을 증축하기 시작했고 네이브의 골격도 짰다. 네이브 월은 후에 수직 양식에서 한 번 더 증축되어서 현재에 이른다. 초기 영국 양식으로 지은 네이브는 노르망디 로마네스크, 영국 전통, 프랑스 초기 고딕 등 세 요소가 섞여 나타나면서 위에 설명한 영국 고딕건축의 양면성을 잘 보여준다. 무엇보다도 프랑스 고딕의 모방이 두드러졌다. 노르망디 로마네스크의 공간감을 기본 골격으로 삼아 6분 리브 볼트, 갤러리 개구부 처리, 기둥 체계 등에서 프랑스 초기 고딕 어휘를 사용했으며 아케이드 층의 수직 비례에서 프랑스 고딕의 느낌이 강하게 나타났다. 그러나 전체적으로는 총체적 유기성에 이르지 못하고 어휘 단위의 모방에 머물렀다.

**도 5-68** 캔터베리 성당, 영국, 전체 골격 1174년(초기 영국 양식) /네이브 1377–1405년(수직 양식). 제일 끝이 삼위일체 채플이다.

그 대신 영국 고딕만의 건축적 특징도 형성되었는데 그 내용은 크게 네 가지로 요약할 수 있다. 첫째는 기하학적 장식과 공예다움이다. 건물 높이나 구조 체계와 견주어 선형 어휘를 과다하게 썼으며 프랑스 고딕과 비교해도 그랬다. 천장은 아직 프랑스 표준형을 유지하는 편이었지만 네이브 월은 건물을 수직으로 끌어올려야 하는 구조 역할을 상실하고 아치와 기둥이 자잘해지면서 장식 경향으로 넘어갔다(도 5-68).

둘째는 이중벽으로, 아일 외벽과 천측창 두 곳에 쓰였다. 로마네스크 때부터 노르망디와 영국에 공통적이었던 지역적 특징인데 고딕까지 이어지며 사용되었다. 프랑스에서는 중앙의 주류 양식에 대비되어서 지역 양식에 주로 사용했으며 영국에서는 이곳으로 건너와 이후 영국 고딕의 특징으로 자리 잡았다. 이중벽은 건물이 높이 올라가는 데 불리한 공법으로 수직성을 포기했음을 뜻했다.

셋째, 평면에서도 영국만의 특징인 긴 수평 구성과 이중 트랜셉트가 나타났다. 수평 확장은 수직선을 포기한 데 대한 대안 성격이 강하며 이후 수평선은 영국 중세 건축의 대표적 특징으로 자리 잡는다. 수평 확장을 이끈 것은 성소의 강화였다. 성가대석 자리를 장로석이 차지하면서 성가대석은 출입구 쪽으로 옮겨갔다. 장로석 밖으로 베켓 예배당(Becket's Shrine)이 이어지면서 수평 구성은 크게 확장되었다. 방사형 예배당이 나타나지 않은 대신 두 개의 예배당을 장로석 양쪽 옆에 붙이면서 이중 트랜셉트의 초기 구성이 잡혔다. 전체 길이는 157여 미터에 달했다(도 5-69).

넷째는 '축형 예배당(axial chapel)'이다. 캔터베리에서는 프랑스의 표준 구성인 방사형 예배당을 사용하지 않은 대신 예배당이 다른 두 곳에 있었다. 하나는 이중 트랜셉트 가운데 두 번째 작은 트랜셉트의 양 팔이며 다른 하나는 중심축 위이다. 출입구에서 애프스에 이르는 주

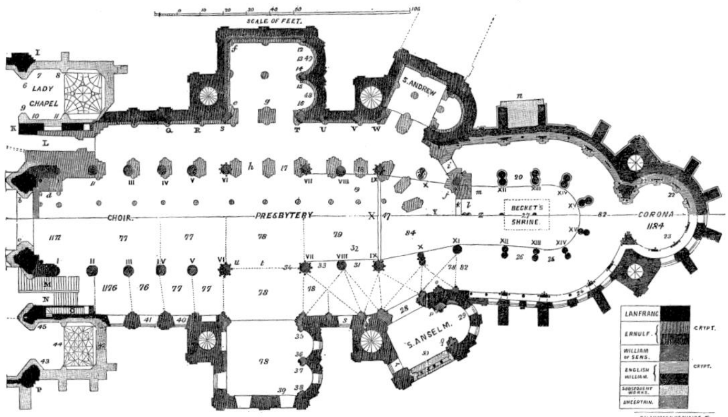


**도 5-69** 캔터베리 성당, 영국, 전체 골격 1174년(초기 영국 양식) / 네이브 1377-1405년(수직 양식).

축 위에 베켓 예배당과 삼위일체 예배당이 일직선으로 이어졌는데 성당이 수평 방향으로 길어지는 직접적 원인이기도 했다. 이로써 영국 고딕에서 예배당 배치는 주된 축을 따르는 구성, 이것에 직각 방향인 이중 트랜셉트, 동쪽 단부의 계단형 등 세 종류로 정리되면서 프랑스의 방사형과 차별화되었다.

이상의 특징들은 프랑스 고딕에는 없던 영국만의 특징으로 이후 영국 고딕의 표준 구성으로 자리 잡게 된다. 당시 영국에는 매우 정밀한 첨단 기술이 필요했던 프랑스의 구조 합리주의를 운용할 산업적 기반이 없었기 때문에 프랑스의 국제주의 표준 양식을 똑같이 짓는 것은 불가능했다. 두 나라 사이의 경쟁 관계에서 볼 때에 더욱 그랬다. 가장 중요한 요인으로 두 나라의 국민 정서가 기본적으로 다른 점을 들 수 있다. 수학적이고 합리적인 프랑스와 달리 영국은 경험적, 자연적, 공예적이었으며 이 점이 위와 같은 영국만의 특징으로 나타난 것이다.

시토 수도회는 캔터베리의 특징이 영국만의 고딕건축으로 자리 잡는 데 중요한 역할을 했다. 로마네스크 때부터 대륙의 기독교 건축을 받아들이는 데 중요한 통로 역할을 했으며 여러 수도회가 번창했던 대륙과 달리 영국에서는 시토 수도회가 오랜 기간 단독으로 존속했다. 시토 수도회의 역할은 주로 평면 구성에 집중되었다. 로마네스크 때 시토 수도회가 영국만의 특징적 구성으로 창출했던 사각형 성가대석, 계단형 예배당, 성소 단부의 직선 구성 등을 계속 이어받아 사용한 점이 대표적인 예다(도 5-70). 이로써 캔터베리에서 출입구에 있었

**도 5-70** 로치 수도원(Roche Abbey), 영국, 1175년-.

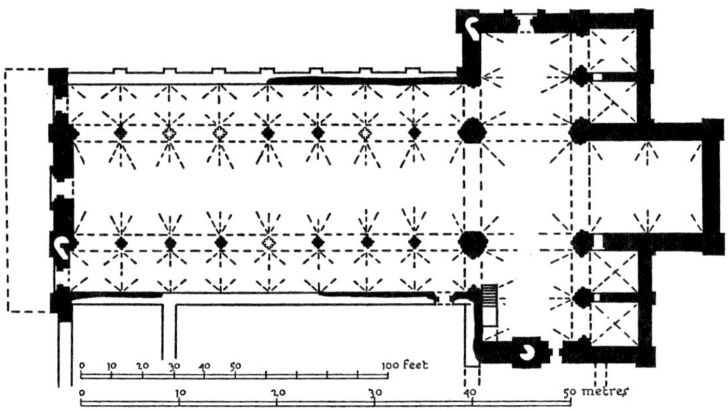

던 성가대석이 동쪽으로 돌아올 수 있었으며 아직 비정형 잔재가 많이 남아 있던 캔터베리의 엉성한 구성을 반듯하게 정리할 수 있었다.

### 링컨 대 솔즈베리

캔터베리는 링컨(Lincoln), 솔즈베리(Salisbury), 웰스(Wells), 웨스트민스터(Westminster) 사원 등으로 이어지며 영국 전역으로 급속하게 퍼져나갔다. 첨단 고딕 성당이 들어서면서 링컨은 북부 지방을, 웰스는 서부 지방을, 솔즈베리는 남부 지방을, 웨스트민스터는 중앙 수도인 런던을 각각 대표하는 중심 도시로 자리 잡았다. 이들 후속 예들은 캔터베리에 나타난 두 경향인 프랑스 구조 합리주의와 영국 장식주의를 이어받았다. 솔즈베리와 웨스트민스터 사원은 프랑스 구조 합리주의를 주요 특징으로 삼았는데 이 경향은 더 이상 영국에 뿌리내리지 못하고 두 건물을 끝으로 사라진다. 링컨은 장식주의를 이어받아 꽃피웠으며 영국 고딕의 두 번째 단계인 장식 양식이 탄생하는 데 중요한 역할을 한다. 웰스에서는 두 경향이 통합적으로 나타났다. 웨스트민스터도 보기에 따라서는 혼합 경향으로 분류할 수 있다.

링컨 성당은 세 단계에 걸쳐 초기 영국 양식의 전 시기를 관통하면서 영국 고딕이 정착하는 데 중요한 역할을 했다. 첫 번째 단계인 세인트휴 성가대석(St. Hugh's Choir, 1192년~1210년경)에서는 리브 개수가 본격적으로 늘면서 기하학적 장식의 기초가 잡혔다. 리브 그로인 볼트의 표준형을 구성하던 종 방향, 횡 방향, 대각선의 세 방향 사이에 리브를 추가하는 방식이었다. 추가하는 목적과 개수에는 합리적 논리가 결여되었다. 구조적 역할과는 무관한 기하학적 장식이 목적이었다. 이렇게 추가된 리브를 '사선 리브(oblique rib)' 혹은 '비스듬한 리브'라는 애매한 말로 불렀다. 기둥 하나에서 네 개의 리브가 갈라져 나오고 볼트 한 장은 여섯 개의 리브 혹은 여덟 개의 삼각형으로 구획되었다. 리브는 서로 엇갈리면서 불규칙적이고 비정형적으로 흐트러졌고 이 때문에 '크레이지 볼트(crazy vault)'라는 별명이 생겨났다(도 5-71).

**도 5-71** 링컨 성당, 영국, 트랜셉트 1192년 세인트휴 성가대석(St. Hugh's Choir) 1192년-1210년경 / 네이브 1220년경-1240년/에인절 성가대석 1256-80년.

두 번째 단계인 네이브(1220년경~1240년) 천장에서는 기둥 하나에서 나오는 리브가 일곱 개로 늘어났으며 리브 하나의 두께도 두꺼워졌

**도 5-72** 링컨 성당, 영국, 트랜셉트 1192년/세인트휴 성가대석(St. Hugh's Choir) 1192년-1210년경/네이브 1220년경-1240년/에인절 성가대석 1256-80년.

다. '크레이지'식의 엇갈림은 없는 대신 근육 가닥이나 부챗살 같은 굵은 리브 선들이 여러 겹 반복되면서 강한 선형 장식을 만들어냈다. 비슷한 시기에 지은 크로싱 천장에서는 네이브 천장의 모티브를 정사각형 윤곽에 맞춰 응용해서 열여섯 가닥의 리브로 별 모양 장식을 만들었는데, 이런 장식은 고딕건축 전체를 통틀어 이곳이 처음이라는 것이 통설이다(도 5-72). 리브 개수가 많아지자 표준형 4분 볼트에 추가되는 리브들을 지칭하기 위해 세 번째 리브(triple rib)라는 뜻의 '티어세론(tierceron)'이라는 공식 명칭도 만들었다(도 5-73). 세 번째 단계인 에인절 성가대석(Angel Choir, 1256~80)에서는 장식 경향이 무르익어 장식 양식으로 넘어가는 전환점을 이루었다.

솔즈베리 성당 역시 세 단계에 걸쳐 지었는데 프랑스의 구조 합리주의를 지키며 링컨과 반대편에 섰다. 첫 번째 단계인 네이브(1220~66)부터 이런 특징이 나타났다. 천장은 4분 볼트의 표준형을 유지했다. 네이브 월을 구성하는 부재가 늘면서 장식 경향을 보이기는 했지만 정형성을 유지했다. 기둥 체계는 샤르트르의 필리에 칸토네를 차용해서 변형한 방식이 바닥에서 주두까지 이어졌다. 네이브 전경은 다발 기둥이 수직선을 형성하는 프랑스식 합리주의 분위기와 많이 비슷했다(도 5-74).

이런 특징은 삼위일체 예배당(Trinity Chapel, 1220~25)과 챕터 하우스(1260년대~1270년대)를 거치면서 잘 지켜졌다. 삼위일체 예배당은 팔각형 윤곽을 가졌는데 초점 자리에는 큰 중심 기둥이 있고 벽과 중심 기둥 사이의 중간 지점쯤에 여덟 개의 기둥이 작은 팔각형을 이루었다. 각 기둥에서 우산 볼트(umbrella vault)와 이것을 받치는 리브들이 갈라져 나왔다. 리브를 모두 연결하면 별 모양의 장식이 되었다. 그러나 리브 수는 되도록 절제되었으며 볼트는 단독 원형 기둥이 받쳤다. 중심 기둥에서만 대응 기둥을 네 면에 각각 하나씩 더했을 뿐 나머지 기둥들은 가는 단일 원형 기둥으로 처리했다. 구조 체계는 명쾌한 다이어

**도 5-73** 4분 볼트에 티어세론을 더하면서 리브 그로인 볼트가 장식적으로 변화하는 모습.

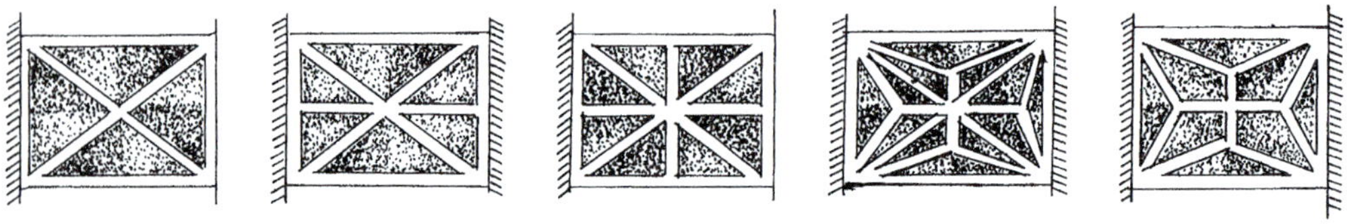

그램 같은 구조 합리주의를 유지했다(도 5-75). 가는 기둥 사이로 넓고 밝은 개방된 공간을 만들었다. 프랑스보다 더 프랑스적인 모습이었다.

**도 5-74, 5-75** 솔즈베리 성당, 영국, 네이브 1220-66년/삼위일체 예배당, 1220-25년/챕터 하우스 1260년대-70년대.

### 웰스 성당과 웨스트민스터 사원

웰스 성당(네이브와 성가대석 1180년경~1240년, 서쪽 파사드 1230년경~1240년)에서는 링컨과 솔즈베리의 특징이 섞여 나타났다. 성소 평면부터 영국과 프랑스 방식이 섞였다. 애프스가 하나인 점과 주변의 네 예배당이 직선 단부를 갖는 점은 영국의 전통적인 구성 방식이었다. 그런데 다섯 개의 예배당 전체를 놓고 보면 프랑스의 방사형 구성을 가졌다. 두 방식을 혼합한 최종 결과는 제형과 유사하게 나타났다(도 5-76).

실내와 파사드의 전반적인 분위기는 솔즈베리를 기본 골격으로 삼아 링컨의 선형 어휘를 첨가했다. 공간의 기본 골격은 단순한 편이었고 장식도 비교적 절제되었으며 리브도 4분 볼트의 표준형이었다. 반면 네이브 월을 중심으로 선형 어휘가 늘었다. 아케이드의 아키볼트는 열 겹에 가깝게 늘어났고 여기에 맞춰 대응 기둥도 열 가닥 이상으로 늘었다. 갤러리를 분할하는 아치 열과 아케이드 사이의 수직적 연속성도 사라졌다. 두 층은 별도의 영역으로 나뉜 뒤 각자의 방식으로 처리되었다.

네이브와 트랜셉트를 구획하는 벽에는 굵은 선형 어휘 두 개가 'S'

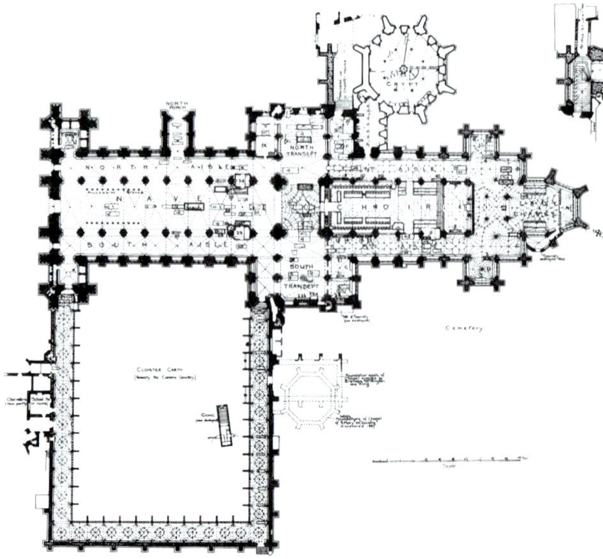


**도 5-76** 웰스 성당, 영국, 네이브 1180년 경-1240년/성가대석과 서쪽 파사드 1230년 경-1240년.

**도 5-77** 웰스 성당, 영국, 네이브 1180년 경-1240년/성가대석과 서쪽 파사드 1230년 경-1240년.

자를 그리며 교차했다. 아래쪽에는 뾰족아치 형태의 창을, 위쪽에는 두 개의 뾰족아치를 위아래로 맞대어 놓은 것 같은 특이한 형태의 창을 각각 뚫었는데 정식 창이기보다는 장식 효과를 위한 것이었다. 전체적으로 보면 세 개의 아치가 합해지면서 전혀 새로운 형태의 아치를 만들었는데, '가위 아치(scissor arch)' 혹은 '단추 아치(button arch)' 등의 별명으로 불리며 영국 고딕의 기하학적 장식 경향을 대표한다(도 5-77).

웨스트민스터 사원은 로마네스크 때 처음 지어진 뒤 야심가였던 헨리 3세(재위 기간, 1216~72) 때 크게 증축했다. 캔터베리를 모델로 삼아 13세기에 슈베와 챕터 하우스를, 1258년부터 1269년에 네이브를 각각 증축했다. 정치적, 민족적 차원까지 가세한 총체적 의미에서 영국 고딕의 정체성을 완성한 건물이 되었으며 규모와 건축적 구성도 이에 걸맞은 내용을 보였다. 건축적 특징은 국제주의와 지역주의를 혼합한 방향으로 잡혔는데 이는 대륙을 의식하면서 대륙과 경쟁하려는 헨리 3세의 야심에서 비롯된 것이다. 동시대 보편성을 확보했음을 과시함과 동시에 영국만의 정체성도 확립하려는 양면 전략이었다(도 5-78).

프랑스의 대륙 국제주의는 성소와 슈베 처리에서 제일 두드러졌다(도 5-79). 이중 트랜셉트가 사라진 점, 방사형 예배당이 등장한 점, 동

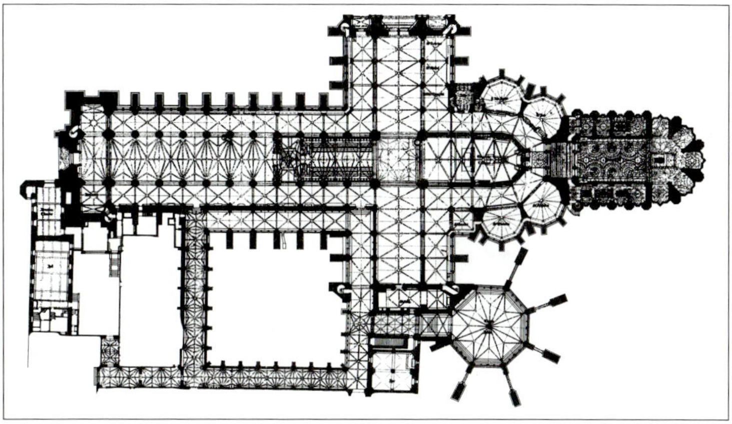

도 5–78, 5–79 웨스트민스터 사원, 런던, 전체 공사 시작 1245년경/슈베와 챕터 하우스 13세기/네이브 1258–69년, 1375년 이후 완공.

쪽 단부가 사각형에서 원형으로 바뀐 점, 기하학적 정리가 두드러지면서 주간 거리를 통일한 점(파리 노트르담의 구성), 트랜셉트까지 아일을 연장한 점(샤르트르와 랭스의 구성) 등이 대표적인 내용이었다. 완전히 대륙 양식만을 따른 것은 아니어서 애프스 자리에 6베이의 큰 별도 건물을 예배당에 배정하는 등 영국만의 구성 방식을 섞었다. 축형 예배당이 지켜졌으며 건물은 긴 수평선을 이루면서 트랜셉트를 중심으로 동서 양쪽의 길이가 거의 같았다.

디테일과 구조에서도 양면성을 보였다(도 5–80). 창을 두 개의 랜싯과 하나의 원형 창으로 분할한 점(랭스에서 처음 나타난 구성), 팀파눔을 레요낭양식의 바 트레이서리로 분할한 점, 대응 기둥이 바닥에서 천장까지 끊기지 않고 이어지면서 리브와 만나는 점, 이 연결 부분에 타드샤르주가 쓰인 점, 성가대석의 천장고가 32미터로 영국 고딕건축에서는 예외적으로 높은 점 등은 대륙 방식이었다. 반면 실내와 외관에 전체적으로 기하학적 장식이 지배하는 점은 영국만의 전통이 반영된 결과이다. 퍼벡(Purbeck) 대리석의 색을 이용해서 장식을 강화한 점, 네이브 월의 아치와 천장 리브의 장식을 특히 강화한 점, 플라잉 버트레스에 장식을 더한 점, 오지 아치의 초기 모습이 나타난 점 등이 대표적인 내용이다.

도 5–80 웨스트민스터 사원, 런던, 전체 공사 시작 1245년경/슈베와 챕터 하우스 13세기/네이브 1258–69년, 1375년 이후 완공.

이런 양면성은 영국 고딕건축의 완성을 알리는 의미가 있다. 대륙의 국제주의 양식에서 개별 어휘를 차용하여 필요에 따라 영국식 골격에 선별적으로 사용할 수 있는 단계에 이르렀음을 보여주는 것이

다. 대륙의 영향을 받아들이는 첫 번째 과정과 이것을 바탕으로 영국만의 독자적 양식을 창출하는 두 번째 과정을 거쳐 대륙의 동시대 양식을 포괄해낼 수 있는 세 번째 단계까지 이른 것이다. 이 건물은 프랑스의 거대 성당에 맞서 영국 고딕건축을 대표하면서 헨리 3세의 정치적 기반을 다져주었다. 모방과 경쟁의 대상으로 삼았던 프랑스 성당이 파리 노트르담과 랭스였다는 점은 이런 사실을 잘 보여준다.

**도 5-81** 엑서터 성당, 영국, 1280년경-1342년.
**도 5-82** 리치필드 성당(Lichefield Cathedral), 영국, 1265년경-1300년경.

### 장식 양식-기하 장식과 곡선 장식

웨스트민스터 사원은 대륙의 레요낭양식이 영국으로 전파되는 통로 역할을 했다. 레요낭양식의 트레이서리 바는 영국의 장식 경향과 어울릴 수 있는 가능성이 컸다. 기본적으로 선형 어휘였기 때문에 같은 선형 어휘인 리브와 공통점이 있어서 거부감 없이 받아들였고 장식 양식이 성립되는 데 중요한 역할을 했다. 트레이서리 바를 이용한 창 장식을 새로 더했으며 리브를 이용한 기하 장식도 더 화려해지고 복잡해졌다(도 5-81, 5-82). 마지막으로 조각물을 더했는데 작은 규모의 영국식 조각물이 잘 어울렸다. 초기 영국 양식에 나타났던 장식 경향을 이어받아 '트레이서리-리브-조각물'을 혼합한 강한 선형 장식 경향이 형성되었다.

장식 양식(1240/80~1330/50)은 영국의 국민성과 잘 맞아서 크게 번성했다. 영국 고딕의 대표작 가운데 절반 정도가 장식 양식이었다. 레요낭양식과의 연관성이 초기 영국 양식에서보다 더 밀접해졌고 레요낭양식에 끼친 영향도 더 커졌다. 이때에는 대륙 건축도 구조 합리주의가 끝나고 장식주의 시대였기 때문에 장식 경향에서 높은 완성도와 화려함을 보인 영국이 처음으로 프랑스를 앞서기 시작한 것으로 볼 수 있다. 영국과 프랑스를 가르던 구별 요소가 사라지고 둘 모두를 포함한 장식주의가 국제주의 양식이 되었다.

영국의 장식 양식은 트레이서리와 아치의 장식 형상에 따라 둘로 나눌 수 있다. 하나는 대륙의 레요낭양식과 보조를 맞춘 기하학적 경향으로, 장식적 과도함에 대한 자정의 의미로서 최소한의 절제가 나타났다. 다른 하나는 곡선 어휘를 사용하는 경향인데 오지 아치, 역방향 곡선, S자형 아치(=talon), 나뭇잎 아치 등 영국 특유의 장식 어휘가 태어났다. 오지 아치는 아키볼트의 곡면이 '볼록–오목'의 교대로 구성되는 형태로 그리스 몰딩 가운데 사이머 렉타(cyma recta)와 같은 개념이다.

뾰족아치가 보통 하늘을 향해 올라가는 데 반해 역방향 곡선은 뾰쪽한 끝이 땅을 향하는 곡선이다. 오지 아치나 역방향 곡선은 모두 나뭇잎 아치를 만들어냈는데 이런 것들이 뾰족아치 표준형과 함께 쓰일 경우 곡선 윤곽의 변화가 심해져 장식 효과가 커졌다. 특별히 명칭을 붙이기 어려운 더 복잡한 변형 형태도 쓰였다(도 5–83). 두 번째 경향은 곡선 양식(Curvilinear Style)이라는 별칭으로 불리는데 이 이름은 장식 양식 전체의 별칭으로 쓰이기도 한다. 리브 장식의 분화도 또 다른 중요한 특징이었다. 리브의 개수가 많아지고 굵어지거나 반대로 구조적 역할에서 완전히 해방된 보조 리브들이 등장했다. 트레이서리가 복잡해지면서 리브 장식과 닮아가기도 했다.

초기 영국 양식의 후반부 건물 가운데 솔즈베리의 챕터 하우스와 링컨의 에인절 성가대석은 각각 기하학적 경향과 곡선 경향을 대표하면서 장식 양식으로 넘어가는 다리 역할을 했다. 전자에서는 개구부가 '네 개의 랜싯–두 개의 큰 아치–두 개의 작은 원형 창–한 개의 큰 원형 창'으로 분할되면서 기하학적 특징이 잘 드러났다(도 5–84). 아직 몰딩이나 조각물은 나타나지 않았다. 후자는 훨씬 더 장식적이 되었다. 랜싯은 세장해지면서 수직 비례가 두드러졌으며 원형 창도 여섯 개로 늘어났다(도 5–85). 리브 개수가 무차별적으로 늘어났으며 아키볼트와 대응 기둥도 따라 늘어났다. 리브를 받치는 대응 기둥도 구조적 역할을 완전히 상실하고 장식성의 기준에 따라 늘어났다. 몰딩은 풍부해졌으며 조각물들이 나타나기 시작했다.

평면에서는 이중 트랜셉트와 이중 성가대석의 전통이 계속되는 가운데 장식 양식의 등장으로 곡면이 사라지는 변화가 일어났다(도 5–86). 트레이서리를 사용하면서 넓은 창 면적이 필요했는데 곡면 벽은 여기에 불리했기 때문이다. 애프스와 채플은 원형에서 다각형이나 사각형으로 바뀌었으며 슈베의 단부도 일직선으로 자르는 등 영국의 전통이 강화되었다. 리브 개수가 많아지면서 이를 받치기 위해 벽체

**도 5–83** 브리스틀 성당, 영국, 1298–1332년경.
**도 5–84** 솔즈베리 성당, 영국, 챕터 하우스 1260년대–70년대.
**도 5–85** 링컨 성당, 영국, 에인절 성가대석 1256–80년.

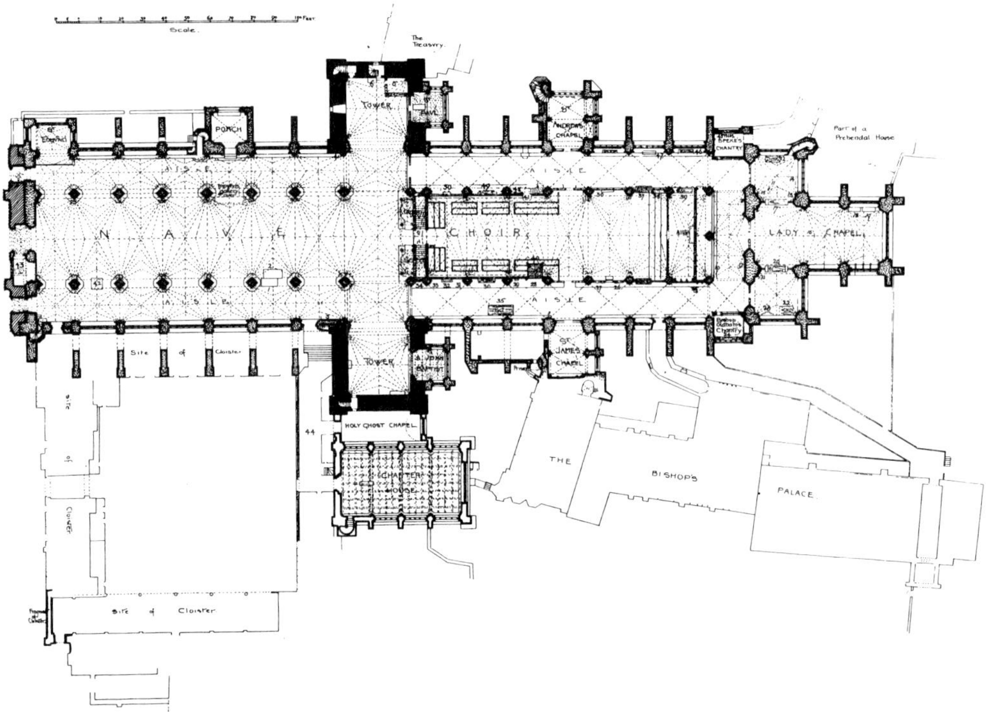


**도 5-86** 엑서터 성당, 영국, 1280년경-1342년.

는 다시 두꺼워졌다. 구조적 발전이 뒷받침되지 않는 상황에서 창 면적만 넓어진 점도 같은 현상을 초래했다. 이중벽, 원시적 중량감, 돌의 물성 등을 선호하는 영국의 국민 정서도 한몫했다. 영국 건축은 로마네스크 때부터 벽체가 두꺼웠는데 초기 영국 양식에서 프랑스 고딕의 영향으로 잠시 얇아졌다가 가장 영국다운 장식 양식으로 선회하면서 벽체도 본성을 찾아간 것이다.

## 요크 대 엑서터

장식 양식의 완성은 요크 성당(York Cathedral)과 엑서터 성당(Exeter Cathedral)에서 있었는데 두 건물은 초기 영국 양식과 마찬가지로 동시대 프랑스 양식과 닮은 정도에 따라 양대 축을 형성했다. 요크는 프랑스의 레요낭양식과 공통점을 갖는 경향을 대표했다(전체 1291~1340, 챕터 하우스 1275~1300). 창의 레요낭 장식을 제외한 전체 분위기는 초기 영국 양식으로 분류할 수 있을 정도로 간결했다. 천장에 리브를 이용해서 별 모양 문양을 만들긴 했지만 리브의 개수는 선을 넘지 않았다. 네이브 월은 프랑스 구조 방식을 간결하게 해서 2차원 느낌이 나도록 했다. 아케이드는 프랑스 뾰족아치의 표준형으로 처리했으며 아키볼트는 단수가 줄어들었다. 트리포리엄은 수직 선형 어휘에 의해 천측창과 한 몸처럼 엮이면서 2분법의 초기 모습을 보였다(도 5-87).

이 건물을 장식 양식으로 만든 것은 창의 트레이서리 문양이었다. 성 우르바노를 모델로 삼아 전체적으로 프랑스 레요낭양식과 강한 유사성을 보이는 가운데 출입구나 트랜셉트 단부 등의 대형 창에서 영국 곡선 양식의 대표 어휘 가운데 하나인 역방향 곡선이 나타났다. 창 분할도 레요낭양식과 차이가 났다. 랜싯과 원형 창만으로 분할되던 레요낭양식과 달리 둘 사이에 뾰족아치가 들어가면서 레요낭양식의 표준 구성을 깼다. 두 개의 원형 창은 크기를 달리해서 위아래로 병렬했으며 둘 사이의 중간 부분을 하트 모양으로 처리했다. 원형 창과 벽체 사이의 여백이 많이 넓어졌는데 이 부분을 나뭇잎 모양이나 크고 작은 곡면 형태로 채웠다.

1280년이 지나면 영국 서남부 지방에 심한 장식 경향의 성당들이 연달아 생겼다. 요크와 대비되어 레요낭과의 공통점을 최대한 피했으며 링컨으로 대표되는 영국의 장식주의 전통을 이어받아 장식 양식의 전성을 이루었다. 첫 문을 연 것은 엑서터(1280년경~1342년)였다. 한눈에 링컨과의 연관성을 알 수 있다. 링컨의 네이브에서 나타났던 근육다발이나 부챗살 같은 리브가 더욱더 장식적으로 변했다. 링컨에서 일곱 개이던 리브가 열한 개로 늘었을 뿐 아니라 더 굵어졌다(도 5-88). 핵심 구조 부재는 더 이상 볼트가 아니라 리브로 바뀌었다. 가장 크고 튼튼하면서 가장 명시적인 부재는 리브가 되었다.

리브의 구조적 논리도 깨졌다. 리브는 볼트를 받치는 구조적 역할 때문에 네이브 쪽으로 최대한 돌출을 피하기 위해 천측창의 위쪽 끝에서 갈라지는 것이 표준 구성이다. 이곳에서는 갈라지는 시작점이 트리포리엄까지 내려왔으며 리브 가닥이 반원에 가까운 단면을 만들면서 네이브 월 위쪽을 점령하며 압도했다(도 5-89). 리브의 영향력은 아케이드까지 바꿔놓았다. 아키볼트는 촘촘히 반복되는 여러 단으로 겹쳤고 다발 기둥은 장식 기둥으로 변했다. 코어 기둥을 다이아몬드

**도 5-87** 요크 성당, 영국, 전체 1291–1340년경/챕터 하우스 1275–1300년.

**도 5-88** 엑서터 성당, 영국, 1280년경–1342년.

**도 5-89, 5-90** 엑서터 성당, 영국, 1280년경-1342년.

형으로 처리했고 무려 열여섯 개의 대응 기둥이 여백 하나 없이 표면을 완전히 뒤덮었다(도 5-90).

이외에도 엑서터의 성가대석 스크린 통로 천장에는 장식 양식의 중요한 어휘인 리어른(lierne)이 등장했다. 네이브 월의 볼트 시작점(springing)에서 직접 갈라져 나오지 않으면서 주 리브들 사이에 더한 보조 리브를 말한다(도 5-91). 볼트 시작점과 무관하게 생성되어 구조적 역할을 완전히 상실한 순수 장식 어휘였다. 종횡무진 아무 방향으로나 마음대로 만들 수 있는 부재였다. 리어른이 등장하면서 리브를 이용한 기하 문양은 그물, 별, 꽃 등으로 다양해지고 과감해졌으며 문양 디자인을 위한 기하 작도도 자유로워졌다.

창 분할도 앞선 예들보다 훨씬 장식적이었다. 장식 양식을 대표하는 여러 어휘들이 서로 어울리면서 대륙에서는 보기 힘든 기하학적이면서 곡선적인 장식 분할이 일어났다(도 5-92). 출입구 위쪽 대형 창이 대표적인 예다. 두 개의 큰 랜싯과 하나의 원형 창으로 크게 분할된 뒤 큰 랜싯 사이에는 작은 랜싯을 하나 더 넣었고 원형 창 양옆 아래쪽에는 작은 원형 창을 각각 하나씩 더했다. 랜싯은 오지 아치를 기본 형태로 삼아 부드러운 곡선 어휘로 분할되었다. 원형 창은 중심부에 원을 하나 더 넣었는데 안쪽 원은 삼엽형 장식 어휘 다섯 개로 분할되었다. 안쪽 원과 원형 창 바깥 윤곽 사이 부분은 사엽형을 한 장식 어휘 열두 개로 분할되었다.

**도 5-91** 리어른
**도 5-92** 엑서터 성당, 영국, 1280년경-1342년.

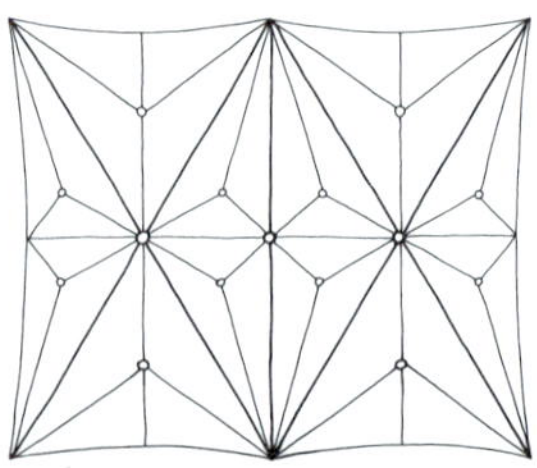

### 브리스틀, 웰스, 엘리

장식 양식을 이끈 것은 요크가 아닌 엑서터였다. 14세기로 접어들면서 엑서터의 경향을 이어받은 곡선 양식이 영국 고딕건축의 주류를 이루었는데 주로 남서 지방에 몰려 지었다. 시작은 브리스틀 성당(Bristol Cathedral, 1298년~1332년경)이었는데 영국에서는 드문 홀 교회였다. 장식 양식과 관련해서 네 가지가 중요했다. 첫째, 네이브 아치와 기둥을 하나로 합쳤다(도 5-93). 홀 교회여서 네이브 월은 큰 뾰족아치 하나만으로 이루어졌다. 아키볼트의 윤곽은 비교적 단순했지만 실 같은 가는 다발을 2차 요소로 새겼다. 기둥에 주두가 없었기 때문에 아키볼트가 그대로 내려와 기둥과 한 몸으로 이어졌다. 아키볼트와 기둥을 구별하는 구조적 논리보다는 굵고 부드러운 곡선의 장식적 논리가 우선했다.

둘째는 리브에서 리어른이 본격적으로 나타나기 시작했다. 리어른은 볼트의 종마루선 근처에 만들었다. 다섯 개의 리브 가운데 두 번째 것과 네 번째 것에서 각각 두 개씩의 리어른이 갈라져 나왔다. 네 개의 리어른은 주 리브와 만나 종마루선 주위로 다이아몬드 장식을 형성했다. 셋째 장식의 핵심 어휘가 리브에서 보조 부재로 넘어갔다. 다이아몬드의 네 변 안쪽에 오지 아치의 끝을 잘라 만든 뾰족한 선형 어휘를 추가했다. 창을 분할하던 트레이서리가 천장 장식으로 옮겨온 것이다. 리어른과 주 리브가 만나는 지점에는 꽃 장식을 더해서 결절점을 형성했다(도 5-94).

이런 변화는 중요한 의미가 있었다. 이전까지 리브가 장식의 중심일 때에는 리브의 개수를 촘촘하게 늘리는 방식으로 장식 어휘를 만들었다. 장식은 급박했고 역동적이었다. 리브가 구조적 논리에서 벗어났다고는 하지만 이런 방식은 아직 대륙의 구조 유기성에 머문 것이었다. 브리스틀은 여기에서 벗어나 최초로 순수 장식 부재가 등장하면서 장식 경향을 이끌게 되었다. 이것은 프랑스의 영향에서 벗어나 영국의 지역 전통이 주역으로 등장했음을 뜻했다. 리브 개수가 줄어들고 순수 장식 부재를 더하면서 실내 분위기에 긴장감이 사라지고 여유가 생겼는데 이 또한 영국다운 특징이었다. 이런 점에서 브리스틀은 영국 고딕건축의 전개 과정에서 중요한 분기점을 이루었다.

**도 5-93, 5-94** 브리스틀 성당, 영국, 1298–1332년경.

넷째, 아일에 실내 버트레스를 사용했다. 아일 천장 높이의 절반에서 3분의 2 정도 되는 지점에 걸쳐 횡 방향 아치를 더했는데 이 부재는 일차적으로 구조를 보강하는 목적이었다. 홀 교회라는 생소한 구성에 의해 아일 천장이 높아지자 구조 보강을 위해 실내 버트레스 개념을 더한 것이다. 실내 버트레스는 동시대 프랑스 건물이었던 생트 샤펠의 아래층 예배당에 사용된 적이 있었다. 브리스틀에서는 이 부재가 단순한 구조적 역할을 하는 데 그치지 않고 아치의 양쪽 스판드렐(spandrel) 부분에 손가락 형태의 진공부를 뚫으면서 그 윤곽을 굵고 부드러운 곡선으로 감쌌다(도 5-95).

**도 5-95** 브리스틀 성당, 영국, 1298-1332년경.

브리스틀의 뒤를 이은 것은 14세기 초반의 웰스였다. 웰스는 초기 영국 양식에서 주요 골격을 갖춘 뒤 장식 양식 때 챕터 하우스(1290년대 후반~1307년경), 성모마리아 예배당(Lady Chapel, 1323~26), 성가대석 동쪽 부분(1333~)의 세 곳을 증축하였다. 챕터 하우스는 팔각형 윤곽으로 이루어졌는데 초기 영국 양식이던 웨스트민스터나 솔즈베리의 챕터 하우스와 비교했을 때 리브의 가닥수가 셀 수 없을 정도로 많아졌다. 리어른을 사용하지 않은 대신 리브의 개수를 극단적으로 늘려 엑서터 이후 장식 양식의 전개 과정에서 브리스틀 이외의 또 하나의 경향이 생겨난 것을 뜻한다. 반면 창 분할에서는 선형 어휘의 개수가 줄어든 대신 굵고 부드러운 곡선을 본격적으로 사용한 점에서 브리스틀의 경향을 좇은 것으로 볼 수 있다(도 5-96).

성모마리아 예배당과 성가대석의 동쪽 부분에는 오지 아치에서 한

**도 5-96** 웰스 성당, 영국, 챕터 하우스 1290년대 후반-1307년경/성모마리아 예배당 1323-26년/성가대석 동쪽 부분 1333년-.

**도 5-97, 5-98** 웰스 성당, 영국, 챕터 하우스 1290년대 후반–1307년경/성모마리아 예배당 1323–26년/성가대석 동쪽 부분 1333년–.

단계 더 발전한 장식 어휘를 사용했다. 트레이서리가 그물 형식으로 아치를 분할했는데 그 윤곽을 곡선으로 처리하면서 불꽃이 너울거리는 모습으로 나타났다. 앞에 본 엑서터의 창 분할을 격자로 정리한 뒤 곡선을 더해 부드러운 규칙성을 만든 것이다(도 5–81, 5–82, 5–97). 레요낭양식의 '물 흐르는 듯한, 혹은 머리카락이 늘어진 것과 같은(flowing)' 장식 어휘와 비슷한 것으로 '흔들거리는(nodding)' 오지 아치라고 불렀다.

성가대석 동쪽 부분의 천장에서는 주 리브가 사라지고 리어른만으로 장식 어휘를 만들었다. 주 리브는 마주 보는 두 기둥을 연결하는 횡 방향 아치 한 종류만 남았고 나머지는 리어른 몫이었다. 리어른은 큰 육각형과 마름모꼴과 별 모양 장식 등을 그렸다. 천장은 성근 그물을 덮은 것 같았고 리브는 자수를 놓는 실 이상의 의미를 갖지 못했다(도 5–98). 브리스틀에서 리브의 구조 유기성이 완전히 사라졌다면 이곳에서는 리브의 건축적 성격이 완전히 사라졌다. 천장을 결정한 것은 건축이 아니라 장식이었다.

장식 양식의 마지막을 장식한 대표작은 엘리 성당이었다. 화재와 붕괴 등의 재난을 겪으면서 증개축을 해나가는 과정에서 성모마리아 예배당(1321~45년경), 크로싱 타워(1322~40), 성가대석 옆 베이(1336~37) 등을 장식 양식으로 지었다. 성모마리아 예배당에서는 벽체에 장식이 집중되었다. 오지형의 블라인드 아치가 두세 겹씩 겹치면

**도 5-99, 5-100** 엘리 성당, 영국, 성모마리아 예배당 1321-45년경/크로싱 타워 1322-40년/성가대석 옆 베이 1336-37년.

서 바탕을 이루었고 그 위에 조각, 돋을새김, 성화, 금세공 등의 장식 처리를 더했다(도 5-99). 성화와 금세공은 지금은 사라지고 없다. 장식물은 건물의 명칭에 맞게 성모마리아의 생애와 기독교적 의미를 찬양하는 내용으로 그렸다. 바탕 면이 몇 겹으로 겹치면서 그 위에 새긴 조각상과 회화 속 주인공들도 숨어 있다가 갑자기 나타나고 감춰졌다 드러나는 등 변화가 심했다.

엘리를 대표하는 것은 크로싱 타워였다. 실내 면은 지름이 각각 45미터와 22미터인 크고 작은 두 개의 동심 팔각형 윤곽으로 이루어졌다. 큰 팔각형은 꼭짓점마다 기둥을 세웠고 여기에서 작은 팔각형을 받치는 볼트와 리브가 갈라져 나왔다. 리브는 기둥 하나당 열한 개였다. 작은 팔각형은 크로싱 옥타곤이라고 하는데 안쪽 면을 네 열로 분할한 뒤 블라인드 아치와 창으로 장식했다. 블라인드 아치 위에는 성화를 그렸다. 뚜껑의 안쪽 볼트는 별 모양으로 장식했다. 꼭짓점 하나에서 일곱 개의 볼트가 갈라져 나와 교차하면서 별 윤곽을 형성했다(도 5-100).

### 수직 양식과 글로스터

장식 양식의 과도한 장식에 대한 반발이 생기면서 수직 양식(1330/50~1500/30)이라고 불리는 마지막 양식이 나타났다. 장식은 여전히 중심 요소였지만 장식의 기본 개념, 역할, 특징 등에서 새로운

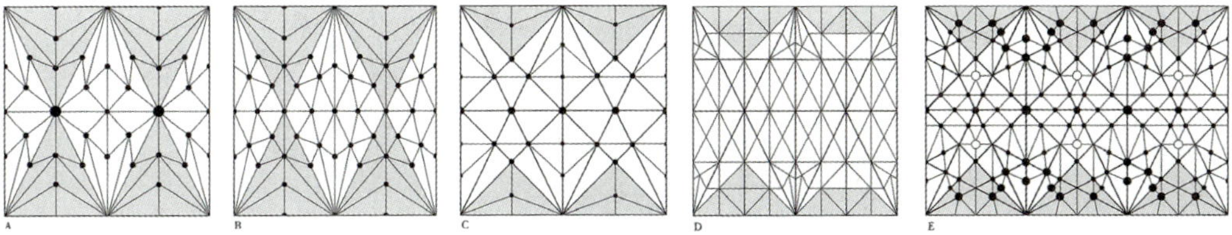


**도 5-101** 튜크스베리 성당(Tewkesbury Cathedral), 영국, 1320년경-1330년.

변화가 나타났다. 장식을 많이 절제한 것으로 요약할 수 있는데 구체적 내용은 세 가지였다. 첫째, 리브와 트레이서리가 자잘해졌다. 개수는 크게 줄지 않았지만 크기, 굵기, 돌출한 정도 등이 작아졌다(도 5-101). 장식의 인상은 밋밋하거나 연약해졌다. 장식이 건물의 골격마저도 결정하던 활개는 사라졌다.

둘째, 장식 문양이 규칙적으로 변했다. 장식 어휘는 수직, 수평, 방사선 등으로 뻗어나가면서 격자, 그물, 직각 등의 규칙적 질서를 만들었다. 직선에 주안점을 둘 경우 직선 양식이라는 별칭으로 불리기도 한다. 크기가 작아진 많은 수의 장식 어휘들이 일정한 방향을 따라 급하게 반복되었다. 한두 가지 대표 패턴을 사용하는 경우가 많았는데 팬 볼트(fan vault)가 대표적인 예였다. 리브가 수직, 수평, 방사선의 세 방향으로 부챗살처럼 뻗어나가는 부재를 말한다. 앞 단계의 두 양식에 나타났던 우산 볼트에서 리브가 자잘해지고 개수도 늘면서 만들어진 부재였다(도 5-102).

**도 5-102** 킹스 칼리지 예배당, 케임브리지, 영국, 1466-1505년.

셋째, 패널이 공간을 담당하는 주요 부재로 등장하면서 장식 요소, 특히 네이브 월을 분할하는 어휘들이 2차원 면 요소로 변했다. 장식 양식에서는 장식 요소가 구조적 역할을 잃기는 했지만 돌출 정도가 크고 구조 부재와 함께 작동하는 등 아직 3차원 성격을 유지하고 있었다. 장식의 기본 개념을 3차원 볼륨감으로 정의하자는 것이었다. 수직 양식에서는 패널이 네이브 월을 대체하면서 장식은 패널에 끼우거나 패널 위에 붙이는 2차원 면 요소로 변했다. 패널은 '수평-수직' 격자를 기본 구도로 갖는

**도 5-103** 글로스터 성당, 영국, 트랜셉트 1329-37년/성가대석과 외관 증축 1337-60년.

스크린으로 표준화 개념이 개입된 구조 방식이었다(도 5-103). 프랑스에서 완성된 유기 구조를 대체하는 새로운 방식이었다. 이때 고딕건축의 기본 조형성인 수직 비례가 더 강하게 나타나는 점에서 수직 양식이라는 명칭이 나온 것이다.

수직 양식에 나타난 장식의 절제는 영국 고딕이 본격적으로 쇠퇴하기 시작했음을 알리는 현상이었다. 물론 과도한 장식은 좋지 않지만 장식에도 나름대로 예술적 힘이 있는 것이며, 이것이 특히 영국의 전통적 조형성임을 감안하면 더욱 그러했다. 장식이 구조와 함께 작동하면서 지키던 3차원 생명력을 잃게 되면서 장식은 2차 요소가 되었다. 이런 쇠퇴를 낳은 배경으로 당시 영국의 건설 산업이 처했던 상황을 들 수 있다. 13세기 중반이 지나자 영국의 건설 산업은 쇠퇴기에 접어들고 있었다. 채석량과 장인들의 수가 모두 줄었으며 장인들의 기술력과 공예 솜씨도 예전만 못했다. 1348년부터 1349년 사이에 영국을 휩쓸었던 흑사병으로 마스터급의 실력 있는 장인들이 여럿 사망했다. 이 시기 건축 공사의 대부분은 증축이거나 규모가 작은 건물이었다. 기존의 골격을 유지해야 하는 조건에서 지나친 독창성은 바람직하지만은 않았다. 이런 종합적 상황 아래에서 표준화된 수직 패널이 대안으로 등장했다.

수직 양식의 시작에 대해서는 이견이 있다. 수직 양식이 장식 양식과 겹쳐서 시작된 점, 몇몇 건물이 사라지고 없는 점, 흑사병으로 주요 장인들이 사망하면서 저작권을 단정하기가 어려운 점 등 때문인데, 글로스터 성당의 트랜셉트(1329~37)와 성가대석 증축 부분(1337~60)이 수직 양식의 시작이라는 주장이 가장 일반적이다. 트랜셉트에서는 자잘한 장식 어휘, 리브의 규칙화, 수직 분할, 패널에 의한 벽체 구성 등 수직 양식의 대표적 특징들이 나타나기 시작했다.

성가대석은 수직 양식을 대표하는 부분이다. 벽체는 전체 골격을 3분법으로 구성한 뒤 그 위에 격자 문양을 이용해서 수직 분할을 한 번 더 가했다. 가느다란 수직선이 아케이드에서 천측창까지 연속되면서 바탕 면을 이루었고 그 위에 트레이서리와 오지 아치 등을 활용한 장식을 더했다. 동쪽 창도 수직 분할의 특징이 두드러졌다. 185제곱미터의 큰 창을 격자로 분할했는데 수직 멀리온(mullion)이 수평 막대보다 굵고 두꺼웠다(도 5-104). 천장에는 리어른을 이용한 그물 문양을 새겼다. 현란한 정도는 장식 양식에 뒤지지 않았지만 리브 하나하나가 힘을 잃고 지쳐 보였다(도 5-105). 반복되는 모습도 각도 변화가 심하고 자주 끊기는 등 분산적이었다. 종마루선의 리브는 세 겹이나 반복되는 등 영국 고딕을 탄생시킨 제1 주역이었던 리브가 노년에 들어 흐물흐물해진 모습이었다.

글로스터에서 확립된 수직 양식은 14세기 중반부터 여러 곳으로 전파되면서 영국 고딕의 마지막 시기를 이끌었다. 특히 표준화된 장식 패널이 인기가 많았다. 어려운 시대 상황에서 장인들에게 현장의 수고를 덜어줄 수 있었기 때문이다. 이후의 수직 양식은 건물 유형에 따라 성당과 왕실 예배당의 둘로 나눌 수 있다. 성당은 수직 양식의 첫 번째 단계였던 14세기를 이끌었다. 윈체스터 네이브(1360년경 시작

**도 5-104, 5-105** 글로스터 성당, 영국, 트랜셉트 1329-37년/성가대석과 외관 증축 1337-60년.

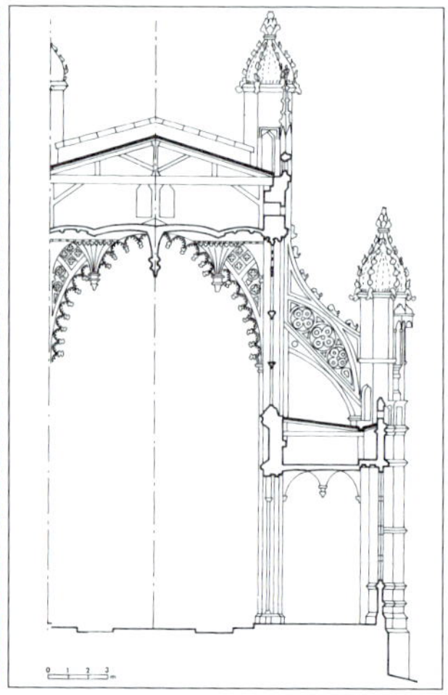

**도 5–106** 캔터베리 성당, 영국, 네이브 1375–1405년.
**도 5–107** 헨리 7세 예배당, 웨스트민스터 사원 내, 런던, 1502–09년.

~1394년)와 캔터베리 네이브(1375~1405) 등이 대표적인 예들로 글로스터의 영향을 이어 받았으며 캔터베리는 화려한 팬 볼트로 유명했다(도 5–106).

두 번째 단계인 15세기는 왕실 예배당이 이끌었다. 케임브리지의 킹스 칼리지 예배당(King's College Chapel, 1466–1505), 윈저 성의 세인트 조지스 예배당(St. George's Chapel at Windsor Castle), 웨스트민스터 사원의 헨리 7세 예배당(Henry VII's Chapel, 1502~09) 등이 대표적인 예들로, 주로 팬 볼트에 과도하게 집중하며 영국 고딕의 소멸을 알렸다(도 5–102, 5–107). 이 시기 이탈리아에서는 이미 성기 르네상스에 접어드는 등 새로운 문명이 등장하고 있었다.

# 5
# 독일 고딕건축

## 독일 고딕의 형성

독일 고딕은 어렵게 시작되었다. 역사적 배경이 가장 큰 이유로 작용했다. 독일에서는 강한 로마네스크 전통이 오래 지속되었기 때문에 다음 단계의 새로운 양식에 대한 요구가 상대적으로 약했다. 여러 공국으로 나뉘어 있었고 로마 가톨릭과 대립하고 있었기 때문에 프랑스처럼 새로운 양식을 주도할 중앙집중화된 정치적, 종교적 세력이 없었다(도 5–108). 영토는 시칠리아에서 북해와 발트 해에 이르는 넓은 지역을 차지했지만 강력한 중앙 정부가 없었다. 신학, 철학 같은 학문이나 건축술 등도 뒤처져 있었다. 독자적으로 고딕 양식을 창출할 형편도 안 되었고 영국과 마찬가지로 프랑스에서 완성된 양식을 수입해야 할 상황이었다.

**도 5–108** 1200년경 신성로마제국.

수입은 영국보다 어려웠다. 로마네스크 건축부터 프랑스와 대비되는 독일만의 지역 형식이 형성되어 있었기 때문에 프랑스 양식을 수입하는 데 따른 정서적 거부감이 영국보다 큰 편이었다. 독일은 후기 로마네스크가 가장 융성했던 지역으로 벽돌과 대리석을 이용한 각종 장식 경향이 성기 고딕이 한창이던 13세기까지 계속되고 있었다. 이런 경향은 프랑스 고딕의 구조 합리주의와 괴리가 커서 갑자기 이질적인 프랑스 양식을 받아들이는 것이 쉽지 않았다.

**도 5-109** 마그데부르크 성당, 독일, 1209년–.

반대되는 상황도 있었다. 독일 로마네스크에서는 일찍부터 다발기둥이 발전해 있었다. 프랑스처럼 구조적 목적은 아니고 위엄 있는 실내 공간으로 보이게 할 목적이었지만 어휘의 유사성은 프랑스 고딕에 대한 거부감을 그나마 줄이는 데 한몫했다. 공간감에서도 샤르트르 계열의 웅장한 대형 공간과 비슷한 전통을 가지고 있었다. 이 두 가지 특징은 실제로 독일 고딕의 시작을 이끈 선발대 역할을 했다(도 5-109).

이런 배경 아래 독일 고딕은 프랑스 고딕을 어렵게 받아들이면서 시작되었다. 지역에 따라 차이가 있어서 프랑스와 국경을 맞대고 있는 서쪽 라인란트 지역에서는 상대적으로 거부감이 적었고 주로 이 지역에서 독일 고딕이 시작되었다. 이 지역은 프랑스어를 사용하고 일부는 현재 프랑스에 속하는 등 프랑스의 영향 아래 놓여 있었다. 독일 고딕이 형성되기 이전부터 프랑스 고딕의 지역 양식 개념으로 건축이 진행되고 있었다. 로잔 성당(Lausanne Cathedral, 1160~70년경 시작)이 좋은 예로 영토는 독일에 속했지만 프랑스 장인이 지었으며 프랑스 부르고뉴 지역 양식을 대표하는 건물이었다(도 5-110).

**도 5-110** 로잔 성당, 프랑스, 1160–70년경 시작.

반면 독일다운 정체성이 강한 작센 같은 동쪽 지역에서는 독일만의 독특한 지역 양식이 등장했다. 이런 점에서 독일 고딕도 영국 고딕과 마찬가지로 '국제주의 대 지역주의'가 두 축을 이루었다. 국제주의는 프랑스 표준 양식과 닮은 두 특징을 합한 형식으로 나타났다. 여러 갈래의 대응 기둥이 뻗어 올라가는 다발 기둥을 기본 골격으로 삼아 웅장한 실내 공간 속에서 수직성을 추구하는 방향이었다. 지역주의는 홀 교회, 중앙집중형, 공예 장식주의 등을 대표적 내용으로 했다. 두 경향은 '서부 대 동부'의 지역 구별에 일대일로 대응되지는 않아서 서쪽 지역에서도 프랑스 고딕을 수입하면서 곧바로 독일만의 특징을 섞어내려는 노력이 나타났다.

## 독일 고딕과 유럽 고딕

이런 배경 아래 독일 고딕은 도입기, 정착기, 분화기의 셋으로 나눌 수 있다. 도입기는 1200년경부터 13세기 중반으로 독일의 로마네스크 전통, 프랑스 고딕의 새 어휘, 독일 전통에 맞게 새롭게 해석한 고딕 어휘 등이 복잡하게 혼재했다. 마그데부르크 성당(Magdeburg Cathedral, 1209~), 림부르크 성당(Cathedral of Limburg-an-der-Lahn, 1211~), 쾰른의 잔크트 게레온(1220년대) 등이 대표적인 예다(도 5-109).

도 5-111 성모마리아 교회, 트리어, 독일, 1242-53년.

정착기는 13세기 중반부터 1300년경으로 로마네스크 잔재가 사라지고 독일 고딕이 본격적으로 시작되었다. 지리적으로 프랑스와 가까운 서쪽 지역부터 시작되었다. 트리어(Trier)의 성모마리아 교회(Liebfrauenkirche=Church of Our Lady, 1242~53), 마르부르크(Marburg-an-der-Lahn)의 성 엘리자베스(St. Elisabeth=Elisabethkirche, 1235~), 메스의 생테티엔(St.-Etienne at Metz, 1230년대 시작), 슈트라스부르크의 노트르담(1235년경~75년), 쾰른 성당(1248~1322) 등이 대표적인 예였다(도 5-111). 이 시기에는 프랑스 고딕을 수입하면서 동시에 독일의 정체성을 형성하는 양면적 고민이 주를 이루었다. 프랑스 고딕을 직접 모방한 예로 메스, 슈트라스부르크, 쾰른 등을, 독일 전통에 맞게 변형한 예로 트리어의 성모마리아 교회와 마르부르크의 성 엘리자베스를 각각 들 수 있다.

도 5-112 성 로런스(St. Lawrence=Lorenzkirche), 뉘른베르크, 독일, 1353-83년.

분화기는 14~15세기였다. 14세기는 지역과 시대 상황 등 개별 상황에 따라 다양한 경향이 창출되어 자리 잡는 시기였다. 뤼베크, 뉘른베르크, 쾰른, 슈트라스부르크, 울름, 뮌헨 등 지역 중심지에 따라 다양한 건축 경향이 나타났다(도 5-112). 홀 교회와 중앙집중형이라는 독일만의 고딕 양식이 형성된 것도 이때였다. 팔러가(Parler family)로 대표되는 장인 그룹이 등장하면서 독일 자체적으로 고딕건축을 운용할 수 있는 산업, 기술 인프라가 확보되었다. 도미니크 수도회와 프란체스코 수도회가 번성하면서 독일 기독교의 정체성도 확립되었다.

**도 5-113** 성 울리히 앤 아프라(St. Ulrich & Afra), 아우크스부르크, 독일, 1457년.

이런 내용들은 미시적으로는 중세 독일의 문화적 전성기를 대표하면서 독일 고딕건축의 전성기를 이루었다. 거시적으로는 유럽 전체에서 프랑스 고딕과 영국 고딕의 쇠퇴를 메우며 고딕건축 전체를 연장한 의미가 있다. 14세기에 유럽 고딕은 첫 번째 위기를 맞았다. 이탈리아에서는 르네상스의 기운이 발호하기 시작했고 프랑스와 영국에서는 후기 장식 경향에 접어들면서 쇠퇴 현상이 뚜렷했다. 독일의 14세기 전성기는 이런 위기 상황을 되돌리는 역할을 했다. 양과 질 모두에서 유럽 전체의 위기를 늦출 만했다.

15세기는 마지막 시기였다. 양적인 면에서는 14세기의 전성기가 이어진 측면이 강해서 독일 내부는 물론이고 오스트리아, 스위스, 헝가리, 체코, 폴란드, 스칸디나비아반도 등 독일 주변의 여러 나라로 수출까지 했다. 고딕 양식에서 마지막으로 있었던 국가 사이의 확장이었다. 그러나 질적인 측면에서는 장식에 치중하며 쇠락의 징조가 완연했다. 14세기처럼 독일적 정체성을 형성하려는 노력은 더 이상 없었고 앞에서 정착된 내용을 장식적으로 활용하는 경향이 뚜렷했다(도 5-113, 5-120). 이런 현상은 16세기까지 계속되었으며 프랑스와 영국도 비슷해서 유럽 고딕 전체의 마지막 시기였다.

### 13세기 슈트라스부르크-프랑스 고딕의 선별적 모방

정착기 때에 프랑스 고딕 양식을 통째로 수입한 대표적인 예로 슈트라스부르크 성당을 들 수 있다. 지리적 인접성과 정치적, 문화적 연관성이 직수입의 중요한 배경이었다. 트렌셉트와 성가대석이 후기 로마네스크 양식으로 먼저 지어져 있었고 네이브(1235년경~75년)와 서쪽 파사드(1275~)를 고딕 양식으로 증축했다. 폭 36미터에 높이 32미터로 적지 않은 규모였는데 수평 비례에 더 비중을 뒀다. 프랑스식 수직 비례를 좇았으면 아미앵보다 높아졌을 수도 있었지만 광활한 공간을 선호하던 독일 로마네스크의 전통을 반영한 결과였다.

네이브는 이 건물보다 몇 년 전에 시작된 성 디오니시오의 후기 고딕으로 지었다. 바닥부터 천장까지 끊기지 않고 이어진 대응 기둥, 2차원 면 개념으로 처리한 네이브 월, 유리로 처리한 트리포리엄, 창 분할 트레이서리 등을 모방했다(도 5-114). 공사도 프랑스 장인들이 직접 하면서 성 디오니시오와 거의 비슷한 속도로 진행되었다. 이런 현상은 똑같이 프랑스 양식을 수입하며 영국 고딕의 시작을 알렸던 영국의 캔터베리와 차이를 보였다. 캔터베리가 수입한 것은 프랑스의 성기 고딕이었던 데 반해 슈트라스부르크에서는 후기 고딕을 수입했다. 표준 양식보다는 최신 유행이 더 중요한 기준이었다.

건축 주체도 캔터베리는 자국의 장인들이 차지하는 비중이 높았던 반면 슈트라스부르크는 프랑스 장인이 직접 와서 지었다. 지리적 인접성이 중요한 요인이었지만 두 건물 이후 두 나라 고딕의 전개 양상과도 연관이 깊다. 두 나라 모두 프랑스 양식을 정확하게 구사하면서 동시에 자국의 전통 양식을 창출하는 양면적 시도를 했는데 구체적 방향은 달랐다. 영국은 대체로 한 건물 안에 두 경향을 섞어내려 한 반면 독일은 아예 두 종류의 건물을 따로 창출했다. 독일에는 프랑스와 닮으려는 세력과 골수 독일다움을 지키려는 세력의 양극단이 존재하기 때문이다.

프랑스 고딕을 모방하는 방식에서도 영국은 표준화된 구성 체계 한 가지를 모방한 반면 독일은 여러 건물에서 어휘를 선별해서 모방했다. 슈트라스부르크가 좋은 예여서 네이브는 성 디오니시오를, 파사드는 성 우르바노를 각각 섞어 모방했다. 프랑스 고딕을 레퍼토리 개념으로, 그것도 최신 유행을 기준으로 삼아 받아들인 것이다. 모방 대상인 성 디오니시오와 성 우르바노의 연도를 보면 40여 년의 시차가 있는데 이 시차는 슈트라스부르크의 네이브와 파사드 공사 속도와 거의 일치한다. 이렇게 시작된 모방은 높이 경쟁으로 이어져서 서쪽 첨탑은 142미터까지 올라갔다

파사드에서는 성 우르바노의 레요낭 트레이서리를 차용해서 극단적으로 발전시켰다. 트레이서리를 격자 창살로 응용해서 '트레이서리 하프(tracery harp)'라는 면 단위의 창 분할 어휘를 만들었다(도 5-115). 면은 스크린으로 분리 독립되어 필요한 곳에 즉각 사용했다. 마치 판을 끼워 넣듯이 부담 없는 장식 어휘로 활용한 것이다. 출입구, 박공, 장미창, 그 밖의 다른 창 등 파사드를 이루는 대부분의 부재들은 이런 스크린 면 단위로 구성했다. 출입구에서는 스크린이 세 겹 중첩되면

**도 5-114, 5-115** 슈트라스부르크 성당, 독일, 네이브 1235년경-75/서쪽 파사드 1275-.

서 레요낭양식의 장식을 극단적으로 강조했다.

### 13세기 쾰른–프랑스 고딕과의 경쟁

쾰른은 여러 면에서 슈트라스부르크와 좋은 비교 대상이었다. 두 도시는 고딕시대 때 라인란트 상류와 하류를 각각 대표했다. 쾰른은 독일 로마네스크 건축의 중심지로 그 전통이 가장 강하게 남아 있는 곳이었지만 대외적으로 프랑스 고딕을 직수입해야 할 정치적, 종교적 상황에 직면하게 되었다. 내부적으로는 로마네스크 전통에 맞서 동시대의 새로운 문명을 수입하려는 움직임이 높아지고 있었다. 라인란트 내에서 보면 슈트라스부르크와 경쟁해야 했다. 또 로마 가톨릭과 프랑스의 눈치를 보지 않을 수 없게 되었다. 로마네스크 때에는 로마 가톨릭과 맞서 싸울 정도로 힘이 있었고 프랑스는 무시할 수 있었지만 오랜 대립으로 힘을 잃어 13세기에는 상황이 바뀐 것이다.

쾰른 성당은 카롤링거왕조 때 처음 지었고 오토왕조 때 증축이 있었다. 그 후 로마네스크 시기를 거치면서 계속 처음 크기로 머물면서 다른 성당들과 교회들에 추월당했다. 이를 만회하기 위해 프랑스에서 직수입한 고딕 양식으로 대규모 증축이 시작되었다. 당시 로마네스크 선례들을 능가할 웅장한 규모로 지을 수 있는 양식은 프랑스 고딕밖에 없었다. 신성로마제국의 자존심을 걸고 원본의 나라 프랑스마저도 누르고 싶은 경쟁심이 작용했다. 유일한 방법은 규모밖에 없었다(도 5–116). 1248년을 기준으로 가장 높은 기록을 목표로 삼아 계획이 시작되었다. 프랑스 고딕의 정점인 아미앵과 왕실 예배당이자 최신 건물이었던 생트샤펠을 모방 대상으로 삼았다.

공사는 13세기 후반에나 시작되었으며 1322년에 주요 부분이 봉헌되었다. 가로 84미터, 세로 143미터의 평면에 천장 높이는 46미터로 아미앵보다 3미터, 첨탑은 152미터로 슈트라스부르크보다 10미터 더 높았다. 아미앵의 골격을 기본 구조로 삼아 미흡하다고 생각되는 부분들을 보완하기 위해 여러 다른 예들을 참고했다. 아미앵에서는 대응 기둥이 아케이드 주두에서 한 번 끊겼는데 쾰른에서는 성 디오니시오를 차용해서 이것을 없앴다(도 5–117). 성가대석에서는 천측

**도 5-116, 5-117, 5-118** 쾰른 성당, 독일, 1248년 계획 시작/13세기 후반 공사 시작-1322년 주요 부분 봉헌.

창의 높이 비율이 아미앵보다 더 커지면서 아케이드와 거의 같아졌는데 이것은 보베에서 차용했다. 외관은 생트샤펠의 레요낭양식을 모방한 장식 어휘로 감쌌다. 장미창은 파리 노트르담을 모델로 삼았다(도 5-118).

이상과 같이 슈트라스부르크와 쾰른은 프랑스 고딕을 수입해서 독일 고딕을 시작함과 동시에 라인란트 지역의 독일 고딕을 대표하는 쌍이었다. 프랑스풍은 이후 13세기 중반부터 14세기에 걸쳐 독일에서 일정한 흐름을 형성했다. 바트 빔프펜의 성 베드로(Sankt Peter at Bad Wimpfen), 레겐스부르크 성당(Regensburg Cathedral)의 성가대석(1275~), 알텐베르크의 시토회 교회(Cistercian Church at Altenberg, 13세기 후반부), 소에스트의 비젠 교회(Wiesenkirche at Soest, 1311년경 시작), 푈라우베르크의 순례 교회(Pilgrimage Church at Pöllauberg, 1339경 시작), 오펜하임의 성 카타리나[St. (Katharina) at Oppenheim, 1317년 시작], 아헨 성당 성가대석(1335), 바젤 성당(Basel Cathedral, 1430년경 완공) 등이 대표적인 예들이었다(도 5-119).

**도 5-119** 성 카타리나, 오펜하임, 독일, 1317년 시작.

### 리브 장식주의와 독일 지역 양식

이상의 도입기와 정착기를 거친 뒤 분화기에 접어들었다. 프랑스풍도 일정 수 지어지긴 했지만 분화기부터 독일만의 지역 양식을 창출하려는 노력이 두드러지며 주를 이루었다. 많은 수의 다양한 예를 지었는데 리브 장식주의, 홀 교회, 중앙집중형 등으로 요약할 수 있다. 리브 장식주의는 독일만의 전통을 대표하는 점에서 영국과 비슷했지만 구체적 내용에서는 차이가 컸다. 영국도 리브가 장식을 주도하기는 했지만 구조적 작용에 대한 최소한의 이해가 있었다. 로마네스크 때 리브를 둘러싸고 캉과 더럼 사이에 형성되었던 영향 관계에서 알 수 있듯이 독일 장인들은 리브를 기본적으로 프랑스의 구조 합리주의 부재로 인식하고 있었다. 리브를 이용한 장식 경향도 일정한 패턴을 갖는 기하주의로 나타났다.

독일은 달랐다. 리브에 대한 인식은 매우 낮아서 1120년부터 1130년 사이에 프랑스에서 처음 전파되었지만 장식 어휘 이상으로 받아들이지 못했다. 13세기에 들어와 시토회 건축이 독일에 전파되면서 리브의 구조적 역할에 대한 인식이 싹텄지만 충분하지는 못했다. 장식의 구체적 내용도 손끝 솜씨를 자랑하는 공예다운 특징이 강했다(도 5-120). 영국과 달리 건물을 짓는 장인과 리브로 장식을 만드는 장인이 분리되어 있었다. 마우브론 수도원(Maubronn Abbey, 1220년경)은 좋은 예다. 이곳의 식당과 교회에서는 리브가 쓰이지만 한눈에 구조 역할보다는 장식 목적으로 사용하고 있음을 알 수 있다(도 5-121).

리브의 구조 역할이 사라졌다는 것은 곧 프랑스 고딕의 유기 구조가 분해되었다는 뜻이었다. 플라잉 버트레스가 사라졌으며 네이브 월도 2분법으로 되돌아갔다. 대응 기둥도 유기 구조의 정밀한 논리에서

**도 5-120** 안나 교회, 안나베르크, 독일, 1515-22년.
**도 5-121** 마우브론 수도원 교회, 독일, 네이브 12세기 후반부/천장 13세기.

벗어나 자유롭게 결정되었다. 대응 기둥이 아예 없거나 형태적으로도 변형이 심했다. 평면 구성도 마찬가지여서 트랜셉트, 성가대석, 방사형 예배당 등 대형 성당을 이루던 복합 요소들이 사라지고 단순하게 정리되는 흐름이 나타났다. 이런 전체적인 경향은 로마네스크 때 형성된 독일의 지역 양식 전통으로 되돌아간 것으로 해석될 수 있다. 각 지역의 주교는 로마네스크 때부터 누리던 종교적 독립성을 바탕으로 자신들의 전통에 맞는 다양한 지역 양식을 창출할 수 있었다.

지역적 다양성이 특히 두드러졌다. 독일은 중앙 정부로의 집중이 강한 프랑스와 달리 자잘한 공국으로 나뉘어 지방 분권을 정치적 전통으로 이어오고 있었다. 수많은 공국들은 스스로를 독립국가로 생각하면서 다양한 지역 문화를 이루어냈고 고딕건축도 이것을 대표하는 분야 가운데 하나였다. 유럽 전체로 보았을 때 독일 고딕은 오스트리아, 스위스, 이탈리아, 룩셈부르크, 폴란드, 체코, 라트비아, 에스토니아, 덴마크, 스웨덴 등 10여 개의 나라에 수출되었다(도 5-122).

일차적으로는 유럽의 중앙에 위치하며 가장 많은 나라와 국경선을 맞대고 있는 지리적 상황에서 기인한다. 궁극적으로는 이런 마이너급 나라들이 프랑스의 구조 합리주의를 어려워하는 상황에서 문화적 배경이 비슷하면서 장식 위주의 쉬운 독일 고딕을 부담 없이 받아들인 것이다. 프랑스 고딕을 받아들이며 시작한 독일 고딕은 이처럼 내부적으로 다양한 지역 양식을 창출했을 뿐 아니라 이를 인접 국가에 수출까지 하면서 일정한 독립성을 이루었다. 표준 양식의 저작권이라는

**도 5-122** 성 슈테펜(St. Stephen), 빈, 오스트리아, 1300년경-1510년.

기준에서는 프랑스가 단연 선진국이었지만 지역 양식을 기준으로 보면 독일은 나름대로 2차 고딕을 이룬 것으로 볼 수 있다.

### 중앙집중형 홀 교회와 비텔스바흐 왕조

이런 독일의 지역 양식은 내용이 매우 다양하고 지어진 건물의 수도 많았는데, 크게 비텔스바흐 왕조의 중앙집중형 홀 교회, 뤼베크의 북부 독일 양식, 카를 4세와 팔러가의 뉘른베르크 양식, 15세기의 장식주의 등으로 나눌 수 있다. 비텔스바흐 왕조 때에는 중앙집중형과 홀 교회를 합한 특이한 형태가 등장했다. 두 유형은 프랑스 로마네스크 건축에서 시작해서 고딕 시대에는 독일에서 별도로 유행했는데 이 과정에서 둘을 합한 새로운 유형이 등장한 것이다. 프랑스 로마네스크 시대의 루아르 지방과 도르도뉴 지방 사이에서 유행했던 선례들이 독일의 로렌 지방에 전파된 뒤 트리어와 뉘른베르크 등 독일 전역으로 퍼져 나가 고르게 유행했다.

13세기에 처음 정착한 초창기 예로 트리어의 성모마리아 교회(1242~53)와 마르부르크의 성 엘리자베스 교회(1235~)를 들 수 있다. 성모마리아 교회는 여러 번의 증식 과정을 거쳐서 공 같은 둥근 평면으로 정착했다(도 5-123). 가장 중심의 분리형 그리크 크로스를 씨앗으로 삼아 네 팔의 끝부분을 둥글게 처리하는 첫 번째 증식이 일어났다. 다음은 슈베의 팔 부분을 2베이 늘려 성가대석을 할당했고 애프스는

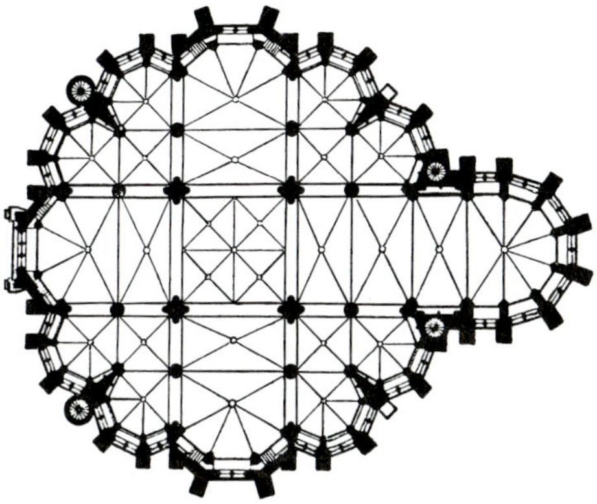

**도 5-123, 5-124** 성모마리아 교회, 트리어, 독일, 1242–53년.

본체에서 확연히 밖으로 돌출했다. 이것은 동서 방향으로의 중앙집중형 속에 선형구성을 확보하기 위한 처리로 초기 기독교 건축과 비잔틴건축에서 자주 쓰던 구성이었다. 마지막으로 네 팔 사이의 빈 부분에 각 두 개씩의 원형 예배당을 더하면서 공처럼 둥근 특이한 평면이 완성되었다.

이전의 선례에는 없는 여러 겹의 반지형 복합공간이 나타나면서 독일만의 중앙집중형 양식을 창출했다. 혹은 라틴 크로스형 방사형 예배당을 한 바퀴 돌려서 얻어낸 것으로 볼 수도 있었다. 여러 겹의 동심원과 중심에서 바깥으로 퍼져나가는 방사형을 혼합한 독특한 구성이었다. 기둥은 중심에서 밖으로 점점 가늘어지면서 공간에 구심적 위계를 형성했다(도 5-124). 제일 중심의 네 귀퉁이를 담당하는 기둥은 프랑스 고딕의 필리에 캉토네를 모방해서 가장 두껍게 처리했다.

이것과 외벽 사이에 세운 두 번째 기둥은 단일 원형 기둥으로 처리했는데 굵기는 중심 기둥에서 대응 기둥을 떼어낸 코어 기둥 정도였다. 마지막으로 외벽에 세운 기둥은 세 개의 대응 기둥 다발로 처리했다. 홀 교회의 기준에서는 아직 불완전했다. 네 귀퉁이의 예배당과 네 팔 사이에 높이 차이가 남았기 때문이다. 그러나 기둥 두께와 견주어 진공부가 훨씬 넓고 예배당 외벽에서 들어오는 빛이 팔 부분까지 직접 광으로 비치기 때문에 공간 분위기는 홀 교회에 근접했다.

성 엘리자베스 교회는 완성도 높은 홀 교회로 지었다. 네이브와 아일의 찬장 높이가 같아지면서 두 부분은 분할 구성이 없는 대형 단일 아치로 구획되었다(도 5-125). 실내에는 밝은 조도를 확보했다. 슈베

**도 5–125** 성 엘리자베스, 마르부르크, 독일, 1235년–.

는 트리어의 중앙집중형 구성으로 처리했다. 트랜셉트의 양쪽 끝부분은 애프스를 반원형으로 둥글린 점에서 쾰른 로마네스크의 삼엽형 평면을 차용한 것으로 볼 수도 있었다. 세 팔이 길고 좁아졌고 공간적으로도 독일 기사단(Teutonic Order)과 튀링겐가(Thüringia Family)가 독립적으로 사용한 점에서는 쾰른보다는 트리어를 좇은 것으로 볼 수 있다.

13세기 두 교회에서 완성된 중앙집중형 홀 교회는 14세기에 여러 곳으로 퍼져나갔는데 슈봐비슈그뮌트의 성 십자가 성당(Heilig–Kreuze Minster at Schwäbisch–Gmünd, 1351~)과 뉘른베르크의 성모마리아 교회(1350~58)를 대표적 예로 들 수 있다. 성 십자가 성당에서는 슈베를 이 형식으로 처리했다. 성가대석과 복도는 높이가 같았으며 둘은 단일 원형 기둥이 구획했다. 기둥에서 볼트가 갈라져 나와 천장을 받쳤고 찬장에는 리브 장식을 새겼다(도 5–126). 성모마리아 교회는 건물 전체를 이 형식으로 처리했다. 전체 구성을 3랑식 3베이의 균등 내접형 그리크 크로스로 처리해서 중앙집중형을 강화했고 네이브와 아일 사이의 관계를 성 십자가와 같은 홀 교회 방식으로 처리했다(도 5–127).

**도 5–126** 성 십자가 성당, 슈봐비슈그뮌트, 독일, 1351년–.

프란체스코회와 도미니크회 교회들도 이 형식으로 많이 지었는데 에르푸르트의 성모마리아 성당(1370~1420)과 잔크트제베린 성당(1278

**도 5-127** 성모마리아 교회, 뉘른베르크, 독일, 1350–58년.
**도 5-128** 성모마리아 성당, 에르푸르트, 독일, 1370–1420년.

년~14세기)이 대표적인 예다. 독일 뿐 아니라 프랑스와 이탈리아도 두 수도회 소속 교회들은 대부분 홀 교회로 지었다. 나란히 서 있는 에르푸르트의 두 성당은 모두 뉘른베르크의 성모마리아를 선례로 삼아서 건축 구성도 서로 닮았다(도 5–128).

15세기에는 중앙집중형보다는 홀 교회가 계속 주요 유형으로 남았다. 울름 성당(Ulm Cathedral, 1392~1471)도 그중 하나였다. 처음에 홀 교회로 계획되었다가 바실리카 구성으로 바뀌었지만 실내에는 홀 교회의 특징이 남아 있다. 네이브 천장이 아일 천장보다 높긴 하지만 네이브 월이 1단 구성에 가까운 2분법으로 이루어졌다(도 5–129). 규모 경쟁으로도 유명해서 천장 높이는 42미터였으며 출입구 탑은 162미터로 유럽에서 제일 높았다.

**도 5-129** 울름 성당, 독일, 1392–1471년.

홀 교회를 주도한 것은 비텔스바흐 왕조였다. 란츠후트(Landshut), 잉골슈타트(Ingolstadt), 뮌헨, 슈트라우빙(Straubing)의 네 도시를 주요 본거지로 삼은 왕조였는데 이 도시에는 모두 14세기 말에서 15세기 사이에 홀 교회의 대표작들이 지어졌다. 이런 예들은 앞선 건물보다 구성이 단순해지고 흰 색을 사용하는 등 미니멀리즘 분위기가 나타나는 한편 공간이 대규모로 되어가는 공통점을 나타냈다.

란츠후트의 성 마르티노(1385~1500)와 뮌헨의 성모마리아 교회(1468~88)를 대표적 예로 들 수 있다. 성모마리아에서는 높은 천장을

도 5-130 성모마리아 교회, 뮌헨, 독일, 1468–88년.

공유하는 네이브와 아일 사이를 대응 기둥을 뺀 단일 기둥이 구획했다. 기둥은 흰색으로 칠해서 단순한 분위기를 강조했다. 실내에 서면 흰 색의 단일 기둥 열이 웅장하면서도 절제된 모습으로 도열해 있다(도 5-130). 천장에는 리브 문양을 새겼지만 장식은 심하지 않았다. 개수도 많이 줄어들었고 굵기도 가늘어졌으며 규칙적 기하 문양을 만들어냈다. 외벽 창도 좁고 긴 뾰족아치 하나만으로 분할했다. 이렇듯 화려한 공예 장식이 유행하던 15세기 독일 후기 고딕에서 절제된 추상미를 끝까지 잃지 않은 건물이었다.

## 뤼베크, 뉘른베르크, 팔러가

뤼베크(Lübeck)는 중세 독일의 북부 지방을 대표하는 도시였다. 13세기에서 15세기 말 사이에 한자동맹(Hanseatic League)의 중심 도시로서 큰 번영을 누렸으며 이런 힘을 바탕으로 신성로마제국에서 독립한 자유도시의 지위를 유지했다. 주교는 실질적 권력을 갖지 못한 반면 시민과 상인이 주요 권한을 행사했다. 이런 상황은 도시의 건축 구성에 그대로 반영되어서 여섯 개의 큰 교회가 일곱 개의 높은 첨탑을 자랑

도 5-131 중세 뤼베크의 교회들.

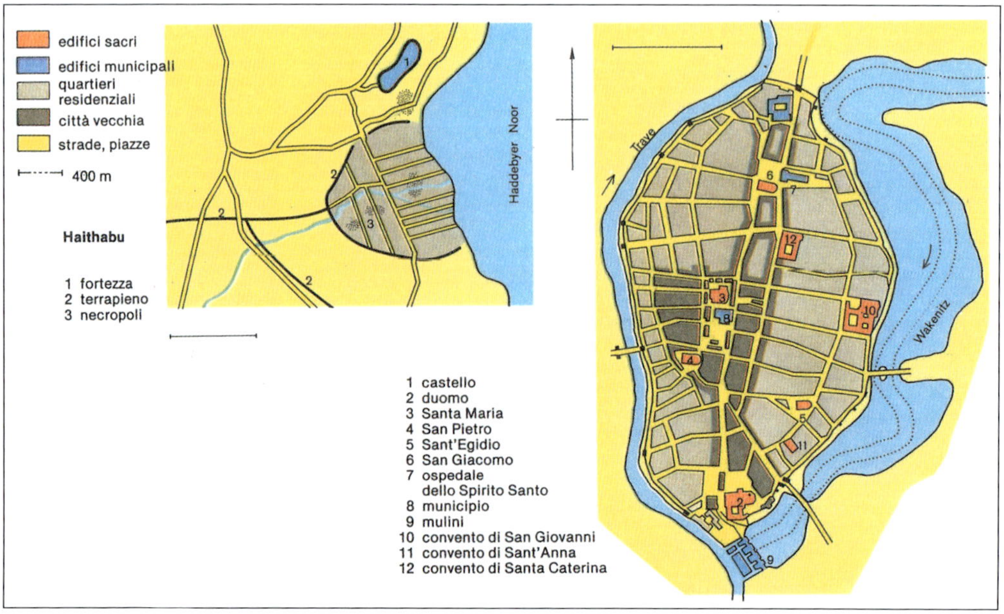

하며 위용을 과시한 반면 성당은 이들보다 작은 규모로 지어지며 뒷전으로 밀렸다(도 5-131).

이 교회들에 나타난 특징은 독일 고딕의 북부 지역 양식을 형성했는데 마리아 교회(Marienkirche, 1277년경~1351)는 이것을 대표하는 예이다. 중앙광장의 중심부를 시청사와 양분하며 크고 작은 20여 개의 첨탑으로 스카이라인을 장식했는데 이는 지역 세력의 과시욕을 드러낸 것이었다. 반면 성당은 남쪽 구석으로 밀리면서 크게 위축되었다. 교회 출입구의 첨탑 두 개가 압권인데 구모도 웅장하려니와 지붕을 독일 로마네스크의 전통인 투구(helm) 형태로 처리했다. 실내는 프랑스의 표준 양식을 차용한 뒤 네이브 월, 트랜셉트, 성가대석 복도의 폭, 방사형 예배당 등을 모두 줄여 단순화했다(도 5-132). 이상의 특징들은 독일 북부의 지역 양식으로 자리 잡아 여러 곳에서 모방했다. 슈트랄준트(Stralsund)의 성 니콜라스(St. Nicholas, 1276~), 펠프린의 시토회 교회(Cistercian Church at Pelplin), 도베란(Doberan)의 시토회 교회(1294~1368) 등이 대표적 예이다.

또 다른 두드러진 특징으로 벽돌을 들 수 있다. 화강석을 주요 재료로 사용한 프랑스나 영국과 달리 독일에서는 로마네스크 때부터 벽돌을 주요 재료로 사용했다. 함부르크와 뤼베크의 북부 지방도 대표적 중심지로 벽돌 건축의 특징인 장중한 덩어리 느낌, 깔끔한 형태 처리, 장식 효과 등이 나타났다(도 5-133). 벽돌 건축을 이어 받은 건물은 코

**도 5-132, 5-133** 마리아 교회, 뤼베크, 독일, 1277년경-1351년.

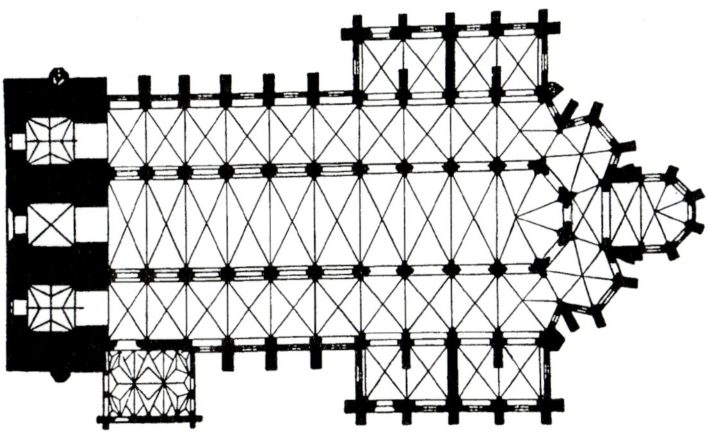

**도 5-134** 성모마리아 교회, 뉘른베르크, 독일, 1350–58년.

린 성당(Chorin Cathedral, 1273~1335), 뤼베크의 성 카타리나(1280~1356), 슈트랄준트의 마리아 교회(1384년경~1440) 등이 대표적인 예였다.

뉘른베르크는 카를 4세(재위, 1355~78) 동안 번창하며 또 하나의 지역 양식을 완성했다. 룩셈부르크 왕가(Luxemburg dynasty) 출신의 카를 4세는 뉘른베르크에서 프라하로 이어지는 지역을 정치적 기반으로 삼아 당시 유럽 내에서 강력한 황제로 군림했는데 뉘른베르크를 특히 노골적으로 보호하며 건물 축조에도 많은 도움을 주었다. 프랑스나 로마 가톨릭과의 경쟁에서 승리하기 위해 분야별로 여러 전략을 구사했는데 뉘른베르크의 지역 양식 창출도 중요한 부분을 차지했다.

성모마리아 교회(1350~58)는 대표적인 예이다. 로마네스크 양식으로 지어져 있던 왕궁 예배당을 카를 4세 때 다시 짓는 과정에서 홀 교회 구성과 입면 처리에서 지역 양식의 특징이 나타났다. 홀 교회 구성은 앞에 나온 내용과 유사했다. 입면에서는 몸통 윤곽을 넓적한 직사각형으로 잡은 뒤 지붕에 큰 삼각형을 얹었다. 지붕 처리가 독특해서 삼각형 전체 윤곽을 다섯 단의 수평 띠로 구획했으며 각 띠의 끄트머리를 계단형으로 처리했다. 중세 독일의 시청사나 대저택 같은 비기독교 건물에서 많이 쓰던 방식인데 이를 교회에 응용한 것이었다. 또 각 수평 띠는 속으로 작은 아치 두 개와 쌍 기둥이 반복되는 방식에 의해 자잘한 어휘로 분할되었는데 이런 처리는 독일 로마네스크에서 쓰던 롬바르디아 밴드를 기본 모티브로 삼아 장식적으로 응용한 것으로 보인다.

독일 고딕의 지역 양식이 창출되는 데에는 팔러가가 중요한 역할을 했다. 여러 명의 걸출한 장인을 배출한 독일의 대표적 장인 가문으로 카를 4세의 총애를 받으며 주요 건물들을 지었다. 피터 팔러는 슈봐비슈그뮌트의 성 십자가 성당, 뉘른베르크의 성모마리아 교회, 프라하의 성 비투스 성당(St. Vitus's Cathedral, 1344~52) 등을 지었다(도 5-134). 하인리히 팔러와 미카엘 팔러는 울름 성당과 밤베르크(Bamberg)의 오베레 파레(Oberre Pfarre, 1392~1431) 등을 지었다. 한스 팔러는 멀리 밀라노 성당 축조에까지 초청되었다.

### 15세기와 장식주의

독일 고딕은 영국과 마찬가지로 전 시기에 걸쳐 장식 경향이 대표적 특징인데 15세기에 특히 두드러졌다. 앞에서 본 것처럼 13~14세기의 주요 건물들에서는 장식 이외에도 다른 특징들이 나타났던 데 반해 15세기에 들어오면서 점점 장식 한 가지로 좁혀졌다. 이런 장식화 경향은 유럽 전체로 보면 고딕 자체가 쇠퇴하는 후기 현상의 하나였지만 독일에 국한하면 자국만의 전통을 강화하는 측면도 있어서 반드시 부정적이지만은 않은 양면성이 있었다. 이 때문에 15세기 독일 건축 가운데 장식주의를 '연성 양식'이나 '둥글린 양식(weicher Stil, 영어로 soft style 혹은 rounded style)'이라는 별도의 명칭으로 부르기도 한다.

15세기 독일은 프랑스나 영국과는 다른 점이 분명히 있었다. 팔러가의 뒤를 이어서 실력 있는 장인 건축가들이 대거 등장한 점을 대표적 현상으로 들 수 있다. 이들은 당시 이탈리아 르네상스에서 개인 예술가로서 건축가들이 등장하기 시작한 현상에서 영향을 받아 개인적 창의력을 중요하게 여기며 자유분방한 디자인을 추구했다. 큰 방향은 동시대 유럽 후기 고딕에서 나타났던 리브와 트레이서리를 이용한 장식 경향을 공유했다.

세부적으로는 차이도 있어서 리브를 이용한 공예 장식주의가 독일만의 특징으로 나타났다. 공간 유형에 따라 홀 교회와 바실리카로 한 번 더 나눌 수 있다. 홀 교회에서는 기둥을 단일 원형 기둥으로 단순하게 처리한 뒤 리브를 우산 볼트와 함께 사용해서 장식 효과를 높였다. 리브 장식에는 기하 도형, 별 모양, 꽃 모양 등 다양한 문양을 사용했으며 프레스코화로 직접 장식을 그리는 경우도 많았다. 베이마다 서로 다른 문양을 그리기도 했다.

란츠후트의 양로원 교회(Spitalkirche), 잘츠부르크의 프란체스코회 교회, 안나베르크의 안나 교회(1515~22), 슈트랄준트의 마리아 교회(1384~1440) 등은 이런 경향들을 대표하는 예들이다(도 5-135). 단치히(Danzig)의 마리아 교회에서는 셀 볼트라는 장식 어휘가 등장했다. 리브를 사용하지 않고 천장을 두껍게 한 뒤 파내서 볼트 문양을 만드는 방식이었다(도 5-136).

**도 5-135** 마리아 교회, 슈트랄준트, 독일, 1384년경-1440년.
**도 5-136** 마리아 교회, 단치히, 독일, 1343년경-1502년.

# 6
# 이탈리아 고딕건축

### 로마네스크와 고딕 사이

이탈리아 고딕 역시 독일 고딕과 마찬가지로 어렵게 시작되었다. 어떤 면에서는 독일보다 더 힘들었다. 로마네스크 전통뿐 아니라 로마 고전주의의 본산이라는 더 큰 전통이 있었기 때문이다. 고딕 양식으로 지은 건물 수는 프랑스, 영국, 독일에 뒤지지 않았으나 건축 내용에서는 세 나라와 아주 달랐다. 세 나라가 서로 다른 가운데에도 프랑스 고딕을 씨앗으로 삼는 최소한의 공통점이 있었던 데 반해 이탈리아 고딕에서는 이것마저 찾기 힘들었다. 그만큼 프랑스의 국제주의 표준 양식과 거리가 멀었다. 고전주의가 섞여 나타난 이탈리아만의 특징으로 볼 수도 있고 후진성으로 볼 수도 있다(도 5-137). 정치적, 문화적으로는 로마 교황청이 유럽 전체에 대해서 큰 영향력을 행사하면서 중세 문명을 이끌었지만 건축은 달랐다.

이탈리아에서 고딕 시기의 프랑스 건축을 처음 접한 것은 12세기 시토 수도회를 통해서였다. 건축양식은 고딕이 아닌 부르고뉴 지방의 후기 로마네스크였다. 이 양식에는 프로토고딕 형식으로 고딕 어휘를 개별적으로 사용했다. 유기 구조를 기본 체계로 삼은 완성된 양식 단위가 아닌 개별 어휘였다. 이런 상황은 이탈리아가 프랑스 고딕을 쉬

도 5-137 성 아나스타시아(St. Anastasia), 베로나, 이탈리아, 1261년~.

운 양식으로 여기는 요인으로 작용했다. 프로토고딕은 이탈리아에서도 이미 12세기 초부터 나타나기 시작한 현상이었기 때문에 프랑스 고딕을 자신들의 고딕과 크게 다르지 않은 것으로 판단하게 했을 것이다. 반면 유기적 종합 구조로 짓는 제대로 된 프랑스 고딕은 이탈리아에게는 너무 이질적이고 낯선 양식이었다. 구조적 정밀성이나 합리적 기술력 같은 것은 이탈리아에서 별 관심을 못 끌었다. 이탈리아는 고딕이라는 새 양식에서조차 자신들의 고전 전통과 비슷한 것만 찾으려 들었다.

베르첼리(Vercelli)의 성 안드레아 성당(Sant'Andrea, 1219~24)은 좋은 예다. 실내외 모두 고딕 어휘를 갖추긴 했지만 고딕 양식으로 보기 힘들었다(도 5-138). 고딕 어휘는 구조적 역할을 하지 못하는 개별 장식 어휘에 가까우며 기본 골격에 고전 기독교나 로마네스크의 잔재도 많이 남았다. 네이브 월은 갤러리가 없는 2단 구성이었으며 크로싱 천장은 펜덴티브 돔으로 처리했다. 창도 기둥에 맞춘 수직 분할이 아니라 내력벽을 먼저 세운 뒤 구멍을 뚫듯이 만든 수평 분할이었다. 고전 기독교와 중세 기독교 사이에서 어중간한 상태에 머문 것이다.

도 5-138 성 안드레아, 베르첼리, 이탈리아, 1219-24년.

이런 요인들이 함께 작용하면서 이탈리아 고딕은 자국의 고전주의와 로마네스크 전통을 바탕으로 삼아 프랑스 고딕을 어휘별로 차용하는 방향으로 시작되었다. 두 전통 가운데 고전의 잔재는 많이 드러나지 않았지만 로마네스크의 연속성은 비교적 큰 편이었다. 이탈리아 로마네스크는 다시 초기 기독교 건축의 연속인 측면이 많았기 때문에 이탈리아 고딕은 전반적으로 강한 고전 기독교의 특징이었다. 이런 이유로 인해 이탈리아 고딕은 이탈리아만의 로마네스크 전통이 강했던 토스카나 지방에서 융성했다. 반면 로마 시내에는 고딕 성당을 단 한 채만 지었을 뿐이다(도 5-139).

**도 5-139** 산타마리아 소프라 미네르바, 로마, 1285년경.

### 프란체스코회와 도미니크회

이탈리아 고딕의 시작이나 정착 과정에 대해서는 통일된 의견이 없지만 12세기 전반부터 13세기 전반에 프랑스 고딕을 수입해서 자국의 전통에 맞춰 정착시킨 것으로 보인다. 이 과정에서 수도회의 역할이 중요했다. 영국이나 독일에서도 그랬지만 두 나라보다 더 심했다. 일차적으로는 중세를 대표하는 수도회인 프란체스코회와 도미니크회가 이탈리아에서 발생했다는 종교적 배경이 중요했다. 건축적으로도 영향을 끼쳤다. 두 수도회는 극기주의를 내걸었기 때문에 여러 부재가 구조적으로 얽힌 프랑스 표준 양식과는 잘 안 맞았다. 이탈리아 고딕은 전체적으로 이런 경향을 보였기 때문에 수도회 건축을 수도원 내에 머물지 않고 일반 교회나 성당에까지 부담 없이 받아들였다.

수도회 건축을 거치면서 프랑스 표준 양식과 거리가 먼 이탈리아 특유의 고딕건축이 정착했다. 아시시(Assisi)의 성 프란체스코 수도원 교회(Abbey Church of San Francesco, 1228~39, 1253년 봉헌)가 출발점이었다. 고전 기독교의 잔재는 1랑식 단일 공간, 수평 비례, 벽의 이분법, 개구부 속으로 함몰된 벽 등이었다(도 5-140). 반면 리브 4분 볼트와 다발 기둥 사이의 일치는 고딕 표준 양식을 잘 따른 것이었다. 고딕 기독교의 특징이 더 강하기 때문에 프랑스의 기준에서 보면 고딕 건물로 볼 수 없으나 이탈리아에서는 고딕으로 분류할 수 있다. 실제로 이후 많은 건물을 이런 방식으로 지었다. 선례로 앙제 성당 등을 거론하지만 이탈리아 장인들만의 독창적 디자인이라는 것이 통설이다. 이런 점에서 이탈리아 고딕의 한 유형이 완성된 것으로 볼 수 있다. 이탈리아 고딕에서는 영국의 캔터베리나 독일의 슈트라스부르크처럼 프랑스의 완성 모델이 통째로 이식된 예는 하나도 없었고 모든 건물에 고전 기독교와 고딕 양식이 혼재되었다.

아시시의 뒤를 이은 것은 볼로냐(Bologna)의 성 프란체스코(San Francesco, 실내 1236~50, 파사드 1263년)였다. 외관과 파사드 모두에서 이탈리아만의 특징이 나타났다. 외관은 자잘한 분절이 생략된 큰 덩어리 단위로 구성되었고 애프스 바깥쪽으로 플라잉 버트레스가 형태와 구조 모두에서 다이어그램식으로 단순화되었다(도 5-141). 재료는 이탈리아의 전통 재료인 벽돌이었다. 실내에서도 고전 기독교의 육중한 전통이 지배했다. 공간은 단순하고 통일감이 높은 대신 수평 비례가 주도했다. 네이브 월은 2분법도 채 안 되어 큰 아치만으로 구획되었고 흰 회벽 꼭대기에 환기창 같은 작은 원형창만 뚫었다. 기둥, 리브, 아키볼트 등 구조 부재만 붉은 벽돌로 축조해서 흰 회벽과 대비 효과를 냈다.

도미니크회 교회의 대표적 예는 피렌체의 산타마리아 노벨라(Santa Maria Novella, 1279~)였다. 수도회 사이에 건축적 차이는 없어서 여기에서는 앞의 프란체스코회 교회에 나타났던 특징들이 반복되면서 이탈리아 고딕의 대표 유형으로 자리 잡았다. 달라진 점은 수직 느낌이 강해졌다는 것이다. 그러나 이런 수직 비례도 돔이라는 대표적 고전 어휘를 활용했다. 볼트를 천장 쪽으로 급하게 올려서 마치 돔을 위쪽으

**도 5-140** 성 프란체스코 수도원 교회, 어퍼 교회(upper church), 아시시, 이탈리아, 1228–39년, 1253년 봉헌.

**도 5-141** 성 프란체스코, 볼로냐, 이탈리아, 실내 1236–50년/외관 1263년.

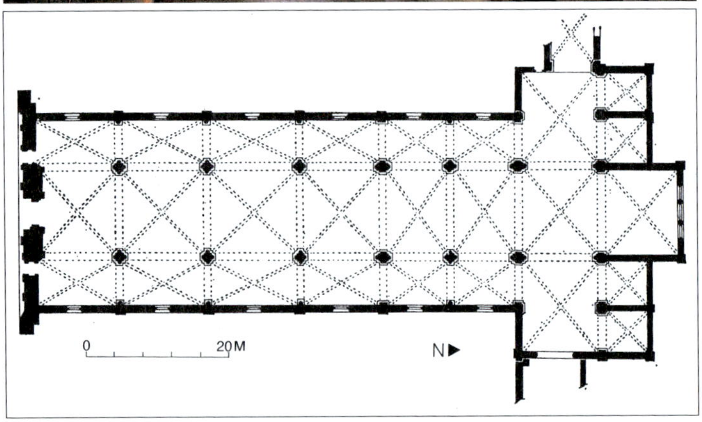


**도 5-142, 5-143** 산타마리아 노벨라, 피렌체, 이탈리아, 1279년-.

로 늘어트린 것처럼 보이게 한 것이다(도 5-142). 리브를 점박이 무늬로 처리해서 이런 느낌을 강조했다. 이는 리브 볼트라는 고딕 어휘를 돔이라는 고전 어휘의 느낌으로 재해석해낸 것으로 이탈리아다운 장면이었다.

이런 경향은 평면과 기둥에서도 유사하게 나타났다. 평면은 초기 기독교 건축의 성 밖의 성 바오로와 많이 닮았다(도 5-143). 동쪽 성소에 성가대석이 없었으며 애프스도 반원형이 아닌 직선으로 끊겼다. 애프스 양옆으로 정사각형 예배당을 각 두 개씩 더한 것이 전부였고 정식 트랜셉트도 아직 나타나지 않고 있다. 이런 구성은 프레로마네스크 때 라틴 크로스가 분화하기 이전의 고전 기독교 평면의 전형적인 구성이다.

기둥은 횡 방향 아치와 아케이드를 받치는 대응 기둥을 세 개 세웠는데 고딕 구조의 정식 다발 기둥보다는 고전 벽기둥에 가까운 모습으로 남았다. 개수는 적지만 고딕 원리에 따른 대응을 충실히 지켰는데 모습은 고전 어휘로 나타난 것이다. 기둥과 리브 사이의 구조적 관계가 오히려 다이어그램처럼 단순하면서도 명확하게 표현되어 고딕의 구조 합리주의에 더 충실해지는 부수익도 있었다. 리브와 아치의 점박이 무늬는 토스카나 지방의 로마네스크 장식에서 온 것으로 고전적 연속성을 보여주는 또 다른 증거였다.

### 13세기–피렌체와 시에나

초창기 수도회 교회들에서 정착된 내용들은 이후 이탈리아 고딕의 대표적 유형으로 자리 잡았다. 이탈리아 고딕은 지역적으로 한정되어서 토스카나가 제일 큰 흐름을 이루었고 베네치아가 여기에 견주는 정도였다. 토스카나는 13세기부터 이탈리아 고딕을 이끄는 중심지가 되었다. 피렌체가 중심 도시였으며 13세기 말에는 시에나가 라이벌로 떠올랐다. 두 도시 사이의 경쟁은 13세기 말부터 14세기 이탈리아 고딕을 이끄는 원동력이 되었다. 피렌체의 산타크로체(Santa Croce, 프란체스코 수도회, 1300년경~), 시에나의 성 프란체스코(1326년 시작)와 성 도미니코(San Dominico, 1309년 이후 시작) 등이 대표적 예다(도 5–144).

두 도시 이외에 중요한 예로 페루자(Perugia)의 성 도미니코(1304~)를 들 수 있다. 이 건물은 이 수도회의 전형적인 극기주의 건축을 잘 보여주는 표준형을 기본 구성으로 삼아 실내는 독일식 홀 교회 구성으로 이루어졌다. 이외에도 베네치아의 성 요한, 성 바오로(Santi Giovanni e Paolo, 1355~, 도미니크 수도회)와 산타마리아글로리사데이프라리(Santa Maria Glorisa dei Frari, 1330년경 시작, 프란체스코 수도회), 트레비소(Treviso)의

**도 5-144** 성 도미니코, 시에나, 13-14세기

성 니콜로(San Nicolo, 1303년경 시작, 도미니크 수도회) 등을 추가로 들 수 있다(도 5-145, 5-153).

13세기는 수도회 교회 이외에 일반 성당과 교회들이 지어지며 이탈리아 고딕이 자리 잡는 시기였다. 앞의 수도회 교회들에 나타났던 특징들이 유사하게 반복되었다. 시에나 성당(Siena Cathedral, 1250~1400년경)이 대표적인 예여서, 고전 기독교의 특징을 잘 보여준다. 출입구와 네이브 월 등 실내외 모두 뾰족아치가 아닌 반원 아치가 주요 모티브였다(도 5-146). 외관은 정사각형의 고전적 비례를 유지했고 뾰족아치는 작은 조각물로 처리해서 소품처럼 사용했다. 네이브 월은 2분법이

**도 5-145** 산타마리아글로리사데이프라리(프란체스코 수도회), 베네치아, 이탈리아, 1330년경 시작.
**도 5-146** 시에나 성당, 이탈리아, 1250-1400년경.
**도 5-147** 성 안토니오, 파도바, 이탈리아, 1230년경-1307년.

었고 크로싱 천장은 돔으로 덮었다. 네이브 천장은 그로인 볼트였지만 기울기와 천장 곡면 등이 돔에 가까웠다.

파도바(Padova)의 성 안토니오(Sant'Antonio, 1230년경~1307년)도 중요한 예이다. 전체적 특징은 시에나와 마찬가지로 고전 기독교의 전형적 모습이다. 특이한 것은 비잔틴의 돔 크로스(domed cross)형으로 구성한 점이다. 내접형 그리크 크로스 가운데 중심과 옆 공간 네 곳, 총 다섯 곳의 천장을 돔으로 처리했다. 로마네스크의 중앙집중형에서 나타났던 비잔틴의 영향이 사라지지 않고 이어진 것이다(도 5-147).

### 14세기-토스카나와 장식 고딕

13세기에 정착한 이탈리아 고딕은 14세기로 이어졌다. 여전히 토스카나가 중심지였는데 장식적 로마네스크가 융성하던 지역이었기 때문에 이런 전통이 더 강해지는 방향으로 나타났다. 프랑스의 기준에서 보면 이것은 고딕의 정체성을 방해하는 것이지만 이탈리아에서는 이것이 고딕의 정체성을 돕는 쪽으로 작용했다. 이탈리아 고딕은 로마네스크 전통과 한 몸이 된 뒤 이 전통이 강해지면서 함께 명확해지는 특이한 과정을 보여준다. 그 결과 14세기 토스카나에서는 장식 고딕이라는 특이한 경향이 나타났다.

피렌체 성당(Firenze Cathedral, 1294년에 시작, 1357~66년 증개축)이 좋은 예이다. 구조 골격이 기둥이 아닌 벽체로 이루어졌는데 이는 고딕의 유기성을 거부하고 로마네스크의 물성에 머문 것을 뜻한다. 창 면적을 최소화해서 돌 벽의 물성을 강화했으며 플라잉 버트레스를 세우지 않아서 건물 전체가 단순한 덩어리 느낌을 유지했다. 벽면이 많이 나오면서 장식을 쓰기 좋은 바탕 면을 확보되었다(도 5-148). 대리석의 색 차이를 이용해서 기하 문양을 새기는 토스카나 로마네스크가 반복되고 있는데 장식의 현란한 정도는 훨씬 심해져서 파충류의 비늘 껍질을 보는 것 같다.

수도회 건축은 14세기에 들어와 화려해지면서 장식 고딕에 합류했다. 수도회 자체와 함께 생각하면 변질이나 타락 현상으로 볼 수 있다. 주로 프란체스코 수도회 쪽에서 나타났는데 초기의 극기주의 강

**도 5-148** 피렌체 성당, 이탈리아, 1294년 시작, 1357-66년 증개축

령과 달리 14세기에 개인 재산권을 허용한 것이 주요 요인이었다. 가톨릭 전체가 14세기에 타락하기 시작한 점도 중요했다. 기본 교리와 강령에서 프란체스코 수도회 쪽이 좀 더 현실적 욕망에 가까웠기 때문에 가톨릭 전체의 타락 현상에 쉽게 동조할 수 있었다. 건축에도 영향을 끼쳐서 장식주의를 부추겼으며 여기에 더해 대형화도 나타났다. 규모 경쟁이 일어나서 같은 도시 내에서는 도미니크회 교회와, 다른 도시와는 프란체스코 교회끼리 경쟁했다.

피렌체는 좋은 예였다. 피렌체의 프란체스코 교회였던 산타크로체(Santa Croce)는 도미니크 교회였던 산타마리아 노벨라를 압도할 목적으로 시작해서 가로 115미터, 세로 74미터의 전체 크기에 38미터의 높이를 가졌다. 이 규모는 산타마리아 노벨라에 비해 전체 크기는 1.17배, 높이는 1.25배 더 큰 것이었다(도 5-149). 이런 부질없는 욕심이 프란체스코의 기본 정신에 어긋난다는 많은 비판이 있었지만 공사를 강행해서 완공했다.

전체 구성은 규모와 견주면 엉성했다. 장식은 화려했으나 독창성이 결여된 채 이탈리아 고딕의 여러 선례들을 모방한 구성이었다. 평면, 네이브 월 구성, 이스트 엔드 등은 산타마리아 노벨라를 모방했다. 짜임새는 이만 못했다. 공간이 부풀면서 산타마리아 노벨라의 짜임새 있는 구성이 깨진 것이다. 네이브 월의 아케이드 위를 강한 수평선으로 구획한 처리는 시에나 성당을 모방한 것이었다. 외관의 토스카나 장식주의도 시에나 성당을 모방했다. 실내 기둥은 피렌체 성당

**도 5-149, 5-150** 산타크로체, 피렌체, 이탈리아, 1300년경~.

과 유사했다. 천장은 이탈리아 탁발승 수도회 교회로서는 드물게 목구조로 짰지만 그 순수성에는 의심이 갔다. 극기주의 강령을 따른 것이 아니라 장 스팬을 석구조로 축조할 자신이 없었거나 공사비가 부족했기 때문으로 보인다(도 5-150).

피렌체와 시에나 사이의 경쟁은 14세기에도 계속되었다. 피렌체 성당에 대응하여 시에나에서는 성당 증축(1322~59/60)과 시민 회관(Palazzo Pubblico, 1338~48)이 주요 공사로 진행되었다. 시에나 성당 증축은 성가대석 확장에 집중되었다. 피렌체와 오르비에토(Orvieto)를 의식해서 크고 화려하게 짓는 데에만 관심을 쏟아서 실패작으로 끝났다. 반면 시민 회관은 대 광장(Campo) 한쪽을 담당하며 성공작으로 남았다. 이후 이탈리아 고딕건축에서 주요 유형으로 반복되는 시민 회관의 출발점이 되었다.

14세기 이탈리아 장식 고딕의 주요 현상 가운데 하나로 개인 예술가로서 화가와 조각가의 등장을 들 수 있다. 이와 비슷한 현상이 독일에서는 15세기에 일어났던 데 반해 르네상스의 발상지였던 이탈리아 토스카나 지방에서는 한 세기 빠르게 나타났다. 건축양식은 아직 후기 고딕에 머무는 가운데 르네상스의 기운이 높아지면서 르네상스 개념의 개인 예술가들이 등장하기 시작한 것이었다.

이들은 성당과 교회 공사에서 미술 부분을 담당하며 참여했다. 이들의 참여는 실내외를 화려하게 만들면서 장식 고딕을 강화했다. 프랑스 고딕의 조각 장식이나 독일 고딕의 프레스코 문양에 해당하는

**도 5-151** 오르비에토 성당, 이탈리아, 1290–1330년.

이탈리아 고딕의 장식 경향이었다. 예술가를 활용하는 문제에서 피렌체와 시에나 사이에 다시 한 번 경쟁이 벌어졌다. 아르놀포 디 캄비오(Arnolfo di Cambio)는 피렌체 성당과 산타크로체에, 조토(Giotto)는 피렌체 성당에 각각 참여하며 피렌체의 자존심을 드높였다. 여기에 뒤질세라 시에나에서는 조반니 피사노(Giovanni Pisano)와 두초디부오닌세냐(Duccio di Buoninsegna)가 성당 공사에 참여했다.

오르비에토 성당(Orvieto Cathedral, 1290~1330)은 건축물이기보다는 로렌초 마이타니(Lorenzo Maitani)의 미술작품에 가까웠다. 파사드는 반원 아치와 정사각형 비례를 기본 모티브로 삼아 로마네스크 골격을 유지했다. 소 첨탑 네 개가 파사드를 3등분하면서 3랑식 실내 구성을 반영했고 각 베이마다 출입구와 지붕에 각 두 개씩의 삼각 박공을 넣었다. 이런 구성도 토스카나 로마네스크의 전형적 방식이었다. 벽체 구조라서 그림을 그릴 수 있는 넓은 면을 확보했고 마이타니는 이 위에 화려한 성화를 맘껏 그렸다. 그림 이외에도 대리석과 금세공을 이용한 장식과 각종 조각 등을 더했다. 건물을 제치고 장식이 주인이 되었다(도 5-151).

### 15세기와 거대주의

15세기에 이탈리아 고딕의 중심지는 베네치아로 옮겨갔다. 하지만 토스카나에서 르네상스가 발호하면서 고딕은 이제 철지난 양식으로 끝나가고 있었다. 15세기 베네치아 고딕은 토스카나가 버린 것을 뒤늦게 이어받은 측면이 많았다. 베네치아는 동방과의 연계를 지리적, 역사적 배경으로 삼아 나름대로 찬란한 중세 문화를 이루고 있었지만 건축은 예외였다. 산마르코 이후 베네치아 고딕은 주로 팔라초나 소형 교회에 국한되었고 교회나 성당 같은 대작은 내지 못하고 있었다.

베네치아 고딕의 중심은 세속 권력의 건물이었다. 비잔틴제국이 쇠퇴하고 제노바와의 경쟁에서 우위를 점하면서 베네치아공화국은 지중해 연안의 강대국으로 떠올랐다. 정치권력은 물론이고 중상주의를 오래 이끌어온 상업 권력도 급속히 커지면서 이에 맞는 권위를 과시할 필요가 생겼다. 총독궁(Palazzo Ducale, 1309~1424)과 카도로(Ca'd'

**도 5–152** 총독궁, 베네치아, 이탈리아, 1309–1424년.

Oro, 1424~36년)는 이 두 권력을 대표하는 건물이었다. 두 건물 모두 뾰족아치와 원형 창을 혼합해서 만든 스크린 벽을 전면에 둘렀다. 베네치아 특유의 섬세한 석공 장식을 자랑하는 대표적인 중세 어휘였다(도 5–152).

베네치아 고딕 가운데 교회 건축은 다른 지역과 마찬가지로 토스카나에서 13세기 때 형성된 수도회 건축을 받아들이면서 시작되었다. 14세기에 두 수도회를 대표하는 성 요한, 성 바오로와 산타마리아글로리사데이프라라리를 지으면서 교회 양식이 시작되었다. 베네치아 내부적으로는 천 년 가까이 이어지던 비잔틴 양식을 밀어내면서 비로소 유럽 고딕건축이 본격적으로 등장하기 시작한 의미를 지녔다. 건축적으로 새로운 내용을 창출하지 못하고 벽돌을 이용한 장식에 치중했으며 부분적으로 토스카나의 대리석 장식 고딕을 섞어 썼다(도 5–145, 5–153).

베네치아를 포함해서 15세기 이탈리아 고딕을 대표하는 경향으로 '거대주의(gigantism)'를 들 수 있다. 14세기에 수도회 사이 경쟁에서 시작해서 15세기에는 수도회를 벗어나 성당과 교회로 옮겨갔다. 밀라노 성당(Milano Cathedral, 1386년 계획 시작, 1572년 주요 부분 완공)이 대표적인 예였다. 처음부터 대작을 지을 욕심으로 1386년부터 건축가, 수학자, 화가 등 각 분야의 대표자들이 모여 계획을 논의하기 시작했다. 건축가들은 한 곳이 아니라 볼로냐, 파리, 독일 등 여러 곳에서 초빙

**도 5-153** 산티 조반니 에 파올로(Santi Giovanni e Paolo, 도미니크 수도회), 베네치아, 이탈리아, 1355년-.
**도 5-154** 밀라노 성당, 이탈리아, 계획 1386년/공사 시작 1401년/주요 부분 완공 1572년.

되었다.

논의는 1401년까지 계속되었다. 이 과정에서 심미, 기술, 기능 등 많은 논제들이 논의되었지만 가장 중요한 관심사는 단연코 크기, 비례, 공간감 등의 규모 문제였다. 건축가들 사이에 건물의 기본 방향과 축조 방식을 놓고 의견이 엇갈렸다. 파리에서 온 건축가는 프랑스 고딕의 표준 방식을 주장했다. 독일에서 온 한스 팔러는 첨탑을 이용한 외관에서의 높이를 추천했다. 이탈리아 건축가들은 정사각형 비례의 광활한 공간과 기하학적 덩어리감 등 고전적 개념의 거대 공간을 주장했다. 각자의 출신 지역에 따른 차이였다.

주요 부분은 1572년에 완공되었고 공사는 19세기까지 계속되었다. 최종 건물은 이 세 경향이 혼재하며 하나로 합한 결과로 나타났다. 고딕건축에서 거대 규모를 대표하는 세 가지 방식을 한 곳에 모아놓은 것이다. 고딕건축 전체를 통틀어서 비슷한 경우를 찾기 힘든 매우 특이한 예였다. 5랑식에 전체 폭은 72.9미터였다. 네이브는 9베이 길이에 폭은 16.7미터였다(도 5-154). 천장 높이는 45미터로 프랑스와 독일의 기록과 맞먹었다. 크로싱의 천장 높이는 65.5미터였고 크로싱 첨탑은 107미터까지 올라갔다. 수직이나 수평 단독으로는 최고 기록이 없었지만 둘을 합한 전체 규모에서는 거대주의를 대표할 만했다.

건물 골격은 뾰족아치, 플라잉 버트레스, 리브 그로인 볼트, 다발기둥 등 프랑스 고딕의 표준 어휘들로 짰다. 이것들의 유기적 효율성은 고려할 여유가 없었다. 시간도 너무 많이 흘러 있었다. 성기 고딕의 기본 구성을 표준 모델 개념으로 가져다 쓰는 상황이 되었다. 초점은 거대주의를 과시하는 데 모아졌다. 외관은 수많은 뾰족아치와 뾰쪽 삼각형으로 가득 채웠고 플라잉 버트레스의 가닥 옆으로 수많은 소 첨탑들을 세웠다(도 5-155). 이런 어휘들은 일차적으로는 장식 어휘였지만 대형화 경향을 돕는 역할도 함께했다. 수직으로건 수평으로건 큰 것은 무엇이든지 사용했다.

볼로냐의 산페트로니오(San Petronio, 1390~)는 거대주의의 또 다른 예이다. 초안은 밀라노보다 더 크게 계획되었다가 공사 과정에서 축소되어 지금의 규모가 되었다. 라틴 크로스로 계획되었다가 트랜셉트 없는 일자형 5랑식으로 지었다. 네이브 폭은 밀라노와 같은 16.7미터, 건물 전체 폭은 밀라노보다 조금 작은 61.7미터, 천장 높이는 밀라노에 근접한 43.3미터였다(도 5-156). 모든 크기는 밀라노와 경쟁 속에서 결정되었다.

같은 거대주의였지만 건축적 특징은 밀라노 성당과는 완전 반대였다. 밀라노 성당이 포식한 것처럼 과도한 장식을 두른 데 반해 산페트로니오는 절제된 분위기를 유지했다. 첨탑과 플라잉 버트레스 없이 필요한 부재로만 이루어졌다. 토스카나 장식 고딕으로 시작했지만 출입구만 대리석으로 마감했고 그 위는 벽돌 골격을 그대로 드러냈다. 외관 장식 어휘는 창 분할이 유일했지만 역시 절제 분위기를 강하게

**도 5-155** 밀라노 성당, 이탈리아, 계획 1386년/공사 시작 1401년/주요 부분 완공 1572년.
**도 5-156** 산페트로니오, 볼로냐, 이탈리아, 1390년-1514년/최종 완공 17세기.

**도 5-157** 밀라노 성당, 이탈리아, 계획 1386년/공사 시작 1401년/주요부분 완공 1572년.
**도 5-158** 산페트로니오, 볼로냐, 이탈리아, 1390년-1514년, 최종 완공 17세기.

지켰다. 두 개의 큰 랜싯과 하나의 원형창만으로 분할되었고 트레이서리 없이 얇은 수평 띠만 사용했다.

실내도 비슷했다. 밀라노가 외관의 과도한 장식, 깊은 아일, 거대 규모를 받치기 위한 두꺼운 기둥 등으로 실내가 어두웠던 데 반해 이 건물은 이런 한계를 피해갈 수 있었다(도 5-157, 5-158). 규모는 컸지만 군살이 없었기 때문에 실내 골격을 짜는 부재들은 꼭 필요한 것들만으로 구성할 수 있었다. 각 부재는 구조적 역할을 명확히 했고 실내는 통일감 높은 거대 공간의 분위기를 유지했다. 이런 특징들은 도미니크 수도회의 산실이자 탁발승 수도회 소속 교회들이 도시 전체를 지배하던 볼로냐의 분위기에 따른 것이었다.

VI

# 르네상스 건축


초기 르네상스

성기 르네상스

매너리즘과 베네치아 르네상스

미켈란젤로와 팔라디오

프랑스, 영국, 독일의 르네상스

# 1
# 초기 르네상스

## 브루넬레스키 – 실용 역사주의와 피렌체 돔

필리포 브루넬레스키(Filippo Brunelleschi, 1377~1446)는 르네상스 건축의 문을 연 건축가였다. 여러 면에서 초기 르네상스를 개척하기에 적합한 배경을 가졌다. 피렌체 공화국의 중간 관리였던 아버지에게 시민 인본주의를 배웠다. 모계는 전통 귀족 가문이면서 금융 가문이었던 스피니(Spini)가였는데 귀족 전통에서 고전주의를, 금융 전통에서 중상주의와 실용정신을 각각 배웠다. 그 스스로는 현장 기술자였으며 시의 건축 자문위원이면서 시의회 의원을 겸했다. 공학 기술을 배경으로 시의 군사사업에서도 핵심 역할을 담당했다. 공화정 이상에 충실해서 자신의 건축을 피렌체 시민을 위한 봉사로 생각했다. 이상을 합하면 르네상스 건축이 된다.

도 6–1 타콜라(Taccola), 브루넬레스키가 발명한 말이 끄는 크랭크.

그의 건축은 세 가지를 주요 배경으로 삼았다. 첫째, 공학 기술로 그는 르네상스의 건축가 유형 가운데 대표적인 현장 기술자형이었다(도 6–1). 피렌체 돔을 완성하며 르네상스 건축의 문을 열었다. 둘째, 고전주의로 유복한 가정환경 덕에 어려서부터 인문 고전학을 교육받았으며 로마도 6년간 다녀왔다. 구체적인 로마 고전주의 어휘를 사용하지 않은 대신 토스카나 로마네스크에 남아 있던 로마 건축 어휘를 추출해서 비례 법칙으로 정리하는 경향을 보였다. 피렌체 고아원과 산로렌초가 이 경향을 대표한다. 셋째는 투시도로, 자신이 발명한 투시도를 이용해서 휴먼 스케일의 단일 공간을 선보였다. 구 성물안치소와 파치 예배당이 이 경향의 대표작이다.

이 가운데 브루넬레스키를 대표한 것은 단연 현장 기술자형이었다. 현장 기질을 타고 났으며 이것을 중심 매개로 삼아 르네상스의 다른 덕목들을 포괄해서 종합했다. 역사적 선례에 대해서도 마찬가지였다. 다양한 시대 양식을 차용했으며 상징 어휘와 구조 공법을 구별하지 않았다. 역사 선례에 대해 처음부터 정해진 시각이 없었다는 뜻이며 각 건물의 목적에 맞게 선별적으로 혼용했다. 종합화를 기본 전략으로 한 역사 실용주의로 이중 껍질(double-shell), 아케이드 오더 체계, 리브앤드웹(rib-and web) 등이 대표적인 예다(도 6-3, 6-9).

그의 출세작이자 르네상스 건축의 문을 연 것으로 평가되는 피렌체 돔(1420년경)은 이중 껍질의 산물이었다. 1296년에 첫 공사가 시작된 대성당의 돔 천장을 덮는 작품이었다. 토스카나 고딕 장식주의 건물이었으며 1367년에 돔을 덮기로 하고 프란체스코 탈렌티(Francesco Talenti)의 안으로 확정되었다. 지름이 42미터, 높이가 84미터나 되는 돔 천장이었는데 당시 기술력으로는 지을 수 없는 규모였다. 홍예 틀을 축조하고 2만 5000톤에 달하는 돔의 자중을 지지하는 일이 문제의 핵심이었다. 모두 포기해서 1418년까지 돔만 남겨두고 나머지 부분은 완공되어 있었다. 돔 공사에 대한 설계 경기가 개최되었고 기베르티와 경쟁 끝에 브루넬레스키의 안이 뽑혔다(도 6-2).

**도 6-2** 1472년경 피렌체 전경.

브루넬레스키는 성 요한 세례당과 판테온의 구조를 혼합해서 만든 이중 껍질로 이 문제를 해결했다. 돔의 자중을 줄이는 가장 쉬운 방법은 껍질 속을 파내는 것인데 여기서 이중 껍

질의 아이디어가 나왔다. 얇아진 두 장의 껍질이 단독으로 서 있으면 구조적으로 불안할 수 있는데 이 문제는 둘을 수평 이음 벽으로 연결하는 성 요한 세례당의 구조를 빌려와 해결했다. 홍예 틀 문제는 판테온과 같이 층층이 켜를 쌓는 방식을 빌려서 해결했다. 이 방식에서는 홍예 틀이 필요 없었다(도 6-3). 이처럼 역사 선례를 차용하는 기준은 오로지 당면한 문제를 해결하는 데 가장 유리한 실용성뿐이었다. 한 가지만 빌려 쓴 것도 아니어서 역사 선례에 대한 풍부한 지식을 바탕으로 여럿을 섞어서 최대 효과를 냈다. 경험적 실용주의의 전형이었다.

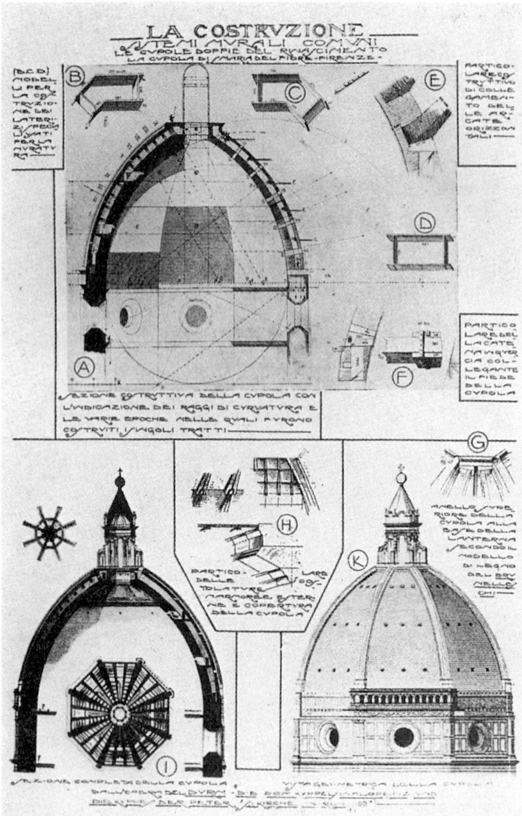


**도 6-3** G. B. 밀라니, 브루넬레스키의 피렌체 돔 벽체 골격.

### 피렌체 고아원

피렌체 고아원(Ospedale degli Innocenti, 1419~27)은 피렌체 돔과 함께 르네상스 건축의 문을 연 것으로 평가되는 건물이다. 반원 아치라는 로마 고전주의 대표 어휘를 처음 사용한 건물인데 정작 그 출처는 로마가 아니라 토스카나 로마네스크였다. 평면부터 회랑과 교회를 중심으로 크고 작은 시설을 배치하는 로마네스크 수도원을 따랐다(도 6-4). 교회 자리는 또 하나의 회랑으로 처리했으며 탁아소, 기숙사제 학교, 직업학교, 병원, 사회 회관, 고아원 등의 시설을 갖추었다. 수도원 구성을 인본주의 정신으로 재해석한 것이며 플라톤의 『공화국』 이상을 이어 받아 시민 인본주의 정신을 구현하려는 의지를 보여준다.

대표 장면은 정면의 아케이드이다. 토스카나 로마네스크를 선례로 삼은 의미는 여러 가지이다. 구조적으로 보았을 때 로마 아치는 벽체 구조인데 공학자였던 브루넬레스키는 이것을 비효율적이라고 생각했다. 독립 원형 기둥이 받치는 아치만이 공학자가 받아들일 수 있는

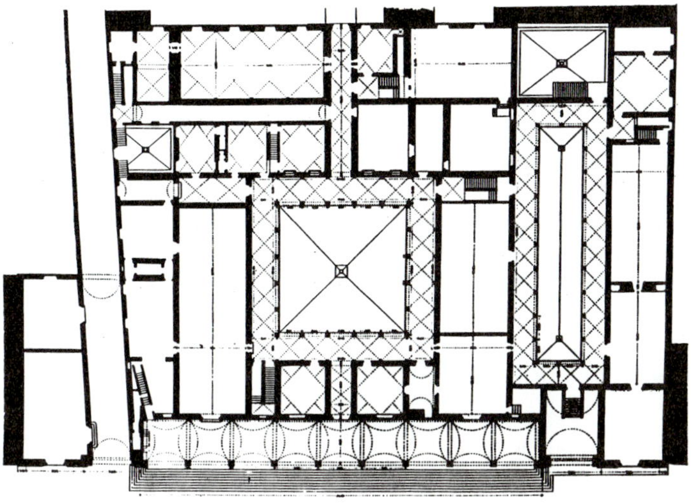

**도 6–4** 필리포 브루넬레스키, 피렌체 고아원, 피렌체, 이탈리아, 1419–27.

효율적인 구조였다. 역사를 바라보는 실용적 태도의 산물이었다. 로마에서도 이런 방식이 쓰였지만 토스카나 로마네스크가 이것의 보고였다. 피렌체의 지역 전통을 계승한다는 의미에서 자기 고향의 선례를 선택했다. 고전의 기본 정신을 잊지 않아서, 반원 아치 열에 비례 법칙을 적용해서 르네상스답게 정리했다(도 6–5).

거시적으로 보면 르네상스에 남아 있는 중세적 연속성을 대표하는 현상으로, 그의 종합적 역사관을 잘 보여준다. 르네상스의 의미를 지나치게 중세와의 단절에 둘 경우 오히려 잃는 것이 더 많다고 보는 실용적 시각이기도 하다. 부활 대상의 종류를 처음부터 한정짓지 말고 모든 가능성을 열어 놓되 철저하게 새 시대에 맞고 도움이 되는 것을 가려 사용하겠다는 태도이다. 반면 피렌체를 중심으로 진행된 초기 르네상스의 한계를 보여주는 반대의 의미로 해석할 수도 있다. 아직 로마가 본격적으로 개입하기 이전 단계라는 뜻이다.

**도 6–5** 필리포 브루넬레스키, 피렌체 고아원, 피렌체, 이탈리아, 1419–27.

독립 원형 기둥이 받치는 아케이드는 산로렌초[San Lorenzo, 피렌체, 1419년경~29년경/1470년대에 치아케리(Ciaccheri)에 의해 완성]의 네이브 월로 이어졌다. 이 교회에서는 아케이드가 교회 유형이라는 추가 주제와 연관을 가지며 확장 적용되었

**도 6-6** 필리포 브루넬레스키, 산로렌초, 피렌체, 이탈리아, 1419년경-29년경/70년대에 치아케리에 의해 완성.

다. 중세 라틴 크로스의 선형 평면을 유지하면서 르네상스의 중앙집중형 구성을 더하는 것이 설계의 핵심이었다. 아직 완성된 중앙집중형은 나타나지 않은 가운데 평면 전체를 크고 작은 두 개의 정사각형 모듈 단위로 구획했는데 이것은 선형을 약화하는 쪽으로 작용했다. 네이브 월을 독립 원형 기둥이 받치는 아케이드로 처리했는데 이는 로마 기독교의 바실리카 교회를 부활한 것이다. 고아원의 로마네스크 선례를 뛰어 넘어 초대교회의 로마 뿌리까지 거슬러 올라가 로마 고전주의에 한 발 가까워진 것이다(도 6-6).

### 구 성물안치소와 파치 예배당

구 성물안치소(Sagrestia Vecchia, 피렌체, 1419년경~1429년)와 파치 예배당(Pazzi Chapel, 피렌체, 1425년경~1428년 설계, 1465년경 사후 완공)은 비슷한 구성을 하고 있는데 건축적 의미는 세 가지이다. 첫째, 르네상스식 중앙집중형을 처음 선보였다. 사각형 몸통을 소형 돔 하나만으로 덮은 간단한 구성이라 아직 정식으로 중앙집중형이 나타난 것은 아니지만 돔이 건물 전체를 지배하는 점에서 출발점이었다. 르네상스 중앙집중형의 세 가지 유형 가운데 그리크 크로스로 가는 첫걸음에 해당한다(도 6-7, 6-8).

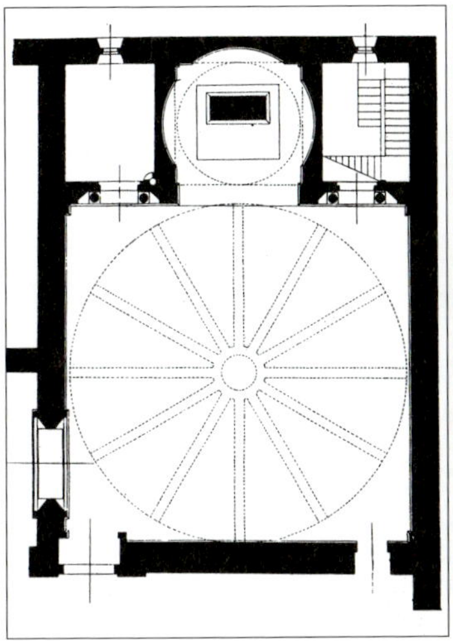

**도 6–7** 필리포 브루넬레스키, 구 성물안치소, 피렌체, 이탈리아, 1419년경–1429.
**도 6–8** 필리포 브루넬레스키, 파치 예배당, 피렌체, 이탈리아, 1425년경–1428 설계, 1465년경 완공.

둘째, 투시도와 기하를 이용해서 한눈에 파악할 수 있는 휴먼 스케일의 단일 공간을 만들었다. 건물이 작아진 것은 일차적으로는 건축주의 요구와 기능에 따른 것이지만 건축가가 의도적으로 휴먼 스케일을 유지한 측면도 컸다. 규모는 작았지만 갖출 것은 다 갖추었다. 수평 방향으로 기능에 충실한 축 구성을 더했으며 수직 방향으로는 벽과 돔을 구성하는 건축 요소를 잘 갖추었다. 이것을 정사각형과 원을 이용해서 간단 명료한 단일 공간으로 정리했으며 인간을 공간의 중심에 세워 초점을 형성해 인본주의의 기본 개념을 건축적으로 해석해냈다.

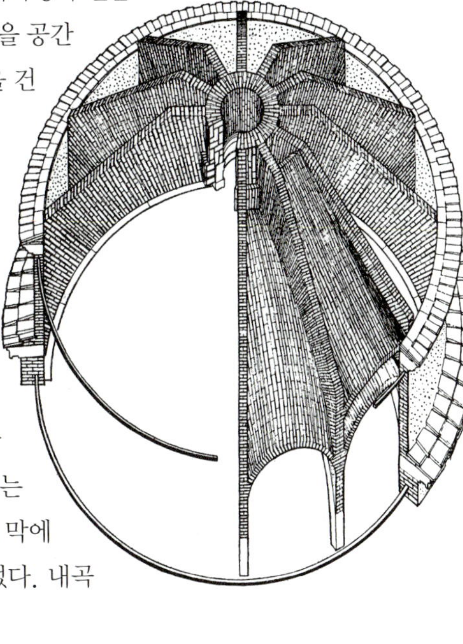

**도 6–9** 알베르티 로시(Alberti Rossi), 브루넬레스키의 리브앤드웹 구조 골격.

셋째, 브루넬레스키 특유의 실용적, 종합적 역사관이 돔에서 반복되었다. 돔은 겉으로는 펜덴티브 구조처럼 보이나 실제는 자신이 발명한 리브앤드웹 방식으로 쌓았다(도 6–9). 플라잉 버트레스 형식의 리브를 방사선 방향으로 배열한 뒤 각 리브 사이의 천장을 막처럼 덮는 기술이었다. 중세 때 애프스의 4분의 1 구형 천장을 짜던 시공 방식인데 이것을 반구형으로 확장 응용한 것이다. 펜덴티브 방식과 비교해서 대형 돔에서는 불리하지만 소형 돔에서는 유리했다. 시공이 쉬웠으며 막에서 자중을 많이 줄일 수 있고 창도 자유롭게 낼 수 있었다. 내곡면을 물결처럼 처리해서 호박 돌으로 만드는 등 장식적으로 응용하기도 쉬웠다. 비잔틴 어휘에 고딕 구조를 섞어서 이점을 취한 점에서 실용적, 종합적 역사관의 좋은 예이다.

### 알베르티 – 전인상과 르네상스의 확장

레온 바티스타 알베르티(Leon Battista Alberti, 1404~72)는 인문학적 지성으로 무장한 르네상스 전인상의 대표적 인물이었다. 인문학의 거의 모든 분야에 정통해서 많은 책을 썼으며 여러 분야에서 다재다능했다. 건축조차도 인문학적 관점으로 정의해서 건축이 갖는 인문학적 특성을 가장 모범적으로 완성한 대표적인 건축가였다. 여러 면에서 브루넬레스키와 반대되는 이력을 보였지만 한 세대 늦은 알베르티는 자신의 저서를 헌정하는 등 브루넬레스키를 존중하며 그가 문을 열었던 초기 르네상스 건축을 완성했다.

알베르티의 중요성은 로마 고전주의를 부활해 르네상스에 끌어들인 점에 있다. 인본주의 건축을 정의할 구체적인 창작 소재를 찾은 점에서 르네상스 건축이 비로소 완성된 의미를 지닐 수 있게 되었다. 피렌체를 너머 리미니, 만토바, 우르비노 등으로 르네상스의 지평을 넓혔으며 니콜라오 5세 때인 1447년부터 1455년에는 로마 재건 사업에

**도 6–10** 알베르티의 만토바 플랜, 보르고 레오니노(Borgo Leonino)와 바티칸 개발 계획을 보여준다.

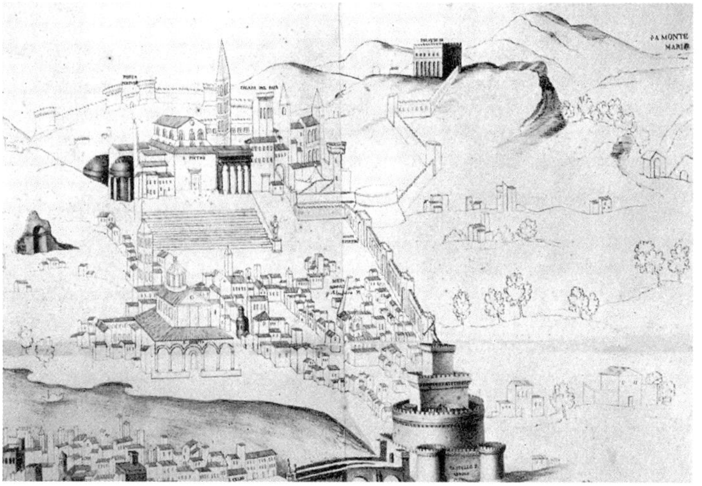

활발하게 참여했다(도 6-10). 르네상스 최초의 건축 이론서인 『건축십서(*De Re Aedificatoria*)』(1452)를 남겼는데 비트루비우스의 『건축십서』를 모델로 삼아 르네상스에 필요한 건축의 내용을 폭넓게 정리하였다.

알베르티는 고전에 대해 실증적 방법으로 최대한 많은 자료를 수집한 뒤 인문학적 해석을 가하는 방법론을 사용했다. 여러 지역과 시대에 걸쳐 분산된 수많은 건축물을 직접 찾아가 조사했으며 이렇게 모은 수많은 자료들을 르네상스의 이상에 맞는 기준에 따라 분류하고 이론화했다. 비례, 기능 유형, 종교건물, 로마 시대의 시공 기술 등 비트루비우스가 제시했던 주제들을 다루기는 했지만 이 각각을 훨씬 자세하고 세분화된 내용으로 확장하였을 뿐 아니라 이것을 이론으로 법칙화했다. '인상(lineaments)', '재료', '건설', '장식', '종교건물의 장식', '공공 세속건물의 장식', '건물의 복원' 등 자신만의 새로운 기준을 다양하게 추가했다.

**도 6-11** 레온 바티스타 알베르티, 『건축십서』에 나오는 개선 아치.

이런 작업은 시민 인본주의의 전형적인 학문 방식이었다. 발품을 팔아 뛰어다니며 몸으로 부딪혀 현장에서 자료를 수집하고 이것을 인문학적 기준에 따라 재해석, 분류, 이론화해 건축을 지성 학문의 한 분야로 승격했다. 실제로 그는 시민 인본주의에서 제시한 사회적 요구에 부응하는 것을 건축의 중요한 임무로 여겼다. 예를 들어 개인 주택은 가족의 건강이란 관점과 연결해 건강한 가족을 유지하기 위해 필요한 물리적 환경 조건인 편리성, 쾌적성, 장식의 절제 등을 기준으로 제시했다.

그는 정식 건축가는 아니었지만 보조 건축가를 대동하고 적지 않은 작품을 남겼다. 로마 재건 사업에 참여했던 경험과 『건축십서』에서 정리한 이론을 바탕으로 로마 고전 어휘를 직접 작품에 사용해 로마 고전주의의 부활을 완성할 수 있었다(도 6-11). 삼박자를 두루 갖춘 셈이다. 피렌체에서 토스카나 로마네스크를 차용하던 브루넬레스키의 지리적, 역사적 한계를 벗어난 확장의 의미가 있다. 대표적인 건축 어휘도 브루넬레스키가 단독 원형 기둥, 아케이드, 펜덴티브 돔 등 중세적 특징이 강했던 데 반해 알베르티는 벽체, 벽기둥, 볼트, 개선 아치 등 로마 고전주의를 대표하던 것들이 주류를 이루었다.

### 성 프란체스코 – 로마 고전주의와 벽체 구조

건축가 알베르티의 첫 번째 대형 공공건물은 리미니(Rimini)의 성 프란체스코(San Francesco, 1450년경~60년경)였다. 중세부터 있던 건물에 외관을 씌운 작품인데 건축주 말라테스타 영주의 정치적 패퇴로 인해 미완성으로 남았으며 돔을 얹었던 알베르티의 원안과 다소 차이가 있다. 현재 남아 있는 상태만으로도 알베르티의 고전관을 알 수 있는데 그 내용은 두 가지로 요약할 수 있다.

하나는 로마의 개선 아치와 바실리카 구성을 주요 모티브로 사용한 점이다(도 6-12). 정면을 3분한 뒤 각 베이에 아치를 뚫고 원형 벽기둥을 벽체 위에 장식 요소로 덧붙인 처리가 개선 아치의 전형적 구성이다. 선례는 주변에 있는 아우구스투스의 아치였다. 바실리카 모티브는 네이브와 아일 사이의 높이 차이를 경사 지붕으로 처리한 부분이다. 원안에는 네이브 위쪽을 별도의 단집처럼 처리하고 양옆으로 곡면이 흘러나가게 했는데 이 역시 로마 바실리카의 정면을 응용한 처리로 볼 수 있다.

다른 하나는 로마 고전주의의 핵심을 벽체 구조로 본 점이다. 개선 아치 자체가 벽체 구조이며 오더를 그 위에 장식 요소로 더한 2차 부재로 사용했다. 건물 측면을 보면 더 확실한데, 아케이드를 독립 원형 기둥으로 받쳤던 브루넬레스키와는 반대로 두꺼운 사각기둥이 받치고 있다(도 6-13). 두께와 폭이 커서 기둥보다는 벽의 잔재로 느껴지는데 이는 기둥을 독립 존재로 보지 않고 벽에 구멍을 뚫고 남은 나머지로 봤던 알베르티의 생각을 반영한 결과이다.

로마 고전주의의 정수를 기둥의 구조적 효율성보다는 벽체의 덩어리 느낌이나 면다움으로 본다는 뜻이다. 로마의 실용주의 건축을 이루었던 성벽, 수로, 다리 등을 구성하던 조형 개념이기도 하고 시민 인본주의가 권장하던 '시각적 장식'을 놓을 수 있는 바탕 면이기

**도 6-12, 6-13** 레온 바티스타 알베르티, 산 프란체스코(=Tempio Malatesta말라테스타 신전), 리미니, 이탈리아, 1450년경-60년경.

도 했다. 조금 달리 해석하면 로마다움을 돌이라는 원재료를 이용해서 건축적으로 정의한 특징이라고 할 수 있다. 이것을 실제 건물에 응용한 선례를 리미니에서 가까운 라벤나의 로마 기독교 건축에서 찾을 수 있는데 동방정교회 세례당과 테오도리크 원형 무덤(Mausoleum of Theodoric) 등이 대표적인 예이다.

### 산타마리아 노벨라-기하 장식주의와 원 르네상스

산타마리아 노벨라(Santa Maria Novella, 피렌체, 1458~71) 역시 고딕 건물에 파사드만 더하는 작품이었다. 건물 밑동이 고딕 양식의 뾰족아치로 먼저 지어져 있었고 그 위를 새로 더하는 작업이었다. 이 건물은 알베르티의 고전관 가운데 기하 장식주의를 잘 보여준다. 로마 고전 어휘를 기하 요소로 환원한 뒤 장식적으로 배열해서 무늬를 만드는 기법이다. 뾰족아치에서 원, 정사각형, 선, 얼룩말 무늬 등 일련의 기하 요소를 추출한 뒤 로마 고전 어휘를 다시 이 어휘에 맞춰 단순화했다. 아치는 반원으로, 벽체 패널은 사각형으로, 벽기둥은 선으로, 페티먼트는 삼각형으로, 장미창은 원으로, 이오니아식 오더의 소용돌이 부재는 곡선으로 각각 환원했다(도 6-14).

**도 6-14** 레온 바티스타 알베르티, 산타마리아 노벨라, 피렌체, 이탈리아, 1458-71.

이런 기법은 로마 고전주의의 본질을 2차원 면다움으로 본다는 뜻이다. 판테온이라는 로마 건축의 대표작을 예로 볼 때 건축적 특징은 돔이라는 새로운 구조 기술, 둥근 천장에 의한 공간 창출, 2차원 면 위의 기하 장식주의의 세 가지인데 알베르티는 마지막을 차용한 것이다. 실제 이 건물의 장식은 판테온의 장식과 유사하다.

이런 경향은 가깝게는 토스카나 로마네스크의 원 르네상스(proto-Renaissance)를 차용한 것이기도 하다. 토스카나 로마네스크는 반원 아치를 기본 어휘로 삼아 두 가지 특징을 보였다. 하나는 독립 원형 기둥이 받치는 구조 방식으로 브루넬레스키가 차용한 것이다. 또 하나는 반원 아치를 기하 문양으로 활용한 장식주의로 로마네스크에 담긴 로마다운 전통을 대표하는 내용인데 알베르티가 이 건물에서 차용했다. 구체적 선례도 있어서 알베르티는 피렌체의 산미니아토알몬테(San Miniato al Monte)를 좋아한다고 밝혔다.

두 선례와의 차이는 장식의 정도였다. 비례를 이용해서 장식을 많이 정리했는데 여기서도 로마 고전주의의 전통을 살렸다. 숫자로 표시하는 그리스식 비례가 아니라 정사각형이라는 기하로 표시하는 정수 비례를 사용했다. 도상 성격이 강한 중세 기하주의에서 순수 도형

성격이 강한 로마 기하주의로 돌아간 것이다. 알베르티는 이것을 부활해 정리와 장식이라는 두 가지 특징 모두를 더 강화해서 르네상스에 맞게 추상화했다.

### 성 안드레아 – 르네상스 기독교 고전주의의 완성

성 안드레아(Sant'Andrea, Mantova 1470~72)는 알베르티의 대표작이다. 알베르티의 사후에 완공되었기 때문에 어디까지가 알베르티의 안인지에 대해서는 이견이 있지만 전반적으로 이전까지 진행해오던 알베르티의 경향과 생각들이 종합적으로 잘 구현된 것으로 볼 수 있다. 중앙집중형과 교회 건축의 양 측면에서 중요한 건물인데 둘을 합하면 중앙집중형을 이용해서 르네상스 기독교 고전주의의 한 가지 유형을 완성한 것이 된다.

**도 6–15** 레온 바티스타 알베르티, 성 안드레아, 만토바, 이탈리아, 1470–72.

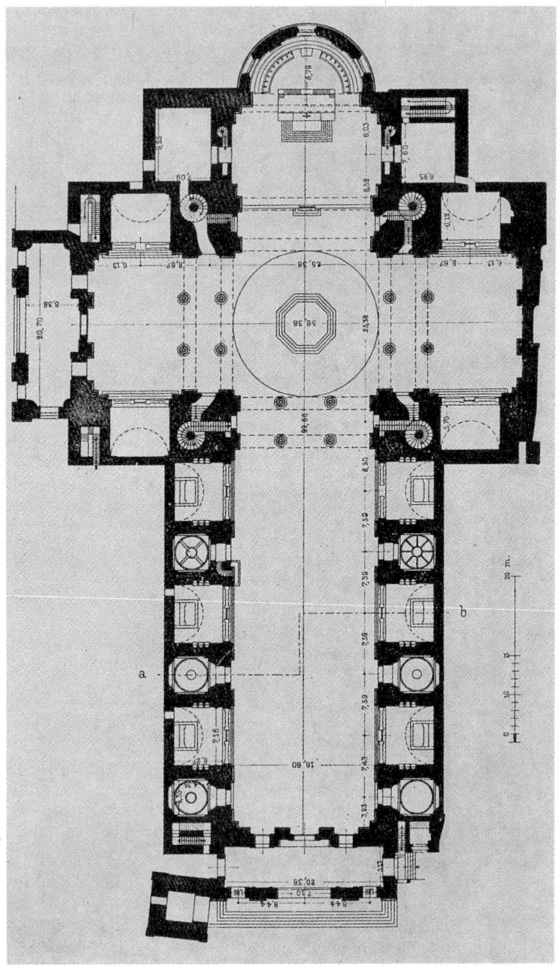

중앙집중형에 대한 시대적 요구가 높아지면서 중세 선형 평면에 이것을 섞는 문제가 중요한 설계 조건이 되었다. 여기에서는 동쪽 성소 부분에 중앙집중 구성을 집중적으로 강조했다(도 6–15). 크로싱을 대형 돔으로 덮어서 초점 기능을 강화했으며 네이브와 트랜셉트의 폭을 두텁게 해서 동쪽 성소를 대형 외접형 그리크 크로스로 만들었다. 네이브는 그리크 크로스의 한 변을 늘어트린 것으로 보이면서 전체 구성은 중앙집중형을 기본으로 삼고 선형 구성을 부분적으로 더한 것처럼 되었다.

교회의 중심으로 커진 성소 부분에 공간 구획을 추가해서 중앙집중형 구성을 풍부하게 했다. 트랜셉트의 동서쪽 변과 성가대석 양옆 변에 예배당을 배치해서 공간

**도 6-16** 레온 바티스타 알베르티, 성 안드레아, 만토바, 이탈리아, 1470–72.

켜를 복층으로 만들었다. '중심 크로싱–네 팔–부속 예배당'의 3중 켜였다. 레오나르도 다빈치의 스케치나 브라만테의 교황청 계획안 같은 본격적인 방사형 구도까지는 안 갔지만 이것들을 예견한 것으로 볼 수 있었다.

네이브와 아일에서는 선형성을 약화하는 방식으로 중앙집중 구성을 강화했다. 아일을 벽으로 막아 여섯 개의 소형 예배당으로 구획해서 일직선 복도의 기능을 없앴다. 아일이 만들어내던 두 개의 소형 선형 축이 사라지고 중앙의 네이브 축만 남게 되었는데 이것마저 추가 처리로 크게 약화되었다. 네이브 월을 콜로네이드나 아케이드 같은 기둥 열로 처리하던 초기 기독교 교회의 구성을 버리고 전체를 큰 벽체 하나로 만든 뒤 입면을 개선 아치와 신전 박공을 더한 모티브로 처리했다(도 6–16). 성소를 향하는 주 축 위의 발걸음 양옆에 시선을 빼앗는 부 축을 여럿 만들어서 선형성을 크게 약화한 것이다.

외관 정면도 네이브 월과 동일한 모티브로 처리했다. 중앙에 큰 아치를 하나 뚫고 양옆에 소형 아치를 2층으로 쌓은 뒤 지붕을 신전 박공으로 막았다. 돌출 기둥은 사라지고 모든 기둥은 벽을 파서 만든 장식 어휘로 처리했다. 건물이 높아져서 2층 높이를 가로지르는 거대 기둥(giant order)이 등장했다. 성기 르네상스 때 자주 사용되던 것인데 알베르티가 처음 선보인 것이다(도 6-17). 이런 입면 처리는 앞의 성 프란체스코와 함께 생각하면 그의 로마 고전주의 부활 경향이 이어져 완숙 상태에 이른 것이고, 이 건물의 내부와 함께 생각하면 안팎으로 일치한 것이 된다.

**도 6-17** 레온 바티스타 알베르티, 성 안드레아, 만토바, 이탈리아, 1470-72.

### 미켈로초와 르네상스 팔라초

중세 기독교 건축과 대별되는 르네상스 건축만의 특징 가운데 하나가 세속 기능의 건물 유형이 많이 등장한 것인데 팔라초가 대표적 예다. 르네상스를 일으켰던 이탈리아의 금융 가문이나 유력 가문의 도시 내 본거지로 건축적으로는 3층의 대형 도시형 저택이 표준형이다. 르네상스 때 처음 나타난 것은 아니어서 중세 때 도시형 주거였던 타워 하우스가 발전한 것이었다. 도시 부르주아들의 근거지거나 시청사, 시민 회관, 사회 센터 공공건물로도 사용되었다. 중세 때에는 특별히 형식 없이 3~4층 정도의 비교적 자유로운 구성이었는데 르네상스에 들어와서 금융 가문에 의해 고전주의 구성을 더하는 등 형식화되었다.

이것을 이끈 것은 미켈로초 디바르톨롬메오(Michelozzo di Bartolomeo, 1396~1472)였다. 그는 브루넬레스키, 알베르티와 함께 초기 르네상스 건축의 삼인방 가운데 한 명으로 평가되기도 하지만 두 사람에 못 미쳤다. 두 사람이 대형 작품을 중심으로 르네상스의 문을 새로 연 데 반해 미켈로초는 이들이 미처 돌보지 못한 틈새에 기여를 했다. 조각적 소질을 배경으로 즉흥성, 응용력, 다원성 등 두 거장에게 부족한 내용을 자신만의 경향으로 개척했다. 평범한 소형 건물부터 그 속에 부속되는 예술작품, 제단, 출입문 등 일의 크기를 가리지 않고 도맡아 했다. 이 과정에서 거장의 손길이 닿기 힘든 일상 생활환경에까지 르네상스를 전파하는 일을 했다.

팔라초 정리 작업은 이 끝에 나온 것으로 그의 대표작도 단연 팔라초 메디치(Palazzo Medici, 피렌체, 1444~59)였다. 그는 주로 평면에서 팔

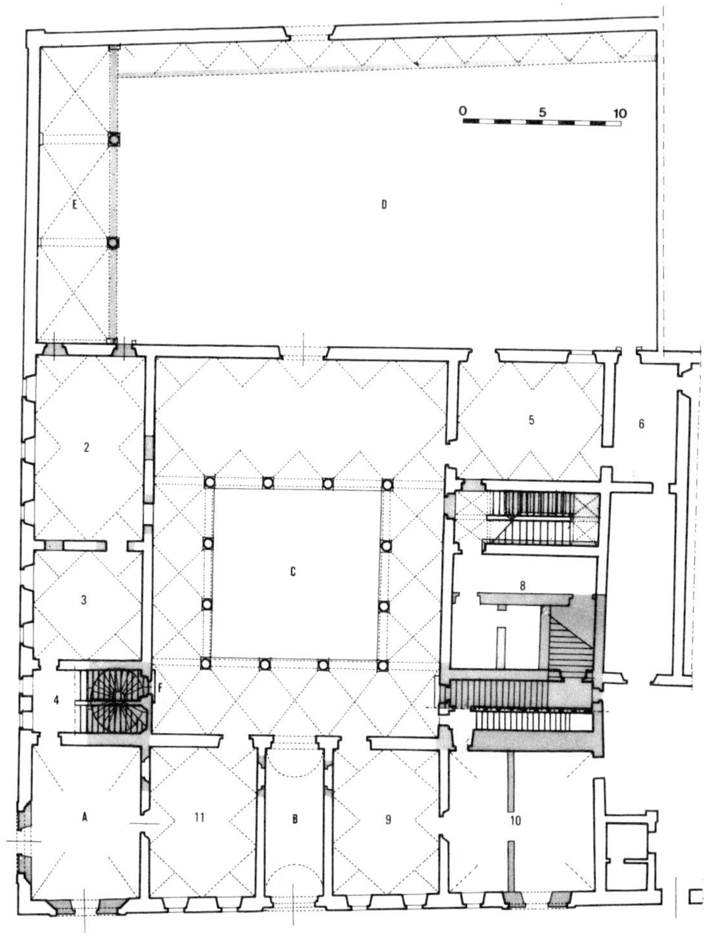


도 6-18 미켈로초 디바르톨롬메오, 메디치 팔라초, 피렌체, 이탈리아, 1444–59.

라초의 표준 구성을 완성했다. 도시 내 금융 가문의 근거지였기 때문에 폐쇄성이 요구되어서 밖을 향해서는 닫히고 안을 향해 열리는 구성을 했다. 안마당을 중심으로 주변을 돌아가면서 방을 배열하는 'ㅁ' 자형이 표준 구성이었다(도 6-18). 1층은 마구간, 창고, 하인이나 관리인의 방 등 실용 지원 시설이 들어갔다. 2층이 중심 층으로 정면 중앙에 주인의 집무실인 피아노 노빌레(piano nobile)가 들어가고 그 주위로 다른 공적 시설들을 배치했다. 3층은 침실 등 사적 영역이었다.

팔라초는 개인 가문의 근거지인 동시에 도시 전체를 대표하는 역할도 했기 때문에 그에 합당한 권위를 표현하는 상징 기능도 중요했다. 이를 위해 석재를 둔탁하게 쌓아서 도시형 성채의 이미지로 처리했

**도 6–19** 미켈로초 디바르톨롬메오, 메디치 팔라초, 피렌체, 이탈리아, 1444–59.
**도 6–20** 레온 바티스타 알베르티, 루첼라이 팔라초, 피렌체, 이탈리아, 1452년경–70년경.

다. 방어 기능과 맞물리면서 1층 외관은 창을 최대한 줄이고 성벽처럼 쌓았다(도 6–19). 메디치 팔라초는 이런 표준 구성을 최초로 완성한 작품이었다. 외관은 아직 좀 부족했다. 단순한 성채 이미지만으로는 부족했고 금융 가문이 지원했던 새로운 문명을 상징적으로 표현해줄 추가 처리가 필요했다.

'고전 법칙을 이용한 정리'가 해답이었는데 미켈로초는 이 일을 할 만한 인문학적 배경이 부족했다. 이것을 한 것은 알베르티로 루첼라이 팔라초(Palazzo Rucellai, 1452년경~70년경)에서 팔라초 입면의 표준 구성을 완성했다. 이번에도 벽체 구조 위에 반원 아치라는 고전 어휘를 사용했으며 이것을 비례 법칙으로 정리했다. 1층은 방어 기능에 충실해서 작은 정사각형의 다락 창만 냈지만 2층과 3층은 반원 아치를 이용해서 창틀과 상인방을 짰다. 창과 창 사이는 벽체 위에 새긴 벽기둥 장식으로 구획해서 베이 개념을 추가했다. 마지막으로 이런 전체 구성을 비례 법칙을 이용해서 정리했다(도 6–20).

# 2
# 성기 르네상스

## 브라만테와 성기 르네상스

16세기에 들어서면서 르네상스의 중심지가 로마로 옮겨가는 중요한 전환이 일어난다. 건축에서도 브루넬레스키와 알베르티가 도입한 초기 기법을 이어받아 성기 르네상스라 부를 수 있는 내용들이 완성되었다. 주역은 도나토 브라만테(Donato Bramante, 1444?~1514)였다. 전기적 기록은 거의 없는 편인데 시를 쓰고 고전문학을 논할 줄 알았던 것으로 보인다. 우르비노에서 태어나 일찍부터 건축 일에 참여하면서 알베르티 등의 르네상스 고전주의를 접했던 것 같다.

1477년 밀라노에서 시작한 짧은 화가 경력을 마치고 본격적으로 건축 경력을 시작했는데 1480년부터 1499년의 밀라노기와 이후의 로마기로 나뉜다. 밀라노기의 작품은 주로 중세 건물을 증개축하는 일이었기 때문에 본격적으로 르네상스 고전주의를 구사하지는 못했지만 이미 자신의 대표적인 건축관인 오더 상징주의와 중앙집중 구성을 선보였다. 1499년 루이 12세의 밀라노 침공을 피해 로마로 이주했으며 몇 년간의 고전유적 답사 후 1503년 즉위한 교황 율리오 2세에게 발탁되어 교황청 공방을 설립했다.

공방에서는 자신의 작품 설계 및 감리, 건축가들의 교육 및 양성,

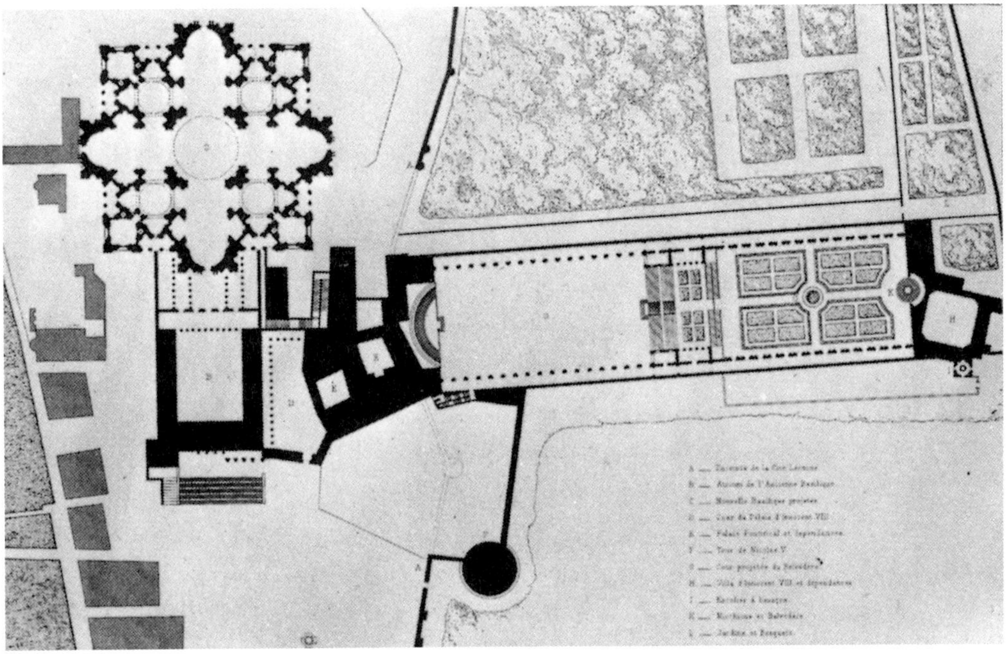

**도 6-21** 바티칸, 왼쪽이 성 베드로이고 오른쪽이 브라만테의 벨베데레(Belvedere)이다.

로마 재건 사업의 입안 및 총괄 등 세 가지 일을 했다. 모두 성기 르네상스의 성립에 결정적 역할을 한 일들이었다. 공방에서는 라파엘로를 필두로 안토니오 다상갈로 일조반네, 산소비노, 페루치 등 16세기 전반부 르네상스를 이끌었던 주요 건축가들을 배출했다. 로마 재건 사업을 건축가가 총 지휘하면서 르네상스 건축은 새로운 단계에 접어들었다. 바티칸 개발계획 초안을 다듬어 바티칸을 로마의 중심지로 부각하는 데 성공해 로마의 건축적 중요성을 배가했다(도 6-21). 로마는 르네상스 시대에 다시 한 번 서양의 중심지로 부상했다.

자신의 작품에서는 오더 상징주의와 중앙집중형을 통해 성기 르네상스를 완성했다. 중앙집중형은 초기 르네상스 때부터 모색되던 것을 집대성해서 완성했다. 오더 상징주의는 그만의 창작품이었다. 둘을 합하면 로마 고전주의를 새 시대에 맞게 재해석한 르네상스 고전주의가 완성된 것이다. 알베르티를 이어받아 정통 로마 고전주의의 족보를 확립했는데 이 족보는 미켈란젤로, 다비놀라, 베르니니로 이어졌다. 이런 의미에서 그의 경향을 '울티마 마니에라(ultima maniera=궁극적 매너란 뜻)'라 부른다.

### 오더 상징주의–오더의 다의적 구사

오더 상징주의는 고전주의의 핵심 어휘인 오더를 상징적으로 구사해서 다양한 의미를 표현하는 기법인데 브라만테는 이것을 두 방향으로 구사했다. 하나는 구조 상징주의로 오더의 구조 방식에 따른 위계인 '독립 원형 기둥–원형 벽기둥–사각 벽기둥'을 사용해서 구조 기능을 상징 요소로 활용하는 것이다. 또 하나는 특질 상징주의로 오더 양식이 갖는 고유한 특질을 활용하는 것이다. 도리스식은 남성을, 이오니아식은 여성을 상징하는 식이다.

밀라노기에서는 두 건물이 중요했다. 산타마리아델라그라치에(Santa Maria della Grazie, 1492~?)의 동쪽 성소 증축에서는 고전 오더를 중세 장식에 맞춰 응용했다. 아직 본격적인 오더 상징주의는 나타나지 않지만 오더의 표현력을 풍부하게 구사하는 훈련을 했다. 육면체, 다각형, 원형 등의 기하학적 입방체를 기념비적 분위기로 처리했으며 오더를 여기에 맞춰 장식적으로 구사했다(도 6–22).

성 암브로시오(Sant'Ambrosius)에서는 회랑형 안마당(1492~?)을 설계했는데 오더 상징주의가 체계를 갖추며 나타났다. 안마당을 세 곳으로 나누어 그 성격에 맞추어 각각 도리스식 안마당(Doric cloister), 이오니아식 안마당(Ionic cloister), 카노니카 성문(Porta della Canonica)으로 명명한 뒤 도리스식, 이오니아식, 코린트식 오더를 배정해 특질 상징주의

**도 6–22** 도나토 브라만테, 산타마리아 델라 그라치에의 동쪽 성소 개축, 밀라노, 이탈리아, 1492–.
**도 6–23** 도나토 브라만테, 성 암브로시오, 밀라노, 이탈리아, 1492–.

를 선보였다(도 6-23). 세 오더 양식의 특징을 남성성, 여성성, 장식성으로 각각 정의한 뒤 공간의 분위기를 상징적으로 표현하는 데 사용한 것이다.

구조 상징주의도 시도했다. 아케이드를 기본 구조로 삼아 1층에서는 독립 원형 기둥을 받쳤고 2층에서는 벽기둥을 받쳤다(도 6-24). 이는 오더의 원형다움에 따른 위계를 표현한 것이다. 내력 기능은 벽기둥이 독립 원형 기둥보다 더 크지만 원형다움을 기준으로 보면 반대가 된다. 독립 원형 기둥은 오더의 원형인 반면 벽기둥은 벽체도 아니고 기둥도 아닌 애매한 합성 부재이기 때문이다. 이는 아케이드를 받치는 구조 방식을 놓고 브루넬레스키와 알베르티 사이에 있었던 구별을 넘어서 고전 어휘의 원형적 순도라는 더 근본적인 기준까지 거슬러 올라간 것이다.

오더 상징주의는 로마기의 산타마리아델라파체(Santa Maria della Pace)에서 완성에 달했다. 벽기둥이 받치는 아케이드, 독립 원형 기둥, 사각 벽기둥을 사용해서 어휘 종류가 풍부해졌다. 1층의 주요 구조에 알베르티 어휘를 사용해서 내력 기능에 안정성을 확보했으며 로마 고전주의에 대한 집중을 높였다(도 6-25). 여기에 머물지 않고 아치의 종석 바로 위에 독립 원형 기둥을 세워 원형다움도 함께 표현했다. 1층의 가장 잘 보이는 벽면에 이오니아식 벽기둥을 돋을새김으로 새긴 것은 봉헌 대상인 성모마리아에 맞춘 특질 상징주의이다. 내력 기능을 담당하는 1층의 벽기둥을 투스칸식으로 처리하고 2층의 독립 원형 기둥과 사각 벽기둥을 모두 코린트식으로 처리한 것은 구조 상징주의와 특질 상징주의를 동시에 추구한 것이다.

**도 6-24** 도나토 브라만테, 성 암브로시오, 밀라노, 이탈리아, 1492–.
**도 6-25** 도나토 브라만테, 산타마리아델라파체의 회랑형 안마당, 로마, 1504.

### 중앙집중형 – 복층 동심원과 공간 깊이

브라만테는 르네상스의 중앙집중형 가운데 네 번째인 '그리크 크로스를 기본으로 삼아 방사선 방향으로 서너 겹의 복층 켜를 갖는 동심원 구성'을 완성했다. 1482년에 밀라노의 스포르차 궁정에 초대되어 온 레오나르도 다빈치와 함께 보내면서 그가 남긴 중앙집중형 스케치에서 영향을 받았다. 기하학적 특징이 강한 구성인데 브라만테는 이것을 3차원 공간 깊이를 갖는 건축 구성으로 발전시켰다.

밀라노기에서는 이번에도 두 건물이 중요했다. 산타마리아프레소 산사티로(Santa Maria presso San Satiro, 1480년경~86년)는 선형 네이브에 중앙집중형의 성소를 더하는 작품이었다. 전체 방향은 성소를 큰 그리크 크로스로 구성하는 것으로 알베르티의 성 안드레아 모티브를 좇은 것이었다. 브라만테의 기발한 처리는 슈베에서 나왔다. 부지가 좁아서 성가대석과 애프스를 둘 공간이 안 나왔다. 브라만테는 성가대 쪽 벽에 일소점 투시도를 이용한 그림을 그려서 네이브에 서서 보면 성가대석 부분이 실제로 있는 것처럼 보이게 했다(도 6-26). 공간을 3차원 깊이로 이해하는 능력이 있어야 가능한 처리로 그의 투시도 화가의 경력에서 나온 것이었다.

**도 6-26** 도나토 브라만테, 산타마리아프레소 산사티로, 밀라노, 이탈리아, 1480년경-86.

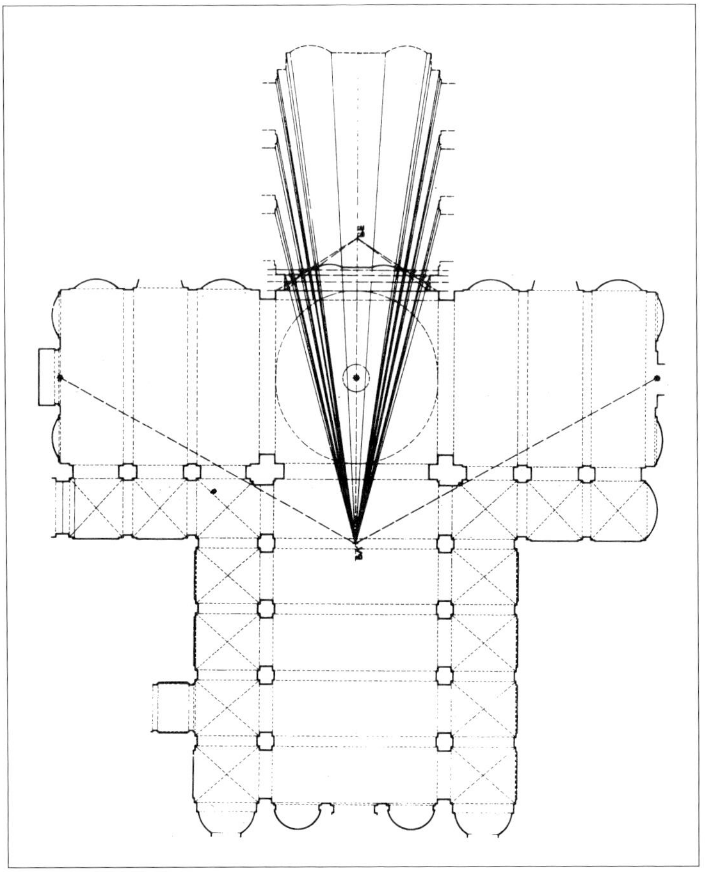

파비아 성당(Pavia Cathedral, 1488년경)에서는 자문을 맡았는데 동쪽 성소의 중앙집중형 구성이 그의 설계에 따른 것으로 보인다. 큰 그리크 크로스 구성이 반복되는데 복합 동심원 유형이 거의 완성에 이르렀다. 라틴 크로스의 형상을 유지하고는 있지만 성소가 네 겹의 동심원 구성을 갖는 그리크 크로스로 커지면서 중앙집중형으로 독립한 느낌이다. 크로싱을 초점으로 삼아 '복도–예배당–애프스'로 확산해 나가는 복층 구성이다. 크고 작은 공간 조각들이 겹치면서 3차원 깊이를 만들어냈다(도 6–27).

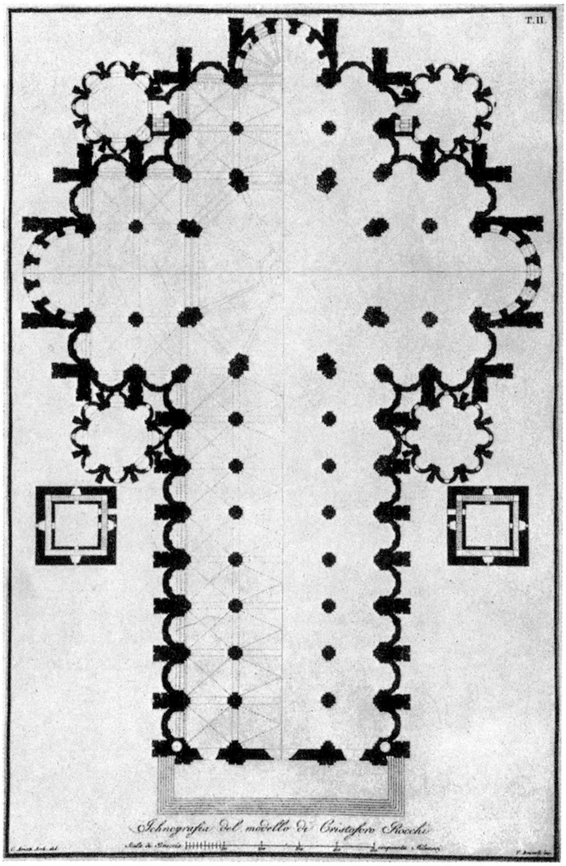


도 6–27 도나토 브라만테, 파비아 성당 자문, 이탈리아, 1488년경.

로마기에서도 두 건물이 중요했다. 몬토리오의 성 베드로 템피에토(Tempietto of San Pietro in Montorio, 1502년경)는 다섯 겹의 동심원으로 구성되었다. 초점의 무덤 제단을 중심으로 원형 열주랑, 중심 부분을 무대 위에 올려놓는 4단의 계단, 두 겹의 원형 열주랑을 차례대로 둘러쳤다(도 6–28). 이런 구성은 초기 기독교 건축의 원형 무덤 교회나 순교자 기념 교회를 선례로 삼아 브라만테만의 공간 깊이를 넣어 복합 동심원으로 만든 것이다. 부지가 좁은 불리한 조건을 역으로 활용해서 무덤 교회의 선례를 차용한 뒤 자신만의 중앙집중형 기법으로 각색한 결과다.

절정은 성 베드로 개축(St. Peter's, 1506~)이었다. 브라만테는 설계가 시작되고 나서 8년밖에 살지 못했기 때문에 그의 안은 기초만 조금 파다 중단되었다. 이후 미켈란젤로가 이어받아 고쳐서 완공했는데 브라만테의 안에 대한 기록은 양피지에 그린 도면 한 장이 남아 있다. 현재 건물은 미켈란젤로의 작품이지만 브라만테의 원안이 중요한 방향타 역할을 했다. 파비아 성당의 성소에 사용했던 복합 동심원을 독립

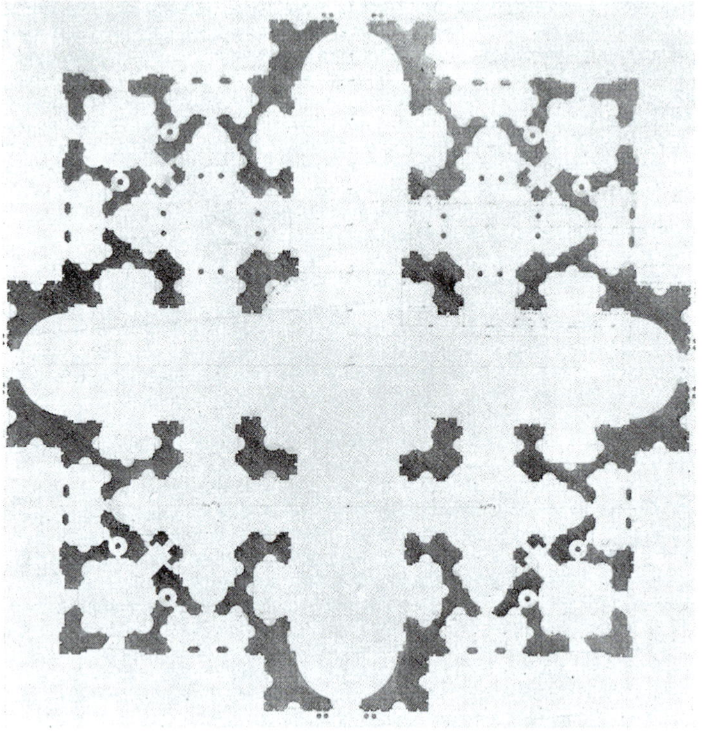

**도 6-28** 도나토 브라만테, 몬트리오의 성 베드로 템피에토, 로마, 1502년경.
**도 6-29** 도나토 브라만테, 성 베드로 개축, 로마, 1505–.

건물로 떼어서 공간 깊이를 더욱 풍부하게 만든 구성이었다. 복합 구성을 이루는 공간 단위를 더 명확하게 구획했으며 기하학적 정리가 두드러졌다(도 6–29). 주 공간과 부 공간 사이의 위계와 종속 관계를 확실하게 정리해서 공간 깊이가 더욱 풍부해졌다.

### 상갈로 형제와 피렌체의 성기 르네상스

줄리아노 다상갈로(Giuliano da Sangallo, 1443년경~1516년)와 안토니오 다상갈로 일베키오(Antonio da Gangallo il Vecchio, 1453~1534) 형제는 피렌체를 중심으로 토스카나의 성기 르네상스를 이끌었다. 피렌체의 초기 르네상스는 알베르티 이후 1470년대에 들어와 침체기에 들어갔는데 이를 극복하고 생명력을 이어갔다. 줄리아노는 알베르티가 지휘하던 로마 재건 사업에 참여해서 고전주의를 배웠으며 피렌체로 돌아와 메디치가를 건축주로 삼아 적지 않은 작품을 남겼다.

**도 6-30** 줄리아노 다상갈로, 메디치 빌라, 포조아카이아노, 이탈리아, 1480–97.

그의 대표작은 포조아카이아노(Poggio a Caiano)의 메디치 빌라(Villa Medici, 1480~97)이다. 이 건물은 르네상스 빌라의 대표 유형을 제시한 점에서 중요성이 크다. 빌라는 팔라초와 세트를 이루며 르네상스의 이상을 구현한 주거 유형이었다. 금융 가문은 자신들의 본거지를 도심과 교외의 두 곳에 뒀다. 팔라초는 도심 본거지로 정치, 경제, 종교 등의 사회적 활동을 벌이던 곳인 데 반해 빌라는 교외 본거지로 휴양, 학문, 예술과 같은 문화 활동이 주된 목적이었다. 빌라의 이런 기능은 중세에는 없던 것으로 르네상스 인본주의 배경에서 나온 것이었다.

여기에 맞는 새로운 주거 유형을 정의해야 했다. 교외에 있었기 때문에 자연과의 관계도 또 다른 중요한 요소였다. 줄리아노는 로마 시대 때 교외에 지은 대저택이었던 빌라에서 이에 맞는 이상적 내용을 찾았다. '파라다이스'라는 개념이었다. 로마 빌라는 자연 속에 있었지만 자연을 인공 이미지로 번안해서 차경 요소로 활용했다. 인간을 위한 낙원을 구성하는 하부 요소로 정의한

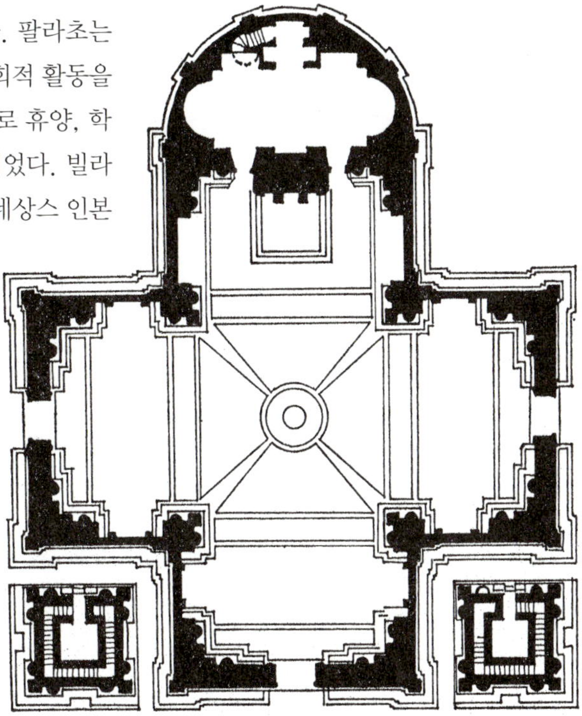

**도 6-31** 안토니오 다상갈로 일베키오, 마돈나디산비아조, 몬테풀치아노, 이탈리아, 1518–34.

**도 6-32** 줄리아노 다상갈로, 산타마리아델라카르체리, 프라토, 이탈리아, 1481-91.
**도 6-33** 안토니오 다상갈로 일베키오, 마돈나디산비아조, 몬테풀치아노, 이탈리아, 1518-34.

것이다. 이것을 받아들여 자신의 빌라를 무대 위의 장면이라는 장경주의 개념으로 제시했다.

전체 구성은 기단과 본체로 이루어졌다. 기단은 로마 시대의 지하회랑(cryptoporticus) 형식으로 지었다. 자연을 다듬어 만든 지하 저장시설로 로마의 실용주의를 대표하는 유형이었다. 기단을 오르면 빌라 본체가 나타났다. 고전 어휘와 장식 등을 절제한 단순 육면체로 윤곽을 형성했는데 토스카나의 성채형 빌라를 선례로 삼은 것이었다. 고전 어휘는 출입구의 신전 파사드로 제한했다. 이런 구성은 빌라 전체를 일소점 투시도에 의해 무대처럼 보이게 하는 기법으로 장경주의를 잘 보여준다(도 6-30).

안토니오는 줄리아노의 동생으로 형과 비슷한 경력을 지녔으며 몬테풀치아노(Montepulciano)의 마돈나디산비아조(Madonna di San Biagio, 1518~34)를 대표작으로 남겼다. 이 건물은 프라토(Prato)에 있는 줄리아노의 산타마리아델라카르체리(Santa Maria della Carceri, 1481~91)와 함께 르네상스의 네 가지 중앙집중형 가운데 세 번째인 그리크 크로스 유형을 대표하는 작품이다. 네 팔이 짧은 분리형으로 성소에 애프스를 둬서 주 축 위에 부분적으로 선형 구성을 더했다. 크로싱 천장은 펜덴티브 돔으로, 팔의 천장은 배럴 볼트로 각각 덮었다(도 6-31).

입면은 산타마리아델라카르체리가 토스카나 로마네스크의 기하 장식주의를 좇은 데 반해 여기에서는 장식을 절제해서 고전의 원형다움을 강조했다(도 6-32, 6-33). 넓은 단순 벽면으로 놔둬서 벽체 구조의 물성을 강조했으며 장식 대신 도리스식과 투스칸식 오더, 반원형 벽기둥, 신전 파사드 등의 표준 고전 어휘를 사용했다. 트래버틴의 차분한 단색은 이런 분위기를 도왔으며 실내도 동일한 방향으로 처리했다. 이런 내용들은 로마 고전주의의 특징을 정적인 균형감, 극기적 기념비성, 추상적 간결함 등으로 본 것으로 성기 르네상스의 한 유형을 제시한 것이다.

### 라파엘로 – 압축 공간과 회화 장식주의

라파엘로(Raphaello, 1483~1520)는 우르비노에서 태어나 초창기를 화가 수업으로 보냈다. 레오나르도 다빈치, 미켈란젤로와 함께 르네상스 시각예술을 대표하는 3대 거장의 모든 사람으로 전 분야에 타고난 소질을 보였다. 천재성을 바탕으로 한 기교 구사에서 가장 뛰어났으며 특히 회화에서 그랬다. 기교적 화법에서 성기 르네상스 회화를 완성한 것으로 평가받는다. 건축에서도 일정한 활약을 했으며 조각은 상대적으로 약했다. 요절했기 때문에 전체적으로 다작을 남기지 못했다.

**도 6–34** 라파엘로, 판테온 스케치.

**도 6-35** 라파엘로, 프시케 로지아, 파르네시아 빌라 내, 로마.

라파엘로의 건축 경력은 세 갈래의 뿌리를 가졌다. 첫째, 고향인 우르비노에서 접한 총독궁이었다. 달마티아 지방의 고대 바로크 경향으로 지은 건물로 라파엘로의 자유분방한 회화적 기교와 합해지면서 그의 건축 경향을 형성하는 데 중요한 영향을 끼쳤다. 둘째, 피렌체에 머물던 1504년부터 1508년에는 브루넬레스키, 알베르티, 상갈로 형제 등 피렌체 르네상스에서 영향을 받았다. 로마 고전주의의 원형다움과 중앙집중형 구성 등이 주요 내용이었다. 당시 주요 도시들에서 불고 있던 비트루비우스 연구에서도 영향을 받았다.

셋째, 로마에 정착한 뒤 교황청 공방에 합류하면서 배운 브라만테의 성기 르네상스였다. 오더 구사와 3차원 공간이 핵심 내용이었다. 로마 유적 발굴 작업을 이끄는 등 로마 고전주의를 본격적으로 접하면서 건축 작품을 남겼다(도 6-34). 브라만테 사후에는 성 베드로 책임자와 교황청 건축가 등 그의 역할을 물려받아 교황 레오 10세의 주 건축가로 활동했다.

이상의 과정을 거쳐 라파엘로는 자신만의 건축 경향을 가졌다. 전체적으로 회화적 소질을 배경으로 삼는 건축가의 전형적 특징을 보여준다. 사조로 보면 두 경향이 섞여 있는데, 하나는 성기 르네상스로 압축 공간을 통해 표현되었다. 로마 고전주의의 표준 구성을 투시도 효과를 이용해서 회화적 공간처럼 처리하는 경향이다. 또 하나는 매너리즘의 전조 경향으로 회화 장식주의를 통해 표현되었다. 회화적 기교를 바탕으로 한 표현력 넘치는 장식성이 대표적 특징이었다(도 6-35).

### 키지 예배당과 마다마 빌라

첫 건축 작품은 키지 예배당(Chigi Chapel, 1512~13)이었다. 압축 공간을 잘 보여주는데 몇 단계로 파악할 수 있다. 첫째, 로마 고전주의를 구성하는 여러 요소들을 되도록 원본에 가깝게 종합적으로 재현했다. 앞선 건축가들이 아치, 오더, 개선 아치 등 특정 요소나 건물 유형 한

**도 6-36** 라파엘로, 키지 예배당, 로마, 1512-13.

**도 6-37** 라파엘로, 교황 레오 10세의 로지아, 바티칸 궁.

가지를 선례로 삼은 데 반해 라파엘로는 공간 단위 전체를 이루는 표준 구성을 짰다. 둘째, 투시도법을 이용해서 로마제국의 초월적 거대 공간을 사람 크기에 맞는 휴먼 스케일로 조절했다(도 6-36). 나를 초점으로 삼아 공간 전체를 한눈에 파악할 수 있게 했다.

셋째, 압축 효과를 높이기 위해 정사각형 윤곽과 원형 천장이라는 극도의 단순한 기하학적 구성으로 공간을 짰다. 그러나 실내는 갖출 것을 다 갖춘 완전한 건축 공간이었다. 넷째, 마지막으로 실내 전체를 화려한 그림과 장식으로 가득 채웠다. 라파엘로 자신의 또 다른 건축 경향인 회화 장식주의를 구현한 것이기도 하지만 압축 효과를 돕는 목적도 가졌다. 장식을 따라 공간 전체를 둘러보다 보면 기본에 충실한 고전주의의 표준 구성을 확인하게 되는데 이것은 압축 공간을 자칫 미니어처처럼 가볍게 여기는 것을 막아주는 역할을 했다.

회화 장식주의를 보여주는 예는 바티칸 궁의 교황 레오 10세 로지아(Loggia of Pope Leo X, 1514~20)와 파르네시아 빌라(Villa of Farnesia)의 프시케 로지아(Loggia of Psyche)였다(도 6-35, 6-37). 장식을 단순한 표피 문양으로 보지 않고 건물의 골격과 기능체계에 대응하는 건축 요소로 보았다. 건물과 장식을 하나로 합한 3차원 미술품이라는 새로운 개념

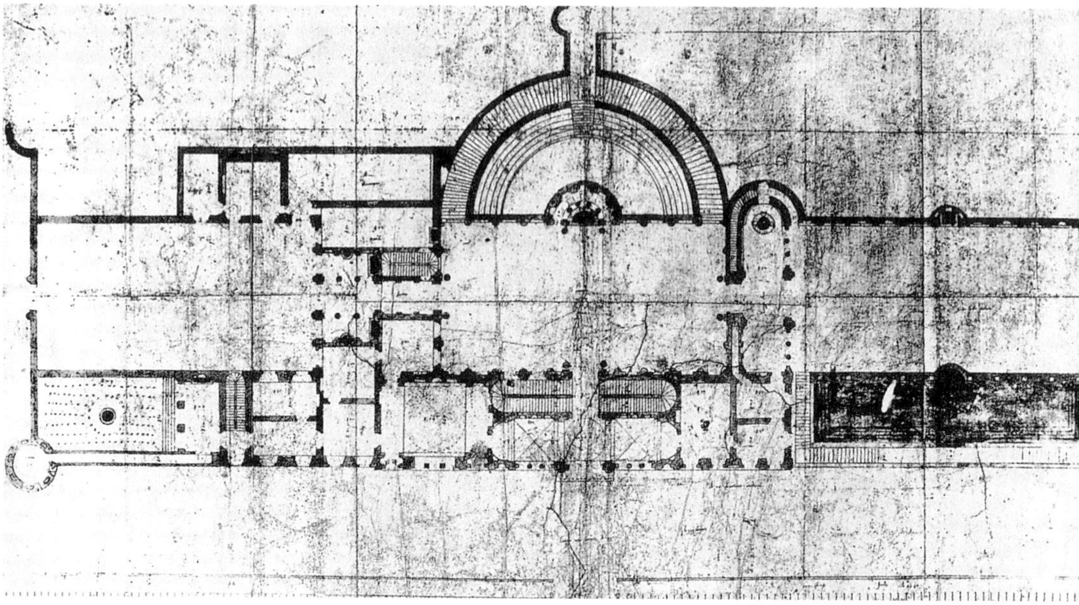

**도 6-38** 라파엘로, 마다마 빌라, 로마, 1518-미완성.

을 선보였다. 자신의 미술적 재능을 건축에 적용해서 예술적 종합화로 풀어낸 것이다. 이 가운데 장식주의는 매너리즘의 효시로 평가된다. 건축 부재를 장식이 놓이는 바탕 면으로 보고 일정한 면적을 확보하고 돌출 정도를 최소화했다. 디테일을 장식 부재와 건축 부재 사이의 중간 상태로 처리해서 예술적 종합화를 도왔다.

마다마 빌라(Villa Madama, 1518~미완성)는 라파엘로의 마지막 작품이었다. 연속 공간이라는 새로운 개념을 선보이며 매너리즘의 또 다른 효시 역할을 했다. 중앙의 원형 홀을 중심으로 한 중앙집중형이 전체 구성의 뼈대를 이루었으며 여기에서 세 방향으로 불규칙하게 방들을 배치했다(도 6-38). 각 방들은 파노라마 개념의 연속 공간을 이루었다. 로마 시대의 고대 바로크에 나타났던 유기 구성을 다양한 기하학적 윤곽으로 정리한 뒤 축 위에 배열해서 공간 스토리를 만들어내는 처리였다. 실내는 건물 골격과 시각예술을 하나로 합친 회화 장식주의로 처리했다. 장식 가운데에는 최근에 라파엘로가 직접 발굴해낸 유적에서 차용한 것들도 있었다.

# 3
# 매너리즘과 베네치아 르네상스

### 매너리즘–소외와 반항

매너리즘은 일반명사로는 '습관적 반복, 상투적인 모방, 진부한 기교' 등을 일컫는 말로 새로운 창조력이 상실되었다는 부정적 의미가 들어 있다. 그러나 고유명사가 되면 달라진다. 건축에서 매너리즘은 16세기 이탈리아에서 유행했던 양식을 지칭한다. 고전 법칙을 거부하며 일탈과 변형을 추구한 사조였다. 16세기는 성기 르네상스의 시대였는데 그 옆에 이와 반대되는 또 하나의 사조가 함께 있었던 것이다. 페루치와 줄리오 로마노가 대표 건축가였다. 미켈란젤로는 성기 르네상스와 매너리즘을 반반씩 구사했으며 팔라디오는 부분적으로 매너리즘 기법을 사용했다.

**도 6–39** 줄리오 로마노, 줄리오 로마노 하우스(Giulio Romano House), 만토바, 이탈리아, 1538–44.

매너리즘의 특징은 심한 '탈법칙'으로 요약할 수 있다. 사용 어휘는 고전주의였지만 문법은 철저히 파괴했다. 고전 어휘만 사용한다고 고전주의가 되는 것이 아니며 부재의 크기와 위치, 부재들 사이의 비례와 배열 등 지켜야 할 구문 법칙이 많았는데 이것들을 깨트린 것이다(도 6–39). 이 때문에 20세기 초까지 매너리즘에 대한 평가는 "잔 기교에 기댄 르네상스 고전주의의 변질 양식"이라는 부정적

**도 6-40** 취리히에서 가톨릭 성당 내의 우상 숭배물을 철거하는 신교도들.

인 것이었다. 20세기를 거치면서 당시 시대 상황을 반영한 창조적 예술 기록으로서 또 하나의 새로운 양식이라는 긍정적 평가로 바뀌었다.

매너리즘은 시대 상황의 산물인 측면이 많다. 유럽 역사에서 16세기는 가장 힘든 시기 가운데 하나였다. 종교개혁이 일어나면서 유럽 사회는 분열되었다. 유럽의 정신적, 종교적 뿌리였던 기독교를 둘러싼 내부 분열이었기 때문에 충격과 부작용은 컸다. 일부 사학자들은 '대분열'이라는 단어를 사용하기도 한다. 분열은 물리적 충돌로 이어지며 종교전쟁을 낳았다. 그 과정에서 개인들은 심한 '소외'를 느끼며 고통을 받았다. 일부 예민한 건축가들은 이런 어려운 시대 상황을 작품에 반영해서 일탈과 반항을 추구했다.

기독교를 둘러싼 충돌은 대표적 현상이었다. 종교개혁은 천 년 이상 이어온 가톨릭의 권력을 무너트렸다. 신교는 가톨릭의 권위적 권력에서 벗어나 해방을 내걸었지만 종교개혁의 과정에서 벌어진 물리적 충돌은 또 다른 전쟁에 다름 아니었다(도 6-40). 반종교개혁으로 다시 권력을 잡은 가톨릭은 사상, 학문, 예술에 대해 감독과 탄압을 강화했다. 사상, 학문, 예술 활동이 후퇴했으며 건축가들은 부정적 상황에 대해 반발했고 이것을 냉소와 풍자로 표현했다. 가톨릭과 한 몸으로 밀착되어 있던 고전주의의 규범을 어기는 일탈은 곧 가톨릭에 대한 건축적 도전이자 반항이었다. 이것을 예술 양식으로 집단화한 것이 매너리즘이었다.

### 페루치 – 문법 파격과 대비

발다사레 페루치(Baldassare Peruzzi, 1481~1536)는 시에나에서 태어나서 화가로 경력을 시작한 뒤 로마로 옮겨 브라만테와 라파엘로가 이끌던 교황청 공방에 합류했다. 두 사람에게 영향을 받으며 첫 주요 작품인 파르네시아 팔라초(Palazzo della Farnesia, 1505~11)를 남겼다. 아직 매너리

**도 6-41** 발다사레 페루치, 파르네시아 팔라초, 로마, 1505-11.

즘이 나타나지 않은 성기 르네상스 양식이었다. 고전 어휘의 사용을 자제했으며 3차원 덩어리 느낌을 기하학적 간결성으로 정리해서 강조했다. 표면은 들고 남을 최소화한 2차원 평활면으로 처리했다. 이런 내용은 16세기 로마 팔라초의 대표적 특징들로 브라만테의 영향을 보여준다.

매너리즘의 효시도 보이는데 두 곳이다. 한 곳은 정면 2층으로 프리즈를 표준 높이보다 훨씬 높게 처리한 뒤 돋을새김 장식을 가득 새겼다. 고전 비례의 전통을 포기한 대신 건물을 돋을새김을 새기는 바탕 면으로 활용한 것으로 라파엘로의 회화 장식주의의 영향을 보여준다(도 6-41). 또 다른 한 곳은 피아노 노빌레로 실내 전체를 화려한 그림과 장식으로 채워 외관의 경향을 더욱 발전시켰다. 그림 가운데에는 고전 오더를 그린 것도 있는데 투시도 조작을 이용해서 찌그러지게 표현했다. 고전 문법의 파괴를 진짜 기둥이 아니라 그린 기둥으로 표현한 것이다. 발코니를 통해 바깥 경치를 바라보는 그림도 있는데 진짜 발코니와 경치처럼 보이게 해서 그림을 이용한 환상을 시도했다(도 6-42).

1520년대에 들어와 당시 새롭게 불기 시작하던 매너리즘을 연구하기 시작했으며 1527년의 로마 대 약탈 때 힘든 경험을 살려 팔라초마시모알레콜로네(Palazzo Massimo alle Colonne, 1533~36)를 남겼다. 페루치

도 6-42 발다사레 페루치, 파르네시아 팔라초, 로마, 1505-11.

의 대표작이자 매너리즘의 시작을 알리는 건물이었다. 매너리즘의 내용은 문법의 파격과 대비의 두 가지로 요약할 수 있다. 파격은 두 곳에서 일어났다. 1층 기둥은 쌍기둥도 아니고 두 개의 기둥을 병렬한 것도 아닌 애매한 간격을 유지했다. 중이층에서는 아래쪽 창을 더 작고 장식적으로 한 반면 위쪽 창은 작고 단순하게 하는 전도를 가했다. 건축 부재들은 고전주의의 조화 강령에서 벗어나 엇박자를 냈다(도 6-43).

도 6-43 발다사레 페루치, 팔라초마시모알레콜로네, 로마, 1533-36.

대비는 여러 곳에서 일어났다. 1층의 코니스가 만드는 여러 겹의 강한 수평선은 기둥의 수직선과, 코니스의 깊은 음영은 위쪽 본체의 평평한 벽면과, 입면 전체의 물결치는 것 같은 곡면은 코니스와 기둥의 직선과, 기둥이 급하게 반복되는 1층은 기둥을 하나도 갖지 않는 위쪽 본체와, 장식 처리된 창은 처진 벽면과 각각 대비되었다. 대비는 긴장까지는 나아가지 않았지만 앞의 엇박자를 강조해 매너리즘의 의미를 정확하게 정의했다.

### 줄리오 로마노 – 고전과 반고전 사이

줄리오 로마노(Giulio Romano, 1499~1546)는 매너리즘을 대표하는 건축가다. 로마에서 태어나 1505년의 이른 나이에 교황청 공방에 라파엘로의 조수로 들어가면서 예술가의 길에 들어섰다. 라파엘로의 가장 충실한 제자로 그의 건축에 나타났던 매너리즘의 단서들을 완성된 양식으로 발전시켰다. 라파엘로가 사망하자 그의 미완성 작품을 물려받아 마무리하는 일을 하다 1524년에 만토바의 페데리코 곤차가 대공(Duke Federico Gonzaga)의 초청을 받아 근거지를 옮겼다. 처음에는 궁정화가로 들어갔으나 곧 건물들을 설계해서 대공을 만족시켰다. 이후 만토바에 정착해서 주요 건물들을 설계했고 1526년에는 만토바의 귀족 직위를 획득했다.

라파엘로도 인정한 현란한 기교의 화가이기도 했다. 스승과 마찬가지로 회화적 천재성을 바탕으로 그림의 배경 장면에서 건축적 실험을 한 뒤 실제 건물에 적용했다. 상상과 파격이 더 많이 허용되는 회화에서 먼저 새로운 시도를 했기 때문에 그의 건축은 파격으로 넘쳐났다. 회화적 상상력에 의존했기 때문에 그의 건축에서는 구조와 장식이 분리되었다. 페루치가 전체 구성을 흐트러트렸고 미켈란젤로가 축조 원리를 뒤집었던 데 반해 그는 개별 부재의 변형에 치중했다.

심한 기교적 일탈 때문에 한동안 그의 건축은 반(反)고전주의를 대표하는 것으로 평가되었으나 그 바탕에는 고전주의에 대해 탄탄한 기본기도 함께 갖춘 양면성을 보였다. 변형과 일탈이 건축적 의미를 갖기 위해서는 문법에 충실한 표준 구성이 바탕에 깔려 있어야 가능하기 때문이다. 그의 건축의 정수는 단순한 변형과 일탈이 아닌 이런 양면적 요소 사이의 복합적 이중성에 있었다(도 6-44).

**도 6-44** 줄리오 로마노, 테 팔라초, 만토바, 이탈리아, 1525–34.

## 테 팔라초와 총독궁 모스트라 안마당

테 팔라초(Palazzo del Te, 1525~34)는 그의 대표작이자 매너리즘 전체를 대표한다. 곤차가 대공의 우량 말들을 키우던 마구간을 개조한 건물로 안마당을 갖는 큰 'ㅁ'자형으로 전체 구성을 이루었고 방들을 각 변에 단겹으로 배열했다(도 6-45). 이런 구성은 교외 빌라와 도심 팔라초의 성격을 동시에 만족하기 위한 것이었다. 휴양용 빌라였음에도 자연에 대해서 닫힌 곤차가의 휴양 방식에 맞춘 결과이다. 내부에 집중해서 실내를 벽화로 채웠으며 건물 입면에 일탈과 유머를 가해서 이것을 보고 즐겼다.

**도 6-45** 줄리오 로마노, 테 팔라초, 만토바, 이탈리아, 1525-34.

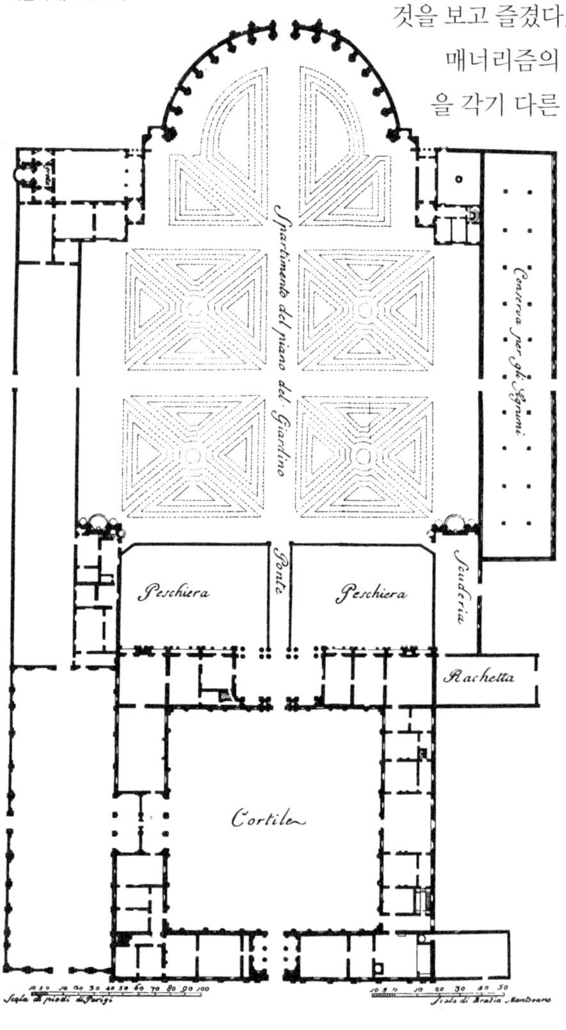


매너리즘의 정수는 입면에 나타났다. 건물의 주요 면들을 각기 다른 고전 유형으로 처리했다. 정면은 거친 표면 처리를 통한 그로테스크한 분위기를, 안마당 입면은 오더와 신전 파사드를 이용한 개별 부재의 파격을, 정원 입면은 세를리안 모티브(Serlian motive)와 쌍기둥으로 처리된 아케이드를, 아트리움 홀은 오더 네 개를 한 다발로 묶은 기둥군이 받치는 볼트 천장을 각각 대표적 특징으로 한다.

안마당 입면은 매너리즘 전체를 통틀어 가장 일탈이 심한 반고전주의를 보여준다. 기둥 간격은 비례 법칙을 벗어나 애매해졌고 벽의 돌 나누기는 크기, 형태, 표면 처리 등에서 규칙적 축조를 거부하고 분산적으로 처리했다. 프리즈의 트리글리프는 군데군데 이빨 빠지듯 아래로 내려앉았다(도 6-46, 6-47). 중앙 출입구는 아치 위에 신전 박공을 얹어 고전 부재의 구성 위계 및 구조적 안정성 모두를 해쳤다. 박공 양 끝에서 까치발을 받쳐서 소품 느낌을 강조했다. 큰 창의 상인방도 같은 방식으로 처리했는데 이번에는 박공의 밑

**도 6-46, 6-47** 줄리오 로마노, 테 팔라초, 만토바, 이탈리아, 1525–34.

변을 이루는 코니스를 지우고 경사선 두 개로만 삼각형 윤곽을 짰다. 박공 속은 평아치의 홍예돌로 꽉 채워서 상인방이 두 겹이 되었다.

총독궁 모스트라 안마당(Cortile della Mostra, Palazzo Ducale, 1538~39)은 건물 전면에 거친 돌 처리를 하여 불안한 긴장감으로 가득 찼다. 그 위에 나선형 벽기둥을 덧붙였는데 이마저도 간격과 기울기가 일정하지 않았다. 나란히 서 있는 두 개의 나선 방향도 서로 반대였다. 나선형 벽기둥을 2층에 사용하여 공중에 떠 있게 처리해 중력 법칙에 대한 역설(逆說)을 표현했다. 바로크 때 대표 기둥이 된 나선형을 처음 사용한 건물 가운데 하나인데 이보다 먼저 자신의 그림에서 그렸던 것을

**도 6-48** 줄리오 로마노, 총독궁 모스트라 안마당, 만토바, 이탈리아, 1538–39.

건물에 구현한 것이다.

아치도 불안하게 처리해서 이런 분위기를 더했다. 창의 상인방 위에 조각 아치를 더했는데 조각 아치로 처리해서 만들다 만 것처럼 보이게 했다. 창틀은 별도로 만들지 않고 벽돌을 하나 걸러 돌출하는 방식으로 대신했다. 언뜻 블록을 끼운 것처럼 보이는데 이런 처리는 이후 바로크건축에서 블록 끼우기로 발전한다. 기단 정면은 타원 아치로 처리했는데 폭이 넓은 것과 좁은 것, 두 겹인 것과 한 겹인 것을 섞어서 통일성을 파괴했다. 아치의 홍예돌과 나선형 기둥을 받치는 까치발이 경쟁하듯 불안한 긴장 관계를 유지했다(도 6-48).

### 베네치아 르네상스

베네치아는 동방으로 통하는 관문이라는 지리적, 문화적 배경 때문에 이탈리아 안에서도 특이한 건축 경향을 보이는 지역이었다. 일찍부터 동방의 영향을 받아 장식과 공예의 전통이 강했다. 비잔틴건축이 서방으로 들어오는 통로여서 산마르코 같은 화려한 장식 건물을 세웠으며 고딕 시대에는 벽돌 장식이 두드러졌다. '로마-서방 기독교-파리'로 이어지는 유럽의 주류 건축과는 별개로 자신들만의 건축 전통을 형성해서 이어왔다.

르네상스에 들어와서 비로소 주류 건축에 합류하게 된다. 피렌체의 초기 르네상스가 비교적 이른 시기에 전파된 지역이어서 1460년경이면 초기 르네상스의 지역 양식을 대표하는 도시가 된다. 장식 전통과 잘 맞는 기하 장식주의를 공예 경향으로 각색한 특징을 보였다. 피에트로 롬바르도(Pietro Lombardo, 1435년경~1515년)의 산타마리아 데이미라콜리(Santa Maria dei Miracoli, 1485~89)와 마우로 코두치(Mauro Coducci, 1440년경~1504년)의 산차카리아(San Zaccaria, 1483~91)가 대표적 예였다(도 6-49, 6-50).

두 건물은 비슷한 구성을 보인다. 아치 열을 사용했지만 아케이드 구조로 발전하지 못하고 선형 장식에 머물렀다. 넓은 벽면을 확보하면서 벽체 구조를 강조했고 그 위에 십자가 모양의 창을 파내거나 대리석 패널을 붙이고 섬세한 공예 장식을 새겼다. 토스카나 로마네스크, 원 르네상스, 브루넬레스키와 알베르티의 초기 르네상스, 산마르코로 대표되는 베네치아의 비잔틴건축 등 여러 선례를 혼합한 뒤 베네치아 특유의 공예 장식주의로 번안한 특징이었다.

16세기 초반을 넘기면서 베네치아는 르네상스 건축의 중심지로 떠오른다. 종교개혁과 1527년 로마 대 약탈을 겪으면서 로마는 큰 타격을 입고 주춤했다. 교황들은 로마 재건계획을 세웠지만 재원과 정치력 모두에서 욕심만큼 따라주지 못했다. 성 베드로와 캄피돌리오 정도를 제외하고 로마에는 더 이상 주요 건축물을 세우지 않았다. 반면 베네치아는 대항해 시기를 거치면서 동방무역의 중심지로 전성기에 접어들고 있었다. 정치적 안정과 경제적 활성 덕에 일거리가 늘면서 로마에 실망한 건축가들이 베네치아로 이주해 왔는데 산소비노가 대표적 예였다. 초기 르네상스를 거치면서 자생력도 갖추어서 이 지역에서 주요 건축가를 직접 배출하기도 했는데 산미켈리와 팔라디오가 대표적 예였다.

**도 6-49** 피에트로 롬바르도, 산타마리아데이미라콜리, 베네치아, 이탈리아, 1485–89.
**도 6-50** 마우로 코두치, 산차카리아, 베네치아, 이탈리아, 1483–91.

건축의 중심지는 베네치아를 필두로 베로나, 비첸차 세 도시였는데 산소비노, 산미켈리, 팔라디오가 각각의 대표 건축가였으며 팔라디오는 베네치아에도 진출해서 산소비노와 경쟁했다. 이들의 건축은 16세기를 양분했던 성기 르네상스와 매너리즘을 합한 것에 가까웠다. 굳이 구별을 하자면 성기 르네상스에 좀 더 가까웠지만 베네치아의 장식 전통은 매너리즘의 장식주의와 잘 맞는 측면도 있었다. 성기 르네상스를 기본으로 삼아 매너리즘풍의 장식주의를 베네치아의 장식 전통으로 각색해서 더한 경향이 대표적 특징이었다(도 6-51).

**도 6-51** 미켈레 산미켈리, 베빌라쿠아 팔라초, 베로나, 이탈리아, 1532년경-.

### 산미켈리-성문과 실용 인본주의

미켈레 산미켈리(Michele Sanmicheli, 1485년경~1559년)는 베로나에서 석공 장인의 아들로 태어나 베로나의 르네상스 건축을 이끌었다. 당시 베로나는 근대적 도시계획을 단행하며 새롭게 정비, 확장되고 있었는데 산미켈리는 르네상스 건축을 통해 이것을 이끌었다. 석공 출신이어서 돌 가공을 이용한 장식 경향이 대표적 특징으로 나타났지만 석공의 한계를 뛰어넘어 르네상스, 인본주의, 로마 고전주의 등에 대해 일정 수준 이상의 이해도 갖추고 있었다. 도시계획 전반을 입안해서 이끌었으며 르네상스 건축을 이것의 일부로 정의해냈다.

산미켈리는 전형적인 현장형 건축가였지만 로마와 베네치아의 주요 예술가, 학자, 권력자 등과 폭넓은 인간관계를 통해 르네상스 인본주의 정신과 시각예술에 눈 뜰 수 있었다. 건축에서도 당대를 이끌던 거의 모든 대표 건축가들과 교류했다. 작품 경향도 브라만테의 성기 르네상스와 줄리오 로마노의 매너리즘을 혼합한 특징을 보였다. 건축 경력은 초창기, 성채 활동, 고급 건축의 세 단계로 나눌 수 있는데 그와 베로나 모두에게 의미가 큰 것은 성채였다.

교황 바오로 3세는 로마 대 약탈 이후 전쟁에 대비해 북부 지방 전역의 도시들에 많은 성채를 축조했다. 산미켈리는 파르마, 피아첸차, 베로나, 베네치아 등에서 크고 작은 성채 공사에 설계, 공사 감독, 자문 등으로 참여해 실력을 인정받으면서 최고의 성채 전문 건축가가 되었다. 고향 베로나에서는 성채 공사를 근대적 도시계획으로 확장했

**도 6-52** 리고치(Ligozzi)의 베로나 전경 판화. 맨 앞 중앙에 산미켈리의 누오바 문이 보인다.

다. 도시 내의 효율적 교통 체계, 도시의 주요 지점에 대한 공공 상징성의 확보, 도시의 권위에 대한 조형적 처리, 격자 블록에 의한 효율적 도시 운영, 도심과 외곽 사이의 유기적 관계 등이 그가 제시한 새로운 개념들이었다.

르네상스 이상을 도시계획에 응용해서 정의한 것으로 실용 인본주의라 부를 수 있다. 성문은 이것을 건축 차원에서 보여주는 좋은 예다(도 6-52). 산미켈리는 베로나 성채의 일부분으로 누오바 문(Porta Nuova, 1533~51), 산제노 문(Porta San Zeno, 1547~50), 팔리노 문(Porta Palino, 1548~59) 등의 세 성문을 설계했는데 도시 전체의 관점에서 그 의미와 역할을 정의해 실용 시설에 인본주의 이상을 실어냈다. 구체적 어휘도 고급 건축에 뒤지지 않은 수준 높은 고전주의를 구사했다.

팔리노 문은 에르베 광장(Piazza delle Erbe)에서 시작되는 중심 도로의 끝에 서서 도시의 관문 역할을 했으며 팔리노가 '깃발'이라는 단어인데에서 알 수 있듯이 승전이나 주요 정치 행사 때 행군 행렬이 지나가는 통로 기능도 했다. 적절한 기념비 성격과 시민을 위한 대중적 친근감을 동시에 갖춰야 했다. 산미켈리는 성문의 앞뒤 면을 서로 다르게 처리해서 이 요구를 만족시켰다. 도심을 향한 면은 시민들이 매일 지

**도 6-53, 6-54, 6-55** 미켈레 산미켈리, 누오바 문(Porta Nuova), 베로나, 1553-51.

나다니면서 바라보기 때문에 자긍심을 불러일으킬 필요가 있었다. 강인한 인상의 쌍기둥과 단순화한 아치 윤곽으로 성채의 방어 이미지를 표현해서 시민들을 안심시켰다(도 6-53). 반면 밖을 향한 면은 도시의 얼굴이기 때문에 손님을 맞이하는 예절에 충실했다. 소품으로 처리한 신전 파사드를 주요 모티브로 삼아서 장식을 많이 더하는 등 환영의 뜻을 표했다(도 6-54).

누오바 문과 산제노 문에서는 로마의 개선 아치 모티브를 사용해서 기념비 성격을 강화했다. 누오바 문은 개선 아치의 3분법 구성을 긴 길이에 맞춰 늘어트려 변형했다. 세 개의 큰 아치와 네 개의 작은 아치가 교대로 전면을 담당했다(도 6-55). 벽과 오더는 팔리노 문과 유사하게 처리해서 방어 이미지를 높였다. 로마 고전주의의 대표 유형을

16세기 비첸차의 도시 상황에 맞게 응용해서 사용해 실용 인본주의의 좋은 예를 보여준다.

### 산소비노 – 산마르코 도서관과 베네치아 고전주의

야코포 산소비노(Jacopo Sansovino, 1486~1570)는 카프레제에서 태어나 피렌체에서 조각을 배우고 로마의 브라만테 공방에서 고전주의건축을 배운 뒤 로마에 건축 작품을 남기기 시작했다. 초창기 활동은 활발하지 못한 편이었지만 로마 대 약탈을 피해 베네치아로 이주한 뒤 16세기 베네치아 건축을 대표하는 건축가로 활약했다. 미켈란젤로와는 동향이면서 친구이자 라이벌이었다. 미켈란젤로와 마찬가지로 조각가로서도 이름을 날렸으며 조각적 소질을 바탕으로 차분한 북부 이탈리아 고전주의를 창출했다.

산미켈리와도 좋은 비교 대상이다. 산소비노는 돌을 잘 다루어서 매끄럽고 탄력적인 표면 질감을 만들어냈으며 덩어리 느낌의 힘과 섬세한 조각 디테일을 적절히 혼합한 건축 경향을 보였는데 이런 특징은 산미켈리와 마찬가지로 성기 르네상스와 매너리즘을 동시에 보여주는 것이다. 두 사람은 누구보다 서로를 잘 알았으며 베네치아가 주된 활동 무대인 점도 같았다. 영향 관계에서는 산소비노가 산미켈리에게 끼친 영향이 더 컸다는 것이 통설이다. 16세기 르네상스 건축 전체에서 보면 산소비노가 차지하는 비중이 확실히 더 크다. 정통 고급 건축가로서 부침 없는 균질한 고전주의를 구사했다. 로마의 위치를 물려받은 베네치아의 중요성을 생각하면 산미켈리는 좀 부족했으며 산소비노가 이를 대표할 만했다. 작품으로 남긴 기능 유형도 대형 공공건물을 중심으로 팔라초, 교회, 수도원, 교육 시설 등으로 산미켈리보다 다양했다.

산소비노의 대표작은 산마르코 광장 확장공사 및 그에 수반된 세 채의 건물이었다. 베네치아가 전성기에 들어서면서 베로나와 마찬가지로 근대적 도시계획이 필요했고 산마르코 광장 확장을 단행했다. 당시 베네치아에는 이를 맡아서 할 만한 대표 건축가가 없었고 이주자 산소비노에게 기회가 돌아갔다. 이전의 광장은 대운하를 면한 부

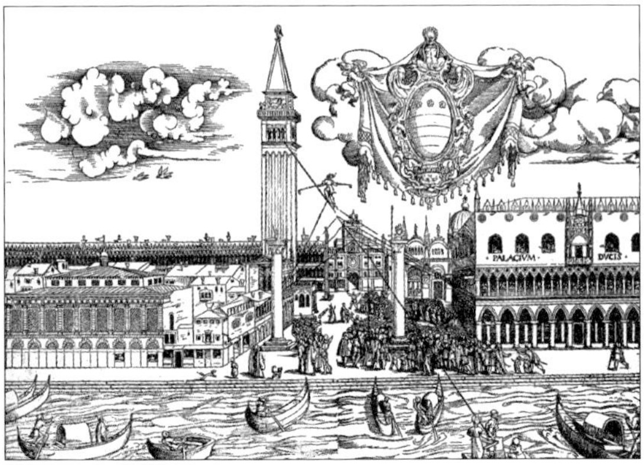


**도 6–56** 작가 미상, 〈터키인의 줄 타기(The Flight of the Turks)〉에 등장한 산마르코 광장의 중세 때 전경.

**도 6–57** 산마르코 광장, 베네치아, 이탈리아.

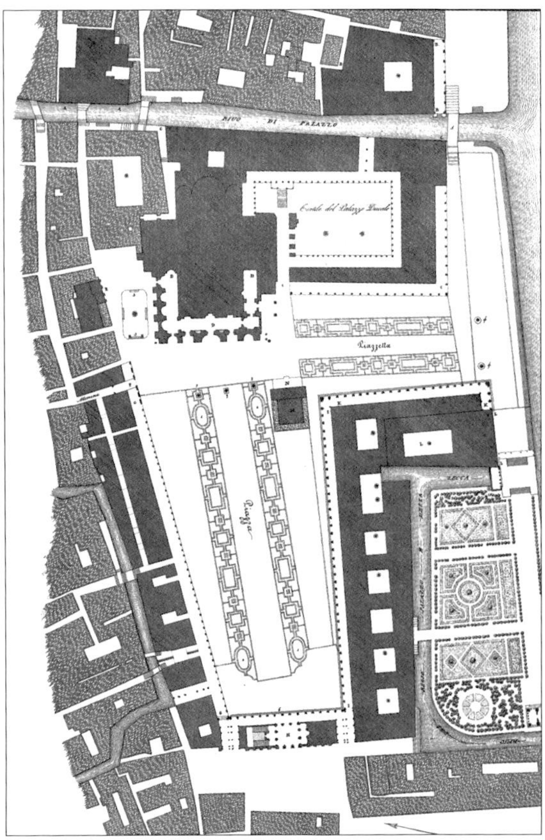


두 쪽에 산마르코 교회와 총독궁을 중심으로 오래된 중세 광장이 있었다(도 6–56). 산소비노는 이것을 소 광장으로 정리했으며 'ㄱ'자로 꺾은 안쪽에 대 광장을 추가로 만들어 광장 전체를 이원화했다(도 6–57).

소 광장은 총독궁을 마주한 자리에 산마르코 도서관(Libreria di San Marco, 1536~60)을 세워 공적 공간으로 정의했다. 처음에는 도서관이 부두를 가로막게 계획했으나 광장이 대운하를 통해 베네치아로 들어오는 관문이라는 상징성을 살리기 위해 안쪽으로 길게 세워서 개방했다. 도서관 측면에는 조폐국(Zecca, 1535~47)을 이어 붙여서 공적 기능을 강화했다. 대 광장은 일반 가게들이 늘어선 시민 공간이었으며 도심과 접한 면에는 문을 세워 연결했다. 소 광장에서 대 광장으로 꺾이는 모퉁이에는 로제타(Loggetta, 1537~40)를 세웠다.

도서관은 1층에 상가, 2층에 시립도서관이 입주하면서 맞은편의 총독궁 및 산마르코 교회와 적절한 관계가 필요했다. 높이는 낮은 대신 길이를 85미터까지 늘여 수평적 안정감을 통해 두 건물과 균형을 이루었다(도 6–58). 건축 어휘는 성기 르네상스의 고전주의와 조각적 섬세함이 뛰어난 조화를 이루었다. 힘 있는 고전 오더와 풍부한 디테일이 어우러져 만들어내는 3차원 덩어리 느낌과 깊은 음영은 맞은편의 두 건물과 어깨를 겨루기에 충분했다. 광장의 한쪽 면을 당당히 담당하며 산마르코의 비잔틴과 총독궁의 고딕에 이어 르네상스를 세 번째 양

**도 6-58** 야코포 산소비노, 산마르코 도서관, 베네치아, 이탈리아, 1536-60.
**도 6-59** 야코포 산소비노, 로제타, 베네치아 이탈리아, 1537-40.

식으로 더해 광장을 베네치아 건축의 역사 기록장으로 만들었다.

로제타는 건축적으로는 로마네스크 때 세운 캄파닐레에 대한 기단 개념으로, 사회적으로는 베네치아 귀족들의 회합 장소였다. 좀 더 넓게 보면 옆의 도서관을 광장 안쪽으로 마감하는 성격과 광장의 안쪽 관문 성격도 있었다. 여러 기능이 필요했는데 로마 시대의 개선 아치를 사용해서 이를 두루 만족시켰다. 원형 기둥을 여덟 개나 돌출시키고 대리석을 주재료로 사용했으며 돋을새김과 조각물을 넘쳐나게 새기는 등 개선 아치의 성격 가운데 장식성을 강조해서 이런 목적에 맞췄다(도 6-59). 이런 처리는 베네치아가 로마제국의 자리를 물려받았음을 보여주는 상징성이 있었다.

# 4
# 미켈란젤로와 팔라디오

## 16세기 종합형 건축가

16세기를 이끈 두 사조인 성기 르네상스와 매너리즘 사이의 관계는 16세기 건축가들에게 무거운 과제였다. 대부분 둘 모두를 구사했는데 중간에서 중심 잡기가 쉽지 않았다. 줄리오 로마노는 매너리즘 한쪽으로 완전히 기운 것 같지만 그의 습작을 보면 정통 고전주의를 훈련한 기록이 많이 남아 있으며 실제 건물에서도 이런 흔적을 추적할 수 있다. 반면 산소비노는 매너리즘을 경계하는 분위기를 풍기며 정통 고전주의를 고수했지만 사이사이에 매너리즘을 좇고 싶어 한 흔적을 남겼다. 성기 르네상스는 피해갈 수 없는 큰 산 같은 원류였고 매너리즘은 예술가로서 창작성을 발휘할 수 있는 통로이자 당시로서는 첨단 유행이었다.

둘 모두에 정통하며 최고의 수준으로 구사한 종합형 건축가로 미켈란젤로와 팔라디오를 들 수 있다. 다른 건축가들이 성기 르네상스와 매너리즘 가운데 하나를 대표 경향으로 삼고 나머지 하나를 섞은 데 반해 두 사람은 두 사조 모두에서 수작을 남겼다. 두 사람은 16세기뿐 아니라 서양 건축사를 통틀어 가장 뛰어난 건축가로 평가받는데 그 배경에는 이런 종합적 균형감이 있다. 돌을 잘 다루었다는 공통점이 있지만 팔라디오가 고전적 축조성과 표피 질감의 기교적 처리 사이를 오간 반면 미켈란젤로는 돌에 조각적 생명력을 불어넣는 차이를 보였다.

도 6-60 미켈란젤로, 율리오 2세 기념비 (Monumento a Giulio II).

미켈란젤로 부오나로티(Michelangelo Buonaroti, 1475~1564)는 르네상스뿐 아니라 서양 미술사 전체를 통틀어 회화, 조각, 건축 등 시각예술의 전 분야에서 천재적 소질을 타고나 가장 뛰어난 업적을 남긴 거장이었다. 조각에서 가장 뛰어났으며 이를 바탕으로 건축에서도 묵직한 정통 고전주의와 기발한 착상의 매너리즘을 골고루 구사했다(도 6-60). 그의 건축에는 조각을 보는 것 같은 심금을 울리는 기념비적 성격이 있었다. 천재적 소질을 개인의 유희로 끝내지 않고 시대에 대한 고민으로 승화하는 웅변적 섬세함이 있었다. 기본 유형이나 총체적 문법을 세우는 것 같은 체계적 접근은 하지 않은 대신 기존의 유형과 문법 가운데 한 가지를 잡아 패러디를 가해 시대 상황에 대해 집중도 높은 예술적 대응을 추구했다.

그는 대가답지 않게 겸손한 편이었다. 작품을 의뢰받으면 처음에는 능력이 없다며 고사했지만 일단 시작하면 놀라운 집중력으로 걸작을 남겼다. 명성과 견주어 건축가로서 생전의 작품 활동은 순탄하지 않았다. 한 번에 끝난 작품은 거의 없었으며 중단되었다 다시 시작하기 일쑤였고 많은 수가 미완성으로 남아 유작으로 완공되었다. 정식 건축가가 아니어서 도면을 남기지 않은 대신 스케치로 기본 아이디어를 잡고 현장에서 직접 말로 지시하고 다듬어서 작품으로 완성했다. 이 때문에 사후 완공이 힘들 수도 있었는데 다행히 좋은 제자를 남겨 그의 원안에 가깝게 완공될 수 있었다.

미켈란젤로의 주요 건축주는 교황이었다. 장수하면서 율리우스 2세와 레오 10세에서 바오로 3세에 이르는 다섯 명의 교황을 거쳤다. 이들은 대체적으로 미켈란젤로의 능력을 높이 사서 주요 작품을 맡겼다. 이 가운데 그의 건축 활동과 관련이 깊은 교황은 레오 10세와 바오로 3세였다. 레오 10세는 미켈란젤로와 어릴 때 친구로 피렌체에서 작품을 수주하는 데 도움을 주었다. 바오로 3세는 로마에 남긴 미켈란젤로의 말년 대작의 건축주였다.

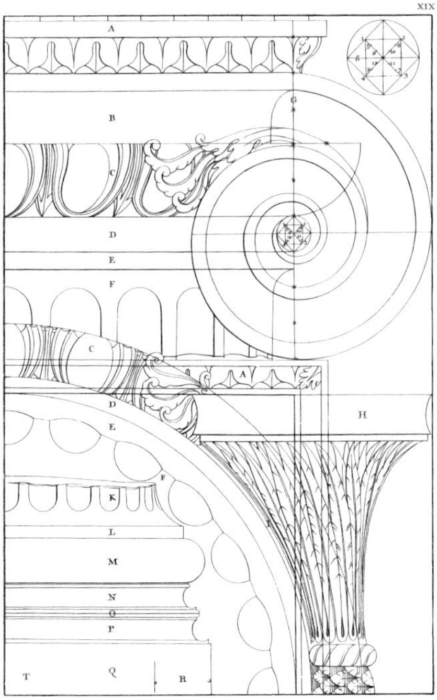


**도 6–61** 안드레아 팔라디오, 『건축사서』에 나오는 이오니아식 오더.

안드레아 팔라디오(Andrea Palladio, 1508~80)는 파도바에서 태어났다. 제일 먼저 배운 것은 조각이었으며 석공으로 전업한 뒤 비첸차로 이주해서 평생 이곳을 배경으로 수많은 다작을 남겼다. 석공으로 성공하면서 1540년에는 '마에스트로 안드레아, 건축가'라는 직위를 얻으며 석공을 넘어 작품을 남기기 시작했다. 지안 조르조 트리시노(Gian Giorgio Trissino)와 다니엘 바르바로(Daniel Barbaro)를 차례대로 건축주 겸 후원자로 두고 많은 도움을 받았다. 비첸차를 이끌던 귀족들로, 팔라디오의 가능성을 알아보고 팔라디오에게 인문학 공부와 답사 여행을 시키고 지속적으로 일거리를 제공하는 등 전폭적 후원을 하면서 자신들의 정치적 야망을 건축적으로 구현하는 일을 맡겼다. 이런 배경 덕에 팔라디오는 말년인 1570년에 『건축사서(*I Quattro Libri dell'Architettura*)』라는 저서를 남길 수 있었다(도 6–61).

팔라디오의 건축은 종합화의 승리였다. 건축가의 길로 접어든 후에도 평생을 훈련 기간으로 보낼 정도로 열심히 종합화를 시도했다. 베네치아, 베로나, 로마를 비롯하여 피렌체, 아레초, 페루자, 아시시, 스폴레토 등 고전적으로 중요한 대부분의 도시들을 방문했다. 고대 로마의 유적은 물론 브루넬레스키, 알베르티, 브라만테, 라파엘, 미켈란젤로 등 르네상스 거장들의 작품을 접할 수 있었다. 작품뿐 아니라 거장들 각각의 창작 정신과 방법론까지 배워서 종합화했다. 이렇게 종합화한 수많은 선례를 자신만의 기준으로 유형적 분류를 한 뒤 각 작품이 처한 상황에 맞게 적절히 응용해서 작품으로 구현했다.

### 라우렌치아나 도서관 – 미켈란젤로의 매너리즘

미켈란젤로의 건축은 피렌체 시기와 로마 시기로 나눌 수 있다. 피렌체 시기에서는 주로 고전 규범에서 일탈하려는 매너리즘 경향을 보인 반면 로마 시기에서는 원형에 충실한 성기 르네상스를 보였다. 미켈란젤로의 매너리즘 건축은 줄리오 로마노 같은 노골적인 일탈은 아

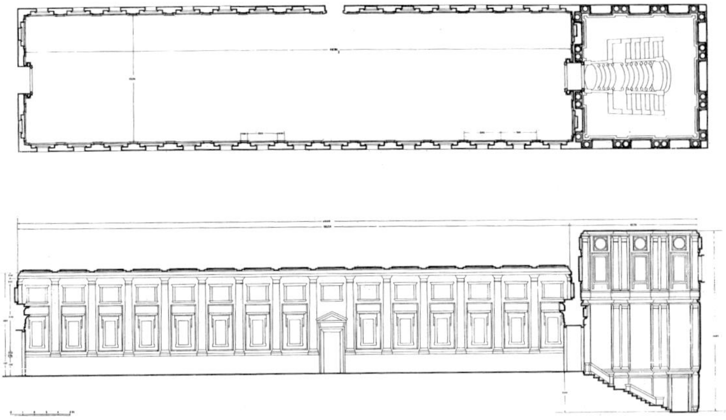

**도 6–62** 미켈란젤로, 라우렌치아나 도서관, 피렌체, 이탈리아, 1524–34/사후 1571년 완공.

니었다. 개별 부재는 조각가답게 무겁고 힘 있는 고전주의 표준 어휘이며 전체 구성도 언뜻 보면 고전 문법에 충실한 것처럼 보인다. 그러나 천천히 뜯어보면 기발한 아이디어로 고전 규범을 깼다. 형상이 온전한 채 구성 법칙에 패러디를 가했기 때문에 매우 은유적이고 교묘한 일탈이었다. 대표작은 라우렌치아나 도서관(Biblioteca Laurenziana, 1524~34/사후 1571년 완공)이다.

이 건물은 우여곡절이 많은 작품이었다. 중간에 로마 대 약탈로 중단된 뒤 30여 년 후에 미켈란젤로의 말년에 구두 기술에 의지해 다른 건축가들이 작업을 재개했고 사후에 완공되었다. 전실과 열람실로 이루어지며 둘 사이를 계단이 이어주고 있다. 매너리즘의 특징은 세 가지로 요약할 수 있다. 첫째, 대비 구도이다. 전실은 10.5미터의 정사각형 평면에 높이가 14.83미터여서 곧추선 수직 비례를 가졌다(도 6–62). 열람실은 폭 10.5미터, 깊이 46.2미터, 높이 6.8미터로 극단적인 수평 비례였다. 전실에 서면 우물 속에 갇힌 느낌이다가 열람실로 들어오면 반대로 깊은 동굴로 빨려 들어가는 것 같았다. 갑작스런 뒤바뀜은 대비와 긴장감을 유발해서 조화와 안정이라는 고전주의 강령을 뒤집었다.

둘째, 계단에서 표현한 역설과 모순어법이다. 계단은 중앙과 양측면의 3분법으로 구성되는데 중앙 계단의 윤곽을 바깥으로 배가 부른 둥근 곡선으로 처리했다. 조각가답게 마치 용암이 흘러내리는 것처럼 밖으로 밀어내는 힘을 강하게 느낄 수 있다. 이는 계단을 오르는 발걸

**도 6-63, 6-64** 미켈란젤로, 라우렌치아나 도서관, 피렌체, 이탈리아, 1524-34/사후 1571년 완공.

음을 밖으로 밀어내는 것으로 계단의 본래 기능과 모순되는 역설이다(도 6-63). 열람실의 극단적 수평 비례가 갖는 유입성을 생각하면 더 그렇다.

셋째, 전실 벽면에서 표현한 고전 문법의 파격이다. 투스칸식 쌍기둥을 벽 속에 가뒀는데 고전 문법에는 없던 새로운 처리였다. 기둥은 독립적으로 서 있던지 벽기둥으로 처리하는 것이 표준 문법인데 이를 깬 것이다. 벽 속에 갇힌 채 위에 아무것도 받치는 것이 없어서 내력 구조 부재라는 본래의 기능을 상실한 채 소품 어휘로 전락했다. 붙잡혀 온 거인처럼 진열장에 전시되었다. 밑면에 까치발을 두어 기둥은 오히려 받침을 당하는 피구조 부재로 처지가 뒤바뀌었다. 그러나 정작 까치발도 받치는 시늉만 할 뿐 실제로는 공중에 매달려서 아무것도 받치는 것이 없는 장식물에 불과했다(도 6-64).

엔타블러처가 기둥이 있는 부분에서 속으로 들어갔는데 이것은 안과 밖의 혼재를 가져왔다. 기둥이 벽면보다 속으로 밀리고 엔타블러처도 따라 들어갔다는 것은 이 부분이 실내에서 바라보는 면이라는 의미이다. 이를테면 차양 같은 경우다. 반면 옆 벽면의 창은 외관 입면에 쓰이는 디테일로 처리했다. 이런 혼재는 일치성이라는 고전주의의 미덕을 파격한 것이었다. 전실 벽면은 실내인지 실외인지 한 가지로 단정하기 어려운 모호한 상태로 남았다. 이는 앞의 기둥 처리와 함께 상식과 관습을 뒤집으며 패러디를 가한 것이다.

이런 처리는 미켈란젤로 특유의 공간 개념을 대표하는 장면이다. 공간의 물리적 윤곽이나 구조적 구성에서는 새로운 모델을 창출하지 못하고 가장 단순한 육면체를 사용한 대신 이것을 면 단위로 나눈 뒤 표면에 가하는 조형 처리를 통해 공간의 성격을 결정했다. 벽면을 구성하는 법칙에 반전과 패러디를 가하는 방식으로 공간의 성격을 새롭게 결정할 수 있다고 믿었던 것 같다. 건축을 조각의 일환으로 이해했던 배경에서 나온 특징이었다.

### 캄피돌리오 광장과 성 베드로 돔

미켈란젤로는 1534년에 피렌체를 떠나 로마에 영구 정착했다. 그의 작품을 누구보다 높이 평가했던 교황 바오로 3세가 즉위하면서 상황은 미켈란젤로에게 유리해졌다. 교황청은 대 약탈의 충격에서 벗어나기 위해 어려운 여건 속에서도 힘을 모아 건축 사업을 일으켰는데 큰 작품 두 개가 모두 미켈란젤로에게 돌아갔다. 로마는 피렌체와 달랐다. 상처 입은 자존심을 만회하기 위해 정통 고전주의의 기념비적 성격을 강하게 요구했고 미켈란젤로는 성기 르네상스를 표준적으로 구사해 이것을 잘 만족시켰다.

첫 번째 작품은 캄피돌리오 광장(Piazza del Campidoglio, 1539~64/사후 17세기 완공)이었다. 로마제국의 심장부였지만 오랫동안 폐허로 방치되던 광장을 정비하는 일이 핵심이었으며 건물 설계도 뒤따랐다. 중세부터 있던 세나토레 팔라초(Palazzo del Senatore)와 콘세르바토리 팔라초(Palazzo dei Conservatori)를 개축했으며 누오보 팔라초(Palazzo Nuovo)를 새로 설계했다(도 6–65).

**도 6–65** 미켈란젤로, 캄피돌리오 광장, 로마, 1539–64/사후 17세기 완공.

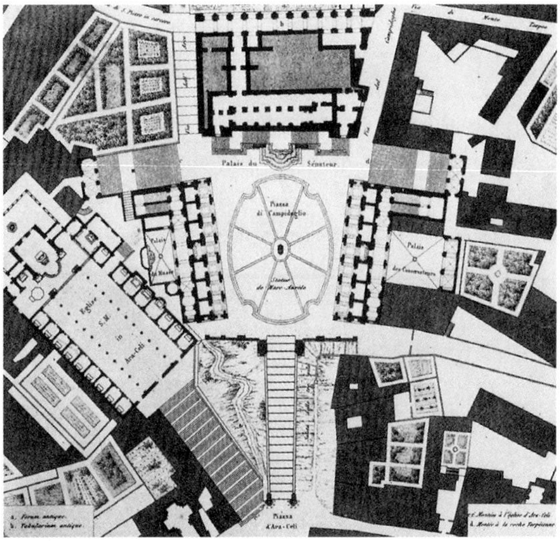


광장이 도시의 중심핵으로 작용하기 위해서는 유입성, 초점, 통일성, 기념비성의 네 가지 기능을 가져야 했다. 유입성은 속도의 완급 조절로 만들었다. 완만한 계단을 오르면 광장의 장축을 곧추 세운 타원으로 처리해서 안으로 빨려 들어가듯 발걸음이 빨라지게 했다. 이것이 지나치게 빠를까봐 양옆의 두 팔라초 각도를 수평이 아니라 밖으로 10도 정도 벌어지게 했다. 초점은 세나토레 팔라초의 전면을 배경으로 삼아 만들었다. 안으로 깊숙이 들어간 광장은 강한 일소점 투시도 효과를 갖는데 그 끝에 세나토레

**도 6-66** 미켈란젤로, 누오보 팔라초, 로마, 1546-64.

팔라초의 정면을 병풍처럼 펼쳐놓아 안정적 초점을 만들었다.

통일성과 기념비성은 고전주의를 기본 어휘로 삼아 축과 대칭 구도로 정리하는 방식으로 만들었다. 중세 때부터 있던 두 건물을 같은 분위기의 고전주의로 개축했으며 새로 지은 누오보 팔라초는 마주 보는 콘세르바토리 팔라초와 쌍둥이로 처리해서 통일감을 높였다. 고전주의 세 면이 에워싸면서 광장은 르네상스다운 면모를 갖추게 되었다. 고전 어휘는 오더에 중점을 뒀는데 위계를 달리해서 '주제-변주' 개념으로 처리했다. 두 층을 가로지르는 거대 기둥은 코린트식 벽기둥으로, 한 층을 받치는 2차 기둥은 이오니아식 원형 기둥으로, 창틀에 사용한 3차 기둥은 이오니아식 원형 벽기둥으로 각각 처리했다. 힘 있는 돌 처리와 디테일이 기념비적 위엄을 만들어냈다(도 6-66).

두 번째 작품은 성 베드로 돔(1547, 1558-64/사후 1590년 포르타가 완공)이었다. 안토니오 다상갈로 일조반네가 브라만테, 라파엘로, 페루치 등 전임자의 안과 자신의 안을 조금씩 짜깁기한 안으로 몸통 벽이 상당 부분 지어져 있었다. 자잘한 요소를 너무 많이 사용해서 장중함과 생명력을 잃고 장식적으로 변해 있었다. 이것을 받아들이기 어려운 미켈란젤로는 설계비를 안 받는 배수진을 치면서 되도록 새로 시작하려 했다.

미켈란젤로는 브라만테의 그리크 크로스 원안만 살려내 그 위에 자신의 안을 만들었다. 브라만테 안마저도 공간이 너무 잘게 나뉘어 있다고 판단했다. 수많은 기둥이 난립하고 벽체는 두꺼운 것과 얇은 것이 두서없이 혼재했다. 기독교의 총본산에 필요한 힘과 권위가 부족했다. 아직 중세 전통이 남아 있었기 때문이다. 시간이 흘러 성기 르네상스의 절정에 이르렀고 요구되는 특징도 힘 있는 기념비성으로 바뀌었다.

원안을 존중하면서 단순하게 정리했다. 네 겹으로 되어 있던 복층 켜를 세 겹으로 줄였으며 켜와 켜 사이의 구획도 되도록 적게 해서 두 겹처럼 느껴졌다. 중앙 돔을 조금 더 키웠으며 이것을 받치는 벽체를 되도록 두껍게 해서 돌의 덩어리 느낌을 최대한 높였다(도 6-67, 6-68). 윤곽은 뚜렷해졌고 벽은 장중했으며 공간은 힘이 넘쳐났다. 원형이 갖는 권위였다. 기독교의 총본산에 맞는 간결한 힘을 느낄 수 있게 되었다. 외벽은 거대 기둥으로 처리했다. 수많은 거대 기둥이 파도치듯 물결을 이루며 보기 좋은 음영을 만들었다. 조각적 조형성을 바탕으로 힘 있는 중년의 인상을 확보했다.

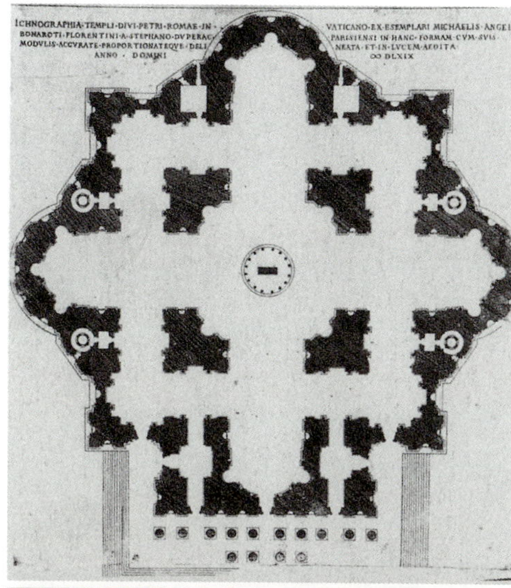

**도 6-67, 6-68** 미켈란젤로, 성 베드로 돔 및 본당, 로마, 1547, 1558-64/사후 1590년 포르타가 완공.

### 팔라디오 – 농업 이상과 빌라

팔라디오는 다작 건축가인데 그의 대표작은 기능 유형별로 분류하는 것이 이해하기에 좋다. 빌라, 팔라초, 공공건물, 교회의 네 가지 대표 유형에 따라 각 유형에 필요한 사회적, 문화적 배경과 건축적 내용이 잘 어우러져 전형적 특징을 창출했다. 빌라는 팔라디오가 가장 많은 작품을 남긴 건물로 16세기 베네치아 농업 귀족의 본거지라는 건축주의 사회적 지위에서 건축적 특징을 찾아냈다. 대항해 이후 동방무역이 활성화되고 아메리카에서 금과 은이 유입되면서 베네치아에 인구가 늘자 식량 수요도 따라서 늘어났으며 넓은 농토를 소유한 농업 귀족이 다수 탄생했다.

이들은 본거지를 경쟁적으로 짓게 되는데 세 가지가 주요 조건이었다. 지위를 과시하고 땅의 이상을 상징적으로 표현하며 농업을 효율적으로 경영할 기능을 갖추는 것이었다. 농업의 생산 기능이 갖는 보편적 권력으로서 농업 이상을 구체적으로 풀어놓은 내용이었다. 팔라디오는 신전 파사드를 적극 차용하는 방식으로 앞의 두 조건을 만족

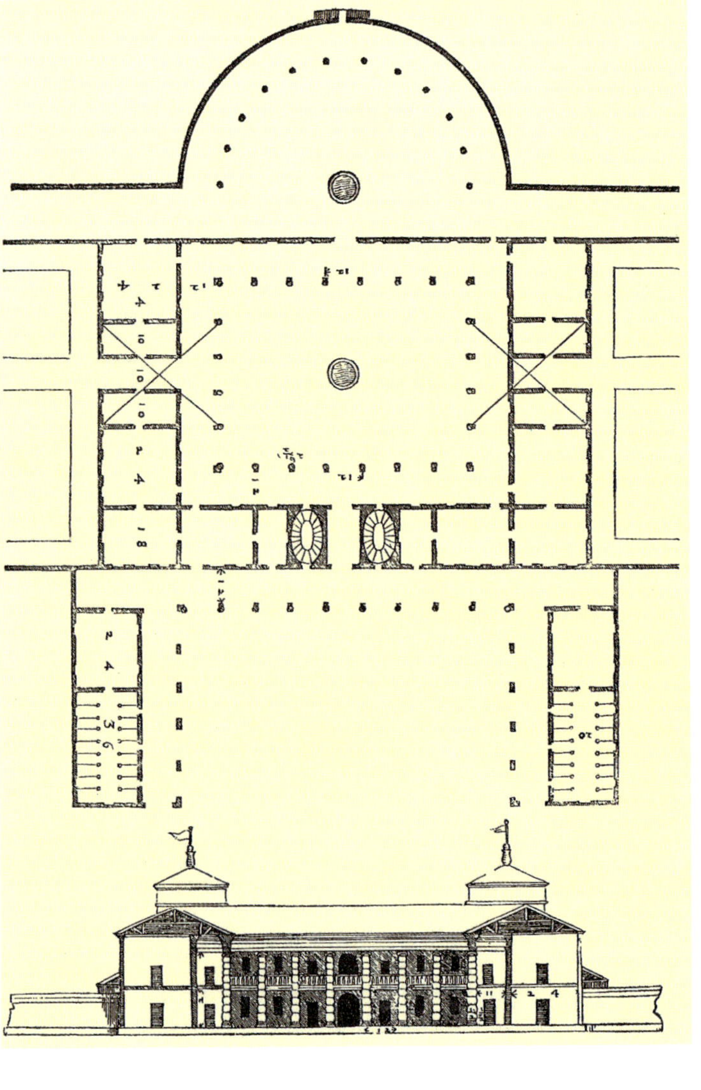

**도 6–69** 안드레아 팔라디오, 에모 카포딜리스트 빌라, 트레비소 근교, 이탈리아, 1560–64년경.
**도 6–70** 안드레아 팔라디오, 사레고 빌라, 베로나 근교, 이탈리아, 1565–69년경.

시켰다. 고전주의를 탄생시킨 핵심 건물인 신전의 모습을 부여해 이들도 고전적 보편성을 공유할 권위를 갖고 있음을 천명한 것이다(도 6-69). 또 고전 신전은 땅에 대한 상징성을 가졌다. 고대 신전이 농업의 융성을 빌던 고대 주거에서 온 것이라는 이론이 있는데 팔라디오도 이것을 믿었다. 주거에 신전 파사드를 사용해 이런 고대 상징성을 이어받을 수 있다고 보았다.

농업 경영의 효율성은 유기적 기능으로 해결했다. 창고, 우마간, 작업실 등의 부속실을 주거 동에 날개 형식으로 덧붙이고 가운데 넓은 마당을 공유해 수확한 농작물을 손질, 보관, 관리하기에 편리할 뿐 아니라 이것을 주인이 한눈에 볼 수 있게 했다(도 6-70). 전체 구성을 축과 대칭 구도로 짜서 정리 기능을 높였을 뿐 아니라 외관에 사용한 신전 파사드와도 짝을 이루었다. 베토르 피사니 빌라(Villa Vettor Pisani, Vicenza, 1542/45~47), 안가라노 비안키 미키엘 빌라(Villa Angarano Bianchi Michiel, 1548), 바르바로 빌라(Villa Barbaro, Maser, 1549년경~1558년), 에모 카포딜리스트 빌라(Villa Emo Capodilist, Treviso, 1560~64년경), 사레고 빌라(Villa Sarego, Verona, 1565~69년경) 등은 이런 내용을 잘 보여주는 대표적 예들이다.

로톤다(Rotonda=카프라 빌라, 비첸차, 1565~71/사후 스카모치가 완공)는 오랜 빌라 설계의 경험이 집약된 팔라디오의 대표작이자 16세기, 나아가 서양 건축사 전체를 대표하는 건물로 평가받기도 한다. 단일 건물로는 가장 많이 모방되었으며 현대 건축까지 지속적으로 선례로 차용해왔다. 십자축에 의한 완전 대칭으로 구성하고 두 축을 기본 방위에 맞추어 땅 위에 존재 의미를 표현했다. 건물의 네 면을 모두 동일한 신전 파사드로 처리해서 고전적 근원성을 상징했다. 출입구를 높은 계단 위에 두는 형식화 처리를 통해 집주인의 권위를 높이고 주변 농지를 감독하기에 유리한 기능을 갖추었다(도 6-71, 6-72).

중앙의 원을 초점으로 삼아 그 밖으로 정사각형이 세 겹 에워싸는 동심원 구도로 구성해서 초점을 향한 집중도를 높였다. 1대 2, 2대 3, 3대 5 등의 정수 비례로 각 실들을 짜서 단순하면서도 명확한 전체 구성을 도왔다. '계단–열주 현관–박공–지붕–돔'으로 이어지는 점진적 수직 구성은 땅 위에 존재 위계를 확보해줌과 동시에 낮은 능선의 지

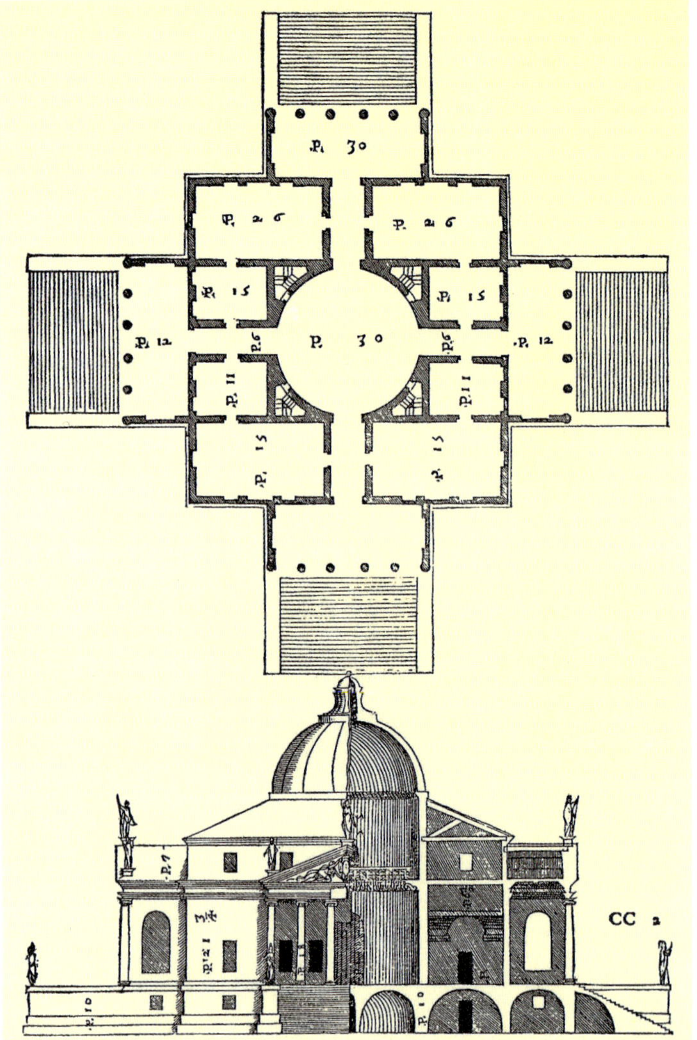

**도 6-71, 6-72** 안드레아 팔라디오, 로톤다=빌라 카프라=빌라 알메리코), 비첸차 근교, 이탈리아, 1565/66-71, 사후에 스카모치가 완공.

형과 어울리게 했다.

이상이 어우러지면서 로톤다는 고전주의를 보편 양식으로 승화했다. 16세기 베네치아 빌라라는 지역적 요구 사항에서 시작된 빌라 건축이 그 한계를 뛰어넘어 보편적 미학을 갖게 된 것이다. 가장 많이 모방된 이유도 이런 보편성 때문이었다. 어느 지역 어느 시대에 적용을 해도 잘 맞는 내용을 갖추었다는 뜻이다. 고전이라는 인공적 매개에서 출발해서 자연과 인간 사이에 중립적이고 조화로운 상태를 얻어낸 데에 그 비밀이 있었다.

### 팔라디오의 비첸차 – 팔라초와 바실리카

팔라디오는 비첸차의 르네상스 골격을 짠 건축가였다. 여러 채의 팔라초와 한 채의 교회, 시민 회관과 총독궁 그리고 한 채의 극장을 시내에 남겼다. 팔라디오 건축에서 팔라초는 빌라만큼 활성화되지 못했다. 건축주가 베네치아공화국에서 독립하려던 비첸차의 귀족이었는데 이를 위해 신교와 손을 잡자 가톨릭과 보수 세력의 반격이 거세져 차분히 건축 행위에 전념할 여유가 없었기 때문이다. 대부분의 작품이 파사드에 국한되었으며 미완성으로 남은 경우가 많았다. 내용에서도 당시 비첸차 정치계의 격변 상황을 반영하면서 분열, 대립, 충돌, 패배 등의 어두운 분위기를 표현했다. 건축 사조로는 매너리즘에 해당했다.

대표작은 티에네 팔라초(Palazzo Thiene, 1542/46~1551/58)였다. 브라만테의 라파엘 하우스 구성을 기본 모티브로 삼아 매너리즘 기법으로 처리한 작품이었다. 1층을 그로테스크하고 거칠게 처리해서 방어적이고 강인한 인상을 줬다. 2층은 표준 고전 어휘를 이용해서 도시 분위기에 맞는 고품격 분위기를 낸 다음 매너리즘 처리를 섞었다. 창의 상인방은 줄리오 로마노의 이중 아치로 처리했다. 평인방을 홍예돌로 처리한 뒤 이것을 반원형 아치나 신전 박공으로 다시 한 번 싸는 방식이었다. 창틀은 블록을 끼운 벽기둥으로 처리해서 강한 음영과 기하학적 자극을 만들었다. 이런 매너리즘 기법은 긴장감을 불러일으키며 불안정한 비첸차의 시대상을 표현했다(도 6–73).

**도 6–73** 안드레아 팔라디오, 티에네 팔라초, 비첸차, 이탈리아, 1542/46–1551/58.

**도 6-74** 안드레아 팔라디오, 바실리카(=시민 회관), 비첸차, 이탈리아, 1548-80/1617년 사후 완공.
**도 6-75** 안드레아 팔라디오, 카피타니아토 로지아, 비첸차, 이탈리아, 1565년경-72.

팔라디오의 공공건물은 두 방향으로 나타났다. 하나는 표준 고전주의를 차분하게 구사해서 시민정신을 표현하는 것으로 바실리카(1548-80/1617년 사후 완공)가 대표작이었다. 비첸차 시민 회관의 별명으로 중세 때 지어진 건물의 외관을 개축한 작품이다. 아치와 오더로 이루어지는 표준 고전 어휘 세트를 이용해서 반복이 주는 조화, 구성미, 율동감 등 고전 미학의 정수를 표현했다(도 6-74). 산소비노의 산 마르코 도서관, 브라만테의 성기 르네상스, 로마 시대 유적 등 여러 선례들에서 공통적으로 찾아낸 로마 고전주의의 근원적 심미성이었다. 거대 기둥의 사용을 피하고 휴먼 스케일을 유지해서 르네상스 시민정신을 뒷받침하던 인본주의 미학을 표현했다.

다른 하나는 고대 기념비주의의 부활로 카피타니아토 로지아(Loggia del Capitaniato=총독궁, 1565년경~72년)가 대표작이었다. 총독궁으로는 규모가 작았기 때문에 공권력의 권위를 표현하기 위해 미켈란젤로의 거대 기둥으로 기본 골격을 잡고 그 위에 화려한 장식을 더했다. 고대 로마의 장식 거석주의를 재현한 것으로 맞은편의 바실리카와 대비적 균형을 이뤘다(도 6-75). 로마 고전주의에 담긴 두 가지 의미 가운데 바실리카가 시민정신을 상징했다면 이 건물은 기념비적 영웅주의를 표현했다. 건물의 전체 규모는 바실리카가 훨씬 크지만 건축 어휘가 휴먼 스케일을 유지해 총독궁과 교차적 대비를 이뤘다.

### 종교적 통합 – 산조르조마조레, 일레덴토레

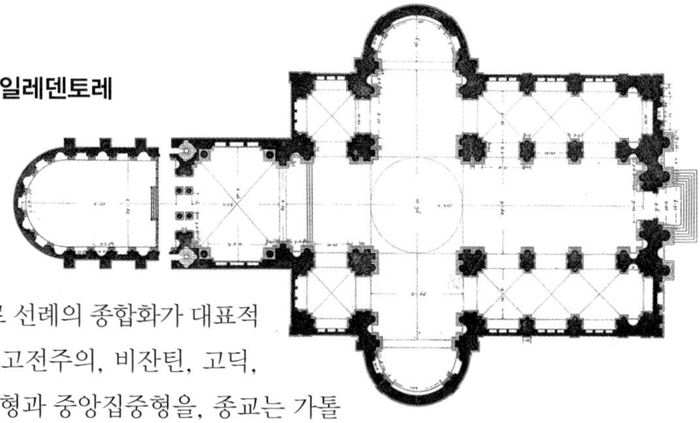

도 6–76 안드레아 팔라디오, 산조르조마조레, 베네치아, 이탈리아, 1560–80/파사드는 1610년 사후 스카모치가 완공.

교회 작품은 산조르조마조레(San Giorgio Maggiore, 베네치아, 1560~80/파사드는 1610년 사후 완공)와 일레덴토레(Il Redentore, 베네치아, 1576/77~80)가 대표작으로 선례의 종합화가 대표적 특징이었다. 양식 사조는 로마 고전주의, 비잔틴, 고딕, 초기 르네상스 등을, 평면은 선형과 중앙집중형을, 종교는 가톨릭과 신교를 각각 종합했다.

산조르조마조레의 평면은 선형과 중앙집중형의 혼합으로 구성했다(도 6–76). 네이브가 3랑식 3베이여서 선형성이 약한 대신 성소를 '크로싱–제단–사제석–완충 지대–성가대석–애프스'로 길게 늘여 교회 전체로 보면 아주 긴 선형공간을 이루었다. 중앙집중형은 크로싱의 펜덴티브 돔, 종 방향으로 확장된 트랜셉트, 그리크 크로스, 사각형 모듈 등을 사용했다. 두 공간 유형의 혼합은 고딕 평면과 르네상스 평면을 섞은 것인데 종교적으로 보면 대립이 심했던 가톨릭과 신교를 통합한 것에 비유할 수 있다.

실내에서도 동일한 통합이 일어났다. 네이브 월의 2분법은 로마 기독교의 전형적 구성이며 천측창을 로마 목욕탕 창으로 처리한 것과 아케이드의 구조를 브루넬레스키와 알베르티를 혼합한 방식으로 처리한 것은 로마의 뿌리를 강조한 것이다. 혹은 고딕의 다발 기둥을 르네상스에 맞게 각색한 것으로 볼 수도 있다. 반면 몰딩, 장식, 성화 등을 절제한 기하학적 단순성과 추상적 분위기는 신교의 정신을 표현하고 있다(도 6–77).

단순히 선례를 종합만 한 것은 아니어서 팔라디오만의 경향도 있는데 몰딩과 디테일이 구조 부재와 유기적 일체를 이룬 점이다. 다른 르네상스 건축가들은 몰딩과 디테일을 건축 요소보다는 조각 요소로 보면서 구조 부재와 분리해 독립적으로 처리했다. 조각적 처리를 강조해 자신의 예술적 재능을 과시하기 위한 목적에서였다. 구조 부재는 조각 요소를 놓는 배경으로 정의한 것인데 고딕과 반대되는 태도였다. 팔라디오는 둘의 일치를 보여주어 고딕의 유기 구조를 르네상스

**도 6-77, 6-78** 안드레아 팔라디오, 산조르조 마조레, 베네치아, 이탈리아, 1560–80/파사드는 1610년 사후 스카모치가 완공.

에 맞게 재해석해냈다.

정면도 팔라디오만의 어휘를 형성한 곳이다. 네이브와 아일 사이의 높이 차이를 외관에 반영하는 문제인데, 신전 박공을 이용해서 해결책을 선보였다(도 6-78). 네이브에 해당하는 부분은 2층 높이를 가로지르는 거대 반원형 벽기둥 네 개가 받치는 온전한 신전 박공으로 처리한 반면 아일에 해당하는 양옆은 낮은 높이 위에 반쪽 박공으로 막음했다. 기둥도 얕은 사각 벽기둥으로 처리했으며 양 끄트머리는 벽기둥을 두 개 사용했다. 이런 처리는 대체로 가톨릭의 상징성을 강조한 것이며 이런 점에서 바로크 기독교 고전주의의 경향을 예고한 것이기도 했다.

일레덴토레는 건축적으로는 산조르조마조레의 반복으로 볼 수 있다. 성소가 한 베이 짧아진 것을 제외하고는 거의 유사했다. 종교적으로는 많이 달랐다. 흑사병이 베네치아에서 물러가면서 하나님께 감사드리기 위해 세운 봉헌 교회(votive church)인 동시에 수도원에 소속된 행렬 교회(processional church)이기도 했다. 이 때문에 일레덴토레에서는 가톨릭의 상징성을 강조해야 할 필요성이 생겼는데 평면과 입면 모두에 이를 반영했다.

평면에서는 긴 선형 구성 전체를 영역 구획 없는 하나의 통일된 공간으로 처리했다. 트랜셉트의 돌출 부분이 짧아져 로마 기독교의 바실리카 유형에 근접했다. 입면에서는 중앙부의 강조가 두드러진 점, 신전 박공을 수직 방향으로 세 겹 겹친 다음 그 위에 다시 돔과 랜턴을 더 얹어서 앙천성을 강조한 점, 크고 작은 고전 어휘를 겹쳐서 강한 인상과 위계를 표현한 점 등이 대표적인 내용이었다(도 6-79).

**도 6-79** 안드레아 팔라디오, 일레덴토레, 베네치아, 이탈리아, 1576/77-80.

# 5
# 프랑스, 영국, 독일의 르네상스

### 세를리오와 프랑스 르네상스 건축의 성립

알프스 이북의 르네상스 건축은 이탈리아보다 많이 늦었으며 내용에서도 완성된 양식을 창출하지 못했다. 이렇게 된 데에는 역사적 배경이 강하게 작용했다. 영국, 독일, 프랑스 모두 고딕이 융성했던 나라로서 중세 전통이 강하게 남아 있었다. 르네상스 건축은 로마 고전주의를 부활해 구체적 창작 매개로 삼았는데 세 나라는 모두 독자적 고전 양식을 가지고 있지 못했다. 16세기에 들어 알프스 이북에도 르네상스 건축이 조금씩 등장하기 시작했다. 독자적 창출은 아니었고 이탈리아에서 전파된 것이었다.

가장 먼저 받아들인 나라는 프랑스였다. 지리, 인종, 언어, 문화 등 여러 면에서 이탈리아와 가까웠을 뿐 아니라 이미 로마 시대부터 전국토가 속주에 편입되어 고전주의를 경험한 전통이 있었기 때문에 거부감이 적었다. 롬바르디아를 군사적으로 점령하고 있었고 종교개혁의 여파가 적었기 때문에 교황청이 주도하던 표준 고전주의를 적극 수입할 수 있었다. 이미 1460년대부터 프란체스코 라우라나(Francesco Laurana)를 초빙하는 등 이탈리아 르네상스를 원형에 가깝게 접하고 있었으며 16세기에는 양식 운동으로 본격화되었다.

도 6-80 샹보르 성채, 프랑스, 1519-47.
도 6-81 블루아 성채, 프랑스, 1515-24.

프랑스 르네상스는 1500년부터 1540년의 형성기, 1540년부터 1560년의 정착기, 1560년부터 1600년의 장식기로 나눌 수 있다. 형성기는 프랑수아 1세(재위 1515~47)의 적극적 후원 아래 시작되었다. 르네상스 애호가여서 레오나르도 다빈치와 세를리오를 초빙하는 등 프랑스에 르네상스를 정착시키는 데 중요한 역할을 했다(도 6-80). 루아르(Loire) 계곡 일대의 성채가 주요 유형이었는데 이것 역시 대부분 프랑수아 1세가 주도했다.

블루아 성체(Chateau de Blois, 1515~24), 샹보르 성체(Chateau de Chambord, 1519~47), 슈농소(Chenonceaux, 1556~59), 퐁텐블로(Fontainebleau, 프랑수아 1세~앙리 4세), 가용(Gaillon) 등이 대표적인 예들이었다. 후기 고딕의 플랑부아양양식으로 지었는데 그 위에 오더, 신전 박공, 아치, 창틀, 조적술 등을 고전 장식 어휘로 만들어 덧붙이는 방식으로 시작했다. 아직 종합적인 르네상스 고전주의를 운용할 단계에 못 이르렀다(도 6-81).

정착기에 들어와 비로소 독자적으로 르네상스를 운용할 수 있게 되었다. 비뇰라, 세를리오, 로소 피오렌티노, 프란체스코 프리마티치오 등 이탈리아 건축가들이 프랑스를 방문해서 르네상스를 직접 전파했다. 비트루비우스와 이탈리아 르네상스 건축가의 고전주의 이론을 연구해서 독자적으로 저서를 남기는 수준에 이르렀다. 정착기 후반부에

**도 6-82** 세바스티아노 세를리오, 앙시르프랑 토네르, 프랑스, 1546년경.

들어오면 프랑스만의 자생적 르네상스 건축가들이 탄생했다.

프랑스에 머문 이탈리아 건축가 가운데 프랑스 르네상스 형성에 가장 큰 영향을 끼친 사람은 세바스티아노 세를리오(Sebastiano Serlio, 1475~1553 혹은 1555)였다. 1541년에 프랑스로 이주해서 프랑수아 1세의 수석 화가 겸 건축가가 되었으며 토네르(Tonnerre)의 앙시르프랑(Ancy-le-Franc, 1546년경) 성채를 대표작으로 남겼다(도 6-82). 프랑스에 최초로 이탈리아 르네상스의 표준 양식으로 지어진 건물이었으며 부분적으로 프랑스 전통 양식을 혼합한 점에서 향후 프랑스 르네상스의 전개 방향을 결정한 중요성이 있다.

이탈리아 르네상스는 오더 체계를 중심으로 구사했다. 벽면은 도리스식을 변형한 벽기둥으로 분할했고 출입문 차양은 코린트식을 변형한 독립 원형 기둥으로 처리했다. 바탕 벽면에서 중세 장식을 완전히 제거해서 오더의 정확성과 고전적 의미를 높였다. 프랑스 전통 양식은 경사 지붕, 굴뚝, 측랑을 갖는 5분법 등이었다. 모두 이탈리아 고전주의에는 없던 서북유럽의 전통적인 구성 방식이었다. 출입문 위쪽 벽면 등 부분적으로 매너리즘 기법을 이용해서 아치와 프랑스 전통 장식을 혼합한 새로운 장식 어휘를 창출했다.

### 레스코와 들로름

정착기 후반부에 들어와 프랑스 건축가들이 독자적으로 르네상스 양식을 구사하는 단계에 이른다. 피에르 레스코(Pierre Lescot, 1500/10년 사이~1578)와 필리베르 들로름(Philibert Delorme, 1510년경~70년)이 주인공이었다. 레스코는 프랑수아 1세에서 앙리 3세에 이르는 40여 년 동안 다섯 명의 왕을 모시며 루브르 궁전을 비롯해서 상류층의 호텔 등에서 대표작을 남겼다. 귀족 집안에서 태어나 프랑스 지배 계층의 요구 사항을 체험적으로 잘 알고 있었다. 동시대 첨단 양식이었던 이탈리아 르네상스를 선사하되 프랑스 중세 전통을 적절히 섞어서 민족적 자부심도 동시에 느끼게 했다. 확장하면 프랑스가 르네상스와 바로크 건축에서 취했던 큰 방향이었다.

대표작은 구 루브르(Old Louvre=Vieux Louvre, 1546~78)였다(도 6-83). 오더, 상인방, 아치 등 개별 부재를 고전주의 표준 어휘로 정확하게 구사했다. 전체 구성에서는 프랑스 중세 전통을 참고해서 레스코만의 법칙으로 만들었다. 오더 체계는 벽기둥을 사용해서 장식 기능을 높일 것, 평활 벽면과 장식 디테일 사이에 적절한 균형을 이룰 것, 오더를 이용한 수직 층 쌓기로 중세의 앙천성을 표현할 것, 수직 층 쌓기에서 위층으로 갈수록 높이를 낮추고 장식을 늘려서 지구 중력에 충실한 구조적, 시각적 안정성을 확보할 것, 건물 전체를 5분법으로 구성하되 중앙 출입구를 돌출하여 중심을 강조할 것 등이었다.

프랑스 르네상스의 절정은 들로름이었다. 리옹에서 석공 장인의 아들로 태어났는데 당시 리옹은 프랑스에서 르네상스를 제일 먼저 받아들인 도시 가운데

**도 6-83** 피에르 레스코, 구 루브르, 파리, 1546-78.

**도 6-84** 필리베르 들로름, 프랑스 오더 연구. 왼쪽 세 개가 프랑스 도리스식 오더이고 오른쪽 마지막이 프랑스 이오니아식 오더이다.

하나였다. 이런 도시 분위기에서 인본주의에 대한 인문학적 지성을 접하며 컸으며 로마에 머물며 고전 유적을 직접 답사, 측량, 연구했으며 세를리오와 비뇰라 등과 교류하며 비트루비우스에 대해서도 연구했다. 이런 배경에 아버지에게 배운 돌 다루는 기술을 더해 자신만의 프랑스 르네상스를 완성했다.

들로름의 건축은 이탈리아 고전주의는 되도록 줄인 대신 프랑스 전통을 최대한 살렸다. 세를리오나 다른 프랑스 건축가들이 이탈리아 고전주의와 프랑스 전통을 반반 정도 섞은 것과 구별되는 경향이다. 언뜻 보면 르네상스라고 보기 힘들 정도였다. '프랑스 오더(French Order)' 찾기는 그만이 했던 대표적인 예다. 이탈리아 고전 오더를 되도록 표준에 가깝게 구사하는 것을 당연히 여기던 당시 프랑스 건축계의 풍토와 달리 그는 오더야말로 국민 정서를 대표하는 건축 어휘라고 생각했다. 주신의 수직 홈 파기를 장식적으로 활용하거나 반지 모양의 수평 띠 장식을 주신에 두르거나 주두를 사람 얼굴로 대체하는 등 중세 전통을 활용하는 방식이었다(도 6-84).

### 아네트 성채 출입문과 예배당

들로름은 많은 작품을 남겼으나 철거, 파괴되는 등 대부분은 보존 상태가 좋지 않다. 대표작은 아네트 성채(Chateau de Anet, 1547~55), 퐁텐블로 내 앙리 2세 갤러리(Galerie Henry II, 1548~59), 슈농소의 화랑 다리(Pont Galerie, 1556~59) 등이다. 프랑스 르네상스 건축가로는 최초로 이론서를 남겼는데『건축 제1서(*Le premier Tome d'Architecture*)』(1567)를 대표작으로 들 수 있다.

들로름의 건축은 매우 독특해서 이탈리아 고전주의와는 많이 달랐으며 비슷한 예를 찾기 힘들 정도로 특이한 생김새를 보여준다. 개인적 독창성이 크게 작용했으며 프랑스다운 전통을 가미했다. 이런 현상은 문화 전파의 문제로 확장해서 생각할 수 있다. 고전주의가 알프스 이북 지역으로 전파될 때에는 이탈리아 양식이 국제적 보편성을 갖는 원본이 된다. 관건은 원본을 얼마나 정확하게 구사하는지와 알프스 이북 각 나라의 전통을 어떤 식으로 얼마나 반영하는지의 두 방향으로 나타난다. 들로름은 이 문제에서 프랑스 전통에 많이 기운 경우에 해당한다.

제일 중요한 작품은 아네트 성채인데, 출입문과 예배당이 중심 건물이었다. 출입문은 로마의 개선 아치를 기본 모티브로 삼아 매너리즘으로 각색했다(도 6-85). 개선 아치의 구성과 부재의 위치는 고전주의 표준형을 구사했다. 매너리즘은 프랑스 중세 전통과 장식을 혼용하는 방식으로 구사했다. 오더 자체가 고전주의 표준형 다섯 가지에는 없는 새로운 형식으로, 그가 찾고자 했던 프랑스 오더의 한 종류를 제시한 것이다. 아키트레이브는 매우 낮았고 트리글리프를 프리즈와 아키트레이브 양쪽 모두에 새겼지만 그 위치는 일치하다가 어긋나는 등 불규칙했다.

**도 6-85** 필리베르 들로름, 아네트 성채, 정문 출입구, 프랑스, 1547–55.

가장 두드러진 처리는 수직 구성이었다. 수직 방향으로 '오더-아치-지붕'의 세 단계로 이루어졌는데 위로 올라갈수록 점차 좁아지면서 하늘을 향한 수직성을 표현했다. 수직성은 프랑스의 중세 전통이었다. 이상을 종합하면 이 건물은 개선 아치, 신전 박공, 오더, 3분법 등의 고전 문법을 이용하여 중세 고딕의 수직성을 표현함과 동시에 세부 어휘를 매너리즘으로 각색하고 장식을 더한 작품이었다. 이는 프랑스 르네상스 나아가 프랑스 고전주의의 한 유형이 되었다. 앞의 세를리오와 레스코가 제시한 유형에 더한 또 하나의 새로운 유형이었다.

**도 6-86** 필리베르 들로름, 아네트 성채, 예배당, 프랑스, 1547–55.

예배당은 프랑스 최초의 중앙집중형 건물이다. 원형 중심부를 정사각형 윤곽이 싸는 구성으로 이탈리아 르네상스에는 없던 새로운 유형이었다. 돔도 이탈리아에서 유행하던 펜덴티브 방식이 아니라 로마의 원형 무덤이나 판테온 방식이었다. 외관도 이탈리아에서는 실내 구성과 별도로 개선 아치와 신전 박공 등의 고전 어휘로 치장하는 것이 통례인데 반해 여기에서는 실내 구성을 그대로 반영했다. 그 위에 엔타블러처를 단순화한 수평 띠, 아치, 박공 등의 고전 어휘를 더했다. 출입문과 마찬가지로 수직성을 이용해서 중세 전통을 표현했다. 드럼과 랜턴의 높이를 인위적으로 높였으며 첨탑 두 개를 더했다(도 6-86).

### 이니고 존스와 영국 르네상스

영국의 르네상스 건축은 프랑스보다 1세기가량 늦어서 1600년이 되어야 시작한다. 고딕 양식이 늦게까지 지속되었으며 이탈리아와 지리적으로 멀었다. 로마 시대에도 잉글랜드 지역까지 속주이긴 했지만 로마 고전건축의 뿌리는 미약했다. 종교개혁의 여파 때문에 1534년에 교황청과 단절되는 등 가톨릭 로마와 교류하는 것이 어려웠다. 엘리자베스 1세(재위 1558~1603) 때부터 권력층의 성채나 생활환경 등에서 이탈리아풍이 유행하는 형식으로 르네상스 건축이 단편적으로 등장했지만 양식 운동은 17세기가 되어서야 나타났다(도 6-87).

영국의 르네상스는 매우 인위적으로 시작되었고, 자연스러운 예술 운동이 아니라 왕권의 정치적 목적을 위한 수단이었다. 스튜어트왕조(1603~88)의 제임스 1세(재위 1603~25)와 찰스 1세(재위 1625~49)가 신교와 연합하면서 자신들의 정치 이상을 상징할 새로운 건축양식이 필요했다. 중세 가톨릭을 이끌던 고딕을 밀어내고 르네상스 고전주의를 선택했다. 이것을 이끈 것은 이니고 존스(Inigo Jones, 1573~1652)였다.

이니고 존스는 제임스 1세의 왕실에서 가면극과 무대 디자인을 담당하면서 실력을 인정받아 건물 설계로 옮겨갔는데 그의 건축적 욕구와 왕실의 정치적 목적이 맞아떨어지면서 르네상스 건축을 본격적으로 도입한다. 귀족을 대동한 1613~15년의 두 번째 이탈리아 여행에서 르네상스 도서와 도면 등 많은 자료를 구입해서 돌아온 뒤 이를 연구해서 르네상스 양식의 작품을 남기기 시작했다. 초반 2~3년의 탐색기 동안은 영국 전통 양식을 혼용해서 들로름식의 지역주의 양식을

**도 6-87** 버글리 하우스(Burghley Houuse), 노샘프턴셔, 영국, 1577-87.

시도했으나 곧 이탈리아 르네상스에 정착했다.

영국 르네상스는 존스 한 명이 이끌었을 정도이며 내용에서도 이탈리아 표준 고전주의를 정확하게 구사하는 데 모든 초점을 맞추었다. 이 때문에 존스 개인적으로나 양식 전체적으로나 이렇다 할 독창성을 확보하지 못한 것으로 볼 수 있다. 영국이 처한 시대적 상황 탓이 컸다. 17세기면 이탈리아와 프랑스에서는 바로크가 시작되고 있었는데 영국에서는 르네상스조차 시작하지 못하고 있었고 이를 만회하기 위해 인위적 급조가 필요했던 것이다. 앞에 얘기한 정치적 상황도 건축가의 창작욕을 압도했다.

### 그리니치 궁전, 연회 홀, 성 바오로 교회

존스의 대표작은 그리니치 궁전(Greenwich Palace=Queen's House, 1616년경~1635년), 연회 홀(Banquet House=Whitehall Palace, 런던, 1619~22), 성 제임스 궁전 내 여왕의 예배당(Queen's Chapel, Saint James's Palace, 런던, 1623~25), 성 바오로 교회(St. Paul's Church, 런던, 1631~37/1795년 화재 후 1798년 재건축) 등이다.

**도 6-88, 6-89** 이니고 존스, 그리니치 궁전, 영국, 1616년경-35.

그리니치 궁전은 영국 건축사에서 최초로, 그리고 갑작스럽게 고전주의 표준 어휘가 등장한 건물이었다. 북쪽 면은 아직 전환기의 고민을 보여준다. 고전 어휘는 1층의 창 상인방에 쓰인 평아치 정도가 전부였다. 장식을 극도로 절제한 추상 평활면은 이후 고전주의의 정착을 예견하고 있지만 영국의 전통적인 계단을 덧붙인 점은 아직 지역주의에 대한 미련을 못 버리고 있었음을 보여준다(도 6-88).

반면 남쪽 면에서는 브라만테의 라파엘 하우스 모티브와 팔라디오의 빌라 모티브를 혼합하며 순도 높은 고전 어휘를 선보였다(도 6-89). 1층은 북쪽 면과 유사하게 모르타르 선을 두껍게 처리한 돌쌓기와 평아치를 이용해서 러스티케이션을 암시했다. 2층 중앙부는 이오니아식 오더 여섯 개로 이뤄진 로지아로 처리했다. 5베이 가

**도 6-90** 이니고 존스, 연회 홀(화이트홀 궁전), 런던, 1619–22.
**도 6-91** 이니고 존스, 성 바오로 교회, 런던, 1631–37/1795년 화재 후 1798년에 토머스 하드윅이 재건축.

운데 정중앙의 것을 측면보다 조금 넓게 하여 작은 파격을 가했다. 남쪽 면도 북쪽 면과 마찬가지로 추상적 평활면으로 처리했는데 이로써 중세의 장식 전통이 사라지고 극기적인 분위기를 수반한 고전주의가 정착했다.

연회 홀은 고전주의를 확실하게 정착시킨 건물이었다. 브라만테의 라파엘 하우스를 기본 모티브로 삼아 높은 기단 위에 2층과 3층을 얹었다. 존스로서는 그리니치 궁전을 발전시킨 것으로 볼 수 있다. 이오니아식 기둥 열이 건물 전면을 분할하고 창의 상인방에 신전 박공과 반원 아치를 교대로 사용하는 등 이탈리아 르네상스를 원본과 동일하게 구사했다. 그리니치 궁전의 불안한 느낌은 완전히 사라지고 표준 어휘를 정확하게 구사하며 고전주의에 대해 자신감을 과시했다. 2층 주두에 꽃띠 문양을 높은 돋을새김으로 처리한 것은 연회 홀이라는 건물 기능에 맞춰 흥을 돋우기 위해서였다(도 6–90).

성 바오로 교회는 신교 교회였다. 개혁 정신에 맞게 검소한 이미지가 핵심 조건이었고 '헛간(barn)'을 기본 개념으로 선택했다. 이에 맞게 투스칸 오더를 사용했으며 프리즈를 생략한 가장 단순한 형태로 처리했다. 여백도 장식을 극도로 절제하고 단순 평활면으로 처리했다(도 6–91). 박공의 세 면을 돌아가는 코니스에는 서까래를 번안한 작은 사각 부재를 넣어 오두막의 목구조를 상징적으로 암시했다. 실내 역시 오두막 이미지에 맞게 아무 구획 없는 큰 단일 공간으로 처리했으며 유일한 장식은 제단 벽면을 입면 모양의 판재로 마감한 것이었다.

VII

# 바로크 건축


바로크건축의 성립과 초기 바로크

성기 바로크

후기 바로크

프랑스 바로크 건축

영국 바로크

중부 유럽 바로크

# 1
# 바로크건축의 성립과 초기 바로크

### 비뇰라와 로마 스쿨

바로크건축의 문을 연 건축가는 자코모 바로지 다비뇰라(Giacomo Barozzi da Vignola, 1507~73)였다. 볼로냐에서 태어나 바티칸 소속 화가로 경력을 시작했으며 이 과정에서 건축도 접했다. 페루치와 안토니오 다상갈로 일 조반네의 일에 참여했으며 아카데미아 비트루비아나(Academia Vitruviana)에서 로마 유적을 배웠다. 1541년부터 1543년 사이에 프랑스에 체류하면서 세를리오를 만나 건축으로 전업했다. 활동 연대로 보면 비뇰라는 매너리즘 2세대 건축가였지만 중요한 차이가 있었다.

다른 건축가들은 16세기 후반에 나타난 새로운 시대 상황에 대응하지 못하고 16세기 건축의 종합화로 시대를 마감하려 했다. 팔라디오조차도 마찬가지였다. 비뇰라는 이와 달리 시대 변화에 부응하는 새로운 건축을 시도하며 바로크의 문을 열었다. 또 대약탈 이후 황폐해진 로마를 지키며 제자들을 키워 바로크를 이끌게 했다. 새로운 경향을 추구하면서도 정통 고전주의를 잘 지킨 점에서 '브라만테-라파엘-미켈란젤로-세를리오'의 뒤를 이어 로마 스쿨을 이루었으며 이를 바로크로 넘겨 바로크 고전주의의 기틀을 닦았다. 비뇰라의 건축은 크게 두 방향으로 요약할 수 있다.

한 가지는 가톨릭의 부활과 예수회의 등장에 따른 새로운 기독교 건축 유형을 창출한 것이다. 당시 새롭게 창설된 예수회는 르네상스와 다른 바로크 가톨릭만의 교회 유형을 원했고 새로 짓는 예수회의 총본산인 일 제수(Il Gesu, 1568~73)에 바로 적용했다. 미켈란젤로가 시작했다가 중단한 것을 비뇰라가 이어받아 완성했다. 평면과 실내가 비뇰라 작품인데, 특별히 새로 창출한 것은 없었고 종교개혁 이후 신교의 영향으로 유행한 중앙집중형에서 탈피해서 로마 기독교의 원형으로 돌아간 것이 핵심이었다(도 7-1). 트랜셉트 없는 3랑식 바실리카로 전체 구성을 짰다. 알베르티의 성 안드레아가 가까운 선례지만 알베르티가 선형 구성을 약화시킨 것과 달리 비뇰라는 바실리카 원형을 지키며 세 개의 선형 축을 드러냈다.

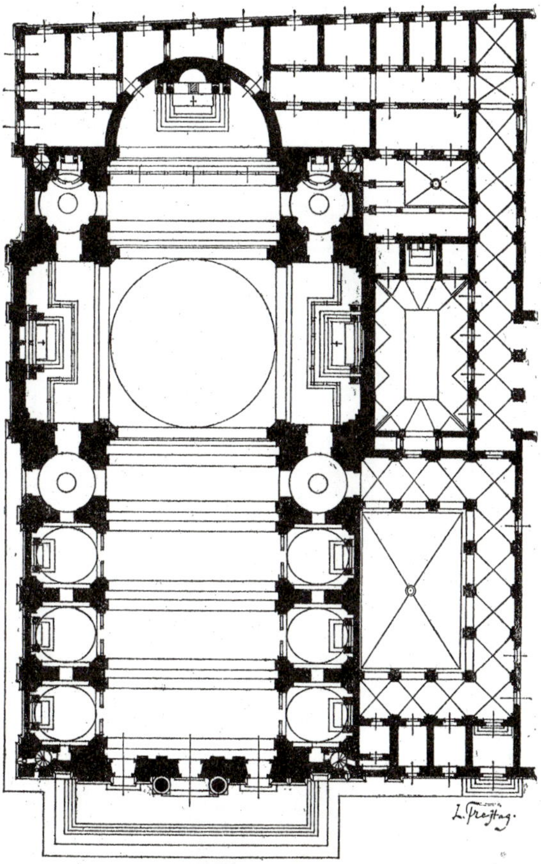

도 7-1, 7-2 자코모 바로지 다비뇰라, 일 제수, 로마, 1568-73.

실내 공간 골격은 로마 고전주의의 벽체 구조로 짰다. 극기주의를 내건 예수회의 강령에 따라 실내는 회반죽으로 검소하게 처리했다. 지금의 장식은 비뇰라 사후인 17세기 후반부에 더한 것이다(도 7-2). 장식은 없었지만 건축 처리에서는 중세 기법을 도입했다. 천장 채광을 강조해서 초대교회에서 중세 교회에 이르는 가톨릭 건축의 상징성을 살렸다. 천장에 루넷을 뚫어 빛을 끌어들여서 석재 구조인 볼트를 돌이 아닌 것처럼 보이게 하는 탈물질을 가했다. 루넷을 뚫어서 생긴 구조적 약점은 버트레스를 세워 보강했다. 돔에도 드럼에 창을 뚫어 하늘에서 내려오는 빛을 강조했다. 이런 처리들은 나중에 더한 장식과도 잘 어울리면서 실내에 신비로운

**도 7–3, 7–4** 쟈코모 바로지 다비뇰라, 줄리아 빌라, 로마, 1550–55.

분위기를 만들었다.

다른 한 가지는 연속 공간과 장경주의의 도입으로, 줄리아 빌라(Villa Giulia, 1550~55)가 대표적 예다. 100미터에 가까운 길이를 몇 영역으로 나눈 뒤 이것들의 연속적 합으로 전체 구성을 짰다. 각 영역은 고유한 특징을 가지면서 연속성의 의미를 결정했다. 다양성을 이루는 기법은 세 방향으로 시도했다. 실내 기능을 계단, 각 실, 전실, 로지아, 복도, 열주 복도, 님파이움(nymphaeum), 안마당 등으로 다양하게 만들었으며 이것을 이루는 기하 형태는 원과 사각형의 크기를 달리하며 다양하게 사용했다(도 7–3). 평면은 건축도면이라기보다는 기하 작도에 가까웠다(도 7–4). 동선도 일직선, 돌아가기, 멈추기, 숨기기, 트이기, 틀기, 높낮이 차이, 실내외 교대 등으로 다양했다.

이런 다양한 구성이 혼란으로 흐르지 않고 연속 공간으로 남도록 최소한의 공통점도 부여했다. 장축을 중심으로 전체 구성을 짜서 연속 구성의 뼈대를 잡았으며 각 공간 단위마다 표준 고전 어휘를 사용했다. 공간은 파노라마처럼 변했지만 어디를 가도 표준 고전 어휘를 마주쳐 안정감과 질서를 잃지 않았다. 장경주의는 연속 공간을 감상하기 위한 중간 장치로 더했다. 연속 공간 사이사이에 무대를 옮겨 놓은 것 같은 장소들이 나타나면서 이동 중에 잠시 쉬면서 공간을 감상하게 만든 것이었다.

### 자코모 델라포르타와 일 제수 입면

자코모 델라포르타(Giacomo della Porta, 1532~1602)는 조각가 집안에서 태어나 장식미술로 초창기 경력을 시작했으며 로마로 옮기면서 건축 일을 시작했다. 교황청에 발탁되면서 미켈란젤로와 비뇰라에게 건축을 배웠다. 로마를 근거지로 삼아 비뇰라 사후에 교황청의 주 건축가가 되는 등 16세기 후반부 로마 건축을 이끌었다. 시대 고민이나 창조성은 뛰어나지 않았으나 조각 솜씨를 바탕으로 바로크양식이 성립하는 데 일정한 기여를 한 것으로 평가할 수 있다.

자코모 델라포르타는 미켈란젤로와 비뇰라라는 두 스승 없이는 존재할 수 없었다. 건축적 내용에서 구체적 영향을 받았을 뿐 아니라 건축주와의 관계에서도 두 스승의 자리를 물려받는 등 그 행적을 좇았다. 로마 스쿨을 이어받아 마데르노에게 넘기는 가교 역할을 한 것이다. 교황청은 포르타의 능력을 인정하여 미켈란젤로와 비뇰라 등 스승들의 미완성 작품을 완공하는 일을 맡겼다. 세나토레 팔라초나 성 베드로 등과 같은 미켈란젤로의 미완성 작품을 맡아 완공했는데 부분적으로 원안을 손상하고 바로크의 특징을 더한 것으로 비판받기도 한다. 성 베드로의 돔이 대표적인 예로, 반구였던 원안을 수직으로 약간 올라간 타원 반원으로 바꾸었다 (도 7–5).

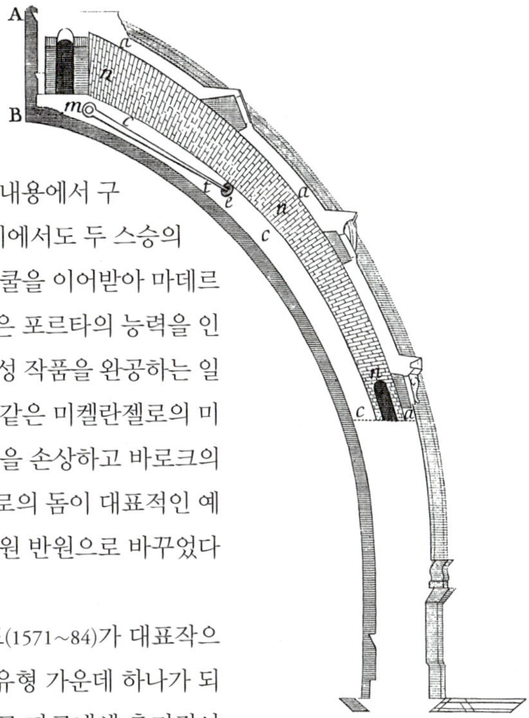


**도 7–5** 미켈란젤로, 성 베드로 돔 및 본당, 로마, 1590년 포르타가 완공.

비뇰라의 일 제수를 이어받아 완공한 파사드(1571~84)가 대표작으로 이후 바로크 교회에서 가장 많이 사용하는 유형 가운데 하나가 되었다. 비뇰라의 평면 안을 수용했던 알레산드로 파르네세 추기경이 파사드는 신교 분위기가 난다며 거절했다. 중앙부를 강조하지 않고 전면을 균등한 베이로 분할하면서 안정적 균형감이 지배했기 때문이다. 자코모 델라포르타는 교황청이 바라던 바를 알아채고 이를 만족시키는 안을 제출하여 승인을 받았다. 두 가지가 바로크의 문을 연 새로운 점이었으며, 이 안은 이후 바로크 교회 파사드에서 제일 많이 사용되는 표준형이 되었다 (도 7–6).

**도 7–6** 자코모 델라포르타, 일 제수, 로마, 1571–84.

하나는 오더의 위계를 이용해서 중앙부를 강조한 점이다. 1층은 중앙 출입구가 3베이, 양측면이 각 2베이로 이루어졌는데 베이를 분할하는 오더가 중앙으로 올수록 위계가 높아졌다. 모서리는 사각 벽기둥 2개, 측면 2베이를 구획하는 지점은 사각 벽기둥 3개, 측면과 중앙 출입구를 구획하는 지점은 사각 벽기둥 하나와 반원형 벽기둥 하나로 각각 처리했다. 장식도 중앙으로 올수록 커지고 돌출도 두드러져서 중앙부를 더욱 강조했다. 이런 처리는 출입구를 강조한 것이며 이는 결국 교회 실내라는 성(聖)의 세계로의 유입을 강조한 것이다. 속에 대한 성의 우위를 상징해 가톨릭의 건재함을 온 세상에 알림과 동시에 기독교적 열정을 불러일으키려는 목적이었다.

다른 하나는 오더를 이용해서 조각적 힘과 가소성(可塑性)을 표현한 점이다. 2층 양옆의 소용돌이 문양이 좋은 예다. 네이브 천장이 아일보다 높은 실내 구성을 입면에 반영하기 위해 소용돌이 문양을 조각해서 막은 것인데 돌을 불에 구워 만든 도자기처럼 처리하는 조각 솜씨를 선보였다. 소용돌이 문양의 장식성은 이런 분위기를 한층 돋우었다. 돌에 대한 기본 태도가 르네상스 때 축조에 충실했던 것에서 벗어나 조각적이고 탄력적으로 응용하는 쪽으로 바뀐 바로크의 예술관을 보여준다. 가소성은 소용돌이 문양뿐 아니라 벽기둥, 인방, 창틀, 박공, 조각 등 건축 부재와 디테일 부재 전반에 걸쳐 공통적으로 나타났다.

#### 마데르노와 성 베드로

카를로 마데르노(Carlo Maderno, 1556년경~1629)는 비뇰라와 자코모 델라포르타의 뒤를 이어 초기 바로크를 정착시켰다. 자코모 델라포르타에게 건축을 배웠는데 새로 창출한 내용은 없는 편이고 포르타가 일 제수에서 제시한 입면 모티브를 반복 사용하면서 더 다듬어 바로크 교회의 표준형으로 정착한 점이 중요하다. 수준 높은 예술가는 아니었고 잡다한 실무 건축가이긴 했지만 자코모 델라포르타가 사망한 뒤에는 그가 하던 교황청의 주요 건축을 이어받아 무리 없이 마무리했다. 로마 스쿨의 한 마디를 차지하면서 베르니니에게 넘기는 역할을 했다. 대표작은 산타수잔나 파사드(Santa Susanna, 로마, 1593~1603)와 성 베드로 파사드(1607~12)와 네이브(1609~16)였다.

산타수잔나는 중세 건물의 여러 곳을 증개축한 작품이었다. 제단석 신축, 애프스 장식, 납골당의 제단 신축, 파사드 신축 등이 주요 내용인데 파사드가 중요했다. 언뜻 보면 일 제수와 구별이 안 될 정도로

**도 7-7** 카를로 마데르노, 산타수잔나 파사드, 로마, 1593–1603.

유사하지만 자세히 보면 두 가지 차이점을 발견할 수 있다. 하나는 수직성이 더 강화된 점이다. 일 제수는 정면 윤곽의 비례가 정사각형이어서 아직 르네상스의 고전적 안정감이 남아 있었다. 반면 산타수잔나는 1.35의 수직 비례로 변하면서 중세의 느낌이 나타났다(도 7–7). 이는 바로크에 내재된 중세주의가 발현된 것으로 해석할 수 있다.

다른 하나는 건축 부재와 조각 장식 등에서 음영이 깊어지면서 건물의 인상이 더 강해진 점이다. 반원형 벽기둥이 대폭 늘었다. 일 제수에서는 두 개에 머문 데 반해 여기에서는 여섯 개로 늘었다. 반원형 벽기둥은 사각 벽기둥보다 음영이 짙어질 뿐 아니라 시각적 탄력성이나 조각적 가소성이 훨씬 높아서 바로크 특유의 힘 있는 활력을 표현하기에 적합했다. 창틀, 인방, 엔타블러처, 조각상 등도 여기에 맞춰 돌출이 심해지고 깊이가 깊어지는 등 풍부하게 처리했다.

성 베드로는 자코모 델라포르타가 사망한 뒤 물려받은 작품이었다. 1603년에 성 베드로의 주 건축가로 임명되어 광장을 제외한 건물의 나머지 부분을 완공했다. 그리크 크로스의 중앙집중형으로 되어 있던 미켈란젤로의 돔에 네이브를 더해 선형으로 만드는 것과 여기에 파사드를 더하는 것이 핵심 내용이었다. 교황 바오로 5세는 콘스탄티누스 때 처음 지은 구 성 베드로의 원형을 지키고 중세 가톨릭 정신의 부활을 상징하기 위해 라틴 크로스로 결론을 내리고 공사를 서둘렀다.

네이브는 특별히 새로운 것 없이 이런 의도에 맞춰 비뇰라의 일 제

**도 7-8** 카를로 마데르노, 성 베드로, 파사드 (1607-12) & 네이브(1609-16), 로마.

수 표준형으로 처리했다. 3랑식 3베이에 전실을 추가로 가졌다. 파사드 역시 산타수잔나에 이어 포르타의 일 제수 모티브를 반복 사용했다. 네이브 부분을 3베이, 양옆 아일 부분을 각 2베이씩 총 7베이로 구획했으며 네이브 부분에만 신전 박공을 더해서 중앙을 강조했다. 여덟 개의 반원형 벽기둥을 사용해서 조각성을 높였다.

전체적 느낌은 산타수잔나에 많이 못 미쳤다. 옆으로 넓적한 수평 비례여서 바로크 특유의 긴장과 활력을 잃은 점이 큰 이유였다. 본체의 7베이 외에 양옆으로 캄파닐레를 얹을 계획으로 기단을 더했는데 못 얹게 되면서 짜임새 있는 비례가 깨지고 엉성하게 옆으로 넓어진 것이다(도 7-8). 일 제수 모티브는 얕은 사각 벽기둥과 반원형 벽기둥 사이의 섬세한 음영 차이를 잘 다루어 짜임새 있는 균형감을 살려야 하는 기법인데, 반원형 벽기둥의 개수만 너무 많아지면서 전면에 걸쳐 과식한 것처럼 북적거렸다. 오더 체계만 중앙으로 집중했을 뿐 창틀, 인방, 벽면, 조각 등 디테일을 전면에 걸쳐 거의 균등하게 배분한 점도 또 다른 이유였다. 이것은 스승 미켈란젤로의 원안인 그리크 크로스의 몸통 입면과 돔의 드럼 입면에 나타난 분위기에 맞춘 것이었다. 결과는 좋지 않아서 성기 르네상스도 아니고 바로크도 아닌 애매한 상태에 머물고 말았다.

# 2
# 성기 바로크

### 베르니니-바로크 기독교 고전주의와 장경주의

조반니 로렌초 베르니니(Giovanni Lorenzo Bernini, 1598~1680)는 보로미니와 함께 이탈리아 성기 바로크를 대표한 건축가다. 나폴리에서 태어나 로마에 정착한 뒤 일찍부터 조각에 소질을 보여 이른 나이에 교황청 예술단에 들어갔다. 미켈란젤로와 공통점이 많은데, 서양 예술사에서 가장 뛰어난 천재 가운데 한 사람인 점, 미술의 전 분야에 타고난 천재인 점, 조각에 제일 뛰어난 점, 이를 바탕으로 건축에서도 주요 작품을 남긴 점, 장수하면서 여러 명의 교황을 예술 후원자로 둔 점 등이 그러하다.

베르니니는 독실한 가톨릭 신자로서 50여 년간 교황청을 주요 활동 무대로 삼아 7명의 교황을 예술 후원자로 두고 성기 바로크를 이끌었다. 건축에서는 로마 스쿨의 적자로 정통 고전주의를 이어받았다. 제도권 안의 모범생답게 그의 건축에서 역동적 창조력은 부족했다. 그러나 종합예술을 바탕으로 장경주의라는 자신만의 기법을 창출해서 바로크 기독교 고전주의의 한 유형을 완성했다. 베르니니는 당시 기독교 건축이 매너리즘에 오염되었다고 보고 이것을 로마 기독교의 기본 정신으로 되돌리는 일을 종교적, 예술적 의무로 삼았다.

**도 7-9** 조반니 로렌초 베르니니, 라이몬디 예배당, 산 피에트로 인 몬토리오 내, 로마, 1640–47.

**도 7-10, 7-11** 조반니 로렌초 베르니니, 코르나로 예배당, 산타마리아 델라 비토리아 내, 1647–51.

가톨릭 정신의 승리와 하늘의 영광을 찬양하는 일이 핵심이었다. 이를 위해 조각, 공예, 회화 등 여러 장르를 동원해 흥겹고 극적인 종교적 장면을 연출했다. 감상 효과를 높이기 위해 극장 무대 위에 올려놓은 것처럼 처리했는데 건축은 이런 무대 윤곽을 형성하면서 내용물을 담는 전체 그릇의 역할을 했다(도 7–9). 예술과 종교가 하나가 되고 이를 위해 다시 미술의 모든 장르를 하나로 종합화하면서 장경주의를 완성했다. 교회의 실내에 더해지는 채플, 닫집, 제단 등에서 많이 구사했는데 라이몬디 예배당(Cappella Raimondi, 로마, 1640~47)을 거쳐 코르나로 예배당(Cappella Cornaro, 로마, 1647~51)에서 가장 완성도 높게 나타났다.

코르나로 예배당은 아빌라의 성 테레사(St. Teresa of Avila)에게 봉헌한 작품으로 제단, 감실, 측벽으로 구성되었다. 제단은 벽면 앞에 두 단의 데크를 펼쳐놓은 것처럼 처리했고 감실은 그 뒤로 타원형 공간을 파서 만들었다. 감실에는 베르니니의 조각 대표작 가운데 하나인 〈성 테레사의 환희〉를 놓았다(도 7–10). 측벽에는 높은 돋을새김으로 새긴 코르나로 가문 추기경들의 조각상을 더했다. 이런 구성은 장경주의를 지향한다. 전체 구성은 극장을 축소해놓은 것으로 제단은 객석에, 감실은 무대에, 측벽은 오페라하우스의 개인용 작은 방에 각각 해당한다. 추기경 조각상은 관객이 되어 무대를 내려다보고 있다(도 7–11).

감실은 무언가 특별한 행사가 벌어지는 별도의 독립 공간인 극장의 무대가 되었다. 특별한 행사는 〈성 테레사의 환희〉였다. 천장에는 하늘에서 빛이 떨어지는 장면을 금세공으로 조각해서 종교적 희열을 표현했다. 감실 안쪽 천장에 굴뚝을 뚫어 자연광도 끌어들여 빛의 효과를 높였다. 테레사의 격정과 찬란한 빛은 가톨릭의 부활과 기독교의 승리를 상징했다. 모든 시선은 이 특별한 행사에 모아졌다. 측벽의 추기경 조각상은 숨을 죽이고 이 장면을 집중하며 바라보았다.

### 성 베드로와 퀴리날레의 성 안드레아

교황청 예술단의 핵심 멤버로 진입한 뒤 베르니니는 성 베드로의 마무리 작업을 책임졌다. 교황이 바뀔 때마다 부침을 겪긴 했지만 1624년에서 1660년대 말에 이르는 오랜 기간에 걸쳐 크고 작은 마무리 작업을 담당하며 교황청의 총본산을 최종 완공했다. 브라만테가 1500년대 초반에 초안을 낸 이래 10여 명의 건축가를 거치며 150여 년을 끌어온 대역사였다. 이 가운데 베르니니의 대표작은 성 베드로 내 닫집(Baldachin, St. Peter's 1624~33)과 산피에트로 광장(Piazza di San Pietro, 1656~67)이다.

닫집은 비정형주의와 장식주의를 대표했다. 청동으로 만든 기둥은 나선형으로 처리했다(도 7-12). 매너리즘에서 표준 고전주의를 부정하는 어휘로 처음 사용한 것인데 이곳에서는 의미가 바뀌어서 바로크 자연주의 장식을 새기는 바탕 면으로 변했다. 밑동 표면에는 사선 방향의 빗살무늬를 새겼고 몸통과 윗동에는 꽃잎과 풀잎 등의 자연주의 문양을 새겼다. 엔타블러처는 문장이 새겨진 커튼 모양을 흉내 냈다. 지붕은 박공 윤곽을 기본 모티브로 삼아 곡선 피라미드인 횃불 모양으로 처리했다. 코니스 윗면과 기둥 위 네 모서리에는 천사 조각상을, 피라미드 정상에는 부활한 예수 조각상을 각각 세웠다.

**도 7-12** 조반니 로렌초 베르니니, 성 베드로 내 닫집, 로마, 1624-33.

산피에트로 광장은 교황 알렉산데르 7세가 활발하게 벌인 로마 재개발계획의 일환으로 추진되었다. 성 베드로 앞의 건물들을 철거하고 광장을 만드는 계획으로 이전부터 입안했다가 중단된 것을 추진한 것이었다. 타원과 거대 기둥이 핵심 아이디어였다. 타원은 바로크를 대표하던 도형이라는 시대적 상징성이 있었다. 이것을 옆으로 누인 안정적 구도로 사용해 정통 고전주의의 건축 분위기와 어울리게 했다.

**도 7-13, 7-14** 조반니 로렌초 베르니니, 산피에트로 광장, 로마, 1656-67.

산탄젤로 다리에서 시작해서 성당으로 진입하는 긴 동선에서는 중간에 잠시 쉬어가는 쉼표 역할을 했다(도 7-13).

타원 광장은 되도록 많은 군중이 성당과 가까운 거리를 유지하며 운집하는 데 유리했기 때문에 기능적으로도 성당에 도움이 되었다. 성당 정면에는 교황이 대중들을 위한 미사를 집행하고 일요일의 성체 강복식 때 모습을 드러내는 성채 강복식 발코니(Benediction Loggia)가 있었는데 옆으로 누인 타원은 발코니와 적절한 거리와 각도를 유지하게 해주었다.

거대 기둥은 타원 윤곽을 따라 광장의 경계를 형성했다. 광장 자체가 내곡면을 기준으로 가로 195미터, 세로 140미터에 이르는 거대한 규모였으며 이 윤곽을 모두 328개의 기둥 숲이 에워쌌다(도 7-14). 이집트와 페르시아 건축에서 추구하던 기둥 숲을 3배 가까이 능가하는 규모와 숫자였다. 인간의 상상력과 척도를 초월한 기둥 숲은 정통 고전 어휘를 사용해서 전지전능한 하나님의 능력을 상징하며 바로크 기독교 고전주의를 대표하는 장면이 되었다. 오더는 도심 속 외부 공간에 가톨릭 신비주의와 기독교 제국의 위용을 표현하기에 적합한 단순한 양식을 사용했다.

말년 대표작인 퀴리날레의 성 안드레아(Sant'Andrea al Quirinale, 로마, 1658~70)는 타원과 장경주의를 합한 구성이었다. 건물의 전체 윤곽을 타원 하나만으로 짰는데 이번에도 옆으로 누여서 고전적 안정감을 우선했다. 출입구에서 제단에 이르는 중심 동선을 단축에 맞추어서 이동을 줄이

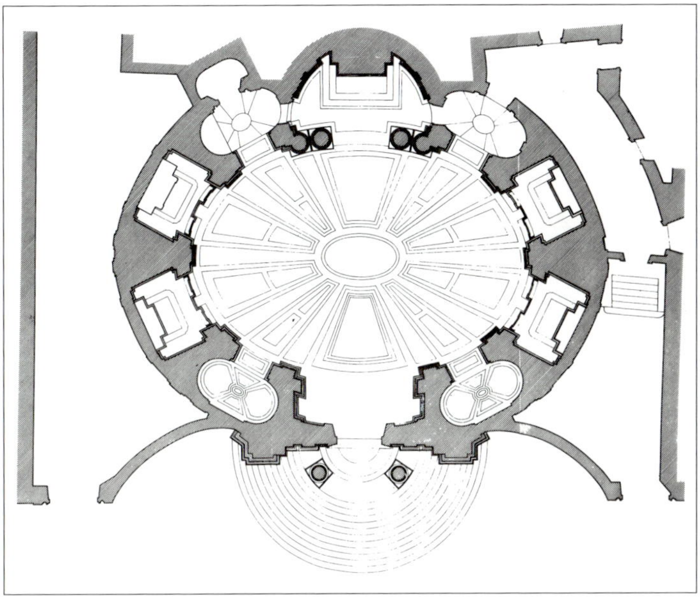

**도 7–15, 7–16** 조반니 로렌초 베르니니, 퀴리날레의 성 안드레아, 로마, 1658–70.

는 방식으로 타원의 역동성이 지나치게 활성화되는 것을 경계했다(도 7–15).

제단에서는 앞의 예배당에서 사용했던 장경주의를 반복했다. 제단 입구는 '쌍기둥 두 세트–높은 엔타블러처–곡선을 이용하여 변형 처리한 박공'으로 이루어진 닫집으로 꾸몄고 박공에는 성 안드레아의 조각상을 놓았다. 제단 벽면은 하늘에서 떨어지는 빛을 흉내 낸 황금 공예 장식으로 가득했고 그 사이를 천사들이 유영했다. 천장에는 창을 뚫어 자연광을 끌어들여 신비주의 효과를 높였다. 옆으로 누인 타원 평면은 제단을 향한 집중을 높여서 장경주의 효과를 높였다.

출입구도 무대처럼 꾸며서 장경주의로 처리했다. 건물의 전체 윤곽을 형성하는 신전 파사드는 무대의 배경 막으로 읽혔고 그 앞에 출입구 차양이 무대 세트처럼 돌출했다. 차양을 계단 위에 올려 무대 효과를 높였으며 차양 위에 조각상을 더해 시선이 더욱 집중되도록 했다(도 7–16). 출입구에서 제단에 이르는 동선에 장경주의가 연속으로 등장하면서 기독교 공간의 극적 효과를 최대로 높였다.

## 보로미니와 비정형주의

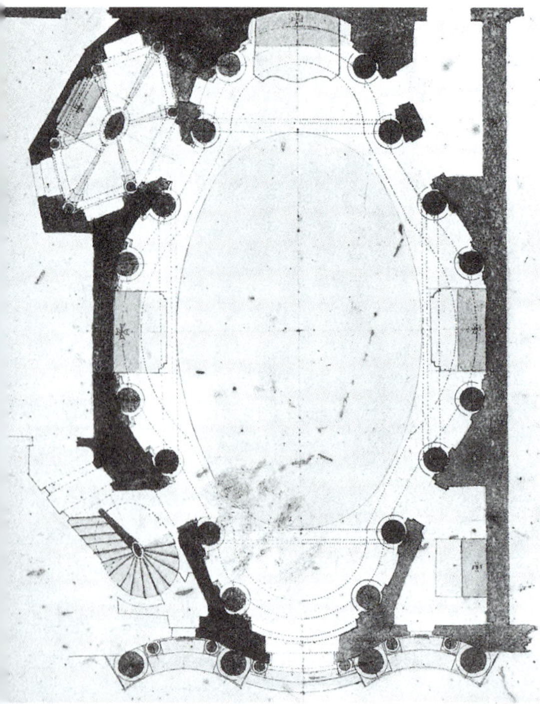

**도 7-17, 7-18** 프란체스코 보로미니, 산카를로알레콰트로폰타네, 로마, 1634-411/665-67.

프란체스코 보로미니(Francesco Borromini, 1599~1667)는 비정형주의를 대표하며 베르니니와 쌍벽을 이루는 건축가였다. 개인적으로 베르니니와 심한 라이벌 관계였으며 건축 경향에서도 베르니니의 정통 고전주의의 반대편에 서며 바로크건축의 한 축을 이끌었다. 석공의 아들로 태어나 장인으로 건축 경력을 시작했지만 누구 못지않은 천재성을 타고나 창의력 넘치는 작품들을 여럿 남겼다.

첫 경력을 밀라노에서 시작하면서 '고딕-매너리즘-초기 바로크'로 이어지는 밀라노의 자유로운 비정형 전통에서 큰 영향을 받았다. 당시 밀라노는 스페인 총독의 지배를 받고 있었는데 보로미니도 스페인 문화의 영향을 받았다. 스페인에 넓게 퍼져 있던 이슬람 전통이 대표적인 예로 그의 비정형주의를 이루는 중요한 배경 가운데 하나가 되었다(도 7-17).

1619년에 로마로 옮겨 당시 로마에서 활동하던 롬바르디아 스쿨의 일원으로 편입되어 교황청 공방에 취직할 수 있었다. 마데르노의 보조를 거쳐 건축가로 올라섰으며 1624년부터 1633년까지 베르니니의 건축 담당 자문역을 맡았다. 베르니니와는 서로 영향을 주고받았는데 타고난 기질, 예술적 성향, 출생 배경 등 모든 면에서 극과 극이어서 결별 이후에는 강력한 경쟁자로 남게 된다. 마데르노와 베르니니에게 배운 로마 정통 고전주의를 바탕으로 독립 이후에는 자신만의 상상력을 자유롭게 발휘하며 비정형주의에서 독보적인 위치에 올라섰다.

보로미니의 비정형주의는 세 경향으로 요약할 수 있다. 첫째, 자유형태와 곡면이 갖는 조형적 표현력으로, 산카를로알레콰트로폰타네(San Quarlo alle Quattro Fontane, 로마, 1634~41/1665~67)를 대표작으로 들 수 있다. 전체 윤곽부터 자유 형태로 구성했다. 타원을 기본 형태로 삼긴 했지만 장변에서 단변으로 넘어가는 네 지점을 밀어 넣어 전체 형태가 표주박처럼 되었다(도 7-18). 실내에서 보면 오목 면과 볼록 면이 교대로 나타나면서 물결치는 것 같은 곡면을 만들어냈다(도 7-17).

이런 모습은 유기적 조형력을 통해 살아서 꿈틀거리는 것 같은 생명력을 표현했다. 타원을 곧추세워 활성 에너지를 극대화하여 생명력을 강조했다. 타원의 정형적 윤곽을 유지하면서 옆으로 뉘어 안정적으로 사용하던 베르니니와 반대되는 경향이었다. 실내의 물결치는 곡면은 파사드에서 반복했다. 파사드 3베이를 모두 오목 면으로 처리했으며 그 사이에 두 층을 가로지르는 거대 기둥을 넣었다. 기둥은 미켈란젤로나 팔라디오와 같은 건축적 권위나 조각적 힘을 갖지 못하고 곡면의 분절을 돕는 2차 요소가 되었다. 건물의 주인은 더 이상 고전 오더가 아니라 곡면이었다. 엔타블러처도 곡면에 맞춰 곡선 띠로 처리했다(도 7-19). 파사드 전체를 수직 비례로 세워서 긴장감을 높인 처리는 이런 분위기를 더욱 두드러지게 했다.

**도 7-19** 프란체스코 보로미니, 산카를로알레콰트로폰타네, 로마, 1634-411/665-67.

보로미니는 로마 시대 고대 바로크의 대표적 예인 페트라의 카즈네 알-파로운을 이 건물의 선례로 삼았다. 산타수잔나를 기본 모티브로 삼아 고대 바로크 기법으로 변형한 것이다. 이 건물 이외에 다른 작품에서도 하드리아누스의 빌라, 로만 이스트, 로만 아프리카 등의 고대 바로크를 자주 참고했다. 그중에서도 조반니 바티스타 몬타노(Giovanni Battista Montano)의 『다양한 고대 신전 모음집(*Scielta di varii tempietti antichi*)』(1624)이 보로미니가 가장 많이 참고한 안내서였다. 고대 바로크의 비정형 선례들을 수록한 책으로 바로크건축, 특히 비정형주의자들에게 교과서 같은 책이었으며 보로미니에게도 큰 도움을 주었다.

### 산티보알라사피엔차와 성 필리포 네리 오라토리오

둘째, 기하 작도에 의한 복합 구성이다. 예각 도형을 기본 요소로 삼아 큰 도형과 작은 도형 사이의 크기 편차를 많이 두면서 여러 기하를 복합, 중첩시키는 방식인데, 산티보알라사피엔차(Sant'Ivo alla Sapienza,

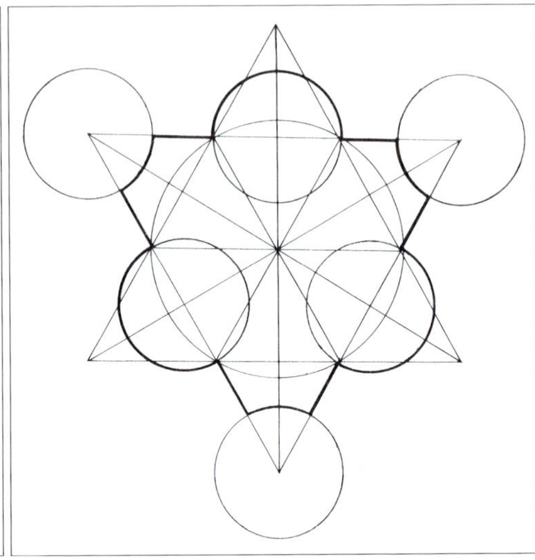

**도 7-20, 7-21, 7-22** 프란체스코 보로미니, 산티보알라사피엔차, 로마, 1642–60.

로마, 1642~60)가 대표작이다. 건물의 전체 윤곽인 육엽형 혹은 별 모양은 삼각형과 원을 이용한 기하 작도에서 나온 것이다(도 7-20, 7-21). 정삼각형 두 개를 위아래로 뒤집어 겹친 뒤 큰 원과 중간 원을 꼭짓점에 한 번 겹치는 방식이었다. 여기에 다시 작은 원과 아주 작은 원을 한 번 더 겹쳐서 감실 등의 틈새 공간을 만들었다.

이상의 접근법은 보로미니만의 독창적 구성 기법인데 이슬람 건축과 중세 건축에서 부분적으로 영향을 받기도 했다. 이슬람 건축은 통상적으로 기하 작도에서 나온 특이한 형태를 많이 사용하는 특징을 보였다. 중세 건축에서 받은 영향으로는 성서에 기초한 중세주의를 들 수 있다. 중세 기독교 건축에서는 솔로몬의 신전이 솔로몬의 별 형상으로 지어졌을 것이라는 믿음이 퍼져 있었는데 이것을 바로크 시대에 맞게 부활시켜 사용한 것이다. 지붕을 나선형 탑으로 처리한 것도 중세의 수직성을 표현한 것에 해당한다. 보로미니는 바벨탑이나 똬리를 튼 뱀 등 성서에서 금기시한 모티브를 사용해서 정통 고전주의에 맞선 자신의 비정형주의를 돋보이게 했다(도 7-22).

셋째, 중세에서 매너리즘으로 이어지는 비정형주의이다. 정통 고전주의에서 벗어나고자 했던 보로미니는 스토아철학에 정통하는 등 중세 문화에 관심이 많았다. 건축에서도 앞에 나온 기하 작도나 탑 모티브에서 보듯이 중세주의는 그에게 중요한 선례였다. 중세주의는 매너리즘으로 이어지면서 반고전주의의 큰 흐름을 이루는데, 성 필리포 네리 오라토리오(Oratorio di S. Filippo Neri, 로마, 1637~52)가 대표작이다. 중세의 조적 전통을 따라 벽돌을 사용했다. 파사드의 전체 구성은 이탈리아 중세 건축에서 제일 많이 사용하던 바실리카 유형을 사각형으로 다듬은 윤곽으로 이루었다(도 7-23). 1층에서 주두를 밑으로 길게 늘어트려 골무를 끼운 것처럼 처리한 것도 이탈리아 중세 건축에서 많이 사용하던 기법이다.

세부 디테일은 더 노골적으로 반고전주의를 드러내는데, 일차적으로는 보로미니 개인의 창작품이었지만 매너리즘의 연장선에 있는 것으로 볼 수 있는 변형 부재를 많이 사용했다. 1층의 주두는 이오니아식 소용돌이 문양을 변형한 판재로 처리했다(도 7-24). 엔타블러처는 프리즈를 두 번 겹친 것처럼 처리했다. 창의 상인방이 특히 변형이 심했다. 얇은 꽃 띠 창틀로 한 번 싼 위에 큰 상인방을 하나 더 얹었다. 선형 부재로 윤곽을 짠 신전 박공 모티브를 사용했는데 세 종류로 변형해 1층, 2층, 중앙 출입문에 각각 다르게 할당했다.

박공의 양쪽 끝부분을 선형 어휘로 만들어 박공의 온전한 형태를 부수기도 하고 둥근 곡면으로 둥글리기도 했다. 곡면 박공의 중간을 끊어 횃불 모양의 장식을 집어넣기도 했다. 박공 윤곽을 받치는 까치발도 책상 다리를 장식적으로 처리한 것에서 도리스식 주두를 변형한

**도 7-23, 7-24** 프란체스코 보로미니, 성 필리포 네리 오라토리오, 로마, 1637–52.

것까지 다양했다(도 7-25). 박공 윤곽이 조금만 돌출된 부분에는 까치발이 아닌 면 장식을 받치기도 했다. 면 장식은 고전주의 족보에 없는 보로미니만의 새로운 어휘로 처리했다. 벽기둥 폭은 고전 규범을 벗어나 넓적하게 펴졌다. 이런 어휘들은 매너리즘이 부활한 것으로 볼 수 있을 정도로 파격이 심한 것이었다.

**도 7-25** 프란체스코 보로미니, 성 필리포 네리 오라토리오, 로마, 1637-52.

### 코르토나 – 가상세계와 절충 고전주의

피에트로 베레티니 다코르토나(Pietro Berrettini da Cortona, 1596~1669)는 베르니니와 보로미니 다음가는 성기 바로크 건축가였다. 본인이 새롭게 창작해낸 것은 거의 없지만 여러 선례를 종합해서 절충 고전주의를 구사하며 주요 작품을 남겼다. 그동안 많은 선례들이 쌓인 17세기 이탈리아에서 나올 수 있는 한 가지 유형이었다. 코르토나는 회화에서 제일 뛰어나 라파엘로의 영향을 이어받아 성기 바로크 회화를 창시했으며 바로크 미술을 대표하는 화가였다.

다코르토나의 건축은 두 가지 경향을 보였다. 하나는 회화 경력을 살린 가상세계로 다코르토나만의 독창적 경향으로 볼 수 있다. 천장 프레스코와 이것을 담는 건축 골격을 함께 보아야 하는데, 바르베리니 팔라초(Barberini Palazzo)의 살롱 천장에 그린 〈신의 섭리(Divine Providence)〉가 대표작이다. 이 그림에서는 투시도에 의한 착시 효과를 통해 공간이 실제보다 더 깊고 넓어 보이게 했으며 건축 골격은 그림과 어우러져 가상세계를 만들었다(도 7-26). 볼트 천장은 천상세계를 상징하는데 구름을 그려 이를 분명히 했다. 벽과 볼트가 만나는 엔타블러처의 윤곽을 두껍게 하여 천상세계의 경계를 상징했다. 네 모서리를 8각형 도형으로 처리해서 천상세계를 지탱하는 버팀목을 상징했다.

그림은 볼트 중심을 향한 일소점 투시도로 그렸는데 소실을 급하게 해서 실제 물리적 윤곽보다 공간의 깊이를 더 늘리고 역동적 긴장감을 만들어냈다. 하늘을 향한 집중을 강조해 천상세계가 속세보다 우위에 있음을 천명했다. 건축 골격은 그림과 합해져 천장에 가상의 하늘 세계를 만들었다. 다코르토나 특유의 풍부한 표현력과 바로크다운 생생

**도 7–26** 피에트로 베레티니 다코르토나, 〈신의 섭리〉, 바르베리니 팔라초 내, 로마.
**도 7–27** 피에트로 베레티니 다코르토나, 성 루카/성 마르티노, 로마, 1634–69.

함이 넘치는 회화가 건축과 함께 기독교가 지배하는 바로크 이상향을 그려냈다. 반종교개혁의 가톨릭 열풍이 갈망하던 기독교 제국의 가상적 장면으로 코르토나만의 바로크 기독교 고전주의로 볼 수 있다.

다른 하나는, 여러 선례를 종합한 절충 고전주의로 '팔라디오–마데르노–베르니니'로 이어지는 정통 고전주의와 '페루치–미켈란젤로–보로미니'로 이어지는 비정형주의를 섞어 사용했다. 성 루카/성 마르티노(Santi Luca e Martina, 로마, 1634~69)가 대표작으로, 마데르노의 산타 수잔나 모티브와 보로미니의 곡면 모티브를 혼용했다(도 7–27). 오더를 이용해서 위계를 표현하고 중앙 출입구로의 유입을 강조한 점이 산타수잔나 모티브였고 밖으로 완만하게 배가 부르며 돌의 가소성을 살린 점이 곡면 모티브였다. 그 결과 오더를 이용한 리듬감이라는 새로운 경향이 나타났다. 종합화와 절충주의를 잘 구사한 결과였다.

실내 골격을 짜는 고전 어휘는 미켈란젤로의 매너리즘을 차용했다. 크로싱과 네 팔의 양 끝 모서리 등 벽이 꺾이는 열두 지점에서 원형 기둥을 벽체에 나란히 세웠는데 기둥과 벽체가 붙은 것도 아니고 떨어진 것도 아닌 애매한 상태로 처리했다. 미켈란젤로가 라우렌치

**도 7-28** 피에트로 베레티니 다코르토나, 성 루카/성 마르티노, 로마, 1634-69.

아나 도서관에서 사용한 분리형 기둥(detached column)이라는 것인데 이것을 돔을 받치는 벽체에 사용한 것이다(도 7-28). 기둥은 원형 벽기둥처럼 보이다가 독립 원형 기둥으로 보이기도 하는 등 애매한 상태에 머물렀다.

### 롱게나와 베네치아 바로크

베네치아에서는 매너리즘이 융성한 반면 바로크건축은 미약했다. 도시 골격이 불규칙하고 동방의 이국정서가 강해 바로크건축이 특별한 의미를 갖지 못했다. 베네치아의 비정형 예술 전통이 곧 바로크라고 볼 수 있을 정도였다. 양식 사조로서 베네치아 바로크의 대표적 특징은 장식주의로 나타났는데, 이는 매너리즘의 전통이 이어진 것으로 볼 수 있다. 주세페 사르디(Giuseppe Sardi)의 산타마리아델질리오(Santa Maria del Giglio, 1678~83)가 좋은 예로, 마데르노의 산타수잔나를 기본 유형으로 차용했지만 건축적 관심은 베이 사이의 여백에 조각 장식을 가득 채우는 데 모아졌다. 좁은 광장의 한 면을 가득 채우고 서 있되 건축물이라기보다는 조각 전시장에 가까웠다(도 7-29).

**도 7-29** 주세페 사르디, 산타마리아델질리오, 베네치아, 이탈리아, 1678-83.

발다사레 롱게나(Baldassare Longhena, 1598~1682)는 베네치아 바로크의 장식주의를 대표하는 건축가였다. 베네치아에서 태어나 평생 베네치아에서 활동하면서 17세기 베네치아 바로크를 이끌었다. 다른 주요 건축가들이 조각이나 회화를 겸했던 것과 달리 건축에만 전념한 전문 건축가였다. '산미켈리-산소비노-팔라디오'의 16세기 베네치아 3인방의 영향을 받았으며 10대 후반에 첫 작품을 선보인 이래 많은 작품을 남겼으며 42년 동안 베네치아공화국의 수석 건축가로 활동했다. 석공 길드의 간부로서 현장 일에도 적극적으로 참여했으며 토목 기술에도 조예가 깊어 물 때문에 어려움이 많은 베네치아의 부지 환경에서도 그가 지은 건물들은 문제를 일으킨 것이 하나도 없었다.

도 7-30 발다사레 롱게나, 산타마리아델라살루테, 베네치아, 이탈리아, 1631–87.

대표작은 산타마리아델라살루테(Santa Maria della Salute, 1631~87)로 안정된 고전주의를 바탕으로 장식을 적절히 사용해서 건축적 의미를 풍부하게 만든 작품이다. 흑사병이 물러간 것을 기려 성모마리아에게 봉헌한 상징성이 중요했다. 이를 위해 돔을 받치는 드럼에 이오니아식 오더의 소용돌이 문양을 부벽처럼 사용했다. 장식주의를 이용해서 중세 모티브와 고전 어휘를 하나로 합해 자신만의 바로크 기법으로 바꾼 것이다. 몸통은 개선 아치와 신전 박공을 주요 모티브로 사용해서 골격을 짰으며 부분적으로 섬세한 장식을 더했다. 2층은 로마 목욕탕에서 사용하던 큰 삼분 창인 '목욕탕 창'으로 처리해서 장식 느낌을 더했다(도 7-30).

평면은 라벤나의 산비탈레를 선례로 삼아 팔각 반지형 겹 공간으로 구성했다. 중앙집중형을 강조한 구성으로 매너리즘의 연장선에 있음을 보여주는 것이며, 이는 또한 선형을 선호했던 로마 바로크와 대별되는 베네치아의 지역 전통을 반영한 것이다. 실내 골격에서 구조 부

**도 7-31** 발다사레 롱게나, 산타마리아델라살루테, 베네치아, 이탈리아, 1631-87.

재를 회색으로, 비구조 부재를 흰색으로 처리한 것과 오더를 높은 주추 위에 올린 것은 팔라디오 매너리즘을 빌린 것이다(도 7-31). 전체적으로 팔각형의 기하학적 윤곽을 지키면서 장식으로 이것을 중화하는 처리 역시 베네치아 매너리즘을 물려받은 것이었다. 베네치아 매너리즘은 건축 개념이나 공간 구성 등은 단순하게 잡은 뒤 돌의 표면 처리나 섬세한 디테일 등의 장식 처리로 시각 효과를 노리는 특징이 있었다.

# 3
# 후기 바로크

### 과리니와 피에몬테 후기 바로크의 성립

이탈리아 후기 바로크는 지역에 따라 둘로 나눌 수 있다. 하나는 로마로, 창작 활동은 크게 쇠퇴한 대신 아카데미즘이 등장한 점에서 일정한 중요성을 유지했다. 카를로 폰타나(Carlo Fontana)가 세운 산루카 아카데미가 중심지로, 르네상스에서 17세기 말에 이르는 초기 근대 3세기의 건축을 총정리하는 중요한 기여를 했다. 건축에서 아카데미즘의 시작이었다. 주요 건축가들의 스케치, 도면, 저서, 원고 등을 모아서 도서관을 꾸몄으며 일정한 교육도 행했다.

다른 하나는 토리노를 중심으로 한 피에몬테 공화국으로 과리니, 주바라, 비토네 3인을 배출하며 후기 바로크의 중심지로 떠올랐다. 피에몬테 공화국은 17세기 말에 국력이 커지면서 로마를 제치고 정치적 중심지가 되었다. 문명의 중심이 초기 근대의 이탈리아에서 18세기의 파리로 넘어가는 중간 기착지의 성격이 강했다. 일거리가 몰리면서 작품 활동이 활기를 띠었다. 크게 보면 보로미니의 비정형주의에서 중요한 영향을 받았으나 독창적 내용도 새롭게 창조하면서 이탈리아 바로크의 마지막 불꽃을 태운 지역이었다.

과리노 과리니(Guarino Guarini, 1624~83)는 피에몬테 후기 바로크의

도 7-32 과리노 과리니, 성 필리포 네리(S. Filippo Neri) 계획안.

문을 연 건축가였다. 고향 모데나와 주 무대 토리노를 비롯해서 비첸차와 베로나를 오가며 폭넓게 활동했으며 파리, 리스본, 니스, 프라하 등에 계획안을 보내는 등 국제적으로도 활발하게 활동했다. 포르투갈, 스페인, 독일, 오스트리아 등의 바로크건축에는 직접적 영향을 끼쳤다. 작품 수가 많지 않은 대신 저술가이자 수학자, 철학자, 성직자로서 다양한 활동을 했다. 당대에 뛰어난 기하학자로 건축에서도 비정형주의에 기하 작도를 응용했는데 이 점이 보로미니와 연결해주는 중요한 끈이었다(도 7-32).

본격적인 건축 활동은 비교적 늦게 시작했다. 건축을 처음 접한 것은 테아틴 수도회의 수련 수사로 뽑혀 로마에 머물던 1639년부터 1648년으로 베르니니, 보로미니, 코르토나 3인의 성기 바로크건축을 골고루 접했다. 이후 철학과 교수와 수도사 생활을 겸하면서 틈틈이 건축 일을 접했으며 이 과정에서 곡면 자유 형태, 복층 돔, 중앙집중형, 중세주의 등 자신의 건축 경향을 형성해갔다. 1666년에 토리노에 정착하여 말년의 작품들을 남겼는데 산로렌초(San. Lorenzo, 토리노, 1667~79), 산티시마신도네 예배당(Cappella di Santissima Sindone, 1667~82), 라 콘솔라타(La Consolata, 1679~83) 등이 대표작이다.

**도 7-33** 과리노 과리니, 산로렌초, 토리노, 이탈리아, 1667-79.

과리니는 베르니니와 보로미니 모두에게 영향을 받았다. 베르니니의 영향은 종교적 측면이 강해서 신앙심에 기초한 건축과 기독교의 일치라는 정신적이고 은유적인 내용이 주를 이루었다. 부분적으로는 장경주의에서도 영향을 받았다. 보로미니의 영향은 구체적인 건축 경향에서 나타났다. 기하 작도를 바탕으로 파도치는 것 같은 곡면과 수직 구성의 앙천성이 대표적인 내용이었다. 단순히 자신의 작품에 적용하는 데 그치지 않고 피에몬테 후기 바로크의 현란한 중세주의로 발전시켰다. 곡면 자유 형태와 부유(浮游)하는 돔이 대표적 특징이었다(도 7-33).

그의 영향은 매우 커서, 가깝게는 그의 뒤를 이어 피에몬테 후기 바로크를 이끌어 간 주바라와 비토네도 과리니 없이는 탄생할 수 없었을 것이다. 멀리는 중부 유럽의 독일어권의 비정형 바로크건축에 지대한 영향을 끼쳤다. 예를 들어 과리니의 1686년판 저서는 독일어권 바로크 형성에 결정적 역할을 해서 바이에른과 오스트리아의 바로크 건축가들은 거의 대부분 과리니의 저서를 교과서처럼 들고 다니며 활용했다.

### 부유하는 돔, 중세성, 후기 바로크

산로렌초는 곡면 자유 형태에 치중하면서 부유하는 돔의 가능성을 탐구한 건물이었다. 전체 윤곽은 정사각형의 안쪽 면을 조작해서 만든 팔엽형으로 이루어졌다(도 7-34). 모서리 네 곳에 감실을 파서 오목 면을 만들고 밖으로 기둥을 두 개 세워 볼록 면을 만들었는데 둘을 합하면 작은 타원형이 되었다. 실내에서는 여덟 개의 볼록 면이 타원을 한

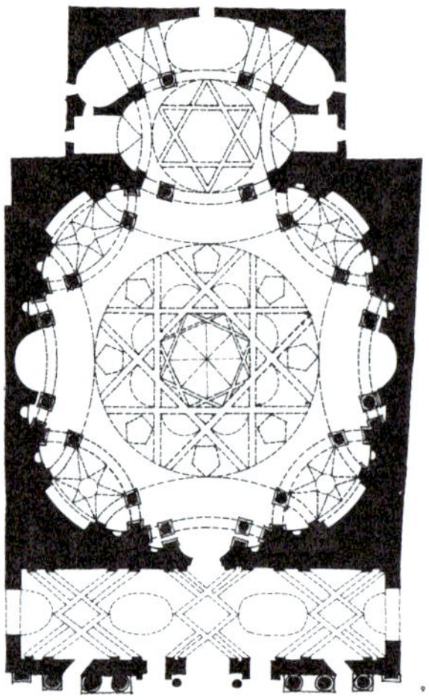

**도 7-34, 7-35** 과리노 과리니, 산로렌초, 토리노, 이탈리아, 1667-79.

바퀴 돌아가며 파도치듯 쿨렁거렸다. 마치 살아 있는 유기체가 생명 활동을 하는 것 같았으며 공간 켜가 두 겹이 되면서 이런 효과가 배가 되었다(도 7-35).

언뜻 보면 보로미니의 산카를로알레콰트로폰타네와 비슷한데 세 가지 점이 달랐다. 첫째, 기하 작도가 자유로워진 점이다. 팔엽형은 정사각형 윤곽의 안쪽 면을 볼록하게 끌어당겨 변형한 것으로 볼 수도 있었고 그리크 크로스의 교차 부분을 밖으로 밀어내어 변형한 것으로 볼 수도 있었다. 기본 도형을 겹치던 보로미니의 성기 방식과 달라진 후기 방식으로 볼 수 있다. 둘째, 벽면에 장식이 훨씬 많아진 점인데 이것 역시 후기 양식에서 보편적으로 나타나는 현상이다. 셋째, 독립 원형 기둥이 벽면을 받치며 서 있는 점인데 이것은 예배당에 베르니니의 장경주의를 구사하기 위한 것으로 보인다.

천장은 펜덴티브 돔을 기본 골격으로 삼아 변형시켰다. 펜덴티브를 외벽보다 안쪽에 놓아서 네 모서리에 타원형 공간을 넣을 수 있게 했는데 이런 처리로 인해 실내 공간에 부분 겹 공간이 생겨났다. 돔 자체도 이중으로 짰다. 팔엽형의 내벽 위에 1차 돔을 얹고 그 위에 작은 돔을 2차로 하나 더 올렸다. 아직 돔이 본격적으로 높아지지는 않았지만 보로미니 건물에서는 찾아볼 수 없던 새로운 기법이었다.

부유하는 돔을 통해 앙천성을 표현하려는 중세주의였다. 2차 돔의 내곡면에 사용한 리브가 핵심 어휘였다. 구조 역할을 겸하기 때문에 창 면적을 넓힐 수 있었고 빛을 끌어들여 돔이 공중에 떠 있는 것처럼 보이게 했다. 리브 자체가 중세 건축을 대표하는 어휘이기 때문에 중세주의를 상징적으로 표현했다(도 7-36). 상징성은 리브가 작도하는 기하 문양에서도 나타났다. 여덟 개의 팔을 갖는 별 모양이 내곡면의 1차 골격을 이루었고 열여섯 개의 리브가 교차하면서 중심에 작은 팔각형을 하나 더 만들었으며 그 사이로 큰 원, 작은 5각형, 원의 3분의 1 조각 등의 천측창들을 뚫었다.

**도 7-36** 과리노 과리니, 산로렌초, 토리노, 이탈리아, 1667–79.

산티시마신도네 예배당(Cappella di Santissima Sindone, 토리노, 1667~82)은 산로렌초의 부유하는 돔을 더욱 발전시켜 완성한 작품이었다. 돔 골격 자체가 훨씬 복잡해졌다. 산로렌초의 돔이 2단이었던 데 반해 여기에서는 '드럼–내곡면–랜턴'의 3단으로 높아졌다. 여기에 머물지 않고 내곡면을 6층으로 높였으며 랜턴도 2층 돔으로 짜서 전체 단 수를 세는 것이 무의미해졌다. 내곡면이 압권이었다. 한 층을 조각 아치 형태의 리브 여섯 개를 이용해서 육각형으로 구성했으며 이런 층이 수직으로 여섯 번 반복되면서 마치 장작을 나선형으로 돌아가며 지그재그로 쌓은 것 같은 역동적 형태가 되었다(도 7-37). 코르토나가 성 루카/성 마르티노에서 사용했던 비잔틴건축의 회선형 돔을 수직적으로 극단화한 것으로 해석할 수 있다.

투명성이 극대화되면서 부유하는 돔의 분위기는 절정에 달했다. 비잔틴건축의 대표적 특징 가운데 하나인 부유하는 돔을 서방 중세 건축의 리브를 응용해서 바로크에 맞게 새롭게 창출한 것이다. 더 궁극적으로는 중세주의의 탑 모티브를 구현해 앙천성을 표현한 것으로 볼 수 있다. 과리니는 보로미니가 산티보알라사피엔차에서 바벨탑과 똬리를 튼 뱀의 모티브를 사용해서 표현했던 중세 신비주의를 이어받아 더욱 역동적으로 발전시켰다. 과리니의 이 건물은 서양 건축사 전체를 통틀어 천상의 초월성을 가장 극적으로 표현한 작품으로 평가받는다.

**도 7-37** 과리노 과리니, 산로렌초, 토리노, 이탈리아, 1667–79.도 7-36 과리노 과리니, 산로렌초, 토리노, 이탈리아, 1667–79.

## 피에몬테 공화국과 주바라

필리포 주바라(Filippo Juvarra, 1678~1736)는 시칠리아의 은세공 집안에서 태어나 은세공, 성직 준비, 판화, 건축 등 다양한 교육을 받은 뒤 로마의 산루카 아카데미에 유학했다. 폰타나는 앞 시대 로마 거장들의 도면을 정리하고 작품을 도면으로 제작하는 작업을 하고 있었는데 이 일을 주바라에게 맡겼다. 주바라는 이 기회를 통해 거장들의 고전주의를 체험할 수 있었다. 1705년 졸업 후 많은 계획안을 남기며 동분서주했지만 실제 일거리를 찾지 못하다가 1714년 피에몬테의 왕이었던 비토리오 아메데오 2세(Vittorio Amedeo II)의 수석 건축가로 발탁되면서 전성기를 맞았다.

토리노를 왕국의 수도로 정한 왕은 정치적 권위에 걸맞은 건축을 원하였고 주바라를 발탁했다(도 7-38). 주바라는 거장들이 남긴 선례들의 장점을 취합하여 18세기 초반에 새롭게 부상한 권력의 취향에 맞는 장식 양식을 선보일 기교와 재주가 있었다. 이것이 새 왕의 야망에 부합한 덕분에 주바라는 이후 20년 동안 왕실 건축가로 활동하면서 토리노를 중심으로 피에몬테 지방에 여러 채의 주요 작품들을 남길 수 있었다. 성 필리포 네리(Santo Filippo Neri, 토리노, 1717)와 산타크로체(Santa Croce, 토리노, 1718) 등 교회도 많이 남겼지만 팔라초와 왕궁 등 왕실과 권력층의 대저택에서 주요 작품이 나왔다. 토리노 근교의 수페르가

**도 7-38** 필리포 주바라, 마다마 팔라초, 토리노, 이탈리아, 1718-21.

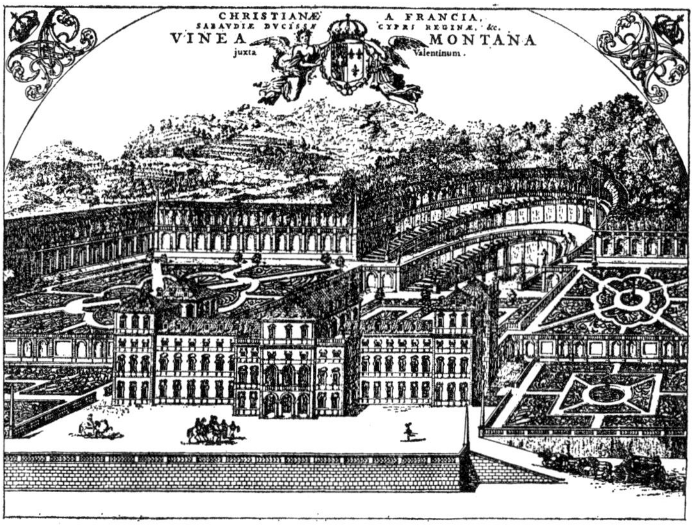

(Superga, 1716~31)와 스투피니지 팔라치나(Palazzina di Stupinigi, 1729~35)와 시내의 마다마 팔라초(Palazzo Madama, 1718~21)가 대표작이다.

주바라 건축의 특징은 장식 아카데미즘으로 요약할 수 있다. 르네상스에서 바로크에 이르는 초기 근대 고전주의를 종합한 뒤 장식으로 각색했다는 의미다. 주바라의 대표작은 18세기를 넘긴 것들인데 이 시기 프랑스와 영국에서는 계몽주의라는 새로운 문명이 시작되고 있었다. 문명의 중심은 이탈리아에서 두 나라로 넘어가고 있었다. 주바라는 여기에 동참하지 못하는 대신 당시까지의 고전주의를 종합한 뒤 장식으로 치장하는 경향을 구사했다. 후기 양식의 전형적 태도인데 이것이 무의미한 장식주의로 흐르지 않은 것은 주바라 개인의 절제된 조형 능력 덕분이었다. 크게는 피에몬테 공화국의 위상을 표현해야 한다는 시대적 요구와 맞물린 덕도 있었다.

### 수페르가와 스투피니지

수페르가는 미켈란젤로의 성 베드로 돔, 팔라디오의 빌라, 비뇰라의 일 제수 실내 벽체, 베르니니의 성 베드로 캄파닐레, 보로미니의 산카를로알라콰트로폰타네 실내 벽체, 코르토나의 분리형 기둥 등 여러 고전주의 선례를 하나로 종합했다(도 7-39, 7-40). 모두 산루카 아카데미 시절에 익힌 것들이었다. 과리니의 영향도 커서 곡면 자유 형태, 장식 어휘, 구조 축조성과 견주어 과장된 공간 등을 빌려 썼다. 과도

**도 7-39, 7-40** 필리포 주바라, 수페르가, 토리노 근교, 이탈리아, 1716-31.

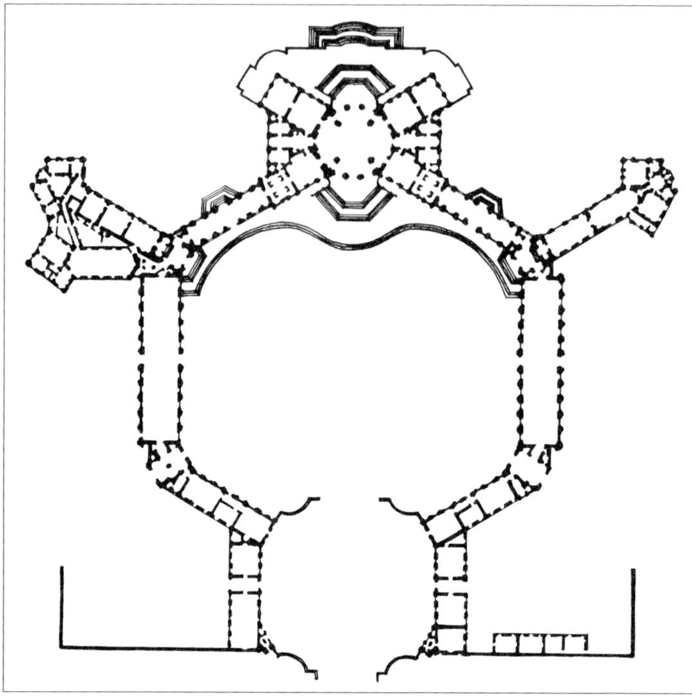

**도 7-41** 필리포 주바라, 스투피니지 팔라치나, 토리노 근교, 이탈리아, 1729–35.

한 종합화인데 주바라는 탄탄한 고전주의 기본기와 균형 잡힌 조형감각으로 자신만의 장식주의를 창출했다. 여기에는 산루카 아카데미 시절의 스승 폰타나의 역할이 컸다. 그는 주바라의 섬세한 장식 본능을 알아채고 이것이 무의미한 장식 놀음으로 흐르지 않도록 고전주의 기본기 훈련을 철저하게 시켰다.

수페르가에서 로코코 장식은 아직 본격적으로 등장하지 않고 이탈리아 후기 바로크 장식 범위 내에 머물고 있다. 그러나 외관의 돔, 캄파닐레, 드럼 등을 황색으로 처리하고 이것을 감싸며 엮어주는 오더 체계와 열주 출입구를 흰색으로 처리해서 색채 장식 효과를 노린 것은 독일어권 바로크건축의 전형적 기법이다. 이탈리아를 넘어 알프스 이북 지역의 영향이 역류했음을 보여주는 현상이다.

역류 현상은 이 건물보다 10여 년 늦은 스투피니지 팔라치나(Palazzina di Stupinigi, 1729~35)에서 더 명확히 나타났다. 전체 구성부터 독일어권의 왕궁 구성을 따랐다. 일자형 건물이 여러 번 꺾이면서 길게 뻗고 이것들이 교차하는 지점에 화려한 왕의 방(Kaiser Saal)을 두는 구성이다(도 7-41). 왕의 방에는 로코코양식이 등장했다. 프랑스와 남부 독일에서 18세기 전반부에 유행한 장식 양식인데 이곳에서는 후기 바로크와 합해져 장중하면서도 화려한 장식으로 나타났다. 장식은 식물 문양을 기본으로 부드러운 선형 요소를 섞었으며 표면 장식을 강조하기 위해 구조 축조성을 그 뒤에 숨겼다.

실내는 새로운 권력 주체로 등장한 귀족들의 연회를 위한 무대 개념으로 처리했다. 장경주의를 18세기 상황에 맞게 확장, 변형한 것이다. 귀족들의 살롱 문화에서 탄생한 로코코의 장식 어휘는 이런 분위기와 잘 어울렸다. 실내는 빈 여백 하나 없이 화려한 장식으로 가득 찼다(도 7-42). 이 건물은 아메데오 2세가 사냥을 나왔을 때 머물며 연회를 베풀고 휴식을 취할 목적으로 지었다. 왕은 주바라에게 알프스 이북 강대국들에 뒤지지 않는 화려하고 웅장한 건물을 지을 것을 요구했다.

마다마 팔라초는 건축적으로는 베르사유 왕궁을 모방한 것이며 사회적으로는 18세기에 세속 권력이 종교 권력을 완전히 압도하게 된 시대 상황을 반영하는 작품이다. 이탈리아도 마찬가지여서 귀족과 민간 세력의 본거지인 팔라초가 장대해지는 변화가 있었고 이를 위해 세속 권력의 대명사 베르사유를 모방했다. 건물 전체는 엄격한 축 구성과 대칭을 지켰고 중앙 홀의 면적이 크게 늘어났다. 3층 높이를 가로지르는 광대한 공간이 등장했으며 그 사이를 웅장한 스케일에 화려한 장식으로 꾸민 계단이 가르고 지나갔다(도 7-43). 유턴 계단을 좌우에 대칭으로 배치해서 형식을 강조했으며 이는 곧 왕의 권력을 상징했다.

**도 7-42** 필리포 주바라, 스투피니지 팔라치나, 토리노 근교, 이탈리아, 1729-35.

**도 7-43** 필리포 주바라, 마다마 팔라초, 토리노, 이탈리아, 1718-21.

### 비토네-기하 파노라마와 유형 분류

베르나르도 안토니오 비토네(Bernardo Antonio Vittone, 1702~70)는 토리노 토박이로 피에몬테 후기 바로크의 마지막을 장식했다. 그는 토리노에 있는 과리니가 지은 건물들을 보고 자랐으며 1731년까지 토리노에서 주바라에게 건축을 배웠다. 이후 로마로 유학을 떠나 산루카 아카데미에서 1733년까지 수학하며 로마 고전주의를 익혔다. 귀향한

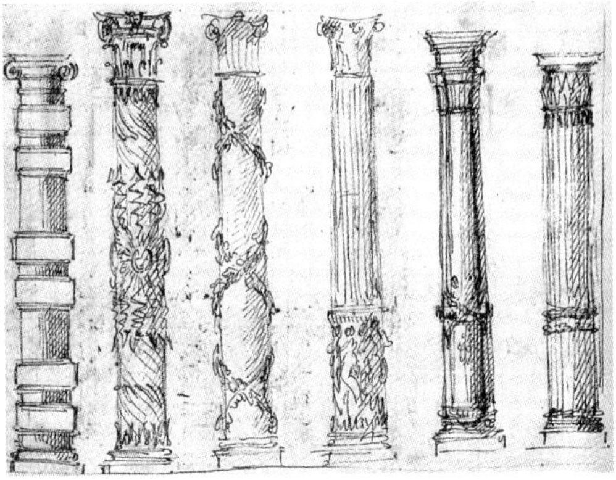

**도 7-44** 베르나르도 안토니오 비토네, 기둥 연구.

후 평생 30여 채가 넘는 교회를 설계하며 전성기를 보냈다.

비토네가 처한 시대 상황도 표면적으로는 과리니나 주바라가 처했던 시대 상황과 유사했지만 미세한 차이도 있었다. 18세기 중반을 넘어서며 바로크는 철 지난 과거 양식으로 사라지고 있었다. 계몽주의 건축에 합류하지 못한 채 종합화와 장식 경향을 추구해야 하는 상황에서 선례의 고전적 순도보다는 레퍼토리의 확장이 더 중요해졌다. 비토네 개인에게는 창의력의 한 형식일 수 있었고 거시적으로는 후기 양식이 극단화된 것으로 볼 수도 있었다. 비토네는 고전을 레퍼토리의 소재로 받아들여 소품으로 만든 뒤 단순 혼합하는 경향을 보였다.

**도 7-45** 베르나르도 안토니오 비토네, 평면 유형.
**도 7-46** 베르나르도 안토니오 비토네, 돔 유형.

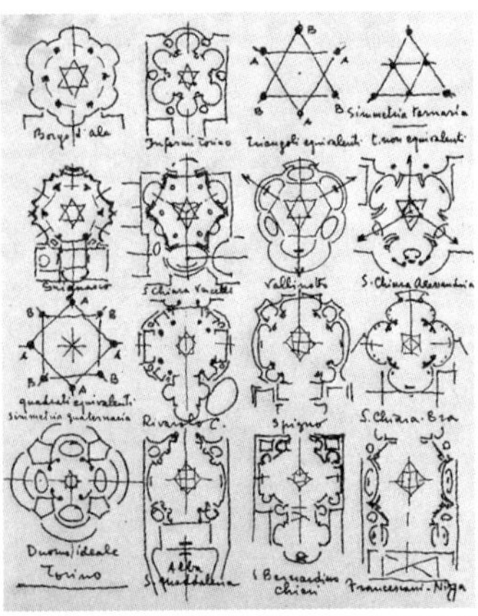

건축 어휘는 더 장식적이고 화려해졌으며 기괴해지기까지 했다. 비토네의 고전주의 목록에는 뱃부리 장식 기둥(rostral column), 오벨리스크, 개선 아치, 무덤 등 고대 로마의 선례들이 포함되었다(도 7-44). 고전주의 선례에 대해서도 단순히 개인별 차용을 넘어서 유형별 분류를 도입해서 확장했다. 레퍼토리 대상을 대폭 확장한 뒤 기능 유형이나 공간 유형에 따라 분류해서 사용했으며 여기에 스스로의 창작을 가해 다양하고 풍부한 어휘를 구사했다.

기하 파노라마 개념에 기초한 교회 평면, 몸통, 천장 돔의 유형 분류는 좋은 예다. 분류 기준은 평면, 몸통 구조, 돔의 세 영역으로 나눌 수 있다. 평면에서는 기하 형태(원, 타원, 육각형, 팔각형, 선형 등), 공간 켜의 복합성 혹은 겹 수, 기능 할당 등이 중심 요소였다. 몸통 구조에서는 돔을 받치는 내력 구조의 종류(기둥, 벽기둥, 벽체)와 실내 벽의 아치 형식 등이 중심 요소였다. 돔에서는 기본 윤곽의 기하 형태(원, 육각형, 팔각형, 별 모양 등), 광원의 형식, 구조 골격의 복합성 혹은 겹 수, 수직 구성의 층수, 내곡면의 골격 방식(표준 쿠폴라, 리브 네트워크, 둥글게 잘라낸 펜덴티브, 역스퀸치, 천공 펜덴티브) 등이 중심 요소였다(도 7-45, 7-46).

빌라노토(Vilanotto)의 성모 방문 예배당(Cappella della Visitazione, 1738)의 평면은 육각형을 기본 기하 형태로 삼아 주변에 작은 타원 예배당이 돌아가면서 에워싸는 구성을 했다. 돔은 리브 네트워크를 기본 구조로 삼아 3중 윤곽으로 처리했다(도 7-47). 첫 번째 윤곽은 여섯 개의 아치가 만나면서 만드는 큰 육각형, 두 번째 윤곽은 큰 육각형 안에 만든 별 모양 돔, 세 번째 윤곽은 두 윤곽을 밖에서 감싸는 육각형 외벽이었다. 천장에는 복합 골격을 만들었다. 과리니의 부유하는 돔을 더 발전시킨 기하 파노라마였다. 천장은 천상의 이미지를 표현하는 신비주의의 대표적 예가 되었다.

브라(Bra)의 산타키아라(Santa Chiara, 1742)의 평면은 사엽형으로 구성했다. 꽃잎이 펼쳐나가는 네 모서리에는 두꺼운 사각 벽기둥을 세워 중심 공간을 형성했다. 네 꽃잎에는 예배당을 할당했는데 타원형으로 평면 윤곽을 형성하고 실내는 갤러리를 갖는 2층으로 처리했다. 돔은 평면 윤곽에 따라 복수로 만들었다. 중심 공간 위에는 돔형 볼트로 천장을 마감했고 정상에는 원형 창을 뚫었다. 이 밖으로 예배당 하나당 돔을 하나씩 더 두어 두 번째 켜를 만들었다(도 7-48). 두 번째 돔은 예배당의 갤러리 천장에 해당됐고 역시 정상에 원형 창을 뚫었다. 실내 전체로 보면 다섯 개의 광원이 두 단으로 나뉘어 위계를 이루며 실내 공간의 복층 구도를 부각했다.

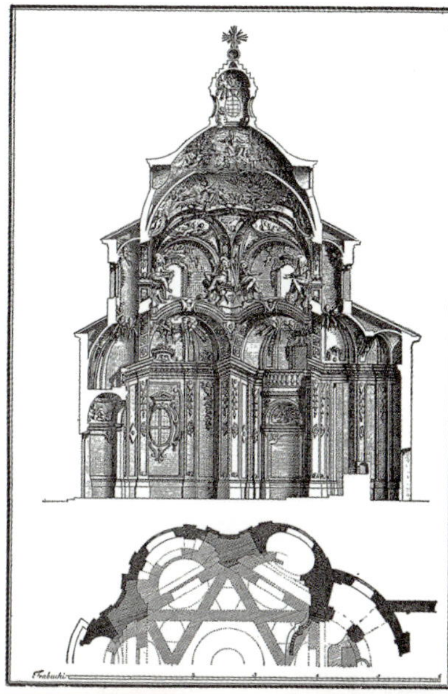

**도 7-47** 베르나르도 안토니오 비토네, 성모 방문 예배당, 발리노토, 이탈리아, 1738.
**도 7-48** 베르나르도 안토니오 비토네, 산타키아라, 브라, 이탈리아, 1742.

# 4
# 프랑스 바로크건축

## 절대왕정과 프랑스 바로크의 성립

도 7-49 프랑수아 데랑(Francois Derand), 생폴 생루이 교회(Church of Saint-Paul Saint-Louis), 파리, 1625-34.

프랑스 바로크건축은 17세기와 함께 시작되었다. 16세기 후반부에는 종교전쟁으로 프랑스 건축이 침체에 빠져 있었다. 1598년 낭트칙령으로 안정을 되찾고 앙리 4세가 왕권 강화의 일환으로 파리 재개발계획을 실행하면서 건축 붐이 일기 시작했다. 이후 루이 13세 때 바로크건축이 본격적으로 시작되었고 루이 14세 때 절정을 이룬 뒤 18세기에 로코코로 변화하면서 막을 내렸다. 루이 15세 때에는 계몽주의로 전환이 있었다.

프랑스는 자국 고유의 르네상스 양식을 완성한 경험이 있기 때문에 바로크도 어렵지 않게 시작할 수 있었다. 이탈리아 바로크만큼 다양하지는 않았지만 질과 양 모두에서 버금가는 융성을 누렸다. 종교 건축과 비종교 건축으로 양분할 수 있다. 교회로 대표되는 종교 건축은 이탈리아 바로크 가운데 마데르노의 산타수잔나와 베르니니의 표준 오더를 합한 정통 고전주의를 받아들여 자국의 중세 전통 가운데 수직성을 구현하는 경향을 특징으로 보였다(도 7-49). 보로미니 계열의 비정형주의에 대해서는 거부감이 심한 편이었다. 낭트칙령과 함께 종교전쟁이 끝나고 가톨릭이 국교의 지위를 되찾으면서 프랑스 교회가

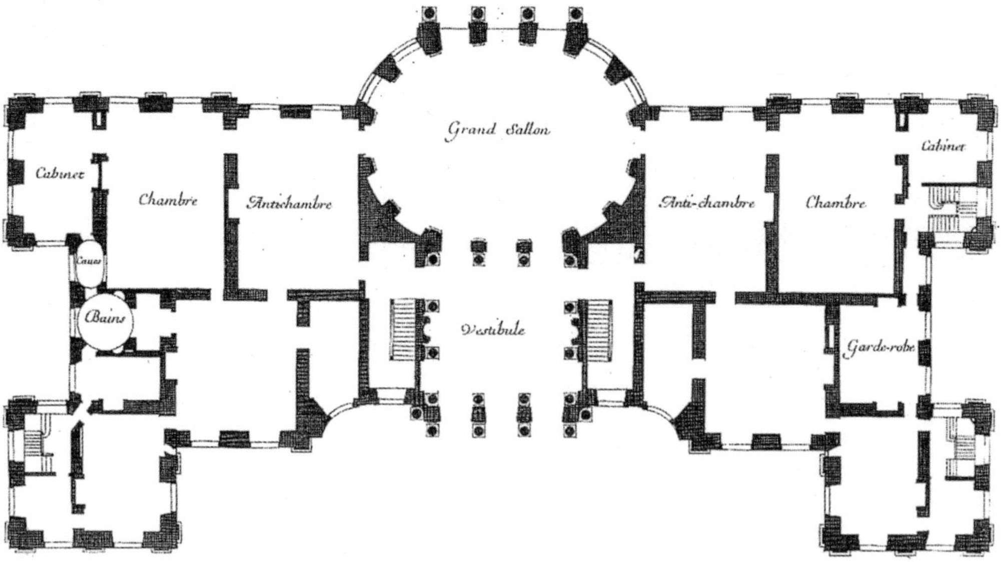


**도 7-50** 루이 르보(Louis Le Vau), 보르비콩트 성채, 프랑스, 1656–61.

급격히 보수화되고 건축도 보수적으로 흐른 것이다.

비종교 건축은 프랑스의 전통적 구성 기법으로 건물 전체 윤곽을 짜고 오더 중심으로 바로크 어휘를 섞어 쓰는 경향을 보였다. 정문 출입구가 있는 중앙부를 중심으로 양옆에 윙이 나가고 다시 양 끝을 측동으로 마무리하는 5분법을 표준 구성으로 삼아 히프 루프(hip roof) 같은 프랑스의 전통 지붕을 얹은 위에 오더는 교회 건축과 마찬가지로 마데르노와 베르니니를 합한 이탈리아 표준 고전주의를 사용했다(도 7-50).

프랑스 바로크를 이끈 것은 절대왕정이었다. 절대주의(Absolutism) 시기를 정치 왕조의 입장에서 부르는 말로 루이 14세(재위 1662~1715) 통치기부터 프랑스대혁명이 일어날 때까지인 1660년에서 1789년 사이를 일컫는다. 정치의 군주제와 경제의 중상주의를 양축으로 삼아 교회, 귀족, 자본 같은 다른 권력구조에 대해서 우위를 점하는 강력한 중앙집권 체제였다. 이런 정치적 위상을 표현할 권위적 건축양식이 필요했던 왕정은 프랑스 전통과 정통 고전주의를 합한 바로크건축을 적극 후원, 활용했다.

절대왕정이 주요 건축주로 새롭게 등장하면서 두 가지 큰 변화가 나타났다. 첫째, 기능 유형이 다양해졌다. 성당과 교회라는 큰 축 위에 왕궁, 교육 시설, 정부 행정 시설, 시청사, 시민 회관, 도서관, 박물관, 상류층 주거 시설, 성, 극장, 상업 시설, 군사 시설 등 다양한 세속 건물들이 주요 기능 유형으로 등장했다. 건축 어휘는 기독교 양식을 그대로 사용했지만 기능과 프로그램에서 기독교 건축과 다른 새로운 내용들이 나타나면서 프랑스 초기 근대건축의 중요한 부분을 이루었다. 둘째, 이탈리아의 영향에서 벗어나 프랑스만의 고유한 국가 양식을 창출하려는 시도가 활발해졌다. 이에 따라 아카데미즘, 그랜드 매너, 루이 14세 양식, 왕실 고전주의 등 프랑스 바로크를 지칭하는 다양한 명칭들이 생겨났다.

### 아카데미즘, 그랜드 매너, 수상 건축

프랑스 바로크는 절대왕정 시기의 국가 양식으로 자리매김했다. 단순히 국가를 대표할 정도로 크게 유행했다는 뜻을 넘어 국가에서 직접 관리, 운용한다는 뜻이 담겨 있다. 왕실에서 직접 왕립 아카데미를 설립해서 운영했다. 루이 14세는 1648년에 왕립 미술 아카데미를, 1671년에 왕립 건축 아카데미를 각각 세웠다(도 7-51). 이곳에서는 건축 교육뿐 아니라 왕실에서 발주하는 건축, 나아가 프랑스 전역에서 이루어지는 건축을 관리, 감독하는 일을 했다.

왕실은 무료로 건축 교육을 해주고 졸업 후에는 일거리를 제공하는 등 모든 편의를 제공하는 대신 작품 경향을 철저하게 왕실의 정치적

**도 7-51** 앙리 테스텔렝(Henry Testelin), 〈루이 14세에게 로열 과학 아카데미 회원을 소개하고 있는 콜베르(Colbert presents Louis XIV to the members of the Royal Academy of Sciences)〉, 1667.

목적에 맞게 구사하도록 강제했다. 교육 내용도 이에 맞게 표준 내용을 규범화해서 강제했다. 고전주의를 이용해서 왕실의 권위를 과시할 수 있는 기본 법칙을 교과서처럼 정리한 것으로 이를 통칭해서 그랜드 매너(Grand Manner)라고 불렀다. 축과 대칭에 의한 안정적 구도, 중심을 강조하는 중앙집중, 쭉 뻗은 일직선 복도, 화려한 장식을 곁들인 코린트식 오더, 고전 비례의 엄수 등이 핵심 내용이었다. 왕립 아카데미를 중심으로 그랜드 매너에 충실하게 구사하는 예술 양식인 아카데미즘이 탄생했다.

그랜드 매너의 이론적 내용은 건축 아카데미의 초대 교장이자 프랑스 바로크의 대표적 이론가였던 프랑수아 블롱델(Francois Blondel) 등이 완성했지만, 정작 이것을 실제 건물에 구현한 것은 19세기 제국주의 때 보자르 양식에서였다. 바로크 때는 그랜드 매너를 충실하게 구현하기에는 프랑스 건축을 둘러싼 환경이 복합적이었기 때문이다. 왕 이외에 수상의 입김도 커서 건축주의 취향이 갈렸으며 건축가도 이탈리아 원본과 프랑스 전통의 혼합같이 그랜드 매너 이외의 순수 창작 조건들에 예민했다.

절대왕정 시대에는 왕마다 수석 건축가들이 있었다. 루이 13세의 수석 건축가는 르메르시에였고 루이 14세의 수석 건축가는 전반부에는 르보였고 후반부에는 아르두앙 망사르였다. 어떤 면에서는 왕을 보좌하며 주요 정책을 입안, 실행하던 실질적 권력자인 수상이 더 중요했다. 그리하여 '수상 건축'이라고 부를 만한 프랑스 바로크 특유의 현상이 있었다. 루이 13세 때 리슐리외는 왕국의 융성과 국왕의 존엄을 확립하여 절대왕정을 완성했는데 그 상징으로 르메르시에의 루브르 궁전으로 대표되는 왕궁 유형도 완성되었다. 또 리슐리외는 신앙의 자유는 허용한 반면 신교의 정치 세력과 군사력을 철저히 분쇄하면서 가톨릭의 기반을 공고히 했는데 이에 따라 르메르시에와 망사르가 프랑스 바로크 기독교 고전주의를 완성했다. 이외에 절대왕정을 지탱하는 귀족과 부르주아의 본거지인 호텔이 점차 자리 잡았는데 이것을 이끈 건축가는 1630년대의 망사르와 르보였다.

루이 14세가 섭정을 하던 초기에 마자랭은 외교력을 바탕으로 프랑스 절대왕정이 유럽 전역에서 인정받도록 했다. 외교관이 늘고 내각과 정부가 커져 고급 관리도 늘면서 법복 귀족이 등장했으며 이들의 본거지인 호텔의 전성기가 도래했다. 이것을 담당한 것은 르보였으며 여기에 더해 루이 14세 통치 전반부에 수석 건축가로 활약했다. 또 마자랭은 교황청 관리 출신이었고 추기경을 겸했기 때문에 가톨릭의 안정에 더욱 힘써 프랑스 바로크 기독교 고전주의를 계속 발전시켜 나갔는데 이것을 이룬 것은 망사르의 교회 건축이었다.

루이 14세 통치 중반기에 콜베르는 프랑스 절대왕정의 최전성기를 일궈냈다. 루이 14세 중상주의의 전형인 콜베르티슴(Colbertisme)을 주도하며 프랑스를 무역 대국으로 키웠다. 건축 경향은 이전까지 형성된 프랑스 바로크를 총동원하여 애국심을 고취하고 절대왕정의 영광을 찬양하는 기념비적 방향으로 나타났다. 이런 경향을 왕실 고전주의(royal classicism)라 부르며 마자랭 때의 순수 바로크 경향과 구별하기도 한다. 이것을 담당한 건축가는 아르두앙 망사르였다. 왕궁과 교회 모두에서 프랑스 절대왕정의 국가 양식을 대표하는 대작들이 탄생했다.

### 드브로스-프랑스 바로크의 두 가지 유형

살로몽 드브로스(Salomon de Brosse, 1571년경~1626)는 프랑스 바로크의 문을 연 건축가였다. 앙리 4세의 건축가로서 왕의 활동을 건축적으로 뒷받침했다. 왕은 부르봉 왕조의 문을 열면서 왕권을 강화하려는 일환으로 뤽상부르궁전을 지었는데 드브로스에게 이 일을 맡겼다. 왕은 또한 가톨릭과 신교를 오간 끝에 최종적으로 가톨릭으로 개종하면서 프랑스 바로크 가톨릭의 기초를 닦기 위해 교회 건축도 일으켰는데 드브로스에게 생제르베를 맡겼다. 이로서 프랑스 바로크건축을 구성하는 양대 축인 왕궁과 교회에서 그 기초가 닦였다.

드브로스는 뒤세르소 가문이 외가여서 어려서부터 프랑스 르네상스 건축을 접하고 컸으며 이들을 통해 비뇰라의 건축도 접할 수 있었다. 드브로스의 건축은 이 둘을 합한 뒤 자신만의 창작을 더해 프랑스 고유의 바로크 유형을 제시한 것으로 요약할 수 있다. 로마에 유학을 하지는 않았기 때문에 이탈리아 고전주의의 질곡에서 자유로운 편이었다. 뤽상부르궁전(Palais du Luxembourg, 1614년경~)은 프랑스 르네상스 때부터 시도해오던 경향을 이어받아 바로크에 맞게 발전시킨 것이었다. 초창기 경력 때 여러 호텔과 성채 작품에서 실험을 한 뒤 이곳에서 완성된 내용으로 제시했다.

건물의 전체 골격부터 프랑스의 전통 기법으로 짰다. 'H'자형 평면에 5분법 구성이었다(도 7-52). 측동을 크게 해서 중앙 출입구와 균형을 이루었으며 히프 루프와 경사 지붕을 덮었다. 세부 디테일도 마찬가지였다. 벽면은 러스티케이션으로 처리해서 중세 분위기를 표현했다(도 7-53). 이런 기본 구성에 고전 어휘를 더했지만 주도적 역할을 하지 못하고 2차 요소에 머물렀다. 2층 엔타블러처를 뚫고 신전 박공을 히프 루프 밑부분에 더했지만 그 크기와 건축적 완성도는 작은 소품 정도였다. 정문 파빌리온에는 돔을 사용했지만 측동의 경사 지붕에 눌려서 그 존재를 드러내지 못했다. 오더는 중앙 출입구에만 뒀는데 그 존재가 미미해서 언뜻 보면 벽체의 일부로 느껴졌다. 다른 벽면에 사용한 벽기둥도 마찬가지였다. 전체적인 분위기는 이탈리아 고전주의로 느껴지기보다 프랑스의 중세 성채를 잘 다듬어서 정리한 쪽에 가까웠다.

생제르베 파사드(St.-Gervais, 1616)에서는 고전 오더를 이용한 수직 층 쌓기라는 프랑스 바로크 기독교 고전주의의 표준형을 제시했다. 3

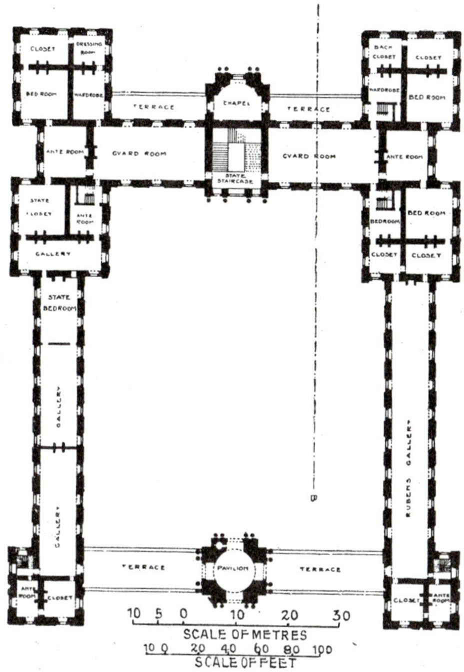


도 7-52 살로몽 드브로스, 뤽상부르궁전, 파리 1614년경-.

도 7-53 살로몽 드브로스, 뤽상부르궁전, 파리 1614년경-.

도 7-54 살로몽 드브로스, 생제르베 파사드, 파리, 1616.

층 건물인데 1층부터 '도리스식–이오니아식–코린트식'의 순서로 사용해서 전형적인 오더 층 쌓기 기법을 차용했다(도 7–54). 선례는 로마의 콜로세움, 들로름의 아네트 성채, 마데르노의 산타수잔나 등 다양했지만 차이도 분명했다. 콜로세움의 층 쌓기는 구조 축조성을 표현한 것이었다. 아네트 성채와 산타수잔나는 3층까지 올라가지 못하고 2층에 머물렀으며 중앙 출입구를 강조했다. 생제르베는 3층까지 올라가면서 전체 비례가 매우 수직적이 되었으며 중앙 출입구를 강조하지 않고 모든 베이를 균등하게 처리했다. 이는 프랑스의 고딕 전통인 수직성을 표현한 것이다.

오더를 벽체에서 분리해 전면에 내세운 처리는 16세기의 오랜 질곡이었던 매너리즘에서 벗어나 정통 고전주의로 돌아가겠다는 의지를 상징한 점에서 시대적 의미가 있다. 오더를 벽 속에 가두었던 미켈란젤로에서 곡면 벽체를 분절하는 2차 요소로 사용했던 보로미니에 이르는 반고전 비정형주의를 거부하고 오더를 복권한 베르니니 계열의 정통 고전주의에 속하겠다는 선언인 것이다. 그러나 베르니니보다 20여 년 먼저 이것을 제시한 점에서 역사적 의미가 크며 프랑스 바로크건축의 독립성을 보여준다.

### 르메르시에–소르본 교회와 구 루브르 궁전

자크 르메르시에(Jacques Lemercier, 1582년경~1654)는 드브로스의 뒤를 이어 프랑스 바로크를 정착시킨 건축가였다. 석공 장인의 아들로 태어나 아버지에게 건축을 배운 뒤 로마에 유학했으며 귀국해서 1630년경까지 초창기 경력을 보냈다. 이때 평생의 건축주 리슐리외 수상을 만나 그의 후원을 받으며 본격적인 작품 활동을 시작했다. 역으로 리슐리외의 정치 이상을 건축으로 구현해주며 루이 13세의 절대왕정 아래에서 국가 양식과 수상 건축의 시작을 알렸다.

르메르시에의 건축은 드브로스의 연장선에서 정의할 수 있다. 드브로스와 마찬가지로 궁전과 교회를 대표 유형으로 삼았으며 각각의 건축 경향도 드브로스를 이어받아 발전시켰다. 세부 처리에서는 차이도 있어서 이탈리아 고전주의 원본에 대한 의존도와 프랑스 지역 전

**도 7-55, 7-56** 자크 르메르시에, 소르본 교회, 파리, 1635-48.

통이 모두 강화되었다. 프랑스 바로크가 완성 단계에 접어들었음을 알리는 현상이었다.

교회의 대표작은 소르본 교회(Eglise Sorbonne, 파리, 1635~48)다. 입면은 가로 쪽과 안마당 쪽이 달랐다. 가로 쪽은 오더 고전주의로 처리했다. 1층은 산타수잔나를, 2층은 베르니니의 장경주의를 각각 모방하면서 이탈리아 바로크 원본을 강화한 모습이었다(도 7-55). 그러나 그 위에 돔을 더 얹어 수직성을 높인 것은 프랑스의 고딕 전통을 강화한 것이었다. 1층의 엔타블러처와 2층의 기단을 별도로 둔 뒤 2층 기단을 높인 것도 수직성을 강화한 처리다. 1층에서 중앙 출입구가 아닌 모서리의 오더 위계를 더 높인 것은 산타수잔나와 반대되는 르메르시에만의 독창적 처리로 볼 수 있다.

안마당 쪽은 더욱 독창적이었다. 히프 루프, 버트레스, 장식 디테일 등 프랑스 전통 요소의 사용이 두드러졌다. 수직성도 훨씬 적극적으로 표현했다. '신전 박공-아치-사각형 몸통-히프 루프-드럼-돔'으로 이어지는 복층 구성이 수직성을 강하게 표현했다(도 7-56). 고전 문법에는 없는 이런 중첩 기법은 고딕건축의 귀납성이나 유기성에 고전 어휘를 적용한 것으로 볼 수 있다.

평면에는 입면에서 이탈리아 원본이 강화된 현상을 만회하기 위해

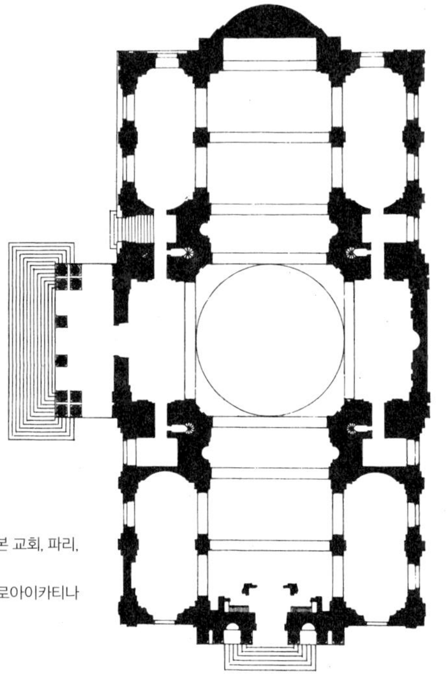

**도 7-57** 자크 르메르시에, 소르본 교회, 파리, 1635-48.
**도 7-58** 로사토 로사티, 산카를로아이카티나리, 로마, 1612.

이것을 피하려는 의도가 강하게 나타났다. 그리크 크로스를 기본 구성으로 삼아 동서 방향으로 늘려 선형성을 확보했다. 네이브와 성가대석의 길이가 같아지는 특이한 구성이 되면서 중앙집중형과 선형 양쪽 모두로 볼 수 있는 양면성을 가졌다(도 7-57). 프랑스 바로크 교회는 두 유형을 명확히 구별하지 않고 혼용하는 경향이 강했는데 처음 나타난 것이다. 이런 양면성은 선형에 치우쳤던 이탈리아 바로크에 대한 의존에서 벗어나려는 것으로 해석할 수 있다. 스승 로사토 로사티(Rosato Rosati)의 산카를로아이카티나리(San Carlo ai Catinari, 로마, 1612)를 모방한 것도 같은 맥락이다(도 7-58). 바로크 매너리즘에 속하면서 이탈리아 바로크의 원형이 약하게 나타난 건물이기 때문이다.

궁전의 대표작은 구 루브르 궁전 내 시계관(Pavillon de l'Horloge, 1641)이다. 측동의 돌출이 얕아지고 외벽이 평평해진 점, 중앙 출입구가 강조된 점, 각 층에 사용된 오더의 개수가 늘고 더 정확해지면서 오더가 건물 구성에 개입하는 정도가 확대된 점, 생제르베의 구성이 궁전에도 나타난 점, 오더 이외에도 아치와 신전 박공 등 고전 어휘를 사용한 점 등이 이탈리아 원본을 강화한 대표적인 내용들이다(도 7-59).

프랑스 지역 전통도 함께 강화했다. 외벽이 평평해진 가운데에서도 중간에 얕은 측동을 한쪽에 두 개씩 모두 네 개를 더 넣은 것과 장식을 많이 사용한 것 등이 대표적인 내용이다. 장식은 프랑스 중세 전통을 기본 기법으로 삼아 건축 디테일과 조각물을 혼합했다. 장식의 크기와 돌출을 최소화하여 음영을 없애고 2차원 면다움을 강화한 것은 북부 이탈리아의 성기 르네상스나 매너리즘 기법을 차용한 것이다. 이것은 프랑스의 중세 전통을 고전주의로 번안하여 표현한 것으로 볼 수 있다.

**도 7-59** 자크 르메르시에, 구 루브르 궁전 내 시계관, 파리, 1641.

### 망사르-성모 방문 교회와 프랑스 바로크의 완성

프랑수아 망사르(Francois Mansart, 1598~1666)는 진정한 의미에서 프랑스 바로크를 완성한 건축가였다. 드브로스와 르메르시에가 이탈리아 고전주의에 기초해서 프랑스 바로크를 완성한 반면 망사르는 프랑스식만으로 바로크건축을 완성했다. 파리의 예술가 집안에서 태어나 이탈리아에 한 번도 가본 적이 없었으며 평생 파리를 근거지로 활동하면서 지역 전통이 크게 강화된 제2의 프랑스 바로크양식을 창출했다. 망사르 루프가 좋은 예인데, 프랑스의 전통 지붕을 각색해서 망사르가 즐겨 쓴 것으로 그의 성을 붙인 별도의 명칭으로 불리며 프랑스 바로크를 대표하는 어휘가 되었다.

망사르는 루이 13세 통치기에서 루이 14세 섭정기에 걸쳐 활동했는데 왕실과 일정한 거리를 유지했기 때문에 자신만의 색채가 강한 독자 양식을 창출할 수 있었다. 왕실 건축가는 아니었지만 르메르시에 다음 왕실 건축가였던 르보에게 적잖은 영향을 끼쳤다. 자본가, 부르주아, 정부 관료 등이 주요 건축주였으며 기능 유형은 드브로스나 르메르시에와 마찬가지로 교회와 주거를 양대 산맥으로 삼았다. 주거

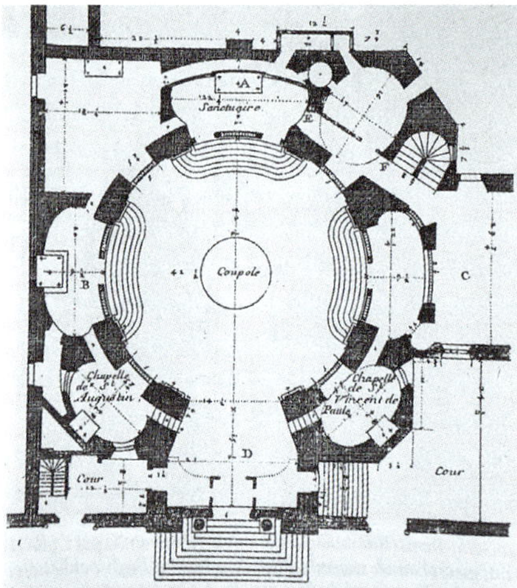

**도 7-60, 7-61** 프랑수아 망사르, 성모 방문 교회, 파리, 1632.

는 성채와 호텔이 대부분이었으며 특히 르보와 함께 바로크 호텔 건축을 이끌었다.

대표작은 성모 방문 교회(Eglise de Sainte Marie de la Visitation, 파리, 1632)다. 평면부터 선례 유형에 의존하지 않은 독창적 구성으로 짰다. 정사각형의 전체 윤곽 속에 팔엽형의 중심 공간을 넣었다. 중앙의 원형 본당을 중심으로 여덟 개의 측면 공간을 더해서 팔엽형을 만들어 네 개의 예배당, 출입구 전실, 애프스, 부속실 등으로 사용했다(도 7-60). 이런 구성은 팔엽형 이외에 반지형 겹 공간이나 그리크 크로스의 변형 등으로 다양하게 읽을 수 있는 융통성이 있다. 이탈리아에서 형성된 특정 유형에 의존하지 않으려는 의지로 해석할 수 있다.

외관은 더욱 독창적이었다. 언뜻 보면 고전주의로 보이지만 자세히 보면 고전 어휘를 사용하지 않고 프랑스 전통 양식만으로 고전주의에 버금가는 새로운 바로크 교회를 창출했다. 중앙의 원형 공간에 해당하는 몸통을 드럼 하나 안에 담았으며 돔으로 천장을 덮었다. 드럼은 높은 원통형 외벽을 드러내며 솟아올랐고 외벽에는 버트레스를 세워 고전 오더처럼 보이게 했다(도 7-61). 드럼은 이탈리아 족보에는 없는 것이며 선례를 따지자면 들로름의 아네트 성채 예배당이 제일 비슷했지만 망사르의 창작품으로 볼 수도 있었다.

팔엽형을 이루는 측면 공간은 크고 작은 육면체로 처리해서 드럼 옆에 붙였다. 각 육면체는 주택 모양을 했으며 지붕까지 갖추어서 전체 모습은 여러 채의 주택이 어우러진 것으로 보였는데 이는 중세 도시의 풍경을 옮긴 것으로 해석할 수 있다. 이 가운데 출입구를 이루는 육면체가 제일 커서 망사르 루프가 별도로 있었으며 박공에 해당하는 부분에는 '황소 눈'이라 불리는 프랑스의 전통 지붕창을 넣었다. 드럼과 돔만으로 교회 하나를 이루는 구성은 선례가 없는 독특한 아이디어였을 뿐 아니라 세부는 모두 프랑스의 전통 기법을 사용했다.

### 망사르의 성채와 호텔

성채와 호텔은 프랑스의 전통적인 기능 유형으로 르네상스 때부터 이탈리아 고전주의를 수입해서 프랑스의 전통 양식과 합해내는 시도가 활발히 벌어진 건물들이었다. 이런 시도는 바로크 시대에 더 활발해져서 성채와 호텔은 궁궐, 교회와 함께 프랑스 바로크건축을 이끈 3대 기능 유형이었다. 절대왕정으로 정부와 행정조직이 커지면서 신흥 관료, 부르주아, 귀족 등으로 구성된 법복 귀족(noblesse de la robe)이라는 새로운 권력 계층이 등장한 것이 중요한 배경이었다.

성채는 지방 영주와 왕족의 본거지로서 중세부터 지배 계층의 대표적 주거 유형으로 융성했다. 호텔은 이보다 좀 늦게 나타났다. 처음에는 지주계급의 본거지로 시작해서 1350년경부터 농촌에 본격적으로 세워졌다. 16세기부터는 신흥 자본가들이 도시 내에 자신들의 본거지로 짓는 대저택도 호텔이라 부르게 되었다. 초창기에는 이전의 농촌 지주계급이 신흥 자본가의 중심을 이루었기 때문에 이들의 농촌 호텔을 도시형 대형 주거로 바꿔 지었다. 이후 바로크로 진입하면서 법복 귀족을 위한 새로운 도시형 대저택으로 정착했다. 파리에서는 이들이 많이 살기 시작한 일 생루이(Ile Saint-Louis) 지역이 호텔 단지가 되었다.

성채와 호텔의 주요 특징은 전체 구성, 지붕 모양, 몸체 윤곽, 베이 분절 등의 귀납성과 유기성이기 때문에 연역성을 기초로 삼는 고전주의를 적용하는 것은 어려운 일이었다. 그러나 르네상스를 거치고 바로크로 접어들면서 고전주의는 대세가 되어갔다. 고전주의에 어울리지 않는 건물에 고전주의를 적용하는 일이 건축가의 중요한 능력이 된 것인데, 이것의 1차 전형을 완성한 사람이 망사르다. 평면 구성이 중요한 기여를 했다.

파리가 커지고 부동산 투기가 일어나면서 파리에는 비정형 대지들이 많이 생겨났다. 대칭과 비례-조화를 기본 구성 원리로 삼는 고전주의에 비정형 대지는 불리한 조건이었다. 망사르는 이것을 잘 풀어 건물을 네 면 전체에서 균형 개념으로 재구성하는 방식으로 비대칭 대지 내에서 대칭을 유지하는 기법을 완성했다(도 7-62). 고전 어휘를 더욱 두드러지게 사용하여 고전주의에 내재된 대칭 개념을 암암리에 강조했다. 장식 디테일 수준에서 사용되던 고전 어휘가 건물의 기본 골격을 형성하는 1차 요소로 승격했다.

이런 내용이 잘 나타난 대표작으로 블루아 성채의 오를레앙 익랑(1635), 콩드 호텔(파리), 쇼비니 호텔(파리, 1642), 매종 성채(파리 근교, 1642), 카르나발레 호텔(파리, 1660) 등을 들 수 있다. 오를레앙 익랑은 먼저 지어진 안마당 세 면의 나머지 한 면을 막는 일이었다. 기존 건물과 동선, 기능, 전체 구성 내에서의 균형, 마주 보는 정원과의 중심선 일치 등 여러 조건에 맞추다 보니 안마당 파사드와 타운 파사드의 중심선이 어긋나게 되었다. 이는 두 면의 중앙부 세 베이가 한 베이 어긋나는 결과로 나타났다. 타운 파사드의 중앙부가 왼쪽으로 한 베이 어긋나며 더 나간 것이다.

망사르는 이렇게 발생한 비대칭 문제를 평면을 조절해서 풀었다. 두 면이 공유하는 두 베이에 계단실을 넣어 중심을 잡았으며 이것이 좁자 오른쪽 옆에 계단실을 하나 더 넣었다. 익랑 전체로 보면 대칭이 아니지만 여러 개의 작은 축을 기준으로 부분적으로 대칭을 여럿 만들었다(도 7-63). 이것들을 다 합하면 익랑 전체에 균형이 잡혔다. 파사드에서는 고전 어휘와 프랑스 전통 어휘를 한층 더 세련되게 조합했다. 산타수잔나, 생제르베, 구 루브르 시계관, 성모 방문 교회 등 여러 선례를 종합했으며 대칭을 잘 지켜서 실내에서 비대칭 균형을 대칭으로 느끼게 했다(도 7-64).

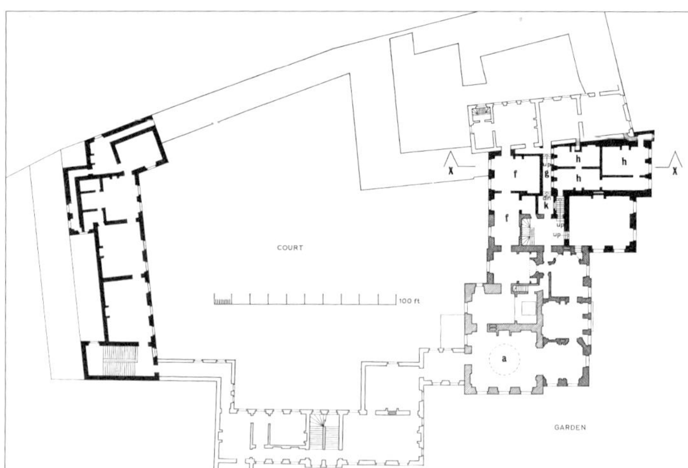


**도 7-62** 프랑수아 망사르, 콩드 호텔, 파리.

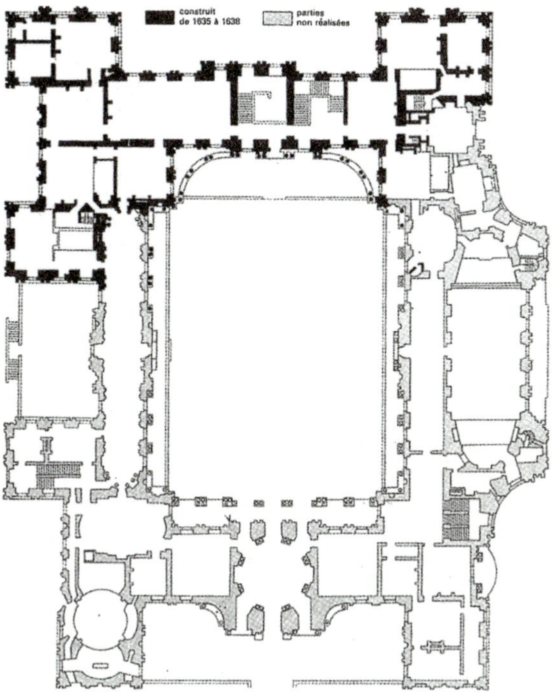

**도 7-63, 7-64** 프랑수아 망사르, 블루아 성 채의 오를레앙 익랑, 프랑스, 1635.

## 르보와 왕실 고전주의의 완성

루이 르보(Louis Le Vau, 1612~1670)는 루이 14세 통치 전반기의 수석 건축가로서 왕실 고전주의를 정착시킨 인물이다. 왕실 고전주의란 거창한 이름과 달리 은유적이며 아기자기한 구석이 많은 기법이었다. 그랜드 매너도 예상보다 크게 드러나지 않았다. 이전까지 개별 건축가들이 순수 창작의 관점에서 시도해오던 내용들을 루이 14세의 절대왕정이 자리 잡으면서 왕실에서 종합한 것에 가까웠다. 이런 점에서 루이 14세 양식이나 국가 양식과 일정 부분 동의어이기도 했다.

'프랑스 왕실에 적합한 혹은 프랑스를 대표할 고전주의'가 핵심이었으며 다음 세 요소를 합해서 창출했다. 첫째, 프랑스의 민족정신으로, 망사르가 고민했던 프랑스 전통의 재현과 비대칭 구성 및 자신의 '대칭 속 자유 구성'을 또 하나의 규칙으로 정착시켰다(도 7-65). 둘째, 오더 체계를 중심으로 한 정통 고전주의로, 앞의 프랑스다운 내용에 보편적 권위를 부여하기 위한 목적이었다. 셋째, 그랜드 매너로, 절대

도 7–65 루이 르보, 성채 계획안.

왕정의 권위에 필요한 과시적 경향을 더했다(도 7–66).

르보는 파리의 건축가 집안에서 태어나서 일찍부터 프랑스 바로크 건축가들의 고민과 성향 등을 접하며 자랐다. 뛰어난 소질은 없었지만 꾸준한 노력으로 왕실에 진출해서 안정적으로 작품 활동을 했다. 건축 활동은 둘로 나뉜다. 1654년까지는 주로 망사르와 함께 호텔과 성채 건축을 이끌었다. 이때까지는 건축주도 귀족, 관료, 부르주아 등이었다. 랑베르 호텔(Hotel Lambert, 파리, 1640~44)과 랭시 성채(Chateau de Raincy, 1640년경~45년경)가 대표작이며 왕실 고전주의의 기초를 다졌다.

1653년에 마자랭은 프롱드당이 정치적 승리를 거두자 르보는 그 후광으로 1654년에 왕실 수석 건축가가 되었고 뒤이어 왕실 건축 총감독관이 되는 등 전성기를 보냈다. 이 시기에는 왕궁을 중심으로 루이 14세 양식의 기틀을 닦아 아르두앙 망사르에게 넘겼다. 하지만 르보의 왕궁 작품은 그리 성공적이지 못했다. 베르사유궁전의 앙벨로프

**도 7-66** 루이 르보, 베르사유궁전, 프랑스.
**도 7-67** 루이 르보, 4개국 대학(=마자랭 대학), 파리, 1662–74.

(enveloppe)를 설계하면서 골격을 잡았지만 루이 14세의 마음에 들지 않아 아르두앙 망사르가 증·개축했기 때문에 르보의 작품은 거의 남아 있지 않다(도 7–67).

루브르 궁전의 동익랑도 담당했지만 콜베르의 견제를 받으며 페로와 르브룅과 공동 작품이 되면서 르보의 저작권은 거의 없어졌다. 1663년에 콜베르가 집권하면서 스스로 왕실 건축 총감독관이 되자 르보는 쇠퇴의 길을 걸으며 말년을 보냈다. 왕궁 이외의 작품은 괜찮은 편이어서 보르비콩트 성채(Vaux le vicomte, 1656~61)를 중심으로 왕실 고전주의를 완성했으며 4개국 대학(College des Quatre Nations=College Mazarin, 마자랭 대학, 파리, 1662~74) 같은 공공건물도 맡아서 그랜드 매너를 시도해보기도 했다.

### 랑베르 호텔과 보르비콩트 성채

르보의 호텔은 망사르가 지은 것들과 달랐다. 랑베르 호텔을 보면, 건물 윤곽에서는 가급적 대칭과 축의 고전 질서를 지키면서 실내 공간을 자유롭게 구성했다. 대지가 비정형이지만 최소한의 대칭 구성이 가능하도록 다듬어 분할해서 건물에 배당하고 나머지 비정형 조각을 정원으로 활용했다. 실내에서는 대칭과 축을 이루는 중앙의 주 공간을 중심으로 각 실들을 자유롭게 배치했다(도 7-68). 완전 좌우대칭을 피하고 약간의 파격을 주었다.

각 실들은 팔각형, 타원, 긴 직사각형, 적당한 직사각형, 정사각형, 비대칭 사다리꼴 등 다양한 기하 형태로 짰다. 실 하나가 건물 폭 전체를 담당하기도 하고 편 복도를 갖기도 하고 건물 폭을 방 두 칸이 나누어 담당하기도 했다. 동선은 복도를 지나다 방을 통과하고 계단을 오르는 등 변화를 보였다. 각 실들의 천장 높이도 서로 일치하지 않았다. 크고 중요한 방은 2층 높이에 볼트로 천장을 마감한 소위 '이탈리아식 방'으로 처리했다. 나머지 방들은 프랑스의 다세대 주거에 흔히 쓰이는 평천장으로 처리했다.

외관도 실내의 자유 구성을 잘 보여준다. 외피를 일반적인 고전주의 개념인 영역별 입체로 구성하지 않고 실내를 감싸는 껍질 개념으로 정의했다(도 7-69). 각 실의 크기, 형태, 배치가 먼저 자유롭게 결정되고 외피는 이것을 싸는 기능적 역할만 했다. 장식도 건물 골격 위에 2차 요소로 더하는 방식에서 벗어나 둘의 일치를 추구했는데 중세식의 완전 일치가 아니라 자신만의 기법을 창출했다. 장식을 선과 면 단위의 중간 상태로 단순화한 뒤 이것들의 미묘한 들고 남을 통한 기하학적 효과를 노렸다. 건축 부재도 여기에 맞췄다. 창틀, 벽체, 코니스, 아키트레이브, 벽기둥 등을 선형 어휘와 패널을 합한 기하학적 구성으로 처리해서 장식과 구별을 없앴다. 이상의 내용은 루이 14세 양식의 근간이 되었으며 이후 유럽 각국의 왕궁 설계에 중요한 선례가 되었다.

**도 7-68** 루이 르보, 랑베르 호텔, 파리, 1640-44.

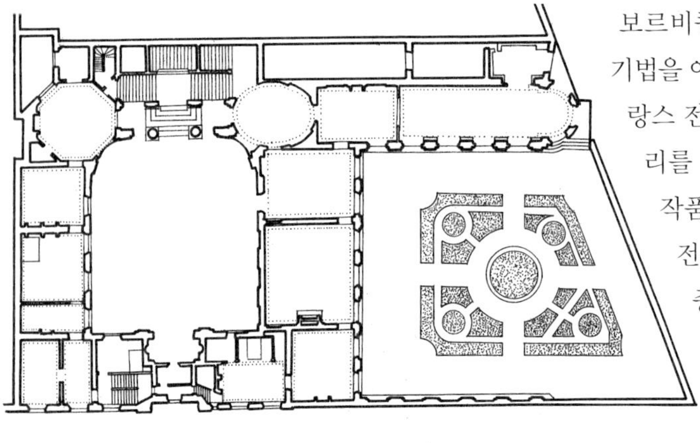

보르비콩트 성채는 랑베르 호텔의 구성 기법을 이어받은 위에 정통 고전주의와 프랑스 전통의 양면을 강조한 기념비적 처리를 더해 왕실 고전주의를 정착시킨 작품이다. 타원형 그랜드 살롱, 계단 전실과 그랜드 살롱을 합한 웅장한 중심 공간, 십자축 구성, 좌우대칭, 동일한 방 등이 평면에서 정통 고전주의를 강조한 내용이

다(도 7-70). 파사드에서는 오더와 신전 박공을 사용했다. 프랑스 전통을 강조한 내용은 평면에서는 중앙 출입구와 측동을 갖는 5분법, 파사드에서는 기하학적 돔과 경사 지붕 등이었다.

랑베르 호텔을 이어받은 르보만의 독창성도 평면과 파사드 모두에 나타났다. 평면에서는 두 겹을 이루는 방들이 서로 어긋났으며 좌우에 약간의 불일치를 주는 방식으로 완전 대칭까지 가지 않고 최소한의 다양성을 지켰다. 측동의 작은 공간과 몸통의 큰 공간 사이에 대비가 일어났고 동선은 한 번에 명쾌하게 건물을 돌지 않고 여러 번 꺾인 뒤 제자리로 돌아왔다. 이런 구성은 초창기 호텔에서 나타났던 자유 구성을 적용한 것으로 볼 수 있다.

파사드에서는 스케일에 변화를 준 여러 종류의 고전 부재를 이용해서 3차원 덩어리 느낌을 완화하는 방식으로 표피 개념을 변형, 강화했다. 중앙 출입구는 랑베르 호텔과 동일하게 처리한 표피 위에 오더를 층 쌓기한 2층 신전 파사드를 더해서 만들었다. 이 부분은 뒤쪽의 기하학적 돔에 덧붙인 소품처럼 느껴지면서 3차원 입체감이나 축조성을 상실했다. 측랑과 측동은 랑베르 호텔의 기법에 좀 더 가까웠다. 두 층을 가로지르는 거대 기둥으로 1차 골격을 짠 다음 그 사이에 오더를 변형한 작은 벽기둥이나 판재로 처리한 창틀을 끼워 넣었다

**도 7-69** 루이 르보, 랑베르 호텔, 파리, 1640-44.

**도 7-70** 루이 르보, 보르비콩트 성채, 프랑스, 1656-61.

**도 7–71** 루이 르보, 보르비콩트 성채, 프랑스, 1656–61.

(도 7–71). 얇은 판재를 길고 잘게 썰어 층층이 겹친 구성으로 보이면서 3차원 입체감이나 축조성 대신 실내 공간을 감싸는 표피처럼 느껴졌다.

### 아르두앙 망사르와 루이 14세

쥘 아르두앙 망사르(Jules Hardouin–Mansart, 1646~1708)는 루이 14세 통치 후반기 왕실 수석 건축가로 프랑스 바로크를 총정리하며 최전성기를 주도했다. 철저하게 루이 14세의 건축가로 르보의 왕실 고전주의를 이어받아 그랜드 매너를 강조한 대작들을 남기며 루이 14세 양식과 프랑스 바로크를 대표하는 최고 건축가가 되었다(도 7–72, 7–73). 프랑수아 망사르의 조카손자로 망사르를 존경해서 그의 영향을 많이 받았다. 망사르가 추구했던 프랑스 고유의 바로크건축에 대한 인식을 물려받은 뒤에 태양왕 루이 14세의 권위에 맞는 기념비적 고전주의를 첨가한 뒤 자신만의 창작성을 발휘해 독자적 양식을 창출했다.

파리에서 태어나 망사르의 말년 작품에 참여하면서 건축 일을 시작했다. 초창기 작품이 콜베르의 눈에 들며 1673년에 왕실 성채에 참여했는데 이 과정에서 루이 14세의 명예욕을 만족시키면서 발탁되어 1675년에는 왕립 건축 아카데미 교수로 임명되었다. 곧이어 앵발리드 돔(1676~91)과 베르사유궁전 증개축(1678~89)을 맡았으며 1681년에는 왕실 수석 건축가가 되어서 두 대작에 전념할 수 있었다. 30대에 전성기가 시작된 것이다. 이후 1680년대까지 경력의 대부분을 이 두

**도 7-72** 쥘 아르두앙 망사르, 베르사유궁전, 프랑스, 1678-89.
**도 7-73** 쥘 아르두앙 망사르, 앵발리드 돔, 파리, 1676-91.

대작을 완공하는 데 집중했다.

말년 활동은 양면성이 있었다. 식민지 전쟁과 동맹 전쟁 등으로 왕실 재정이 어려운 가운데서도 베르사유궁전 내에 그랑 트리아농(Grand Trianon, 1687)과 왕실 예배당(1699~1710/로베르 드코트가 사후 완공), 파리 시내에 승리 광장(1685), 방돔 광장(1698) 등의 대표작을 계속 남겼다(도 7-74). 반면 이것들 이외의 말년 작품들은 거의 저작권 논란에 걸려 그의 작품으로 인정받지 못하고 있다.

아르두앙 망사르 본인은 1693년에 사곤 백작이 되고 1699년에 왕실 건축 총감독관이 되면서 창작 활동보다는 왕립 건축 아카데미 개편 작업도 이끄는 등 보조 건축가들을 거느리며 관리 감독 등 행정에 집중했다. 저작권 논란도 이 탓이 컸다. 일기 작가 생시몽이 비판을 이끈 대표적인 인물이었다. 그는 아르두앙 망사르가 보조 건축가였던 라쉬랑스의 작품을 자기 것으로 둔갑시켰다는 의문을 제기했으며 일련의 신분 상승 기간을 아르두앙 망사르의 작품이 타락하는 시기로 정의했다.

지속적인 연구 결과 최근에는 대부분의 작품에서 저작권을 인정받으며 그의 역사적 중요성은 확고해졌다. 미시적으로는 바로크 왕실 고전주의에서 '아르두앙 망사르 양식'이라 부를 수 있는 자신만의 바로크건축을 완성했다. 수평선의 강조, 대칭과 축 구성, 대칭에 기초한 기하학적 조화, 개방적 평면, 오더를 이용한 출입구 강조, 화려한 장

도 7–74 쥘 아르두앙 망사르, 방돔 광장, 파리, 1698.

식의 절제, 러스티케이션과 재료의 자연색을 이용한 단순화한 장식, 반원 아치형 상인방 등이 대표적인 내용들로 그랜드 매너를 루이 14세의 취향과 자신만의 창작성으로 응용한 것이었다.

거시적으로는 프랑스 아카데미즘의 핵심 내용으로 자리 잡으면서 18세기 신고전주의에 적잖은 영향을 끼쳤다. 루이 13세 때의 망사르와 르보의 뒤를 이어 루이 14세 때 프랑스 바로크를 이탈리아를 능가하는 수준으로 이끌었으며 이것을 루이 15세 때 가브리엘에게 넘겨 18세기 신고전주의로 만들었다. 그가 거느렸던 보조 건축가들이 대부분 18세기 전반부 프랑스 신고전주의를 이끈 중요한 건축가인 점도 중요한 요소다.

### 베르사유궁전과 프랑스 바로크의 절정

베르사유는 파리에서 남서쪽으로 20킬로미터 정도 떨어진 곳에 있는 작은 마을이었다. 루이 13세가 1623년 이곳에 사냥용 별장을 짓고 자주 들르다가 1634년에 '一'자형의 간단한 성채를 지었다. 현재 건물에서 가장 서쪽에 있는 곳이다. 루이 14세는 섭정기인 1651년에 이곳을 처음 방문한 뒤 마음에 들어 1661년에 르보에게 첫 번째 증축을 맡겼다. 르보는 첫 번째 성채를 중심에 보존하면서 이것을 남익랑과 북익랑으로 감싸는 'ㄷ'자형의 앙벨로프를 만들었다.

1670년에 르보가 사망했지만 1671년부터 1679년에는 '명예의 마당' 남쪽과 북쪽에 측동을 더했다. 르노트르가 조경을, 르브룅이 실내장식을 담당하면서 '르보–르노트르–르브룅'으로 구성된 1차 왕실 예술 팀이 꾸려졌다. 아르두앙 망사르는 이 일에 1670년부터 1671년경 보조 건축가로 참여했다. 르보의 앙벨로프에 만족하지 못한 루이 14세는 1678년에 아르두앙 망사르에게 두 번째 확장을 맡겼다. 확장은 르보의 건물을 개축하고 새 건물을 증축하는 두 방향으로 이루어졌다.

르보의 건물 가운데 중요한 방들을 유리의 방, 전쟁의 방, 평화의 방 등으로 개조했으며 외관도 화려하게 바꿨다(도 7–72). 그리고 르보의 골격에서 직각으로 꺾여 밖으로 길게 뻗어나가는 2차 남익랑과 북익랑을 증축했다. 두 익랑은 각각 두 개의 'ㅁ'자형 골격으로 이루어졌다. 조경과 실내장식을 계속해서 르노트르와 르브룅이 담당하면서 2차 왕실 예술 팀이 탄생했다. 왕은 큰 관심을 가지고 2차 예술 팀을 대동하고 정기적으로 공사 진척 상황을 점검했으며 그 결과 현재 베르사유궁전의 모습이 되었다.

베르사유궁전은 르보의 왕실 고전주의를 이어받아 완성한 아르두앙 망사르만의 왕실 고전주의에 그랜드 매너를 합한 특징을 보인다. 평면의 전체 윤곽은 대칭을 유지하면서 실내의 각 실은 기능에 맞춘 비대칭으로 배치했다(도 7–75). 왕의 방에서 왕실 예배당에 이르는 왕의 동선이 비대칭 배치를 유발한 핵심 기능이며 건축적으로도 그랜드 매너가 가장 잘 구현된 구간이다. 왕은 아침에 일어나 열 칸의 드로잉 룸을 지나 왕실 예배당에 들러 미사를 올린 뒤 하루 일과를 시작했다. 핵심은 드로잉 룸인데, 말 그대로 실내 벽과 천장을 그림으로 가득 채운 방이다. 프랑스의 역사, 승전, 신화, 왕의 업적 등을 그린 아카데미즘 화풍으로 장르화나 역사화였다.

드로잉 룸은 하나하나가 거대한 캔버스이자 미술관이었고 헤라클레스, 비너스, 머큐리, 아폴로 같은 거창한 이름들을 붙였다. 실내 골격은 미술 작품을 담기 위해 볼트 천장이나 아치 등으로 짰다. 그림은 르브룅이 이끄는 아카데미 소속 왕실 화가들의 몫이었다. 르브룅 자신은 1661년부터 1678년 사이에 있었던 프랑스의 승전과 루이 14세의 업적을 찬양하는 그림을 그렸다. 드로잉 룸들을 다 지나면 프랑스의 자랑스러운 역사를 그림으로 볼 수 있었다. 왕은 아침에 일어나 이 방들을 지나며 프랑스의 영광을 가슴에 새기고 예배당에 들러 미사를 드린 후 하루 일과를 시작했다.

외관은 르보의 표피 개념을 변형해 장식을 강화했다. 핵심은 창과 창 사이의 벽체 부분이었다. 르보는 이 부분을 면 요소로 처리한 뒤 실내 기능을 싸는 표피 개념으로 정의했다. 이를 위해 벽기둥이나 창틀 같은 건축 부재를 장식화했다. 아르두앙 망사르는 이 부분을 벽체와 벽기둥의 중간 크기로 만든 뒤 주두와 주추는 오더 체계를 암시하는 패널 장식으로 처리했고 주신에는 조각상을 붙였다. 쌍기둥에 해당하는 폭을 줘서 벽체 느낌이 나게 했다. 맨 위쪽에 붙인 정사각형 패널 두 장은 쌍기둥의 주두 두 개를 기하 요소로 단순화한 것이다(도 7-76). 2차원 면 요소를 활용해서 건축 부재와 장식의 일치를 이끌어내는 아르두앙 망사르만의 기법인데 창을 길게 내려서 윈도 패널을 없애 일치 효과를 높였다.

**도 7-75, 7-76** 쥘 아르두앙 망사르, 베르사유궁전, 프랑스, 1678-89.

외관은 실내만큼 웅장하지 못했다. 거대 기둥이나 쌍기둥을 사용했지만 벽체에 나타난 건축과 장식의 일체 효과에 묻혔다. 이 효과는 일반 대중에게 어필하기에는 너무 은유적이고 전문적이었다. 지어질 당시에도 르보의 건물보다 못하다는 비판이 많았다. 루이 14세는 기능적인 측면에 만족했다. 증축한 두 익랑에 'ㅁ'자형 안마당이 네 개나 생기면서 각종 행사와 연회 등을 수시로 열 수 있

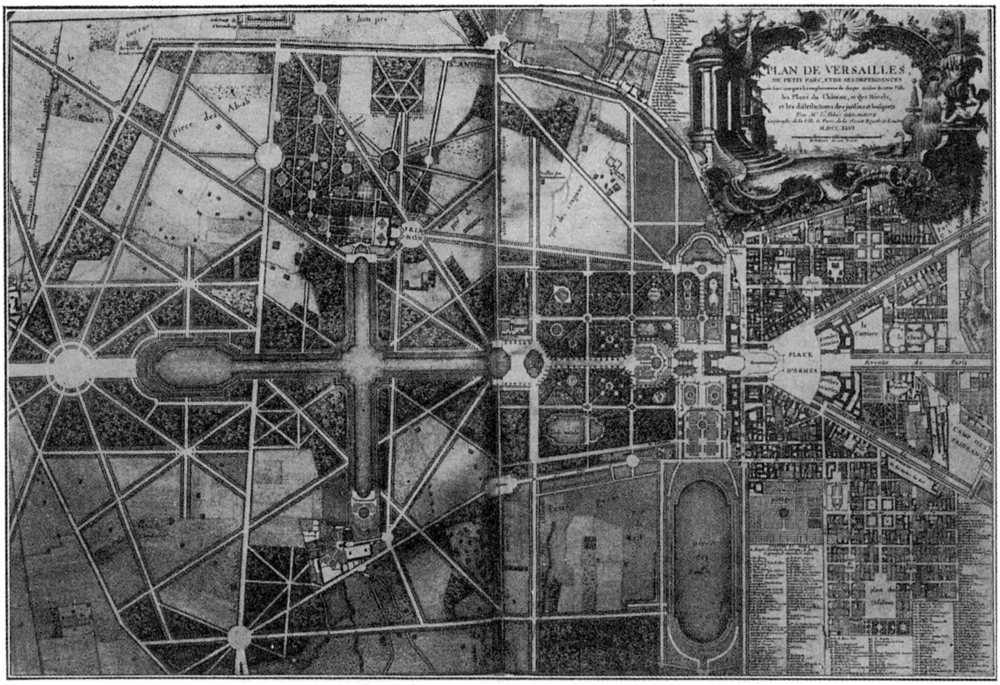


도 7-77 베르사유.

었다. 무엇보다 아카데미즘 회화로 가득 채운 열 칸의 드로잉 룸에 제일 만족했다. 루이 14세는 기념비적 거대 건축물보다는 역사화를 좋아했다.

아르두앙 망사르가 아무것도 하지 않은 것은 아니다. 그는 외관에 그랜드 매너를 직접적으로 표현하지 않은 대신 수평선을 통해 상징적으로 표현했다. 전체 구성의 기본 개념은 넓은 평야 위에 건물이 수평으로 뻗어나가는 것이었다. 수평 확장은 절대왕정의 뻗어나가는 국력을 상징했다(도 7-77). 중세 기독교 문명에서는 하늘을 향한 수직선이 대표적인 건축 개념이었는데 절대왕정의 세속 권력에서는 영토의 확장을 상징하는 수평선으로 바뀐 것이다. 한쪽 익랑 끝에서 'ㄷ'자형 본체를 돌아 다른 쪽 익랑 끝까지 가면 총 430미터에 이르렀다. 그 한가운데 위치한 왕의 침실에서는 정원과 시내(=파리 쪽) 양방향을 모두 한눈에 볼 수 있었다. 왕은 세속적 확장의 중심에 있었다.

### 왕실 예배당과 앵발리드 돔

아르두앙 망사르는 베르사유궁전의 부속 건물들을 여러 채 설계했는데 그랑 트리아농과 왕실 예배당이 대표적인 예다. 왕실 예배당에서는 왕실 고전주의 대신 중세주의를 택했다. 외관에는 고딕 성당을 몸통 골격으로 사용했다. 플라잉 버트레스 대신 코린트식 벽기둥으로 외벽을 마감하기는 했지만 몸통 전체의 비례와 형상은 고딕 성당이었다(도 7-78). 천측창 부분에는 버트레스를 사용해서 이런 분위기를 강조했다. 코린트식 벽기둥을 거대 기둥으로 처리해서 부분적으로 그랜드 매너로 보강했다.

실내에는 중세 기독교의 공간 개념을 바로크식으로 재해석해서 사용했다. 왕실 예배당의 전형인 아헨 왕궁 예배당을 따라 1층은 관료와 대중들, 2층은 왕과 왕족을 위한 공간으로 분리했는데 이러한 구성은 카롤링거 건축에서 처음 나타나 중세 전반에 걸쳐 사용되었다. 각 층의 공간 골격은 1층을 정사각형 벽기둥이 받치는 아케이드로, 2층을 코린트식 독립 원형 기둥이 받치는 콜로네이드로, 천장을 루넷의 천측창이 있는 볼트로 각각 처리했는데 이것은 고딕 성당 네이브

**도 7-78, 7-79** 쥘 아르두앙 망사르, 왕실 예배당, 베르사유궁전 내, 프랑스, 1699-1710년 로베르 드코트가 망사르 사후 완공.

월의 3분법을 차용한 것이다(도 7–79).

고딕건축을 차용한 중세주의는 두 가지 의미가 있다. 하나는 18세기 계몽주의 건축에서 시도하던 구조 합리주의를 좇은 것이다. 두꺼운 벽체를 장식으로 가득 채운 바로크 구조를 낭비로 보고 꼭 필요한 구조만으로 실내를 구성하려던 새로운 경향인데 이 건물은 이 흐름에서 중요한 자리를 차지한다. 이런 점에서 바로크를 넘어선 시대적 의미가 있다.

다른 하나는 프랑스 바로크건축의 고민을 이루던 한 축인 프랑스 전통을 강화한 프랑스 고유의 중세 바로크로 볼 수 있다. 왕실에 부속된 예배당이기 때문에 궁전보다 왕실 고전주의의 의무에서 자유로울 수 있었고 교회에 가장 잘 맞는 양식 유형을 찾다 보니 프랑스의 찬란한 고딕 성당이 제격이라고 판단했을 것이다. 수직 비례를 강조한 실내 분위기는 고딕 성당의 거대 공간을 바로크에 맞게 재해석한 그랜드 매너의 또 다른 형식일 수 있다.

앵발리드 돔은 루이 14세가 상이군인과 퇴역 군인을 위해 지은 국가 요양 시설인 앵발리드 호텔에 부속된 교회였다. 처음에는 리베랄 브뤼앙(Liberal Bruant)이 설계한 격자형 호텔만 1676년에 완공되었는데 아르두앙 망사르는 이 일에 보조 건축가로 참여했다. 루이 14세는 여기에 교회를 더하기로 했고 처음에는 브뤼앙이 맡았으나 루이 14세의 마음에 들지 못해 아르두앙 망사르로 바뀌었다. 생루이 교회와 돔의 두 채로 구성되었다(도 7–80). 생루이 교회는 상이군인용으로 바실리카형인데 누구의 작품인지는 아직 밝혀지지 않았다.

돔은 왕실용으로 아르두앙 망사르의 작품이다. 그리크 크로스와 펜덴티브 돔의 전형적인 중앙집중형으로 기본 골격을 짠 다음 그랜드 매너로 치장을 해서 왕실 고전주의의 전형을 보여준다(도 7–73). 평면에서는 펜덴티브를 받치는 네 벽체에 방사선 방향으로 통로를 내 사방팔방으로 뻗어나가는 절대왕정을 상징했다. 파리의 가로 골격으로 대표되는 방사선 구도는 로마를 모방한 것이

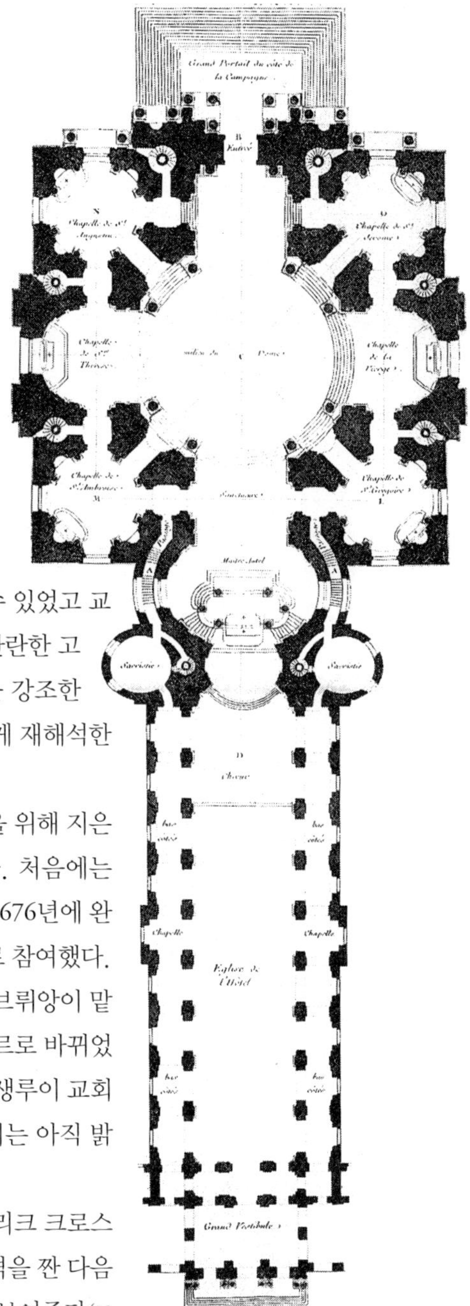

**도 7–80** 쥘 아르두앙 망사르, 앵발리드 돔, 파리, 1676–91.

**도 7-81, 7-82** 쥘 아르두앙 망사르, 앵발리드 돔, 파리, 1676-91.

며 프랑스의 권위 의식을 잘 보여주는데, 이 건물이 중요한 출처 가운데 하나다. 방향성의 종합화를 통한 그랜드 매너였다.

외관에서는 수직 확장을 시도했다. 베르사유의 수평 확장과 돔 평면의 방사선 확장과 함께 기본 세 방향으로 확장을 마무리하는 구성이었다. '2단 몸통-2단 드럼-돔-랜턴'으로 수직 복층을 쌓았다. 돔의 구조 골격을 3중으로 해서 높이를 인위적으로 높였다(도 7-81). 아래쪽 드럼의 외피는 미켈란젤로의 성 베드로 돔을 선례로 삼았지만 중요한 차이가 있었다. 드럼의 외관을 분할하는 쌍기둥 가운데 십자축 방향의 것은 외피 밖으로 돌출하지 않은 반면 나머지 것들은 돌출했다. 건물의 높이는 100여 미터에 이르렀고 외관은 1대 3의 비례로 수직성을 극단적으로 강조했다(도 7-82). 이런 수치는 뒤에 렌과 영국 바로크에 경쟁심을 촉발해 런던의 성 바오로 성당이 태어나는 데 자극제 역할을 한다.

# 5
# 영국 바로크

## 왕정복고와 영국 바로크

영국의 바로크건축은 르네상스가 늦었던 만큼 17세기 중반에나 시작되었다. 이번에도 정치적 상황이 인위적으로 작용한 측면이 컸다. 1642년의 청교도혁명과 1649년의 찰스 1세 처형을 거치며 1660년까지 이어진 공화정기에 영국 사회는 혼란에 빠졌다. 건축도 이니고 존스의 르네상스 활동이 조기에 마무리되면서 공백기에 접어들었다. 이후 상황이 바뀌어 크롬웰의 몰락과 찰스 2세(재위 1660~85)의 왕정복고(1660~1714)가 일어났고 스튜어트왕조(1603~88)가 부활하면서 사회는 안정을 되찾았다(도 7-83). 청교도는 크게 위축되었고 가톨릭이 부활했다.

도 7-83 1660년 왕정복고 때 런던으로 승리의 귀환을 하는 찰스 2세.

시대가 바뀌면서 새로운 건축이 필요했는데 크게 두 방향이었다. 하나는 '왕정-가톨릭-토리당'의 연합으로 상징되는 보수주의로 이들은 영국 건축이 국제 조류에 뒤떨어진 것을 만회하기 위해 당시 이탈리아에서 전성기를 달리던 바로크건축을 자신들의 대표 양식으로 결정하고 집중적으로 지원했다. 다른 하나는 민족주의로 이 시기 영국은 프랑스, 네덜란드, 스페인 등과 크고 작은 전쟁을 벌였으며 내부적으로는 스코틀랜드를 통합하면서 영토 확장을 이루어 1707년에 대영

**도 7–84** 런던 대화재.

제국이 탄생했다. 이런 사회 분위기는 영국 전통이 반영된 영국 고유의 바로크양식을 요구했다.

이런 양면성은 프랑스 바로크가 처한 상황과 비슷했다. 구체적 내용에서는 차이도 있었다. 영국 바로크는 이탈리아와 지리적, 문화적 거리감 때문에 이탈리아의 국제주의 표준 양식에 대한 의존도는 낮은 편이었다. 이 부분에서는 프랑스 바로크에 의존하는 간접 수입 쪽에 가까웠다. 자국의 전통을 반영하는 방향은 중세주의로 같았으며 성채와 교회를 양대 선례로 삼은 점도 같았다. 단 두 나라의 중세 전통 자체가 달랐기 때문에 구체적 내용에서는 여전히 차이가 있었다. 프랑스가 수직선을 많이 추구한 데 반해 영국은 수평선에 의존한 점이 가장 큰 차이였다. 수직선은 첨탑을 직접 세우는 방식으로 표현했다.

영국 바로크건축의 시작을 촉발한 직접적 사건으로 런던 대화재를 들 수 있다. 1666년 9월 2일 일요일 이른 새벽에 런던 푸딩 레인(Pudding Lane)에서 시작된 화재는 5시간 만에 구 바오로 성당과 300여 채의 집을 태우면서 런던 브리지까지 번졌다(도 7–84). 이후 며칠 동안 계속되면서 시의 4분의 3, 건물로는 87개의 교구 교회와 1만 3200여 채의 주택이 소실되었다. 곧바로 렌과 후크 등이 중심이 된 6인 위원회가 결성되어 복원과 재건에 총력을 기울였다. 교회 51채를 새로 지으면서 영국 바로크가 시작되었다.

### 렌과 영국 바로크

교회 재건은 빠른 속도로 진행되었다. 1670년에 15채의 교회를 짓기 시작했고 1677년에 30여 채가 골격을 드러냈으며 1680년대 중후반경 대부분 마무리되었다. 51채의 교회 가운데 45채를 도맡으며 영국 바로크의 문을 연 건축가가 크리스토퍼 렌 경(Sir Christopher Wren, 1632~1723)이다. 영국 바로크건축의 전부라 할 정도로 그가 차지하는 비중은 매우 컸다. 영국 바로크의 기초를 닦아 완성했으며 두 제자에게 이를 전수했다. 이 세 명이 영국 바로크의 9할을 차지한다고 해도 과언이 아니다.

렌은 원래 수학자이자 과학자였다. 당시 영국은 과학혁명에 접어들며 실험과 관찰 중심의 방법론이 발전하고 있었는데 렌도 이 흐름에 속해 있었다. 뿐만 아니라 역학이라는 근대 수학의 새로운 분야를 탄생시킨 데카르트 학파의 일원으로 대륙의 이론 경향에도 정통했다. 이런 양면성이 선험적 관념과 경험적 실용이 하나로 만나는 건축에 관심을 갖게 만들었으며 급기야 런던 대화재 이후 복구 사업을 이끌 건축가가 부재한 상황에서 정부의 요청에 따라 건축으로 전업해서 바로크건축을 이끌게 된다.

과학자로서 렌은 물체의 정지와 이동 사이의 이분법적 관계에 관심을 쏟았다. 데카르트는 둘을 하나의 사물에서 나올 수 있는 상반된 속성으로 보면서 강체의 정지 상태만 유지되면 안정성이 확보된 것으로 보았다. 반면 렌은 둘을 다른 것으로 보았으며 물체의 본성은 이 가운데 실제 자연력의 지배를 받는 이동 상태에 있다고 보았다. 라이프니츠의 주름 이론에서 영향을 받은 생각으로 향후 렌의 동적인 바로크 건축이 탄생하는 데 밑바탕이 되었다.

렌은 성직자의 아들로 태어나 어렸을 때는 희랍어와 라틴어 등의 인문학 교육을 받았으며 옥스퍼드 대학교에서 과학을 전공한 뒤 1657년에 런던 시내 그레샴 칼리지의 천문학 교수가 되었다. 수학, 의학, 과학 전 분야에 폭넓게 관심이 많았으며 새로운 기계를 직접 만드는 일에 소질이 많았다. 건축도 독학으로 공부했으며 1650년대 말에는 건축가가 될 전문성을 갖추었던 것으로 보인다. 1660년대에 과학자를 겸직하면서 본격적인 건축 경력을 시작해서, 런던 대화재 이전에 이미 찰스 2세에게 성 바오로 성당 개축 등과 관련한 자문을 했으며 공식적인 첫 작품인 옥스퍼드의 셸도니언 극장(Sheldonian Theatre, 1664~69) 등 초창기 작품을 남겼다.

1665년의 파리 방문은 큰 전환점이었다. 당시 파리에 와 있던 베르니니를 비롯하여 프랑스와 이탈리아의 여러 건축가들을 만났고 도면과 관련 자료들도 대거 입수하여 가지고 왔다. 특히 당시 파리 시내 및 인근에 지은 프랑스 르네상스와 바로크건축물은 렌에게 더없이 유익한 건축 공부였고 큰 충격을 주었다. 무엇보다 이탈리아 고전주의를 충실히 구사하면서도 프랑스 고유의 국가 양식을 창출해가는 것을 보고 영국에도 같은 작업이 필요하다는 것을 절실히 깨달았다.

이런 상황에서 런던 대화재가 났고 교회 45채를 통째로 설계할 천재일우의 기회가 주어졌다. 렌은 이 기회를 놓치지 않고 평소 가졌던 건축에 대한 생각들을 과감하게 펼치며 주요 작품들을 남기기 시작했다. 이 교회들은 '시티 교회' 혹은 '런던 교회'라는 별칭으로 불리는데 대표작으로 세인트메리엣힐(St. Mary at Hill, 1670~76), 플리트 거리의 세인트브라이드(St. Bride, Fleet Street, 1670~84), 월브룩의 성 스테파노(1672~87), 피커딜리의 성 야고보(St. James, Picadilly, 1676~84) 등을 들 수 있다.

시티 교회 건축을 성공적으로 진행하면서 작품 범위를 넓히며 전성기를 구가한다. 로열소사이어티의 부총재와 총재직을 역임하며 대학교 건축을 시작해서 케임브리지 대학교의 임마누엘 칼리지(1667~73)와 트리니티 칼리지 도서관(1676~84)을 설계했으며 마침내 영국 바로크를 대표하는 성 바오로 대성당(St. Paul's, 1675~1711)이라는 대작을 평생의 작업으로 남기게 된다(도 7-85). 1680년대 이후에는 주로 왕실에서 의뢰한 건축을 맡아 세 명의 왕을 거치며 첼시의 왕립병원

**도 7-85** 성 바오로 성당 성당, 도면을 들고 있는 크리스토퍼 렌.
**도 7-86** 그리니치의 왕립해군병원, 영국, 1696–1716.

(1682~89), 화이트홀 궁전(런던, 1688~93), 햄프턴 코트 궁전 파사드(런던, 1690~96), 그리니치의 왕립해군병원(1696~1716) 등의 말년 작을 남겼다(도 7-86).

### 시티 교회와 월브룩의 성 스테파노

렌의 건축 경향은 크게 둘로 나눌 수 있다. 하나는 영국 바로크 건축가에게 통상적으로 요구되는 것으로 이탈리아 바로크를 잘 구사해서 영국에 정착시키며 여기에 영국 고유의 바로크양식을 창출해서 더하

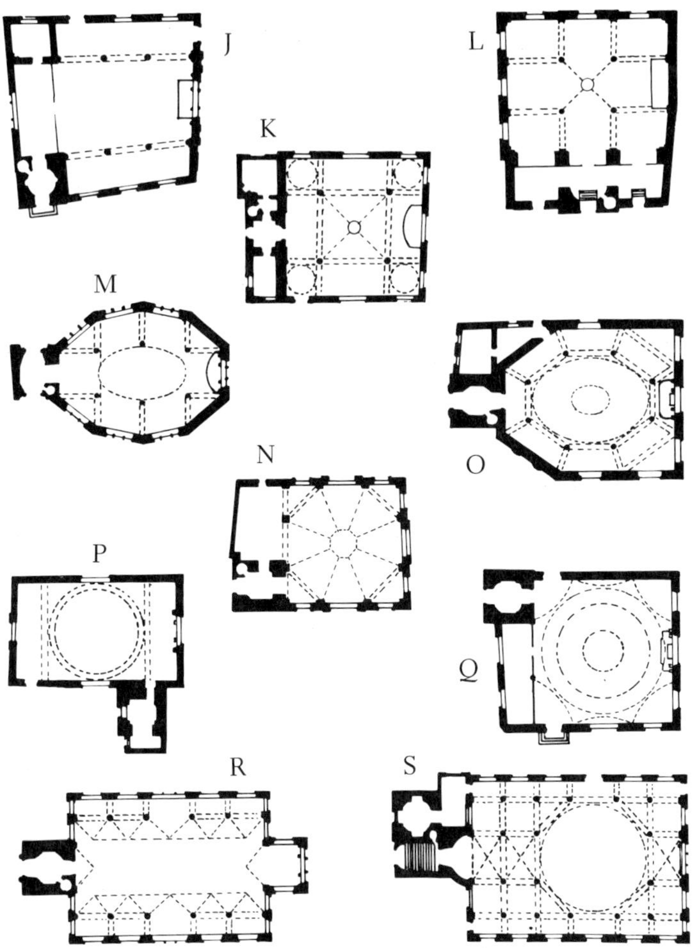


**도 7-87** 크리스토퍼 렌, 시티 교회 평면 유형.

는 일이었다. 이 경향의 대표작은 성 바오로 대성당과 말년의 왕실 발주 작품들이다. 여기까지는 프랑스 바로크 건축가들과 다를 바 없었다. 다른 하나는 과학자 렌만의 독특한 경향으로 과학적 방법론을 도입해서 영국 특유의 경험적 과학성을 표현하는 일이었다. 바로 이러한 경향이 렌을 위대한 건축가로 만들었으며 영국 바로크건축을 독립 양식으로 서게 만들었다. 이 경향의 대표작은 월브룩의 성 스테파노였다.

후자의 경향은 시티 교회부터 나타났다. 한 번에 45채의 교회를 설계하는 것은 쉬운 일이 아니었다. 이를 위해 유형 분류법을 사용했다. 분류 기준은 기하 형태, 평면 유형, 천장 유형의 셋이었다. 기하 형태는 사각형, 정사각형, 팔각형, 원, 타원 등을 사용했다. 평면 유형은 1랑식 바실리카, 3랑식 바실리카, 홀 교회, 그리크 크로스, 중앙집중형 등을 사용했다. 천장 유형은 평천장, 크로스 볼트, 배럴 볼트, 돔 등을 사용했다. 이 세 가지를 조합하여 다양한 공간 유형을 얻어냈다(도 7–87).

**도 7–88** 크리스토퍼 렌, 세인트메리엣힐, 런던, 1670–76.

이 기준에 따라 시티 교회의 대표작들을 분류해보면, 세인트메리엣힐은 '정사각형–그리크 크로스–돔 천장', 플리트 거리의 세인트브라이드는 '직사각형–3랑식 바실리카–배럴 볼트와 크로스 볼트 천장', 월브룩의 성 스테파노는 '직사각형–그리크 크로스–돔 천장과 크로스 볼트 천장', 피커딜리의 성 야고보는 '직사각형–3랑식 홀 교회–배럴 볼트 천장'의 유형 조합으로 각각 이루어졌다(도 7–88).

이 가운데 월브룩의 성 스테파노는 유형 분류에 더해 돔과 관련한 렌의 과학 정신을 잘 보여준다. 이때까지 돔은 펜덴티브 방식을 답습하듯 사용해왔다. 비잔틴의 유스티니아누스 황제 때 발명된 것을 천 년이 지난 시점에도 아무런 의심 없이 유일한 해답으로 받아들였다. 미켈란젤로, 팔라디오, 베르니니 같은 최고의 대가들도 예외가 아니었다. 렌은 달랐다. 관습의 당연함을 의심하는 과학 정신이 발동했다. 이 방식은 돔의 무게를 받치는 벽체가 너무 두껍기 때문에 구조적 낭비가 심했으며 공간적으로도 무겁고 답답했다.

문제점이 드러나자 과학 정신을 발휘해서 해결책을 찾았다. 돔을 독립 원형 기둥으로 받친다는 발상의 전환을 한 것이다. 당대를 대표하는 수학자이자 역학이라는 새로운 과학으로 무장한 과학자 렌만이 할 수 있는 창의적 발상이었다. 실내는 무거운 벽체를 벗어버리고 시원시원하고 경쾌한 공간으로 새롭게 태어났다. 그 사이를 밝은 빛이 가득 채웠다(도 7-89). 이탈리아 바로크의 공간 개념과 반대되는 것이었다. 렌은 영국 바로크의 요체를 이탈리아의 가톨릭 부활이나 프랑스의 절대왕정 같은 사회적 권력구조로 보지 않고 과학혁명이라는 새로운 학문과 사상으로 봤다. 따라서 영국의 바로크건축도 과학 정신이 반영된 새로운 모습이어야 했다. 이런 점에서 이 건물은 가장 영국다운 바로크 작품으로 볼 수 있다.

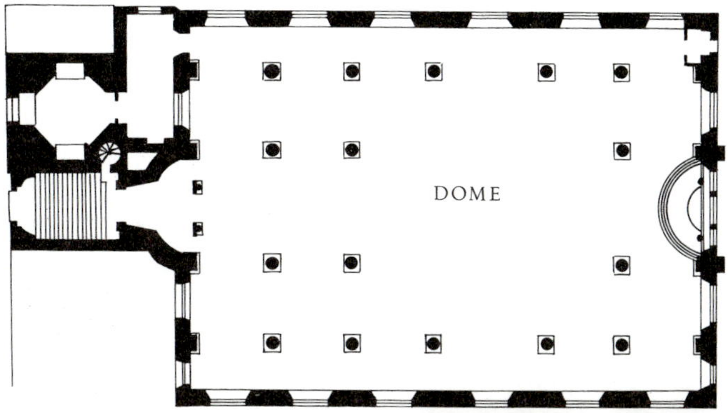

도 7-89, 7-90 크리스토퍼 렌, 월브룩의 성 스테파노, 런던, 1672-87.

개혁의 방향이 정해지자 세부적 건축 처리는 이것을 실현하는 쪽으로 모아졌고 그 과정에서 발생하는 문제점도 과학적 실험 정신으로 상황에 맞게 매번 경험적으로 해결해갔다. 평면 전체도 특정 유형을 따르지 않고 새로운 돔 구조를 구현하기에 가장 적합한 윤곽으로 짰다. 명쾌한 기하학적 평면 속을 작은 기둥 열로 채웠다(도 7-90). 독립 원형 기둥만으로 내력 기능이 부족하자 여덟 개의 아치를 보강했다. 돔의 측력이 마지막 문제로 남았다. 이를 받치는 구조를 넣으면 새로운 구조가 손상되기 때문에 이를 피하고 그 대신 목구조로 돔의 골격을 짜고 회반죽으로 마감하는 돔 무게를 최대한 줄였다. 돔도 완전 반구가 아닌 밑동을 조금 자른 형상으로 처리했다.

## 성 바오로 대성당과 영국 바로크의 완성

성 바오로 대성당은 규모나 사회적 의미 등에서 영국 바로크를 대표하는 건물이다. 당시 영국 사회를 구성하던 권력 주체 간의 갈등, 특히 신구교의 첨예한 대립을 잘 조절해 타협안을 이끌어낸 점이 돋보이는 작품이다. 사회적으로나 건축가 개인에게나 모두 에너지 낭비가

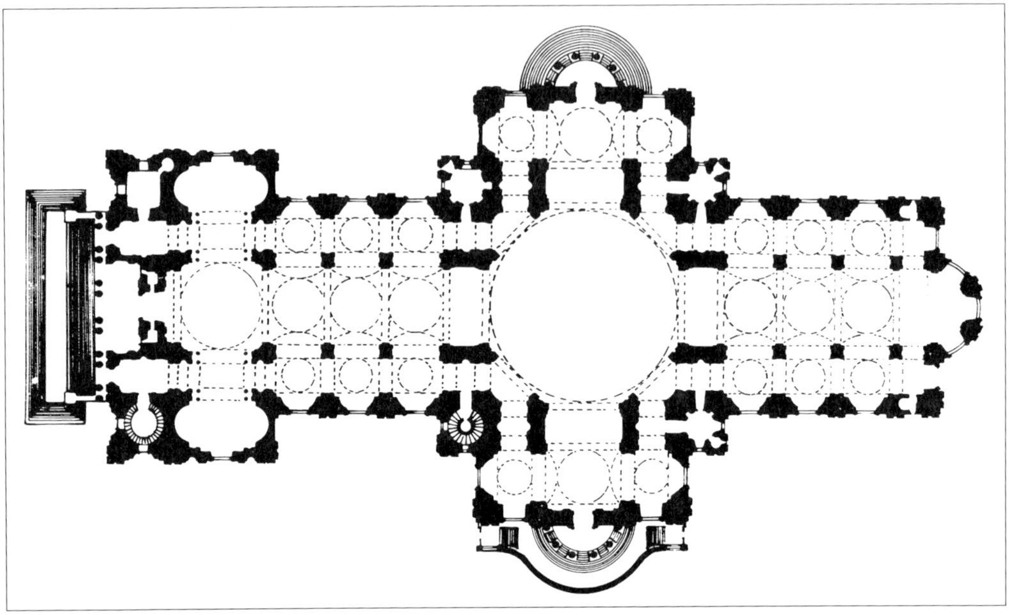

**도 7-91** 크리스토퍼 렌, 성 바오로 성당, 최종 안, 런던, 1675-1711.

심했지만 건축적 내용에서도 일정한 작품성을 확보했다. 월브룩의 성 스테파노와 달리 과학 정신이 구현되지 않은 대신 이탈리아 고전주의와 영국 전통을 잘 혼합해내며 순수 예술 양식 차원에서 영국 바로크를 대표하는 건물이 되었다. 당시 영국 사람들은 로마의 성 베드로와 짝을 이루는 대작이 탄생했다고 기뻐했으며 파리의 앵발리드 돔을 눌렀다고 여기며 민족적 자부심을 느꼈다.

찰스 2세는 자신이 기독교보다 우위에 있음을 과시하고 가톨릭과 연합하기 위해 런던 대화재 때 크게 파손된 성 바오로 대성당을 헐고 새 건물로 짓기로 했다. 렌의 설계안은 여러 번의 힘든 수정 과정을 거쳐서 최종 안으로 확정되었다. 그레이트 모델로 불리는 1672년 안은 그리크 크로스를 기본 구성으로 이루어졌지만 가톨릭이 강하게 반발하자 수정을 가해 라틴 크로스로 바꾼 1675년의 허가 안(Warrant Design)을 제출했다. 설계 변경으로 발생한 여러 가지 미흡한 점을 발견하고 스스로 서둘러 수정을 가해 같은 해인 1675년에 진짜 최종 안(Definitive Design)을 제출했다(도 7-91).

설계 과정이 힘든 만큼 요구 사항도 많았다. 가톨릭에서는 영국 중세 전통의 라틴 크로스를, 성공회에서는 종교개혁 정신에 맞는 중앙집중형을, 찰스 2세는 자신의 전제성을 과시할 권위적 기념비성을 각각 원했다. 건축계에서는 영국 바로크를 대표할 표준 양식을 원했다. 렌은 여러 선례들을 적절히 혼합하여 여러 요구들을 잘 충족했다. 평면은 라틴 크로스와 그리크 크로스를 혼합한 절충형으로 구성했다. 성소를 5베이로 늘려서 선형을 크게 강화했으며 크로싱을 키워서 중앙집중형도 함께 강화했다(도 7-92). 돔의 지름은 34미터나 되었다. 건물 길이는 약 145미터에 이르렀는데 이 수치는 영국 고딕 성당의 전통인 동시에 찰스 2세의 야망을 채우기에 충분한 것이었다. 외벽 높이가 34미터에 이르면서 수평선은 단순한 수평선이 아니라 초월적 스케일로 나타났다.

파사드는 성 베드로를 기본 구성으로 삼아 프랑스 바로크와 영국 전통을 혼합했다. 신전 박공을 중앙 출입구로 삼아 오더 고전주의로 위계를 세운 뒤 양옆에 캄파닐레를 세우고 그 뒤로 돔을 돌출한 처리는 성 베드로를 차용한 것이었다. 돔을 삼중으로 처리해서 인위적으로 높이를 높인 것은 프랑스 바로크의 수직선 경향을 차용한 것이었다. 돔을 받치는 구조는 월브룩의 성 스테파노의 방식을 기본으로 삼아 측력을 받치는 벽기둥을 보강했다. 돔과 첨탑의 인위적 높이에도 불구하고 파사드의 전체 윤곽은 정사각형 비례를 유지했는데 이것은 영국 로마네스크의 수평선 전통을 수직선과 혼합한 결과였다. 정사각형 비례는 기본적으로 안정감을 주었으나 건물 규모가 초월적 스케일로 넘어가면서 거석 구조의 느낌을 만들어냈다(도 7-93).

렌은 세속 건물에서는 교회만큼 창작성을 보여주지 못했다. 이탈리아 바로크를 원본에 충실하게 구사해서 동시대의 보편성을 획득하려 했으며 여기에 영국의 장식 전통을 더했다. 영국 건축의 전통적 특징인 수평선이 강하게 나타나면서 이것을 분절하는 일이 중요했다. 렌은 사각 벽기둥, 반원형 벽기둥, 원형 기둥 등의 오더 어휘를 중심으로 창틀, 상인방, 신전 파사드, 박공, 아치, 개선 아치 등의 고전 어휘를 적절히 구사해서 지루하기 쉬운 긴 수평선에 고전적 권위를 갖는 분절을 가했다. 강한 반복 사이에 적절한 강조와 파격을 주어 리듬감을 만들어냈으며 여기에 영국의 전통적인 5분법 매스 구성, 'ㅁ'자형 평면 구성, 첨탑 등을 섞어 지역성을 획득했다.

**도 7-92, 7-93** 크리스토퍼 렌, 성 바오로 성당, 런던, 1675-1711.

**도 7–94** 크리스토퍼 렌, 임마누엘 칼리지 예배당, 케임브리지 대학교, 영국, 1667–73.
**도 7–95** 크리스토퍼 렌, 햄프턴 코트 궁전, 이스트 프론트, 영국, 1690–96.

임마누엘 칼리지에서는 중앙 출입구를 신전 파사드를 각색한 개선 아치로 처리했다. 두 층을 가로지르는 거대 기둥 네 개가 출입구 3베이를 구획했으며 1층을 사각 벽기둥이 받치는 아케이드로 둘렀다(도 7–94). 박공 삼각형의 중간을 가르고 첨탑을 세웠는데 이것은 영국 중세 전통을 따른 것이다. 햄프턴 코트 궁전은 벽돌로 지어져 있던 튜더 양식과 조지언 양식(Georgian style)의 외관을 개축하는 일이었다. 연속성을 위해 벽돌을 주재료로 사용했으며 흰색 석재를 부재료로 섞어서 장식 효과를 노렸다. 개구부는 영국의 전통 방식을 계속 사용한 대신 중앙 출입구에 고전 어휘를 집중적으로 배치했다. 신전 파사드를 면 요소로 바꿔서 더했다(도 7–95).

## 호크스무어와 수평화된 고딕

렌 이후 영국 바로크는 주요 건축가를 배출하지 못한 가운데 그의 제자였던 니콜라스 호크스무어(Nicholas Hawksmoor, 1661~1736)가 그 뒤를 이었다. 농부의 아들로 태어나 별도의 건축 교육을 받지 못한 채 18세에 렌의 사무 비서로 들어갔다. 렌은 곧바로 그의 재능을 알아차리고 건축을 가르치기 시작했다. 1680년대를 렌 밑에서 건축 훈련기로 보낸 뒤 1688년경부터는 독자적 안을 낼 수 있을 정도가 되었다. 1690년대에는 건물들을 남기며 초창기 경력을 시작했다.

호크스무어는 렌 없이는 생각할 수 없었다. 시티 교회와 성 바오로 대성당 등 렌의 주요 작품 대부분에 참여해서 건축을 배웠으며 1692년부터는 도면까지 전부 그가 그렸다. 이런 인연은 약 40여 년간 계속되었다. 정확한 고전 어휘를 바탕으로 영국 전통을 표현하는 큰 경향은 렌에게 배운 것이었다. 반면 렌에게서 독립한 자신만의 경향도 창출했다. 풍부한 표현력을 위해 소재의 확장을 시도했다. 고전 이외에 고딕이나 이집트 건축 등도 사용했다. 이 가운데 고전 선례는 기본 어휘를 단순하게 만든 뒤 변형, 각색해 사용했다. 역사적 선례 이외에는 여백과 덩어리 등 추상적 간결함을 유지했고 디테일도 장식적 섬세함보다는 기하학적 힘을 노렸다. 크고 작은 입체 단위들이 들고 나면서 만들어내는 깊은 음영이 대표적 특징이었다. 동시대 영국 사회를 아우르는 시대성은 렌보다 떨어지지만 순수 창작 차원의 미학적 각색에서는 진일보한 것으로 평가할 수 있다.

옥스퍼드 대학교의 올소울스 칼리지(All Souls College, 1716~35)는 중세 양식을 차용한 대표적인 예다. 영국 고딕의 수직 양식을 기본 모티브로 삼았으며 기본 어휘는 아치였다. 반원형 아치가 주도하는 수평 분위기가 큰 특징을 이루고 뾰족아치를 부분적으로 더해 악센트를 주었다(도 7-96). 아치 이외의 벽체는 여백으로 놔둬서 추상적이고 기하학적인 느낌을 강조했다. 이 사이를 들고 남이 심한 고전 아치와 표준적인 고딕 아치가 어울리면서 '고딕화된 고전주의' 혹은 '고전화된 고딕'이라는 호크스무어 고유의 바로크양식이 탄생했다. 이는 그 자체로 뛰어난 음영 효과를 냈다.

양식사적 의미도 컸다. 영국다운 바로크건축을 찾는 것이 관건인데, 렌이 과학 정신으로 무장한 기하학적 경쾌함을 해답으로 제시했다면 호크스무어는 '수평화된 고딕'을 제시한 것이다. 로마 고전주의의 기념비성을 휴먼 스케일, 기하학적 추상성, 강하면서도 친근한 인상 등의 영국 정서로 각색해서 표현했다. 영국다운 기념비성일 수 있는데 이것을 찾아내어 영국 바로크로 정의한 것이다. 렌과 같은 동시대적 웅변이나 진보성은 결여되었지만 양식 사조의 끈을 늘려 영국다운 미학 요소를 찾아낸 뒤 개인적 창의력으로 잘 다듬어서 영국에 맞는 바

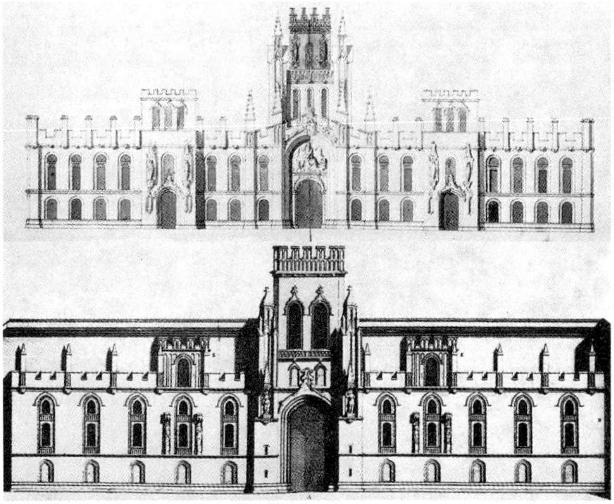

**도 7-96** 니콜라스 호크스무어, 올소울스 칼리지 북측 동, 옥스퍼드 대학교, 영국, 1716–35.

**도 7–97** 니콜라스 호크스무어, 퀸스 칼리지, 하이 스트리트 프론트, 옥스퍼드 대학교, 영국, 1708–09.

로크 유형 한 가지를 제시한 것이다.

퀸스 칼리지(Queen's College, 1708~09)는 거친 표면을 이용해서 시각 효과를 노리는 전형적인 바로크 기법으로 처리했다(도 7–97). 벽면 전체는 줄눈을 두껍게 해서 러스티케이션 효과를 냈으며 그 사이에 아치를 넣어 규칙적으로 분할했다. 출입구는 쌍기둥으로 처리했고 쌍기둥 표면에는 혹두기로 거칠게 처리한 원형 블록을 끼웠다. 출입구 위에는 원형 파빌리온을 이용한 전망대를 두어 내외부 사이에 소통 수단을 확보했다. 전망대 골격은 여덟 개의 쌍기둥으로 받쳤다. 전망대 크기가 작은데 쌍기둥으로 받쳤기 때문에 구조 부재는 지붕 밖으로 돌출하면서 전망대를 2단으로 분리했다.

## 영국 바로크 교회 유형의 완성

**도 7–98** 니콜라스 호크스무어, 블룸스베리의 성 조지, 런던, 1716–30.

호크스무어는 렌의 시티 교회에 이어 최대 규모의 교회 프로젝트인 '50채의 새 교회' 사업에도 참여해서 여섯 채의 교회를 작품으로 남겼다. 바로크 기법을 다양하게 구사한 외관은 호크스무어 특유의 풍부한 표현력을 보여주지만 대부분 표준 기법이기 때문에 그만의 독창적 양식은 창출하지 못했다(도 7–98). 평면에서는 그만의 일관된 기법이 나타났다. 규모가 작았기 때문에 선형과 중앙집중형 같은 전형적 유형을 사용하지 않은 대신 육면체 윤곽을 고수하면서 실내에 기둥을 세워 중심 영역을 만들었다.

벽체에서 통로 폭 정도 떨어져서 네 모퉁이에 쌍기둥이나 세쌍기둥을 세우는 방식을 가장 많이 사용했다. 종교적으로는 신교의 이상에 영향을 반영한 구성으로 볼 수 있다. 쌍기둥은 영역 확보 이외에도 조형적 효과와 구조적 집중이라는 효과를 냈다. 조형적 효과는 시각적 자극을 추구하는 바로크의 기본 특성에 부합한다. 구조적 집중은 스승 렌에게 배운 것으로, 이를테면 월브룩의 성 스테파노 구성을 간단하게 정리한 것으로 볼 수 있다(도 7-99).

출입구 처리가 독특해서 최소한 두 면 이상에 출입구를 두는 경우가 많았다. 앞뒤 면, 앞면과 측면, 네 면 모두 등 위치와 개수도 다양했다(도 7-100). 주 출입구를 제일 크고 화려하게 해서 구별하긴 했지만 두 개인 경우에는 거의 동등하게 만들기도 했다. 또 출입구에는 10여 단 안팎의 계단을 붙여서 영역으로 처리했다. 이런 처리는 여러 가지 목적이 있었다. 주변 환경과 다원적 소통을 갖기 위한 목적, 외관에 조형적 변화를 주기 위한 목적, 영국의 전통적인 'ㅁ'자형 구성이 갖는 균등한 방향성을 주기 위한 목적, 단순한 평면과 전체 윤곽에 강한 대칭성을 주기 위한 목적 등이었다.

**도 7-99** 니콜라스 호크스무어, 세인트메리울노스, 런던, 1716–24.

이런 점에서 이상의 특징들은 교회 건축과 관련해서 영국다운 유형을 정의한 것으로 볼 수 있다. 영국 전통을 이어받아 동시대 종교개혁의 의미를 더한 다음 바로크적으로 처리한 것이다. 이상을 잘 보여주는 교회의 대표작으로 라임하우스의 성 안나(St. Anne, Limehouse, 1714~29), 스피테일필즈의 예수교회(Christ Church, Spitalfields, 1714~18),

**도 7-100** 니콜라스 호크스무어, 스피테일필즈의 예수교회, 런던, 1714–29.

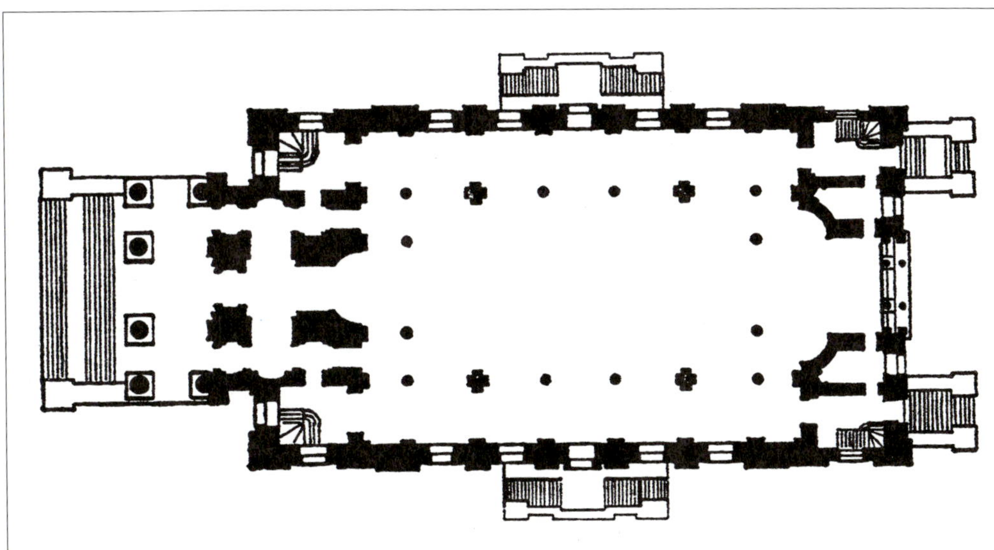

세인트메리울노스(St. Mary Woolnoth, 1716~24), 블룸스베리의 성 조지(St. George, Bloomsbury, 1716~30) 등을 들 수 있다.

### 밴브루-호크스무어 양식

호크스무어 이외에 영국 바로크건축 2세대를 이끈 또 한 명의 건축가로 존 밴브루 경(Sir John Vanbrugh, 1664~1726)을 들 수 있다. 그는 정식 건축가는 아니었다. 코미디 작가가 주업이었지만 건축에 관심이 지대해서 독학으로 공부한 끝에 영국 바로크의 한 축을 이루는 주요 작품들을 남겼다. 문학 배경이 불리한 것만은 아니어서 보통 건축가들과는 다른 내용을 제시할 수 있었다. 예술적, 문학적 감수성을 바탕으로 건물의 큰 방향을 정하고 기술적 세부 사항은 전문 건축가와 협동 작업으로 해결했다.

건축가 그룹을 이끈 것이 호크스무어였다. 두 사람은 역할을 분담하며 파트너십을 성공적으로 이끈 모범적 예에 속한다. 이를 바탕으로 '밴브루-호크스무어 양식'을 창출하여 주로 성채에서 영국다운 바로크건축의 유형을 제시했다. 하워드 성채(Castle Howard, 1699~1712)와 블레넘 궁전(Blenheim Palace, 1705~16/25)이 대표작이다. 이후 밴브루는 경험을 쌓은 뒤에 자신의 저작권을 주장할 만한 작품도 여럿 남기고 왕실 건축 행정에도 참여하는 등 독립적 활동을 벌이며 건축가로 자리매김했다.

**도 7-101** 존 밴브루, 하워드 성채, 영국, 1699~1712.

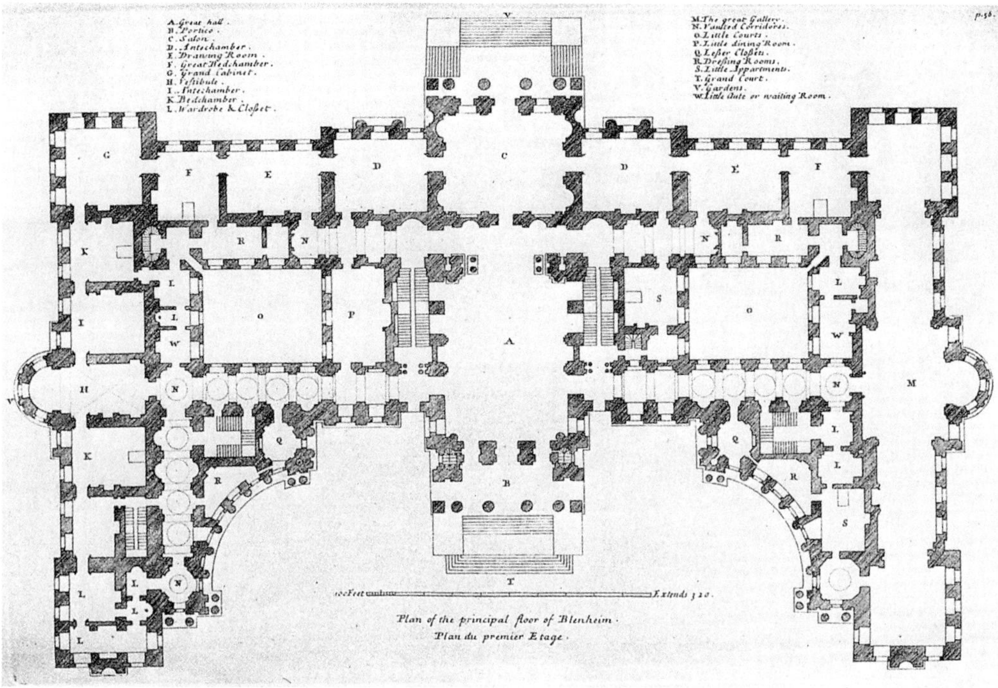


**도 7-102** 존 밴브루, 블레넘 궁전, 영국, 1705–1625.

밴브루의 건축 경향은 고전 어휘에는 많이 의존하지 않으면서 영국 전통을 살려내는 데 중점을 두었다. 렌이나 호크스무어가 영국 전통을 양식 사조나 건축적 선례로 제시한 것과 달리 밴브루는 픽처레스크한 분위기와 플랑부아양 성채를 제시했다. '성채 분위기(castle air)'라는 말을 즐겨 쓰며 성채를 평생의 건축 모티브로 응용했다. 특히 튜더 양식과 자코비언 양식(Jacobean style)의 성채 모티브에 강하게 집착했는데 '우드스톡 매너(Woodstock Manor)'는 그가 가장 좋아하던 성채였다. 밴부루는 중세 성채, 나아가 중세 성채가 수목, 하늘, 구름, 경치 등 자연환경과 어울리는 모습이 가장 영국답다고 보았다.

두 대표작은 동시대 바로크 고전주의에 영국 성채 전통을 합친 건물이다. 전체 구성은 5분법을 기준으로 양 끝 측동이 앞으로 많이 돌출했다. 크게 보면 대칭을 유지하되 부분적으로 비대칭을 섞었는데 그 내용이 두 성채가 조금 달랐다. 하워드 성채는 외관 윤곽에서 비대칭이 두드러져서 오른쪽 측동이 더 두꺼웠다. 그 대신 외관 입체는 중앙에 돔을 튀어나오게 해 강한 중심을 잡았다(도 7-101). 블레넘 궁전

**도 7–103** 존 밴브루, 블레넘 궁전, 영국, 1705–1625.

은 평면에서 상대적으로 대칭을 잘 지킨 편인데 그 대신 외관 구성에서 중심을 약화하고 크고 작은 입체 단위들이 분산하며 어울리는 방식을 택했다(도 7–102, 7–103). 두 방식 모두 엄격한 대칭을 피하면서 주변의 자연 경치와 어울리게 하려는 영국의 픽처레스크 전통에서 즐겨 사용하던 기법이었다.

디테일 어휘는 건축가 호크스무어의 도움을 받아 처리했지만 그 분위기에서는 코미디 작가 밴브루의 아이디어가 빛났다. 밴브루는 유머와 위트가 뛰어난 사람이었는데 이는 영국 문학 나아가 영국 국민성을 대표하는 기질이다. 당시에는 가면극이 유행했는데 이는 상상력을 자극하며 유머와 위트를 발휘하기에 좋은 배경이었다. 밴브루는 두 성채의 픽처레스크 구성과 잘 어울리는 디테일 분위기로 조형적 흥겨움을 제시했는데 이는 다분히 이런 문학적 배경에서 나온 것이다. 여백이 많은 벽체에 크고 단순한 창을 명확하게 뚫어 음영을 통해 조형적 흥겨움을 제시했다. 5분법을 이루는 중심부, 측랑, 측동 사이에 입체 단위와 건축 구성의 차이를 두어 리듬감, 음영, 변화감 등을 주었다.

# 6
# 중부 유럽 바로크

## 신성로마제국과 합스부르크 제국

중부 유럽 바로크의 중심지는 신성로마제국(=독일), 합스부르크 제국(=오스트리아), 보헤미아(=체코)의 세 지역이었다. 영국과 비슷한 시기인 1660년경에 늦게 시작했으며 18세기에 후기 바로크와 로코코를 합한 화려한 장식 양식으로 1750년경까지 계속되었다. 이탈리아, 프랑스, 영국과는 다른 제국이 정치적 중심을 이루었으며 넓은 지역에 걸쳐 여러 민족과 국가를 포함하는 포괄성을 보였다.

건축적 특징은 기능 유형에 따라 둘로 요약할 수 있다. 하나는 교회 건축으로, 서양 건축사를 통틀어 가장 화려한 장식을 자랑한다. 주로 신성로마제국, 특히 바이에른의 남부 독일에서 나타난 현상인데 종교적 영향이 컸다. 당시 신성로마제국은 종교개혁과 30년전쟁의 충격에서 벗어나 가톨릭의 마지막 불꽃을 태우고 있었다. 이탈리아 바로크가 성립되던 때와 비슷한 현상인데 시기적으로 후기 바로크 및 로코코와 겹치면서 극단적인 장식 양식으로 나타나게 된 것이다(도 7-104).

다른 하나는 궁전 건축으로 합스부르크 제국과 독일의 주요 공국이 중심지였다. 제국의 황제나 바로크 군주가 건축주였기 때문에 이들의

**도 7-104** 요한 발타자르 노이만, 뷔르츠부르크의 궁정 교회, 독일, 1730-43.

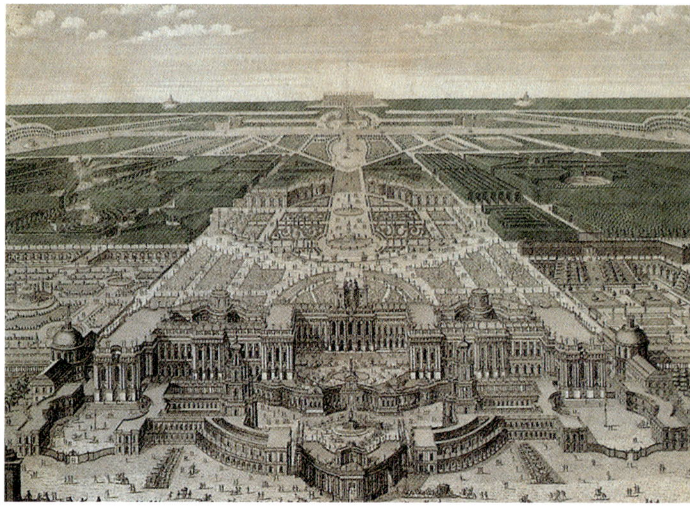

**도 7-105** 파울 데커, 이상적인 왕궁.

권위를 과시하는 기념비주의를 기본 특징으로 하며 장식을 더해 이를 도왔다. 궁전에서는 축제도 많이 열었기 때문에 놀이 기능을 강화하여 자유롭고 경쾌하게 구성했다. 궁전에 부속된 정원을 '축제의 장'으로 정의했으며 흥을 돋우기 위해 계단을 사용했다(도 7-105).

중부 유럽 바로크의 건축가는 장인과 정식 건축가의 두 부류로 나눌 수 있다. 장인은 이탈리아나 프랑스의 건축가처럼 고전주의 교육을 받은 정식 건축가가 아니라 독일에서 중세부터 존재한 계층이었다. 석공과 공예 예술가를 합한 정도쯤 되는데 화려한 개인기를 자랑하며 남부 독일과 보헤미아의 교회를 중심으로 장식 경향을 이끌었다. 치머만 형제와 아잠 형제가 대표적이다. 종교적 열정을 고취하기 위해 화려한 장식을 필요로 했던 가톨릭이 주요 건축주였다.

정식 건축가는 표준 고전주의 교육을 받은 그룹이었다. 합스부르크 제국의 황실이 주요 건축주로 궁전 건축에서 주로 활약했다. 프랑스나 영국의 왕실과 경쟁하려면 대륙의 표준 양식으로 지은 궁궐이 필요했고 이를 위해 고전 건축가를 길러냈는데 피셔 폰 에를라흐와 힐데브란트가 대표적 예다. 독일에서는 바로크 군주의 궁전 건축을 담당한 푀펠만과 노이만이 이 부류에 속한다. 피셔는 장인으로 시작해서 건축가 그룹에 합류한 통합형이다. 노이만과 피셔는 교회 건축에서도 장인 그룹과 달리 새로운 평면을 창출하는 경향을 이끌었다.

알프스 기슭에서 바이에른을 거쳐 보헤미아와 모라비아에 이르는 초원 중심의 자연환경도 중요한 요소였다. 유럽에서 목가적 낭만성이 두드러진 지역이며 사람들도 술과 노래를 즐기는 낙천적 기질을 가졌다. 건축에서는 일찍부터 토속성이 강한 지역 양식이 강세였는데 자유 형태와 공예 장식이 대표적 특징이었다. 바로크는 이런 전통이 17~18세기 상황에 맞게 변모해서 나타난 것으로 볼 수 있다.

**도 7-106** 도미니쿠스 치머만, 비스 순례 교회, 독일, 1746-54.

동시대 이탈리아 바로크에서 적잖은 영향을 받았는데 보로미니와 베르니니를 선례로 받아들였다. 자유 형태 전통은 흰 회벽, 곡면 외관, 경사 지붕, 비대칭, 자유로운 창 구성 등이 대표적 특징인데 여기에는 보로미니와 과리니의 자유 형태와 비정형주의가 잘 맞았다. 기둥이나 벽기둥을 이용해서 실내 벽체의 들고 남을 심하게 하거나 오목 볼록의 교대로 물결치는 곡면을 만드는 남부 독일 교회가 대표적이다(도 7-106). 공예 장식 전통은 건물을 치장 벽토, 프레스코, 공예, 조각 등의 종합예술을 구현하는 그릇으로 봤는데 여기에는 베르니니의 장경주의가 잘 맞았다. 두 선례 모두 오더 중심의 정통 고전주의보다 감흥 효과를 추구하는 공통점이 있었는데 목가적 낭만성과 잘 맞았다.

### 피셔 폰 에를라흐와 바로크 절충주의

합스부르크 제국의 오스트리아 바로크를 이끈 건축가는 요한 베른하르트 피셔 폰 에를라흐(Johann Bernhard Fischer von Erlach, 1656~1723)이다. 이탈리아의 산루카 아카데미에서 유학한 뒤 귀국하자마자 31세의 나이에 곧바로 황실 건축가로 발탁되었다. 당시 합스부르크 제국은 1683년 빈을 투르크족의 통치에서 해방시키면서 전성기를 맞고 있었다. 황실은 제국의 건축 인프라를 닦고 국력과 권위를 과시하기 위한 많은 사업을 발주했다. 당시 제국 내에서 이 일을 할 수 있는 사람은 로마 유학에서 막 돌아온 에를라흐뿐이었다.

에를라흐는 이 기회를 놓치지 않고 잘 잡아 큰 부침 없이 세 황제와 여러 귀족 가문을 건축주로 두면서 오스트리아 바로크를 기초에서 완성까지 이끌었다. 제국 수도 빈이 주요 활동 무대였으며 잘츠부르크에도 주요 작품을 남겼다. 건축 이외에 제단과 조각도 함께 제작해서 종합예술을 구사하기도 했으며 조경에도 뛰어나 궁전에 조경을 합한 정원 궁전이라는 축제용 궁전 유형도 발명했다(도 7-107).

에를라흐의 건축은 역사적 종합화에 의한 바로크 절충주의로 요약할 수 있다. 유학 시절 로마 유적, 르네상스, 성기 바로크, 후기 바로크 등 다양한 이탈리아 고전주의를 배웠으며 프랑스 바로크도 접했다. 특히 절대왕정에 맞는 기념비적 고전주의로 이탈리아와 다른 고유의 양식을 창출한 프랑스 바로크에서 합스부르크 제국 양식의 한 선례를 보았다. 이외에도 프라하, 베를린, 영국, 베네치아 등을 여행하며 렌과 만나고 팔라디오의 건축도 답사하는 등 건축 소재를 넓히며 절충주의의 바탕을 다져갔다.

바로크 절충주의를 구현하는 구체적 전략으로 찾아낸 것이 '로마제

**도 7–107** 요한 베른하르트 피셔 폰 에를라흐, 정원 궁전, 슈바르첸베르크, 오스트리아.

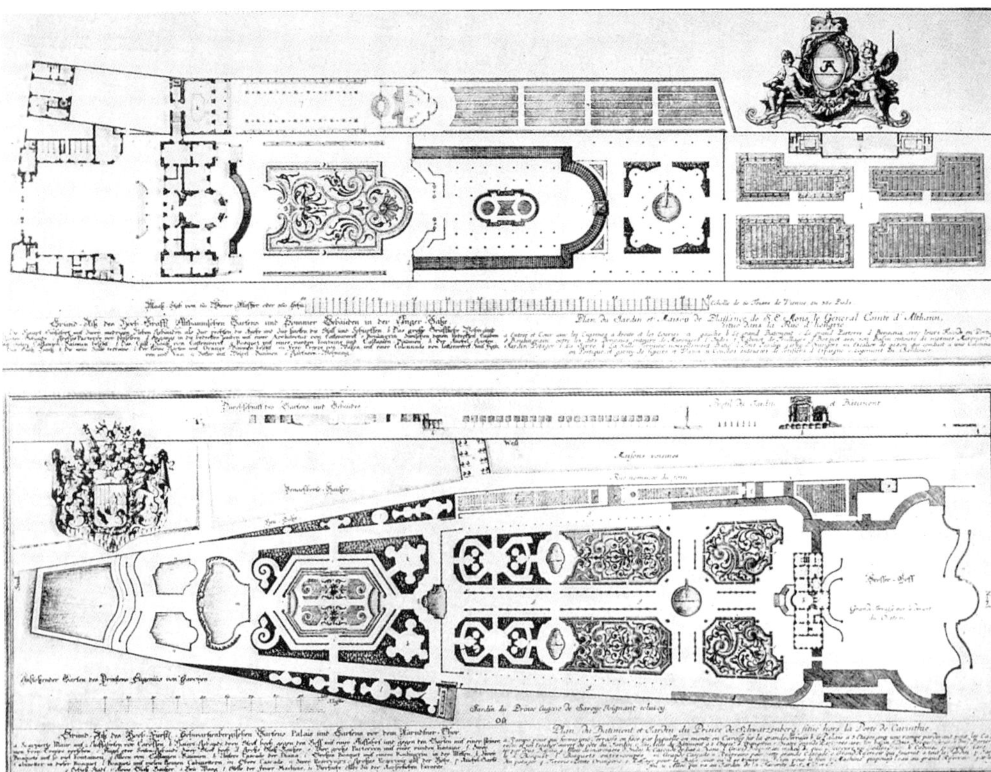

국의 창작적 복원'이었다. 동시대 바로크는 제국다운 특징이 부족했기 때문에 고대 제국의 선례를 선택했으며 시차가 많이 나기 때문에 직설적으로 차용하지 않고 절충주의를 이용해서 각색한다는 뜻이다(도 7-108). 18세기에 새롭게 등장한 백과전서파의 방법론인 포괄성과 간결성을 적용해서 로마제국건축을 유형별로 단순화해 절충주의 개념으로 혼용하는 것이 구체적 기법이었다.

에를라흐의 작품 활동 지역은 잘츠부르크와 빈으로 나눌 수 있다. 잘츠부르크에는 성 삼위일체 교회와 성직자 주택(Dreifaltigkirche & Priesterhaus, 1694~1702), 클레샤임 궁전(1694/1700~1709), 잘츠부르크 대학교회(1696~1707) 등을, 빈에는 쇤브룬 궁전(Palais Schönbrunn, 1696~1711), 카를 교회(Karlskirche, 1716~18), 제국 도서관(Hofbibliothek, 1722~30) 등을 각각 대표작으로 남겼다.

**도 7-108** 요한 베른하르트 피셔 폰 에를라흐, 제국 도서관, 빈, 1722-30.

### 카를 교회와 로마제국의 창작적 복원

에를라흐의 교회는 중앙집중형을 기본 유형으로 삼아 부분적으로 선형 구성을 더한 특징을 보인다. 평면 윤곽은 타원, 그리크 크로스, 반지형 겹 공간 등 다양한 유형을 구사했는데 이는 절충주의에 해당한다. 프라인 성채 교회(Kirche von Frain Schloss)는 원형 중심 공간 주위에 여섯 개의 타원을 돌려 복도를 형성했다. 잘츠부르크의 성 삼위일체 교회는 곧추세운 큰 타원으로 중심 공간을 형성하고 장축 위에 출입구, 전실, 제단을 추가해서 선형성을 보강했는데 전실은 옆으로 누운 작은 타원을 사용했다(도 7-109). 장축에 직각으로 단축을 하나 더 넣

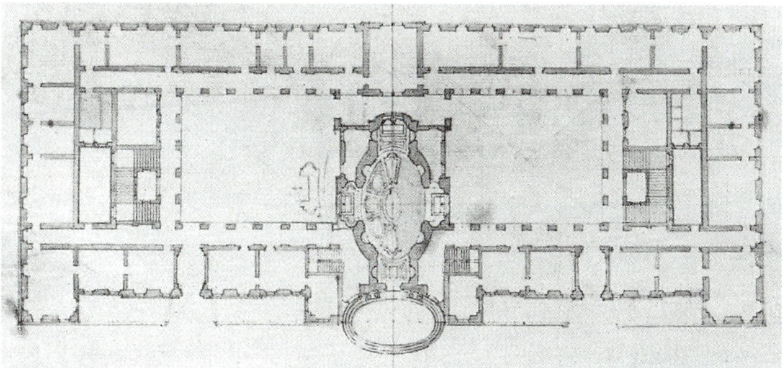

**도 7-109** 요한 베른하르트 피셔 폰 에를라흐, 성 삼위일체 교회와 성직자 주택, 잘츠부르크, 오스트리아, 1694-1702.

어 십자축을 이룬 것으로 에를라흐 교회만의 특징이었다.

카를 교회는 성 삼위일체 교회를 기본 구성으로 삼아 변형을 가해서 복합 구성을 얻는 방식으로 절충주의를 구사했다. 곧추세운 타원으로 단겹의 중심 공간을 형성해서 중앙집중을 높이면서 장축 방향으로 강한 단일 축을 잡았다. 성소를 길게 늘어트려 장축을 강조했다. 이와 동시에 타원의 두 장변에 각 세 개씩의 예배당을 더해 방사선 구도도 함께 만들었다. 여기에 '一'자형으로 길게 늘어트린 전실을 직각으로 더해 강한 십자축을 이루었다. 마지막으로 길게 늘어트린 성소에 직각으로 두 개의 짧은 십자축을 더했다(도 7-110).

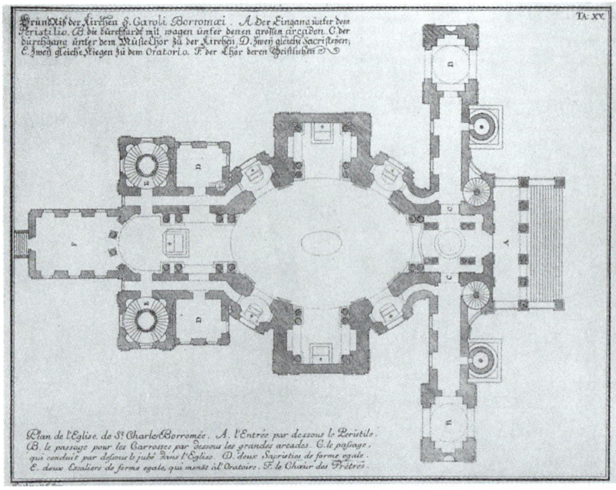

**도 7-110, 7-111** 요한 베른하르트 피셔 폰 에를라흐, 카를 교회, 빈, 1716-18.

파사드는 바로크 절충주의를 대표한다. 여러 선례를 차용했지만 일정한 각색을 가해 자신만의 특징을 더한 다음 조합했다. 신전 파사드와 돔을 중앙의 기본 요소로 삼고 양 끝에 캄파닐레를 더한 구성은 성 베드로를 모방한 것이었다. 그러나 성 베드로에서는 신전 파사드가 오더 구성으로 전환되었던 데 반해 여기에서는 신전 파사드 자체의 독립성이 확연히 드러나는 차이점을 보였다. 돔과 드럼은 미켈란젤로 유형을 사용했지만 드럼의 맨 윗부분 중앙에 곧추선 타원창과 이것을 감싸는 곡면 장식을 넣었다. 드럼을 유난히 높여 수직성을 강조했는데 궁극적 목적은 돔을 강조하려는 것이었다. 돔의 크기 역시 아래쪽 몸통과 견주면 큰 편이었는데 이것은 타원 중심 공간을 강조하기 위한 것이었다. 이런 강조는 합스부르크 제국이 세상의 중심임을 알리는 상징성이 있었다.

가장 극적인 처리는 중앙 출입구와 캄파닐레 사이에 로마제국의 승전 기둥을 세운 것이다(도 7-111). 바로크건축을 통틀어 승전 기둥을 사용한 곳은 이곳이 유일하다. 승전 기둥은 시각적, 역사적, 상징적 차원에서 건물에 새로운 분위기를 불어넣었다. 시각적으로는 돔의 양 옆에서 수직선을 만들어 균형을 이루었다. 역사적으로는 절충주의 소재를 다양화한 의미가 있다. 상징적으로는 카를 6세를 황제에, 궁극적으로는 합스부르크를 로마제국에 비유하는 의미가 있다. 이런 승전 기둥을 쌍으로 사용한 것은 헤라클레스의 완력을 상징함과 동시에 로마제국을 능가하겠다는 야심을 표현한 것이다.

## 쇤부른 궁전과 벨베데레

합스부르크 제국의 궁전 전축은 독일 지역보다 상대적으로 더 웅장하고 화려했다. 베르사유궁전을 모델로 삼아서 수평 확장이 두드러졌으며 건물 앞뒤로 축제용 정원을 거느리면서 '정원 궁전'이라는 독립 유형으로 발전했다. 이것을 이끈 이 역시 에를라흐였으며 힐데브란트가 가세했다. 에를라흐의 대표작은 쇤부른 궁전이다. 처음에는 테라스, 인공폭포, 아케이드, 경사로, 계단, 분수 등이 어우러진 베르사유를 능가하는 대규모로 계획했다(도 7-112). 베르사유에는 없는 축제 기능을 더한 결과였다. 로마 시대의 포르투나 프리미제니아 신전을 모델로 삼아 중앙에 교회도 세울 계획이었다. 안마당도 전망용 텐트와 화려한 꽃 장식으로 치장한 분수 등을 갖춘 크고 작은 네 영역으로 계획해서 황실 생활의 여유를 한껏 높이고자 했다. 이 모든 것들은

**도 7-112** 요한 베른하르트 피셔 폰 에를라흐, 쇤부른 궁전, 빈, 1696-1711.

제국의 권위와 욕망을 과시하기 위한 것이었다.

실제는 대폭 축소되었다. 중앙 마당을 에워싸는 세 변에 건물 영역을 하나씩 대응하는 구성으로 영국 바로크 성채에서 많이 쓰던 것이었다. 양옆 영역은 긴 직사각형 안마당과 'ㅁ'자 안마당이, 전면은 이중 마당 구성으로 이루어졌다. 본체의 전면은 거대 기둥이 담당했다. 규모가 축소된 대신 거대 기둥으로 제국의 위엄을 표시하려는 목적이었다. 기단 위에 올린 40여 개가 넘는 거대 기둥이 긴 전면을 가득 메우며 단순하면서도 힘 있는 반복으로 제국의 위용을 드러냈다(도 7-113). 양옆에서 진입하는 계단이 2층 출입구로 동선을 이끌었다. 대연회실은 베르사유궁전의 유리의 방을 모방했다. 코린트식 쌍벽기둥이 긴 벽면을 분절하고 기둥 사이 베이를 유리로 메웠다. 천장은 볼트를 응용해 세 개의 타원으로 나누었다. 주두, 엔타블러처, 볼트 등에는 로코코양식의 도래를 예견하는 듯한 식물 형태의 장식을 더했다.

요한 루카스 폰 힐데브란트(Johann Lucas von Hildebrandt, 1668~1745)는 에를라흐와 함께 합스부르크 바로크건축을 이끌었다. 에를라흐와 심한 경쟁 관계였으나 열두 살이나 어렸기 때문에 건축적 중요성에서는 그에 미치지 못했다. 화려한 장식을 전면에 내세운 점에서 후기 바로크에 로코코를 혼합한 쪽에 가까웠다(도 7-114). 작품에 대한 건축적 집중도는 약한 대신 활동 분야를 엔지니어링, 실내장식, 도시계획 등으로 다원화했으며 건축주와 활동 지역도 마찬가지였다.

**도 7-113** 요한 베른하르트 피셔 폰 에를라흐, 쇤부른 궁전, 빈, 1696-1711.

대표작은 주로 궁전에서 나왔다. 빈에만 만스펠트폰디 정원 궁전(Mansfeld-Fondi Garten Palais, 1697~1715), 상 벨베데레(Unter Belvedere, 1707~11), 다운킨스키 궁전(Daun-Kinsky Stadtpalais, 1713-16), 하 벨베데레(Obere Belvedere, 빈, 1721~25) 등을 대표작으로 남겼다(도 7-115). 건축 경향은 여러 기존 어휘를 상황에 따라 자유롭게 구사하는 적응력과 다양성으로 요약할 수 있다. 제국에 어울리는 기념비적 고전주의나 바로크를 대표하는 비정형 자유 형태 같은 특정 경향을 처음부터 정해놓지 않았다. 되도록 많은 가용 자원을 동원하여 대지 상황, 프로그램, 건축주의 요구 사항 등에 맞는 기능주의적 입장을 견지했으며 이것을 바탕으로 다양한 건축 어휘를 정확하고 수준 높게 구사했다. 마지막으로 섬세한 장식 디테일을 더해 작품의 품위를 높였다.

**도 7-114** 요한 루카스 폰 힐데브란트, 상 벨베데레, 빈, 1707-11.

축제용 정원 궁전의 기능을 살리기 위해 대지 주변의 여러 방향을 넓게 담당하는 포괄적 평면을 즐겨 사용했다. 로지아, 열주 출입구, 콜로네이드, 곡면, 지붕, 개구부, 신전 박공, 아치, 오더 열 등 상황에 따라 다양한 어휘를 구사하면서 주변 정원과의 연계를 높이는 대신 축과 중앙집중 같은 질서를 부여했다. 여러 방향을 담당하는 각 면도 비교적 엄격한 고전 질서를 유지했다. 장식 의존도가 높은 것은 카를로 폰타나에게 배운 후기 바로크의 종합화 경향을 버리고 로코코 쪽으로 기운 것으로 볼 수 있다. 장식은 얕은 돋을새김 형식의 섬세하고 부드러운 특징을 보였다.

**도 7-115** 요한 루카스 폰 힐데브란트, 하 벨베데레, 빈, 1721-25.

## 치머만 형제–구조와 장식의 일체

남부 독일은 가톨릭 열풍으로 인해 교회 건축의 전성기를 맞았다. 양과 내용 모두에서 17세기 이탈리아에 버금가는 교회를 지었다. 크게 두 경향으로 분류할 수 있다. 하나는 화려한 장식으로 가톨릭의 부활을 찬양하고 종교적 열정을 불러일으키는 경향으로 주로 장인 그룹이 이끌었다. 다른 하나는 이 지역 특유의 선형 평면을 창출하는 경향인데 주로 건축가 그룹이 이끌었다. 두 경향이 공존하면서 풍성한 장식주의가 크게 유행했다.

요한 바티스트 치머만(Johann Baptist Zimmermann, 1680~1758)과 도미니쿠스 치머만(Dominikus Zimmermann, 1685~1766) 형제와 아잠 형제는 장인 그룹을 대표했다. 치머만 형제는 장식 공예로 유명한 베소브룬(Wessobrunn)에서 교육받은 뒤 도미니쿠스가 주로 건물을 설계하고 요한이 장식을 담당하는 분업으로 작품 활동을 벌였다. 비스 순례 교회(Wallfahrtskirche, Die Wies, 1746~54)를 협업의 대표작으로 들 수 있다(도 7-106, 7-116). 이들의 장식은 프랑스 로코코의 영향을 받아 밝고 부드러운 특징을 보였는데 이는 남부 독일 바로크의 대표적 경향이었다. 장식이 건물 골격을 뒤덮으며 가리지는 않았지만 건축 부재보다는 우위를 점했다.

**도 7-116** 도미니쿠스 치머만 & 요한 바티스트 치머만, 비스 순례 교회, 독일, 1746–54.

모든 활동을 협업으로 한 것은 아니어서 각자 독립적으로도 활동을 많이 했다. 요한은 다른 주요 건축가들이 자신들 건물의 실내장식을 가장 맡기고 싶어 했던 장식 공예가였다. 도미니쿠스도 장식 예술에 뛰어나서 요한이 참여하지 않은 건물은 자신이 실내장식까지 했으며 슈바비슈그뮌트의 도미니크 수도원 교회(1724~25)와 슈타인하우젠 순례 교회(Wallfahrtskirche, Steinhausen, 1728~33) 등의 교회 건물을 대표작으로 남겼다.

도미니쿠스는 장인 출신으로서 건물을 설계했기 때문에 대형 작품보다는 화려한 실내장식을 필요로 했던 수도원 교회와 교구 교회 등 소형 교회를 주요 대표작으로 남겼다. 평면은 타원을 많이 사용했고 반지형 겹 공간으로 응용했다(도 7-117). 장축을 중심축에 맞춘 뒤 출입구 전실과 애프스를 더해서 선형 구성을 강조했는데 바로크 가톨릭의 전형적인 평면 유형이었다. 장식이 실내에 집중된 반면 외관은 비

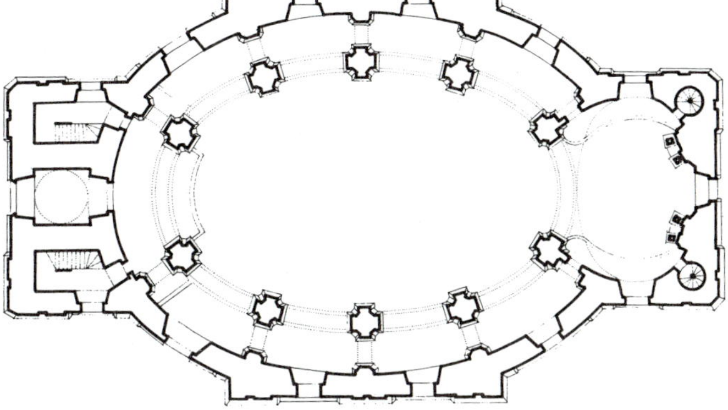

교적 절제된 분위기를 유지했다. 건물 전체 윤곽은 곡면 벽체를 이용해서 타원 윤곽을 자유 형태로 발전시켰다.

실내는 장식의 극치였다. 기둥이나 벽체 등 구조 부재를 피해 주두, 엔타블러처, 천장에 장식을 집중했기 때문에 전체 양은 많지 않았다. 구조 부재와 피 구조 부재를 명확히 구별한 뒤 피구조 부재에 장식을 집중시켜 과다함을 피하고 절제된 분위기 속에서 장식 효과를 극대화했다. 그러나 프랑스 로코코의 영향으로 장식 소재는 식물 문양과 프랑스 레장스(Regence)양식을 혼용했다. 식물 문양은 자연 형태를 정확히 복원해 사실성을 높였고 레장스양식은 띠 장식을 다양하게 응용해서 추상성을 높였다. 자연주의 문양과 추상 문양 사이에서 대별성과 균형감을 적절히 유지했다. 휴먼 스케일을 유지하면서 밝고 친근한 색채를 사용해 부드러운 분위기를 유지했다. 흰색을 바탕으로 기본색을 밝게 처리해서 사용했다(도 7-118). 장식을 건물 배경에 강하게 정착시켜 추가 부착물이라는 느낌을 주지 않으면서 건물 골격과 한 몸이 되게 했다.

**도 7-117, 7-118** 도미니쿠스 치머만, 슈타인하우젠 순례 교회, 독일, 1728-33.

### 아잠 형제-바로크 엄숙주의와 장경주의

코스마스 다미안 아잠(Cosmas Damian Asam, 1686~1739)과 에지드 퀴린 아잠(Egid Quirin Asam, 1692~1750) 형제는 남부 독일 바로크를 대표하는 예술가 집안 출신이었다. 두 형제 모두 건축보다는 장식 예술이 주 전공이었는데 코스마스는 천장 프레스코가, 에지드는 치장 벽토와 제단 조각이 각각 전문 분야였다. 그러나 건축 작품도 남기는 등 자신들만의 종합예술을 추구했다. 치머만 형제와 마찬가지로 협업과 독립 활동을 병행하며 뮌헨을 본거지로 많은 작품을 남겼다.

남부 독일 바로크가 로코코와 혼합된 후기 장식 경향을 보인 데 반해 아잠 형제는 바로크에 집중한 차이점이 있었다. 색조가 어둡고 전체적 분위기는 묵직하고 장중했다. 건축 골격을 유지하기는 했지만 치머만 형제와 비교했을 때 장식 어휘가 더 풍성하게 실내 전면을 덮었다(도 7-119). 이런 특징은 교육 배경에서 비롯했다. 두 형제는 로마로 유학하여 이탈리아 바로크를 익혔기 때문에 건축 부재를 장식보다 우위에 두는 경향을 견지했다. 특히 에지드는 베르니니를 연구해서 장경주의 기법을 익혀 제단이나 종합예술에 적용해 자신만의 경향을 차별화할 수 있었다.

벨텐부르크의 베네딕트 수도원(Benediktiner Abtei, Weltenburg, 1716~35)은 코스마스가 건물 설계와 천장 프레스코를, 에지드가 제단 조각을 각각 맡았다. 평면은 타원형을 기본 형태로 삼았고 천장은 돔으로 처리했다. 실내 벽체가 타원의 정형적 윤곽을 유지한 점에서 남부 독일의 자유 형태보다는 베르니니의 이탈리아 바로크를 좇은 것으로 보인다. 퀴리날레의 성 안드레아가 구체적 선례다. 실내 골격을 오더와 벽기둥으로 대표되는 표준 고전 어휘로 짠 뒤 이 부재들에 장식을 새기

**도 7-119** 코스마스 다미안 아잠 & 에지드 퀴린 아잠, 잔크트요하네스네포무크, 뮌헨, 독일, 1733-38.

지 않은 것은 프랑스 로코코에 노출되지 않은 이탈리아 바로크의 특징에 해당한다. 제단 역시 베르니니의 코르나로 채플을 모방해서 장경주의로 처리했다(도 7-120).

잔크트요하네스네포무크(Sankt Johannes Nepomuk, 1733~38)에서는 바로크의 상상력을 발휘해서 자유로운 분위기를 만들었다. 직사각형에 오목-볼록 처리를 가해서 만든 울퉁불퉁한 타원으로 평면을 짜서 남부 독일의 경향을 좇았다. 실내 벽면은 물결치는 곡면처럼 나타났다. 그 위로 크기가 다른 아치와 벽기둥이 어지럽게 벽면을 메웠으며 다시 그 위를 공예 장식이 가득 덮었다(도 7-121). 장식 어휘는 이탈리아 바로크와 독일 전통 공예를 합한 것이지만 화려한 정도나 건축 부재를 가린 점 등에서는 로코코 분위기를 느낄 수 있다. 이번에도 제단을 베르니니의 장경주의로 처리했다. 제단 본체 위 2층에 작은 무대를 만들어 조각상을 세웠고 무대는 나선형 기둥이 골격을 이루었다.

두 건물 모두 색조는 전반적으로 어두운 황색, 적색, 청색 등의 로마 바로크풍을 유지했다. 중간에 금을 섞은 것도 경쾌한 느낌보다는 묵직한 엄숙주의를 도왔다. 장식 종류도 로코코의 식물 문양을 자제하고 성인과 성경 내용 등 종교적 대상에 한정했다. 식물 문양을 쓸 때는 로코코의 사실성을 버리고 선형 어휘나 기하 문양으로 추상화했다. 제단의 뒤쪽 위와 원형 천장 내곡면에 광원을 숨기는 처리는 베르니니가 즐겨 사용하던 것이었다. 제단 주변의 중앙 공간은 간접 광이 만들어내는 중간 밝기의 차분한 분위기가 지배하면서 실내 전반의 묵직한 색조와 심각한 장식 내용과 잘 어울렸다. 아잠 형제 특유의 바로크 엄숙주의였다.

**도 7-120** 에지드 퀴린 아잠, 벨텐부르크의 베네딕트 수도원, 제단, 독일, 1716-35.
**도 7-121** 코스마스 다미안 아잠 & 에지드 퀴린 아잠, 잔크트요하네스네포무크, 뮌헨, 독일, 1733-38.

### 노이만-탈물질화와 신비주의

남부 독일 바로크의 건축가 그룹을 대표한 이들은 노이만과 피셔다. 가톨릭이 부활하면서 선형 교회를 요구했는데 이들은 이것을 이끌면서 남부 독일만의 바로크 교회 유형을 새롭게 창출했다. 요한 발타자르 노이만(Johann Balthasar Neumann, 1687~1753)은 보헤미아에서 태어나 뷔르츠부르크로 이주한 뒤 이곳과 뮌헨을 본거지로 삼아 40여 채에 달하는 주요 작품을 남겼다. 교회와 궁전에서 대표작을 남겼는데 대형 교회에서는 선형을, 소형 교회에서는 중앙집중형을 주로 사용했다. 대표작은 대형 선형에서 나왔는데, 타원을 조작해서 자신만의 독특한 평면 유형을 창출했다. 실내에서는 겹 공간을 바탕으로 탈물질화를 이루어 신비주의 분위기를 만들어냈다. 타원을 이용한 자유 곡면으로 실내 골격을 짜서 축조성을 지웠으며 그 위에 성화와 장식을 더해서 초월적 천상세계를 그려냈다.

피어첸하일리겐의 교구 교회 겸 순례 교회(1742~53)는 3랑식 라틴 크로스를 기본 평면으로 삼았지만 네이브 월에 조작을 가해서 실제 모습은 타원 셋을 장축 방향으로 연속시킨 것처럼 나타났다(도 7-122). 네이브 월의 기둥과 벽체를 타원 장변을 따라 곡면으로 부풀게 만들었다. 실내는 '작은 타원의 전실-큰 타원의 신도석-작은 타원의 성소' 순서로 분할했다. 분할 효과를 높이기 위해 기둥 간격을 불규칙하게 배치했고 각 타원의 천장을 돔으로 처리했다. 이는 긴 선형을 세 개의 '타원 돔식 바실리카'로 분절한 것으로, 중앙집중형을 섞은 것에 해당한다.

최종 모습은 3랑식 라틴 크로스가 아니라 타원을 이용한 겹 공간으로 나타났다. 타원 셋을 연속으로 배치한 다음 양옆으로 통로 공간을 한 겹 더한 것으로 읽혔다. 실내 벽체는 보로미니식의 물결치는 곡면으로 나타났다. 오더와 엔타블러처는 고전적 정체성을 잃고 율동을

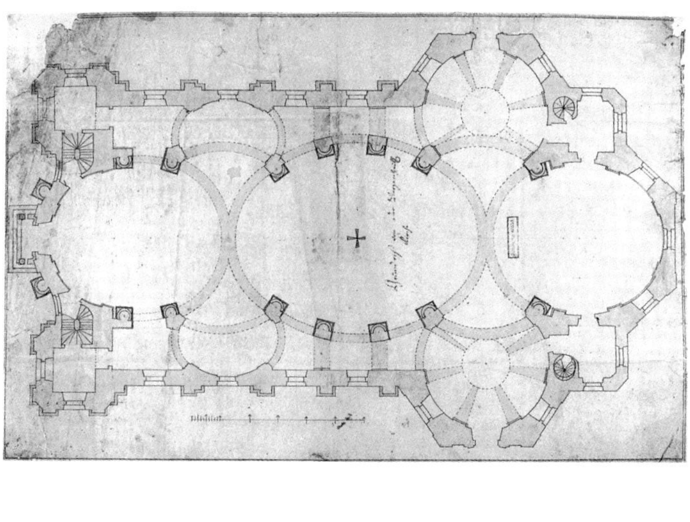

**도 7-122** 요한 발타자르 노이만, 피어첸하일리겐의 교구 교회 겸 순례 교회. 독일, 1742-53.

구성하는 곡면 요소가 되면서 일차적으로 탈물질화되었다. 벽체를 치머만식의 흰색 바탕으로 처리한 뒤 그 위에 아잠식의 어둡고 장중한 성화를 그려서 대비 효과를 통해 성화의 초월적 종교성을 강조했다(도 7-123).

**도 7-123** 요한 발타자르 노이만, 피어첸하일리겐의 교구 교회 겸 순례 교회, 독일, 1742-53.

네레샤임의 베네딕트 수도원 교회(Benediktiner-Abteikirche, Neresheim, 1747~53) 역시 겹 공간을 이용한 신비주의를 잘 보여준다. 돔을 받치는 구조 부재인 기둥을 외벽에서 분리해 겹 공간을 만들었다. 천장 돔의 두께를 되도록 얇게 하고 장식과 성화를 그린 뒤 빛을 끌어들여 돔은 얇은 막처럼 보였다. 중앙의 큰 돔을 네 개의 쌍기둥만으로 받쳐 돔은 무거운 하중을 가하는 이미지에서 벗어나 투명한 막으로 변했다(도 7-124). 겹 공간은 빛의 분산 효과를 높여 석재의 탈물질화를 도왔다. 실내는 비현실적 천상세계로 정의했다. 벽면을 형성하는 석재는 물성을 잃고 반죽 재료를 부어 만든 것처럼 느껴졌다. 치장 벽토, 프레스코, 공예, 조각상 등이 모두 함께 어우러지면서 하늘 세계를 표현했다. 무한성, 영생, 전지전능 등 기독교의 기본 개념을 표현하는 독일식 신비주의를 바로크 교회로 풀어냈다.

두 건물 모두 실내와 달리 외관에서는 장식을 절제했고 중앙 출입구를 볼록하게 처리한 곡면이 전체 분위기를 이끈다. 돌의 가소성을

**도 7-124, 7-125** 요한 발타자르 노이만, 네레샤임의 베네딕트 수도원 교회, 독일, 1747-53.

이용한 물결치는 리듬감은 보로미니의 영향을 보여준다. 첨탑을 이용해서 수직선을 직설적으로 표현한 것은 독일의 중세 전통을 이어받은 것이다(도 7-125). 네레샤임의 베네딕트 수도원 교회는 양옆에 높은 첨탑을 세우는 전형적 이탑식 구성을 보여주는 반면 피어첸하일리겐의 교구 교회는 중앙 출입구 베이의 지붕을 이중으로 올리는 방식으로 수직선을 표현했다.

### 피셔–기하 파노라마와 모서리 둥글리기

요한 미하엘 피셔(Johann Michael Fischer, 1692~1766)는 석공의 아들로 태어나 석공 일을 시작한 뒤 뮌헨의 궁정 건축가가 되어 평생 이곳을 본거지로 삼아 남부 독일 여러 곳에 대표작을 남겼다. 본인이 실내장식까지 담당하는 종합예술을 추구하기는 했지만 많은 경우 치머만 형제와 아잠 형제 등이 실내장식을 맡았다. 교회 건축가로서 32채의 교회와 23채의 수도원을 설계한 것으로 알려져 있다. 노이만과 마찬가지로 겹 공간과 탈물질화를 바탕으로 신비주의를 추구했으며 남부 독일 바로크 교회 건축을 이끌었다.

노이만과 차이도 많았다. 평면 유형은 노이만보다 다양했다. 돔식 바실리카를 섞은 선형은 공통점이지만 네이브를 하나의 큰 단일 공간으로 두거나, 극단적으로 길게 해서 네이브를 강조하거나, 성소를 네이브와 같은 길이로 늘이면서 동시에 크로싱을 강조해서 선형과 중앙집중형을 섞는 등 다양한 유형을 창출했다. 혹은 네이브 주변의 아일을 예배당으로 분할해서 네이브를 에워싸는 형식으로 중앙집중형을 섞었다. 다양성은 기하 사용에서도 나타났다. 타원뿐 아니라 원도 사용했으며 크기도 다양하게 하는 등 기하 파노라마의 특징을 강하게 보였다. 네이브 월을 독립 기둥보다 벽기둥이나 벽체로 처리해서 돌출 정도를 줄이면서 모서리를 둥글렸다. 이는 장식이 놓이는 바탕 면을 늘리면서 장식과 건축 부재의 일체성을 높였다.

뮌헨의 잔크트안나암레흘 교회(Sankt Anna am Lechl, 1727~37)는 직사각형 단일 공간을 변형해 타원형 방사선 구도로 발전시켰다(도 7-126). 전체 윤곽은 직사각형인데 실내 양쪽 벽에 감실을 각각 세 개씩 파서

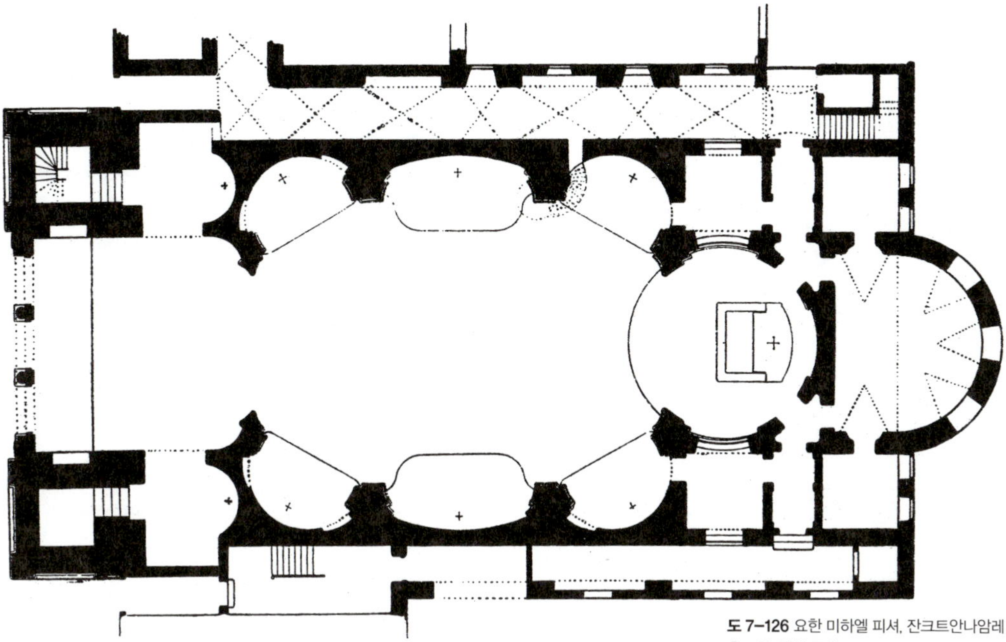

도 7-126 요한 미하엘 피셔, 잔크트안나암레흘교회, 뮌헨, 독일, 1727-37.

겹 공간 형식으로 만들었다. 감실은 서로 통하지 않기 때문에 완전한 겹 공간으로 발전하지 못하고 중심 공간의 초점하고만 일대일로 대응했다. 네 모서리에 위치한 네 개의 감실은 사선 방향으로 틀어져 중심 공간은 타원에 근접했다. 건물 골격을 벽체만으로 세워서 축조의 기본을 충실히 지켰으며 이는 단일 타원 공간의 기하학적 윤곽을 강조하는 기능을 했다.

실내장식은 치머만의 프랑스-남부 독일 분위기와 아잠의 이탈리아-독일 전통 분위기의 중간쯤으로 나타났다. 조도를 균질하게 유지해서 백색 바탕과 장중한 장식의 대비를 줄여 현실성을 높였다. 음양 대비를 줄인 빛은 초월적 신비주의보다는 타원 단일 공간의 통일성을 높여주는 역할을 했다(도 7-127). 중심 공간이 나뉘는 것을 방지한 대신 성소를 성가대석과 애프스로 이원화해서 교회의 제식 기능을 보장했다.

도 7-127 요한 미하엘 피셔, 잔크트안나암레흘교회, 뮌헨, 독일, 1727-37.

오토보이렌의 베네딕트 수도원 교회(Benediktiner-Abteikirche, Ottobeuren, 1748~55)는 3랑식 바실리카와 그리크 크로스를 혼합한 평면으로 이루어졌다. 원형 전실과 타원형 애프스를 앞뒤로 더해서 선형 기능을 보

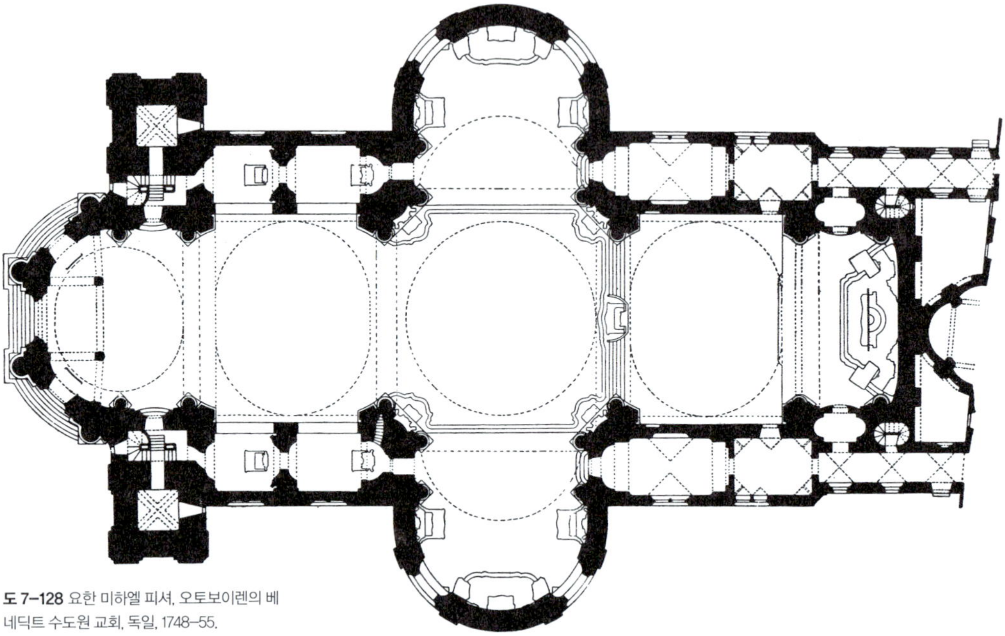

**도 7-128** 요한 미하엘 피셔, 오토보이렌의 베네딕트 수도원 교회, 독일, 1748-55.

**도 7-129** 요한 미하엘 피셔, 오토보이렌의 베네딕트 수도원 교회, 독일, 1748-55.

강했다. 최종 결과는 네이브와 성소 길이가 같고 트랜셉트를 확장 강조한 변형 라틴 크로스로 나타났다. 혹은 5베이로 분할한 돔식 바실리카로도 읽혔다(도 7-128).

실내장식은 치머만 분위기에 가까웠다. 백색 바탕과 중간 톤 장식의 대비를 높였으며 빛도 이런 분위기를 돕는 쪽으로 음양의 일정한 대비를 유지했다. 선형 평면이기 때문에 공간의 통일성보다는 돔의 성화를 독립 작품의 연작으로 읽는 쪽으로 초점을 맞추었다. 직각 모서리를 둥글려 실내에는 부드러운 사선과 곡면이 넘쳐났다. 5베이로 분할된 돔식 바실리카의 공간 단위는 분절로 나타나지 않고 벽을 따라 물 흐르듯 이어지는 연작으로 느껴졌다(도 7-129).

### 츠빙거 궁전과 뷔르츠부르크 궁전

독일의 궁전 건축은 잘게 나뉜 공국의 바로크 군주를 위한 것이었기 때문에 합스부르크 제국보다 규모는 작았지만 짜임새 있는 구성과 적절한 장식으로 나름의 특징을 형성했다. 성채 형식까지 합하면 많은 수의 바로크 궁전을 지었는데 마테우스 다니엘 푀펠만(Matthäus Daniel Pöppelmann, 1662~1736)과 노이만이 대표적 건축가다. 푀펠만은 작센 지방의 바로크건축을 대표했다. 그의 건축 경력은 드레스덴에서 시작해서 드레스덴에서 끝났다. 드레스덴 왕실의 건축 일 전반을 담당하고 이끌면서 츠빙거 궁전(Palais Zwinger, 1705/08~22)과 삼왕 교회(Derikönigskirche, 1731~39) 등을 대표작으로 남겼다.

츠빙거 궁전은 아치, 곡면, 경사 지붕, 뾰족아치, 조각, 장식 디테일 등을 혼합한 감흥 있는 분위기로 지어졌다(도 7-130). 고전 어휘의 사용은 되도록 자제했다. 오더는 장식에 묻혀 고전적 존재감을 잃었다. 물결치는 것 같은 곡면 윤곽에 조각과 장식을 더해 건물과 하나로 융합하는 독특한 처리였다. 이런 처리는 축제를 좋아한 아우구스투스 2세의 취향에 맞춘 것이었다.

장식으로 넘쳐나기만 한 것은 아니었다. 장식 효과를 강조하기 위해 단순 여백도 많이 두었다. 장식과 절제가 어우러지면서 적절한 균형감을 얻었다. 창 면적을 최대한 넓혀 밝고 경쾌한 분위기를 돋운 대신 장식을 사용하는 면을 줄여 절제된 분위기를 도왔다. 이런 내용들은 19세기 후반까지 작센을 중심으로 한 독일 동남부 바로크-로코코 건축의 선례가 되었다.

노이만의 뷔르츠부르크 궁전(Palais Würzburg, 1719~53/1776년 완공)은 츠빙거 궁전보다 좀 더 권위적이고 웅장했다. 군주의 권력욕을 충족

**도 7-130** 마테우스 다니엘 푀펠만, 츠빙거 궁전, 드레스덴, 독일, 1705/08-22.

시키는 바로크 기념비성을 주요 특징으로 했다. 당시 뷔르츠부르크는 정치적 야심이 큰 도시로서 왕국의 정치력, 경제력, 종교력, 행정력을 하나로 합한 종합 권력을 추구했다. 쇤보른 가문의 프리드리히 카를은 뷔르츠부르크의 왕세자와 주교를 겸하며 이런 경향을 주도했다. 궁전은 이것을 대내외에 과시하는 중요한 수단이었다.

전체 구성은 두 겹의 'ㄷ'자형 평면을 기본 유형으로 삼았다. 안마당을 중심으로 전면에 중앙 홀, 계단 홀, 황제의 방을 배치하고 양옆에 접견실, 집무실, 주거 등을 배치했다(도 7-131). 이 가운데 '계단 주택'이라고 불리는 대계단 홀을 웅장하게 꾸민 처리는 노이만 특유의 경향이었다. 단순한 계단이 아니고 가로 20미터, 세로 30미터에 이르는 거대한 공간이어서 카를은 이곳에서 정치의식을 집행하곤 했는데 그 때마다 신하와 외국 사신 등이 계단에 도열했다. 계단을 화려한 장식으로 치장하고 천장에는 바로크 화가 티에폴로의 웅장한 벽화를 그려 왕국의 국력을 과시했다(도 7-132).

외관은 궁전의 위용을 과시하는 기념비성에 섬세한 조각 솜씨로 다듬은 정교한 디테일을 더했다. 장식은 넘쳐흐르지는 않고 창 상인방,

**도 7-131** 요한 발타자르 노이만, 뷔르츠부르크 궁전, 독일, 1719-53/1776년 완공.

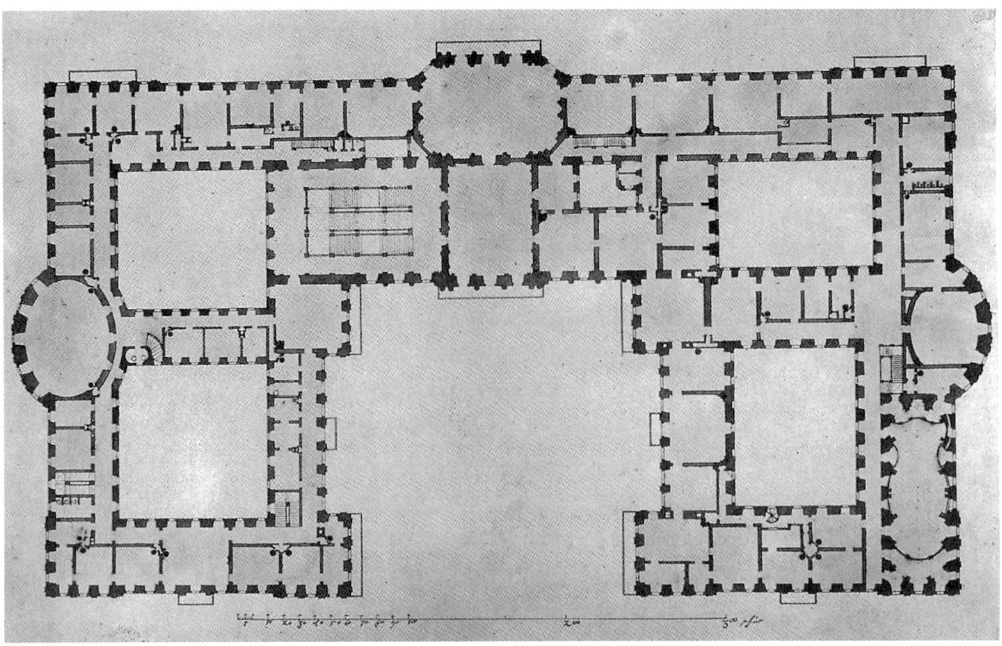

**도 7–132, 7–133** 요한 발타자르 노이만, 뷔르츠부르크 궁전, 독일, 1719–531/776년 완공.

출입구 지붕 박공, 다락층 창 등에만 집중적으로 더했다. 창 상인방은 아치를 기본 형태로 삼아 변형한 뒤 섬세한 문양장식을 더했다(도 7–133). 도리스식의 강한 오더가 이것을 부분적으로 보강하도록 처리했다. 축조적 위계는 이런 경향을 도왔다. 1층은 두꺼운 줄눈을 이용해서 러스티케이션을 상징적으로 표현한 반면 2층은 단순 벽체로 놔두었다. 1층에 도리스식 오더를 더하고 위층으로 갈수록 장식이 섬세해지면서 축조적 위계를 강조했다.

VIII

# 18세기 건축

18세기 프랑스 신고전주의

팔라디오 양식과 18세기 영국 신고전주의

18세기 합리주의 건축 운동

낭만주의 건축

낭만적 고전주의와 혁명기 건축

# 1
# 18세기 프랑스 신고전주의

### 페로와 세르반도니

18세기 신고전주의의 문을 연 것은 프랑스다. 이미 바로크 때부터 클로드 페로(Claude Perrault)의 루브르 동익랑(East Wing, Louvre, 1667~70)에서 징후가 싹텄으며 18세기 초반부에 이것을 토대로 새 시대에 맞는 보편적 고전주의 형식을 찾는 국제적 신고전주의로 발전했다. 이후 곧 프랑스다운 신고전주의를 찾는 운동으로 이어졌으며 18세기 중반 이후에는 건축가들의 자유로운 창작이 개입하면서 급진적 신고전주의와 낭만적 신고전주의로 급변을 거듭했다. 대미는 혁명기 신고전주의가 장식했다.

루브르 동익랑에 나타난 18세기 신고전주의의 징조는 두 가지로 요약할 수 있다. 하나는 건물 전면을 덮는 독립 원형 기둥으로, 벽체가 기본 구조인 바로크건축에서는 찾아볼 수 없는 장면이었다(도 8-1). 양식은 로마 코린트식이고 쌍기둥으로 처리한 점도 역시 로마식이지만 열주 효과 자체는 그리스 고전주의의 기본 정신을 부활한 것이었다. 다른 하나는 건물의 중앙과 양 측동으로 장식을 억제한 대신 고전 어휘의 고고학적 정확성에 치중한 점이다. 벽체 구조와 신전 박공으로 구성된 로마 고전주의의 표준 형식을 부활시켰다. 이것 역시 부재

**도 8-1** 클로드 페로·루이 르보·샤를 르브룅, 루브르 동익랑, 파리, 1667-70.

변형이 심한 바로크 고전주의에 반대되는 처리로 고고학의 발전 및 이에 따른 발굴 붐의 영향을 반영한 경향이다. 이런 점에서 이 건물은 고고학적 신고전주의의 시작을 알린 것으로 볼 수 있다.

바로크 건물로 보기에는 파격적인 특징인데, 둘을 합해서 보면 바로크 비정형주의를 거부하면서 고전주의의 기본 구성을 원본에 충실하게 따르자는 의도였다. 페로 개인 차원에서 보면 과학자 겸 수학자였던 경력이 반영된 새로운 시각이었다. 당시 진행 중이던 과학혁명의 영향이 건축에 나타난 대표적 예며, 이런 점에서 계몽주의 건축의 문을 연 건물로 평가할 수 있다. 더 넓게 보면, 기본에 충실한 불편부당함이 갖는 보편성의 힘이 새 시대를 이끌어가야 한다는 주장이었다. 민족과 지역의 차이를 초월해서 서구 문명 전체에 적용할 수 있다는 뜻에서 '국제적 신고전주의'라 부를 수 있다.

베르사유 확장 공사를 시작도 하기 전에 등장한 건물로서는 혁명적 주장을 한 것인데, 시대를 너무 앞서서 그랬는지 한동안 큰 주목을 끌지 못하다가 반세기 이상 지나서 조반니 니콜라노 제로니모 세르반도니(Giovanni Nicolano Geronimo Servandoni, 1695~1766)의 생실피스(St.

Sulpice, 1733~45)로 이어지며 18세기 국제적 신고전주의로 정착했다. 처음에는 당시 유행한 양식인 로코코로 설계되어 있었는데 다시 현장설계에 나온 것을 세르반도니가 완전히 다른 안으로 응모해서 당선되었다.

파사드는 중앙부와 양측면의 첨탑으로 3등분 구성을 했다. 중앙부는 5베이를 갖는 열주만으로 이루어졌다(도 8-2). 열주는 2층으로 중첩시켰다. 첨탑을 받치는 몸체는 개선 아치를 단순화한 벽체 구조로 형성했다. 신전 파사드를 노린 것이었지만 박공은 두지 않았다. 열주와 출입문 사이에 통로를 두면서 열주는 스크린처럼 느껴졌다. 지붕에서 박공을 없애고 평지붕으로 처리했기 때문에 열주의 스크린 효과는 더 강하게 나타났다.

**도 8-2, 8-3** 조반니 니콜라노 제로니모 세르반도니, 생쉴피스, 파리, 1733-45.

이런 처리는 루브르 동익랑과 매우 비슷했다. 강한 수평선이 있는 점과 양옆의 첨탑 부분을 벽체 구조로 처리한 점도 동익랑을 닮았다. 이 부분은 첨탑을 받치기 위한 구조적 목적을 가졌지만 양식적 관점에서 보면 로마 건축과의 혼용을 위한 것이었다. 그리스건축의 열주만으로 구성할 경우 로마와의 연계 전통이 강했던 프랑스에서는 받아들이기 어려웠을 것이기 때문이었다.

생쉴피스의 열주 파사드는 건물과 가로변의 관계가 18세기 들어 바뀌었음을 보여준다. 바로크 파사드는 가로변에 직각 방향으로 서 있는 높은 수직 벽 개념으로 정의되었는데 이는 가로와의 단절을 가져왔다. 18세기 열주 파사드는 이와 반대로 가로와 건물의 연속성을 추구했다. 열주 파사드는 단절과 통과의 중간 상태인 반투명으로 볼 수 있다. 가로에서의 이동은 반투명 스크린을 통과해 실내로 이어졌다(도 8-3).

### 가브리엘과 프랑스다운 신고전주의

생쉴피스가 등장하면서 1730년대 프랑스 건축의 분위기는 완전히 바뀌었다. 후기 바로크는 소멸 단계에 들어갔고 로코코는 실내장식에 국한되어 10~20년 더 연명했다. 프랑스 건축가들은 이제 장식주의에서 벗어나 18세기에 맞는 프랑스 건축을 정의하는 일에 관심을 기울였다. 열주만으로 이루어진 생쉴피스 모티브는 프랑스 정서에는 낯선 것이었다. 프랑스 건축계도 오더를 선호하긴 했지만 벽체 구조를 바탕으로 그 앞에 두세 개 정도 사용하는 로마식이었지 생쉴피스 같은 열주는 아니었다.

생쉴피스가 그대로 18세기를 대표하는 프랑스 건축이 될 수는 없었다. 생쉴피스의 역할은 고전 건축의 원형을 제시해 후기 바로크와 로코코의 장식 양식을 종식하는 데서 끝났다. 이제 관심은 장식 양식도 생쉴피스도 아닌 제3의 양식을 찾는 일에 모아졌다. 큰 방향은 르네상스에서 바로크에 이르는 3세기 동안 형성되었던 프랑스 국가 양식의 전통을 이어받은 뒤 18세기 정신으로 다듬는 것이었다.

앞 3세기 동안 프랑스 국가 양식은 여러 종류가 등장했는데 로마 고전주의의 기본 모티브인 벽체와 오더를 혼합한 방식이 공통점으로서 대표성을 가졌다. 18세기 정신은 생쉴피스에서 제시한 고전 원형의 간결한 원형성과 구조적 순도였다. 둘을 합하면, 바로크의 벽체 구조를 이어받되 장식을 최대한 절제하고 그 위에 변형 없는 오더 원형을 반원형 벽기둥으로 사용해서 열주처럼 가지런히 배열하는 구성이 되었다.

이런 결론은 이론가 자크 프랑수아 블롱델(Jacques Francois Blondel)과 건축가 자크앙주 가브리엘(Jacques-Ange Gabriel, 1698~1782)의 합작품이었다. 블롱델은 가장 프랑스다운 양식을 17세기 바로크로 보며 이것을 18세기 정신에 맞게 변형하여 계승해야 한다고 주장했다. 그는 건축양식은 사회적, 국가적 특질을 반영하는 것이어야 한다고 주장했는데, 이 기준에 따르면 생쉴피스는 너무 외래적이었다. 단 그 안에 담긴 18세기 정신은 부분적으로 수용할 만했다.

블롱델의 주장을 건축양식으로 구현한 이가 가브리엘이다. 가브리엘은 건축가 집안 출신으로, 아버지 자크 가브리엘은 루이 14세와 루이 15세를 연달아 모시며 왕실 소속 건축가로 프랑스의 절대왕정을 대표하는 국가 양식을 창출하는 데 중요한 역할을 했다. 이런 집안 배경은 가브리엘이 18세기에 맞는 프랑스다운 건축양식을 찾는 데 큰 도움이 되었다. 그는 로마 시대부터 17세기 로마 스쿨로 이어지는 로마 고전주의와 17세기 프랑스 바로크를 선례로 삼아 18세기 프랑스

**도 8-4** 자크앙주 가브리엘, 육군사관학교, 파리, 1750-68.

신고전주의의 대표 양식을 창출했다.

이미 1730년대 초창기 작품에서 그 모습이 나타나기 시작했지만 이때까지는 아직 프랑스의 전통적인 경사 지붕을 사용해서 아직 바로크의 잔재가 남아 있었다. 그의 대표작 가운데 하나인 육군사관학교(Ecole Militaire, 파리, 1750~68)도 마찬가지였다. 장식은 거의 사라지고 긴 수평선을 가지런한 창으로 분할한 배열은 루브르 동익랑이나 생쉴피스를 떠올리게 하지만 이 건물 역시 경사 지붕을 사용하고 있다. 중앙 출입구를 지나치게 강조한 것도 균등한 배열이라는 열주 효과와 상반되는 것이었다. 육군사관학교라는 기능 때문에 프랑스의 정체성을 강조해야 했고 왕을 상징하는 중앙부를 강조하는 방식으로 왕에 대한 충성을 표현한 것이다(도 8-4). 이런 처리는 블롱델의 특질 이론에서 영향을 받은 것이었다.

완성작은 프티 트리아농(Petit Trianon, 베르사유궁전 내, 1761~68)이었다. 궁전 본체는 아니고 규모도 작은 별장이었지만 왕궁의 부속 건물이어서 프랑스 국가 전체의 표준 양식이 될 수 있었다. 반듯한 사각형 윤곽, 로마 고전주의 원형에 충실한 벽기둥, 비례와 조화가 주는 고전적 안정감, 튼실한 시공 상태, 벽체 건축의 덩어리 느낌 등이 구체적인 내용들이었다. 이것들이 어울려 추상적 절제가 두드러졌다. 직전 건물까지 등장했던 경사 지붕도 사라지고 평지붕으로 마감했다. 한눈에 봐도 프랑스 바로크 건물을 생쉴피스의 원형적 간결함으로 정돈하

**도 8-5** 자크앙주 가브리엘, 프티 트리아농, 베르사유궁전, 프랑스, 1761–68.

고 다듬은 모습이었다(도 8-5).

**페이르와 드베일리의 파트너십–종합화와 급진적 고전주의**

가브리엘은 바로크를 이끌었던 17세기 거장들의 계보를 이으며 18세기 신고전주의를 완성했다. 가브리엘 때까지는 루이 15세의 왕실이 굳건했고 왕실이 건축을 주도하던 전통도 남아 있었다. 가브리엘 사후 1760년대 들어서는 왕실의 힘이 급격히 약해지면서 건축사조의 흐름도 붕괴되었다. 건축가의 수가 늘고 유형도 다양했지만 대가는 나오지 않았다. 그 대신 건축 경향에서는 가브리엘 활동 당시까지 지켰던 고전 원형의 순도와 규범이 붕괴하는 변화가 나타났다.

실제 결과는 의욕에 못 미쳐서 창작성 높은 작품은 없었으나 관습을 거부하는 실험 정신은 의미가 커서 혁명기 건축을 낳는 토대가 되었다. 1760년대 이후 프랑스 신고전주의 건축가는 나이에 따라 1720~30년대 세대와 1740년대 세대로 나눌 수 있으며 이들은 가브리엘의 프랑스다운 신고전주의의 뒤를 이어 급진적 신고전주의를 이끌었다. 1740년대 세대 가운데 블레와 르두는 신고전주의에 머물지 않고 급진적 실험을 더 발전시켜 혁명기 신고전주의를 이끌었다.

1720~30년대 세대를 대표한 것은 마리조제프 페이르(Marie-Joseph Peyre, 1730~85)와 샤를 드베일리(Charles de Wailly, 1730~98)의 파트너십

**도 8-6** 마리조제프 페이르 & 샤를 드베일리, 오데옹 극장, 파리, 1767-82.

이었다. 페이르는 왕립 건축 아카데미에서 자크 프랑수아 블롱델에게 프랑스 고전주의를 배우며 표준 국가 양식에 대한 인식을 형성했으나 로마 수학 때 피라네시를 만나 영향을 받고 고대 바로크에 속하는 유적들을 측량하면서 고전주의도 변형을 통한 창작적 각색이 가능하다는 사실을 깨달았다. 건축 경향에도 이런 양면적 배경이 나타났다. 축, 대칭, 거대 콜로네이드 등을 선호한 기념비적 고전주의와 다양한 형태와 크기의 방이 상호 관입하는 개별 분화 현상을 동시에 나타냈다.

교육 배경과 작품 경향이 페이르와 비슷한 드베일리에게서는 종합화가 두드러졌다. 세르반도니에게 열주 효과를, 르게이에게 폐허 수채화 운동을, 블롱델에게 고전주의 이론을, 피라네시에게 낭만적 고전주의를, 고대 바로크에서 고전주의의 자유로운 각색을 각각 배웠다. 간접적으로는 가브리엘에게 로마 고전주의에 대한 고고학적 정확성과 합리적 절제를 배웠다. 이들 파트너십은 이런 공통점을 매개로 고전 규범을 붕괴하는 실험을 시작했다.

대표작은 오데옹 극장(Theatre de l'Odeon=현재 프랑스 극장, 파리, 1767~82)이다. 예산 부족으로 여러 차례 설계가 변경되고 시공이 중단됐으며 완공 이후에도 많이 개축돼 본래 모습을 상실했지만 원안의 도판과 현재 남아 있는 건물 상태를 통해 설계 의도 및 건축적 의미를 판단할 수 있다. 외관의 특징은 두 가지였다. 하나는 세르반도니의 열주

도 8–7 샤를 드베일리, 오데옹 극장, 초안, 파리, 1767–82.

와 가브리엘의 추상적 절제를 합한 처리다. 선례 종합화를 보여주는 특징으로 프랑스다운 신고전주의의 맥을 잇는 의미가 있다(도 8–6).

다른 하나는 신전 구성을 이용한 개별 부재의 분리로, 고전 규범의 붕괴를 보여주는 처리다. 현재 건물을 기준으로 보면, 박공을 분리하고 열주만 남은 신전 몸통을 열주 출입구로 사용했다. 세르반도니의 열주 구성을 좇은 것으로 볼 수 있으나 그보다는 신전 구성에서 부재를 분리한 쪽에 가깝다. 초안은 이보다 더 과격해서 열주 출입구 위에 작은 블록 셋을 더해서 장식을 겸한 지붕으로 사용했다. 중앙의 높고 큰 블록을 양옆에서 작은 블록이 호위하는 형국이다(도 8–7).

중앙 블록은 건물 전체의 큰 박공에 해당하는 부분인데 이것을 또 하나의 작은 신전 파사드로 메웠다. 신전 구성을 소품으로 만든 것이며 그 속에 소품화된 개별 어휘들을 한 번 더 넣었다. 세를리안 모티브가 받치는 아치가 중앙을 차지하며 양옆에 벽감을 판 뒤 그 위에 미켈란젤로의 매너리즘 상인방을 따와 얹었다. 셋을 합해서 전체로 보면 로마 개선 아치의 구성을 이룬다. 중앙 블록 양옆의 작은 블록은 박공을 반원 조각 아치로 변형해 얹은 아주 작은 신전 파사드로 처리했다. 이 건물에서는 이처럼 여러 선례 모티브를 사용하되 각각의 기본 규범을 따르지 않고 어휘별로 변형 분리하거나 소품으로 만들어서 사용하고 있다. 개별 어휘는 어떠한 절대 규범에도 의존하지 않고 오로지 건축가 개인의 조형적 상상력에만 의존하여 조합했다.

### 드메치에르, 루이, 공드앵

1720~30년대 세대 가운데서 페이르와 드베일리의 파트너십 같은 급진적 창작성을 보여주지 못하고 전통적 규범 내에 머문 건축가들이 2차 그룹을 이루었다. 니콜라 르카뮈 드메치에르(Nicolas Le Camus de Mezieres, 1721~1801)의 파리 곡물 거래소(Halle au Ble, 파리, 1763~69)와 빅토르 루이(Victor Louis, 1731~1800)의 보르도 대극장(Grand Theatre, 1773~80)을 대표적 예로 들 수 있다.

곡물 거래소는 그 자체로는 의미가 큰 건물이었다. 18세기 중앙집중형을 대표하고 철물과 유리로 천장을 덮은 최초의 예 가운데 하나며 파리와 런던 등 대도시에 들어서기 시작한 대형 공공 상업 공간의 문을 연 건물이었다. 구체적 처리 내용도 곡물 거래소의 기능에 잘 맞춘 무난한 건물이었다. 전체 구성은 40미터 지름의 원형 안마당을 두 층의 갤러리가 에워싸는 형식이었다. 곡물 저장소인 1층은 배럴 볼트로, 거래소인 2층은 그로인 볼트로 각각 천장을 마감했다. 외관은 넓은 벽기둥이 분절하는 아케이드로 처리했고 아케이드 사이에는 중이층을 두어 실내 채광을 도왔다(도 8-8).

이 건물은 안정된 비례, 간결한 구성미, 효율적 기능성, 튼실한 조적 시공 등으로 동시대 건축가들에게 좋은 평을 들었다. 그러나 이 시기의 첨단 유행인 급진적 신고전주의의 개별 부재 분리 경향과는 거리가 멀었고 이런 기준에서 보면 곡물 거래소는 유행에 뒤처진 고고학적 신고전주의의 반복에 가까웠다.

**도 8-8** 니콜라 르카뮈 드메치에르, 곡물 거래소, 파리, 1763-69.

보르도 대극장의 정면은 생쉴피스의 열주 구성에 충실히 머물렀다. 열두 개의 코린트식 독립 원형 기둥이 만드는 열주 콜로네이드로 처리했으며 일직선 코니스로 마감해서 강한 수평선을 만들었다(도 8-9). 출입구를 통과해서 기둥 숲이 들어선 로비를 지나면 계단이 나왔다. 계단은 중앙 홀을 중심으로 양옆으로 90도 꺾여 올라갔으며 발코니로 이어지는 오

**도 8-9, 8-10** 빅토르 루이, 보르도 대극장, 보르도, 프랑스, 1773-80.

른쪽 뒤에서는 90도로 한 번 더 꺾어서 최종적으로 'ㄷ'자형 동선을 만들었다. 발코니에는 이오니아식 기둥 열을 호위하듯 세웠다(도 8-10). 중앙 홀은 볼트로 천장을 마감했고 천장에는 창을 뚫어 빛을 끌어들였다. 곡물 거래소와 마찬가지로 무난한 고전주의 표준 구성이었지만 시대를 이끄는 경향에는 합류하지 못했다.

1740년대 세대에서는 자크 공두앵(Jacques Gondoin, 1737~1818)이 대표적 건축가로 페이르와 드베일리의 파트너십의 급진적 신고전주의를 이어받아 독립적 창작력을 발휘했다. 나이는 두 사람보다 조금 어렸으나 두 사람과 거의 동일한 교육 과정을 거쳤으며 건축 경향도 두 사람과 매우 비슷한 종합화를 대표적 특징으로 한다. 대표작은 파리 외과대학(Ecole de Chirurgie, 1771~86)으로 프랑스 바로크 고전주의, 로마 고전주의, 그리스 고전주의의 세 모델을 혼용하고 통합한 구성이 대표적 특징이었다.

세 모델들의 대표 어휘와 구성 법칙, 그리고 건축적 특징들을 개별 어휘로 분리한 뒤 다시 통합하는 기법으로 건물 전체를 구성했다. 건물은 가로를 면한 열주 스크린, 안마당 파사드, 해부학 강의실 셋으로 이루어졌다. 열주 스크린은 세 모델의 구성 기법을 모두 부분적으로 차용했다. 그리스 신전 파사드에서 열주만 떼어서 기본 구성을 짰으며 콜로네이드 사이에 벽체 구조를 끼워 넣은 처리는 프랑스 바로크

**도 8-11** 자크 공두앵, 파리 외과대학, 1771-86.

기법을 부분적으로 차용한 것이다. 최종 모습은 어딘가 모르게 루브르 동익랑을 닮았다. 마지막으로 벽체 부분을 로마 고전주의의 개선 아치 모티브로 처리했다(도 8-11).

해부학 강의실은 반원형 극장으로 평면을 짰고 천장은 판테온을 모델로 삼아 반구형 돔으로 덮었다. 반 원형극장과 반구형 돔은 모두 로마 고전주의를 차용한 것이다. 극장 모티브를 차용한 것은 장경주의를 강의라는 기능에 적용한 것이다. 반구 천장은 강의실의 안마당 출입구에 사용한 신전 파사드와 함께 생각하면 그 의미가 명확해진다. 외관까지 포함한 판테온 구성 전체를 차용한 것으로 로마 신전의 특징인 극장형 신전의 개념을 장경주의에 맞춘 것이다(도 8-12).

**도 8-12** 자크 공두앵, 파리 외과대학, 1771-86, 해부학 강의실.

이처럼 이 건물에서는 여러 고전주의 모델들을 각각의 절대 규범에서 떼어내 개별 어휘로 환원한 뒤 건축가의 직관에 따라 자유롭게 재구성했다. 재구성 원칙은 개별 어휘들을 축 위에 연속 공간 개념으로 배치하는 것이었다. 이에 따라 '가로 밖-이오니아식 콜로네이드와 개선 아치-안마당-코린트식 헥사스틸 신전 파사드-반원형 극장-판테온 천장'의 순서로 구성되는 고전 모티프의 파노라마가 만들어졌다. 각 선례 모델들을 대지 상황, 기능 프로그램, 시대정신 등 여러 단계의 주어진 조건에 맞게 개별 어휘별로 구사했다.

# 2
# 팔라디오 양식과 18세기 영국 신고전주의

### 캠벨과 팔라디오 양식의 성립

영국의 18세기 건축은 팔라디오 양식(Palladianism)이라는 의외의 사조로 시작했다. 말 그대로 팔라디오 건축의 리바이벌 양식을 뜻한다. 신고전주의보다 10여 년 빠른 1720년경에 시작해서 주로 영국에 국한되어 1760년경까지 계속되었으며 유럽 전체로 봐도 18세기 역사주의의 첫 번째 양식으로 볼 수 있었다. 크게 융성하지는 못했으나 영국 건축이 대륙의 역사 선례를 리바이벌하는 일에 본격적으로 관심을 갖기 시작한 계기가 된 점에서 중요한 의미가 있다.

이 양식은 당시 영국 상황의 산물이었다. 영국 바로크에 대한 반작용으로 시작된 것까지는 18세기의 문을 연 다른 양식들과 같았는데, 이것이 팔라디오라는 한 개인을 리바이벌하는 양식으로 나타난 것은 당시 영국의 정치 상황과 관계가 깊었다. 조지 1세가 즉위하면서 권력은 진보적인 휘그당으로 넘어갔다. 중상주의, 합리주의, 산업 기술, 부르주아 등 새로운 권력과 생산방식을 기반으로 삼은 휘그당이 집권하면서 영국 사회 전반에 효율과 이성을 중시하는 현실주의 바람이 불었다.

이들은 이전의 휘그당 양식이던 바로크를 물리치고 자신들의 진보적 정치 이상을 구현할 새로운 건축양식을 찾았다. 바로크는 왕정복고와 가톨릭의 부활이라는 보수주의 분위기를 대변하며 비합리적이고 과도한 장식으로 점철된 것으로 비판받았다. 이것과 반대되는 양식은 간결하면서 절제된 특징을 가져야 했다. 고전의 원형적 순도를 유지하고 기본에 충실하면서 합리적이어야 했다. 팔라디오 건축은 합리성, 논리성, 추상성이 강했기 때문에 이 기준에 잘 맞았다.

하필 팔라디오 건축을 선택한 것은 선례가 있었기 때문이다. 영국 르네상스 때 집권당이 휘그당이었으며 이때도 건축에 동일한 요구가 있었고 이것을 이끌었던 것이 팔라디오를 모방한 이니고 존스의 건축이었다. 동일한 양상이 세기를 바꿔 반복되었고 이번에는 팔라디오 양식이라고 이름 붙일 만한 리바이벌 양식이 탄생했다. 종교적 상황도 한몫했다. 팔라디오는 가톨릭과 청교도 사이에서 중립을 유지했지만 그의 건축은 청교도 쪽에 가까웠다. 이 덕분에 청교도를 정치적 기반으로 하는 휘그당의 대표 양식으로 선택될 수 있다.

이런 시대 상황을 팔라디오 양식이라는 구체적인 건축 운동으로 집약한 건축가는 콜린 캠벨(Colen Campbell, 1676~1729)과 벌링턴 경(Third Earl of Burlington=Richard Boyle 리처드 보일, 1694~1753)이다(도 8-13). 캠벨의 활동은 두 방면에서 이루어졌다. 하나는 이론과 저술 활동으로, '기호의 법칙'이라는 미학 이론 운동을 이끌면서 바로크건축의 과도한 장식은 영국 정서와 맞지 않는 부자연스러운 허영이라고 비판했다. 칼뱅주의자였던 점도 이런 활동의 중요한 배경으로 작용했다. 그 대안으로 팔라디오 양식을 제시했는데 자신의 주장을 뒷받침하기 위해 『비트루비우스 브리태니커스(*Vitruvius Britannicus*)』(1725)라는 저서를 통해 팔라디오의『건축사서』를 영국에 맞게 해석, 소개했다.

**도 8-13** 콜린 캠벨, 벌링턴 하우스 정문(Gateway to Burlington House), 런던, 1718–19.

다른 하나는 작품 활동으로, 상대적으로 미약했다. 1720년대 전반부를 전성기로 보내며 노퍽(Norfolk)의 휴턴 하우스(Houghton House, 1722~29)와 켄트(Kent)의 메러워스 성채(Mereworth Castle, 1722년경~25)의 두 대표작을 남겼다. 메러워스 성채는 팔라디오의 로톤다를 모방하면서 원본에 근접한 완성도를 바탕으로 팔라디오 양식을 처음 선보인 의미가 있다(도 8-14, 8-15). 1720년대 중반 이후에는 오히려 장식이 더 늘어나는 변화를 보이며 침체된 말년을 보냈다. 팔라디오 양식이

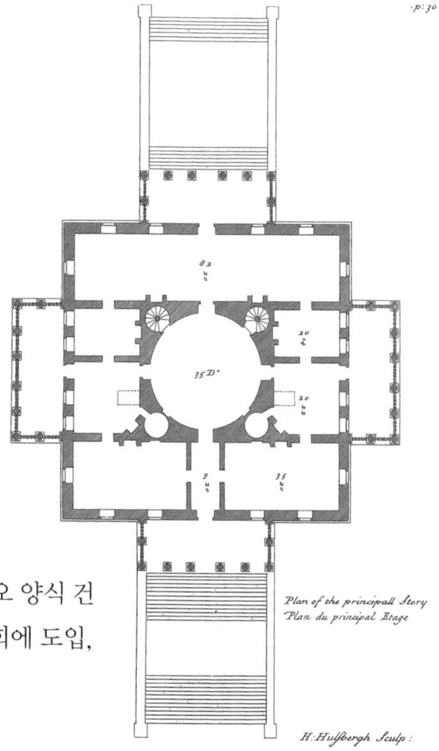


**도 8-14, 8-15** 콜린 캠벨, 메러워스 성채, 켄트, 영국, 1722년경-25.

본격적으로 시작될 시점에 사망했기 때문에 완전한 팔라디오 양식 건축가라고 보기는 어려운 측면이 있지만 이 양식을 영국 사회에 도입, 정착시킨 장본인인 것만은 확실하다.

## 벌링턴 경과 치즈윅 하우스

벌링턴 경은 캠벨의 뒤를 이어 팔라디오 양식을 완성했다. 정식 건축가는 아니고 귀족 정치가였는데 예술, 사상, 학문 등 다방면에 조예가 깊었으며 특히 건축에 관심이 많아 건축가를 겸했다. 집안이 대대로 휘그당으로 자신의 정치 이상을 대외적으로 표현하는 데 팔라디오 양식을 적극 활용했다. 휘그당 정권이 팔라디오 양식을 대표 양식으로 삼게 된 것 자체가 벌링턴 경의 작품이었다.

벌링턴 경은 귀족 자제들이 어려서부터 철학, 문학, 예술 등 지배계층이 되는 데 필요한 소양과 전문교육을 받는 전통에 따라 당대 최고의 교육을 받았다. 건축도 중요한 분야였으며 그 절정은 로마로의 그랜드 투어였다. 2년 동안 머물면서 고대 로마와 르네상스로 대표되는 예술 이상주의의 위력을 경험했다. 벌링턴은 로마와 르네상스를 대표하는 건축가로 각각 비트루비우스와 팔라디오를 꼽았다. 런던으로 돌아온 그는 건축을 통해 자신과 휘그당의 정치 이상을 실현하기로 결심하여 건축가의 길로 접어들었다.

이때 처음 만난 사람이 캠벨이었다. 두 사람의 관계는 양면적이었다. 벌링턴 경은 캠벨에게서 건축의 실무를 배운 반면 캠벨에게 팔라디오 양식의 건축 철학을 심어주었다. 두 사람은 1725년경까지 협력 관계를 유지했다. 벌링턴 경은 팔라디오 건축을 신앙처럼 받들며 비첸차를 직접 다녀오는 등 원칙에 충실한 교조주의 입장을 견지했다. 이런 노력에 힘입어 1720년경 벌링턴 경은 영국에서 팔라디오 건축에 가장 정통한 전문가가 되었다. 이상을 바탕으로 치즈윅 하우스(Chiswick House, 런던, 1730년경)와 어셈블리 룸스(Assembly Rooms, 요크, 1731년경~32)의 대표작을 남겼다.

치즈윅 하우스는 팔라디오의 로톤다를 모방했다. 평면에서는 정사각형 전체 윤곽을 9등분한 점, 이 가운데 중심부를 다시 정사각형으로 처리한 점, 중심부의 속 공간을 정사각형보다 중심성이 더 강한 다각형으로 처리한 점, 기단 위에 몸통을 올리고 계단으로 접근한 점 등이 대표적인 모방 내용이었다(도 8-16). 차이도 있었다. 로톤다는 사면으로 동등하게 열리는 십자축 질서를 가졌다. 반면 치즈윅 하우스는 양 측면을 막고 정면만 강조하는 단일 축으로 이루어졌다. 로지아는 정면에만 두었으며 정면의 계단은 세 번 꺾이며 여러 방향으로 복잡한 구성을 갖는 반면 후면에서는 180도 꺾이는 한 종류의 계단만 사

**도 8-16, 8-17** 벌링턴 경, 치즈윅 하우스, 런던, 1730년경.

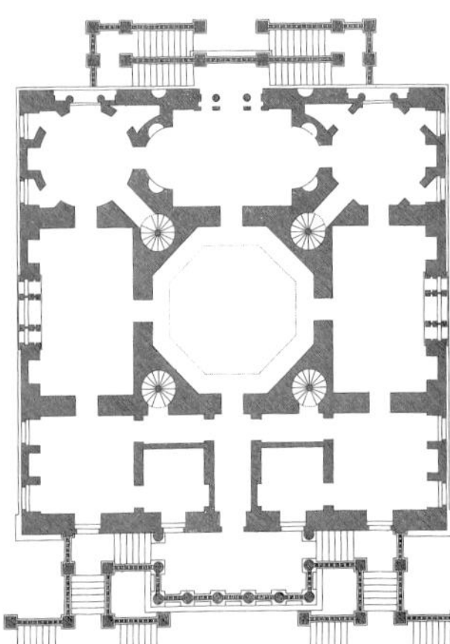

용했다(도 8-17).

로지아를 대폭 줄인 처리는 영국의 기후에 맞춘 것으로, 정면을 강조한 것은 정치적 집중을 표현한 것으로 각각 볼 수 있다. 이런 내용은 팔라디오의 건축을 영국 상황에 맞게 조절한 것으로 볼 수 있다. 그러나 순수 건축 측면에서는 오히려 불일치를 유발했다. 몸통의 평면 구성만 보면 로톤다보다 9등분의 분할 질서를 더 강조하며 강한 중심다움을 가졌지만 이런 특징은 계단과 로지아에 나타난 정면다움과 어긋났다. 이런 불일치는 외관 비례에도 나타났다. 로톤다의 외관이 정사각형에 근접했던 데 반해 이 건물은 1대 2.5 정도의 옆으로 넓적한 직사각형 비례를 가졌는데 이것은 정사각형 평면과 어긋났다.

### 켄트와 근위기병 연대본부

윌리엄 켄트(William Kent, 1685~1748)는 벌링턴 경의 뒤를 이어 팔라디오 건축을 진행한 건축가였다. 벌링턴 경이 캠벨과 결별하면서 그 대신 협력 관계를 맺은 사람이 켄트였다. 화가로 경력을 시작했으나 한계를 느끼던 즈음 벌링컨 경의 권유로 실내장식과 건축 설계로 전업했다. 벌링턴 경은 켄트에게도 팔라디오의 이상을 주입했으며 그의 전폭적인 후원자가 되어 많은 작품을 수주해주었다.

타고난 재주를 지녔고 회화와 조각에서 탄탄한 교육을 받은 켄트는 건축에서도 빠른 발전을 보였다. 1730년을 넘기면서 벌링턴 경 작품의 도면을 전담했으며 자신의 대표작도 남기기 시작했다. 1730년대 후반 이후 고딕 리바이벌로 전향하면서 그는 두 사조를 넘나드는 건축가가 되었다. 팔라디오 양식의 대표작은 노퍽의 호컴 홀(Holkham Hall, 1734)과 런던의 근위기병 연대본부(Horse Guards, 1749)다.

켄트의 팔라디오 양식은 팔라디오 이외에도 로마 고전주의, 라파엘주의, 매너리즘, 영국 낭만주의 전통 등 몇 가지 선례를 혼용한 점에서 교조적 경향을 지녔던 벌링턴 경과 일정한 차이를 보였다. 이 가운데 팔라디오가 중심을 잡으며 제일 큰 비중을 차지하기 때문에 팔라디오 양식의 범위 내에 들어왔다. 바로크도 완전히 배제하지 않아서 베르니니의 정통 고전주의는 수용했다. 이런 다양성은 켄트의 개

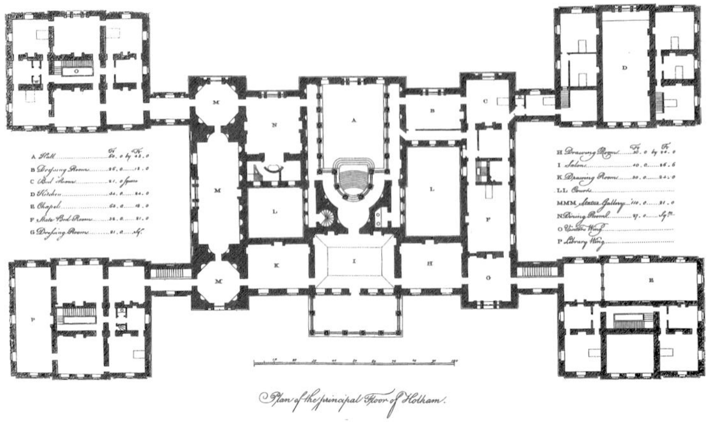


**도 8-18** 윌리엄 켄트, 호컴 홀, 노퍽, 영국, 1734.

인적 기질에서 기인한 것이었다. 이상을 종합하면 켄트의 건축은 팔라디오를 기본으로 삼아 웅장하고 기념비다운 영웅 고전주의를 특징으로 했다.

호컴 홀의 평면은 영국의 전통적인 3분법과 5분법 구성으로 이루어져서 너무 분산되었기 때문에 팔라디오의 순도는 찾기 힘들다(도 8-18). 외관도 마찬가지다. 그러나 중앙동은 팔라디오 빌라 평면에 바탕을 두고 있으며 외관에서도 육면체 몸통 앞에 신전 파사드로 열주 출입구를 낸 것이나 세를리오 모티브로 창을 낸 것은 팔라디오 어휘를 사용한 것이 다.

중앙 홀인 대리석 홀(Marble Hall)은 팔라디오의 여러 기법으로 이루어졌다. 애프스 모양의 반원형 실내 테라스를 열주 스크린으로 감싸서 벽체 사이에 이중 공간을 만드는 구성은 팔라디오가 산조르조마조레 등 베네치아의 교회에서 즐겨 사용한 기법이었다. 이 스크린을 계단 위에 올려 장경주의 효과를 노린 점과 홀 전체 길이의 3분의 2 정도에 적용된 이집트식 홀 등도 팔라디오의 기법을 차용한 것이었다. 대리석의 자연 문양을 이용해서 장식적 분위기를 낸 것은 팔라디오 양식의 순도와는 거리가 먼 것인데 켄트 개인의 회화적 기질을 반영한 것으로 볼 수 있다(도 18-19).

근위기병 연대본부는 호컴 홀을 런던 시내에 옮겨 놓은 것처럼 비슷했다. 영국 바로크와 팔라디오 사이에서 적절한 균형을 유지하려 애쓴 점이 대표적 특징이다. 전체 구성은 3분법을 두 번 적용한 5분법으로 이루어졌다. 중앙부에 영국 바로크를, 측동에 팔라디오의 신전 파사드를 대응한 처리는 영국 바로크를 팔라디오보다 우위에 두겠다는 의도를 보여준다(도 8-20). 그러나 대표적인 팔라디오 어휘였던 세를리안 모티프를 중앙부에서 측동의 긴 면에 사용한 점은 다시 팔라디오의 질서를 건물 전체에 주겠다는 의도로 볼 수 있다. 이런 혼재는 팔라디오 양식의 쇠퇴를 알리는 현상이었다.

팔라디오 양식은 건물 수, 건축가의 수, 지역 등 양적인 측면에서 큰 양식은 아니지만 영국 내에서는 전국으로 확산되었는데 크게 네 방향으로 정리할 수 있다. 첫째, 패턴 북의 출판을 통해 팔라디오 건축의 표준 어휘를 지속적으로 보급했다. 둘째, 고급 건축가들 사이에서 창조적 양식으로 일정 기간 생명력을 유지했다. 영국을 대표하는 건축가들은 아니었지만 윌리엄 애덤(William Adam)이나 에드워드 러벳(Edward Lovett) 등이 주역이었다. 셋째, 대도시를 중심으로 가로변 부동산 건축에서 꽤 인기를 누렸다. 런던, 베스(Bath), 에든버러, 더블린 등이 대표적인 도시들이었다. 넷째, 신대륙 미국에서 뒤늦은 인기를 누렸다. 청교도들이 이주해서 미국을 건국하면서 청교도 양식이었던 팔라디오 양식을 받아들인 것이다.

**도 8-19** 윌리엄 켄트, 호컴 홀, 노퍽, 영국, 1734.

**도 8-20** 윌리엄 켄트, 근위기병 연대본부, 런던, 1749.

### 기브스와 18세기 영국 신고전주의의 탄생

1730년대에 들어 켄트의 작품에서 팔라디오 양식의 변질과 쇠퇴가 나타나기 시작할 즈음 영국 건축에는 새로운 움직임이 나타났다. 팔라디오 양식에 대한 비판이 먼저 시작되었다. 영국 사회에 맞지 않는 정치적 상황의 산물일 뿐이며 순수 예술적 차원에서도 가벼운 표피 양식이라는 비판이 주를 이루었다. 비판은 자연스럽게 18세기에 맞는 영국의 새로운 양식을 찾는 시도로 이어졌다. 처음에는 당시 대륙에서 나타난 국제적 신고전주의를 받아들여 국제적 보조를 맞추려는 방향으로 진행되었으며 이후 영국다운 신고전주의로 발전했다.

문을 연 것은 제임스 기브스(James Gibbs, 1682~1754)였다. 출생 연도에서 알 수 있듯이 그는 바로크, 팔라디오 양식, 신고전주의의 혼재를 보여주는 전환기적 건축가였다. 로마에 유학해서 폰타나에게 배우고 렌의 영향을 받는 등 초창기 경력은 바로크로 시작했다. 정권이 바뀌면서 1715년경부터는 팔라디오 양식으로 전환했다. 그러나 적극적으로 팔라디오 양식을 구사하지 않았고 대표작도 남기지 못하고 5년의 탐색기를 보냈다. 대륙에서 고전주의 원본을 익히고 돌아온 기브스는 팔라디오 양식의 표피 양식이 지닌 한계를 꿰뚫어 보았을 것이다.

탐색기를 보낸 뒤 설계한 광야의 성 마르티노(St. Martin-in-the Fields, 런던, 1720~26)에서 새로운 경향을 선보였다. 여섯 개의 오더를 사용한 유사 원형 열주식 신전 파사드로 전면을 처리한 것으로 바로크와 팔라디오 양식 모두를 벗어난 것이다(도 8-21). 생쉴피스보다도 10여 년 앞선 것이었다. 그러나 중요한 차이가 있었다. 생쉴피스에서는 신전 파사드가 아닌 열주만 사용해 그리스 고전주의 나아가 고전 정신의 순도와 원형을 표현했다. 반면 이 건물에서는 박공을 갖는 신전 파사드를 통째로 사용해 열주 효과 면에서는 생쉴피스에 뒤졌다. 특히 그 뒤로 높은 첨탑을 더한 처리는 열주 효과를 더욱 반감했을 뿐 아니라 바로크의 잔재에 해당하는 결정적 한계였다.

**도 8-21** 제임스 기브스, 광야의 성 마르티노, 런던, 1720-26.

신고전주의와 바로크의 혼재는 실내에도 나타났다. 실내의 기본 구성은 코린트식 독립 원형 기둥 열주가 배럴 볼트 천장을 받치는 방식이었다. 벽체 구조에서 완전히 해방된 경쾌하고 합리적인 신고전주의의 전형적인 모습이었다. 이런 구성은 비트루비우스의 바실리카 원

**도 8-22** 제임스 기브스, 광야의 성 마르티노, 런던, 1720–26.

형 및 이것에 대한 페로의 해석을 차용한 것으로 볼 수 있다. 그런데 디테일을 보면 엔타블러처를 두지 않았을 뿐 아니라 볼트 천장의 밑변을 반원 아치가 파고들어가 잘라내는 방식으로 처리했다. 그 결과 루넷형의 아케이드가 만들어졌는데 이런 처리는 영국 바로크의 천장에서 자주 사용하던 방식이었다(도 8–22).

이런 이유로 이 건물은 열주 출입구를 가장 먼저 사용한 건물인데도 온전히 신고전주의의 문을 연 건물로 평가되지는 않는다. 이 건물의 위치는 매우 애매했다. 바로크의 잔재도 양면적 해석이 가능했다. 시대적 한계로 볼 수도 있었지만 영국 전통을 반영한 것으로 볼 수도 있었다. 그럴 경우 국제적 신고전주의는 되지 못하지만 영국다운 신고전주의의 문을 연 것으로 평가할 수 있었다. 이 건물의 혼용 처리는 이후 기브스의 모든 작품에서 반복되며 이 유형을 차용한 영국과 미국의 예들은 셀 수 없을 정도로 많다. 그만큼 영미권의 국민 정서와 잘 맞았다는 뜻이며, 따라서 기브스의 혼용은 영국의 국가 양식을 찾으려는 시도로 볼 수 있다.

### 애덤과 사이온 하우스

기브스의 혼용을 이루는 두 경향은 그대로 18세기 영국의 신고전주의가 나아가는 두 방향이 되었다. 1760년대와 1770년대가 분기점이었다. 이때까지는 국제적 신고전주의가 주를 이루다 이후 낭만주의 해석을 곁들인 영국다운 신고전주의로 넘어간다. 전반부 경향을 이끈 것은 로버트 애덤(Robert Adam, 1728~92)이다. 영국을 대표하는 건축가 집안 출신으로 아버지와 세 형제가 모두 건축가였을 뿐 아니라 세 형제가 파트너십을 이루어 18세기 영국 건축을 이끌었는데 가장 중요한 인물은 로버트였다. 대륙과 교류하며 국제적으로 통할 수 있는 신고전주의를 기본 경향으로 삼아 자신만의 다양한 장식주의를 첨가했다.

국제적 경향은 종합화의 전형적 산물이었다. 종합화를 추구한 건축가들은 많았지만 종류와 폭이 다양하고 넓은 애덤이 단연 최고였다. 먼저 영국에서 유행하던 바로크, 로코코, 팔라디오 양식 등을 습득한 뒤 영국 여행을 통해 자연 경치, 조경 건축, 고딕 건물 등의 낭만적 감성과 영국적 감성을 익혔다. 다시 대륙을 여행했는데 그 경로는 브뤼셀-파리-제노바-피렌체-로마로, 피렌체에서 평생의 스승이 되는 클레리소를 만나 로마로 가서 그에게 폐허 수채화 운동과 신

**도 8-23** 로버트 애덤, 더비 하우스(Derby House), 런던, 1773-74, 천장 디자인.

고전주의를 배웠다. 로마에서는 고전주의의 긴 역사를 간직한 유적을 직접 측량하고 그리는 훈련을 했으며 피라네시도 만나 고전주의에서 낭만적 가능성을 읽어내는 안목을 배웠다.

이처럼 애덤은 다양한 역사 선례뿐 아니라 최신 경향까지 두루 접하면서 건축가에게 필요한 훈련을 모두 거쳤다. 대인관계와 사교에도 능해서 많은 건축주와 조력자의 도움으로 80여 개에 이르는 다작을 남겼다. 종합화 건축가답게 그의 작품에는 수많은 양식의 흔적들이 난무했는데 역사 선례를 차용만 한 것은 아니어서 고전 유적을 자신만의 시각으로 해석하는 경향을 창출했다. 이런 점에서 애덤의 국제적 신고전주의는 프랑스의 생쉴피스와는 상당한 거리가 있었다.

기본적인 정확성을 바탕으로 장식이 주는 그로테스크하고 아라베스크한 분위기를 더한 뒤 주변 분위기까지 함께 생각하는 경향이었다(도 8-23). 이것은 고전 유적의 해석과 관련해서 '르네상스-라파엘-매너리즘-바로크-폐허 수채화 운동'으로 이어지는 다양한 선례 시각을 종합해서 자신만의 것으로 만든 것이다. 대표작으로는 더비셔(Derbyshire)의 케들스톤 홀(Kedleston Hall, 1760년경~61), 미들섹스(Middlesex)의 오스터레이 파크 하우스(Osterley Park House, 1765~80), 런던의 켄우드 하우스(Kenwood House, 1767~69)와 사이온 하우스(Syon House, 1760~69) 등이 있다.

애덤의 건물은 외관과 실내로 나누어 보는 것이 좋다. 외관에서는 고전적 축조성을 살리고 원형을 잘 지키는 등 기본기에 충실했으며 그 위에 여러 양식을 더했다. 이는 종합화를 바탕으로 한 국제적 신고전주의의 범위에 드는 것으로 볼 수 있다. 실내는 더 자유로웠다. 고전 어휘를 자유롭게 분해했으며 이질 요소를 많이 혼용했다. 장식다운 각색도 노골적이어서 장식 어휘 자체를 많이 사용했고 건축 부재를 장식적으로 바꾸었다. 그러나 프랑스의 급진적 신고전주의에 나타난 고전 어휘의 분해와 고전 규범의 붕괴 같은 시대적 고민은 적었고 감성적 장식을 선호하는 영국 전통을 따른 경향이었다.

사이온 하우스는 애덤의 모든 역량을 총집결한 애덤 스타일의 대표작이다. 중세 성채를 실내만 개축한 것이어서 애덤의 작품성은 평면 구성과 실내에 나타났다. 평면은 팔라디오 로톤다의 중앙집중형을 기

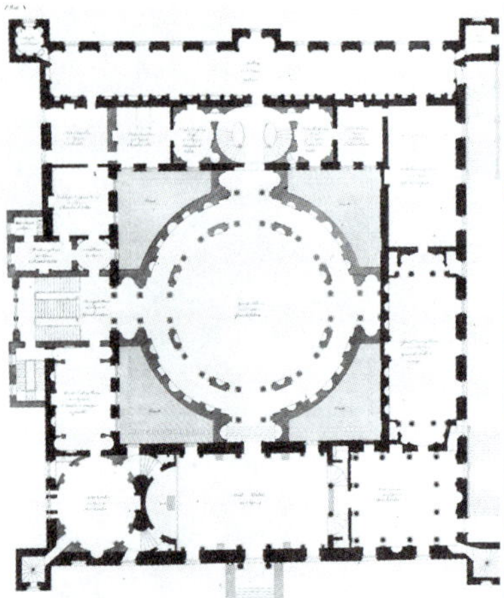

**도 8-24** 로버트 애덤, 사이온 하우스, 런던, 1760-69.
**도 8-25** 로버트 애덤, 사이온 하우스, 출입구 홀, 런던, 1760-69.
**도 8-26** 로버트 애덤, 사이온 하우스, 대기실, 런던, 1760-69.

본 윤곽으로 삼아 다양한 형태의 방을 더하는 구성으로 이루어졌다(도 8-24). 크고 작은 직사각형을 기본으로 정사각형, 반원, 옆으로 누운 타원, 곧추선 타원, 비정형 등 다양한 크기와 형태의 방들이 사면을 돌아가며 차례로 늘어섰다. 방의 실내도 평활면, 열주, 감실, 애프스, 쌍기둥, 벽기둥을 이용한 구획, 패널, 콜로네이드 등으로 다양하게 처리했다.

방들은 크기, 형태, 실내 처리의 세 요소를 기준으로 삼아 유형 개념으로 분화했다. 다양한 유형을 사면을 따라 병렬해 공간의 파노라마를 이루었다. 로마 시대의 고대 바로크에서 사용하던 연속 공간의 기법이었는데 이것을 영국의 감성적 주관주의로 재해석했다. 오더 양식의 종류를 방의 특질에 대응하는 기법이 대표적인 예였다. 출입구 홀은 집의 첫 관문이기 때문에 도리스식을 사용하여 절제된 형식다움을 갖추었다. 대기실은 반대였다. 대기실까지 들어온 손님에게는 좀 더 친근한 환영의 표시가 필요했기 때문에 장식 성격이 강한 이오니아식을 사용했으며 색조도 온색 계열이 주를 이루었다(도 8-25, 8-26).

## 우드 부자와 베스의 로마 고전주의 전통

우드 부자는 국제적 신고전주의를 베스라는 지역의 전통에 맞게 응용해서 구사한 건축가 부자다. 베스는 로마 시대의 대표적인 온천 휴양

지였기 때문에 영국 내에서 로마 건축이 제일 많이 지어진 도시였고 이 때문에 고딕이 국가 양식이었던 영국 건축 역사에서 드물게 로마 고전주의를 지역 양식으로 간직한 곳이었다. 이런 전통이 18세기 신고전주의와 맞아떨어지면서 국제적 신고전주의를 기본으로 한 영국 지역 양식이 탄생하게 되었다. 이 때문에 국제적 신고전주의이긴 하되 대륙 경향과 완전히 동일한 보조를 보인 것은 아니었고 영국다운 전통이 많이 스며든 차이를 보였다.

존 우드 1세(John Wood the Elder, 1704~54)는 대륙의 고전주의를 직접 접하지 않은 상태에서 영국의 지역 전통에 팔라디오 양식을 더한 경향을 보였다. 일찍이 런던, 옥스퍼드, 요크셔, 베스 등 영국 전역에서 경험을 쌓으며 심각한 작품성보다는 지역의 전통적 분위기에 즉흥적으로 반응하는 경향을 습득했다. 여기에 패턴 북을 통해 익힌 팔라디오 양식을 더했다. 1725년부터 베스 개발계획에 참여하면서 퀸 스퀘어(Queen Square, 1729~36)와 더 서커스(The Circus, 1754~66년경 우드 2세가 완공)를 대표작으로 남겼다.

두 건물은 팔라디오 양식을 기본 모티프로 삼아 더욱 보편적인 로마 고전주의로 중화한 특징을 보였다. 퀸 스퀘어는 거대 기둥과 러스티케이션 기단 등 팔라디오 어휘를 기본 부재로 삼은 다음 가로를 면한 긴 입면의 지루함을 덜기 위해 5분법으로 분할했다. 중앙부와 양 측동을 원형 벽기둥으로 처리해서 사각 벽기둥을 사용한 두 측랑과 차별화했다(도 8-27). 중앙 출입구에는 신전 박공을 넣었다. 이런 처리는 로마 시대 베스의 군영을 선례로 삼은 것이다.

로마 고전주의의 적극적인 차용은 더 서커스에서 나타났다. 95미터 지름의 원호를 따라 길게 늘어선 33채의 타운 하우스로 이루어졌다. 이 크기의 원호에 맞는 모티브는 콜로세움밖에 없었다. 콜로세움에 사용하던 오더를 이용한 수직 층 쌓기를 차용했다(도 8-28). 오더를 사용하되 생쉴피스의 열주가 아닌 로마식 벽체 구조로 해석한 것인데, 이는 베스의 고전주의 전통을 이어받은 것이었다. 가로를 면한 긴 입면이 동일한 창의 반복으로 지루해지기 쉬웠는데 이것을 원형경기장의 흥분과 긴장감을 상징하는 건축 어휘로 처리해 건물뿐 아니라 도시 전체에 활력을 불어넣었다.

존 우드 2세(John Wood the Younger, 1728~81)는 아버지의 일을 물려받아 더 서커스를 완공했으며 로열 크레센트(Royal Crescent, 1767~77)를 대표작으로 남겼다. 이 건물은 더 서커스와 여러 면에서 비슷했다. 160미터 지름의 타원 원호를 따라 30채의 3층 타운 하우스가 늘어선 구성이었다. 우드 2세는 더 서커스에서 배운 대로 이번에도 로마 고전주의 모티브를 사용했다.

차이도 있었다. 로열 크레센트에서는 콜로세움의 수직 층 쌓기가 아닌 거대 기둥을 사용했다. 기단이 받치는 이오니아식 반원형 벽기둥 114개를 일렬로 늘어 세웠다. 기본 구성은 팔라디오 양식이었지만 중앙집중성을 만들지 않고 긴 거리에 걸쳐 열주 효과를 노린 점에서 국제적 신고전주의에 해당했다(도 8-29). 선례를 따지면 베르니니의 산피에트로 광장에 가까웠다. 베스의 지역 전통보다는 좀 더 보편화된 로마 고전주의를 차용한 것으로 볼 수 있다.

우드 부자가 대를 이어 선보인 이상의 작품은 베스를 완전히 다른 도시로 바꾸어놓았다. 여기에 세 개의 '로열 포럼(Royal Forum)'에 해당하는 광장과 주거지역을 세트로 건설해 시골의 평범한 도시였던 베스를 '열주의 도시'로 탈바꿈시켰다. 또 베스에 내재된 채 잠자고 있던 로마 고전주의의 전통을 깨워 영국에서도 고전주의가 꽃필 수 있다는

**도 8-27** 존 우드 1세, 퀸 스퀘어, 베스, 영국, 1729-36.

자신감을 심어주었다. 영국에도 본격적인 신고전주의가 도래할 수 있는 길을 연 것이다. 대도시 중심에 귀족 상류층의 주거를 테라스 형식으로 정착시킨 이 기법은 도심 공공성과 지배 계층의 권위를 접목함과 동시에 일반인들에게는 광장을 선사하는 일거양득의 효과가 있었다.

**도 8-28** 존 우드 1세, 더 서커스, 베스, 영국, 1754-66년경 우드 2세가 완공.
**도 8-29** 존 우드 2세, 로열 크레센트, 베스, 영국, 1767-77.

# 3
# 18세기 합리주의 건축 운동

## 과학 정신과 구조 합리주의

18세기 계몽주의 정신을 대표하는 건축 운동으로 합리주의를 들 수 있다. 엄밀히 말하면, 합리주의는 양식 사조보다는 건축을 바라보는 기본 태도와 방법론을 지칭하는 포괄적 명칭에 가깝다. 건축의 창작 기준을 직관이나 심미성이 아니라 합리적 논리에 두고 되도록 객관적으로 결정하자는 태도다. 어느 시대나 건축을 합리적으로 바라보는 시각은 늘 있었으며 서양 건축의 전 역사를 통틀어 보면 합리주의 건축 운동으로 구체화된 예도 여러 종류가 있다.

18세기에는 구조 합리주의가 대표적인 예였다. 미시적으로는 앞 시대 바로크건축의 과도한 장식과 주관적 비정형주의에 대한 반발로 나타난 현상이었다. 건축에서는 장식의 반대편에 구조가 있는 것이 통례기 때문이다. 비정형주의에 반대되는 정형주의를 구성하는 가장 일반적 방식 역시 구조적 합리성에 의존하는 것이다. 거시적으로는 서양 건축사의 긴 흐름 속에서 최초로 구조 합리성이 구체적 건축 운동이나 양식 사조로 등장한 경우다. 18세기 계몽주의 정신이 건축에 반영되어 나타난 현상이었다.

18세기 구조 합리주의를 낳은 직접적 배경으로 과학 정신과 이신론 두 가지를 들 수 있다. 과학 정신은 과학혁명의 산물로, 기존의 선험적 규범을 거부하고 경험적 확신에 따라 건축을 운용하려는 새로운 방법론을 뜻한다. 과학 정신으로 무장한 일단의 건축가들은 인문학-예술 중심으로 답습해오던 건축의 전통적 규칙, 구체적으로는 고전주의 이론과 바로크 장식주의를 거부하고 현장 실험에 의거한 효율을 최우선 가치로 추구할 것을 주장했다. 건축에서 이런 새로운 실험을 이끌 매개는 구조밖에 없었기 때문에 구조적 효율을 가치 결정 기준으로 삼는 운동으로 나타나게 되었다(도 8-30).

구조 합리주의만의 새로운 건축양식은 산업혁명을 거친 이후인 19세기가 되어서야 신건축 운동에서 완성되었다. 철골과 철근 콘크리트라는 구체적 산업 재료가 등장한 이후였다. 18세기에는 아직 이런 발전이 없었기 때문에 선례 양식 속에 숨어 있는 합리적 특성을 찾아내어 18세기에 맞는 새로운 건축 원리와 표현 체계를 찾아내려는 해석 운동을 중심으로 전개되었으며 '그레코-고딕 아이디얼'이 대표적 성과물이었다. 이런 점에서 역사주의를 해석하는 새로운 시각과 방법론 정도로 정의할 수도 있다.

합리주의 건축가들은 바로크가 한창 진행 중이던 17세기 중후반에

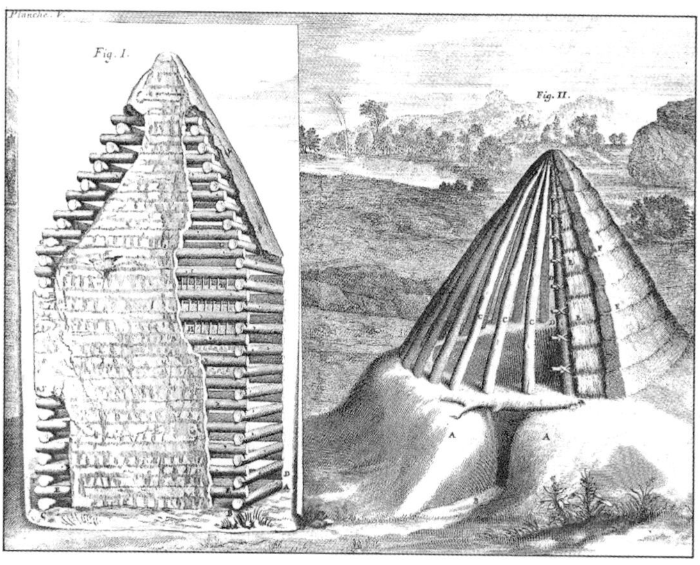

**도 8-30** 클로드 페로, 전원 오두막(La cabane rustique).

벌써 등장했다. 실험과학의 본고장이자 뉴턴의 나라 영국의 렌과 데카르트와 합리주의의 나라 프랑스의 페로가 대표적 예다. 이들은 바로크 건축가였지만 그 이전에 불기 시작하던 과학혁명을 이끈 과학자로서 과학 정신으로 바로크건축을 개혁하려는 새로운 실험을 시도했다. 이들은 바로크의 두꺼운 벽체가 장식 양을 늘리기 위한 장식주의의 산물일 뿐 구조적 효율의 관점에서 보면 불필요한 낭비라고 보며 구조적 효율을 최우선에 둔 새로운 건축 모델을 찾으려는 시도를 했다. 벽체 구조를 대신해서 기둥만으로 이루어진 가볍고 효율적인 구조가 해답이었다.

렌이 월브룩의 성 스테파노에서 보여준 '기둥만으로 돔을 받치는 시도'가 좋은 예였다. 아직은 기둥 간격이 좁고 돔도 완전한 반구가 안 되는 등의 한계가 있긴 했지만 통상적인 바로크건축과는 완전히 다른 새로운 시도임이 틀림없었다. 페로의 루브르 동익랑에서 생쉴피스로 이어지는 국제적 신고전주의의 열주도 마찬가지였다. 돔을 받치는 구조에 적용한 것이 아니라 단순 열주이긴 했지만 구조적 원형에서 비롯된 간결하고 효율적인 힘은 분명 계몽주의와 과학혁명의 정신을 반영한 모습이었다.

### 이신론과 순결주의

이신론(理神論, deism)은 기독교 내부에서 발생한 개혁 운동인데 종교운동에 머물지 않고 18세기 합리주의 건축 운동이 형성되는 데 중요한 영향을 끼쳤다. 이신론은 교리적으로는 성경 중심의 중세 신탁론을 비판하며 자연신론을 주장했다. 과학혁명에 따른 자연과학의 발달, 영국의 경험주의와 주관주의의 형성, 신대륙의 발견 등 서구 문명이 급변하면서 전통적 기독교관이 많은 도전을 받게 되었다. 사회적, 정치적 배경도 중요해서 종교개혁과 바로크를 거치며 구교와 신교 모두 세속화, 권력화되었는데 이를 비판하는 기독교 내부의 자정운동이 거세졌다.

그 결과 신은 자연을 창조만 해놓고 손을 떼었으며 인간사에는 간여하지 않는다는 자연신론을 주장하는 이신론이 탄생했다. 이들은 신의 섭리는 쓸데없는 욕심이나 불필요한 낭비 없이 효율적으로 작동하는 자연법칙 자체라고 믿었다. 자신들의 주장을 증명하기 위해 당시 최신의 자연과학 이론을 신학에 접목해 기독교 교리를 합리주의 정신으로 해석했다. 합리주의의 영향 아래 말 그대로 신의 존재를 이성적으로 해석하고 증명하려는 운동이었다. 이런 점에서 18세기를 관통하는 합리주의라는 큰 흐름의 일환으로 볼 수 있으며 이를 매개로 합리주의 건축 운동과 일정한 연관을 맺었다.

이신론 성직자들은 교회 건축에도 관심이 많아서 바로크 교회의 과도한 장식을 기독교가 세속화, 권력화된 현상과 동일시하며 비판했다. 전문적인 건축 지식에도 일가견이 있는 일부 성직자들은 바로크 교회를 이루는 구조 골격인 로마 고전주의의 벽체 건축이 지나친 장식주의의 주범이라고 비판했다. 벽체 구조가 장식이 놓이는 바탕 면 역할을 하기 때문에 장식주의의 원인을 제공할 뿐만 아니라 건축적으로 봐도 실내를 어둡고 둔탁하게 만든다는 것이었다.

이들은 그 대안으로 '밝은 빛으로 가득 찬 가볍고 경쾌한 교회 실내'를 제시했다. 자연신론(=이신론)에 대응하는 건축적 상징 매개로 '빛'을 들고 나온 것이다. 신은 자연을 창조만 해놓고 손을 떼었기 때문에 신의 존재를 증명하는 상징 매개, 혹은 신을 찬양하는 예술 매개는 그러한 자연의 일부인 '빛'이면 충분하다는 주장이었다. 이런 '빛' 개념은 중세 스콜라 철학에서 자연신학의 영향으로 형성되었던 것인데 시대가 지나 과학혁명의 결과 좀 더 명확한 과학적 증거의 뒷받침을 받으며 발전된 형태로 나타났다.

당시 유행하던 바로크양식은 이런 빛 개념과는 반대되는 건축 방식이었다. 돔이나 루넷 등 일부에만 빛이 들어올 뿐 실내는 전반적으로 두꺼운 벽체로 가로막혔으며 그 위에 인간의 손으로 꾸민 화려한 장식물만 가득 넘쳐났다. 이신론 성직자들이 보기에 이는 신의 존재와는 아무 상관없는 인간들만의 놀음일 뿐이었다. 이들의 두꺼운 벽체의 역학적 비효율성은 자연을 가장 효율적인 작동 법칙으로 창조한 신의 섭리와 크게 어긋나는 것인데 이는 인간의 욕심이 그 위에 덧칠해졌기 때문이라고 보았다. 그 대안으로 기둥 구조만으로 이루어져 역학적 효율을 자랑하는 합리적 교회 실내를 주장했다. 교회 건축이 보여주어야 하는 것은 효율적 자연법칙으로 존재하는 신의 섭리일 뿐이라는 주장이었다.

### 그레코-고딕 아이디얼과 새로운 교회 유형

교회 건축에 대한 이신론의 생각은 단순한 주장에 머물지 않고 18세기 구조 합리주의의 핵심을 이루는 새로운 건축 운동을 탄생시켰다. '그레코-고딕 아이디얼'이라는 운동으로 이신론 성직자와 건축가들의 합작품이었다. 성직자 가운데는 장 루이 드코르드무아(Jean Louis de Cordemoy, 연도 미상)와 마크앙투안 로지에(Marc-Antoine Laugier, 1713~69)가 대표적인 인물이었다. 드코르드무아는 바로크 교회 건축에 대한 대안으로 '고딕건축과 그리스건축에 공통적으로 나타나는 구조적 효율성'을 들었다. 두 건축 방식은 양식적으로는 반대편에 섰지만 불필요한 장식 군더더기 없이 꼭 필요한 구조만으로 구성된 공통점이 있었다(도 8-31, 8-32). 두 방식의 이상적 내용만 따와서 하나로 합한다는 의미로 '그레코-고딕 아이디얼'이라는 개념이 태어난 것이다.

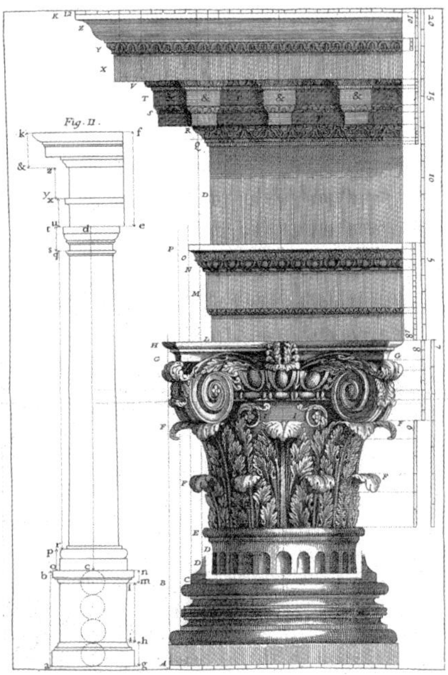

**도 8-31** 장 루이 드코르드무아, 『건축의 모든 것 혹은 축조술에 대한 새로운 소고(*Nouveau Traite de Toute l'Architecture ou l'art de bastir*)』(1706)에 나오는 코린트식 오더 그림.

서양 건축의 역사에서 그리스 고전주의와 고딕건축의 정수를 구조적 효율성의 관점에서 파악한 것과 둘을 하나로 합해서 새로운 건축 방식으로 만들 생각을 한 것은 획기적인 사건이었다. 이 개념은 이후 19세기 신건축 운동으로 발전하면서 현대건축의 철골-철근 콘크리트 가구식 구조를 탄생시키는 바탕이 된다. 건축가도 아닌 성직자가 이런 생각을 할 수 있었던 것은 평소 건축에 관심이 많아서였는데 실제로 드코르드무아의 주장은 페로의 영향을 받은 것이었다. 바로크 교회에서 벽체 구조가 문제가 된 것은 중세 고딕 양식을 건너뛰어 로마 기독교의 바실리카 유형을 차용했기 때문이었다. 바실리카 유형에서 네이브 천장을 볼트로, 크로싱 천장을 돔으로 각각 덮으면서 이것을 받치기 위해 네이브 월이 두꺼운 벽체 구조가 된 것이다.

17세기 프랑스 고전주의자들은 독립 원형 기둥만으

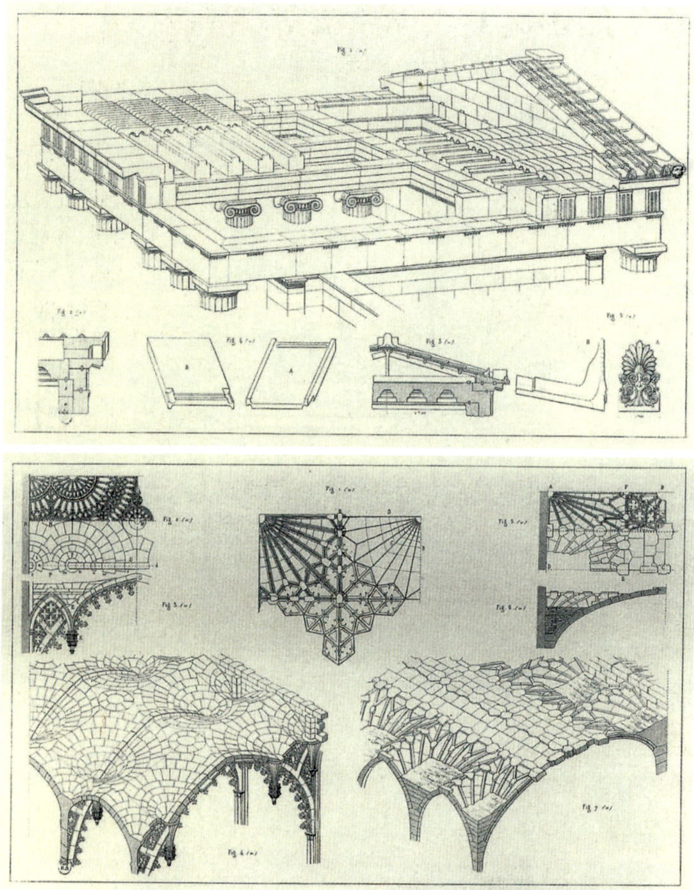

**도 8-32** 장 바티스트 롱들레(*Jean Baptiste Rondelet*), 그리스 가구식 구조와 고딕 볼트 구조 비교 그림.

로 볼트 천장을 받치는 것은 무리며 더욱이 돔을 받치는 것은 완전히 불가능하다고 생각했다. 렌이 이러한 시도를 했지만 결국 정상적인 돔을 사용하지 못한 것도 좋은 증거였다. 중앙집중화된 가톨릭의 권력체제에서 바티칸의 성 베드로를 모델로 삼아 습관적으로 반복한 것도 중요한 요인이었다. 17세기 후반부에 과학 정신으로 무장한 일단의 건축가들은 이런 관습화된 당연성에 의문을 품으며 바실리카 실내를 독립 원형 기둥만으로 받치는 실험운동을 전개했다.

핵심 내용은 독립 원형 기둥을 기본 구조 방식으로 사용한 바실리카 교회의 원형으로 돌아가는 것이 나아가 그리스 가구식 구조로 고딕 네이브 월의 '아케이드-트리포리엄-천측창'의 3분법을 구현하는

**도 8-33** 클로드 페로, 성 주느비에브 계획안.

것이었다. 페로는 성 주느비에브(Ste.-Genevieve) 계획안에서 이 방식을 완성도 높게 제시했다. '가구식 구조-두 단의 낮은 갤러리-루넷'으로 이루어진 3분법이었으며 이것이 배럴 볼트 천장을 받쳤다(도 8-33). 그러나 실제 지어지지 못하고 계획안에 머물렀다.

아르두앙 망사르의 베르사유궁전 왕실 예배당(1699~1710)은 실제로 지은 건물이다. '사각 벽기둥의 아케이드-독립 원형 기둥 열주-천측창'의 3분법으로 구성되었으며 역시 배럴 볼트로 천장을 덮었다. 1층 구조가 페로의 계획안만큼 파격적이지는 않았지만 실제 지어진 건물이 당연한 한계였다. 그 대신 2층을 9미터 높이의 가구식 열주로 처리한 것은 압권이었다. 천장 높이는 약 22미터였으며 네이브 폭과 천장 높이의 비례는 1대 2.5로 성기 고딕의 수직 공간 느낌에 육박했다.

드코르드무아는 건축가들이 시도했던 이런 새로운 실험을 성직자의 관점에서 이어받아 주장해 그레코-고딕 아이디얼 논쟁에 불을 붙였다. 이것을 이어받아 발전시킨 사람이 로지에다. 드코르드무아보다 한발 더 나아가 그레코-고딕 아이디얼의 이상적 예로 '원시 오두막'이라는 구체적 구조물을 제시했다. 네 개의 기둥, 바닥, 보, 지붕만으로 이루어진 가장 단순하고 근원적인 구조체였다(도 8-34). '숭고한 원시주의'와 '단순한 자연'이라는 낭만주의 사상과도 맞닿아 있는 주장이었다. 인간의 욕심이 개입하기 이전의 가장 기본적 원형을 교회 건축의 이상적 모델로 제시한 점에서 매우 과격한 개혁 운동이었으며 이런 점에서 순결주의로 부르기도 한다.

로지에가 허용한 것은 원형 요소까지였다. 구조적 작용과 기능적 목적을 솔직하고 명확하게 스스로 표현하기 때문이었다. 반면 2차 부가 요소는 겉치레, 허영, 거짓 등을 통해 본래의 기능과 목적을 숨기고 왜곡해 애매하게 만들기 때문에 피해야 했다. 원시 오두막 이론은 극단적 극기주의를 추구한 이상주의이자 바로크 교회의 낭비와 허영에 대한 해결책을 원시성에서 찾은 순결주의였다. 인간의 이기적 욕심과 문명의 때가 끼기 이전의 순수한 상태를 그리며 합리주의 시대의 이상적 건축 모델로 제시했다.

**도 8-34** 마크앙투안 로지에, 『건축 에세이(*Essai sur l'architecture*)』(1753)의 속표지에 나오는 원시 오두막 그림.

### 수플로와 파리 판테온

로지에의 원시 오두막은 극단적인 이상주의이긴 했지만 그만큼 파급 효과가 커서 바로크를 대신할 구체적인 합리주의 교회 모델을 찾는 작업으로 이어졌다. 이것을 이끈 이가 자크 제르맹 수플로(Jacques-Germain Soufflot, 1713~80)다. 출생 연도로 보았을 때 가브리엘, 페이르와 드베일리 사이에 낀 세대였는데 이런 애매함을 구조 합리주의로 극복했다. 로마 유학을 통해 로마 고전주의 및 양식 사조로서 당시 진행 중이던 신고전주의의 여러 경향을 일정 부분 취해 시대적 보편성과 최소한의 예술성을 유지했다.

여기에 머물지 않고 젊은 건축가, 엔지니어, 과학자 등과 교류하며 새로운 시대정신과 사조를 접했다. 기하학, 역학, 지리학, 물리학, 화학, 기술공학 등에서 일정한 수준에 오르면서 자신만의 특징을 구조 합리주의로 정의했다. 이를 바탕으로 그레코-고딕 아이디얼 논쟁에 뛰어들어 실제 건물로 지어 보이는 시도를 했는데 그 결과로 탄생한 것이 파리 판테온(=성 주느비에브, 1755~80/사후 완공)이다. 이 건물은 수플로의 대표작일 뿐 아니라 18세기 구조 합리주의, 나아가 18세기 프랑스 건축 전체를 대표하는 주요 작품이었다. 로마의 성 베드로와 런던의 성 바오로에 이어 파리를 대표하는 교회 건축이 된 것이다.

평면은 외접형 그리크 크로스를 기본 구성으로 삼았으며 크로싱 천장에는 대형 반구형 돔을, 네 팔에는 소형 접시형 돔을 각각 얹었다(도 8-35). 출입구는 코린트식 오더 여섯 개를 세운 열주 신전 파사드로

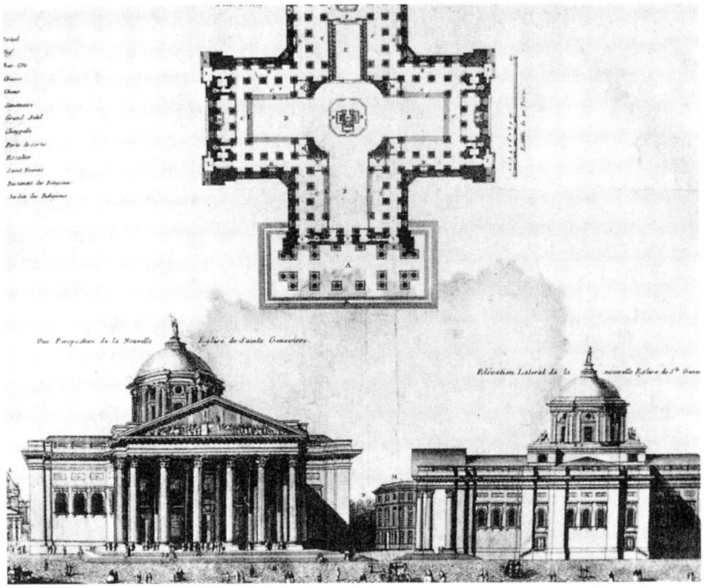

**도 8-35** 자크 제르멩 수플로, 성 주느비에브, 파리, 1755-80(사후 완공).

처리했다. 신전 박공을 갖추기는 했지만 고고학적 정확성과 열주 효과를 동시에 노려 실내에서 전개될 구조 합리주의의 예고편으로 해석할 수 있었다(도 8-36). 클라이맥스는 21미터 지름의 돔을 받치는 구조 방식이었다. 수플로는 세 개의 독립 원형 기둥만으로 돔을 받칠 수 있다고 보고 그대로 설계와 시공을 감행했다. 그레코-고딕 아이디얼을 그대로 구현한 것이었는데 당시 기술 수준에서는 파격적이다 못해 무모한 것이었다.

당장 엔지니어 그룹에서 문제를 제기하고 나서면서 찬성파와 반대파로 갈려 오랫동안 논쟁을 벌였다. 보수적 엔지니어들은 수플로의 안이 구조적으로 불가능하다고 비판하며 건물이 무너질 것이라고 경고했다. 수플로의 안을 지지하는 엔지니어들도 많았는데 두 진영 모두 명확한 공학적 근거를 제시하지 못한 채 논쟁은 지루하게 계속되었다. 수플로는 공사를 강행했는데 중간에 균열이 발생하면서 중단되었다. 그러나 반대파에서도 균열이 구조적 무리 때문이라는 사실을 밝혀내지 못해 공사는 중단되었다.

결국 수플로 사후에야 당시에 새롭게 발명한 미적분법을 동원해서 수플로의 안이 역학적으로 무리가 없다는 사실을 밝혔다. 그러나 시

**도 8-36** 자크 제르멩 수플로, 성 주느비에브, 파리, 1755-80(사후 완공).

공 중에 발생한 균열은 여전히 문제가 되어서 세 개의 독립 원형 기둥 사이를 막아서 삼각형 모양의 벽체로 만들고 기둥 구조에 철물을 보강하는 선에서 논쟁은 마무리되었다. 수플로의 판정승이라 할 수 있었다. 그 결과 바로크 교회의 표준형인 두껍고 둔탁한 벽체 구조와는 완전히 다른 모습이 태어났다. 당시 기술력으로는 매우 진일보한 것으로 그레코-고딕 아이디얼을 상당 부분 구현해낸 것으로 평가받을 만했다.

그리크 크로스의 팔 부분까지 함께 보면 더욱 그랬다. 독립 원형 기둥 열주만으로 구성한 것이다. 콜로네이드 위에는 천측창을 냈고 다시 그 위에 접시형 돔으로 천장을 덮었다(도 8-37). 기둥 열주는 팔 하나당 좌우에 각 두 겹씩, 총 네 겹을 세웠다. 기둥 개수는 바깥쪽 열이 일곱 개, 안쪽 열은 가운데 두 개와 크로싱의 한 개를 생략해서 네 개였다. 이런 기둥 열이 끊어지지 않고 네 팔을 돌아가며 에워쌌다. 실내에서는 오직 기둥 숲만 보였다. 기둥이 실내 골격도 짰고 천장도 받쳤다. 모든 것은 기둥에서 시작해서 기둥으로 끝났다. 실내는 그리스 가구식의 밝고 경쾌한 분위기와 구조적 효율성으로 가득 찬 모습으로 나타났다.

**도 8-37** 자크-제르멩 수플로, 성 주느비에브, 파리, 1755-80(사후 완공).

# 4
# 낭만주의 건축

## 픽처레스크와 정원 속 신전

낭만주의는 합리주의와 함께 18세기가 낳은 서양 문명 최대의 업적이다. 자연과 감성을 두 가지 기본 축으로 삼고 미학, 철학, 신학 등의 사상을 바탕으로 회화와 문학에서 융성한 예술운동이었다. 낭만주의는 자연 자체의 아름다움 혹은 자연이 사람의 마음속에 유발하는 감성을 예술 소재로 삼는 사조였다. 건축은 이런 내용과 어울리기 힘든 장르이기 때문에 건축에서는 낭만주의가 상대적으로 미약했지만 하나의 양식 사조로 볼 수 있을 정도의 내용을 형성했다.

자연 해석에서 출발한 연상주의 및 여기에서 찾아낸 픽처레스크와 숭고미를 기본 바탕으로 삼았으며 구체적 결과는 원시주의, 폐허 수채화 운동, 정원 속 신전, 농가 운동, 중국풍, 고딕 리바이벌 등으로 나타났다. 낭만주의로 구체화된 내용 이외에 고전주의 해석과 접목되면서 낭만적 고전주의를 낳았으며 낭만주의 사상이 프랑스대혁명에 영향을 끼쳤듯이 혁명기 건축도 낭만주의와 밀접한 연관성이 있었다.

픽처레스크는 '자연 경치 가운데 풍경화로 표현하기에 적합한 특성'이라는 뜻으로 이 개념을 적용하기에 가장 좋은 장르는 조경 분야였다. 이것이 건물과 합해진 것이 '정원 속 신전'이다. 말 그대로 정원에 고전 신전을 통째로 놓는 경향으로 그리스 도리스식 신전을 작은 규모로 소품화해서 조경 요소의 하나로 사용했다. 그리스 도리스식의 원시주의 분위기를 낭만성으로 응용해서 픽처레스크와 연관 지은 것이다.

당시 막 태동하기 시작한 필헬레니즘과 폐허 수채화 운동의 영향이 컸다. 그리스가 오스만튀루크에서 점차 해방되면서 많은 이들이 그리스로 여행을 가 그리스 신전을 직접 보게 되었다. 화려할 것이라는 기대와 달리 그리스 신전은 지중해의 자연과 어우러진 원시적 폐허 상태로 있었다. 의외의 아름다움에 반한 유럽 사회에 그리스풍이 크게 유행했는데 이를 통틀어 필헬레니즘이라 부른다. 그리스 신전의 폐허 상태를 풍경화 소재로 삼는 폐허 수채화 운동이 발생했다.

건축가들도 이를 응용하려 했는데, 당시의 사회, 건축 여건상 대규모 신전을 지을 수 없었기 때문에 그리스 신전 폐허의 원시성에서 낭만적 가능성을 찾아 정원의 픽처레스크 분위기와 합하려는 방향으로 나타났다. 이런 움직임은 영국에서 일어났다. 대륙의 정원이 기하학적 정형성을 특징으로 갖는 데 반해 영국 정원은 자연 상태를 유지하며 픽처레스크한 분위기를 특징으로 가졌기 때문이다. 구릉, 능선, 바위, 수경, 수목 등 자연 요소를 최대한 살리는 낭만주의 정원에는 큰 신전보다 소품으로 줄인 작은 신전이 잘 어울렸다. 원시성을 드러내기 위해서는 건축 구성도 최대한 단순하게 처리하는 것이 좋은데 여기에도 소품 크기가 맞았다. 신전을 핵심 요소로 갖는 이런 정원을 아르카디안 가든(arcadian garden, 목가풍의 조경 경향)이라 부른다(도 8-38).

**도 8-38** 윌리엄 켄트, 스토 정원(Gardens at Stowe), 1734-.

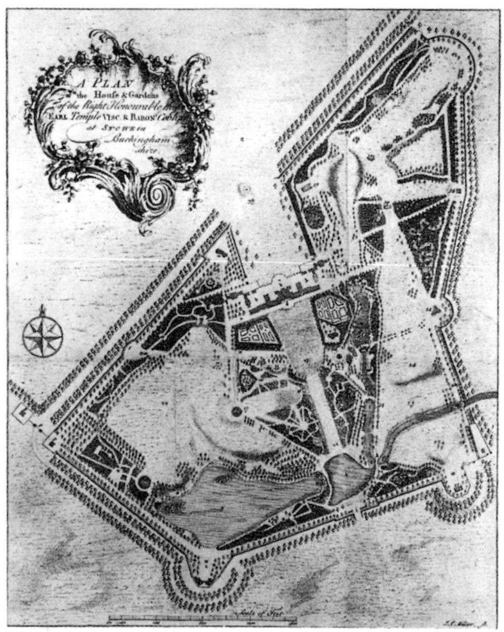

정원 속 신전을 대표하는 예로 켄트의 치즈윅 가든(1725~38)과 윌리엄 체임버스(William Chambers, 1726~96)의 큐 가든 안의 벨로나 신전(Temple of Bellona, 1760)을 들 수 있다. 치즈윅 가든에서는 아직 그리스 신전이 아닌 로마 판테온을 모델로 사용했으며 오더 양식도 도리스식

도 8-39 윌리엄 켄트, 치즈윅 가든, 런던, 1725-38.

도 8-40 윌리엄 체임버스, 큐 가든 안의 벨로나 신전, 런던, 1760.

이 아닌 이오니아식을 사용했다(도 8-39). 그리스 여행이 본격화되기 이전이라 당시 보편적으로 사용하던 로마 고전주의를 모델로 삼은 것이다. 그러나 정원 속 신전에 해당하는 기본 특징은 잘 지켰다. 중앙형 본체 앞에 열주 출입구를 더한 구성으로 이루어졌으며 휴먼 스케일로 줄이고 부재도 단순하게 해서 소품으로 처리했다. 켄트는 아르카디안 가든의 창시자 가운데 한 사람이었다.

벨로나 신전도 비슷한 구성을 했는데, 도리스양식을 사용해서 단순화된 원형성과 원시성을 한층 높인 점에서는 치즈윅 가든과 달랐다(도 8-40). 벨로나 신전은 시간이 흘러 필헬레니즘과 원시적 낭만주의가 모두 무르익었을 때 지었기 때문에 이전 차이가 생긴 것이다. 신전 전체는 아직도 그리스 신전이 아닌 판테온을 모델로 사용하고 있는데 이는 원형 건물의 순도를 원시성의 예술 요소로 사용하기 위해서였다.

**농가 운동과 트리아농 시골 마을**

농가는 고전주의 중심의 고급 건축에는 없는 원시성과 때 묻지 않은 순수함, 그리고 농촌의 자연 풍경과 어울리는 픽처레스크한 분위기를 간직한 낭만주의의 좋은 소재였다. 이런 특징을 낭만주의 예술로 발전시키려는 농가 운동이 나타났다. 농촌과 농업 문명의 산실이자 뿌리로서 농가의 심미성과 가치를 예술성으로 정의하는 운동이었다. 회화와 문학이 적극적이었다. 농가는 풍경화에서 즐겨 그리던 소재였으며 시골의 목가적 자연 풍경을 소재로 한 문학의 중심 무대였다.

건축에서도 이를 활용하려는 움직임이 있었다. 큰 방향은 건물을 자연 요소의 하나로 보고 인공적 가공을 최소화해서 손대지 않은 자연 속에 두는 것이었다. 많은 건축가들이 농가에 관심을 기울이기 시작하면서 농가로 답사를 가는 등 연구 대상이 되었다. 고전주의와 아카데미 중심으로 진행해오던 유럽 건축에서는 파격적인 일이었다. 이번에도 영국이 중심지였다. 유럽 각국은 모두 아름다운 농촌 풍경과 농가 건축의 전통을 가지고 있었지만 영국이 특히 두드러져서 햄프셔의 웨스트 메온(West Meon, Hampshire)이나 워릭셔의 웰포드온에이번(Welford-on-Avon, Warwickshire) 등을 필두로 전역에 아름다운 농가들이 잘 보존되어 있었다.

구체적 내용에서는 독립적 양식 사조까지 발전하지 못했다. 농가 운동의 본고장 영국에서는 회화, 문학, 여행 등과 관련된 문화 현상에 머물렀다. 농가 운동을 실제 건축에 적극 적용한 것은 프랑스다. 루소의 '고결한 원시인(noble savage)' 개념이 대표하듯 프랑스는 낭만주의의 사상과 이론에서 앞섰는데 그 영향이 건축에 미친 것이다. 혁명기 건축

**도 8–41** 리샤르 미크, 트리아농 시골 마을, 베르사유궁전 내, 프랑스, 1783–85.

이 대표적인 예로 르두와 르퀴에의 새로운 실험에는 농가 모티브가 주요 항목으로 들어 있었다. 프랑스에서는 실제로 그러한 건물이 지어졌는데, 리샤르 미크(Richard Mique, 1728~94)의 트리아농 시골 마을(Hameau du Trianon=여왕의 농촌 시골 마을, 베르사유궁전 내, 1783~85)이다.

미크는 왕립 건축 아카데미를 졸업한 뒤 왕실을 건축주로 가지면서 베르사유 시내와 궁전에 작품들을 남겼다. 작품 경향은 다양해서 낭만주의도 중요한 부분을 차지했다. 베르사유궁전 내 트리아농 구역에 지은 벨베데레(The Belvedere, 1777)와 사랑의 신전(Temple de l'Amour, 1778)은 정원 속 신전의 좋은 예였다(도 8–41). 두 건물 모두 영국의 건물들보다 더 자유로운 낭만성을 보였는데 벨베데레는 팔각형 파빌리온이었고 사랑의 신전은 코린트식 원형 신전이었다.

트리아농 시골 마을은 모두 열두 채의 농가로 구성되었는데 현재는 열 채가 남아 있다. 여왕의 오두막, 방앗간, 출입 초소, 비둘기 집 등이 주요 건물이었고 나머지는 농부들의 집이었다. 마리 앙투아네트 여왕의 농장을 지원하기 위해 지었다(도 8–42). 여왕은 "나무를 심고 밭을 일구고 가지를 다듬고 과일을 따며" 농장 생활을 즐겼다. 건물들의 외관은 농가의 특징을 완벽하게 모방해서 지었지만 실내는 여왕 및 왕족의 생활을 위해 화려하게 꾸몄다. 낭만주의를 건축에 실제로 적용했을 때 나타날 수밖에 없는 한계를 보여주는 현상이지만 왕

도 8-42 리샤르 미크, 트리아농 시골 마을, 베르사유궁전 내, 프랑스, 1783-85.

실 건물을 농가 단지로 지었다는 사실만으로도 파격적인 의미를 갖는 것 또한 사실이다.

### 고딕 리바이벌, 국가 양식과 고딕 옹호론

고딕건축은 중세를 대표하는 양식으로 중세다움이 지닌 낭만적 속성 때문에 낭만주의의 대상이 되었다. 중세 건축에 대해서는 프랑스, 영국, 독일 세 국민 모두 적잖은 향수를 가지고 있었다. 르네상스에서 바로크에 이르는 3세기 동안 고전주의기를 거치면서 규범 중심의 엄격한 건축을 부담스러워하는 분위기가 있었으며 이것이 풀어지지 않은 상황에서 18세기에 과학적 엄밀주의가 유행하고 산업화의 초기 바람이 불면서 중세에 대한 향수가 더욱 강해졌다. 중세는 기독교가 이끈 영적 문명의 시대였으며 고딕 성당은 섬세한 수공예를 통해 영성을 신비로운 구조물로 구현해낼 수 있음을 보여주는 성스러운 증거였다.

18세기 문명의 급박한 진행에 지친 사람들은 이런 중세 고딕을 그리워하기 시작했다. 그리움은 리바이벌로 나타나면서 고딕 리바이벌이라는 큰 흐름이 낭만주의의 하부 운동으로 형성되었다. 중심지는 영국이었다. 사실 고딕건축의 종주국은 프랑스였지만 이에 대한 향수는 영국이 더 컸다. 그 이유는 두 나라 고딕건축의 차이에 있었다. 프랑스는 고딕건축을 유기 구조의 개념으로 정의했기 때문에 18세기에는 그레코-고딕 아이디얼의 구조 합리주의가 탄생하는 배경 역할을 했다.

반면 영국은 고딕건축을 수평선과 공예 장식 중심으로 정의하면서 자연과 어울리는 범위 내에서 낭만적 향유 개념으로 정의했다. 이런 전통은 영국의 기본적인 국민성이기도 했으며 18세기 낭만주의의 대상이 되었고 이런 움직임이 고딕 리바이벌로 집단화된 것이다(도 8-43). 고딕은 낭만주의의 기본 정신과 잘 맞는 측면이 많았다. 고전주의와 대별되는 대표성, 기독교를 배경으로 한 신비주의, 자연 해석에 의존한 유기성, 고전의 선험적 규범에 반대되는 경험적 귀납성 등이 대표적 내용이었다. 폐허로 발견되는 고딕 성당은 픽처레스크와 숭고미와도 잘 어울리는 대상이었다.

체임버스의 고딕 옹호론은 고딕건축이 낭만주의의 대표적 건축양식이 될 수 있음을 보여주었다. 체임버스는 연상주의와 조지프 애디슨(Joseph Addison)의 상상력 이론을 적용해서 고딕건축의 가치를 밝혀냈다. 고딕은 종교적 심미성과 공학적 창의력을 하나로 합친 점에서

**도 8-43** 존 버클러(John Buckler)의 〈윈체스터 성당(Winchester Cathedral)〉(1801).

예술과 과학의 종합체라는 건축의 본질을 가장 잘 보여주는 양식이라고 했다. 고딕 가운데서도 특히 영국 고딕만이 이런 기능과 가치에 가장 잘 어울리는 유일한 건축양식이라고 했다. 이런 맥락에서 체임버스는 당시 영국 사회가 자국의 고딕 전통에 많은 관심을 쏟지 않는다고 한탄했다.

이런 배경 아래 영국에서는 고딕 리바이벌이 낭만주의의 중요한 하부 운동으로 구체화되었으며 일부 건축가들은 18세기를 대표하는 국가 양식으로 인식하기도 했다(도 8–44). 이미 켄트 때부터 정통 고전주의자가 아닌 일부 건축가들 사이에서는 고딕 양식을 실내장식에 구사하는 능력이 필수로 되어 있었다. 체임버스, 댄스 2세, 손 등을 거치면서 건물 전체 차원의 고딕 리바이벌은 아닐지라도 부분 고딕 혹은 부분적 고딕 리바이벌 형식으로 고딕 어휘가 건물에도 널리 쓰이기 시작했다. 이들은 영국 신고전주의를 대표하는 애덤을 공격 목표로 삼아 공동 전선을 형성하며 영국의 고전주의는 고딕 정신으로 중화한 낭만적 고전주의여야 한다는 주장을 폈다.

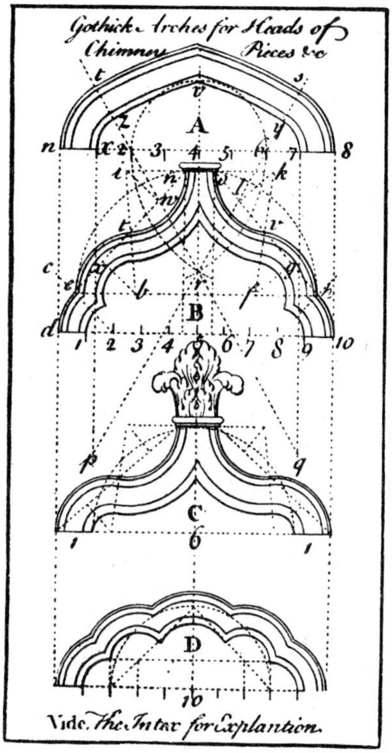


**도 8–44** 굴뚝에 사용하는 고딕 아치에 대한 배티 랭글리(Batty Langley)의 그림 설명.

## 월폴과 스트로베리 힐

18세기 고딕 리바이벌이 불완전하거나 부분적인 것만은 아니어서, 건물 전체 차원에서 본격적인 양식 운동으로 완성되었는데 이를 이끈 인물로 호러스 월폴(Horace Walpole, 1717~97)과 제임스 와이엇(James Wyatt, 1746~1813)을 들 수 있다. 월폴은 오퍼드(Orford)의 4대 백작이면서 골동품 수집, 저술 활동, 예술사 연구, 예술가 후원 등 폭넓은 활동을 한 대표적 계몽주의자였다. 건축도 그의 관심 분야 가운데 하나였다. 그는 직접 설계를 하지는 않았지만 건축에도 조예가 깊어서 존 슈트(John Chute), 벤틀리, 애덤, 와이엇 등 18세기 영국 건축, 특히 고딕 리바이벌의 정착과 전개에 큰 영향을 끼쳤다.

월폴은 지독한 고딕주의자로 특히 고딕을 대중화하는 데 큰 기여를 했다. 고딕과 관련된 건축, 미술, 소설 등 전문 분야의 최고 예술가들

**도 8-45** 호러스 월폴, 스트로베리 힐, 홀바인 체임버, 튀크넘, 영국, 1747–63.

의 활동을 대중들에게 쉽고 편하게 전달하는 일에 뛰어난 능력을 발휘했다. 고딕만이 영국을 대표할 수 있는 유일한 국가 양식이자 민족 정서라는 확신 아래 고딕 소설을 창출해서 유행시켰으며 고딕건축과 관련한 학문 활동에서도 중요한 업적을 남겼다. 영국 회화사에 건축사를 포함해 건축의 영역을 넓혔으며 스스로 고딕건축사를 연구하며 집필 작업도 벌였다.

튀크넘의 스트로베리 힐(Strawberry Hill, Twickenham, 1747~63)은 그 절정이었다. 월폴은 이 건물에 자신의 집, 도서관, 골동품, 출판사 등을 모두 옮겨와 근거지로 삼았다. 이전부터 벌여온 활발한 고딕 운동과 행적 덕분에 이 건물은 지어지자마자 사람들의 관심을 끌었다. 월폴이 여러 건축가들에게 발주해서 지은 것이었기 때문에 어느 부분이 어느 건축가의 작품인지를 명확히 가리기는 쉽지 않다. 슈트, 벤틀리, 애덤 등 대여섯 명의 건축가들이 참여한 것으로 알려져 있다. 월폴 자신이 고딕건축에 조예가 깊었기 때문에 그의 아이디어가 많이 반영되기도 했다.

원래 있던 중세 건물을 증개축한 것이기 때문에 엄밀한 의미의 고딕 리바이벌로 볼 수는 없지만 증개축한 정도와 구사한 어휘 등으로 보면 18세기 고딕 리바이벌을 대표하는 건물로 볼 수 있다. 본래 건물은 대칭구성이었는데 픽처레스크 개념에 따라 측랑을 더하면서 비대칭으로 변했다(도 8-45). 측랑은 옥상 부분을 총안으로 처리해서 중세 성채 모습으로 만들었다. 중앙 홀에는 원형 탑을 얹고 창은 뾰족아치로 베이를 구획해서 중세 분위기를 돋우었다. 구체적인 고딕 선례도 차용해서 엘리 성당의 무덤은 출입구에, 솔즈베리 성당의 무덤은 예배당에 각각 사용했다.

**도 8-46** 제임스 와이엇, 리 수도원, 켄트, 영국, 1785.

실내에는 고딕 어휘를 장식적으로 구사했다. 가장 대표적인 곳은 홀바인 체임버(Holbein Chamber), 도서관, 대식당, 갤러리의 네 곳이다. 뾰족아치를 이용한 스크린을 앞의 세 곳에, 볼트를 이용한 천장 문양을 갤러리에 각각 썼다. 이런 고딕 어휘를 동시대 로코코 장식과 섞어 쓰면서 창작성을 높인 점도 특이했다. 영국에서는 로코코가 별도의 양식으로 독립하지 못한 대신 다른 양식과 혼합한 장식 경향으로 나타났는데 이곳이 대표적 예였다. 이 때문에 이 건물의 스크린에 사용한 장식을 '로코코 고딕'이라 부르기도 한다(도 8-46).

## 와이엇과 폰틸 수도원

와이엇 가문은 영국을 대표하는 예술가 집안이었다. 한 가문 전체가 예술가들인 경우는 각 나라마다 여러 예가 있었다. 와이엇 가문은 예술가들의 수로만 보면 단연 압도적이었다. 18세기 중반에서 19세기 말에 이르는 150여 년간 4대에 걸쳐 20명이 넘는 건축가와 여섯 명의 화가를 배출했는데 제임스는 이 가운데 가문을 대표하는 가장 유명한 건축가였다. 전형적인 다원주의였으며 그 폭이 매우 넓어서 작품 활동 이외에 이론, 시공, 재료 공급, 공학 기술, 신재료 등 건축과 관련된 거의 모든 분야에서 활동했다. 건축 경향에서는 팔라디오 양식, 신고전주의, 고딕 등을 동시에 구사했는데 앞의 두 양식에서는 주요 작품을 남기지 못했다. 고딕 리바이벌을 가장 직접적이고 총체적 단위

**도 8-47** 제임스 와이엇, 리 수도원, 켄트, 영국, 1785.

로 구사한 것이 그의 가장 큰 기여였다. 정통 고딕 리바이벌에 요구되는 중세주의 같은 심각한 고민은 결여되었지만 월폴과 마찬가지로 고딕을 대중적으로 확산하는 데 기여하면서 19세기 고딕 리바이벌이 융성하는 기초를 닦았다.

월폴 서클의 일원으로 고딕 리바이벌을 시작해서 처음에는 실내장식을 중심으로 로코코 고딕을 구사했으며 1780년대부터 건물 단위의 고딕 리바이벌 작품을 남겼다. 고딕을 애덤의 신고전주의에 맞서는 양식 단위의 건축 운동으로 자리 잡게 한 월폴의 노력을 이어받아 애덤과 신고전주의를 계속 공격하며 고딕과 낭만주의를 영국의 국가 양식으로 인식시키는 데 중요한 역할을 했다. 켄트의 리 수도원(Lee Priory, 1785)과 윌트셔의 폰틸 수도원(Fonthill Abbey, 1795~1807)이 대표작이다.

리 수도원에서는 고딕 리바이벌이 최초로 건물 단위로 나타나기 시작했다. 전체 크기는 아직 휴먼 스케일의 범위에 머물렀으나 건물 전체에 고딕 어휘를 구사해 고딕 구성이 종합적으로 완성된 상태를 보여주었다. 어휘 종류에서도 스트로베리 힐에서는 총안 같은 성채 어휘를 사용한 데 반해 리 수도원에서는 성당 어휘를 사용했다(도 8-47). 출입구 파사드에서는 큰 뾰족아치를 랜싯으로 분할한 창이 전면을 차지했다. 창 분할은 플랑부아양양식을 모방한 문양으로 처리했다. 출입문은 아키볼트를 여러 겹 중첩한 고딕의 대출입문을 모방했다.

고딕건축의 정수는 성당이었기 때문에 이런 어휘들을 통해 리 수도원에서 비로소 고딕다운 고딕을 접하게 된 것으로 볼 수 있다. 스트로베리 힐의 로코코 고딕의 장식적 경향에서 벗어나 고고학적 정확성을 확보해 실내장식을 넘어 건축 차원에서 고딕 리바이벌을 정착시켰다. 단순히 모방만 한 것은 아니어서 입체 구성에서 영국 특유의 픽처레스크 특징을 잘 표현했다. 크고 작은 입체 단위들이 어우러져 가변성 높은 리듬감을 만들어냈다. 그러면서도 안정감과 질서를 동시에 나타냈다. 월폴은 이 건물을 보고 "스트로베리 힐이 낳은 자식인데 부모보다 더 예쁘다"라고 평했다.

폰틸 수도원에서는 리 수도원의 구성을 기념비적 스케일로 확장했다. 어휘도 영국 고딕의 세부 양식에 따라 매우 다양하게 사용하여 고딕 리바이벌을 성숙한 단계로 진입시켰다. 평면은 분리형 그리크 크로스를 기본 구성으로 삼아 네 팔을 길게 늘어트렸다. 네 팔의 천장 장식에 마름모 기하 문양, 팬 볼트, 로즈 윈도를 단순화한 꽃잎 등 다양한 고딕 어휘를 구사했다(도 8-48). 크로싱은 팔각형으로 윤곽을 짰으며 내벽은 초기 영국 양식을 기본 모티브로 삼아 여기에 수직양식을 단순하게 처리한 어휘를 더했다. 천장은 링컨 성당이나 캔터베리 성당과 비슷한 볼트 문양으로 처리했다.

외관에서는 리 수도원과 비슷한 성당 어휘를 기본 모티브로 삼았으며 회랑에는 부분적으로 튜더양식의 성채 모티브를 더했다. 크고 작은 중세 입체들이 어울리면서 변화무쌍한 실루엣을 만들어냈다. 그러나 외관에서는 장식을 되도록 절제하면서 추상적이고 기하학적 분위기를 유지했는데 이는 초기 영국 양식을 18세기의 픽처레스크 개념에 맞게 번안한 것이었다(도 8-49). 와이엇은 중세 양식 가운데서도 초기 영국 양식과 튜더양식을 가장 영국다운 고딕으로 여겨 즐겨 사용했다.

**도 8-48, 8-49** 제임스 와이엇, 폰틸 수도원, 윌트셔, 영국, 1795–1807.

# 5
# 낭만적 고전주의와 혁명기 건축

### 댄스 2세와 영국다운 신고전주의

낭만적 고전주의란 말 그대로 고전주의 가운데 낭만적 경향을 띠는 사조를 말한다. 18세기 후반부에 다양한 실험 운동에서 영국다운 신고전주의에 이르는 폭넓은 내용을 추구했던 건축 사조다. 낭만주의가 직접적인 건축 운동으로 나타나기 힘든 상황에서 고전주의를 통해 낭만주의의 기본 정신을 실험하고 구현해보려던 운동이었다. 18세기 신고전주의의 계보에서 보면 고전 규범의 붕괴가 급진적 신고전주의보다 더 진행된 최종 단계에 해당한다.

**도 8-50** 조지 댄스 2세, 크랜베리 파크(Cranbury Park), 햄프셔, 영국, 1779년경-81.

구체적 경향은 폐허 수채화 운동, 영국다운 신고전주의, 혁명기 건축의 세 방향으로 나타났다. 폐허 수채화 운동은 실제 건물을 남기지 않은 페이퍼 건축이었고 영국다운 신고전주의부터 구체적 작품을 남겼다. 낭만주의는 영국의 기본적 국민성이기 때문에 영국다운 신고전주의가 낭만적 고전주의로 진행된 것은 일면 당연했다. 고전주의가 영국의 국가 양식이 될 수 있는지에 대한 고민은 17~18세기를 관통하며 영국 건축가들 사이에 계속되고 있었고 그 해답을 찾으려는 시도도 다양하게 진행되었다. 이것이 18세기 후반부 낭만주의 및 급진적 신고전

도 8–51 조지 댄스 2세, 뉴게이트 감옥, 런던, 1768–85, 철거.

주의 등과 맞물리면서 하나의 흐름으로 집약된 것이 영국다운 신고전주의였다. '체임버스–댄스 2세–손'으로 이어지는 흐름이었다.

이미 부분적 고딕 리바이벌에서 이런 경향이 싹텄다. 켄트와 조지 댄스 2세(George Dance the Younger, 1741~1825)가 대표적 예로 이들은 고전주의와 고딕을 모두 구사할 수 있었다. 그러나 켄트는 두 양식을 직접 혼합하지 않고 각각 다른 건물에 구사한 반면 댄스 2세는 두 양식을 한 건물 안에 혼합한 새로운 경향을 창출했다(도 8–50). 이런 점에서 켄트는 다원주의에 가까웠으며 댄스 2세가 진정한 영국다운 신고전주의를 추구한 건축가였다. 고딕이 낭만주의 건축의 중요한 요소였기 때문에 댄스 2세의 이런 경향은 낭만적 고전주의로 볼 수 있다.

댄스 2세는 18세기에 등장한 여러 건축 경향을 종합적으로 공부하고 다양한 사조를 구사했다. 영국다운 신고전주의의 완성된 형식을 선보인 뉴게이트 감옥(Newgate Prison, 런던, 1768~85)이 대표작이다. 고전주의를 기본 소재로 삼아 낭만주의 미학으로 재해석해낸 건물이었다. 반원 아치와 신전 박공이 고전 어휘였다. 건물의 전체 윤곽이 육면체의 반듯한 덩어리 느낌을 유지한 점, 조적 부재를 동일한 크기로 쌓은 점, 기하학적 간결성을 바탕으로 합리적 질서를 표현한 점, 장식을 절제한 점 등이 고전주의의 특징적 분위기였다.

낭만주의 미학은 교정 기능을 강조하기 위한 중세 성채 이미지, 숭고미를 활용한 감옥의 공포 분위기, 부조화와 의외성 등의 중세적 분

**도 8-52** 조지 댄스 2세, 뉴게이트 감옥, 런던, 1768-85, 철거.

위기 등이었다(도 8-51, 8-52). 러스티케이션을 이용한 거친 표면 질감은 이런 내용을 보강하는 역할을 했다. 도심 감옥이기 때문에 보안상 창 면적을 최소한으로 줄여야 했는데 이런 기능적 처리가 거친 돌 처리를 가할 수 있는 벽체 면적을 증가시켰다. 고전 어휘를 처리한 구체적 기법도 거친 매너리즘식이어서 중세 분위기와 어울렸다. 중앙 간수실에서는 홍예돌을 벽면보다 더 두껍게 돌출시킨 뒤 표면을 거칠게 처리했다. 측동 옥사에서는 소품화된 신전 파사드를 거친 돌 쌓기로 각색한 뒤 아치로 한 겹을 더 쌓았다. 이런 처리들은 '매너리즘-바로크-낭만주의'로 이어지는 비정형 사조의 연관성을 암시하면서 낭만주의 분위기를 배가했다.

이론을 중심으로 규범을 따라야 하는 대륙의 고전주의와 달리 개별 어휘를 자유롭게 구사하는 것이 영국의 전통적인 낭만적 국민성이라고 볼 때 이런 경향은 영국다운 신고전주의의 좋은 예가 될 수 있었다. 대립 양식인 고전과 고딕의 두 선례를 잘 혼합해서 최종 결과는 둘 다 아닌 제3의 다른 모습, 즉 영국다운 모습으로 탈바꿈시킨 것이다.

### 존 손과 링컨스 인 필즈

존 손(John Soane, 1753~1837)은 벽돌 시공업자의 아들로 태어나 18세기 말에서 19세기 초 영국을 대표하는 최고의 건축가에 오른 입지전적의 인물이다. 타고난 천재성을 바탕으로 창조력 넘치는 작품을 남겼는데 규범을 반복하는 대륙 고전주의는 이런 기질과 맞지 않았다. 고전주의를 기본 매개로 사용하기는 했지만 급진적 고전주의 이상의 자유로운 규범 분해 경향을 추구했으며 낭만주의 미학으로 고전을 해석하는 경향이 중요한 부분을 차지했다. 이런 점에서 댄스 2세의 뒤를 이어 낭만적 고전주의로 영국다운 신고전주의를 완성한 것으로 평가할 수 있다.

손은 영국적 신고전주의의 기초를 닦은 체임버스와 댄스 2세에게 많은 영향을 받았으며 이것을 바탕으로 자신만의 창작적 작품성을 더해 손 스타일을 창출했다. 일찍이 손의 재능을 알아본 체임버스는 손을 적극적으로 후원하며 영국적 신고전주의의 이론적 배경을 가르쳤다. 댄스 2세는 자신의 설계 사무소에서 4년 동안 손을 데리고 있으면서 낭만주의 정신을 가르쳤다. 이를 바탕으로 우물 광정, 부유하는 돔, 픽처레스크 구성, 중세주의, 원시주의 등을 특징으로 하는 손 스타일을 창출했다. 대표작은 영국 은행(Bank of England=Sir John Soane's Museum 존 손 박물관, 1788~1833)과 링컨스 인 필즈(Lincoln's Inn Fields, 1812~13)다.

영국 은행의 평면은 픽처레스크의 특징을 잘 보여준다. 유기적 평면 구성으로 풀었는데, 동일성과 정형적 질서를 배격하고 다양한 이질 요소를 상호간 쌍방향 작용에 따라 자연스럽게 배치했다. 축이나 대칭 같은 중심 질서가 없었으며 각 방의 크기, 형상, 방향이 달랐다. 유형학적 다양성도 있었다(도 8-53). 주요 방들은 유형학적 기준에 따라 변화를 주며 다양하게 처리했다. 사각형의 전체 윤곽을 유지하는 가운데 그리크 크로스, 사엽형, 반원형, 타원형, 열주 홀, 이집트식 홀 등으로 기하 형태와 실내 골격을 다양화했다. 이것을 3차원 공간으로 만드는 구조 골격도 펜덴티브 돔, 접시형 돔, 배럴 볼트, 그로인 볼트, 평천장, 2분의 1 반구, 우산형 돔 등으로 다양하게 구사했다(도 8-54).

링컨스 인 필즈는 손 개인의 작품 가운데서, 그리고 낭만적 고전주의, 영국다운 신고전주의 작품 가운데서 최고의 걸작이었다. 부지를 4회에 걸쳐서 분할, 구입했으며 매번 집을 한 채씩 지어 네 채의 집을 묶은 복합건물이 되었다. 네 채는 갤러리, 손 하우스, 미술실, 수도사실로 각각 이루어졌다. 각 집은 서로 층이 어긋나며 상호 관입하는 공간을 만들어냈다. 수직 방향으로 픽처레스크 구성을 만들어내는 손만의 독특한 공간 구성이 완성되었다. 고전 어휘, 골동품, 빛의 세 매개를 사용했다.

**도 8-53** 조지 댄스 2세, 뉴게이트 감옥, 런던, 1768-85, 철거.

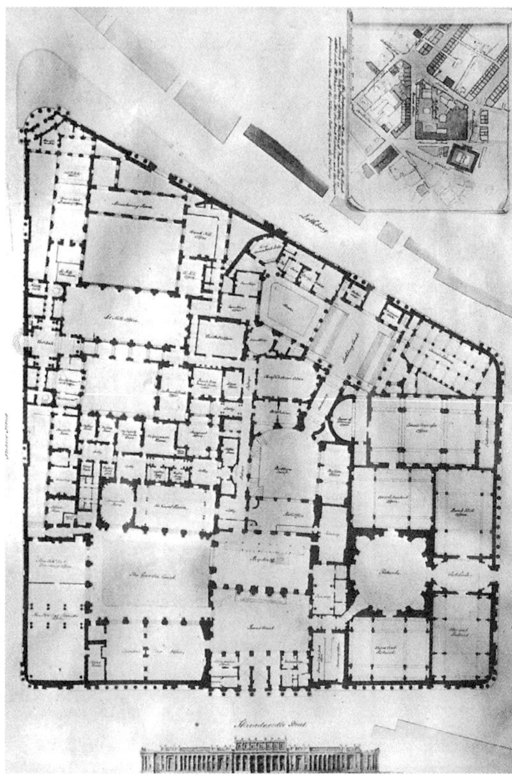

엇갈린 공간 골격에 콜로네이드, 아치, 볼

**도 8-54** 존 손, 영국 은행, 구 배당사무소(1818-23), 런던, 1788-1833, 철거
**도 8-55** 존 손, 링컨스 인 필즈, 런던, 1812-13.

트, 돔, 다양한 오더 양식 등 고전 부재들을 더하면서 실내는 고전 어휘의 파노라마를 이루었다. 부재들 사이에는 더 이상 선험적 위치 관계나 위계가 존재하지 않았다. 공간 골격의 풍부함과 가변성을 돕는 방향만이 유일한 위치 기준이었다. 이런 공간 골격에 골동품을 더했다. 손은 당대에 유명한 골동품 수집가로 골동품은 그의 건축을 이루는 중요한 요소였다. 단순한 유물이 아니라 건축적으로 의미와 기능을 갖는 요소였다. 실내 전체에 유적 파편이 꽉 차면서 골동품은 그 자체가 역사 양식의 역할을 했는데 배열 방식에서 역사 양식 사이에 차별과 구별을 없애 실내의 픽처레스크 분위기를 도왔다(도 8-55).

**도 8-56** 존 손, 링컨스 인 필즈, 런던, 1812-13.

이렇게 만들어진 복합 공간 사이를 빛이 흘러 다니면서 중세의 빛 개념을 낭만주의 미학으로 재해석해낸 장면을 연출했다. 명암 대비가 중요한 매개였는데 매우 분산적이어서 중세다운 신비주의 분위기를 만들어냈다. 서로 마주치는 네 건물들의 각 층이 어긋나면서 공간의 골격 자체가 흐트러졌다. 공간의 크기는 분수(分數)의 조각 단위로 잘게 나뉘었다. 광원도 분산되었다. 햇빛의 상태도 가변적이었다. 런던은 하루 중에도 흐린 날씨와 맑은 날씨가 수시로 바뀌며 일 년을 기준으로 보면 날씨가 극적인 대조를 보이는 것이 특징이다. 분산적 건물 골격에 가변적 햇빛이 작용하면서 실내에서 빛 작용은 한시도 고정되지 않는 부유하는 분위기로 나타났다(도 8-56).

### 불레와 혁명기 건축

혁명기 건축은 프랑스대혁명 시기였던 1770년대부터 1790년대까지의 프랑스 건축 가운데 혁명의 내용을 건축에 적용해 새로운 실험을 시도한 경향을 일컫는다. 일차적으로는 혁명이 갖는 '과격한 개혁'의 의미를 건축에 적용한 운동이다. 그러나 프랑스대혁명을 낳은 배경 사상은 다양했기 때문에 혁명기 건축의 내용도 다양한 편이다. 루소의 '고결한 원시인'으로 대표되는 원시주의 및 자연사상, 그리고 이것을 반영한 낭만주의 사상 등이 대표적 예로 혁명기 건축은 이런 내용을 건축에 적용해서 고전주의 규범 중심의 건축적 관습을 깨려는 실험적 운동이었다. 이런 점에서 낭만적 고전주의의 한 형식일 수 있다.

혁명기 건축은 1720~30년대 생이었던 불레와 르두가 대표했는데 이들은 페이르와 드베일리와 같은 세대였고 건축 경향도 이들의 급진적 신고전주의와 비슷한 측면이 많았다. 이런 점에서 이들을 모두 같은 경향으로 분류하기도 한다. 그러나 불레와 르두에게는 이들에게 없던 것이 있었는데 그것은 낭만주의와 자연주의 사상이었다. 이 점이 혁명성을 가르는 결정적 기준이었다. 그 차이는 사회, 인간, 자연에 대한 근원적 고민의 유무 여부였다. 급진적 신고전주의는 건축 경향의 범위 내에 머문 반면 혁명기 건축은 사회, 인간, 자연에 대한 시대 고민을 함께했다.

에티엔 루이 불레(Etienne Louis Boullee, 1728~99)는 실제 건물을 남기지 않은 대신 이론을 연구하고 그림을 그리는 페이퍼 건축가의 대가로 드로잉을 통해 혁명 사상을 건축으로 표현했다. 화가로 시작해서 건축가로 전업한 뒤 소형 작품 몇 점을 남겼으나 곧 드로잉에 전념해서 높아만 가던 혁명 정신을 건축에 접목하며 100편이 넘는 드로잉을 남겼다. 또 자신의 건축 사상을 이론적으로 주장하는 『건축, 예술론(*Architecture, Essai sur l'art*)』(1793)이라는 저서를 남겼다.

불레는 건축의 본질에서부터 혁명적 전복을 시도했다. 건축을 오더 중심의 상징체계로 보던 전통적인 고전주의를 거부하고 기하 중심의 인상론을 제시했다. 기하 형태를 적절히 조작하면 건물은 특질을 표현할 수 있으며 이것은 관찰자에게 심리 작용을 일으켜 감성을 불러일으킬 수 있다고 보았다. '기하 형태-건물의 특질-인상을 통한 관

**도 8–57** 에티엔 루이 불레, 메트로 교회.

찰자의 심리적 감성'의 삼위일체를 건축의 근간으로 본 것이다. 건물이 말하는 것 같은 방식으로 특질을 표현하는 점에서 '말하는 건축'이라고 부르기도 한다. 건축을 회화, 화술, 수사학 등을 합한 융합 장르로 새롭게 정의한 점에서 전통과 관습을 깬 혁명적 생각으로 볼 수 있다.

이러한 생각은 드로잉 작품에서는 낭만적 원시주의 사상을 토대로 혁명 정신에 맞는 이상적 공공건물을 찾는 시도로 나타났다. 초월적 스케일의 순수 기하 형태를 사용해서 표현했는데 〈메트로 교회〉, 〈박물관 프로젝트〉, 〈왕립 도서관〉 등이 대표작이다. 불레는 이 작품들에서 고대 거석 구조를 부정적 의미의 전제성이 아닌 초월적 원시성으로 해석해서 사용했다. 인간이 자연과 맞서기 이전의 원시문명이 갖는 절대적 공공성과 근원성의 힘을 18세기 혁명의 위대한 사회성에 맞게 거석 구조로 과장해서 표현한 것이다(도 8–57, 8–58). 불레가 믿었던 것은 인간의 밑바닥에 있는 근원적 감정과 사회의 기원을 동일한 것으로 만들 수 있는 예술적 힘이었다. 건축에서는 이것을 이상적 공공건물로 구체화할 수 있다고 믿었다. 이것을 표현하는 건축 매개

**도 8–58** 에티엔 루이 불레, 박물관

는 일차적으로 고전이었지만 끊이지 않고 계속 이어지는 대형 벽체와 무한대로 반복하는 기둥 열 등 상식을 초월한 스케일로 각색해 인간의 욕심에 맞춰 조절된 관습적 스케일을 깼다. 무한 반복은 시작과 종착의 구별을 거부하며 둘을 동일시하는 근원성을 표현했다.

### 르두와 파리 성문 징수소

클로드 니콜라 르두(Claude Nicolas Ledoux, 1736~1806)는 불레와 함께 혁명기 건축을 이끈 건축가로 흔히 불레와 짝으로 거론된다. 불레와 달리 실제 건물을 다수 남기며 왕성한 작품 활동을 했다. 르두의 이력은 양면적이어서 건축 경향에서는 혁명기 건축가로 불릴 만큼 개혁적이고 창조적 내용을 보였지만 정치적 측면에서는 왕실을 건축주로 둔 왕당파로 반혁명적 건축가의 대표격이었다. 실제로 그는 프랑스대혁명의 도화선이 된 파리 성문 징수소(Paris Barriere, 1784~89)를 무려 40여 채나 설계한 장본인이었으며 이 때문에 혁명 뒤에 옥고를 치른 뒤 건

도 8–59 클로드 니콜라 르두, 온천 감독관 주택.

축 활동을 거의 접은 채 말년을 보냈다.

작품에 나타난 르두의 혁명성은 두 방향으로 요약할 수 있다. 하나는 중농주의와 루소의 자연사상에 기초한 농촌 개혁 운동을 건축적으로 구현하려 한 시도였는데 실제로 실현하지는 못했고 주로 드로잉을 통해 표현했다. 르두도 불레와 마찬가지로 많은 드로잉을 남겼는데 불레만큼 웅변적이거나 초월적이지 않은 대신 현실적이고 개혁적인 자신만의 특징을 확보했다. 개별 건물에서는 미니어처풍의 간결한 기본 기하 형태를 즐겨 사용하면서 근원으로 돌아가려는 혁명 사상을 농촌 개혁에 적용했다(도 8–59).

다른 하나는 실제 건물에 나타난 고전 규범의 붕괴 경향이다. 급진적 신고전주의보다 한발 더 나아갔기 때문에 혁명기 건축으로 분류할 수 있다. 아르케스낭 왕립 소금공장(Saline Royale, Arc–et–Senans, 1775~79)이 출발점이었다. 여러 건물로 이루어진 복합 단지인데 18세기 감시형 중앙집중 구성을 대표하는 예다. 단지 경계를 두 겹의 원형으로 처리하면서 정중앙에 감독관 건물과 그 옆에 부감독관 건물을 뒀고 내곡면 경계를 따라 장제소(裝蹄所) 아홉 채를 가지런히 배열했다. 외곽면 경계에는 군데군데 마구간이 위치했다. 이 단지는 아직 프랑스대혁명이 일어나기 전에 지어진 데다 대표적인 왕실 발주 건축이기 때문에 급진적 내용은 약한 편이지만 부분적으로 징조를 읽을 수 있다.

농촌 마을의 농가를 기본 골격으로 삼아 부분적으로 고전 어휘를 더하는 방향으로 전체 분위기를 잡아 고급 예술과 하위 예술 사이의 위계를 뒤집었다. 감독관 건물에서는 신전 파사드를 구성하는 오더 주신에 블록을 끼웠다(도 8-60). 바로크 때 도판으로 종종 등장했지만 실제 건물에는 많이 사용하지 않던 어휘인데 과감하게 건물 정면을 담당하는 여섯 개의 오더에 적용했다. 이는 돌로 자연의 원시적 힘을 표현한 것이다. 부감독관 건물은 옆으로 넓적한 신전 파사드를 세 개의 아치로 나누었다. 비례와 구조 처리 모두에서 고전 규범을 벗어났다(도 8-61). 아치 홍예돌과 벽체를 쌓은 조적에서 줄눈을 두껍게 해서 이번에도 원시적 힘을 표현했다.

파리 성문 징수소는 60여 채를 계획해서 르두가 40여 채를 설계했는데 프랑스대혁명 때 대부분 파괴되었고 19세기 중반 오스망 재개발 때 다시 여러 채가 철거되어 현재는 트론, 몽소, 라빌레트, 앙페 네 곳의 징수소만 남아 있다. 동일한 기능의 유사 건물을 40채나 설계하는 일은 쉽지 않았는데 르두는 이 문제를 유형학으로 해결했다. 그리스 신전, 프로스틸(prostyle), 페리스틸(peristyle), 개선 아치, 그리크 크

**도 8-60** 클로드 니콜라 르두, 아르케스낭 왕립 소금공장, 아르케스낭, 프랑스, 1775–79.

**도 8-61** 클로드 니콜라 르두, 아르케스낭 왕립 소금공장, 아르케스낭, 프랑스, 1775–79.

로스, 로톤다 등은 양식 단위를 기준으로 한 유형이었다. 볼트, 기둥(column), 오더, 아치, 세를리안 모티프 등은 개별 어휘를 기준으로 한 유형의 주제였다. 정육면체, 직육면체, 원통형, 테트라퀸치, 사엽형 등은 기하 형태를 기준으로 한 유형이었다.

40채에 이르는 건물들의 큰 방향을 유형 종류별로 잡은 뒤 개별 처리에서 본격적으로 고전 규범의 붕괴를 시도했다. 트론 징수소(Barriere du Trone)에서는 고전 어휘를 육면체에 종속해 2차 요소로 전락시켰다. 출입구를 바깥쪽의 게이트와 안쪽 출입문의 이중으로 만든 점, 바깥쪽 게이트는 대형 아치 하나만으로 출입구를 만든 점, 아치를 독립 부재가 아니라 벽면에 새긴 돋을새김 형식으로 처리한 점, 큰 아치 위에 삼각 박공으로 지붕을 마감한 점, 코니스를 얇은 선으로 처리한 뒤 까치발로 받친 점 등이 전통적인 고전 규범에서 벗어난 파격이었다(도 8-62).

라빌레트 징수소(Barriere de la Villette=Rotonde de la Villette)에서도 육면체 몸통의 기하 요소에 고전 부재를 종속시켰다. 옥타스틸의 신전 파사드를 나무 판재를 오린 것 같은 스크린으로 처리해서 육면체 몸통에 덧붙였다. 땅과의 밀착에서 오는 축조성을 생명으로 삼던 신전 파사

**도 8-62** 클로드 니콜라 르두, 트론 징수소, 파리, 1784-89

**도 8-63** 클로드 니콜라 르두, 라빌레트 징수소, 파리, 1784-89.

드를 임시 가설물로 전락시킨 처리였다. 스크린 처리는 몸통 상층부인 원통형에서 반복했다. 창에 쓰는 어휘인 세를리안 모티프로 원통형 외벽 전체를 처리해서 건물이 스크린으로 한 겹 두른 것처럼 보이게 했다(도 8-63).

IX

# 19세기 건축

19세기 프랑스 역사주의

19세기 독일 역사주의

19세기 영국 역사주의

신건축 운동

# 1
# 19세기 프랑스 역사주의

### 제1 제정과 파리 개선문

19세기 프랑스 역사주의는 전반부의 신고전주의와 후반부의 네오 바로크로 크게 나눌 수 있으며 중반을 전후해 고딕 리바이벌과 로마네스크 리바이벌 등의 중세주의가 가세하는 형국이었다. 시작은 나폴레옹의 등장에 따른 제1 제정 건축(1804~14)이었다. 나폴레옹의 명성과 견주어 크게 활성화되지 못해서 개선 아치 두 개, 방돔 광장 기둥, 몇 건의 왕궁 개축 등이 대표적 건축 활동의 전부였다. 나폴레옹의 집권이 짧은데다 대부분을 전쟁에 보내면서 건축을 일으킬 여유가 없었다. 건축 경향은 나폴레옹의 권력 욕구를 과시하는 쪽으로 나타났다. 페르시에(Percier)와 퐁텐(Fontaine) 파트너가 나폴레옹의 수석 건축가였지만 정작 주요 작품은 남기지 못했다.

제1 제정 건축의 대표작은 장 프랑수아 테레즈 샬그랭(Jean Francois Therese Chalgrin, 1739~1811)의 파리 개선문(=Arc de Triomphe de l'Etoile, 1806/사후 1830년 완공)이었다. 대중적으로도 유명한 이 건물은 나폴레옹의 야망을 대변하는데 두 가지 점에서 그렇다. 하나는 건축양식이다. 나폴레옹은 로마 제국주의의 부활을 꿈꾸었고 스스로 황제가 되었다. 이의 건축적 징표가 필요했고 샬그랭은 나폴레옹이 흠모했던

**도 9-1** 장 프랑수아 테레즈 샬그랭, 파리 개선문, 1806 사후/1830년에 아벨 블루에(Abel Blouet)가 완공.

두 고대 전제문명인 로마 제국주의와 이집트 왕국의 건축을 혼합했다(도 9-1). 기본 구성은 로마의 개선 아치를 모델로 삼았지만 표준형과는 다소 차이가 났다. 탑문 같은 이집트의 거석 구조 모티브를 섞었기 때문이다. 아치 구멍은 가운데 하나만 뚫었으며 오더나 반원형 벽기둥은 하나도 사용하지 않았다.

다른 하나는 개선문을 둘러싼 주변의 도로 구조, 즉 개선문에서 뻗어 나오는 방사선 가로였다. "모든 길은 로마로"를 "모든 길은 파리 개선문으로"라는 말로 바꾸며 이를 실현해 보였다. 개선문에서 갈라져 나온 십수 개의 도로는 전 세계를 향했다. 개선문은 세상의 초점이자 배꼽이었고 이는 곧 나폴레옹 자신이 세계의 중심이라는 정치적 욕망을 표현하는 것이었다.

**도 9-2** 페르시에와 퐁텐 파트너, 카루셀 개선문, 파리, 1806–08.

페르시에와 퐁텐의 카루셀 개선문(Arc du Carousel, 파리, 1806~08)은 규모도 작아지고 로마 개선 아치 원형인 콘스탄티누스의 개선 아치를 직접적으로 모방했다(도 9-2). 3분법의 전체 구성, 균형 잡힌 비례, 화려한 장식, 장미 대리석의 오더 등이 대표적 내용이었다. 이 아치는 나폴레옹의 명령에 의해 루브르와 튀일리 궁전을 하나로 이어주는 중간 매개 개념으로 세웠다. 나폴레옹은 자신의 근거지를 튀일리 궁전에 한정했지만 이 개선문을 통해 루브르까지 접수하고 싶은 욕망을 과시했다.

## 부르봉 왕가의 신고전주의건축

나폴레옹이 물러가고 들어선 부르봉 왕가의 프랑스 왕국은 건축 활동에 큰 관심을 기울이지 않았다. 왕실이 나서서 왕궁을 복원하거나 대형 공공건물을 짓는 등의 건축 사업을 벌이지 않았다. 민간 분야의 자발적 활동에 맡겨놓는 편이었는데 이 과정에서 대표적인 건축 경향 두 가지가 등장했다. 하나는 페르시에가 제1 제정 때 제시했던 르네상스 팔라초 차용 기법을 이어받아 장식을 더한 경향이었다. 이는 복고 정권 아래에서 차분하게 가라앉은 사회 분위기를 반영한 것이었다. 나폴레옹 때의 과시 경향에 대한 반발적 대안으로 섬세하고 우아한 경향이 주를 이루었다. 팔라초 모델의 단정한 윤곽, 명확한 몰딩, 선형 장식 등은 이런 분위기에 잘 맞았다.

펠릭스 뒤방(Felix Duban, 1797~1870)의 에콜데보자르 교육관(Palais des Etudes, Ecole des Beaux-Arts, 파리, 1832~39)이 대표적 예로, 러스티케이션의 1층과 열주 분할의 2층으로 구성되는 브라만테의 라파엘 하우스 모티브를 사용했다. 1층은 줄눈을 두껍게 해서 기단의 튼튼한 축조다움을 표현했다. 2층은 열주와 넓은 창으로 처리해서 가벼운 율동감과 경쾌한 열린 분위기를 주었다. 애틱 층인 3층은 낮은 높이에 맞게 얕게 돌출한 벽기둥으로 처리했다. 장식은 되도록 절제했으나 꼭 필요한 곳에는 빠지지 않고 들어갔다. 디테일은 고전 표준 문법을 잘 지켜

**도 9-3** 펠릭스 뒤방, 에콜데보자르 교육관, 파리, 1832-39.

도 9-4 루이 피에르 발타르, 리옹 대법원, 프랑스, 1835-.

서 안정적 분위기를 주었다(도 9-3).

다른 하나는 열주 파사드를 사용하는 경향이었다. 이 경향은 나폴레옹 때 부르봉 궁전 파사드에 나타났던 기법을 이어받은 것으로 볼 수 있다. 더 거슬러 올라가면 18세기의 국제적 신고전주의가 부활한 것으로 볼 수 있다. 18세기는 바로크의 벽체 구조에 대한 대안으로 사용하던 데 반해 19세기에는 가로에 대한 건축적 대응 역할로 바뀌었다. 19세기에는 불바르 같은 대로가 생겨나면서 이것을 면하는 새로운 건물 파사드 개념으로 도입했다. 가로가 확장되면서 건물의 존재가 묻힐 염려가 생기자 이를 막기 위해 건물의 존재를 강하게 드러내면서 동시에 가로와 건물 사이에 연속성을 주려는 목적을 가졌다.

도 9-5 알렉상드르 피에르 비뇽, 마들렌 사원(승리의 신전), 파리, 1807-42.

대표적 예로 알렉상드르 피에르 비뇽(Alexandre Pierre Vignon, 1763~1828)의 마들렌 사원(L'Eglise de Madeleine, 파리, 1807~42)과 루이 피에르 발타르(Louis Pierre Baltard, 1764~1846)의 리옹 대법원(Palais de Justice, Lyon, 1835~)을 들 수 있다(도 9-4, 9-5). 마들렌 사원은 'T'자형 도로의 결절점에 8개의 대형 기둥이 신전 파사드 전면을 형성하며 서 있어서 전면 도로뿐 아니라 주변 지역 전체와 소통하며 자신의 존재를 드러내고 있다. 리옹 대법원은 강을 따라 난 도로에 길게 면해서 앞의 도로에 대해서는 물론이고 강 건너 시내 전체에 자신의 위치를 알리며 공공건물에 합당한 권위를 표현하고 있다.

### 히토르프와 색채주의

색채주의(polychromy)는 1820년부터 1870년 사이에 유행했던 '색과 장식을 강조해서 사용한 건축 경향'을 뜻한다. 고대 건축과 예술에서 색과 장식을 중요하게 사용되했다는 주장과 이를 증명하기 위한 고고학 발굴과 연계해 진행했다. 콰트르메르 드퀸시(Quatremere de Quincy)가 이 주장을 처음 제기했고 이후 고고학 연구가 뒤를 이으며 이를 뒷받침했다. 이 과정에서 고대 건축의 색과 장식을 19세기 신고전주의에 응용하려는 움직임이 하나의 흐름을 형성하면서 색채주의가 태어났다.

건축 운동으로서 색채주의 자체는 그다지 활기를 띠지 못했으나 빅토리안 고딕, 그리크 리바이벌, 네오 바로크, 이집트 리바이벌, 비잔틴 리바이벌 등 여러 역사주의 사조와 연계되어 19세기 건축 전반에 퍼져서 나타났다. 외관보다는 실내장식에서 더 인기가 있었다. 독일에서도 유행해서 클렌체와 게르트너 등의 주요 건축가들이 동참했다. 가장 적극적으로 색채주의를 이끈 대표 건축가는 자크 이냐스 히토르프(Jacques Ignace Hittorff, 1792~1867)였다. 그는 이탈리아에 머물며 과거 그리스 식민지 지역의 신전을 연구한 결과 색이 매우 적극적이고 광범위하게 쓰였음을 발견하고 이를 하나의 이론으로 정립했으며 자신의 작품에 직접 적용하는 시도를 했다.

생뱅상드폴(Saint-Vincent-de-Paul, 파리, 1833~48)이 대표작이었다. 전체 구성은 히토르프의 복합적 경향을 잘 보여주는데 확장하면 19세

**도 9-6, 9-7** 자크 이냐스 히토르프, 생뱅상 드폴, 파리, 1833-48.

기 절충주의를 대표하는 예이기도 하다. 색채주의는 실내에서 부분적으로 사용했다. 여러 종류의 고전주의를 활용한 절충주의를 기본 특징으로 한다(도 9-6). 로마의 삼위일체 교회(Trinita dei Monti) 구성을 기본 모티브로 삼아 그리스 고전주의로 재해석해냈다. 전체 구성을 뒤쪽 몸통과 앞쪽 출입구로 이등분한 뒤 출입구에 열주 파사드를 사용한 처리가 삼위일체 교회의 기본 구성이었고 열주는 그리스 이오니아식 오더를 사용했다.

실내에서는 바실리카 교회를 모델로 삼아 로마 기독교 고전주의 모티브로 전체 골격을 짰으며 디테일은 그리스 고전주의로 처리했다. 1층은 아케이드가 아닌 이오니아식 오더의 콜로네이드로 처리해서 열주 효과를 노렸다. 2층에는 천측창이 아닌 갤러리를 두고 역시 콜로네이드로 처리해서 동일한 효과를 노렸다. 1층과 2층 사이에 높은 벽면을 두어 천장 높이를 높여 1층에서 2층으로 이어지는 기둥의 존재를 부각시켰다(도 9-7).

실내는 화려한 장식으로 채웠다. 색채주의에 따른 원색을 직접 사용하지는 않았지만 성화, 디테일, 몰딩, 재료 등 장식 처리를 할 수 있는 수단을 여럿 동원했다. 1층과 2층을 구획하는 벽면에는 성화를 그렸으며 지붕을 받치는 2층의 프리즈도 마찬가지였다. 천장은 별 모양을 기본 모티브로 삼은 소란반자로 처리해서 기하 장식주의를 추구했다. 크로싱 앞쪽 천장에는 아치형 벽체를 올려붙여서 장식을 더할 수 있는 면적을 확보한 뒤 낮은 돋을새김을 새겼다. 2층 주두는 코린트식으로 처리했다. 크로싱 천장은 유리 돔으로 만든 뒤 스테인드글라스를 끼웠다. 대부분의 주요 장식들은 황금을 주재료로 사용해서 화려한 장식 효과를 높였다.

### 네오 바로크와 누보 루브르

19세기 중반으로 접어들면서 민족주의의 영향으로 건축에서도 자국의 국가 양식을 리바이벌하려는 움직임이 나타났다. 가장 먼저 근대적 통일국가를 세우고 중앙집권이 정치적 전통이었던 프랑스는 과거 절대왕정의 국가 양식이었던 바로크를 리바이벌한 네오 바로크로 19세기 국가 양식을 삼는다. 19세기 중반 프랑스 사회는 나폴레옹에 대한 향수가 커지고 있었는데 나폴레옹은 뚜렷한 건축양식을 창출하지 못했기 때문에 시간의 끈을 늘려 태양왕 루이 14세까지 거슬러 올라간 것이다.

나폴레옹의 제1 제정을 잇는 적통을 정치적 명분으로 내건 나폴레옹 3세의 등장이 결정적이었다. 제2 제정을 성립하며 본격적인 제국 경쟁의 길로 접어들면서 이를 과시할 기념비적 양식이 필요했고 네오 바로크를 채택했다. 배경은 보자르 양식이었다. 절대왕정 때 미술과 건축으로 나눠 설립했던 아카데미가 1819년에 에콜데보자르로 통합되면서 아카데미즘도 사라지지 않고 보자르 양식으로 발전하며 일정한 번성을 누렸나. 보자르는 프랑스에서 19세기 역사주의와 제국 경쟁의 분위기를 건축적으로 충족할 수 있는 유일한 주체였다. 바로크의 그랜드 매너를 더 발전시켜 '그랜드 스타일'이라는 기념비적 영웅주의 기법과 이론을 정립하던 차에 나폴레옹 3세의 정치적 필요성과 맞물리면서 쉽게 제2 제정의 제국 양식, 즉 19세기 프랑스 제국의 국가 양식이 되었다.

나폴레옹 3세는 분열과 대립이 심하던 당시 프랑스 사회를 통합할 목적으로 민족적 색채가 강한 네오 바로크양식의 건축 사업을 활발하게 벌였다. 국가 양식의 기치 아래 국가와 사회를 통일하려는 시도였다. 문을 연 것은 르퓌엘(Hector-Martin Lefuel, 1810~80)과 비스콘티(Louis Visconti, 1791~1853)가 파트너십을 보인 누보 루브르(Nouveau Louvre, 1852~57)였으며 이후 발뤼(Théodore Ballu), 다비우(Gabriel Davioud), 가르니에, 히토르프 등이 추종하면서 네오 바로크라는 하나의 리바이벌 양식으로 독립했다(도 9-8).

프랑스 내부에만 머물지 않고 동시대 영국의 국가 양식이었던 빅토리안 고딕과 경쟁하면서 유럽 전역에 큰 영향을 끼쳤다. 본격적인 절충주의 시기로 접어든 유럽은 여러 역사양식들 사이에서 갈팡질팡하고 있었는데 프랑스 제2 제정의 지원을 받은 강력한 양식인 네오 바로크는 확실한 조형 목적과 건축 경향을 통해 다른 나라에 영향을 끼쳤다. 특히 영국에 많은 영향을 끼친 점은 이 양식의 집중된 힘을 잘 보여준다.

누보 루브르는 보자르 양식과 네오 바로크 모두의 시작을 알리는 건물이었다. 나폴레옹 3세는 제2 제정을 선포한 1852년에 누보 루브르를 5년 안에 완공할 것을 명했다. 르네상스 때 지어진 구 루브르에 'ㄴ'자형 건물을 더해서 카루셀 안마당을 에워싸는 작품이었다. 프로그램은 두 개의 화랑과 두 개의 별관이 네 개의 익랑을 형성하는 구성이었다. 디자인 방향은 르네상스 때 지어진 구 루브르와의 관계를 정립하고 이를 바탕으로 제2 제정의 제국 권위를 과시하는 것이었다.

**도 9-8** 가브리엘 다비우, 생미셸 분수(Fontaine St.-Michel), 파리, 1869.

**도 9-9** 르퓌엘과 & 비스콘티, 누보 루브르, 파리, 1852-57.

구 루브르에 대해서는 연속과 대비의 양면성을 표현했다. 층수, 베이 분할, 입면 처리, 각 층 내에서 고전 규범의 적용 등 큰 구성에서 구 루브르를 이어받아 연속성을 추구했다. 이는 19세기 프랑스 제국의 뿌리가 최초의 통일국가를 이룬 프랑수아 1세의 르네상스에 있음을 알리는 방식으로 제2 제정의 정통성을 확보한 것이다. 정치적 과시를 위해서는 과감하게 대비했다. 르네상스의 얌전한 실루엣에 대비되는 바로크의 강력한 인상을 표현했으며 보자르 양식을 사용했다. 'ㄴ'자를 이루는 두 건물의 중앙에 임페리얼 돔을 갖는 홀을 하나씩 배치해서 위용을 자랑했다(도 9-9). 중앙 홀에서 양옆으로 일직선 복도가 뻗고 이것을 따라 각 실들이 질서정연하게 늘어섰다. 이것은 보자르 양식의 강령 가운데 '복도의 효율적 배치(distribution)'와 '프로그램과 방의 효율적 배분(disposition)'을 적용한 것이다.

외관에서는 프랑스 바로크의 전형적 기법을 리바이벌했다. 들고남이 심한 표면 처리와 화려한 조각 장식으로 작은 규모라는 단점을 극복하고 제2 제정의 권위를 과시하는 데 성공했다. 임페리얼 돔에 망사르 루프를 더해서 실제 규모보다 더 커보이게 했으며 프랑스 전통 양식을 사용해 국가 양식을 드러냈다. 망사르 루프 자체를 여신상 쌍기둥으로 구성한 신전 파사드로 받쳐 화려한 장식을 과시했다. 오더의 수직 층 쌓기도 이용해서 프랑스 바로크와 고딕 전통을 동시에 표현했다.

### 파리 북역과 절충적 네오 바로크

누보 루브르가 당시 정치 상황과 맞물려 사회적으로 성공을 거두자 나폴레옹 3세는 자신감을 얻어 건축 사업을 벌였다. 제2 제정은 19세기 프랑스 건축의 전성기였다. 파리 대법원, 리옹 상무성, 랭스 시청사 등 주요 공공건물을 연달아 네오 바로크로 지었다. 건축사적으로 중요한 건물은 히토르프의 파리 북역(Gare du Nord, 1858~66)이었다. 누보 루브르가 왕궁이라는 제한된 집권층을 위한 건물을 통해 제국의 권위를 표현했다면 북역은 다수의 대중을 위한 시설을 통해 같은 목적을 달성했다. 기차역은 당시 유럽 열강이 산업 경쟁을 벌이던 장으로 대중적으로나 국가적으로 중요한 기능 유형이었다. 파리를 대표하는 기차역에 국가 양식인 네오 바로크를 사용하는 것은 당연했다.

순수 네오 바로크가 되지는 못해서 그리스와 로마 고전주의를 섞은 절충식이었다. 히토르프 개인은 자신의 마지막 작품인 이 건물을 네오 바로코로 설계하고 싶어 했으나 당시 건축계에는 절충주의가 크게 유행하고 있어서 시류를 좇을 수밖에 없었다. 전체 골격은 로마의 개선 아치 모티브를 사용했는데 이는 기차역의 기본 성격을 관문으로 설정한 기능적 선택이었다. 그리스 모티브는 아치 사이를 구획하는

**도 9-10** 자크 이냐스 히토르프. 파리 북역. 1858–66.

벽기둥에 사용한 이오니아식 오더와 출입구에 세운 열주 스크린이었다(도 9-10).

두 고전주의를 기본 골격으로 삼아 바로크 기법을 가했다. 벽기둥을 쌍기둥으로 묶은 뒤 거대 기둥으로 키워서 거석 구조로 처리한 점, 벽기둥 하나마다 꼭대기에 높은 조각상을 세워서 과시적 기념비주의를 추구한 점, 열주 스크린 위에 여신상 열주를 세워서 장식을 강조한 점 등이 구체적인 내용이었다. 경사 지붕을 사용해서 삼각 박공으로 마감하고 쌍기둥 부분을 벽체처럼 만들어서 전면을 5분법으로 분할한 처리는 프랑스 바로크의 표준 구성을 활용한 것이다.

### 부르주아 양식과 파리 오페라하우스

19세기 중반이 지나면 프랑스 부르주아는 경제적, 정치적 기반을 확실히 다지면서 자신들만의 사회적 정체성을 가지려 했다. 건축은 이를 드러내는 중요한 수단이어서 부르주아 양식이라는 사조가 태어났다. 좁은 의미의 건축 사조는 아니었고 부르주아가 중심이 되어 벌이던 좀 더 포괄적인 건축 현상을 통칭하는 개념이다. 19세기를 양분했던 역사주의와 신건축 운동 모두를 선별적으로 포괄했다. 자신들의 정체성을 문화적으로 포장해낼 고급 예술이 필요했고 이 목적에 맞는 역사주의를 기본 양식으로 사용했다. 동시에 자신들에게 전통적 지배계층과 다른 개혁적 의식이 있다는 사실도 증명하기 위해 신건축양식도 부분적으로 사용했다.

만국박람회 전시장과 아케이드는 부르주아 양식을 구성하던 대표적인 새로운 기능 유형이었다. 이들의 경제활동을 뒷받침해주는 중요한 국제 행사였던 만국박람회에는 주로 역사주의를 사용해서 전통적 정치권력과 연대를 꾀했다. 반면 이들의 고급 소비 공간이던 아케이드에는 자본주의가 밝고 건강한 체제임을 과시하기 위해 철물과 유리로 천장을 덮는 신건축양식을 사용했다. 때로는 신건축양식으로 짓기도 했는데 부르주아는 이것도 무리 없이 받아들였다.

네오 바로크도 부르주아 계층이 선호한 양식이었다. 정치적 배경이 문화적 욕구와 결부된 결과였다. 제2 제정을 경제적으로 뒷받침해주면서 계급 권력과 여러 이권을 보장받는 정치적 거래가 부르주아와 나폴레옹 3세 사이에 있었기 때문에 제2 제정을 대표하던 네오 바로크가 부르주아 양식이 된 것은 당연했다. 이와 동시에 부르주아는 자신들의 사회적 정체성을 고급 예술로 정의하려 했는데 오페라, 미술, 건축을 섞은 네오 바로크는 여기에 제격이었다. 그 결과 샤를 가르니에(Charles Garnier, 1825~98)의 파리 오페라하우스(Paris Opera, 1861~75)가 태어났다.

이 건물은 오스망의 파리 재개발계획의 일환으로 지었다. 부르주아의 본거지를 확보하기 위해 구 시가지를 헐고 신시가지를 개발했는데 그 가운데 핵심 공공건물로 들어선 것이다. 부르주아는 개발과 관련해서 나폴레옹 3세에게 세 가지를 요구했다. 부동산을 바탕으로 한 자산 증식을 보장할 것, 산업 자본주의의 근간인 생산 증대를 돕는 도시 구조를 만들 것, 자신들의 계급 정체성을 대표할 문화적 중심지를 만들 것 등이었는데 마지막 요구가 파리 오페라하우스로 결실을 본 것이다.

네오 바로크의 절정으로, 극장 전체를 몇 개의 부분으로 나눈 뒤 각각에 루이 14세, 15세, 16세의 프랑스 국가 양식 선례와 기타 역사주의 양식을 배당했다(도 9-11). 후면의 행정동은 차분한 루이 13세 양식으로, 황제를 위한 로톤다에는 로마 고전주의에서 자주 사용하던 반원형 벽기둥을, 정면에는 베네치아 르네상스의 화려한 장식과 루이

**도 9-11** 샤를 가르니에. 파리 오페라하우스. 1861-75.

**도 9-12** 샤를 가르니에, 파리 오페라하우스, 1861–75.

14세의 장엄 양식을, 축제성이 요구되는 실내 계단에는 루이 15세 양식의 곡선 윤곽을 각각 사용했다. 화려한 장식과 달리 건물 골격을 철물 구조로 잡고 무대 장치에 19세기에 새로 발명된 기계 설비를 도입하는 등 극장 건축사에서 새로운 발전도 있었다.

가르니에는 황제를 염두에 둔 제국 양식을 창출했지만 더 궁극적 목적은 부르주아들을 위한 모임의 장을 마련하는 것이었다. 이를 위해 객석과 무대 이외에 로비에 많은 면적을 할당한 뒤 장경주의 개념으로 처리했다. 객석 전면에 '로비-테라스-계단'이 어우러진 사교의 장을 마련해서 부르주아들이 서로를 보고 서로에게 보이는 방식으로 자신들의 집단적 정체성을 확인하려는 목적에 부합하도록 했다(도 9-12). 공간의 골격을 이런 목적에 맞게 짜는 것만으로는 충분하지 않았다. 바로크의 화려한 장식과 유려한 곡선으로 치장해 부르주아들의 문화적 정체성을 정의해 최종 목적을 이룰 수 있었다.

# 2
# 19세기 독일 역사주의

### 독일 신고전주의의 성립과 19세기 독일 건축

독일 신고전주의의 성립은 프랑스와 영국과 견주면 조금 늦은 편이었다. 프랑스와 영국의 신고전주의가 18세기에 전성기를 누린 뒤 19세기는 역사주의로 넘어간 반면 독일은 19세기가 되어서야 신고전주의가 나타났다. 18세기에도 있긴 했지만 프랑스를 모방한 프랑코필(Franco-Phil) 경향의 일환이거나 바로크와 혼용 양식이어서 독립적 사조를 이루지 못했다. 심지어 이때까지 고딕 양식을 짓기도 했다. 정치적, 종교적 배경이 가장 컸다. 독일은 근대적 통일국가의 성립이 늦었다. 18세기까지도 작은 공국으로 나뉘어 중앙정부가 없는 상태에서 신성로마제국의 전통이 곳곳에 남아 중세 가톨릭의 영향이 지배했다.

19세기에 들어오면서 상황이 바뀌자 독일 신고전주의가 성립되었다. 그 뿌리는 세 갈래였다. 첫째는 독일의 전통적 국민 정서인 낭만성이었다. 둘째는 독일 국민의 근대적 각성에 따른 국민주의였다. 셋째는 프랑스에서 수입한 신고전주의였다. 앞의 둘은 독일 민족의 내부적 요소였고 프랑스의 영향은 그 반대의 외래 요소 혹은 국제주의 요소였다. 19세기 독일 신고전주의는 충돌하는 이 두 요소 사이의 합일점을 찾은 결과로 요약할 수 있다. 국민주의를 거시적 배경으로 하

**도 9-13** 카를 고트하르트 랑한스, 베를린 브란덴부르크 문, 1789-91.
**도 9-14** 카스파 다비드 프리드리히, 〈산 속의 십자가〉, 1812.

면서 프랑스의 국제적 신고전주의를 독일다운 낭만성으로 재해석한 경향이 대표적 특징이었다(도 9-13).

독일은 프랑스 신고전주의를 나폴레옹의 침략을 통해 수입하게 되었다. 나폴레옹의 전쟁 행위는 단순한 침략이 아니라 프랑스의 혁명 정신을 전파하고 문화를 수출하는 과정이었다. 혁명 정신에 기초한 자유주의가 들어오면서 독일에도 진보주의가 성립되고 혁명이 일어났다. 이들은 독일 통일을 추진해서 긴 갈등과 혼란 끝에 1871년 마침내 통일을 이루었다. 이들이 대표 양식으로 삼은 것이 프랑스에서 혁명 정신과 함께 들어온 신고전주의였다. 19세기 독일에서 신고전주의는 국제적 보편성을 갖춘 건축양식이자 진보주의 이상을 표현하고 전파하는 매개이기도 했다.

그 반대편에 보수주의가 있었다. 이들은 통일에 반대하며 전통적인 지방정부를 지키려 했고 통일에 이르는 19세기 내내 진보주의와 끊임없이 충돌했다. 건축에서도 마찬가지였다. 진보주의의 대표 양식인 신고전주의에 맞서 독일의 국가 양식인 로마네스크 리바이벌을 자신들의 대표 양식으로 삼았다. 이들은 외래 양식인 신고전주의를 반대하며 독일의 국민 정서가 스민 전통 양식을 지키자고 했다. 확장하면 고딕을 더한 중세주의까지 여기에 포함할 수 있었다(도 9-14).

이처럼 독일의 19세기 건축도 크게 보면 프랑스나 영국과 마찬가지로 '신고전주의 대 국가 양식'의 이분법 구도로 진행되었다. 차이도 있었는데 두 가지로 요약할 수 있다. 하나는 프랑스나 영국과 견주어 신고전주의가 크게 유행했다는 점이다. 18세기 때 없었던 것까지 모두 나타난 측면이 컸다. 지각을 만회하기 위해 다양한 시도를 했고 풍성한 내용을 낳았다. 19세기 독일 신고전주의에는 18세기 경향인 낭만적 신고전주의가 한 흐름을 차지한 것은 좋은 예다. 내용뿐 아니라 분량도 많았고 기간도 오래 지속되었으며 대작도 많이 냈다.

다른 하나는 국가 양식에 대한 고민이 두 나라보다 훨씬 치열했으며 신고전주의와의 대립도 심했다는 점이다. 프랑스와 영국의 이분법이 공존 쪽에 가까운 반면 독일은 대립 성격이 강했다. 19세기 독일 사회 전반에 걸친 국가적, 정치적 고민이었던 '독일 국민은 누구인가'라는 명제가 건축에도 그대로 적용되어서 '우리는 어떤 양식으로 지어야 하는가?'라는 질문이 건축가들에게 제일 큰 과제였다. 답은 국제적 흐름에 동참해야 한다는 신고전주의파와 독일의 정체성을 지켜야 한다는 국가 양식파로 나뉘어 대립했다.

### 싱켈과 독일 신고전주의

독일 신고전주의의 문을 연 것은 프리드리히 길리(Friedrich Gilly, 1772~1800)였다. 그는 프리드리히 대제 기념비 설계 경기에 제출한 계획안(1797)에서 독일식 고전주의의 완성된 유형을 선보였다. 고전주의 건축가였던 아버지 다비드 길리와 함께 프랑스 신고전주의의 영향을 받기는 했으나 그것으로 끝나지 않고 고전주의를 독일의 전통적인 낭만 정서로 해석한 새로운 구성을 제시했다. 그리스 신전 원형을 통째로 도입한 점, 이것을 야트막한 언덕 위에 사회 중심체 개념으로 정의한 점, 주변에 열주랑, 개선 아치, 승전 기둥 등과 같은 여러 고전주의 유형이 어울려 작은 마을을 이룬 점 등이 구체적 내용이었다(도 9-15).

길리는 요절했기 때문에 실제 작품을 남기지 못했다. 카를 프리드리히 싱켈(Karl Friedrich Schinkel, 1781~1841)은 이것을 이어받아 단번에 독일 신고전주의를 완성한 주역이었다. 독일뿐 아니라 19세기 유럽

**도 9-15** 프리드리히 길리, 프리드리히 대제 기념비 설계 경기 계획안, 1797.

건축 전체를 대표하는 거장이었다. 다양한 역사 선례를 창조적으로 재해석해냈으며 당시 독일이 처한 정치적, 사회적 상황의 이상적 전개 방향을 건축을 통해 제시한 점에서 그랬다. 길리의 계획안을 보고 감명을 받아 건축가가 되기로 결심하고 길리가 제시한 주제인 독일다운 신고전주의 창출에 평생을 전념하게 된다.

이후 이탈리아 전역을 여행하며 그리스에서 로마에 이르는 고전주의와 중세 벽돌 양식 등을 직접 보고 체험했다. 특히 이탈리아 중세 건축에서 고전 기법을 혼용한 것을 보고 고전과 고딕의 대립을 극복할 수 있는 가능성을 발견하고 자신의 작품 활동에 구현했다. 당시 이탈리아에 대사로 와 있던 훔볼트를 만나 독일 정신에 관한 그의 사상에 영향을 받았다. 로마에 진출해 있던 독일 화가들과 교류하며 화가로서의 경력도 시작했다.

싱켈은 다양한 건축, 문화, 사상 등을 연속으로 습득하는 숨 가쁜 수학 기간을 보냈다. 앞에서 열거한 것들 이외에도 빙켈만의 그리스 고전주의 미학, 헤겔의 역사 해석, 피히테의 개인의식 발전 단계론, 영국과 이탈리아의 픽처레스크 개념, 영국의 산업혁명과 신건축 운동, 뒤랑의 유형학, 프리드리히의 풍경화 등에서 중요한 영향을 받았다. 이를 바탕으로 싱켈의 건축은 19세기 건축, 나아가 19세기 예술에서 논의했던 많은 주제들을 망라하는 포괄적 작업이었다.

싱켈은 명성과 견주어볼 때 주요 작품들이 많이 철거되거나 파손되었다. 제2차 세계대전 때 피폭이 결정적이었으며 이외에도 인위적 철거가 다수 있었다. 현재 남아 있는 건물들을 기준으로 싱켈의 대표작은 베를린 국립극장(Schauspielhaus, 1819~21), 클라인 글리니케 성채(Schloss Klein Glienicke, 1824~29), 베를린 구 박물관(Altes Museum, 1824~30), 프리드리히베르더 교회(Friedrichswerdersche Kirche, 베를린, 1824~31), 샤를로텐호프 성채(Schloss Charlottenhof, 포츠담, 1826~30) 등을 들 수 있다.

### 구 박물관, 프리드리히베르더 교회, 샤를로텐호프

베를린 구 박물관은 제2차 세계대전 때 폭격을 맞아 실내가 파괴되었는데 로톤다만 복원했고 외관은 다행히 폭격을 비껴갔다. 평면은 가로 83.7미터, 세로 54미터의 대형 단일 육면체로 이루어졌다. 중앙에는 로톤다가 있고 양옆에 대형 전시실을 하나씩 두었으며 다시 그 밖으로 복도 개념으로 공간이 한 겹 더 둘러쌌다. 건축적 특징은 두 가지로 요약할 수 있다.

하나는 외관으로, 18개의 이오니아 오더가 늘어선 열주가 압권이다. 삼각 박공을 두지 않아서 엔타블러처가 강한 수평선을 만드는데 이는 땅을 향한 원시성을 강조한 것이다. 땅과 원시성은 곧 낭만성을 뜻한다(도 9-16). 프랑스 신고전주의에서 그리스 열주를 구조적 효율이나 가로를 향한 스크린 개념으로 정의한 것과 다른 점인 동시에 독

**도 9-16** 카를 프리드리히 싱켈, 베를린 구 박물관, 1824-30.

도 9-17 카를 프리드리히 싱켈, 베를린 구 박물관, 1824-30.

도 9-18, 9-19 칼 프리드리히 싱켈, 프리드리히베르더 교회, 베를린, 1824-31.

일 신고전주의 정체성을 결정하는 대목이다. 기능 유형으로 보면 신전 파사드보다 스토아로 해석한 것에 가까운데 이는 박물관에 스토아가 갖는 공공성을 대응하려는 의도로 볼 수 있다. 같은 그리스 고전주의 내에서 기능 유형에 따라 세분한 점과 스토아의 공공성을 사용한 점 등도 프랑스 신고전주의에는 없던 참신한 아이디어였다. 박물관의 공공성에 개방성을 실어내 독일 사회를 통합하려는 노력을 상징적으로 표현하는 처리이다.

다른 하나는 아직 복원이 안 된 실내 테라스이다. 이 부분을 전이 공간으로 처리해서 실내와 실외 사이의 이분법 구별을 없앴으며 이는 외관에 나타난 개방성을 돕는 효과를 냈다. 테라스에 서면 바깥이 마치 액자 속에 들어 있는 풍경처럼 보이는데 이는 픽처레스크 개념을 풍경주의로 해석한 것이다(도 9-17). 이런 처리는 대로와 공원 등 근대적 골격을 드러내기 시작한 대도시를 풍경 요소로 감상하려는 독일만의 방식을 대표했다.

프리드리히베르더 교회는 당시 독일 사회가 겪던 종교 갈등을 통합해낸 중요성이 있다. 국민주의의 일환으로 중세 가톨릭을 독일의 낭만적 국민 정서와 동일시하는 바람이 불었고 신교 진영에서는 이에 반발하던 상황이었다. 루터교 집안 출신인 싱켈도 그 갈등의 한가운데에 있던 때 이 교회를 설계하게 되었다. 처음에는 신교를 상징하는

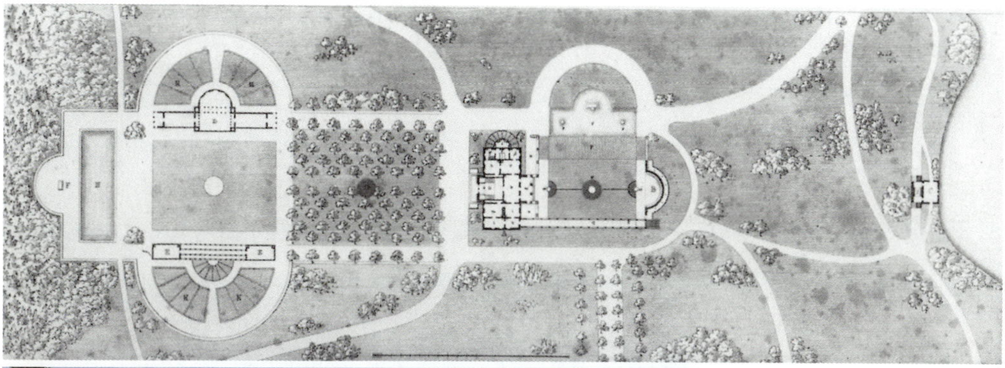

**도 9-20, 9-21** 카를 프리드리히 싱켈, 샤를로텐호프 성채, 포츠담, 영국, 1826-30.

고전주의 안을 제시했는데 가톨릭 진영의 공격을 받았고 왕실에서도 고딕 양식으로 지으라고 했다. 싱켈은 고딕 양식을 고전 정신과 근대 정신으로 재해석하는 방식으로 종교개혁 정신을 표현했다.

전체적으로 고딕의 표준 구성과 문법을 잘 지켰다. 개별 부재와 디테일은 뾰족아치, 랜싯, 대출입문, 4분 볼트, 다발 기둥 등 표준 고딕 어휘로 처리했다(도 9-18). 반면 이것을 싸는 윤곽과 전체 이미지는 고전적 분위기로 처리했다. 4분 볼트는 접시형 돔이라는 고전 어휘로 번안했다. 외관에서 입체의 들고 남, 분절, 조각상 등을 최소화해서 추상 분위기로 처리한 것은 근대정신을 반영한 것이다. 다발 기둥을 표피 요소로 더한 것은 내력 기능을 근대적 공법으로 해결했음을 드러낸 처리였다(도 9-19). 플라잉 버트레스를 두지 않고 버트레스조차도 약한 흔적만 남겨 측벽을 일자 단일면으로 만든 것은 고전 정신과 근대정신을 동시에 표현한 것이다. 1랑식 바실리카 평면도 마찬가지여서 로마 기독교 원형으로 돌아감과 동시에 근대적 간결성을 표현한 것이다.

샤를로텐호프 성채는 독일의 낭만성을 영국과 이탈리아의 픽처레스크 개념에 대응해 처리한 작품이다. 영국의 픽처레스크에서는 자연 풍경과 농촌 건축에 나타난 자연다움과 귀납적 비대칭 구성을, 이탈리아의 픽처레스크에서는 조경과 건물 사이의 조화를 각각 빌려왔다. 부드러운 땅의 흐름과 자연 지형에 맞춰 부분적으로 비대칭 구성을 섞었으며 건물은 고전 휴양 시설인 빌라 유형을 사용해서 조경과 조화를 꾀했다(도 9-20, 9-21). 빌라의 건축 어휘인 로지아, 열주 출입구, 테라스, 외부에 노출된 계단, 구조나 상징 기능에서 벗어난 자유로운 오더 등을 활용해서 자연과의 교감 및 자연스러운 분위기를 높였다.

### 클렌체, 국제적 절충주의와 바이에른 신고전주의

레오 폰 클렌체(Leo von Klenze, 1784~1864)는 바이에른을 대표하는 건축가였다. 프러시아, 이탈리아, 프랑스 등 여러 나라에서 유학하며 국제적 절충주의를 익힌 뒤 바이에른 궁정 건축가로 루트비히 1세를 건축주로 삼아 뮌헨을 유럽의 주요 수도와 대등한 수준으로 끌어올리는 데 중요한 역할을 했다. 처음에는 독일의 복잡한 정치 상황에 대응하기 위한 전략으로 다양한 선례를 혼합하는 국제적 절충주의를 구사하다가 시간이 흐르면서 고전주의로 집중해갔다. 고전주의를 유난히 좋아했던 루트비히 1세의 요구도 중요한 요인이었는데, 그의 아들이 그리스의 왕이 되면서 그의 고집은 편집증에 가까울 정도가 되었다. 이런 내용은 클렌체 건축에 그대로 반영되었다.

반면 당시 독일 건축계의 관심은 중세 전통을 바탕으로 독일다운 낭만주의를 구현하는 쪽으로 옮겨가고 있었다. 왕의 요구 때문에 이런 흐름에 본격적으로 동참하기 힘들어지자 차선책으로 고전주의를 낭만적으로 해석하거나 다른 선례와 섞어 쓰는 절충주의를 추구했다. 바이에른 지역의 목가적 분위기에 맞추는 경향이었다. 대표작은 글립토테크(Glyptothek, 1816~31), 뮌헨 왕궁(Königsbau, München, 1826~35), 프로필리아(Propylaea, 1846~50) 등으로 주로 뮌헨에 몰려 있으며 뮌헨 밖에서는 도나우슈타우프(Donaustauf)의 발할라 데어 도이첸(Walhalla der Deutschen, 1830~42)을 들 수 있다.

글립토테크는 전시물의 연속 구성을 통해 루트비히와 바이에른 공화국의 정치적 역량을 과시하는 기념비 건축을 노렸지만 구체적 처리는 그리크 리바이벌을 소재로 삼아 낭만적, 절충적 각색을 가한 방향으로 나타났다. 이런 점에서 바이에른에서 최초로 독일다운 국가 양식을 시도한 건물이라 할 수 있다. 평면은 'ㅁ'자형으로 중정의 네 면을 전시실이 돌아가며 에워쌌다. 전시물을 시대 순서로 배열해서 자국의 전통을 자랑하기에 적합한 구성으로 19세기 민족주의의 산물인데 이 건물은 중세 수도원이나 르네상스 팔라초 구성을 빌린 것이다. 각 전시실을 아치, 볼트, 돔, 세일 볼트 등으로 다양하게 처리해서 픽처레스크의 연속성 혹은 파노라마 개념을 적용했다(도 9-22).

**도 9-22** 레오 폰 클렌체, 글립토테크, 뮌헨, 독일, 1816-31.

외관의 전체 구성은 이오니아식 옥타스틸 신전 파사드가 전면을 주도했으며 양옆으로 벽체 구조의 측동을 붙여서 대비 효과를 노렸다(도 9-23). 창 면적을 최소한으로 줄여서 벽체 구조를 넘어 추상 분위기까지 나는데 이런 처리는 그리스 열주의 원형성을 강조하는 효과를 냈다. 원형성은 낭만성의 주요한 요소였다. 이 건물과 함께 왕의 광장(Königsplatz)을 구성하는 프로필리아는 절충적 신고전주의의 좋은 예다. 도리스식 헥사스틸 신전 파사드를 중앙에 세워서 원시적 낭만성을 강조한 뒤 양옆에 이집트 탑문을 세웠다. 전체로 보면 로마 개선아치로도 읽을 수 있었다(도 9-24).

루트비히가 공을 들인 왕의 광장으로 들어오는 관문 역할을 하는 건물인데 역사 선례에서 '관문'의 이미지에 적합한 내용을 뽑아 혼용한 처리였다. 탑문의 디테일은 르네상스의 깔끔한 추상 분위기로 처리했다. 광장 자체는 클렌체의 프로필리아와 지브란트의 뮌헨 미술관이 나머지 두 면을 막으면서 아테네의 아크로폴리스를 모방했다. 그리스 도시국가에 담긴 서양 문명의 뿌리를 이어받아 정치적으로 과시하려는 목적인데, 그 배경에는 그리스 고전주의에 내재된 원형으로서의 낭만성을 빌려오려는 건축적 의도가 있었다.

발할라 데어 도이첸은 바이에른의 역대 위인을 모신 건물로 기능부

**도 9-23** 레오 폰 클렌체, 글립토테크, 뮌헨, 독일, 1816-31

**도 9-24** 레오 폰 클렌체, 프로필리아, 뮌헨, 독일, 1846-50.

터 국가 기념비로 정의되었다. 그리스 신전을 통째로 사용한 점에서 루트비히의 기념비주의 건축을 대표한다. 그러나 '언덕 위의 먼 풍경으로서 그리스 신전'이라는 프리드리히 길리의 낭만적 그리크 리바이벌 개념을 차용해서 바이에른의 전통 정서로 풀어냈다(도 9-25, 9-15). 이런 점에서 바이에른의 목가적 낭만성을 대표하는 건물이다. 선례는 아테네 아크로폴리스의 파르테논이었다. 건물은 낮은 언덕 위에 올라앉아 주변 사방에서 잘 보였다. 실내는 당시 프랑스에서 유행하던 색채주의로 처리했다. 벽체는 석재의 자연색을 이용한 적백 코드로 처리했다(도 9-26). 천장은 황금 틀로 짠 격자형 소란반자로 처리했다. 여기에 여신상주, 돋을새김, 조각상, 공예, 문양 등 여러 장식물들 더했다. 장식 도상은 게르만족의 기원과 역사, 로마 시대 게르만족의 대

**도 9-25, 9-26** 레오 폰 클렌체, 발할라 데어 도이첸, 도나우슈타우프, 독일, 1830-42.

이동, 나폴레옹 해방 전쟁의 승리 등 민족주의를 주장하는 내용들로 채웠다.

### 게르트너와 로마네스크 리바이벌

독일의 국가 양식은 로마네스크 리바이벌이었다. 프랑스의 국가 양식인 네오 바로크보다 포괄적이었다. 작업의 성격은, 단순히 과거 독일의 전성기 때 양식을 리바이벌해 사용하는 차원을 넘어 독일 국민의 기본 정서 속에 내재한 기본 원형을 찾으려 했다. 시작은 하인리히 휩슈(Heinrich Hübsch, 1795~1863)의 룬트보겐슈틸(Rundbogen Stil)이었다. '원형 아치 양식'이란 뜻으로 로마네스크의 대표 어휘인 반원 아치에서 나온 말이다. 휩슈는 반원 아치가 가장 독일다운 건축 어휘라는 주장을 펴며 룬트보겐슈틸을 제창했고 이것을 로마네스크 리바이벌로 발전시켰다.

반원 아치가 독일다운 이유는 크게 두 가지였다. 하나는 기후 요소로, 독일의 험한 기후에 고전 오더와 고딕의 뾰족아치는 마모가 심해서 맞지 않고 디테일이 단순하고 형태가 간결한 반원 아치가 맞았다. 다른 하나는 구조적 솔직성에 기초한 실용 정신으로, 고전 오더는 목구조를 석구조로 번안한 것이기 때문에 구조적으로 솔직하지 못한 반면 반원 아치는 처음부터 석구조로 지었기 때문에 재료와 구조 방식이 일치하며 따라서 독일의 중세 정신인 실용성을 대표한다고 보았다. 휩슈는 이를 정리해서 『우리는 어떤 양식으로 지을 것인가?』(1828)라는 책으로 출간하면서 로마네스크 리바이벌이 가장 독일다운 양식이라고 주장했다.

신고전주의가 한창 진행 중이던 시기에 제기한 휩슈의 주장은 독일 건축계에 국가 양식에 대한 인식을 싹 틔우면서 논쟁을 불러일으켰다. 보혁 대립, 국민주의, 통일 운동 같은 건축 외적인 사회 상황과 맞물리면서 독일다운 양식에 대한 관심은 고조되어갔다. 건축 내부적으로는 1840년대에 들어 본격화된 절충주의가 중요한 요소였다. 신고전주의 이외의 다른 양식을 리바이벌하는 홍수 속에서 독일 건축의 가장 큰 관심은 로마네스크 리바이벌로 모아졌다. 고딕 리바이벌까지 가세

**도 9-27** 하인리히 휩슈, 카를스루에 예술극장, 독일, 1837-46.
**도 9-28** 루트비히 폰 찬트, 빌헬마 빌라, 슈투트가르트, 독일, 1842-53.

하면서 중세주의라는 더 큰 범위의 문화 운동으로 확장되기도 했다.

이로써 싱켈과 클렌체가 이끄는 그리크 리바이벌과 신고전주의에 중세주의가 맞서는 큰 대립 구도가 형성되었다. 1840년경부터 대세는 중세주의로 기울었다. 같은 중세주의 내에서도 고딕 리바이벌보다 로마네스크 리바이벌이 더 인기가 많았다. 독일의 전통 정서를 되찾으려는 국민주의와 손을 잡고 교회와 지식인 등을 중심으로 진행되었다. 고딕 리바이벌이 교회나 시청사를 중심으로 직설적 복사에 머문 반면 로마네스크 리바이벌은 일정한 창작적 각색을 수반하면서 다양하게 나타났다.

대표작은 휩슈의 카를스루에 예술극장(Kunsthalle, Karlsruhe, 1837~46), 루트비히 폰 찬트(Ludwig von Zanth)의 빌헬마 빌라(Villa Wilhelma, 슈투트가르트, 1842~53), 프리드리히 폰 게르트너(Friedrich von Gertner, 1792~1847)의 성 루트비히 교구 대학교회(St. Ludwigs Pfarre und Universitätskirche, 뮌헨, 1829~44) 등이었다. 로마네스크 리바이벌은 독일 건축가들에게는 피하기 힘든 대세여서 고전주의자였던 클렌체도 뮌헨 열성(列聖) 궁정교회(Allerheiligen Hofkirche, 1826~37)를 이 양식으로 지었다.

휩슈는 카를스루에 예술극장에서 반원 아치를 중심으로 로마네스크 표준 어휘를 정확히 구사하며 자신의 주장을 사실적으로 보여주는 증거로 삼았다(도 9-27). 장식을 절제하고 단순화해 원형의 순도를 높

였다. 반면 빌헬마 빌라에서는 반원 아치를 약한 말발굽 형태로 변형하고 사암의 재료 색을 이용해서 얼룩말 무늬와 섞는 등 장식적으로 활용했다(도 9-28). 열성 궁정교회의 외관은 로마네스크 리바이벌로 처리하고 평면은 비잔틴 중앙집중 구성을 변형한 돔식 바실리카로 짰다(도 9-29).

성 루트비히 교구 대학교회는 독일 로마네스크의 추상 입체 경향을 좇아 장식을 절제한 짜임새 있는 구성을 보여준다. 반원 아치 모티브를 아케이드, 창 상인방, 원형 창 등 세 종류로 다양하게 만든 뒤 1, 2, 3층에 각각 배당해서 기하학적 구성미가 돋보였다(도 9-30). 이 건물이 위치한 루트비히가(街)는 로마네스크 리바이벌 건물들이 집중되면서 이 운동의 산실처럼 되었다. 실내에서는 네이브 월을 2층 구성으로 단순하게 놔두면서 대응 기둥과 볼트에 집중하는 독일 로마네스크 특징을 재현했다(도 9-31).

**도 9-29** 레오 폰 클렌체, 뮌헨 열성(列聖) 궁정교회, 독일, 1826-37.
**도 9-30, 9-31** 프리드리히 폰 게르트너, 성 루트비히 교구 대학교회, 뮌헨, 독일, 1829-44.

# 3
# 19세기 영국 역사주의

## 내시와 절충 고전주의

19세기 영국 역사주의는 절충주의와 빅토리안 고딕의 양 방향으로 진행되었다. 비잔틴 리바이벌, 르네상스 리바이벌, 네오 바로크 등 다양한 절충주의 양식이 유행했으며 영국의 국가 양식으로 고딕을 리바이벌한 빅토리안 고딕이 제일 융성했다. 고전주의는 쇠퇴한 편이었다. 프랑스의 국제적 신고전주의는 없는 쪽에 가까웠고 독일처럼 고전주의를 자국의 전통 정서로 풀어내는 경향도 없었다. 그리크 리바이벌로 좁혀져 명맥을 이었으며 그나마도 순도를 잃고 절충주의와 섞여 사용되는 경우가 많았다. 로마 고전주의도 사용했지만 마찬가지였다.

영국에서 특히 절충주의가 유행한 것은 사회적 배경이 크게 작용했다. 선험적 중앙집중보다 경험적 귀납성과 장식 공예를 즐기는 영국의 전통적 국민성이 큰 요인이었다. 이것이 19세기에 다양성을 즐기는 쪽으로 나타난 것이다. 19세기에 한정하면 산업혁명의 발상지이자 자본주의 종주국이라는 시대 상황이 큰 요인이었다. 대륙에는 없던 새로운 건축 수요가 많다는 의미로 그만큼 다양한 레퍼토리가 필요했다. 은행이나 보험회사 같은 금융 건물이 좋은 예로 이런 유형에는 르네상스 리바이벌이 맞았다(도 9-32).

**도 9-32** 찰스 로버트 코커렐, 웨스트민스터 생명보험사 및 브리티시 화재보험사, 런던, 1831-32, 철거.

**도 9–33** 존 내시, 리젠트 파크(1812–27) 내 큠버랜드 테라스, 런던.

이런 점에서 19세기 영국 고전주의는 절충 고전주의라 부를 수 있는데 존 내시(John Nash, 1752~1837)가 대표적인 건축가였다. 18세기에서 19세기로 넘어오는 전환기의 특징을 잘 보여주는데 가볍고 즉흥적인 혼용 경향으로 19세기 절충 고전주의의 문을 열었다. 이방 양식을 잡다하게 섞어 쓰며 유원지 건축이라 부를 수 있을 정도의 절충주의를 보여준다. 18세기 후반부에 컨트리 하우스, 농가, 성채 등을 픽처레스크 개념으로 설계하며 동시대 유행을 좇았으나 시대가 바뀌면서 영국 건축이 방향을 잃는 사이 부동산업자로 변신해서 절충주의로 이름을 날렸다.

런던 리젠트 파크(Regents Park, 1812~27)와 리젠트 스트리트(Regent Street, 런던, 1815~30)가 대표작이었다. 리젠트 파크에는 테라스라는 영국 도심형 주거가 세워졌다. 여덟 개의 테라스 단지, 세 개의 빌리지 단지, 파크 스퀘어(Park Square), 파크 크레센트(Park Crescent) 등으로 이루어진 대규모 주거 단지 개발 사업이었다(도 9–33, 9–34). 규모와 건물 수 면에서 영국 건축을 통틀어 단일 프로젝트로는 최대 규모였으며 19세기식 대도시 가로 개발이라는 점에서 페르시에의 파리 리볼리가(街) 개발이나 오스망의 파리 재개발에 비견할 만했다.

이렇게 많은 건물들을 한 번에 설계하는 방법으로 당시에는 절충

**도 9-34** 존 내시, 로열 파빌리온 증개축, 브라이턴, 영국, 1815-21.
**도 9-35** 존 내시, 리젠트 스트리트(1815-30) 내 224-80번지의 이오니아식 블록, 런던.

주의가 잘 맞았을 수 있다. 내시는 그리스 고전주의, 로마 고전주의, 르네상스 팔라초, 매너리즘, 바로크, 고딕 등 여러 선례 양식을 적절히 섞어서 자칫 지루해지기 쉬운 가로 경관에 건축적 활력을 불어넣었다. 건축주는 산업혁명과 자본주의의 열매를 손에 넣기 시작한 부르주아 계층이었는데 특별히 선호하는 양식이 없던 터라 과거 양식의 파노라마로 구성된 흥겨운 분위기를 좋아해서 큰 인기를 누렸다.

그리스 고전주의는 열주 테라스와 신전 파사드를 차용했다. 로마 고전주의는 기단과 본체를 분리하는 기법과 아치 등을 차용했다. 르네상스 팔라초는 도심형 주거를 수직 층 쌓기 개념으로 처리하는 기법을 차용했다. 매너리즘은 팔라디오의 거대 기둥을 차용했다. 바로크는 5분법 구성을 통해 중심부를 강조하고 들고 남이 심한 매스 변화 등을 차용했다. 고딕은 첨탑을 차용했다. 선례 양식과 개별 건물들 사이의 대응에 특별한 법칙은 없었고 각 상황에 맞게 여러 양식들을 적절히 혼합했다.

브라이턴(Brighton)의 로열 파빌리온 증개축(Royal Pavillion, 1815~21)은 유럽 절충주의를 넘어 동방 양식과 신재료까지 혼용했다. 인디안 콜로네이드(Indian Colonnade)로 대표되는 인도 양식이 건물 전체를 구성했다. 어니언 돔(onion dome)은 이런 분위기를 도왔다(도 9-35). 실내장식에서는 중국풍이 주를 이루었다. 동방 양식은 이국풍으로 낭만주의를 구성하는 요소 가운데 하나였기 때문에 이런 경향은 18세기 낭만주의가 계속된 것으로 볼 수 있다. 신재료인 철물도 등장했다. 어니언 돔의 구조와 실내 계단은 주철로 골격을 짰다.

## 그리크 리바이벌, 탈프랑스, 낭만성, 시민 민주주의

그리크 리바이벌은 대륙에서도 유행하던 양식이었지만 영국에서 특히 융성했다. 독일에서 낭만적 해석의 대상이 되었던 것과 달리 영국에서는 하나의 양식으로 독립한 뒤 절충주의와 섞여 절충 고전주의의 한 형식으로 전개되었다. 19세기 영국에서, 특히 그리크 리바이벌이 유행한 이유는 여럿이다. 이미 18세기 낭만주의 때 '정원 속 신전' 경향의 소재로 사용된 전례가 있었다. 19세기 초에는 나폴레옹의 이탈리아 점령으로 로마로 가는 그랜드 투어가 순조롭지 않자 영국 사람들은 그리스로 행선지를 바꾸었다. 로마 고전주의에 기반을 둔 프랑스의 영향에서 벗어나기 위한 대안 성격도 컸다.

시작은 윌리엄 윌킨스(William Wilkins, 1778~1839)였다. 고고학자 출신으로 시칠리아, 그리스, 소아시아 등의 그리스 신전 발굴에 참여한 경험을 바탕으로 그리스 고전주의를 설계에 응용해서 많은 작품을 남겼다. 고딕, 고전주의, 르네상스 등도 함께 구사한 절충주의 건축자였으나 그리크 리바이벌에 한해서는 고고학자 출신답게 절충주의를 섞지 않고 원본을 정확하게 구사하는 경향을 유지했다. 이런 점에서 그리크 리바이벌의 초창기 정착에 기여했다. 대표작은 케임브리지 대학교의 다우닝 칼리지(Downing College, 1805~22)로 그리스 신전 원형에 충실하며 아직 18세기 원시주의 분위기를 지켰다(도 9-36). 에레크테움을 모델로 삼아 이오니아 양식의 원형을 보여주며 영국에 프랑스식 고전주의 영향에서 벗어날 대안을 제시했다. 에레크테움의 가볍고 여성적인 분위기 대신 추상성 강한 엄격함을 주요 특징으로 한다.

윌킨스를 이어 1820년경부터 그리크 리바이벌이 크게 유행하기 시작했다. 윌킨스의 엄격한 원형주의를 최소한 지키면서 절충주의를 섞기 시작했다. 인우드(Inwood) 부자의 세인트판크라스(St. Pancras Church, 런던, 1819~22), 로버트 스머크 경(Sir Robert Smirke, 1780~1867)의 대영박물관(British Museum, 런던, 1823~46), 찰스 코커렐(Charles Cockerell, 1788~1863)의 옥스퍼드 대학교 애슈몰린 박물관(Ashmolean Museum, 1841~45) 등을 대표적 예로 들 수 있다.

세인트판크라스는 기브스가 광야의 성 마르티노에서 처음 사용했던 신전 파사드 모티프를 그리스 고전주의 개념으로 재해석해서 발전

**도 9-36, 9-37** 윌리엄 윌킨스, 다우닝 칼리지, 케임브리지, 영국, 1805-22.

시킨 작품이었다(도 9-37). 기브스의 작품에 남아 있던 로마 고전주의의 특징을 줄이고 그리스 원형에 좀 더 가까워졌다. 신전 파사드가 커지면서 그리스 원형을 부각했으며 첨탑은 반대로 작아지면서 신전 파사드와 균형을 이루었다. 그리스 이오니아 양식을 열주에 사용하면서 비례가 장중해졌으며 수평 혹은 정사각형 비례가 전체 분위기를 주도했다. 이런 점에서 아직은 윌킨스의 원형주의를 지킨 것으로 볼 수 있다.

대영박물관도 아직은 윌킨스의 영향 안에 머물렀다. 이오니아식 오더 열주가 건물 전면을 돌아가며 에워쌌다(도 9-38). 그리스건축의

**도 9-38** 로버트 스머크, 대영 박물관, 런던, 1823-46.

**도 9-39** 찰스 로버트 코커렐, 애슈몰린 박물관과 테일러리안 인스티튜트, 옥스퍼드, 영국, 1841-45.

의미를 낭만적 원형보다 가구식 구조의 합리성에서 찾아 강하게 표현했다. 건물 윤곽도 사각형의 기하주의를 유지했다. 출입구에 사용한 신전 파사드의 박공 안에 장식이 늘어난 점 정도가 눈에 띄는 변화였다. 애슈몰린 박물관부터 절충주의 혼용이 본격적으로 나타나기 시작했다. 전체 구성은 다우닝 칼리지와 대영박물관을 혼합해서 짰다. 이오니아 주두의 소용돌이 장식을 유난히 크게 했으며 조각과 돋을새김 등 전체적으로 장식이 대폭 늘었다. 측동의 벽체 구조에는 팔라초 모티브를 사용했으며 부속 건물인 테일러리안 인스티튜트에는 로마의 개선 아치, 팔라디오의 거대 기둥, 알베르티의 성 안드레아 파사드 등의 모티브를 섞어 썼다(도 9-39).

스코틀랜드도 그리크 리바이벌이 유행한 지역인데 처음부터 절충주의 특징이 강하게 나타났다. 에든버러의 토머스 해밀턴(Thomas Hamilton, 1784~1858)과 글래스고의 알렉산더 톰슨(Alexander Thompson, 1817~75)이 대표적 건축가였다. 해밀턴은 에든버러 왕립 고등학교(Royal High School, 1825~29)에서 아테네의 아크로폴리스를 모델로 삼아 영국의 픽처레스크 구성과 그리스 신전 파사드의 열주를 혼합했다(도 9-40). 전체 구성을 몇 개의 큰 입체로 나눈 뒤 높낮이 차이와 들고 남 등을 이용하여 리듬감 넘치는 픽처레스크 구성으로 조합했다. 중심 건물은 신전 파사드로, 측랑은 열주랑으로 각각 처리해서 다양성을 높였다.

**도 9–40** 토머스 해밀턴, 에든버러 왕립 고등학교, 영국, 1825–29.
**도 9–41** 알렉산더 톰슨, 퀸스 파크 통일 장로교회, 글래스고, 영국, 1867–69, 철거.

톰슨은 칼레도니아 자유 교회(Caledonia Road Free Church, 1856~57, 철거)와 퀸스 파크 통일 장로교회(Queen's Park United Church, 1867~69, 철거)를 대표작으로 남겼다. 앞의 예에서는 에레크테움, 18세기 그리크 리바이벌, 싱켈 고전주의 등을 혼용했다. 뒤의 예에서는 이집트 건축, 그리스 고전주의, 인도 건축 등을 혼용해서 동시대의 대표 양식이던 빅토리안 고딕과 제2 제정 양식의 분위기를 표현했다. 이런 절충주의는 글래스고의 우울한 날씨를 극복하기 위한 목적이 있었다. 그리스 신전을 중심으로 도시의 골격을 잡은 뒤 주위에 다양한 역사 양식을 더해서 흥겨운 분위기를 돋우는 전략이었다(도 9–41).

## 빅토리안 고딕의 성립

영국 고딕은 프랑스의 영향 아래 형성되었지만 영국민은 자신들이 고딕의 종주국이라는 자부심이 강한 편이다. 반대로 영국의 국가 양식이 고딕이라는 생각도 강하다. 영국 고딕은 유럽 여러 나라 가운데 가장 늦게까지 계속되어서 심지어 18세기에도 사라지지 않고 있었다. 이를 가리켜 '고딕 서바이벌'이라는 명칭까지 생겨났다. 르네상스, 바로크, 계몽주의를 거치며 강력한 국가 양식을 창출하지 못한 상황에서 19세기 제국 경쟁이 시작되자 영국이 기댈 수 있는 국가 양식은 자연스럽게 고딕 리바이벌이 되었다.

영국의 고딕 리바이벌은 빅토리안 고딕이라는 별칭으로 부른다. 영국은 19세기에 '해가 지지 않는 나라'를 세우며 자국 역사에서 최전성기를 누렸는데 1837년부터 1901년까지 무려 64년을 통치한 빅토리아 여왕이라는 이름은 단연 이것을 대표하는 키워드였기 때문이다. 19세기 영국에서 빅토리안 고딕으로 지어진 건물은 수를 알 수 없을 정도로 많은데 건축사적으로 의미가 있는 내용은 셋으로 요약할 수 있다.

**도 9-42** 조지 길버트 스콧, 앨버트 기념비, 런던, 1863–72.

첫째, 역사주의의 한 분파인 일반적인 고딕 리바이벌이다. 대륙의 여러 나라에서도 동시에 진행된 직설적 복고 경향인데 영국에서 특히 유행했다. 조지 길버트 스콧(Georgo Gilbert Scott, 1811~78)이 대표 건축가였다. 그는 최초로 근대적 대형 설계사무소를 운영하며 평생 850여 채의 건물을 설계한 절충주의 건축가인데 고딕 리바이벌이 중심을 차지했다. 복음주의 집안에서 태어나 어려서부터 고딕건축을 스케치하며 자란 배경에 사회적 요구가 합해진 결과였다.

부동산 건물이 대부분을 차지했으나 런던의 세인트판크라스 역(St. Pancras Station, 1863~65)이나 앨버트 기념비(Monument to Prince Albert, 1863~72) 등 중요한 작품도 남겼고 함부르크에 수출도 해서 니콜라이 교회(Nikolaikirche, 1844~80)를 남겼다(도 9-42). 스콧의 또 다른 기여는 '고딕=가톨릭 양식'의 전형성을 벗어나 온실, 기차역, 박물관, 전시관, 관공서, 호텔 등 새로운 기능 유형에 폭넓게 적용한 점이다. 19세기 고딕 리바이벌 전반에 나타난 현상이지만 많은 수의 건물을 설계한 스콧의 기여가 컸다.

둘째, 더 포괄적인 중세주의의 일환으로 진행되었다. 중세주의는 고딕 리바이벌을 포함해서 중세 문명 전반을 리바이벌하는 포괄적 문명 운동으로 프랑스, 독일, 영국 모두에서 나타났는데 세부 내용은 달랐다. 프랑스는 자국 고딕의 구조 합리주의를 철물 건축에 적용하는 경향이 독특했다. 독일은 로마네스크 리바이벌과 비더마이어 양식 등과 관련한 독일인의 정체성 찾기 운동으로 진행시켰다. 영국은 산업혁명의 폐해에 대한 대안 운동으로 중세 정신에 기대는 경향을 나타내면서 미술공예운동, 라파엘전파 운동, 퀸 앤 리바이벌, 구잉글리시 스타일 등 다양한 하부 운동을 거느렸는데 빅토리안 고딕도 그 가운데 하나였다.

### 퓨진과 기독교 사회주의 운동

중세주의의 하부 운동 가운데 기독교 사회주의 운동과 결부되어 퓨진과 러스킨이 이끈 건축 운동이 있었다. 건축사적 의미 이외에 문명사적 의미도 큰 운동이었다. 산업혁명의 결과 기계문명이 도래하고 부의 축적이 진행되면서 자본주의도 발전했으나 그 폐해는 점점 심해지면서 정신적, 사회적 문제가 위험 수위에 달하게 되었다. 이에 대한 대안 운동으로 기독교 사회주의가 등장했다. 기계문명에 대한 대안으로서 중세 가톨릭 부활에, 자본주의에 대한 대안으로서 사회주의를 결합한 운동이었다.

옥스퍼드 운동(1833~45)과 케임브리지 캠든(1839~) 등 두 대학 도시의 젊은 성직자와 지성인을 중심으로 한 운동에서 시작해서 19세기 후반까지 계속되었다. 가톨릭 부활, 기독교 개혁, 사회 개혁 등 다양한 운동을 전개했다. 건축도 중요한 분야여서 19세기에 맞는 새로운 교회 유형을 찾는 '전례 건축 캠페인'을 벌였고 그 내용은『교회 건축학 지침서』로 정리되었다. 두 단계로 진행되었는데 첫 번째는 1844년부터 1847년까지 퓨진이, 두 번째는 1850년부터 1856년까지는 러스킨이 각각 이끌었다. 빅토리안 고딕 전체로 보면 퓨진은 초기(1831~50), 러스킨은 성기(1951~70)의 중심 인물이었다.

오거스터스 퓨진(Augustus Pugin, 1812~52)은 요절했지만 새로운 교회 유형에 대한 이론 연구, 집필, 작품 활동 등에서 중요한 족적을 남긴 건축가였다. 작품 활동은 교회 건축을 포함해서 예배당, 실내장식, 제단, 스테인드글라스, 성구, 성의, 기독교 서적 디자인 등 기독교와 관련된 다양한 예술 분야를 망라했다. 교회 건축의 경우 개별 건물에 국한하지 않고 교회가 공동체의 중심이 된 작은 마을 단위도 설계했다. 산업혁명과 자본주의 이후 발생한 문명의 위기를 타개하는 길은 중세 가톨릭 정신의 부활밖에 없다고 믿으면서 구체적 방안을 건축과 예술 차원에서 다각도로 모색한 것이다.

기독교 사회주의 운동과 관련한 대표작은 세인트채드 교회(St. Chad, 버밍엄, 1839~41), 세인트길스 교회(St. Giles, 1840~46), 세인트오거스틴 교회(St. Augustine's, 램즈게이트, 1845~52) 등이다. 이외에도 찰스 배리(Charles Barry)와 공동작으로 국회의사당(House of Parliament, 1836~60년경)도 남겼다. 세인트오거스틴 교회에서는 교회의 기능을 성단소, 여성용 예배당, 네이브, 아일, 공양 제단, 탑 등 여섯 부분으로 단순화했다(도 9-43). 이는 교회의 제식도 변화한 19세기 사회에 맞게 단순화해야 한다는 뜻이었다. 또 작은 마을에 교회와 학교를 겸한 건물로서 램즈게이트의 도시 규모, 이 교회가 담당하는 행정 구역의 범위와 규모, 교회에 요구되는 기능 등을 고려한 처리였다(도 9-44).

교회의 전체 구성도 바실리카나 라틴 크로스를 깨고 사각형의 조합으로 처리했다. 여섯 부분을 담당하는 사각형 단위는 크기가 거의 비슷했다. 재료는 지역에서 나오는 부싯돌을 사용해서 검소함을 실천했으며 화강석을 이용해서 주요 부분의 윤곽에 띠를 둘러 최소한의 장식을 확보했다. 실내는 목조 트러스를 노출해 천장 구조를 짰고 벽면은 역시 지역 재료인 위트비 석재를 이용하여 애슬러(ashlar, 돌을 정사각형 모양으로 모나게 깎는 기법)로 처리했다.

국회의사당은 배리가 고전주의 구성으로 평면을 짜고 퓨진이 고딕

**도 9-43, 9-44** 오거스터스 퓨진, 세인트오거스틴 교회, 램즈게이트, 영국, 1845-52.

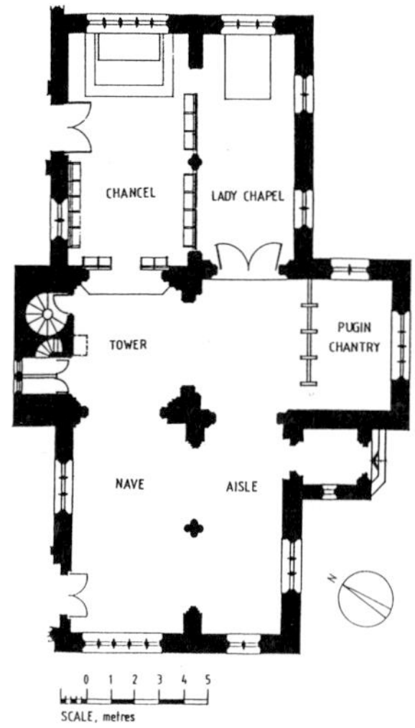

**도 9-45, 9-46** 배리와 퓨진, 국회의사당(웨스트민스터 신 궁전), 런던, 1836–60년경.

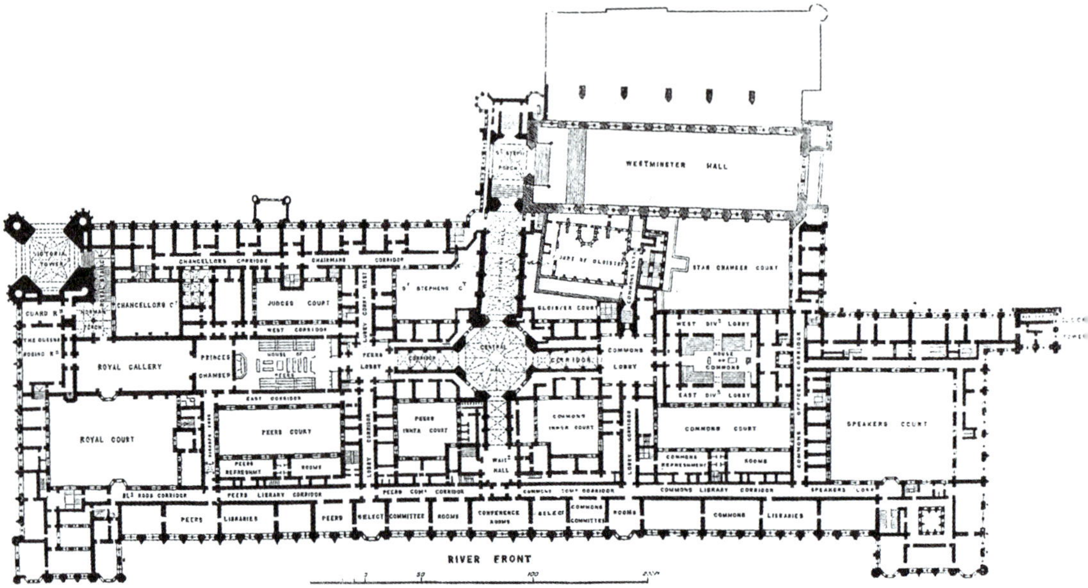


NEW PALACE AT WESTMINSTER.

PLAN OF THE PRINCIPAL FLOOR.

어휘로 외관을 짰다. 평면에서는 대칭과 비대칭이 섞여 나타났다(도 9-45). 300여 미터의 긴 거리를 세 겹의 일직선 복도가 중심을 잡았고 여기에 직각으로 일곱 개의 짧은 복도가 가로질렀다. 이런 배치는 보자르 건축의 '복도의 효율적 배치'에 의한 십자축 질서에 해당했다. 대칭을 흔드는 파격을 부분적으로 더했다. 출입구 구역을 중앙 홀 구역 속으로 비스듬하게 틀면서 집어넣어 십자축 질서에서 이탈하게 만들거나 중간 영역에서 도로 쪽 절반을 비대칭으로 구성하는 식이었다. 이런 대칭 파격은 픽처레스크의 기본 개념이었다. 창을 중심으로 외관 디테일은 고딕 양식을 사용했다. 퓨진은 고딕 리바이벌의 대상이 되는 영국 고딕의 선례를 장식 양식으로 생각했으나 이 건물에서는 고전 골격과의 어울림 및 긴 몸통 등을 생각해서 수직 양식을 사용했다(도 9-46).

**러스킨 고딕과 올 세인츠 교회**

존 러스킨(John Ruskin, 1819~1900)은 화가, 미학자, 예술품 수집가, 저술가 등 미술 평론을 중심으로 다방면에서 활동을 벌인 인물이었다. 건축가는 아니었으나 건축을 주축으로 한 미학 사상과 기독교 사상을 통해 당시 사회에 큰 영향을 끼쳤다. 결과적으로 건축 분야에 가장 많은 영향을 끼치면서 '러스킨 고딕'이라는 경향을 만들어냈고 성기 빅토리안 고딕을 정신적으로 이끌었다. 산업자본주의에 대한 대안을 터너의 낭만주의와 라파엘전파의 중세주의 등 예술에 깃든 순수 이상에서 찾는 작업을 평생 벌였다.

러스킨은 자신의 작업에서 건축이 지니는 중요성을 잘 알고 있었고 미술에서 찾은 예술 이상을 건축에 적용해『건축의 일곱 등불(*The Seven Lamps of Architecture*)』(1849) 등 여러 권의 저서를 출간했다. 이를 바탕으로 당시 영국 사회에 필요한 이상적 건축 모델을 베네치아 중세 기독교 건축에서 찾으면서『베니스의 돌(*The Stones of Venice*)』(1853)을 출간했다. 베네치아 고딕건축은 구조 기술을 중심으로 수직선을 추구했던 프랑스나 독일과 달리 나지막한 수평선을 유지했으며 색채, 미술적 요소, 휴먼 스케일, 흙의 본질 등이 추가 특징이었다(도 9-47). 이런 특

**도 9-47** 존 러스킨, 베네치아, 카사 로레단.

징들은 중세 기독교 정신이 스며든 결과이며 이것이 물질주의에 찌든 19세기 영국 사회에 등불이 될 수 있다고 믿었다.

러스킨 고딕을 잘 보여준 실제 건물로 윌리엄 버터필드(William Butterfield, 1814~1900)의 올 세인츠 교회(All Saints, 런던, 1849~59)와 딘(Deane)과 우드워드(Woodward)가 만든 옥스퍼드 대학 박물관(1855~61)을 들 수 있다. 버터필드는 퓨진 및 러스킨과 함께 기독교 사회주의 운동에서 건축 분야를 이끌었으며 특히 러스킨의 사상에서 결정적 영향을 받아 자신의 작품에 반영했다.

올 세인츠 교회는 러스킨의 장식주의를 충실히 따른 작품이었다. 베네치아 고딕에 국한하지 않고 다양한 선례 양식을 차용해서 장식주의로 각색했다. 영국의 뾰족아치를 기본 어휘로 삼아 첨탑은 독일 고딕, 성단소 볼트 천장은 아시시 고딕을 각각 차용했다. 외관은 붉은 벽돌, 검은 벽돌, 사암 등의 재료 색을 이용한 색채 장식주의로 처리했다(도 9-48). 수평 띠, 체크 문양, 지그재그 문양, 모자이크 문양 등 다양한 장식 문양을 만들었다. 실내에서는 뾰족아치를 기본 어휘로 삼아 부재와 지점에 따라 재료의 종류, 색채, 표면 처리, 장식 문양의 종류 등을 달리하며 배정했다. 혼용 처리를 통한 장식 효과의 극대화를 노린 것이었다(도 9-49).

**도 9-48, 9-49** 윌리엄 버터필드, 올 세인츠 교회, 런던, 1849-59.

옥스퍼드 대학 박물관 역시 러스킨 고딕의 대표작 가운데 하나로, 러스킨을 정신적 스승으로 삼아 그의 자문을 받아 설계했다. 이 건물에서는 베네치아 고딕의 뾰족아치가 중심 역할을 했다(도 9-50). 러스킨의 이상을 좇아 얼룩말 문양을 계획했지만 교회가 아닌 세속 기능이었기 때문에 최종 결과는 추상성 강한 절제 분위기로 나타났다. 그 대신 러스킨이 세속 기능에 맞는 선례로 제시했던 베네치아 총독궁의 주두를 기본 모티프로 삼아 건물 여러 곳에 응용했다.

**도 9-50** 딘과 우드워드, 옥스퍼드 대학 박물관, 영국, 1855-61.

# 4
# 신건축 운동

## 철물과 신건축 운동

19세기 신건축 운동은 철물과 철근 콘크리트라는 두 가지 근대적 신재료와 신공법을 핵심 매개로 삼아 성립, 발전했다. 철근 콘크리트의 발전은 늦어서 20세기나 되어야 본격적인 작품을 남기기 시작한다. 19세기 신건축 운동을 이끈 것은 주철, 단철, 철골(강철)의 철물 건축이었다. 주철과 단철은 이미 16~17세기부터 보강재로 써왔다. 두 철물은 19세기에도 보강재, 구조재, 장식 어휘 등에서 중요한 재료로 계속 쓰였다. 유리 천장의 골격을 짜는 섬세한 선형 부재 등에서는 여전히 주철과 단철이 주요 재료였다. 철골은 완전한 신재료였다. 1709년에 처음 발명된 이래 순수 공업 재료 같은 산업재로 계속 쓰이다가 건축에는 1820년경부터 도입했으며 1870년을 기점으로 사용량이 크게 증가했다.

신건축 운동의 중심 국가는 프랑스와 영국이었다. 두 나라 모두 시장이나 곡물 거래소 같은 실용 건물에 먼저 등장한 점과 이런 건물들이 초창기 발전을 이끈 점이 같았다. 철물로 지은 건물이 점차 늘어나고 새로운 건축적 가능성이 커지자 고급 건축가들이 관심을 갖기 시작하면서 본격적인 발전 단계에 접어드는데 이후 과정은 두 나라가

**도 9-51** 베를린 자연사 박물관, 1883–89.

달랐다. 프랑스는 이론 연구가 두드러졌으며 건축가들은 이것을 창작에 다양하게 응용했다. 이미 18세기 구조 합리주의부터 있던 경향이 계속 이어지면서 19세기 구조 합리주의라는 독립 양식을 탄생시켰다. 1840년대에는 에콜데보자르에서도 '철물을 이용한 설계 경기'를 개최하는 등 역사 선례와 통합하는 경향도 있었다.

영국은 실제 건물에 치중했다. 프랑스가 실험 정신으로 예술적 가능성을 탐구한 데 비해 영국은 전통적인 실용 정신을 발휘했다. 산업혁명의 발상지이자 자본주의가 가장 먼저, 가장 많이 발달한 나라였으며 식민지 점령과 무역도 제일 활발했다. 이에 따라 공장, 창고, 상업 건물 등 여전히 실용 건물에서 앞서 나갔다. 많은 경우 토목 기술자들이 짓거나 부동산 건축 형태로 진행되었지만 시간이 지나면서 고급 건축가들도 이런 실용 건물에 참여했다.

기차역, 만국박람회 전시관, 박물관, 백화점, 아케이드, 교회, 온실 등 고급 건물은 두 나라의 자존심이 걸린 곳이기 때문에 경쟁이 치열했다(도 9-51, 9-52). 철물 건축의 장점인 장 스팬, 가는 기둥, 밝은 실내와 같은 특징은 이런 새로운 기능 유형에 잘 맞았다. 모두 밝고 장쾌한 공간을 필요로 하는 건물들인데 철물로 기둥과 천장 골조를 짜고 그 위에 유리를 덮는 방식이 최고의 해결책이었다. 천장과 지붕은 얇은 막 하나만 덮은 것처럼 나타났고 실내는 이전에 보지 못했던 밝

**도 9-52** 프랑수아 뒤퀴에스니, 파리 동역, 1847–52.

도 9–53 루트비히 폰 찬트, 빌헬마 빌라, 슈투트가르트, 독일, 1842–53.
도 9–54 주세페 멘고니, 갈레리아 비토리오 에마누엘레, 밀라노, 이탈리아, 1865–75.

고 환한 빛이 가득했다(도 9–53).

기독교계와 부르주아는 이런 물리적, 기능적 특징을 상징적으로 활용했다. 교회는 신비한 빛으로 가득 찬 실내를 하나님의 존재를 증명하는 상징적 장면으로 생각하기 때문에 철물 건축을 적용하는 데 적극적이었다. 가톨릭은 중세 성당의 다발 기둥을 번안하기에 좋은 재료로, 신교는 개혁 성신에 맞는 밝고 건강한 실내 공간을 만들기에 좋은 재료로 각각 철물을 선호했다. 부르주아는 넓고 위생적인 실내 분위기를 자신들의 이미지로 삼으면서 철물과 유리를 백화점, 아케이드, 만국박람회 전시관 등에 적극적으로 사용했다(도 9–54). 이는 곧 자본주의가 밝고 건강한 체제임을 증명하는 상징성을 가졌다.

### 부알로와 라브루스트 – 19세기 구조 합리주의

고급 건축으로서 철물 건축을 이끈 건축가는 프랑스의 루이 오귀스트 부알로(Louis Auguste Boileau, 1812~96)와 앙리 라브루스트(Henri Labrouste, 1801~75)였다. 두 사람 모두 18세기 구조 합리주의를 이어받아 구조 효율성이 강한 선례 양식을 철물 건축에 접목해 새로운 모습으로 해석해내는 작업을 벌이며 19세기 구조 합리주의를 탄생시켰다. 19세기 후반에는 비올레르뒤크(Viollet–leDuc)가 이 흐름을 받아 집대성해서 20세기 철골 건축으로 넘겼다. 이런 접근은 공학적, 산업적 성격이 강한 철물 건축이 자칫 삭막한 단순 구조물만 양산할 수 있는 위험성을 차단하고 예술성을 더하겠다는 의도였다.

구체적 내용에서는 차이가 있었다. 부알로는 고딕 구조의 다발 기둥과 데가주망 공법을 철물의 접합식으로 번안했다. 고딕 구조와 철물 구조 모두 여러 개의 작은 부재들을 접합해서 이루는 공통점이 있기 때문에 둘을 접목하려는 시도는 타당성이 있었다. 철물은 주물을 떠서 사용하기 때문에 섬세한 장식을 만들기에 좋다는 추가적 특징이 있었다. 부알로가 판단한 철물의 건축적 가능성은 이 둘을 합한 것

**도 9–55** 루이 오귀스트 부알로, 합성 성당.

**도 9–56** 루이 오귀스트 부알로, 생퇴젠, 파리, 1854.

이었고 이를 바탕으로 고딕 성당을 철물로 재해석해서 19세기에 맞는 새로운 모습으로 재현해내는 일을 평생의 작업으로 진행했다. 이런 자신의 건축관에 대한 이론 연구도 병행해서 두 권의 저서를 남겼으며 '합성 성당'이라는 명칭도 만들어 사용했다(도 9–55).

생퇴젠(St.–Eugene, 파리, 1854)이 대표작이었다. 외관은 고딕 양식을 기본 소재로 삼아 추상적 분위기로 단순화했다. 뾰족아치의 윤곽을 날카롭게 지켰으나 장식이나 돌출 등의 건축 처리를 전혀 하지 않은 단순 평활면이 전체적 분위기를 주도했다. 실내는 '합성 성당'의 내용을 잘 보여준다. 주철 기둥과 회반죽 볼트를 주요 구조로 사용한 고딕 리바이벌 양식이었다. 볼트도 윤곽까지는 주철로 짰다(도 9–56). 실내 골격을 가는 철물 기둥으로 짜면서 시각적 차원에서는 석재 구조의 한계를 극복한 것이 사실이었다. 그러나 고딕 구조를 모델로 삼았기 때문에 실내는 철물 건축 특유의 밝은 모습을 보여주지 못하고 여전히 고딕 성당의 조도에 머물렀다. 구조 방식 자체를 바꾸지 않고 기둥만 얇게 하면 조도 향상에는 한계가 있기 때문이었다. 이런 한계 때문에 역사주의와 신건축 운동 양 진영에서 모두 비판을 받았다.

라브루스트는 선례 모델을 비잔틴건축의 돔 구조로 삼았으며 이것을 새롭게 해석하는 철물의 건축적 가능성을 구조적 솔직성에서 찾았다. 하중의 역학 작용을 다이어그램처럼 직접적으로 보여준다는 뜻이다. 대표작은 파리 국립도서관(Bibliotheque Nationale, 1854~75)이었다. 개방 열람실이 라브루스트의 생각을 특히 잘 보여주는 곳이다. 최대한 가늘게 처리한 주철 기둥이 돔을 받치고 기둥에서 뻗어 나온 트러스 아치가 펜덴티브의 아래 곡면을 형성하는 구조였다(도 9–57).

이렇게 짠 구조 골격 위에 석재 셀로 원형 천장을 만들어 덮었고 정상부에는 원형 창을 뚫었다. 내력 부재와 피내력 부재를 각각 철물과 석재로 분리한 이런 처리는 '다이어그램식 고전주의'라 부를 수 있다. 하중의 흐름과 역학 작용이 복잡한 펜덴티브 돔의 구조 체계를 다이어그램처럼 한눈에 알아볼 수 있게 단순화했다는 의미로 이것이 라브루스트가 본 철물 구조의 새로운 가능성이었다. 이것을 극대화하기 위해 내력 부재를 가는 기둥 하나로 단순화해서 역학 작용과 정확히 일치시켰다.

**도 9-57** 앙리 라브루스트, 국립도서관, 파리, 1854-75.

이런 구조는 도서관의 상징성을 채광이라는 기능적 목적에 집중하기 위한 것이었다. 개방 열람실은 한 변이 약 30미터인 정사각형 평면이었기 때문에 측면 창만으로는 채광에 불리했고 이를 보강하기 위해 펜덴티브 돔을 사용해서 천장 채광을 도입한 것이다. 가는 기둥은 천장에서 들어오는 빛이 책상 위로 골고루 퍼지게 했다. 라브루스트 자신은 이런 장면을 '나무가 줄 지어 서 있는 옥외 공간'이라 했다.

### 1851년 런던 만국박람회와 수정궁

만국박람회는 19세기 건축에 내재된 경쟁 구도가 드러난 장이었다. 새로운 공산품을 전시하는 행사였기 때문에 국가 간에는 산업화 경쟁의 장이었다. 전시로만 끝나는 것이 아니고 구매 계약으로까지 이어졌기 때문에 자본주의가 경쟁하는 장이기도 했다. 건축적으로는 역사주의와 신건축 운동이 날카롭게 충돌하던 곳이었다. 두 진영은 만국박람회에 공을 많이 들였다. 일반 대중들을 상대로 열리는 축제 성격의 행사라는 점, 한 번 열릴 때마다 10~20채의 건물들을 새로 지어야 하는 점, 이 건물들이 대부분 일회용이기 때문에 새로운 건축적 실험을 하는 데 부담이 별로 없는 점 등은 건축가들이 자신들의 경향을 적극 드러내서 널리 알리기에 상당히 유리한 조건들이었다.

최초의 근대적 만국박람회는 1756년 런던에서 영국 예술가 협회

주관으로 열렸다. 이후 유럽 여러 도시를 거친 뒤 파리가 18세기의 마지막을 장식했다. 산업혁명이 일정한 궤도에 오르고 제국 경쟁이 치열해진 19세기는 만국박람회의 전성기였다. 18세기부터 정착한 영국과 프랑스의 경쟁 구도는 19세기에는 더욱 치열해졌다. 영국이 한 발 빨랐다. 산업혁명의 발상지답게 오랜 준비 끝에 1851년 런던 만국박람회를 야심차게 열어 대성공으로 이끌었다. '대 박람회'라 불리며 규모와 화려함을 자랑했는데 조지프 팩스턴(Joseph Paxton)의 수정궁(Crystal Palace)이라는 주 전시관 건물이 주인공이었다. 건물 전체를 유리만으로 지어서 19세기 신건축 운동의 역사에서도 큰 획을 그은 중요한 건물이었다.

수정궁은 여러 면에서 산업혁명의 결과를 건축적으로 총 집대성하며 신건축 운동의 무한한 가능성을 확실하게 보여준 건물이었다. 기술적으로 새로운 발전은 없었으나 기존의 기술을 활용해서 건축적으로 새로운 모습을 제시한 점에서 의미가 컸고 이를 바탕으로 대중적 성공을 거둔 건물이었다. 대량생산 체제를 본격적으로 적용한 물량공세가 두드러졌으며 철물과 유리가 어우러져 전대미문의 환상적 장면을 선보였다.

**도 9-58, 9-59** 조지프 팩스턴, 수정궁, 1851년 런던 대 박람회.

길이는 564미터, 폭은 124미터, 높이는 32.4미터, 면적은 7만 제

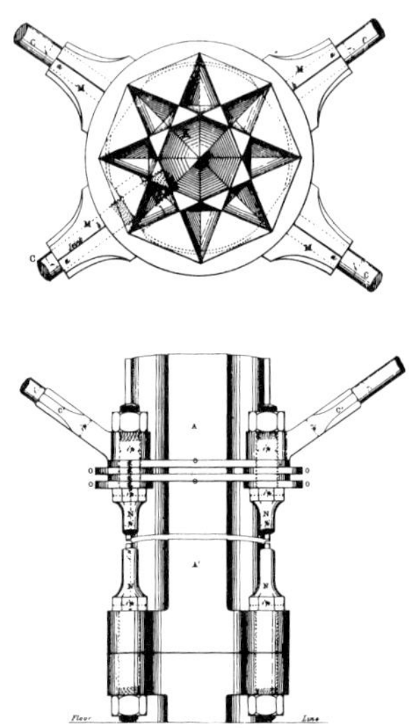

곱미터(=21,212평)였다(도 9-58). 개장 날에는 무려 25만 명의 관람객이 들어왔는데도 실내 공간에 여유가 있었다. 효율적 공사를 위해 표준화를 도입했다. 7.2미터 모듈을 반복해서 가로 564미터, 세로 124미터의 전체 평면을 짰다. 유리는 1.2미터 길이의 패널을 기본 단위로 사용했다. 골조는 약 15만 개의 표준 부품을 현장에서 조립만 하는 건식으로 짰다(도 9-59). 천장은 한쪽 트랜셉트만 제외하고 모두 평천장으로 처리했다. 표준화는 대량생산의 산물인 동시에 대량생산의 발전을 도왔다. 표준화된 건식 공법이어서 공사 기간은 세 달 반밖에 안 걸렸는데 당시 상식으로는 이해할 수 없는 속도였다.

건축적 효과는 실로 대단해서 장 스팬, 밝고 투명한 빛으로 가득 찬 거대 공간, 동일 부재의 끊임없는 반복 등은 산업 문명의 힘과 미래적 이미지를 확실하게 보여주었다. 유리는 안과 밖의 경계를 모호하게 했고 이렇게 형성된 대형 공간 속에 밝고 균질한 빛이 가득 차면서 실내는 터너의 그림에 나오는 넓은 호수나 바다처럼 느껴졌다. 그래서 붙인 이름이 '수정궁'이었는데 이것 자체가 성공한 대중화의 산물이었다. 〈펀치(Punch)〉란 신문 1851년 11월 2일자에서 건물이 수정 같다고 해서 수정궁이라 부르면서 이 건물의 정식 명칭이 되었다.

### 1889년 파리 만국박람회와 에펠탑

런던과 경쟁하던 파리는 이에 뒤질세라 1855년과 1867년에 연달아 파리 만국박람회를 개최했다. 수정궁에 뒤처진 상황을 만회하기 위해 1867년 박람회에서는 에펠이 등장해서 타원 모양의 유리 건물을 짓는 등 신건축 운동 진영에게 건축을 맡겼지만 수정궁에 크게 못 미쳤다. 빈과 필라델피아를 거친 뒤 1878년과 1889년에 다시 연달아 파리에서 열리면서 상황은 역전되었다. 주역은 계속 에펠이었다. 1878년 박람회에서는 좀 더 성숙한 신건축양식을 선보인 뒤 프랑스대혁명 100주년을 기념한 1889년 박람회에서는 드디어 에펠탑을 남기며 수정궁을 능가하는 큰 획을 그었다.

구스타프 에펠(Gustave Eiffel, 1832~1923)은 철도와 교량 전문 토목 기술자로 철물을 이용한 아치형 장 스팬을 핵심 기술로 삼아 많은 다리

**도 9-60** 구스타프 에펠, 가라비 교, 님 근교, 프랑스, 1879-88.

를 세웠다. 아치를 이용해서 강기슭 양쪽을 연결하고 아치 밖은 교각을 세우는 방식이었다. 님 근교의 가라비 교(Viaduct de Garabit, 1879~88)가 대표작이었다(도 9-60). 이 다리는 165미터 스팬의 아치가 강을 가로지르는 장관을 연출했다. 에펠은 역사 양식 등 건축에도 관심이 많아서 자신의 토목 구조물에 건축 모티브를 사용하기도 했는데 가라비 교의 이런 구성도 님에 있는 로마 시대의 가르 교를 본뜬 것이었다. 과거 선례를 철물로 번안한 점에서 부알로와 같은 태도를 가졌다.

교량 분야에서 최고의 전문가로 자리 잡으면서 도시에 지어지는 대중적 건물에도 구조 자문을 하기 시작했다. 1867년과 1878년 두 차례의 파리 만국박람회 전시관 구조, 부알로의 봉마르셰 백화점(Le Bon Marche, 파리, 1872~78), 자유의 여신상(1885) 내부 골조 등이 대표적 예였다. 이 끝에 탄생한 것이 에펠탑이었다. 에펠 자신의 개인 경력과 수정궁을 누르려는 프랑스의 국가적 노력을 합한 결과물이었다. 에펠은 수에즈운하 공사에 참여했을 때 봤던 피라미드를 기본 모티브로 삼았다(도 9-61). 이외에 슈테판 소베스트르(Stephen Sauvestre)가 건축 아이디어를 제공했고 쾨클린(Maurice Koeklin)과 누기에(Emile Nougier)가 역학 계산을 담당했다.

에펠탑도 첨단 기술은 없었다. 에펠이 이전의 다리에서 완성했던 아치 기술을 수직으로 올린 것이었다. 전체 구성은 기단, 몸통, 탑의 기본 삼단으로 이루어졌다. 에펠은 되도록 부재를 작게 만드는 것

**도 9–61, 9–62** 구스타프 에펠, 에펠탑, 파리, 1889.

이 가장 중요한 관건이라고 판단했다. 총 중량을 대폭 줄여서 내력 부담을 완화할 뿐 아니라 풍압에도 유리하기 때문이었다. '거미집 형식(spidery system)'으로 불리는 이런 구조 방식도 이미 다리에서 쓰던 것이었다(도 9–62). 310미터짜리 탑이 탄생하면서 프랑스는 국민적 자존심에 걸맞은 상징물을 갖게 되었다. 수정궁과 마찬가지로 철저한 기술 대중주의의 산물이었다. 수정궁이 수평 방향으로 기록의 산실이었다면 에펠탑은 높이에서 기록을 세웠다.

### 기계관과 기술 신비주의

1889년 파리 만국박람회는 기계관(Galerie des Machines)이라는 또 하나의 걸작을 남겼다. 건축가 샤를 뒤테르(Charles Dutert)와 구조 기술자 빅토르 콩타맹(Victor Contamin)의 합작품으로 순수 기술적 측면에서는 에펠탑보다 훨씬 중요했다. 기둥 간격이 무려 115미터로 이전까지 장스팬의 기록이었던 1868년 세인트판크라스 역의 73미터를 일거에 훌쩍 넘어버렸다. 1867년 파리 만국박람회 기계관의 스팬이 35미터밖에 안 되었던 것과 비교하면 더욱 그랬다. 115미터의 스팬은 순수 기술 차원에서 큰 걸음이었을 뿐 아니라 에펠탑의 높이 기록과 함께 대중들에게 끼친 영향도 컸다.

기계관의 진정한 의미는 단순한 수치 기록에 있지 않고 새로운 구

**도 9-63, 9-64** 뒤테르와 콩타맹, 기계관, 1889년 파리 만국박람회.

조 체계를 심미성과 공학성의 양방향으로 활용하여 새로운 건축적 가능성을 제시한 데에 있다. 수치 기록은 이것의 자연스러운 결과였다. 거더 피어(girder pier)를 양쪽에서 사선 방향으로 올려 만든 아치로 기본 골격을 짰다. 115미터 스팬은 종횡 양방향으로 트러스 아치가 지지했다(도 9-63). 여기까지는 볼트라는 전통적 구조 방식을 철물로 단순 대체한 전형적 처리였다. 새로운 기술 발전이 세 가지 있었다.

첫째, 강철을 사용해서 재료가 가벼워진 덕분에 아치를 이루는 종방향 트러스 부재의 두께가 74센티미터로 얇아졌다. 둘째, 아치의 일반적 역학 작용이 사선 방향의 하중과 마찰력으로 이루어지는 데 반해 이 건물에서는 양쪽에서 캔틸레버로 올라온 사선 격자형 거더 피어가 정점에서 만나 핀으로 고정된 것 같은 모양으로 처리했다. 셋째, 지면과 접합은 안정된 면 지지가 아니라 바닥에 구멍을 뚫고 힌지(hinge, 경첩)를 박은 점 지지로 처리했다(도 9-64). 강철의 팽창과 수축에 따른 응력(stress, 應力)에 대응하는 가장 효과적인 방식으로 에펠 등

교량 기술자들이 1870년대 이후부터 첨단 기술로 사용하던 것이었다.

기계관은 이런 기술 처리를 이용해서 기계문명의 역동성을 고도의 은유적이고 상징적 차원으로 표현했다. 지면의 점 지지가 가장 압권이었다. 115미터 거리와 44미터 높이의 거대한 아치를 지면 양쪽에서 점 두 개만으로 지지하는 장면은 그 자체가 더 없는 역동성을 상징했다. 기단을 지워서 아슬아슬하게 무너질 것 같으면서도 굳건하게 서 있는 이런 장면은 구조 기술의 가능성과 힘을 가장 자극적인 장면으로 드러낸 것이었다. 천장에 철골 볼트를 가장 많이 사용한 기능 유형은 기차역 플랫폼인데 지면과 접합에 힌지를 사용하지 않고 땅에 묻는 안정적인 방식을 사용했다. 이것은 석재 볼트라는 전통적인 구조의 안정적인 역학 체계인 정역학을 그대로 이어받아 재료만 바꾼 것이었다.

수정궁은 말할 것도 없고 에펠탑도 같은 계열에 속했다. 에펠탑이 모델로 삼았던 선례가 피라미드라는 사실이 이를 증명한다. 기계관은 재료만 바꾼 것이 아니라 그에 따라 역학 자체도 동역학이라는 역동적 개념으로 번안했다. 수정궁과 에펠탑이 기술 대중주의에 머물렀다면 기계관에서는 기술 신비주의로 발전했다. 수정궁의 실내가 기술적으로는 진부하면서 유리라는 재료의 특성을 조작해서 얻은 결과라면 기계관은 순수하게 기술만을 이용해서 기계 문명을 신비로운 모습으로 탈바꿈시켰다.

# 부록

참고문헌

그림목록

찾아보기

# 참고문헌

참고문헌 순서는 저자 성(last name)의 알파벳 순서에 따랐습니다.

## 1. 그리스건축

Edward Bell, Prehellenic, *Architecture in the Aegean* (London: G. Bell and Sons, 1926).

Francois Benoit, *L' Architecture, Antiquite* (Paris: Librairie Renouard, 1911).

John Boardman, *Pre–Classical, from Crete to Archaic Greece*(Harmondsworth, England:Penguin Books, 1967).

J. J. Coulton, *Ancient Greek Architects at Work* (Ithaca, NY: Cornell University Press, 1977).

George Hersey, *The Lost Meaning of Classical Architecture* (Cambridge, MA.: The MIT Press, 1988).

E. O. James, *From Cave To Cathedral, Temples and Shrines of Prehistoric, Classical, And Early Christian Times*(New York: Frederick A. Praeger, 1965).

A. W. Lawrence, *Greek Architecture* (New York: Penguin Books, 1983).

Roland Martin, *Architecture of Crete, Greece, and the Greek World*(New York: Harry N. Abrams, 1972).

D. S. Robertson, *Greek and Roman Architecture*(Cambridge, England: The Cambridge University Press, 1977).

Vincent Scully, *The Earth, The Temple, And The Gods, Greek Sacred Architecture*(New York: 1969).

Herbert Langford Warren, *The Foundations of Classic Architecture* (New York: McMillan, 1919).

## 2. 로마 건축

William J. Anderson & R. Phene Spiers, *The Architecture of Ancient Rome*(London: B. T. Batsford, 1927).

Axel Boethius, *Etruscan and Early Roman Architecture* (Harmondsworth, England: Penguin Books, 1987).

Roberto Cassanelli et. al., *Fragments de la Rome Antique* (Paris: Hazan, 1999).

Luigi Crema, *L'Architettura Romana* (Torino, Italy: Societa Editrice Internazionale, 1959).

William L. MacDonald, *The Architecture of the Roman Empire, an introductory study* (New Haven, CT.: Yale University Press, 1982).

A. G. McKay, *Houses, Villas and Palaces in the Roman World* (Ithaca, NY: Cornell University Press, 1977).

G. T. Rivoira, *Roman Architecture and its Principles of Construction under the Empire*(New York: Hacker Art Books, 1972).

Frank Sear, *Roman Architecture* (Ithaca, NY: Cornell University Press, 1982).

Henri Stierlin, *Hadrien et l'Architecture romaine* (Paris: Payot, 1984).

J. B. Ward-Perkins, *Roman Imperial Architecture* (Harmondsworth, England: Penguin Books, 1987).

Mortimer Wheeler, *Roman Art and Architecture* (London: Thames and Hudson, 1985).

## 3. 초기 기독교, 비잔틴건축

John Beckwith, *Early Christian and Byzantine Art* (Harmondsworth, England: Penguin Books, 1988).

Faith Cimok, *A Guide to Seven Churches* (Istanbul, Turkey: A Turizm Yayinlari, 2001).

Richard Krautheimer, *Rome, profile of a city, 312–1308* (Princeton, NJ.: Princeton University Press, 1983).

Richard Krautheimer, *Three Christian Capitals* (Berkeley, CA.: University of California Press, 1983).

Richard Krautheimer, *Early Christian and Byzantine Architecture* (Harmondsworth, England: Penguin Books, 1986).

Guglielmo Matthiae, *Le Chiese di Roma, dal IV al X secolo* (Rocca San Casciano, Italia: Cappelli, Editore, 1962).

Robert Milburn, *Early Christian Art and Architecture* (Berkeley, CA.: University of California Press, 1988).

Vincenzo Fiocchi Nicolai et. al., *Les Catacombes Chretiennes de Rome*(Turnhout, Belgium: Brepols Publishers, 2000).

Arthur Kingsley Porter, *Medieval Architecture, Its Origins and Development, Vol. I*(New York: Hacker Art Books, 1969).

## 4. 로마네스크 건축

Ilhan Aksit, *The Museum of Chora*(Istanbul, 2001).
*The Basilica of St. Mark in Venice,* ed. by Ettore Vio (Florence, Italy: Scala, 1999).
Sir Thomas Graham Jackson, *Byzantine and Romanesque Architecture, Volume One*(New York: Hacker Art Books, 1975).
John Lowden, *Early Christian and Byzantine Art* (London: Phaidon, 1997).
Cyril Mango, *Byzantine Architecture*(Milan, Italy: Electa, 1978).
David Talbot Rice, *Art of the Byzantine Era* (New York: Praeger, 1963).
Stephane Yerasimos, *Constantinople de Byzance a Istanbul* (Paris: Place des Victoires, 2000).

## 5. 고딕건축

Xavier B. I. Altet, *The Romanesque* (Cologne, Germany: Taschen, 1997).
Marianne Bernhard, *Monasteries* (Munich, Germany: I. P., 1998).
A. W. Clapham, *Romanesque Architecture in Western Europe* (Oxford, England: Clarendon Press, 1936).
Kenneth J. Conant, *Carolingian and Romanesque Architecture 800－1200*(Harmondsworth, England: Penguin Books, 1979).
Henri Focillom, *The Art of the West, Part One Romanesque* (London: Phaidon, 1969).
Ernst Guenther Grimme, *Der Dom zu Aachen* (Aachen, Germany: Reinhard, 2000).
Roger Hinks, *Carolingian Art* (Ann Arbor, MI.: The University of Michigan Press, 1962).
Hans Jantzen, *Ottonische Kunst* (Hamburg, Germany: Rowohlt, 1959).
Hans Erich Kubach, *Romanesque Architecture* (New York: Abrams, 1972).
M.－J. Lussien-Maisonneuve, *Les Plus Belles Abbayes Francaises* (Geneve, Switzerland: Minerva, 1996).
Violet R. Markham, *Romanesque France* (New York: E. P. Dutton Company, 1929).
Julie Roux, *Les Cisterciens*(Toulouse, France: MSM, 1998).
Roger Stalley, *Early Medieval Architecture* (Oxford, England: Oxford University Press, 1999).

## 6. 르네상스 건축

The Art of Gothic, *Architecture · Sculpture · Painting,* ed. by Rolf Toman(Cologne, Germany: Koenemann, 1998).
Maryse Bideault & Claudine Lautier, *Ile－De－France Gothique,* t. 1 & 2(Paris: Picard, 1987).
Guenther Binding, *High Gothic, The Age of the Great Cathedrals* (Cologne, Germany: Taschen, 2002).
Jean Bony, *French Gothic Architecture of the 12th & 13th Centuries* (Berkeley, CA.: University of California Press,1983).
Robert Branner, *Burgundian Gothic Architecture* (London: A. Zwemmer Ltd., 1985).
*Carnet de Villard de Honnecourt,* introduction et commentaires de Alain Erlande－Brandenburg et al. (Vitry－sur－Seine, France: Editions Stock, 1986).
Ian Dunlop, *The Cathedral's Crusade, The Rise of the Gothic Style in France*(New York: Taplinger Company, 1982).
Paul Frankl, *Gothic Architecture,* revised by Paul Crossley (New Haven, CT.: Yale University Press, 2000).
Wolfgang Goetz, *Zentralbau und Zentralbautendenz in der Gotischen Architektur*(Berlin: Gebr. Mann Verlag, 1968).
Louis Grodecki, *Gothic Architecture*(New York: Rizzoli, 1977).
Louis Gillet, *La Cathedrale Vivante*(Paris: Flammarion, 1964).
Hans Jantzen, *Kunst der Gotik* (Hamburg, Germany: Rowohlt, 1957).
Charles Herbert Moore, *Development and Character of Gothic Architecture*(New York: The MacMillan Company, 1899).
Werner Mueller, *Grundlagen gotischer Bautechnik* (Müenchen, Germany: Deutscher Kunstverlag, 1990).
Erwin Panofsky, *Gothic Architecture and Scholasticism* (New York: A Meridian Book, 1957).
Angiola Maria Romanini, *Arnolfo di Cambio e lo 〈stil novo〉 del Gotico Italiano*(Firenze, Italia: Sansoni Editore, 1980).
Roland Sanfacon, *L'architecture flamboyante en France*( Quebec, Canada: Les Presses de l'Universite Laval, 1971).
Wolfgang Schenkluhn, Ordines Studentes, *Aspekte zur Kirchenarchitektur der Dominikaner und Franziskaner im 13. Jahrhundert*(Berlin: Mann Verlag, 1985).
Robert A. Scott, *The Gothic Enterprise, a guide to understanding the medieval cathedral*(Berkeley, CA.: University of California Press, 2003).
Otto von Simson, *The Gothic Cathedral*(Princeton, NJ.: Princeton University Press, 1974).
Renate Wagner-Rieger, *Die Italienische Baukunst zu Beginn der Gotik,* Teil I, Oberitalien(Graz, Austria: Verlag Hermann Boehlaus Nachf., 1956).
Christopher Wilson, *The Gothic Cathedral, The Architecture of the Great Church 1130-1530* (London: Thames and Hudson, 1996).
Wilhelm Worringer, *Formprobleme der Gotik*(Muenchen, Germany: R. Piper & Co. Verlag, 1927).

## 7. 바로크건축


Eugenio Battisti, *Rinascimento e Barocco* (Torino, Italia: Giulio Einaudi editore, 1960).

*Baukunst der Renaissance in Europa,* herausgegeben von Harald Busch und Bernd Lohse (Frankfurt am Main, Germany: Umschau Verlag, 1960).

Leonardo Benevolo, *The Architecture of the Renaissance,* Vol. I & II(London: Routledge & Kegan Paul, 1968).

Gustav von Bezold, *Die Baukunst der Renaissance in Deutschland, Hollna, Belgian und Dänmark* (Leipzig, Germany: Alfred Kröner, 1908).

Reginald Blomfield, *A History of French Architecture, from the reign of Charles VIII to the death of Mazarin, 1494-1661*(New York: Hacker Books, 1973).

Anthony Blunt, *Art and Architecture in France 1500-1700* (Harmondsworth, England: Penguin Books, 1986).

Jacob Burckhardt, *The architecture of the Italian Renaissance,* translated by James Palmes(Chicago, IL.: The University of Chicago Press, 1985).

Josef Durm, *Die Baukunst der Renaissance in Italien*(Stuttgart, Germany: Arnold Bergsträsser, 1903).

Heinrich Baron von Geymüller, *Die Baukunst der Renaissance in Frankreich*(Stuttgart, Germ any: Arnold Bergsträsser, 1898).

Ludwig H. Heydenreich and Wolfgang Lotz, *Architecture in Italy 1400 to 1600*(Harmondsworth, England: Penguin Books, 1974).

Henry－Russell Hitchcock, *German Renaissance Architecture* (Princeton, N.J.: Princeton University Press, 1981).

Louis Hautecoeur, *Histoire de L'Architecture classique en france,* tome premier, partie premier, La Formation de L' Ideal Classique & La Renaissance(Paris: Auguste Picard, 1943).

*Italian Renaissance Architecture,* ed. by Henry A. Millon (London: Thames and Hudson, 1996).

John McAndrew, *Venetian Architecture of the Early Renaissance* (Cambridge, MA.: The MIT Press, 1980).

Peter Murray, *Renaissance Architecture*(New York: Rizzoli, 1978).

John Summerson, *Architecture in Britain 1530-1830* (Harmondsworth, England: Penguin Books, 1986).

W. H. Ward, *The Architecture of the Renaissance in France. . .from 1495－1830,* Vol I & II(London: B. T. Batsford, n.d.).

Hans Willich, *Die Baukunst der Renaissance in Italien* (Berlin-Neubabelsberg, Germany: Akademisch e Verlagsgesellschaft Athenaion, 1914).


## 8. 18세기 건축


Martin Shaw Briggs, *Baroque Architecture* (New York: McBride, Nast & Company, 1914).

Kerry Downes, *English Baroque Architecture* (London: A. Zwemmer, 1966).

Konrad Escher, *Barock und Klassizismus, Studien zur Geschichte der Architektur Roms*(Leipzig, Germany: Verlag Klinkhardt & Biermann, 1910).

Cornelius Gurlitt, *Geschichte des Barockstiles in Italien* (Stuttgart, Germany: Verlag von Ebner & Seubert, 1967).

Werner Hager, *Die Bauten des Deutschen Barocks 1690－1770* (Leipzig, Germany: Eugen Diederichs Verlag Jena, 1940).

Wilfried Hansmann, *Baukunst des Barock, Form Funktion Sinngehalt*(Köln, Germany: Du Mont Buchverlag, 1978).

Louis Hautecoeur, *Histoire de L'Architecture classique en france,* tome second, partie premiere & partie deuxieme, Le Regne de Louis XIV(Paris: Auguste Picard, 1948).

Eberhard Hempel, *Baroque Art and Architecture in Central Europe* (Harmondsworth, England: Penguin Books, 1965).

Hubert Krins, *Barock in Süddeutschland* (Stuttgart, Germany: Konrad Theiss Verlag, 2001).

Norbert Lieb, *Barockkirchen zwischen Donau und Alpen* (München, Germany: Hirmer Verlag, 1953).

Martino Lunghi in giovane, *Architettura Barocca a Roma* (Roma: Bulzoni Editore, 1972).

Giuseppe Luigi Marini, *L'Architettura Barocca in Piemonte* (Torino, Italia: Editoriale "Maggiora", 1963).

Valerio Marini, *Le Chiesa di Roma dal XVII al XVIII Secolo* (Bologna, Italia: Cappelli Editore, 1963).

Antonio Munoz, *Roma Barocca*(Milano, Italia: Casa Editrice d'Arte Bestetti & Tumminelli, 1928).

Christian Norberg-Schulz, *Baroque Architecture* (New York: Harry N. Abrams, 1971).

Alois Riegl, *Die Entstehung der Barockkunst in Rom* (Wien: Verlag von Anton Schroll, 1908).

Hans Rose, *Spätbarock, Studien zur Geschichte des Profanbaues in den Jahren 1660-1760*(Berlin: Junker und Dünnhaupt Verlag, 1932).

Hans Sedlmayr, *Österreichische Barockarchitektur* 1690－1740 (Wien: Dr. Benno Filser Verlag, 1930).

Martin Wackernagel, *Die Baukunst des 17. und 18. Jahrhunderts in den Germanischen Ländern*(Berlin-Neubabelsberg: Akademische Verlagsgesellschaft Athenaion, 1915).

Rudolf Wittkower, *Art and Architecture in Italy 1600－1750* (Harmondsworth, England: Penguin Books, 1986).

## 9. 19세기 건축


Frederick Antal, *Classicism & Romanticism* (New York: Harper & Row, 1973).

Albert Boime, *Art in the Age of Revolution 1750-1800*(Chicago, IL.: The University of Chicago Press, 1987).

Stephen F. Eisenman, *Nineteenth Century Art, A Critical History*(London: Thames and Hudson, 1995).

Lorenz Eitner, *An Outline of 19th Century European Painting from David Through Cezanne,* Vol. I & II(New York: Harper & Row, 1988).

Helen Rosenau, *Social Purpose in Architecture, Paris and London compared 1760-1800*(London: Studio Vista, 1970).

Henry－Russell Hitchcock, *Architecture, Nineteenth and Twentieth Centuries*(Harmondsworth, England: Penguin Books, 1983).

Elizabeth Gilmore Holt, *From the Classicists to the Impressionists, Art and Architecture in the 19th Century*(New Haven, CT.: Yale University Press, 1966).

Harald Keller, *Die Kunst des 18. Jahrhunderts*(Berlin: Propyläen Verlag, 1971).

*Klassizismus und Romantik, Architektur Skuptur Malerei Zeichnung 1750－1848,* herausgegeben von Rolf Toman(Köln, Germany: Könemann, 2000).

Franz Landsberger, *Die Kunst der Goethezeit* (Leipzig, Germany: Im Insel-Verlag, 1931).

Francois Loyer, *Architecture of the Industrial Age 1789-1914* (Geneva: Editions d'Art Albert Skira, 1980).

Robert Middleton & David Watkin, *Neoclassical and 19th Century Architecture,* Vol. 1 & 2(New York: Rizzoli, 1980).

Claude Mignot, *Architecture of the Nineteenth Century in Europe*(New York: Rizzoli, 1984).

Gustav Pauli, *Die Kunst des Klassizismus und der Romantik* (Berlin: Propyläen Verlag, 1925).

Nikolaus Pevsner, *Architektur und Design von der Romantik zur Sachlichkeit*(München, Germany: Prestel－Verlag, 1968).

Mario Praz, *Gusto Neoclassico*(Napoli, Italia: Edizioni Scientifiche Italiane, n.d.).

Robert Rosenblum & H. W. Janson, *19th-Century Art* (Englewood Cliffs, NJ.: Prentice-Hall, Inc., 1984).

John Summerson, *The Architecture of the Eighteenth Century* (London: Thames and Hudson, 1986).

Rudolf Zeitler, *Klassizismus und Utopia* (Stockholm, Sweden: Almqvist & Wiksell, 1954).

Rudolf Zeitler, *Die Kunst des 19. Jahrhunderts* (Berlin: Propyläen Verlag, 1964).

# 그림목록

## 1. 그리스건축


1 미노아-미케네 문명의 에게해 일대
2 미로 건축의 대표적 예인 크노소스 궁전, 기원전 1700-기원전 1400년.
3 크노소스궁전의 반 층 높이 계단, 기원전 1700-기원전 1400.
4 에드워드 도드웰(Edward Dodwell), 〈미케네에 도착하며(Arriving at Mycenae)〉, 1805년.
5 사자 문, 기원전 1250년.
6 파일로스 궁전의 메가론
7 〈아트레우스의 보고〉, 미케네, 기원전 1250년.
8 〈아트레우스의 보고〉, 둥근 천장 실내, 미케네, 기원전 1250년.
9 도리스식 오더를 헤라클레스에 유추한 J. 슈테(Shute)의 그림, 1563년.
10 이오니아식 오더를 헤라에 유추한 J. 슈테의 그림, 1563년.
11 그리스 세계
12 〈파르테논〉, 브느와 로비오(Benoit Loviot)의 그림(1879-81)이다.
13 그리스 신전 축조에 사용된 다양한 시공 방법들. 철기 문화이기 때문에 가능한 것들이다.
14 그리스의 영웅 아카데무스(Academus)에게 봉헌된 정원에서 설교하고 있는 플라톤. 폼페이(Pompeii) 근교의 빌라에서 출토된 모자이크 그림.
15 아폴로 신전(Temple of Apollo), 시라쿠사(Siracusa), 이탈리아.
16 신전 C(Temple C), 셀리누스(Selinus), 이탈리아, 기원전 6세기 초.
17 헤라에움(Heraeum) 혹은 헤카톰페돈(Hecatompedon)의 세 단계 발전 과정. 사모스(Samos), 소아시아.
18 케레스 신전, 파에스툼, 이탈리아, 기원전 500년경.
19 바실리카, 파에스툼, 이탈리아, 기원전 530년경.
20 (위) 아르카이크기의 도리스식 주두. 주신의 지름에 비해서 에키너스의 폭이 넓다. (아래) 고전기의 도리스식 주두. 주신의 지름과 에키너스 폭 사이의 차이가 거의 없다.
21 (왼쪽) 도리스식 오더의 구성 부재. (오른쪽) 이오니아식 오더의 구성 부재
22 포세이돈 신전, 파에스툼, 이탈리아, 기원전 460년경.
23 파르테논의 측면도와 평면도.
24 포세이돈 신전, 파에스툼, 이탈리아, 기원전 460년경.
25 파르테논, 아테네 아크로폴리스, 모서리 문제를 보여준다.
26 파르테논 북쪽 열주에 가해진 처짐 교정.
27, 28 에레크테이온, 평면도, 아테네 아크로폴리스, 그리스, 기원전 420년경.
29 아테네 아고라 전경 모델. 뒤로 언덕 위에 아크로폴리스가 보인다.
30 프리에네(Priene)의 아고라.
31 페르가몬의 아크로폴리스, 소아시아.
32 아탈루스 스토아(Stoa of Attalus), 아테네 아고라, 기원전 150년경.
33 아탈루스 스토아, 현재는 복원되어 박물관으로 쓰인다.
34 아스날(Arsenal), 아테네 아크로폴리스, 기원전 4세기 후반부.
35 에피다우루스 극장(Theater of Epidaurus), 그리스, 기원전 4세기 말.
36 델로스 극장, 그리스, 기원전 4세기 말.
37 기원전 3세기경 '유니버설 헬레니즘(Universal Hellenism)' 영토 및 구성 국가들.
38 히포다모스의 밀레투스, 소아시아, 히포다모스의 계획으로 잘 알려진 바둑판 도시 계획.
39 파로스의 등대(Light House of Phare), 알렉산드리아(Amexandria), 이집트.
40 시데(Side)의 아고라. 극장과 스토아가 중심을 이루고 있다. 도형의 정형성이 확연히 드러난다.
41 후기 아르테미스 신전, 에페수스(Ephesus), 소아시아, 기원전 4세기.
42 아폴로 신전, 디디마, 소아시아, 위 기원전 550년경 상태, 아래 기원전 330년경 이후 상태.
43 아폴로 신전, 디디마, 소아시아, 기원전 330년.
44 제우스 제단 전경, 페르가몬, 소아시아, 기원전 180년경.
45 코린트식 주두의 칼라투스(calathus) 윤곽. 종을 엎어놓은 모양이나 바구니 모양을 하고 있다. 에피다우루스에 있는 폴리클리투스 더 영거의 톨로스(Tholos of Polyclitus the Younger)에 쓰인 주두이다.
46 아칸서스 잎을 무덤 앞에 세워진 기념 석주(stela=stele)에 올려놓은 모습을 통해 코린트식 오더의 기원을 보여주는 그림. 1684년에 출판된 클로드 페로(Claude Perrault)의『비트루비우스(*Vitruvius*)』에 실린 그림이다.
47 리시크라테스 기념비, 아테네, 그리스, 기원전 335년.
48 올림포스 제우스 신전, 아테네, 그리스, 기원전 170년경.

## 2. 로마 건축


1 베스타 신전(Temple of Vesta), 티볼리(Tivoli), 로마, 기원전 1세기.
2 100주년 기념 주택(House of the Centenarian), 폼페이, 이탈리아.
3 포르티쿠스 에밀리아(Porticus Aemilia), 로마, 기원전 193년.
4 페루자 도시 성벽, 페루자, 이탈리아, 기원전 2세기.
5 돋을새김 무덤(Tomb of the Reliefs), 반디타시아 묘역(Banditaccia Cemetery) 내, 체르베테리(Cerveteri), 이탈리아, 기원전 4세기.
6 비트루비우스의 설명에 따라 젬퍼(Semper)가 추측해서 그린 에트루스칸 신전의 정면 모습. 1878년 그림이다.
7 비트루비우스의 『건축십서』의 에트루스칸 신전(Temple Etruscum) 편에 기술된 내용에 따른 에트루스칸 신전의 추측 복원. 평면도.
8 포르타 아우구스타나(Porta Augustana, 아우구스투스의 성문이란 뜻=Arch of Augustus, 아우구스투스의 아치=Porta Romana, 포르타 로마나, 로마의 성문이란 뜻), 페루자, 이탈리아, 기원전 2세기.
9 아레아 사크라 디 라고 아르젠티나, 로마, 기원전 3세기 초기 – 기원전 2세기.
10 포르투나 프리미제니아 신전(Temple of Fortuna Primigenia), 팔레스트리나(Palestrina), 이탈리아, 기원전 80년경.
11 폼페이우스 극장(Theater of Pompeius). 이 도면은 포르마 우르비스 로마에(Forma Urbis Romae=The Great Plan of Rome, 로마 대지도라는 뜻)에 남아 있는 것이다.
12 카이사르의 포럼(Forum of Caesar= Forum of Julium, 포럼 율리움) 전경, 로마, 기원전 48–44. 왼쪽에 기둥이 세 개 남아 있는 건물이 비너스 제네트릭스 신전(Temple of Venus Genetrix)이다.
13 율리아 바실리카(Basilica Julia), 포럼 로마눔(Forum Romanum) 내, 로마, 기원전 46년.
14 아우구스투스의 주택(Home of Augustus) 실내 전경, 도무스 아우구스타나(Domus Augustana=House of Augustus)의 일부, 팔라틴 내, 로마, 기원전 1세기 말.
15 포럼 로마눔, 로마, 기원전 1세기에서 서기 4세기에 걸쳐서 연차적으로 지어진 이 포럼은 아우구스투스 때 1차 골격이 완성되었다.
16 콩코르디아 신전, 포럼 로마눔 내, 로마, 기원전 7년 – 서기 10년.
17 가르 교, 님, 프랑스, 서기 14년.
18 아를의 원형극장(Amphitheater of Arles), 아를, 프랑스, 서기 1세기.
19 아우구스투스교(Bridge of Augustus=Ponte di Tiberio, 폰테 디 티베리오, 티베리오교란 뜻)에서 한층 성숙한 모습.
20 도무스 아우레아(Domus Aurea=Golden House, 황금 주택=Nero's Palace, 네로의 왕궁=Pavilion on the Oppian Hill, 오피안 힐의 파빌리온=Stagnum Neronis, 스타그눔 네로니스), 로마, 서기 65년, 추측 전경 모습.
21 도무스 트란지토리아(Domus Transitoria)의 볼트 천장에 그려진 장식 그림, 로마, 서기 64년 이전.
22 콜로세움, 로마, 서기 72–80년.
23 트라야누스의 시장과 트라야누스의 포럼, 로마, 서기 100–114년.
24 트라야누스의 시장(Markets of Trajan), 로마, 서기 100–114년.
25 트라야누스의 포럼(Forum of Trajan), 도서관 상상도, 로마, 서기 107–112년.
26 판테온(Pantheon), 로마, 서기 120–124년.
27 하드리아누스의 빌라(Villa of Hadrian), 티볼리(Tivoli), 이탈리아, 서기 118–134년.
28 카라칼라의 목욕탕(Baths of Caracalla), 로마, 서기 211–217년경.
29 막센티우스 앤 콘스탄티누스 바실리카(Basilica Nova, 바실리카 노바), 포럼 로마눔 내, 로마, 서기 307–312년.
30 타구스교(Bridge over the Tagus), 알칸타라(Alcantara), 스페인, 서기 105–106년.
31 세고비아의 수로(Aqueduct of Segovia), 세고비아, 스페인, 서기 100년경.
32 키르쿠스 막센티우스(Circus Maxentius), 로마, 서기 311년.
33 콘스탄티누스의 아치(Arch of Constantine), 로마, 서기 315년.
34 가르 교, 님, 프랑스, 서기 14년.
35 포르타 마조레, 로마, 서기 52년.
36 배럴 볼트(barrel vault).
37 크립토포르티쿠세스, 아를, 프랑스, 기원전 1세기.
38 마르셀루스 극장(Theater of Marcellus), 로마, 기원전 11년.
39 베로나 원형극장(Amphitheater at Verona), 서기 290년,
40 콜로세움, 로마, 서기 72–80년.
41 디오클레티아누스의 목욕탕, 로마, 서기 302년, 폴랭(Paulin)의 그림.
42 세베루스의 볼트(vault of Severus), 3차원 앙천도, 팔라틴 내, 로마, 서기 193–211년.
43 머큐리 신전(Temple of Mercury= Temple of Venere, 베레네 신전=Temple of Diana, 디아나 신전=Thermal Baths, 온천 목욕탕), 돔 홀(domed hall) 실내 전경, 바이아에(Baiae), 나폴리 근교, 이탈리아, 기원전 40년.
44 판테온, 로마, 서기 120–124년, 조반니 파올로 판니니(Giovanni Paolo Pannini)가 1740년경에 그린 그림.
45 판테온, 릴리빙 아치, 로마, 서기 120–124년.

## 3. 초기 기독교, 비잔틴건축

1 라테란의 성 요한(St. John in Lateran=Constantine Basilica, 콘스탄티누스 바실리카=Lateran Basilica, 라테란 바실리카), 로마, 313년경 공사 시작.

2 초기 기독교 시대의 로마 시내 기독교 건물 지도. 방사선 방향으로 갈라져 나간 길에 여러 카타콤을 만들었다.

3 예수 탄생 교회(Church of the Nativity), 베들레헴(Bethlehem), 이스라엘, 333년.

4 두라-에우로푸스의 가정교회, 두라-에우로푸스, 시리아(Syria), 250년경.

5 두라-에우로푸스의 가정교회, 세례실과 벽화, 두라-에우로푸스, 시리아, 250년경.

6 티툴루스 에퀴치오, 로마, 3세기, 후에 성 마르티노 인 몬티 교회로 발전했다.

7 성 크리소고노(St. Crisogono) 지하의 최초 티툴루스, 로마, 3세기.

8 폼포니우스 힐라스의 콜룸바리아(Columbaria of Pomponius Hylas), 로마.

9 도미틸라의 카타콤(Catacomb of Domitilla), 토르 마란시아 대 계단(Tor Marancia grand staircase), 로마, 통로와 벽감을 보여준다.

10 성 베드로 앤 마르셀리누스의 묘실(Crypt of St. Peter and Marcellinus), 사각형의 정형적 구성에서 시작해서 복잡하게 분화해간 과정을 보여준다. 성 베드로 앤 마르셀리누스의 카타콤(Catacomb of St. Peter and Marcellinus) 내, 로마.

11 도미틸라의 카타콤(Catacomb of Domitilla), 다비드의 쿠비쿨룸(David's cubiculum), 아르코솔리움(arcosolium)을 보여준다. 로마.

12 비아 라티나의 카타콤(Catacomb of Via Latina)의 히포게움(hypogeum) 내 벽화. 로마.

13 교황들의 묘실(Crypt of the Popes), 성 칼리스투스의 카타콤(Catacomb of St. Callistus) 내, 비아 아피아 안티카(Via Appia Antica), 로마.

14 성 칼리스투스의 카타콤, 단면도, 비아 아피아 안티카, 로마.

15 성 세바스찬 무덤(Mausoleum of St. Sebastian), 성 세바스찬의 카타콤(Catacomb of St. Sebastian) 내, 로마.

16 성 세바스찬(St. Sebastian), 기념 마당 내 트레셀라(trecella=tricila, 트리실라, 세 개의 방으로 구성된 건물이란 뜻).

17 성 베드로의 무덤(Tomb of St. Peter), 베드로에게 봉헌된 닫집, 몬스 바티카누스 공동 묘지(Necropolis of Mons Vaticanus) 내, 로마, 2세기 후반부.

18 아나스타시스 로툰다(Anastasis Rotunda), 예루살렘, 335년경.

19 하기아 소피아(Hagia Sophia), 첫 번째 교회 추측 평면도, 콘스탄티노플, 4세기 전반부.

20 울피아 바실리카(Basilica Ulpia), 로마.

21 비트루비우스의『건축 십서』에 나오는 설명을 토대로 한 표준형 바실리카.

22 구 성 베드로(Old St. Peter's), 단면도, 로마, 319-322년경, 16세기 그림이다.

23 라테란의 성 요한(St. John in Lateran=Constantine Basilica, 콘스탄티누스 바실리카=Lateran Basilica, 라테란 바실리카), 로마, 313년경 공사 시작.

24 구 성 베드로, 애프스 부 추측 모습, 로마, 319-322년경.

25 구 성 베드로, 평면도, 로마, 319-322년경.

26 성 밖의 성 바오로(St. Paul's fuori le mura), 로마, 380년.

27 성 코스탄차(St. Costanza), 로마, 350년경.

28 밀라사의 헤로움(Heroum at Mylasa), 밀라사, 터키.

29 성 엘레나의 원형 무덤(Mausoleum of St. Helena), 로마, 329년.

30 아이오스 게오르기오스 교회(Church of Hagios Georgios=Church of St. George=Mausoleum of Galerius, 갈레리우스의 원형 무덤), 살로니카(Salonica), 그리스.

31, 32 성 코스탄차(St. Costanza)의 도면, 로마, 350년경.

33 하기아 데메트리오스, 살로니카, 그리스, 5세기 후반부.

34 성 요한, 에페수스, 터키, 440년.

35 성 필립 순교 성당, 히에라폴리스, 터키, 5세기 초.

36 바무카 세례당, 바무카, 시리아.

37 성 나자로(S. Nazaro=Church of Holy Apostles, 성사도 교회), 밀라노, 이탈리아, 382년 시작

38, 39, 40 산로렌초, 밀라노, 이탈리아, 370년경.

41 성 게레온, 쾰른, 독일, 380년경.

42 성 밖의 성 바오로, 로마, 380년.

43, 44 산타마리아 마조레, 로마, 이탈리아, 432년.

45 성 사비나, 로마, 422-432년.

46, 47 성 밖의 성 바오로, 로마, 380년.

48 성 사비나, 로마, 422-432년.

49 산타마리아 마조레, 로마, 이탈리아, 432년.

50 라벤나의 5세기와 6세기 교회들.

51 갈라 플라치디아의 원형 무덤, 라벤나, 이탈리아, 425년경.

52 동방 정교회 세례당, 라벤나, 이탈리아, 400-450년.

53 성 아폴리나레 누오보, 라벤나, 이탈리아, 490년.

54 성 아폴리나레 인 클라세, 라벤나, 이탈리아, 534-539년.

55 비잔틴 세계

56 예레바탄 지하 물탱크(Yerebatan Cistern), 콘스탄티노플, 터키, 532년.

57 하기아 소피아, 전경, 콘스탄티노플, 터키, 532-537년, 19세기 그림.

58 성 가야네(St. Gayane), 바그하르샤파트(Vagharshapat), 아르메니아, 630년.

59 성 사도 교회(Church of Holy Apostles), 콘스탄티노플, 터키, 532-550년.

60 산 마르코, 네이브 돔 혹은 펜테코스트의 돔(dome of Pentecost=dome of Holy Spirit)의 성화, 베네치아, 이탈리

아, 1063–1085년, 중앙에 최후의 심판대가 있고 12사제가 주위를 돌아가며 싸고 있다.

61 하기아 세르기오스 앤 바코스(H. Sergios and Bakchos), 콘스탄티노플, 터키, 527–536년.

62 펜덴티브 위의 돔(dome on pendentive)을 축조하기 위한 기하 작도.

63 펜덴티브 위의 돔

64 하기아 이레네(Hagia Irene), 콘스탄티노플, 터키, 532년 시작.

65, 66, 67, 68 하기아 소피아, 콘스탄티노플, 터키, 532–537년.

69, 70, 71 산비탈레, 라벤나, 이탈리아, 526–540년.

72 산마르코, 베네치아, 이탈리아, 1063–1085.

73 코라 교회(Chora Church=Kariye Camii), 성화 배치도, 콘스탄티노플, 터키, 11–12세기/14세기

74 마르토라나(Martorana), 팔레르모(Palermo), 시칠리아, 이탈리아, 1143년경. 돔 중앙의 심판자(Pantokrator) 예수 및 그 주위의 천사와 성인들이 그려져 있다.

75 코라 교회, 크로싱 돔과 네이브의 성화 전경, 콘스탄티노플, 터키, 11–12세기/14세기.

## 4. 로마네스크 건축

1 샤를마뉴 대제 때 프랑크 왕국

2 아헨 궁정 전경, 독일. 790–805년.

3 수도사가 어린이들에게 공부를 가르치는 장면. 『그림 성서(Bible historiee)』 수록, 15세기.

4, 5, 6 아헨 왕궁 예배당, 독일, 790–805년.

7 생리키에(센툴라 수도원 교회), 프랑스, 790–799년.

8 비트루비우스의 단지(Vitruvian jar), 록디외 교회(Church of the Loc–Dieu).

9 로마네스크 교회 구성

10, 11 잔크트비투스 수도원 교회, 코르베이, 독일, 873–885년.

12 로르슈 수도원의 게이트 하우스, 독일, 767–774년.

13 성 마르첼리노, 슈타인바흐, 독일.

14 생필리베르, 그랑리외, 프랑스, 814년경–847년.

15 더블 엔더 평면

16 샤르트르대성당(Chartres Cathedral), 납골당, 프랑스, 858년.

17 생드니, 프랑스, 7세기.

18 생테티엔(St.–Etienne=Abbaye–aux–Hommes), 캉(Caen), 프랑스, 1060/65–1120년경.

19 성 고데하르트(St. Godehard), 힐데스하임(Hildesheim), 독일, 1133–72년.

20 성 판탈레온(Sankt Pantaleon), 쾰른, 독일, 964–980년.

21 제2 클뤼니 수도원 교회, 프랑스, 10세기 중반.

22, 23, 24 생필리베르, 투르뉘, 프랑스, 11세기.

25 몽생미셸 수도원 교회, 로마네스크 네이브, 프랑스, 1122–35년.

26 성 치리아코, 게른로데, 독일, 961년.

27 성 미카엘, 힐데스하임, 독일, 1001–33년.

28 생트마들렌, 베즐레, 프랑스, 1120–32년.

29 생테티엔 수도원 교회, 느베르, 프랑스, 1063–97년.

30, 31 제3 클뤼니, 프랑스, 1089–1131년.

32 생테티엔, 캉, 프랑스, 1060/65–1120년경.

33 성 삼위일체(St. Trinite= Abbaye–aux–Dames), 캉, 프랑스, 1060/65–1120년경.

34, 35 캔터베리 성당, 영국, 1070년 시작–1089년 이전 완공/성가대석 1096–1126년.

36 세인트올번스 성당, 영국, 외관 초기 고딕 양식.

37 엘리 성당, 영국, 네이브와 트랜셉트 1083–1189년.

38 글로스터 성당, 영국, 네이브 1080년대–12세기 초.

39, 40 더럼 성당, 영국, 1093–1133년.

41, 42 제2 슈파이어, 독일, 1062–1106년.

43 마인츠 성당, 독일, 1081–1137년.

44, 45 잔크트마리엔임카피톨, 쾰른, 독일, 1049–65년.

46 성 사도, 쾰른, 독일, 1201–36년.

47, 48 성 제노, 베로나, 이탈리아, 1123–35년.

49, 50 산 암브로조, 밀라노, 이탈리아, 네이브 1018–50년/천장 볼트 12세기/아트리움 1129–44년.

51 성 미카엘, 파비아, 이탈리아, 1100년경–1160년.

52 모데나 성당, 이탈리아, 1099–1184년/12세기 말–14세기.

53 산미니아토알몬테, 피렌체, 이탈리아, 11세기 중반–12세기.

54 산미켈레인포로, 루카, 이탈리아, 12–15세기.

55 산조반니푸오르치비타스, 피스토이아, 이탈리아, 12세기 말.

56 피사의 성당 단지(Pisa Cathedral complex=Campo dei Miracoli, 기적의 들판), 이탈리아, 1063–1272년.

57 피사 성당(Pisa Cathedral), 이탈리아, 1063–1118년/1261–1272년.

58 『에드위누스의 시편(*Eadwinus Psalter*)』을 적고 있는 수도사 에드위누스, 1170년경.

59 성 갈 수도원의 배치도, 스위스, 820년경 라이흐나우(Reichnau)에서 작성된 것으로 추정되는 양피지 도면.

60 성 갈 수도원, 추측 복원 모델, 스위스.

61 생리키에, 프랑스, 790–799년.

62 더럼 수도원, 영국, 11세기 후반–12세기 초.

63 성 밖의 성 바오로의 회랑, 로마, 1205–1241년.

64 순례여행 루트

65 성 마르티노, 투르, 프랑스, 1000년경.

66 생트푸아, 콩크, 프랑스, 1050–1130년.

67, 68 생세르넹, 툴루즈, 프랑스. 1180–1120년.

## 5. 고딕건축

1 일드프랑스 지도
2 성 디오니시오, 다발기둥 조직, 프랑스.
3 모리앙발 성당, 애프스 복도, 프랑스, 11세기 말–12세기 전반부.
4 생테티엔, 보베, 프랑스, 1125년경–40년/1506–50년 재공사.
5 상스 성당, 프랑스, 1130–64년.
6 성 디오니시오, 웨스트워크 기둥 단면도, 1130년경–40년.
7, 8 성 디오니시오, 방사형 채플과 복도, 프랑스, 1140–44년.
9 상리스 성당, 프랑스, 1155–91년.
10, 11, 12 누아용 성당, 프랑스. 애프스, 트랜셉트, 네이브 1150/55년경–85년
13, 14, 15, 16 랑 성당, 프랑스, 1160년경– 1210년.
17, 18 노트르담, 파리, 슈베 1163년경–82년/네이브 1180년–1200.
19 노트르담, 왼쪽 성가대석 종단면도(1163년경–1182년)/오른쪽 네이브 종단면도(1180–1200년), 파리.
20 노트르담, 파리, 슈베 1163년경–1182년/네이브 1180–1200년.
21 성왕 루이(Saint Louis=루이 9세)의 전쟁 장면.
22, 23, 24, 25 샤르트르대성당, 프랑스, 1194–1260년.
26 샤르트르대성당, 네이브 횡 단면도,프랑스, 1194–1260년.
27, 28 부르주 성당, 프랑스, 슈베 1195년경–1214년/네이브 1225–1255년.
29, 30 부르주 성당, 성가대석 횡 단면도, 프랑스, 슈베 1195년경–1214년/네이브 1225–55년.
31 프랑스 고딕 성당의 수직 발전 과정. 왼쪽부터 누아용(1170년 이후) – 파리 노트르담(1176–1215년) – 부르주(1195–1250) – 샤르트르(1194–1220).
32 부르주 성당, 프랑스, 슈베 1195년경–1214년/네이브 1225–55년.
33, 34, 35 랭스 성당, 프랑스, 네이브 1211–41/서쪽 파사드 1255년경–90년.
36 랭스 성당, 빌라르 드 온느쿠르(Villard de Honnecourt)의 스케치집에 수록된 입면도.
37 프랑스 고딕 성당의 수직 발전 과정, 왼쪽부터 랭스(1211–41년)–아미앵(1220–36년)–보베(1227–60)–쾰른(1248–1332년).
38 아미앵 성당, 프랑스, 네이브 1220–36년/성가대석 1236–70년.
39, 40 아미앵 성당, 네이브 횡 단면도, 프랑스, 네이브 1220–36년/성가대석 1236–70년.
41 보베 성당, 프랑스, 1247년 시작, 1284년 지붕 붕괴, 성가대석 1337–47년, 전체 완공 1568년.
42 보베 성당, 성가대석 횡 단면도. 프랑스, 1247년 시작, 1284년 지붕 붕괴, 성가대석 1337–47년, 전체 완공 1568년.
43 성가대석의 천측창 분할 비교, 왼쪽부터 랭스–파리 노트르담–성 디오니시오(13세기 부분).
44 아미앵 성당, 프랑스, 네이브 1220–36년/성가대석 1236–70년.
45 13세기 중반의 네이브 월.
46 노트르담, 파리, 트랜셉트 1240–60년대.
47 성 디오니시오, 파리, 성가대석 1231–41년/트랜셉트 1241년 완공/네이브 1240년경–1281년.
48 성 디오니시오, 네이브 월 입면도. 파리.
49 생트샤펠, 종 단면도, 파리, 1241–48년.
50 생트샤펠. 어퍼 채플(Upper Chapel). 파리. 1241–48년
51 플랑부아양양식의 오지 아치.
52 15세기 트레이서리.
53 상 성당, 프랑스, 트랜셉트 1490–1512년.
54 생장바티스트(St.–Jean–Baptiste), 쇼몽(Chaumont), 프랑스.
55 생퇴스타슈(St.–Eustach), 파리, 1532–89년.
56 생제르맹 성당(Cathedral of St.–Germain), 오세르, 프랑스, 15세기.
57 후기 고딕의 천장 리브.
58, 59 생마클루, 루앙, 프랑스, 네이브 1434–70년경/파사드 1477–1514년.
60 막달레나 교회, 트루아, 프랑스, 1508–17년.
61, 62, 63 생테티엔, 보베, 프랑스, 1506–44년/1548년.
64 브루 교회, 부르캉브레스, 프랑스, 1513–32년.
65 영국 고딕과 프랑스 고딕의 전체 구성 비교. 왼쪽 웰스 성당, 오른쪽 랭스 성당.
66 예수교회, 옥스퍼드, 영국, 1158–80년 성가대석/천장 볼트 1480–1500년.
67 고딕 시대의 영국과 프랑스.
68, 69 캔터베리 성당, 영국, 전체 골격 1174년(초기 영국 양식) /네이브 1377–1405년(수직 양식), 제일 끝이 삼위일체 채플이다.
70 로치 수도원(Roche Abbey), 영국, 1175년–.
71, 72 링컨 성당, 영국, 트랜셉트 1192년 세인트휴 성가대석(St. Hugh's Choir) 1192년–1210년경 / 네이브 1220년경–1240년/에인절 성가대석 1256–80년.
73 4분 볼트에 티어세론을 더하면서 리브 그로인 볼트가 장식적으로 변화하는 모습.
74 솔즈베리 성당, 영국, 네이브 1220–66년/삼위일체 예배당, 1220–25년/챕터 하우스 1260년대–70년대.
75 솔즈베리 성당, 영국, 네이브 1220–66년/삼위일체 예배당, 1220–25년/챕터 하우스 1260년대–70년대.
76, 77 웰스 성당, 영국, 네이브 1180년경–1240년/성가대석과 서쪽 파사드 1230년경–1240년.
78, 79, 80 웨스트민스터 사원, 런던, 전체 공사 시작 1245년경/슈베와 챕터 하우스 13세기/네이브 1258–69년, 1375년

이후 완공.
81 엑서터 성당, 영국, 1280년경–1342년.
82 리치필드 성당(Lichefield Cathedral), 영국, 1265년경–1300년경.
83 브리스틀 성당, 영국, 1298–1332년경.
84 솔즈베리 성당, 영국, 챕터 하우스 1260년대–70년대.
85 링컨 성당, 영국, 에인절 성가대석 1256–80년.
86 엑서터 성당, 영국, 1280년경–1342년.
87 요크 성당, 영국, 전체 1291–1340년경/챕터 하우스 1275–1300년.
88, 89, 90 엑서터 성당, 영국, 1280년경–1342년.
91 리어른
92 엑서터 성당, 영국, 1280년경–1342년.
93, 94, 95 브리스틀 성당, 영국, 1298–1332년경.
96, 97, 98 웰스 성당, 영국, 챕터 하우스 1290년대 후반–1307년경/성모마리아 예배당 1323–26년/성가대석 동쪽 부분 1333년–.
99, 100 엘리 성당, 영국, 성모마리아 예배당 1321–45년경/크로싱 타워 1322–40년/성가대석 옆 베이 1336–37년.
101 튜크스베리 성당(Tewkesbury Cathedral), 영국, 1320년경–1330년.
102 킹스 칼리지 예배당, 케임브리지, 영국, 1466–1505년.
103, 104, 105 글로스터 성당, 영국, 트랜셉트 1329–37년/성가대석과 외관 증축 1337–60년.
106 캔터베리 성당, 영국, 네이브 1375–1405년.
107 헨리 7세 예배당, 웨스트민스터 사원 내, 런던, 1502–09년.
108 1200년경 신성로마제국.
109 마그데부르크 성당, 독일, 1209년–.
110 로잔 성당, 프랑스, 1160–70년경 시작.
111 성모마리아 교회, 트리어, 독일, 1242–53년.
112 성 로런스(St. Lawrence= Lorenzkirche), 뉘른베르크, 독일, 1353–83년.
113 성 울리히 앤 아프라(St. Ulrich & Afra), 아우크스부르크, 독일, 1457년.
114, 115 슈트라스부르크 성당, 독일, 네이브 1235년경–75/서쪽 파사드 1275–.
116, 117, 118 쾰른 성당, 독일, 1248년 계획 시작/13세기 후반 공사 시작–1322년 주요 부분 봉헌.
119 성 카타리나, 오펜하임, 독일, 1317년 시작.
120 안나 교회, 안나베르크, 독일, 1515–22년.
121 마우브론 수도원 교회, 독일, 네이브 12세기 후반부/천장 13세기.
122 성 슈테펜(St. Stephen), 빈, 오스트리아, 1300년경–1510년.
123, 124 성모마리아 교회, 트리어, 독일, 1242–53년.
125 성 엘리자베스, 마르부르크, 독일, 1235년–.
126 성 십자가 성당, 슈봐비슈그뮌트, 독일, 1351년–.
127 성모마리아 교회, 뉘른베르크, 독일, 1350–58년.
128 성모마리아 성당, 에르푸르트, 독일, 1370–1420년.
129 울름 성당, 독일, 1392–1471년.
130 성모마리아 교회, 뮌헨, 독일, 1468–88년.
131 중세 뤼베크의 교회들.
132, 133 마리아 교회, 뤼베크, 독일, 1277년경–1351년.
134 성모마리아 교회, 뉘른베르크, 독일, 1350–58년.
135 마리아 교회, 슈트랄준트, 독일, 1384년경–1440년.
136 마리아 교회, 단치히, 독일, 1343년경–1502년.
137 성 아나스타시아(St. Anastasia), 베로나, 이탈리아, 1261년–.
138 성 안드레아, 베르첼리, 이탈리아, 1219–24년.
139 산타마리아 소프라 미네르바, 로마, 1285년경.
140 성 프란체스코 수도원 교회, 어퍼 교회(upper church), 아시시, 이탈리아, 1228–39년, 1253년 봉헌.
141 성 프란체스코, 볼로냐, 이탈리아, 실내 1236–50년/외관 1263년.
142, 143 산타마리아 노벨라, 피렌체, 이탈리아, 1279년–.
144 성 도미니코, 시에나, 13–14세기
145 산타마리아글로리사데이프라리(프란체스코 수도회), 베네치아, 이탈리아, 1330년경 시작.
146 시에나 성당, 이탈리아, 1250–1400년경.
147 성 안토니오, 파도바, 이탈리아, 1230년경–1307년.
148 피렌체 성당, 이탈리아, 1294년 시작, 1357–66년 증개축
149, 150 산타크로체, 피렌체, 이탈리아, 1300년경–.
151 오르비에토 성당, 이탈리아, 1290–1330년.
152 총독궁, 베네치아, 이탈리아, 1309–1424년.
153 산티 조반니 에 파올로(Santi Giovanni e Paolo, 도미니크 수도회), 베네치아, 이탈리아, 1355년–.
154, 155 밀라노 성당, 이탈리아, 계획 1386년/공사 시작 1401년/주요 부분 완공 1572년.
156 산페트로니오, 볼로냐, 이탈리아, 1390년–1514년/최종 완공 17세기.
157 밀라노 성당, 이탈리아, 계획 1386년/공사 시작 1401년/주요부분 완공 1572년.
158 산페트로니오, 볼로냐, 이탈리아, 1390년–1514년, 최종 완공 17세기.

## 6. 르네상스 건축

1 타콜라(Taccola), 브루넬레스키가 발명한 말이 끄는 크랭크.
2 1472년경 피렌체 전경.
3 G. B. 밀라니, 브루넬레스키의 피렌체 돔 벽체 골격.
4, 5 필리포 브루넬레스키, 피렌체 고아원, 피렌체, 이탈리아, 1419–27.
6 필리포 브루넬레스키, 산로렌초, 피렌체, 이탈리아, 1419년

경-29년경/70년대에 치아케리에 의해 완성.

7 필리포 브루넬레스키, 구 성물안치소, 피렌체, 이탈리아, 1419년경-1429.

8 필리포 브루넬레스키, 파치 예배당, 피렌체, 이탈리아, 1425년경-1428 설계, 1465년경 완공.

9 알베르티 로시(Alberti Rossi), 브루넬레스키의 리브앤드웹 구조 골격.

10 알베르티의 만토바 플랜, 보르고 레오니노(Borgo Leonino)와 바티칸 개발 계획을 보여준다.

11 레온 바티스타 알베르티, 『건축십서』에 나오는 개선 아치.

12, 13 레온 바티스타 알베르티, 산프란체스코(=Tempio Malatesta말라테스타 신전), 리미니, 이탈리아, 1450년경-60년경.

14 레온 바티스타 알베르티, 산타마리아 노벨라, 피렌체, 이탈리아, 1458-71.

15, 16, 17 레온 바티스타 알베르티, 성 안드레아, 만토바, 이탈리아, 1470-72.

18, 19 미켈로초 디바르톨롬메오, 메디치 팔라초, 피렌체, 이탈리아, 1444-59.

20 레온 바티스타 알베르티, 루첼라이팔라초, 피렌체, 이탈리아, 1452년경-70년경.

21 바티칸, 왼쪽이 성 베드로이고 오른쪽이 브라만테의 벨베데레(Belvedere)이다.

22 도나토 브라만테, 산타마리아 델라 그라치에의 동쪽 성소 개축, 밀라노, 이탈리아, 1492-.

23, 24 도나토 브라만테, 성 암브로시오, 밀라노, 이탈리아, 1492-.

25 도나토 브라만테, 산타마리아델라파체의 회랑형 안마당, 로마, 1504.

26 도나토 브라만테, 산타마리아프레소산사티로, 밀라노, 이탈리아, 1480년경-86.

27 도나토 브라만테, 파비아 성당 자문, 이탈리아, 1488년경.

28 도나토 브라만테, 몬트리오의 성 베드로 템피에토, 로마, 1502년경.

29 도나토 브라만테, 성 베드로 개축, 로마, 1505-.

30 줄리아노 다상갈로, 메디치 빌라, 포조아카이아노, 이탈리아, 1480-97.

31 안토니오 다상갈로 일베키오, 마돈나디산비아조, 몬테풀치아노, 이탈리아, 1518-34.

32 줄리아노 다상갈로, 산타마리아델라카르체리, 프라토, 이탈리아, 1481-91.

33 안토니오 다상갈로 일베키오, 마돈나디산비아조, 몬테풀치아노, 이탈리아, 1518-34.

34 라파엘로, 판테온 스케치.

35 라파엘로, 프시케 로지아, 파르네시아 빌라 내, 로마.

36 라파엘로, 키지 예배당, 로마, 1512-13.

37 라파엘로, 교황 레오 10세의 로지아, 바티칸 궁.

38 라파엘로, 마다마 빌라, 로마, 1518-미완성.

39 줄리오 로마노, 줄리오 로마노 하우스(Giulio Romano House), 만토바, 이탈리아, 1538-44.

40 취리히에서 가톨릭 성당 내의 우상숭배물을 철거하는 신교도들.

41,42 발다사레 페루치, 파르네시아 팔라초, 로마, 1505-11.

43 발다사레 페루치, 팔라초마시모알레콜로네, 로마, 1533-36.

44, 45, 46, 47 줄리오 로마노, 테 팔라초, 만토바, 이탈리아, 1525-34.

48 줄리오 로마노, 총독궁 모스트라 안마당, 만토바, 이탈리아, 1538-39.

49 피에트로 롬바르도, 산타마리아데이미라콜리, 베네치아, 이탈리아, 1485-89.

50 마우로 코두치, 산차카리아, 베네치아, 이탈리아, 1483-91.

51 미켈레 산미켈리, 베빌라쿠아 팔라초, 베로나, 이탈리아, 1532년경-.

52 리고치(Ligozzi)의 베로나 전경 판화, 맨 앞 중앙에 산미켈리의 누오바 문이 보인다.

53, 54, 55 미켈레 산미켈리, 팔리노 문, 베로나, 이탈리아, 1548-59.

56 작가 미상, 〈터키인의 줄 타기(The Flight of the Turks)〉에 등장한 산마르코 광장의 중세 때 전경.

57 산마로크 광장, 베네치아, 이탈리아.

58 야코포 산소비노, 산마르코 도서관, 베네치아, 이탈리아, 1536-60.

59 야코포 산소비노, 로제타, 베네치아 이탈리아, 1537-40.

60 미켈란젤로, 율리오 2세 기념비(Monumento a Giulio II).

61 안드레아 팔라디오, 『건축사서』에 나오는 이오니아식 오더.

62, 63, 64 미켈란젤로, 라우렌치아나 도서관, 피렌체, 이탈리아, 1524-34/사후 1571년 완공.

65 미켈란젤로, 캄피돌리오 광장, 로마, 1539-64/사후 17세기 완공.

66 미켈란젤로, 누오보 팔라초, 로마, 1546-64.

67, 68 미켈란젤로, 성 베드로 돔 및 본당, 로마, 1547, 1558-64/사후 1590년 포르타가 완공.

69 안드레아 팔라디오, 에모 카포딜리스트 빌라, 트레비소 근교, 이탈리아, 1560-64년경.

70 안드레아 팔라디오, 사레고 빌라, 베로나 근교, 이탈리아, 1565-69년경.

71, 72 안드레아 팔라디오, 로톤다(=빌라 카프라=빌라 알메리코), 비첸차 근교, 이탈리아, 1565/66-71, 사후에 스카모치가 완공.

73 안드레아 팔라디오, 티에네 팔라초, 비첸차, 이탈리아, 1542/46-1551/58.

74 안드레아 팔라디오, 바실리카(=시민회관), 비첸차, 이탈리아, 1548-80/1617년 사후 완공.

75 안드레아 팔라디오, 카피타니아토 로지아, 비첸차, 이탈리

아, 1565년경-72.

76, 77, 78 안드레아 팔라디오, 산조르조마조레, 베네치아, 이탈리아, 1560-80/파사드는 1610년 사후 스카모치가 완공.

79 안드레아 팔라디오, 일레덴토레, 베네치아, 이탈리아, 1576/77-80.

80 샹보르 성채, 프랑스, 1519-47.

81 블루아 성채, 프랑스, 1515-24.

82 세바스티아노 세를리오, 앙시르프랑 토네르, 프랑스, 1546년경.

83 피에르 레스코, 구 루브르, 파리, 1546-78.

84 필리베르 들로름, 프랑스 오더 연구, 왼쪽 세 개가 프랑스 도리스식 오더이고 오른쪽 마지막이 프랑스 이오니아식 오더이다.

85 필리베르 들로름, 아네트 성채, 정문 출입구, 프랑스, 1547-55.

86 필리베르 들로름, 아네트 성채, 예배당, 프랑스, 1547-55.

87 버글리 하우스(Burghley Houuse), 노샘프턴셔, 영국, 1577-87.

88, 89 이니고 존스, 그리니치 궁전, 영국, 1616년경-35.

90 이니고 존스, 연회 홀(화이트홀 궁전), 런던, 1619-22.

91 이니고 존스, 성 바오로 교회, 런던, 1631-37/1795년 화재 후 1798년에 토머스 하드윅이 재건축.

## 7. 바로크건축

1, 2 쟈코모 바로지 다비뇰라, 일 제수, 로마, 1568-73.

3, 4 쟈코모 바로지 다비뇰라, 줄리아 빌라, 로마, 1550-55.

5 미켈란젤로, 성 베드로 돔 및 본당, 로마, 1590년 포르타가 완공.

6 자코모 델라포르타, 일 제수, 로마, 1571-84.

7 카를로 마데르노, 산타수잔나 파사드, 로마, 1593-1603.

8 카를로 마데르노, 성 베드로, 파사드(1607-12) & 네이브(1609-16), 로마.

9 조반니 로렌초 베르니니, 라이몬디 예배당, 산 피에트로 인 몬토리오 내, 로마, 1640-47.

10, 11 조반니 로렌초 베르니니, 코르나로 예배당, 산타마리아 델라 비토리아 내, 1647-51

12 조반니 로렌초 베르니니, 성 베드로 내 닫집, 로마, 1624-33.

13, 14 조반니 로렌초 베르니니, 산피에트로 광장, 로마, 1656-67.

15, 16 조반니 로렌초 베르니니, 퀴리날레의 성 안드레아, 로마, 1658-70.

17, 18, 19 프란체스코 보로미니, 산카를로알레콰트로폰타네, 로마, 1634-411/665-67.

20, 21, 22 프란체스코 보로미니, 산티보알라사피엔차, 로마, 1642-60.

23, 24, 25 프란체스코 보로미니, 성 필리포 네리 오라토리오, 로마, 1637-52.

26 피에트로 베레티니 다코르토나, 〈신의 섭리〉, 바르베리니 팔라초 내, 로마.

27, 28 피에트로 베레티니 다코르토나, 성 루카/성 마르티노, 로마, 1634-69.

29 주세페 사르디, 산타마리아델질리오, 베네치아, 이탈리아, 1678-83.

30, 31 발다사레 롱게나, 산타마리아델라살루테, 베네치아, 이탈리아, 1631-87.

32 과리노 과리니, 성 필리포 네리(S. Filippo Neri) 계획안.

33, 34, 35, 36, 37 과리노 과리니, 산로렌초, 토리노, 이탈리아, 1667-79.

38 필리포 주바라, 마다마 팔라초, 토리노, 이탈리아, 1718-21.

39, 40 필리포 주바라, 수페르가, 토리노 근교, 이탈리아, 1716-31.

41, 42 필리포 주바라, 스투피니지 팔라치나, 토리노 근교, 이탈리아, 1729-35.

43 필리포 주바라, 마다마 팔라초, 토리노, 이탈리아, 1718-21.

44 베르나르도 안토니오 비토네, 기둥 연구.

45 베르나르도 안토니오 비토네, 평면 유형.

46 베르나르도 안토니오 비토네, 돔 유형.

47 베르나르도 안토니오 비토네, 성모 방문 예배당, 발리노토, 이탈리아, 1738.

48 베르나르도 안토니오 비토네, 산타키아라, 브라, 이탈리아, 1742.

49 프랑수아 데랑(Francois Derand), 생폴 생루이 교회(Church of Saint-Paul Saint-Louis), 파리, 1625-34.

50 루이 르보(Louis Le Vau), 보르비콩트 성채, 프랑스, 1656-61.

51 앙리 테스텔렝(Henry Testelin), 〈루이 14세에게 로열 과학 아카데미 회원을 소개하고 있는 콜베르(Colbert presents Louis XIV to the members of the Royal Academy of Sciences)〉, 1667.

52, 53 살로몽 드브로스, 뤽상부르궁전, 파리 1614년경-.

54 살로몽 드브로스, 생제르베 파사드, 파리, 1616.

55, 56, 57 자크 르메르시에, 소르본 교회, 파리, 1635-48.

58 로사토 로사티, 산카를로아이카티나리, 로마, 1612.

59 자크 르메르시에, 구 루브르 궁전 내 시계관, 파리, 1641.

60, 61 프랑수아 망사르, 성모 방문 교회, 파리, 1632.

62 프랑수아 망사르, 콩드 호텔, 파리.

63, 64 프랑수아 망사르, 블루아 성채의 오를레앙 익랑, 프랑스, 1635.

65 루이 르보, 성채 계획안.

66 루이 르보, 베르사유궁전, 프랑스.

67 루이 르보, 4개국 대학(=마자랭 대학), 파리, 1662-74.

68, 69 루이 르보, 랑베르 호텔, 파리, 1640-44.

70, 71 루이 르보, 보르비콩트 성채, 프랑스, 1656-61.

72 쥘 아르두앙 망사르, 베르사유궁전, 프랑스, 1678-89.

73 쥘 아르두앙 망사르, 앵발리드 돔, 파리, 1676–91.
74 쥘 아르두앙 망사르, 방돔 광장, 파리, 1698.
75, 76 쥘 아르두앙 망사르, 베르사유궁전, 프랑스, 1678–89.
77 베르사유.
78, 79 쥘 아르두앙 망사르, 왕실 예배당, 베르사유궁전 내, 프랑스, 1699–1710년 로베르 드코트가 망사르 사후 완공.
80, 81, 82 쥘 아르두앙 망사르, 앵발리드 돔, 파리, 1676–91.
83 1660년 왕정복고 때 런던으로 승리의 귀환을 하는 찰스 2세.
84 런던 대화재.
85 성 바오로 성당 성당, 도면을 들고 있는 크리스토퍼 렌.
86 그리니치의 왕립해군병원, 영국, 1696–1716.
87 크리스토퍼 렌, 시티 교회 평면 유형.
88 크리스토퍼 렌, 세인트메리엣힐, 런던, 1670–76.
89, 90 크리스토퍼 렌, 월브룩의 성 스테파노, 런던, 1672–87.
91 크리스토퍼 렌, 성 바오로 성당, 최종안, 런던, 1675–1711.
92, 93 크리스토퍼 렌, 성 바오로 성당, 런던, 1675–1711.
94 크리스토퍼 렌, 임마누엘 칼리지 예배당, 케임브리지 대학교, 영국, 1667–73.
95 크리스토퍼 렌, 햄프턴 코트 궁전, 이스트 프론트, 영국, 1690–96.
96 니콜라스 호크스무어, 올소울스 칼리지 북측 동, 옥스퍼드 대학교, 영국, 1716–35.
97 니콜라스 호크스무어, 퀸스 칼리지, 하이 스트리트 프론트, 옥스퍼드 대학교, 영국, 1708–09.
98 니콜라스 호크스무어, 블룸스베리의 성 조지, 런던, 1716–30.
99 니콜라스 호크스무어, 세인트메리울노스, 런던, 1716–24.
100 니콜라스 호크스무어, 스피테일필즈의 예수교회, 런던, 1714–29.
101 존 밴브루, 하워드 성채, 영국, 1699–1712.
102, 103 존 밴브루, 블레넘 궁전, 영국, 1705–1625.
104 요한 발타자르 노이만, 뷔르츠부르크의 궁정 교회, 독일, 1730–43.
105 파울 데커, 이상적인 왕궁.
106 도미니쿠스 치머만, 비스 순례 교회, 독일, 1746–54.
107 요한 베른하르트 피셔 폰 에를라흐, 정원 궁전, 슈바르첸베르크, 오스트리아.
108 요한 베른하르트 피셔 폰 에를라흐, 제국 도서관, 빈, 1722–30.
109 요한 베른하르트 피셔 폰 에를라흐, 성 삼위일체 교회와 성직자 주택, 잘츠부르크, 오스트리아, 1694–1702.
110, 111 요한 베른하르트 피셔 폰 에를라흐, 카를 교회, 빈, 1716–18.
112, 113 요한 베른하르트 피셔 폰 에를라흐, 쇤부른 궁전, 빈, 1696–1711.
114 요한 루카스 폰 힐데브란트, 상 벨베데레, 빈, 1707–11.
115 요한 루카스 폰 힐데브란트, 하 벨베데레, 빈, 1721–25.
116 도미니쿠스 치머만 & 요한 바티스트 치머만, 비스 순례 교회, 독일, 1746–54.
117, 118 도미니쿠스 치머만, 슈타인하우젠 순례 교회, 독일, 1728–33.
119 코스마스 다미안 아잠 & 에지드 퀴린 아잠, 잔크트요하네스네포무크, 뮌헨, 독일, 1733–38.
120 에지드 퀴린 아잠, 벨텐부르크의 베네딕트 수도원, 제단, 독일, 1716–35.
121 코스마스 다미안 아잠 & 에지드 퀴린 아잠, 잔크트요하네스네포무크, 뮌헨, 독일, 1733–38.
122, 123 요한 발타자르 노이만, 피어첸하일리겐의 교구 교회 겸 순례 교회, 독일, 1742–53.
124, 125 요한 발타자르 노이만, 네레샤임의 베네딕트 수도원 교회, 독일, 1747–53.
126, 127 요한 미하엘 피셔, 잔크트안나암레흘교회, 뮌헨, 독일, 1727–37.
128, 129 요한 미하엘 피셔, 오토보이렌의 베네딕트 수도원 교회, 독일, 1748–55.
130 마태우스 다니엘 푀펠만, 츠빙거 궁전, 드레스덴, 독일, 1705/08–22.
131, 132, 133 요한 발타자르 노이만, 뷔르츠부르크 궁전, 독일, 1719–53/1776년 완공.

## 8. 18세기 건축

1 클로드 페로 · 루이 르보 · 샤를 르브룅, 루브르 동익랑, 파리, 1667–70.
2, 3 조반니 니콜라노 제로니모 세르반도니, 생쉴피스, 파리, 1733–45.
4 자크앙주 가브리엘, 육군사관학교, 파리, 1750–68.
5 자크앙주 가브리엘, 프티 트리아농, 베르사유궁전, 프랑스, 1761–68.
6 마리조제프 페이르 & 샤를 드베일리, 오데옹 극장, 파리, 1767–82.
7 샤를 드베일리, 오데옹 극장, 초안, 파리, 1767–82.
8 니콜라 르카뮈 드메치에르, 곡물 거래소, 파리, 1763–69.
9, 10 빅토르 루이, 보르도 대극장, 보르도, 프랑스, 1773–80.
11 자크 공두앵, 파리 외과대학, 1771–86.
12 자크 공두앵, 파리 외과대학, 1771–86, 해부학 강의실.
13 콜린 캠벨, 벌링턴 하우스 정문(Gateway to Burlington House), 런던, 1718–19.
14, 15 콜린 캠벨, 메러워스 성채, 켄트, 영국, 1722년경–25.
16, 17 벌링턴 경, 치즈윅 하우스, 런던, 1730년경.
18, 19 윌리엄 켄트, 호컴 홀, 노퍽, 영국, 1734.
20 윌리엄 켄트, 근위기병 연대본부, 런던, 1749.
21, 22 제임스 기브스, 광야의 성 마르티노, 런던, 1720–26.

23 로버트 애덤, 더비 하우스(Derby House), 런던, 1773–74, 천장 디자인.
24 로버트 애덤, 사이온 하우스, 런던, 1760–69.
25 로버트 애덤, 사이온 하우스, 출입구 홀, 런던, 1760–69.
26 로버트 애덤, 사이온 하우스, 대기실, 런던, 1760–69.
27 존 우드 1세, 퀸 스퀘어, 베스, 영국, 1729–36.
28 존 우드 1세, 더 서커스, 베스, 영국, 1754–66년경 우드 2세가 완공.
29 존 우드 2세, 로열 크레센트, 베스, 영국, 1767–77.
30 클로드 페로, 전원 오두막(La cabane rustique).
31 장 루이 드코르드무아, 『건축의 모든 것 혹은 축조술에 대한 새로운 소고(*Nouveau Traite de Toute l'Architecture ou l'art de bastir*)』(1706)에 나오는 코린트식 오더 그림.
32 장 바티스트 롱들레(Jean Baptiste Rondelet), 그리스 가구식 구조와 고딕 볼트 구조 비교 그림.
33 클로드 페로, 성 주느비에브 계획안.
34 마크앙투안 로지에, 『건축 에세이(*Essai sur l'architecture*)』(1753)의 속표지에 나오는 원시 오두막 그림.
35, 36, 37 자크 제르멩 수플로, 성 주느비에브, 파리, 1755–80(사후 완공).
38 윌리엄 켄트, 스토 정원(Gardens at Stowe), 1734–.
39 윌리엄 켄트, 치즈윅 가든, 런던, 1725–38.
40 윌리엄 체임버스, 큐 가든 안의 벨로나 신전, 런던, 1760.
41, 42 리샤르 미크, 트리아농 시골 마을, 베르사유궁전 내, 프랑스, 1783–85.
43 존 버클러(John Buckler)의 〈윈체스터 성당(Winchester Cathedral)〉, (1801).
44 굴뚝에 사용하는 고딕 아치에 대한 배티 랭글리(Batty Langley)의 그림 설명.
45 호러스 월폴, 스트로베리 힐, 홀바인 체임버, 튀크넘, 영국, 1747–63.
46, 47 제임스 와이엇, 리 수도원, 켄트, 영국, 1785.
48, 49 제임스 와이엇, 폰틸 수도원, 윌트셔, 영국, 1795–1807.
50 조지 댄스 2세, 크랜베리 파크(Cranbury Park), 햄프셔, 영국, 1779년경–81.
51, 52, 53 조지 댄스 2세, 뉴게이트 감옥, 런던, 1768–85, 철거.
54 존 손, 영국 은행, 구 배당사무소(1818–23), 런던, 1788–1833, 철거
55, 56 존 손, 링컨스 인 필즈, 런던, 1812–13.
57 에티엔 루이 불레, 메트로 교회.
58 에티엔 루이 불레, 박물관
59 클로드 니콜라 르두, 온천 감독관 주택.
60, 61 클로드 니콜라 르두, 아르케스낭 왕립 소금공장, 아르케스낭, 프랑스, 1775–79.
62 클로드 니콜라 르두, 트론 징수소, 파리, 1784–89
63 클로드 니콜라 르두, 라빌레트 징수소, 파리, 1784–89.

## 9. 19세기 건축

1 장 프랑수아 테레즈 샬그랭, 파리 개선문, 1806 사후/1830년에 아벨 블루에(Abel Blouet)가 완공.
2 페르시에와 퐁텐 파트너, 카루셀 개선문, 파리, 1806–08.
3 펠릭스 뒤방, 에콜데보자르 교육관, 파리, 1832–39.
4 루이 피에르 발타르, 리옹 대법원, 프랑스, 1835–.
5 알렉상드르 피에르 비뇽, 마들렌 사원(승리의 신전), 파리, 1807–42.
6, 7 자크 이냐스 히토르프, 생뱅상드폴, 파리, 1833–48.
8 가브리엘 다비우, 생미셸 분수(Fontaine St.-Michel), 파리, 1869.
9 르퓌엘과 & 비스콘티, 누보 루브르, 파리, 1852–57.
10 자크 이냐스 히토르프, 파리 북역, 1858–66.
11, 12 샤를 가르니에, 파리 오페라하우스, 1861–75.
13 카를 고트하르트 랑한스, 베를린 브란덴부르크 문, 1789–91.
14 카스파 다비드 프리드리히, 〈산 속의 십자가〉, 1812.
15 프리드리히 길리, 프리드리히 대제 기념비 설계 경기 계획안, 1797.
16, 17 카를 프리드리히 싱켈, 베를린 구 박물관, 1824–30.
18, 19 칼 프리드리히 싱켈, 프리드리히베르더 교회, 베를린, 1824–31.
20, 21 카를 프리드리히 싱켈, 샤를로텐호프 성채, 포츠담, 영국, 1826–30.
22, 23 레오 폰 클렌체, 글립토테크, 뮌헨, 독일, 1816–31.
24 레오 폰 클렌체, 프로필리아, 뮌헨, 독일, 1846–50.
25, 26 레오 폰 클렌체, 발할라 데어 도이첸, 도나우슈타우프, 독일, 1830–42.
27 하인리히 휩슈, 카를스루에 예술극장, 독일, 1837–46.
28 루트비히 폰 찬트, 빌헬마 빌라, 슈투트가르트, 독일, 1842–53.
29 레오 폰 클렌체, 뮌헨 열성(列聖) 궁정교회, 독일, 1826–37.
30, 31 프리드리히 폰 게르트너, 성 루트비히 교구 대학교회, 뮌헨, 독일, 1829–44.
32 찰스 로버트 코커렐, 웨스트민스터 생명보험사 및 브리티시 화재보험사, 런던, 1831–32, 철거.
33 존 내시, 리젠트 파크(1812–27) 내 큠버랜드 테라스, 런던.
34 존 내시, 로열 파빌리온 증개축, 브라이턴, 영국, 1815–21.
35 존 내시, 리젠트 스트리트(1815–30) 내 224–80번지의 이오니아식 블록, 런던.
36, 37 윌리엄 윌킨스, 다우닝 칼리지, 케임브리지, 영국, 1805–22.
38 로버트 스머크, 대영 박물관, 런던, 1823–46.
39 찰스 로버트 코커렐, 애슈몰린 박물관과 테일러리안 인스티

튜트, 옥스퍼드, 영국, 1841–45.

40 토머스 해밀턴, 에든버러 왕립 고등학교, 영국, 1825–29.

41 알렉산더 톰슨, 퀸스 파크 통일 장로교회, 글래스고, 영국, 1867–69, 철거.

42 조지 길버트 스콧, 앨버트 기념비, 런던, 1863–72.

43, 44 오거스터스 퓨진, 세인트오거스틴 교회, 램즈게이트, 영국, 1845–52.

45, 46 배리와 퓨진, 국회의사당(웨스트민스터 신 궁전), 런던, 1836–60년경.

47 존 러스킨, 베네치아, 카사 로레단.

48, 49 윌리엄 버터필드, 올 세인츠 교회, 런던, 1849–59.

50 딘과 우드워드, 옥스퍼드 대학 박물관, 영국, 1855–61.

51 베를린 자연사 박물관, 1883–89.

52 프랑수아 뒤퀴에스니, 파리 동역, 1847–52.

53 루트비히 폰 찬트, 빌헬마 빌라, 슈투트가르트, 독일, 1842–53.

54 주세페 멘고니, 갈레리아 비토리오 에마누엘레, 밀라노, 이탈리아, 1865–75.

55 루이 오귀스트 부알로, 합성 성당.

56 루이 오귀스트 부알로, 생퇴젠, 파리, 1854.

57 앙리 라브루스트, 국립도서관, 파리, 1854–75.

58, 59 조지프 팩스턴, 수정궁, 1851년 런던 대 박람회.

60 구스타프 에펠, 가라비 교, 님 근교, 프랑스, 1879–88.

61, 62 구스타프 에펠, 에펠탑, 파리, 1889.

63, 64 뒤테르와 콩타맹, 기계관, 1889년 파리 만국박람회.

# 찾아보기

1. 건물명은 소속도시 밑에 두지 않고 건물명을 기준으로 분류했으며, 그 뒤에 소속도시를 밝혔음.
2. 도판 설명에 색인이 있는 경우는 굵게 처리했음.


| ㉠ |

가라비 교, 님 **564**
가르 교, 님 **64**, 65, 76, 79, **80**, 564
가르니에, 샤를 523, 527, 528
가브리엘, 자크앙주 408, 456, 457, 459~461, 487
갈라 플라치디아의 원형 무덤, 라벤나 119, **120**
게르트너, 프리드리히 폰 520, 539, 540
곤차가 대공 319, 320
공두앵, 자크 463
과리니, 과리노 377, 379, 381, 383, 385~387, 433
광야의 성 마르티노, 런던 **472**, **473**, 545
교황 레오 10세 로지아, 로마 313
구 루브르, 파리 **349**, 394, 396, 400, 523, 524
구 성 베드로, 로마 99, 100, **103~105**, 106, 117, 118, 142, 361
구 성물안치소, 피렌체 287, 290, **291**
국회의사당, 런던 550, 551, **552**
그랑 트리아농, 베르사유궁전 407, 412
그레고리오 찬트 142
그레코-고딕 아이디얼 481, 484, 486~489, 496
그리니치 궁전 **353**, 354
근위기병 연대본부, 런던 469, 470, **471**
글로스터 성당 **163**, **250**, **251**
글립토테크, 뮌헨 536, **537**, **538**
기계관, 파리 565, **566**, 567
기브스, 제임스 472, 473, 545, 546
길리, 프리드리히 531, 532, 538

| ㉡ |

나폴레옹 516~519, 522, 530, 539, 545
나폴레옹 3세 522, 523, 525, 527
내시, 존 542~544
네레샤임의 베네딕트 수도원 교회 **445**, 446
네로 66, 67, 72, 86
노이만, 요한 발타자르 432, 443, 446, 449, 450
노트르담 수도원 교회, 쥐미에주 153, 160, 161
노트르담, 파리 193, 198, 199, 204, 205, **207**, 214, **217**, 239, 240, 259
누보 루브르, 파리 522, 523, **524**, 525
누아용 성당 **194**, **195**
누오바 문, 베로나 **325**, 326
누오보 팔라초, 로마 335, **336**
뉴게이트 감옥, 런던 **503~505**
니콜라오 5세 292
니콜라이 교회, 함부르크 549

| ㉢ |

비뇰라, 자코모 바로지 다 303, 356~361, 383, 392
상갈로 일베키오, 안토니오 다 308
상갈로, 줄리아노 다 308
다우닝 칼리지, 케임브리지 545, **546**, 547
다운킨스키 궁전, 빈 439
코르토나, 피에트로 베레티니 다 372
대영박물관, 런던 545~547
댄스 2세, 조지 497, 502~505
더 서커스, 베스 477, 478, **479**
더럼 성당 164, **165**
델로스 극장 **42**
델피 극장 42
도미틸라의 카타콤, 로마 **96**, **99**
동방정교회 세례당, 라벤나 119, 120, 295
두라-에우로푸스의 가정교회 **94**
뒤방, 펠릭스 518
뒤테르, 샤를 565
드메치에르, 니콜라 르카뮈 462
드베일리, 샤를 459, 460, 462, 463, 487, 507
드브로스, 살로몽 392, 394, 397
드코르드무아, 장 루이 484, 486
드퀸시, 콰트르메르 520
들로름, 필리베르 349~352, 394, 398
디오클레티아누스의 목욕탕, 로마 74, **84**
딘과 우드워드 554

| ㄹ |

라브루스트, 앙리　559~561
라빌레트 징수소, 파리　**512**
라우라나, 프란체스코　346
라우렌치아나 도서관, 피렌체　332, **333**, **334**
라이몬디 예배당, 로마　**364**
라임하우스의 성 안나, 런던　427
라콘솔라타, 토리노　379
라테란 세례당, 로마　116, 118
라테란의 성 요한, 로마　**91**, **103**
라파엘로　303, 311~314, 316, 317, 319, 336, 372
랑 성당　**196**, **197**
랑베르 호텔, 파리　402, 403, **404**, **405**
랭스 성당　146, 204, **208**, **209**, 231
랭시 성채　402
러스킨, 존　550, 553~555
레스코, 피에르　349, 351
레오 10세　312, 331
레오나르도 다빈치　298, 305, 311, 347
렌, 크리스토퍼　414, 416~418, 420~427, 429, 434, 472, 482, 485
로르슈 수도원　144, **145**
로사티, 로사토　396
로열 크레센트, 베스　478, **479**
로열 파빌리온, 브라이턴　**544**
로잔 성당　**254**
로제타, 베네치아　328, **329**
로지에, 마크앙투안　484, 486, 487
로톤다, 비첸차　339, **340**, 341, 466, 468, 469, 475, 512, 527, 533
롬바르도, 피에트로　322
롱게나, 발다사레　374
루브르 동익랑, 파리　454, **455**, 456, 458, 464, 482
루이 13세　388, 391, 394, 397, 408, 527
루이 14세　388~392, 397, 401~404, 406, 408~411, 413, 457, 522, 527
루이 15세　388, 408, 457, 459, 528
루이 6세　188, 201
루이 9세　201
루첼라이 팔라초, 피렌체　301
뤽상부르궁전, 파리　392, **393**
르두, 클로드 니콜라　459, 494, 507, 509~511
르메르시에, 자크　391, 394, 395, 397
르보, 루이　391, 392, 397, 398, 401~403, 405, 406, 408~410
르브룅, 샤를　403, 409
르퓌엘과 비스콘티　523
리 수도원, 켄트　**499**, **500**, 501
리슐리외　391, 394
리시크라테스 기념비, 아테네　**52**
리옹 대법원　**519**, 520
리젠트 스트리트, 런던　543, **544**
리젠트 파크, 런던　**543**
링컨 성당　**235**, **236**, **241**, 501
링컨스 인 필즈, 런던　504, 505, **506**

| ㅁ |

마그데부르크 성당　**254**, 255
마다마 빌라, 로마　312, **314**
마다마 팔라초, 토리노　**382**, 383, **385**
마데르노, 카를로　359, 360, 368, 373, 374, 388, 389, 394
마돈나디산비아조, 몬테풀치아노　**309**, **310**
마들렌 사원, 파리　**519**, 520
마리아 교회, 뤼베크　**267**
마리아 교회, 슈트랄준트　**269**
마우브론 수도원　260, **261**
마인츠 성당　**168**
마자랭　391, 392, 402
막달레나 교회, 트루아　**226**
막센티우스 앤 콘스탄티누스 바실리카, 로마　**74**, 75
만스펠트폰디 정원 궁전, 빈　439
망사르, 프랑수아　391, 392, 397~403, 406, 408, 524
매종 성채　400
머큐리 신전, 나폴리　**86**
메가론　17, 18, 19, 27
메디치 빌라, 포조아카이아노　**309**
메디치 팔라초, 피렌체　**300**, **301**
메러워스 성채, 켄트　466, **467**
메종 카레, 님　65
모데나 성당　**173**
모리앙발 성당　**189**, 190
모서리 문제　33
몬타노, 조반니 바티스타　369
몬토리오의 성 베드로 템피에토, 로마　307
몽생미셸 수도원 교회　**154**
뮌헨 왕궁　536
미케네 성채　18
미켈란젤로 부오나로티　307, 311, 315, 319, 327, 330, 331
미켈로초 디바르톨롬메오　299, 301
미크, 리샤르　494
밀라노 성당　268, 281, **282~284**

| ㅂ |

바르바로, 다니엘　332
바르베리니 팔라초, 로마　372, **373**
바무카 세례당, 시리아　**111**
바실리카　**29**
바실리카, 비첸차　**342**

바오로 3세 324, 331, 335
바오로 5세 361
반디타시아 묘역, 체르베테리 57, **58**
발타르, 루이 피에르 520
발할라 데어 도이첸, 도나우슈타우프 537, **538**
방돔 광장, 파리 407
밴브루, 존 428~430
버터필드, 윌리엄 554
벌링턴 경 466~469
베르니니, 조반니 로렌초 303, 360, 363~365, 368, 369, 372, 373, 378~380, 383, 388, 389, 394, 395, 417, 420, 433, 442, 443, 469, 478
베르사유궁전 402, **403**, 406, **407**, 408, 409, **410**, **412**, 437, 438, 458, **459**, 486, **494**, **495**
베를린 구 박물관 **533**, **534**
베를린 국립극장 533
베스타 신전, 티볼리 **55**, 61
벨로나 신전, 런던 491, **492**, 493
벨베데레, 베르사유궁전 437, 494
벨텐부르크의 베네딕트 수도원 442, **443**
보로미니, 프란체스코 363, 368~373, 377~381, 383, 388, 394, 433, 444, 446
보르도 대극장 462, **463**
보르비콩트 성채 **389**, 403, 404, **405**, **406**
보름스협약 167, 189
봉마르셰 백화점, 파리 564
부르주 성당 198, **205**, **206**, **208**
부알로, 루이 오귀스트 559, 564
불레, 에티엔 루이 507~509, 510
뷔르츠부르크 궁전 448, 449, **450**, **451**
브라만테, 도나토 298, 302, 304~307, 312, 316, 317, 324, 327, 332, 336, 341, 342, 353, 354, 356, 365, 518
브루 교회, 부르캉브레스 228, **229**
브루넬레스키, 필리포 286~288, 291~294, 296, 299, 302, 305, 312, 323, 332, 343
브뤼앙, 리베랄 413
브리스틀 성당 **241**, **245**, **246**, 247
블레넘 궁전 428, **429**, **430**
블롱델, 자크 프랑수아 457, 460
블롱델, 프랑수아 391
블룸스베리의 성 조지, 런던 **426**, 428
비뇽, 알렉상드르 피에르 520
비스 순례 교회 **433**, **440**
비올레르뒤크 559
비토네, 베르나르도 안토니오 377, 379, 385, 386
비토리오 아메데오 2세 382
비트루비우스 65, 66, 293, 312, 347, 350, 467, 472
비트루비우스의 단지 **143**
빌헬마 빌라, 슈투트가르트 **540**, 541, **558**

| ㅅ |

4개국 대학, 파리 **403**
사랑의 신전, 베르사유궁전 494
사르디, 주세페 374
사이온 하우스, 런던 473, 475, **476**
사자 문 **18**, 27
산 암브로조, 밀라노 **172**
산로렌초, 밀라노 111, **112**, **113**, 118
산로렌초, 토리노 378, 379, **380**, **381**
산로렌초, 피렌체 287, 289, **290**
산루카 아카데미 377, 382~385, 433
산마르코 광장 327, **328**
산마르코 도서관, 베네치아 327, 328, **329**, 342
산미니아토알몬테, 피렌체 **174**, 296
산미켈레인포로, 루카 **175**
산미켈리, 미켈레 323~325, 327, 374
산비탈레, 라벤나 131, **132**, **133**, 140, 141, 375
산소비노, 야코포 303, 323, 324, 327, 328, 330, 342, 374
산제노 문, 베로나 325, 326
산조르조마조레, 베네치아 **343**, **344**, 470
산조반니푸오르치비타스, 피스토이아 **175**
산차카리아, 베네치아 322, **323**
산카를로아이카티나리, 로마 **396**
산카를로알레콰트로폰타네, 로마 **368**, **369**, 380
산타마리아 노벨라, 피렌체 273, **274**, 278, 295, **296**
산타마리아 마조레, 로마 **115**, **116**, 118, **119**
산타마리아글로리사데이프라리, 베네치아 275, **276**, 281
산타마리아데이미라콜리, 베네치아 322, **323**
산타마리아델라그라치에, 밀라노 304
산타마리아델라살루테, 베네치아 **375**, **376**
산타마리아델라카르체리, 프라토 **310**
산타마리아델라파체, 로마 **305**
산타마리아델질리오, 베네치아 **374**
산타마리아프레소산사티로, 밀라노 **306**
산타수잔나, 로마 360, **361**, 362, 369, 373, 374, 388, 394, 395, 400
산타크로체, 토리노 382
산타크로체, 피렌체 275, 278, **279**, 280
산타키아라, 브라 **387**
산티보알라사피엔차, 로마 369, **370**, 381
산티시마신도네 예배당, 토리노 379, 381
산페트로니오, 볼로냐 **283**, **284**
산피에트로 광장, 로마 365, **366**, 478
삼왕 교회, 드레스덴 449
상 벨베데레, 빈 **439**
상스 성당 189, **190**
생루이 교회, 파리 413
생리키에, 센툴라 **142**, 145~147, 178, **179**, 180
생마르시알, 리모주 183

생마클루, 루앙 **225**, **226**, 227
생뱅상드폴, 파리 520, **521**
생베르탱의 고셀린 161
생세르냉, 툴루즈 184, 185
생쉴피스, 파리 455, **456**, 457, 458, 462, 472, 475, 477, 482
생제르베, 파리 392, **393**, 394, 396, 400
생테티엔 수도원 교회, 느베르 **158**
생테티엔, 보베 189, 190, 227~229
생테티엔, 캉 159, 161, 190
생퇴젠, 파리 **560**
생트마들렌, 베즐레 **157**, 184
생트샤펠, 파리 201, 219, **220**, 246, 258, 259
생트푸아, 콩크 146, **184**, 185
생필리베르, 투르뉘 151, **152**, **153**
샤르트르대성당 **147**, 202, **203**, **204**
샤를로텐호프 성채, 포츠담 533, **535**, 536
샬그랭, 장 프랑수아 테레즈 516
성 갈 수도원 **178**, **179**, 180
성 게레온, 쾰른 **113**
성 나자로, 밀라노 **112**
성 도미니코, 시에나 275, **276**
성 도미니코, 페루자 275
성 디오니시오, 파리 **189**, 190, **191**, **192**, **217**, **219**, **220**, 256~258
성 루카/성 마르티노, 로마 **373**, **374**, 381
성 루트비히 교구 대학교회, 뮌헨 540, **541**
성 마르첼리노, 슈타인바흐 145, **146**
성 마르티노, 란츠후트 265
성 마르티노, 투르 **183**, 184, 185
성 미카엘, 파비아 172, **173**
성 미카엘, 힐데스하임 146, **155**
성 바오로 교회, 런던 353, **354**
성 바오로 대성당, 런던 418, 420~422, 424
성 밖의 성 바오로, 로마 **106**, **114**, 116, **117**, 142, **181**, 274
성 베드로 내 닫집, 로마 **365**
성 베드로, 로마 307, **308**, 323, 335, 336, **337**, **359**, 360, 361, **362**, 365, 383, 422, 423, 436, 487
성 사도, 쾰른 **169**
성 사비나, 로마 **116**, **118**, 121
성 삼위일체 교회와 성직자 주택, 잘츠부르크 **435**
성 삼위일체, 캉 **159**
성 세바스찬의 카타콤, 로마 96, **99**
성 스테파노 로톤도, 로마 116
성 스피리토, 라벤나 120
성 심플리치아노, 밀라노 112
성 십자가 성당, 슈봐비슈그뮌트 **264**, 268
성 아그네스, 로마 108
성 아우구스티누스 115
성 아폴리나레 누오보, 라벤나 120, **121**
성 아폴리나레 인 클라세, 라벤나 **121**
성 안드레아 성당, 베르첼리 271
성 안드레아, 만토바 **297~299**, 306, 357, 547
성 안토니오, 파도바 **276**, 277
성 암브로시오, 밀라노 **304**, **305**
성 암브로시우스 112, 115
성 야고보 성당, 산티아고데콤포스텔라 183
성 엘레나의 원형 무덤, 로마 **107**
성 엘리자베스 교회, 마르부르크 262
성 요한, 성 바오로, 베네치아 95, 275, 281
성 요한, 에페수스 **110**
성 우르바노 243, 257
성 제노, 베로나 **171**
성 조반니 에반젤리스트, 라벤나 120, 121
성 조반니 인 콘차, 밀라노 112
성 치리아코, 게른로데 **155**, 156
성 칼리스투스의 카타콤, 로마 96, **99**
성 코스탄차, 로마 **107**, **108**, 112, 113
성 크로체, 라벤나 119
성 테클라, 밀라노 112
성 프란체스코 수도원 교회, 아시시 272, **273**
성 프란체스코, 리미니 294, 299
성 프란체스코, 볼로냐 **273**
성 프란체스코, 시에나 275
성 필리포 네리 오라토리오, 로마 369, **371**, **372**
성 필리포 네리, 토리노 **378**, 382
성 필립 순교 성당, 히에라폴리스 **111**
성 히에로니무스 115
성모 방문 교회, 파리 397, **398**, 400
성모 방문 예배당, 빌라노토 **387**
성모마리아 교회, 뉘른베르크 264, **265**, **268**
성모마리아 교회, 뮌헨 265, **266**
성모마리아 교회, 트리어 **255**, 262, **263**
성모마리아 성당, 에르푸르트 264, **265**
성상 숭배 금지 134
세나토레 팔라초, 로마 335, 359
세르반도니, 조반니 니콜라노 제로니모 454~456, 460, 461
세를리오, 세바스티아노 346~348, 350, 351, 356, 470
세인트길스 교회 550
세인트메리엣힐, 런던 418, **420**
세인트메리울노스, 런던 **427**, 428
세인트오거스틴 교회, 램즈게이트 550, **551**
세인트올번스 성당 **162**, 163
세인트조지스 예배당, 윈저 성 252
세인트채드 교회, 버밍엄 550
세인트판크라스 역, 런던 549, 565
세인트판크라스, 런던 545
센툴라 수도원 **142**
셸도니언 극장, 옥스퍼드 417
소르본 교회, 파리 394, **395**, **396**
손, 존 497, 504~506
솔로몬의 신전 370

솔즈베리 성당 236, **237**, **241**, 499
쇤브룬 궁전, 빈 435
쇼비니 호텔, 파리 400
수아송 성당 189
수정궁, 런던 561, **562**, 563~567
수페르가, 토리노 382, **383**, 384
수플로, 자크 제르맹 487~489
술라 60, 61
쉬제르 189, 191~193
슈농소의 화랑 다리 350
슈봐비슈그뮌트의 도미니크 수도원 교회 440
슈타인하우젠 순례 교회 440, **441**
슈트라스부르크 성당 256, **257**
스머크, 로버트 545
스뮈르의 성 후고 158
스콧, 조지 길버트 549
스투피니지 팔라치나, 토리노 383, **384**, **385**
스트로베리 힐, 튀크넘 497, **498**, 500, 501
스피테일필즈의 예수교회, 런던 **427**
승리 광장, 파리 407
시에나 성당 **276**, 278, 279
싱켈, 카를 프리드리히 531~535, 540, 548

| ◎ |

아네트 성채 350, **351**, 394, 398
아레아 사크라 디 라고 아르젠티나 **59**
아르두앙 망사르, 쥘 391, 392, 402, 403, 406, 407, 409~413, 486
아르케스낭 왕립 소금공장 510, **511**
아를의 원형극장 **65**
아미앵 성당 211
아우구스투스 63~66, 68, 83
아우구스투스의 주택, 로마 **64**
아이오스 게오르기오스 교회, 살로니카 **108**
아잠 형제 440
아탈루스 스토아, 아테네 39, **40**
아테나 니케 신전, 아테네 35
아테나 성소, 델피 52
아테네 신전, 시라쿠사 29
아트레우스의 보고 19, **20**, **21**, 85
아폴로 신전, 디디마 28, **47**, **48**
아폴로 에피큐리우스 신전, 바세 35, 51
아헨 왕궁 예배당 139, **140**, **141**, 142, 144, 220, 412
안나 교회, 안나베르크 **261**, 269
알렉산드로스대왕 36, 43, 49, 55
알베르티, 레온 바티스타 292~297, 299, 301~303, 305, 306, 308, 312, 323, 332, 343, 357, 547
앙리 3세 349
앙리 4세 347, 388, 392
앙시르프랑, 토네르 **348**
애덤, 로버트 473~475, 497, 498, 500
애디슨, 조지프 496
애슈몰린 박물관, 옥스퍼드 545, **547**
앨버트 기념비, 런던 **549**
앵발리드 돔, 파리 406, **407**, 412, **413**, **414**, 422
양로원 교회, 란츠후트 269
어셈블리 룸스, 요크 468
에든버러 왕립 고등학교 547, **548**
에레크테이온, 아테네 **36**
에콜데보자르 교육관, 파리 **518**
에펠, 구스타프 563, 564, 566
에펠탑, 파리 563, 564, **565**, 567
엑서터 성당 **240**, **242~244**
엘리 성당 **163**, 247, **248**, 499
엘리자베스 1세 352
연회 홀, 런던 353, **354**
열성(列聖) 궁정교회, 뮌헨 540
영국 은행, 런던 505, **506**
오데옹 극장, 파리 **460**, **461**
오르비에토 성당 **280**
오를레앙 익랑, 블루아 400, **401**
오스터레이 파크 하우스, 미들섹스 475
오토보이렌의 베네딕트 수도원 교회 447, **448**
옥스퍼드 대학 박물관 **554**, 555
올 세인츠 교회, 런던 **553**, 554
올림포스 제우스 신전, 아테네 **52**
올소울스 칼리지, 옥스퍼드 **425**
와이엇, 제임스 497, 499, 501
왕립병원, 첼시 418
왕립해군병원, 그리니치 **418**, 419
왕실 예배당, 베르사유궁전 251, 252, 258, 407, 409, **412**, 486
왕정복고 415, 466
요크 성당 242, **243**
우드 1세, 존 477
우드 2세, 존 477, 478
울름 성당 **265**, 268
월브룩의 성 스테파노, 런던 418~420, **421**, 422, 423, 427, 482
월폴, 호러스 497, 498, 500, 501
웨스트민스터 사원 235, 237, 238, **239**, 240, **252**
웰스 성당 **231**, **237**, **238**, **246**, **247**
윈체스터 162, 251, **496**
윌킨스, 윌리엄 545, 546
유스티니아누스 101, 122~124, 128, 129, 131, 134, 420
육군사관학교, 파리 **458**
율리아 바실리카, 로마 **62**
율리우스 2세 331
이신론 482~484
인노첸시오 3세 201
인우드 부자 545

일 제수, 로마 **357**, 358, **359**, 360~362, 383
일레덴토레, 베네치아 343, 344, **345**
임마누엘 칼리지, 케임브리지 418, **424**
임페리얼 포럼, 로마 62, 64

| ㉨ |

자코모 델라포르타 358~361
잔크트마리엔임카피톨, 쾰른 **169**
잔크트비투스 수도원, 코르베이 **144**
잔크트안나암레흘 교회, 뮌헨 446, **447**
잔크트요하네스네포무크, 뮌헨 **442**, **443**
잔크트제베린 성당, 에르푸르트 264
잘츠부르크 대학교회 435
제2 슈파이어 성당 166, **167**, **168**
제2 클뤼니 수도원 교회 151, **152**, 158
제3 클뤼니 151, 157, **158**, 167
제국 도서관, 빈 **435**
제우스 신전, 올림피아 30
제우스 제단, 페르가몬 **49**
제임스 1세 352
조폐국, 베네치아 328
존스, 이니고 352~354, 415, 466
주바라, 필리포 377, 379, 382~386
줄리아 빌라 **358**
줄리오 로마노 315, 319, 324, 330, 332, 341

| ㉩ |

찬트, 루트비히 폰 540
찰스 1세 352, 415
찰스 2세 415, 417, 422, 423
청교도혁명 415
총독궁, 만토바 **321**
총독궁, 베네치아 280, **281**, 328, 555
총독궁, 비첸차 341, 342
츠빙거 궁전, 드레스덴 448, **449**
치머만 형제 432, 440, 442, 446
치머만, 도미니쿠스 440
치머만, 요한 바티스트 440
치즈윅 가든, 런던 491, **492**, 493
치즈윅 하우스, 런던 467, **468**

| ㉪ |

카도로, 베네치아 280
카라칼라의 목욕탕, 로마 **74**
카루셀 개선문, 파리 **517**
카르나발레 호텔, 파리 400
카를 교회, 빈 435, **436**
카를스루에 예술극장 **540**
카이사르 60~62, 66
카이사르의 포럼 61, **62**
카피타니아토 로지아, 비첸차 **342**
칼레도니아 자유 교회, 글래스고 548
칼리마코스 50
캄피돌리오 광장, 로마 323, **335**
캔터베리 성당 **162**, **232**, **233**, **252**, 501
캠벨, 콜린 465~469
케들스톤 홀, 더비셔 475
케레스 신전 **29**, 35
켄우드 하우스, 런던 475
켄트, 윌리엄 466, 469, 470, 472, 491, 492, 497, 500, 503
코두치, 마우로 322
코라 교회, 콘스탄티노플 133, 134, **135**
코르나로 예배당, 로마 **364**
코커렐, 찰스 545
콘세르바토리 팔라초, 로마 335, 336
콘스탄티누스 92, 100~104, 106~111, 114, 115, 117, 122, 124, 134, 361, 517
콜로세움, 로마 66, 67, **68**, 69, 76, 82, **83**, 86, 141, 394, 477, 478
콜베르 392, 403, 406
콩드 호텔, 파리 **400**
콩코드 신전, 아그리젠토 30
콩코르디아 신전, 로마 **64**
콩타맹, 빅토르 565
쾰른 성당 211, 255, 258, **259**
퀴리날레의 성 안드레아, 로마 365, 366, **367**, 442
퀸 스퀘어, 베스 477, **478**
퀸스 칼리지, 옥스퍼드 **426**
퀸스 파크 통일 장로교회, 글래스고 **548**
큐 가든, 런던 491, **492**
크노소스궁전 15, 16, **17**, 18, 40
크레타 섬 14
크롬웰 415
클라우디아 수로, 로마 66, 80
클라인 글리니케 성채 533
클레샤임 궁전, 잘츠부르크 435
클렌체, 레오 폰 520, 536, 537, 540
키지 예배당, 로마 312, **313**
킹스 칼리지 예배당, 케임브리지 252

| ㉫ |

테 팔라초, 만토바 **319~321**
테세우스 16
톨로스 19, **50**
톰슨, 알렉산더 547, 548
트라야누스 68, 69, 71, 73
트라야누스의 시장, 로마 **69**, **70**

트라야누스의 포럼, 로마 **69**, **70**
트론 징수소, 파리 **512**
트리니티 칼리지 도서관, 케임브리지 418
트리시노, 지안 조르조 332
트리아농 시골 마을, 베르사유궁전 493, **494**, **495**
티에네 팔라초, 비첸차 **341**
티툴루스 에퀴치오, 로마 **95**
티툴루스 클레멘티스, 로마 95

| ㉬ |

파르네시아 빌라, 로마 **312**, 313, **317**, **318**
파르네시아 팔라초, 로마 316
파르테논, 아테네 30, 32~35, 538
파리 개선문 516, **517**
파리 곡물 거래소 462
파리 국립도서관 560
파리 북역 **525**
파리 성문 징수소 509, 511
파리 오페라하우스 526, **527**, **528**
파리 외과대학 463, **464**
파리 판테온 487
파비아 성당 **307**
파에스툼 **29**, 30, **32**, **33**, 34~55
파치 예배당, 피렌체 287, 290, **291**
판테온, 로마 21, 59, **71**, 85, **86**, **87**, 113, 127, 131, 287, 288, 296, 351, 464, 491, 493
팔라디오, 안드레아 315, 323, 324, 330~332, 337, 339, 341~344, 353, 356, 369, 373, 374, 376, 383, 420, 434, 465~472, 474, 475, 477, 478, 499, 544, 547
팔라초마시모알레콜로네, 로마 317, **318**
팔리노 문, 베로나 325, **326**
팩스턴, 조지프 562
페로, 클로드 403, 454, 455, 473, 482, 484, 486
페루치, 발다사레 303, 315~317, 319, 336, 356, 373
페르시에와 퐁텐 파트너 516, 517
페리클레스 30
페이르, 마리조제프 459, 460, 462, 463, 487, 507
포럼 로마눔, 로마 61, **62**, **64**, **74**
포르타 마조레, 로마 66, **80**
포르투나 프리미제니아 신전, 팔레스트리나 60, **61**, 437
포세이돈 신전, 수니온 30
포세이돈 신전, 파에스툼 30, **32**, **33**, 34
폰타나, 카를로 377, 382, 384, 439, 472
폰틸 수도원, 윌트셔 499, 500, **501**
폼페이우스 60, 61
폼페이우스 극장, 로마 **61**
퐁텐블로 347, 350
푀펠만, 마테우스 다니엘 432, 449
퓨진, 오거스터스 550, 551, 553, 554
프라인 성채 교회 435
프라토 성당 175
프란체스코회 교회, 잘츠부르크 269, 273
프랑수아 1세 347~349, 524
프로필리아, 뮌헨 537, **538**
프리드리히베르더 교회, 베를린 533, **534**
프리에네 극장 41
프티 트리아농, 베르사유궁전 458, **459**
플리트 거리의 세인트브라이드, 런던 418, 420
피디아스 50
피렌체 고아원 287, 288, **289**
피렌체 돔 286, 287, **288**
피렌체 성당 277, **278**, 279, 280
피사의 성당 단지 175, **176**
피셔 폰 에를라흐, 요한 베른하르트 432, 433
피셔, 요한 미하엘 432, 443, 446
피어첸하일리겐의 교구 교회 겸 순례 교회 **444**, **445**
피커딜리의 성 야고보, 런던 418, 420
피타고라스 25
필리에 캉토네 203, 263
필리포스 2세 43
필리프 2세 201, 202

| ㉭ |

하 벨베데레, 빈 **439**
하기아 데메트리오스, 살로니카 **110**, 144
하기아 소피아, 콘스탄티노폴 **101**, **124**, 128, **129**, **130**, 131, 132, 134
하드리아누스 68, 69, 71~73, 86
하드리아누스의 빌라, 티볼리 71~73, 369
하람 알 샤리프 성역 176
하워드 성채 **428**, 429
해밀턴, 토머스 547
햄프턴 코트 궁전, 런던 419, **424**
헬레니즘 현상 55, 59
호머의 건축 17
호메로스 17, 19
호컴 홀, 노퍽 469, **470**, **471**
호크스무어, 니콜라스 424~426, 428~430
화이트홀 궁전, 런던 **354**, 419
황금 주택, 로마 66, 67, 72, 86
후기 아르테미스 신전 46, 48, 49
휩슈, 하인리히 539, 540
휴턴 하우스, 노퍽 466
히토르프, 자크 이냐스 520, 523, 525
히포다모스 44
힐데브란트, 요한 루카스 폰 432, 437, 438

**한 권으로 읽는 임석재의 서양건축사**


**1판 1쇄** 2011년 7월 15일
**1판 14쇄** 2025년 3월 4일

**지은이** 임석재

**책임편집** 김자영
**디자인** 김진영
**마케팅** 이보민 양혜림 손아영

**펴낸곳** (주)북하우스 퍼블리셔스 | **펴낸이** 김정순
**출판등록** 1997년 9월 23일 제406-2003-055호

**주소** 04043 서울시 마포구 양화로 12길 16-9(서교동 북앤빌딩)
**전화** 02-3144-3123 | **팩스** 02-3144-3121
**전자우편** editor@bookhouse.co.kr | **홈페이지** www.bookhouse.co.kr
**인스타그램** @bookhouse_official

**ISBN** 978-89-5605-533-6 03690